핵심만 뽑은
효율 甲 모의고사

아삽

평가원 기출의 또 다른 이름,

너기출

| For 2026 |

2025 수능 반영

수학 Ⅱ

483

수능코드에 최적화된 최신 21개년 평가원 기출
483문항을 빠짐없이 담았다!

- 수능형 개념이 체화되는 29개의 너기출 수능 개념코드 너코
- 기출학습에 최적화된 35개의 유형 분류

이투스북

| STAFF |

발행인 정선욱
퍼블리싱 총괄 남형주
개발 김태원 김한길 김진솔 김민정 김유진 오소현 이경미 우주리
기획·디자인·마케팅 조비호 김정인
유통·제작 서준성 김경수

너기출 For 2026 수학Ⅱ | 202412 제11판 1쇄
펴낸곳 이투스에듀㈜ 서울시 서초구 남부순환로 2547
고객센터 1599-3225 **등록번호** 제2007-000035호 **ISBN** 979-11-389-2789-5 [53410]

2024년 이투스북 수학 연간검토단

※ 지역명, 이름은 가나다순입니다.

◇— 강원 —◇

고민정 로이스 물맷돌 수학
고승희 고수수학
구영준 하이탑수학과학학원
김보건 영탑학원
김성영 빨리 강해지는 수학 과학
김정은 아이탑스터디
김지영 김지영 수학
김진수 MCR융합학원/PF수학
김호동 하이탑수학학원
김희수 이투스247원주
남정훈 으뜸장원학원
노명훈 노명훈쌤의 알수학학원
노명희 탑클래스
박미경 수올림수학전문학원
박상윤 박상윤수학
배형진 화천학습관
백경수 이코수학
서아영 스텝영수단과학원
신동혁 이코수학
심수경 Pf math
안현지 전문과외
양광석 원주고등학교
오준환 수학다움학원
유선형 Pf math
이윤서 더자람교실
이태현 하이탑 수학학원
이현우 베스트수학과학학원
장해연 영탑학원
정복인 하이탑수학과학학원
정인혁 수학과통하다학원
최수남 강릉 영.수배움교실
최재현 원탑M학원
홍지선 홍수학교습소

◇— 경기 —◇

강명식 매쓰온수학학원
강민정 한진홈스쿨
강민종 필에듀학원
강소미 솜수학
강수정 노마드 수학학원
강신충 원리탐구학원
강영미 쌤과통하는학원
강유정 더배움학원
강정희 쓱보고싹푼다
강진욱 고밀도 학원
강태희 한민고등학교
강하나 강하나수학
강현숙 루트엠수학교습소
경유진 오늘부터수학학원
경지현 화서탑이지수학
고규혁 고동국수학학원
고동국 고동국수학학원
고명지 고쌤수학학원
고상준 준수학교습소
고안나 기찬에듀기찬수학
고지윤 고수학전문학원
고진희 지니Go수학
곽병무 뉴파인 동탄 특목관
곽진영 전문과외
구재희 오성학원
구창숙 이룸학원
권영미 에스이마고수학학원
권영아 늘봄수학
권은주 나만수학
권준환 와이솔루션수학
권지우 수학앤마루
기소연 지혜의 틀 수학기지
김강환 뉴파인 동탄고등1관
김강희 수학전문 일비충천
김경민 평촌 바른길수학학원
김경오 더하다학원
김경진 경진수학학원 다산점
김경태 함께수학
김경훈 행복한학생학원
김관태 케이스 수학학원
김국환 전문과외
김덕락 준수학 수학학원
김도완 프라매쓰 수학 학원
김도현 유캔매스수학교습소
김동수 김동수학원
김동은 수학의힘 평택지제캠퍼스
김동현 JK영어수학전문학원
김미선 안양예일영수학원
김미옥 알프 수학교실
김민겸 더퍼스트수학교습소
김민경 경화여자중학교
김민경 더원수학
김민석 전문과외
김보경 새로운희망 수학학원
김보람 효성 스마트해법수학
김복현 시온고등학교
김상욱 Wook Math
김상윤 막강한수학학원
김새로미 뉴파인동탄특목관
김서림 엠베스트갈매
김서영 다인수학교습소
김석호 푸른영수학원
김선혜 분당파인만학원 중등부
김선홍 고밀도학원
김성은 블랙박스수학과학전문학원
김세준 SMC수학학원
김소영 김소영수학학원
김소영 호매실 예스셈올림피아드
김소희 도촌동멘토해법수학
김수림 전문과외
김수연 김포셀파우등생학원
김수진 봉담 자이 라피네 진샘수학
김슬기 용죽 센트로학원
김승현 대치매쓰포유 동탄캠퍼스학원
김시훈 smc수학학원
김연진 수학메디컬센터
김영아 브레인캐슬 사고력학원
김완수 고수학
김용덕 (주)매쓰토리수학학원
김용환 수학의아침
김용희 솔로몬학원
김유리 미사페르마수학
김윤경 구리국빈학원
김윤재 코스매쓰 수학학원
김은미 탑브레인수학과학학원
김은영 세교수학의힘
김은채 채채 수학 교습소
김은향 의왕하이클래스
김정현 채움스쿨
김종균 케이수학
김종남 제너스학원
김종화 퍼스널개별지도학원
김주영 정진학원
김주용 스타수학
김지선 고산원탑학원
김지선 다산참수학영어2관학원
김지영 수이학원
김지윤 광교오드수학
김지현 엠코드수학과학원
김지효 로고스에이
김진만 아빠수학엄마영어학원
김진민 에듀스템수학전문학원
김진영 예미지우등생교실
김창영 하이포스학원
김태익 설봉중학교
김태진 프라임리만수학학원
김태학 평택드림에듀
김하영 막강수학학원
김하현 로지플 수학
김학준 수담 수학 학원
김학진 별을셀수학
김현자 생각하는수학공간학원
김현정 생각하는Y.와이수학
김현주 서부세종학원
김현지 프라임대치수학교습소
김형숙 가우스수학학원
김혜정 수학을말하다
김혜지 전문과외
김혜진 동탄자이교실
김호숙 호수학원
나영우 평촌에듀플렉스
나혜림 마녀수학
남선규 로지플수학
노영하 노크온 수학학원
노진석 고밀도학원
노혜숙 지혜숲수학
도건민 목동 LEN
류은경 매쓰랩수학교습소
마소영 스터디MK
마정이 정이 수학
마지희 이안의학원 화정캠퍼스
문다영 평촌 에듀플렉스
문장원 에스원 영수학원
문재웅 수학의 공간
문제승 성공수학
문지현 문쌤수학
문진희 플랜에이수학학원
민건홍 칼수학학원 중.고등관
민동건 전문과외
민윤기 배곧 알파수학
박강희 끝장수학
박경훈 리버스수학학원
박규진 김포 하이스트
박대수 대수학
박도솔 도솔샘수학
박도현 진성고등학교
박민서 칼수학전문학원
박민정 악어수학
박민주 카라Math
박상일 생각의숲 수풀림수학학원
박성찬 성찬쌤's 수학의공간
박소연 이투스기숙학원
박수민 유레카 영수학원
박수현 용인능원 씨앗학원
박수현 리더가되는수학교습소
박신태 디엘수학전문학원
박연지 상승에듀
박영주 일산 후곡 쉬운수학
박우희 푸른보습학원
박유승 스터디모드
박윤호 이룸학원
박은주 은주짱샘 수학공부방
박은주 스마일수학
박은진 지오수학학원
박은희 수학에빠지다
박장군 수리연학원
박재연 아이셀프수학교습소
박재현 LETS
박재홍 열린학원
박정화 우리들의 수학원
박종림 박쌤수학
박종필 정석수학학원
박주리 수학에반하다
박지영 마이엠수학학원
박지윤 파란수학학원
박지혜 수이학원
박진한 엡실론학원
박진홍 상위권을 만드는 고밀도 학원
박찬현 박종호수학학원
박태수 전문과외
박하늘 일산 후곡 쉬운수학
박현숙 전문과외
박현정 빡꼼수학학원
박현정 탑수학 공부방
박혜림 림스터디 수학
박희동 미르수학학원
방미양 JMI 수학학원
방혜정 리더스수학영어
배재준 연세영어고려수학 학원
배정혜 이화수학
배준용 변화의시작
배탐스 안양 삼성학원
백흥룡 성공수학학원
변상선 바른샘수학전문보습학원
서장호 로켓수학학원

서정환 아이디수학
서지은 지은쌤수학
서효언 아이콘수학
서희원 함께하는수학 학원
설성환 설샘수학학원
설성희 설쌤수학
성기주 이젠수학과학학원
성인영 정석 공부방
성지희 snt 수학학원
손동학 자호수학학원
손정현 참교육
손지영 엠베스트에스이프라임학원
손진아 포스엠수학학원
송빛나 원수학학원
송치호 대치명인학원
송태원 송태원1프로수학학원
송혜빈 인재와고수 학원
송호석 수학세상
신경성 한수학전문학원
신수연 동탄 신수연 수학과학
신일호 바른수학교육 한 학원
신정임 정수학학원
신정화 SnP수학학원
신준효 열정과의지 수학보습학원
심은지 고수학학원
심재현 웨이메이커 수학학원
안대호 독강수학학원
안하성 안쌤수학
안현경 전문과외
안효자 진수학
안효정 수학상상수학교습소
안희애 에이엔 수학학원
양병철 우리수학학원
양유열 고수학전문학원
양은진 수플러스 수학교습소
어성웅 어쌤수학학원
엄은희 엄은희스터디
염승호 전문과외
염철호 하비투스학원
오종숙 함께하는 수학
오지혜 ◆수톡수학학원
용다혜 에듀플렉스 동백점
우선혜 HSP수학학원
원준희 수학의 아침
유기정 STUDYTOWN 수학의신
유남기 의치한학원
유대호 플랜지 에듀
유소현 웨이메이커수학학원
유현종 SMT수학전문학원
유혜리 유혜리수학
유호애 지윤 수학
윤고은 윤고은수학
윤덕환 여주비상에듀기숙학원
윤도형 PST CAMP 입시학원
윤명희 사랑셈교실
윤문성 평촌 수학의 봄날 입시학원
윤미영 수주고등학교
윤여태 103수학
윤재은 놀이터수학교실
윤재현 윤수학학원
윤지영 의정부수학공부방
윤채린 전문과외
윤혜원 고수학전문학원
윤 희 희쌤수학과학학원
윤희용 매트릭스 수학학원
이건도 아론에듀학원
이경민 차앤국수학국어전문학원
이광후 수학의 아침 광교 캠퍼스 특목 자사관
이규상 유클리드 수학
이근표 정진학원
이나래 토리103수학학원
이나현 엠브릿지 수학
이다정 능수능란 수학전문학원
이대훈 밀알두레학교
이동희 이쌤 최상위수학교습소
이명환 다산 더원 수학학원
이무송 유투엠수학학원주엽점
이민아 민수학학원
이민영 목동 엘리엔학원
이민하 보듬교육학원
이보형 매쓰코드1학원
이봉주 분당성지수학
이상윤 엘에스수학전문학원
이상일 캔디학원
이상준 E&T수학전문학원
이상철 G1230 옥길
이상형 수학의이상형
이서령 더바른수학전문학원
이서윤 공수학 학원 (동탄)
이성희 피타고라스 셀파수학교실
이세복 퍼스널수학
이수동 부천 E&T수학전문학원
이수정 매쓰투미수학학원
이슬기 대치깊은생각
이승진 안중 호연수학
이승환 우리들의 수학원
이승훈 알찬교육학원
이아현 전문과외
이애경 M4더메타학원
이연숙 최상위권수학영어 수지관
이연주 수학연주수학교습소
이영현 대치명인학원
이영훈 펜타수학학원
이예빈 아이콘수학
이우선 효성고등학교
이원녕 대치명인학원
이유림 수학의 아침
이은미 봄수학교습소
이은아 이은아 수학학원
이은지 수학대가 수지캠퍼스
이재욱 KAMI
이재환 칼수학학원
이정은 이루다영수전문학원
이정희 JH영어수학학원
이종익 분당파인만 고등부
이주혁 수학의아침(플로우교육)
이 준 준수학고등관학원
이지연 브레인리그
이지영 GS112 수학 공부방
이지예 대치명인 이매캠퍼스
이지은 리쌤앤탑경시수학학원
이지혜 이자경수학학원 권선관
이진주 분당 원수학학원
이창수 와이즈만 영재교육 일산화정 센터
이창훈 나인에듀학원
이채열 하제입시학원
이철호 파스칼수학
이태희 펜타수학학원 청계관
이한솔 더바른수학전문학원
이현이 함께하는수학
이현희 폴리아에듀
이형강 HK수학학원
이혜민 대감학원
이혜수 송산고등학교
이혜진 S4국영수학원고덕국제점
이화원 탑수학학원
이희연 이엠원학원
임길홍 셀파우등생학원
임동진 S4 고덕국제점학원
임명진 서연고학원
임소미 Sem 영수학원
임율인 탑수학교습소
임은정 마테마티카 수학학원
임재현 임수학교습소
임정혁 하이엔드 수학
임지원 누나수학
임찬혁 차수학동삭캠퍼스
임현주 온수학교습소
임현지 위너스 하이
임형석 전문과외
장미선 하우투스터디학원
장민수 신미주수학
장종민 열정수학학원
장찬수 전문과외
장혜련 푸른나비수학 공부방
장혜민 수학의 아침
전경진 M&S 아카데미
전미영 영재수학
전 일 생각하는수학공간학원
전지원 원프로교육
전진우 플랜지에듀
전희나 대치명인학원 이매캠퍼스
정금재 혜윰수학전문학원
정다해 에픽수학
정미숙 쑥쑥수학교실
정미윤 함께하는수학 학원
정민정 정쌤수학 과외방
정승호 이프수학
정양진 올림피아드학원
정연순 탑클래스 영수학원
정영진 공부의자신감학원
정예철 수이학원
정용석 수학마녀학원
정유정 수학VS영어학원
정은선 아이원수학
정장선 생각하는 황소 동탄점
정재경 산돌수학학원
정지영 SJ대치수학학원
정지훈 수지최상위권수학영어학원
정진욱 수원메가스터디학원
정하준 2H수학학원
정한울 경기도 포천
정해도 목동혜윰수학교습소
정현주 삼성영어쎈수학은계학원
정혜정 JM수학
조기민 일산동고등학교
조민석 마이엠수학학원 철산관
조병욱 PK독학재수학원 미금
조상숙 수학의 아침
조성철 매트릭스수학학원
조성화 SH수학
조연주 YJ수학학원
조 은 전문과외
조은정 최강수학
조의상 메가스터디
조이정 필탑학원
조현웅 추담교육컨설팅
조현정 깨단수학
주소연 알고리즘 수학 연구소
주정례 청운학원
주태빈 수학을 권하다
지슬기 지수학학원
진동준 지트에듀케이션 중등관
진민하 인스카이학원
차동희 수학전문공감학원
차무근 차원이다른수학학원
차일훈 대치엠에스학원
채준혁 인재의 창
천기분 이지(EZ)수학교습소
최경희 최강수학학원
최근정 SKY영수학원
최다혜 싹수학학원
최동훈 고수학 전문학원
최명길 우리학원
최문채 문산 열린학원
최범균 유투엠수학학원 부천옥길점
최보람 꿈꾸는수학연구소
최서현 이룸수학
최소영 키움수학
최수지 싹수학학원
최수진 재밌는수학
최승권 스터디올킬학원
최영성 에이블수학영어학원
최영식 수학의신학원
최영철 고밀도학원
최용희 대치명인학원
최웅용 유타스 수학학원
최유미 분당파인만교육
최윤형 청운수학전문학원
최은혜 전문과외
최재원 하이탑에듀 고등대입전문관
최재원 이지수학
최정아 딱풀리는수학 다산하늘초점
최종찬 초당필탑학원

최주영 옥쌤 영어수학 독서논술 전문학원
최지윤 와이즈만 분당영재입시센터
최한나 수학의아침
최호순 관찰과추론
표광수 풀무질 수학전문학원
하정훈 하쌤학원
하창형 오늘부터수학학원
한경태 한경태수학전문학원
한규욱 대치메이드학원
한기언 한스수학학원
한동훈 고밀도학원
한문수 성빈학원
한미정 한쌤수학
한상훈 동탄수학과학학원
한성필 더프라임학원
한세은 이지수학
한수민 SM수학학원
한유호 에듀셀파 독학 기숙학원
한은기 참선생 수학 동탄호수
한지희 이음수학학원
한혜숙 창의수학 플레이팩토
함민호 에듀매쓰수학학원
함영호 함영호고등전문수학클럽
허지현 최상위권수학학원
홍성미 부천옥길홍수학
홍성민 해법영어 셀파우등생 일월 메디 학원
홍세정 인투엠수학과학학원
홍유진 평촌 지수학학원
홍의찬 원수학
홍재욱 켈리윙즈학원
홍재화 아론에듀학원
홍정욱 코스매쓰 수학학원
홍지윤 HONGSSAM창의수학
홍훈희 MAX 수학학원
황두연 전문과외
황민지 수학하는날 입시학원
황선아 서나수학
황애리 애리수학학원
황영미 오산일신학원
황은지 멘토수학과학학원
황인영 더올림수학학원
황지훈 명문JS입시학원

◇— 경남 —◇

강경희 TOP Edu
강도윤 강도윤수학컨설팅학원
강지혜 강선생수학학원
고병옥 옥쌤수학과학학원
고성대 math911
고은정 수학은고쌤학원
권영애 권쌤수학
김가령 킴스아카데미
김경문 참진학원
김미양 오렌지클래스학원
김민석 한수위 수학학원
김민정 창원스키마수학
김선희 책벌레국영수학원
김송은 은쌤 수학
김수진 수학의봄수학교습소
김양준 이룸학원
김연지 하이퍼영수학원
김옥경 다온수학전문학원
김재현 타임영수학원
김정두 해성고등학교
김진형 수풀림 수학학원
김치남 수나무학원
김해성 AHHA수학(아하수학)
김형균 칠원채움수학
김형신 대치스터디 수학학원
김혜영 프라임수학
김혜인 조이매쓰
김혜정 올림수학 교습소
노현석 비코즈수학전문학원
문소영 문소영수학관리학원
문주란 장유 올바른수학
민동록 민쌤수학
박규태 에듀탑영수학원
박소현 오름수학전문학원
박영진 대치스터디수학학원
박우열 앤즈스터디메이트 학원
박임수 고탑(GO TOP)수학학원
박정길 아쿰수학학원
박주연 마산무학여자고등학교
박진현 박쌤과외
박혜인 참좋은학원
배미나 경남진주시
배종우 매쓰팩토리 수학학원
백은애 매쓰플랜수학학원
성민지 베스트수학교습소
송상윤 비상한수학학원
신동훈 수과람학원
신욱희 창익학원
안성휘 매쓰팩토리 수학학원
안지영 모두의수학학원
어다혜 전문과외
유인영 마산중앙고등학교
유준성 시퀀스영수학원
윤영진 유클리드수학과학학원
이근영 매스마스터수학전문학원
이나영 TOP Edu
이선미 삼성영수학원
이아름 애시앙 수학맛집
이유진 멘토수학교습소
이진우 전문과외
이현주 즐거운 수학 교습소
장초향 이룸플러스수학학원
전창근 수과원학원
정승엽 해냄학원
정주영 다시봄이룸수학학원
조소현 in수학전문학원
조윤호 조윤호수학학원
주기호 비상한수학국어학원
차민성 율하차쌤수학
최소현 펠릭스 수학학원
하윤석 거제 정금학원
황진호 타임수학학원
황혜숙 합포고등학교

◇— 경북 —◇

강경훈 예천여자고등학교
강혜연 BK 영수전문학원
권오준 필수학영어학원
권호준 위너스터디학원
김대훈 이상렬입시단과학원
김동수 문화고등학교
김동욱 구미정보고등학교
김명훈 김민재수학
김보아 매쓰킹공부방
김수현 꿈꾸는 I
김윤정 더채움영수학원
김은미 매쓰그로우 수학학원
김재경 필즈수학영어학원
김태웅 에듀플렉스
김형진 닥터박수학전문학원
남영준 아르베수학전문학원
문소연 조쌤보습학원
박다현 최상위해법수학학원
박명훈 수학행수학학원
박우혁 예천연세학원
박유건 닥터박 수학학원
박은영 esh수학의달인
박진성 포항제철중학교
방성훈 매쓰그로우 수학학원
배재현 수학만영어도학원
백기남 수학만영어도학원
성세현 이투스수학두호장량학원
손나래 이든샘영수학원
손주희 이루다수학과학
송미경 이로지오 학원
송종진 김천고등학교
신광섭 광 수학학원
신승규 영남삼육고등학교
신승용 유신수학전문학원
신지헌 문영수 학원
신채윤 포항제철고등학교
안지훈 강한수학
염성군 근화여자고등학교
예보경 피타고라스학원
오선민 수학만영어도학원
윤장영 윤쌤아카데미
이경하 안동 풍산고등학교
이다례 문매쓰달쌤수학
이상원 전문가집단 영수학원
이상현 인투학원
이성국 포스카이학원
이송제 다올입시학원
이영성 영주여자고등학교
이재광 생존학원
이준호 이준호수학교습소
이혜민 영남삼육중학교
이혜은 김천고등학교
장아름 아름수학학원
정은미 수학의봄학원
정재훈 현일고등학교
조진우 늘품수학학원
조현정 올댓수학
진성은 전문과외
천경훈 천강수학전문학원
최수영 수학만영어도학원
최진영 구미시 금오고등학교
추민지 닥터박수학학원
추호성 필즈수학영어학원
표현석 안동 풍산고등학교
하홍민 홍수학
홍영준 하이맵수학학원

◇— 광주 —◇

강민결 광주수피아여자중학교
강승완 블루마인드아카데미
곽웅수 카르페영수학원
권용식 와이엠 수학전문학원
김국진 김국진짜학원
김국철 풍암필즈수학학원
김대균 김대균수학학원
김동희 김동희수학학원
김미경 임팩트학원
김성기 원픽 영수학원
김안나 풍암필즈수학학원
김원진 메이블수학전문학원
김은석 만문제수학전문학원
김재광 디투엠 영수학학원
김종민 퍼스트수학학원
김태성 일곡지구 김태성 수학
김현진 에이블수학학원
나혜경 고수학학원
마채연 마채연 수학 전문학원
박서정 더강한수학전문학원
박용우 광주 더샘수학학원
박주홍 KS수학
박충현 본수학과학전문학원
박현영 KS수학
변석주 153유클리드수학 학원
빈선욱 빈선욱수학전문학원
선승연 MATHTOOL수학교습소
소병효 새움수학전문학원
손광일 송원고등학교
손동규 툴즈수학교습소
송승용 송승용수학학원
신성호 신성호수학공화국
신예준 JS영재학원
신현석 프라임 아카데미
심여주 웅진 공부방
양동식 A+수리수학원
어흥범 매쓰피아
위광복 우산해라클래스학원
이만재 매쓰로드수학
이상혁 감성수학
이승현 본(本)영수학원
이창현 알파수학학원
이채연 알파수학학원
이충현 전문과외

이헌기 보문고등학교
임태관 매쓰멘토수학전문학원
장광현 장쌤수학
장민경 일대일코칭수학학원
장영진 새움수학전문학원
전주현 전문과외
정다원 광주인성고등학교
정다희 다희쌤수학
정수인 더최선학원
정원섭 수리수학학원
정인용 일품수학학원
정종규 에스원수학학원
정태규 가우스수학전문학원
정형진 BMA롱맨영수학원
조일양 서안수학
조현진 조현진수학학원
조형서 조형서 수학교습소
채소연 마하나임 영수학원
천지선 고수학학원
최지웅 미라클학원
최혜정 이루다전문학원

◇— 대구 —◇

강민영 매씨지수학학원
고민정 전문과외
곽미선 좀다른수학
구정모 제니스클래스
구현태 대치깊은생각수학학원 시지본원
권기현 이렇게좋은수학교습소
권보경 학문당입시학원
권혜진 폴리아수학2호관학원
김기연 스텝업수학
김대운 그릿수학831
김도영 땡큐수학학원
김동영 통쾌한 수학
김득현 차수학 교습소 사월 보성점
김명서 샘수학
김미경 풀린다수학교습소
김미랑 랑쌤수해
김미소 전문과외
김미정 일등수학학원
김상우 에이치투수학교습소
김선영 수학학원 바른
김성무 김성무수학 수학교습소
김수영 봉덕김쌤수학학원
김수진 지니수학
김연정 유니티영어
김유진 S.M과외교습소
김재홍 경북여자상업고등학교
김정우 이룸수학학원
김종희 학문당 입시학원
김지연 찐수학
김지영 김지영수학교습소
김지은 정화여자고등학교
김채영 전문과외
김태진 스카이루트 수학과학학원
김태환 로고스수학학원(성당원)
김해은 한상철수학과학학원 상인원

김현숙 메타매쓰
남인제 미쓰매쓰수학학원
노현진 트루매쓰 수학학원
민병문 선택과 집중
박경득 파란수학
박도희 전문과외
박민석 아크로수학학원
박민정 빡쎈수학교습소
박산성 Venn수학
박수연 쌤통수학학원
박순찬 찬스수학
박옥기 매쓰플랜수학학원
박장호 대구혜화여자고등학교
박정욱 연세스카이수학학원
박지훈 더엠수학학원
박태호 프라임수학교습소
박현주 매쓰플래너
방소연 대치깊은생각수학학원 시지본원
백승대 백박사학원
백승환 수학의봄 수학교습소
백재규 필즈수학공부방
백태민 학문당입시학원
백현식 바른입시학원
변용기 라온수학학원
서경도 서경도수학교습소
서재은 절대등급수학
성웅경 더빡쎈수학학원
소현주 정S과학수학학원
손승연 스카이수학
손태수 트루매쓰 학원
송영배 수학의정원
신묘숙 매쓰매티카 수학교습소
신수진 폴리아수학학원
신은경 황금라온수학
신은주 하이매쓰학원
양강일 양쌤수학과학학원
양은실 제니스 클래스
오세욱 IP수학과학학원
윤기호 샤인수학학원
이규철 좋은수학
이남희 이남희수학
이만희 오르라수학전문학원
이명희 잇츠생각수학 학원
이상훈 명석수학학원
이수현 하이매쓰 수학교습소
이원경 엠제이통수학영어학원
이인호 본투비수학교습소
이일균 수학의달인 수학교습소
이종환 이꼼수학
이준우 깊을준수학
이지민 아이플러스 수학
이진영 소나무학원
이진욱 시지이룸수학학원
이창우 강철FM수학학원
이태형 가토수학과학학원
이한조 닥터엠에스
이효진 진선생수학학원
임신옥 KS수학학원

임유진 박진수학
장두영 바움수학학원
장세완 장선생수학학원
장시현 전문과외
전동형 땡큐수학학원
전수민 전문과외
전준현 매쓰플랜수학학원
전지영 전지영수학
정민호 스테듀입시학원
정재현 율사학원
조미란 엠투엠수학 학원
조성애 조성애세움학원
조연호 Cho is Math
조유정 다원MDS
조인혁 루트원수학과학 학원
조지연 연쌤영수학원
주기헌 송현여자고등학교
진수정 마틸다수학
최대진 엠프로수학학원
최은미 수학다움 학원
최정이 탑수학교습소(국우동)
최현정 MQ멘토수학
최현희 다온수학학원
하태호 팀하이퍼 수학학원
한원기 한쌤수학
홍은아 탄탄수학교실
황가영 루나수학
황지현 위드제스트수학학원

◇— 대전 —◇

강유식 연세제일학원
강홍규 최강학원
고지훈 고지훈수학 지적공감입시학원
김 일 더브레인코어 학원
김근아 닥터매쓰205
김근하 엠씨스터디수학학원
김남홍 대전종로학원
김덕한 더칸수학학원
김동근 엠투오영재학원
김민지 (주)청명에페보스학원
김복응 더브레인코어 학원
김상현 세종입시학원
김수빈 제타수학전문학원
김승환 청운학원
김윤혜 슬기로운수학교습소
김주성 양영학원
김지현 파스칼 대덕학원
김 진 발상의전환 수학전문학원
김진수 김진수학
김태형 청명대입학원
김하은 전문과외
김한솔 시대인재 대전
김해찬 전문과외
김휘식 양영학원 고등관
나효명 열린아카데미
류재원 양영학원
박가와 마스터플랜 수학전문학원
박솔비 매쓰톡수학 교습소

박주희 빡쌤의 빡센수학
박지성 엠아이큐수학학원
배용제 굿티쳐강남학원
백승정 오르고 수학학원
서동원 수학의 중심 학원
서영준 힐탑학원
선진규 로하스학원
송규성 하이클래스학원
송다인 더브라이트학원
송인석 송인석수학학원
송정은 바른수학전문교실
신성철 도안베스트학원
신성호 수학과학하다
신원진 공감수학학원
신익주 신 수학 교습소
심훈흠 일인주의학원
양지연 자람수학
오우진 양영학원
우현석 EBS 수학우수학원
유수림 수림수학학원
유준호 더브레인코어 학원
윤석주 윤석주수학전문학원
윤찬근 오르고 수학학원
이국빈 케이플러스수학
이규영 쉐마수학학원
이민호 매쓰플랜수학학원 반석지점
이성재 알파수학학원
이소현 바칼로레아영수학원
이수진 대전관저중학교
이용희 수림학원
이일녕 양영학원
이재옥 청명대입학원
이준희 전문과외
이희도 전문과외
인승열 신성 수학나무 공부방
임병수 모티브
임현호 전문과외
장용훈 프라임수학
전병전 더브레인코어 학원
전하윤 전문과외
정순영 공부방,여기
정지윤 더브레인코어 학원
조용호 오르고 수학학원
조창희 시그마수학교습소
조충현 로하스학원
차영진 연세언더우드수학
차지훈 모티브에듀학원
홍진국 저스트학원
황은실 나린학원

◇— 부산 —◇

고경희 대연고등학교
권병국 케이스학원
권순석 남천다수인
권영린 과사람학원
김건우 4퍼센트의 논리 수학
김경희 해운대영수전문y-study
김대현 해운대중학교
김도현 해신수학학원

김도형 명작수학
김민규 다비드수학학원
김민영 정모클입시학원
김성민 직관수학학원
김승호 과사람학원
김애랑 채움수학교습소
김원진 수성초등학교
김지연 김지연수학교습소
김초록 수날다수학교습소
김태영 뉴스터디학원
김태진 한빛단과학원
김효상 코스터디학원
나기열 프로매스수학교습소
노지연 수학공간학원
노향희 노쌤수학학원
류형수 연산 한샘학원
박대성 키움수학교습소
박성찬 프라임학원
박연주 매쓰메이트수학학원
박재용 해운대영수전문y-study
박주형 삼성에듀학원
배철우 명지 명성학원
백융일 과사람학원
부종민 부종민수학
서유진 다올수학
서은지 ESM영수전문학원
서자현 과사람학원
서평승 신의학원
손희옥 매쓰폴수학학원
송다슬 전문과외
심현섭 과사람학원
심혜정 명품수학
안남희 명지 실력을키움수학
안애경 오메가 수학 학원
안찬종 전문과외
양인희 에센셜수학교습소
오인혜 하단초등학교
오희영
옥승길 옥승길수학학원
이가연 엠오엠수학학원
이경덕 수학으로 물들어 가다
이경수 경:수학
이명희 조이수학학원
이아름누리 청어람학원
이정화 수학의 힘 가야캠퍼스
이지영 오늘도,영어그리고수학
이지은 한수연하이매쓰
이 철 과사람학원
이효정 해 수학
장지원 해신수학학원
장진권 오메가수학
전경훈 대치명인학원
전완재 강앤전 수학학원
전우빈 과사람학원
전찬용 다이나믹학원
정운용 정쌤수학교습소
정의진 남천다수인
정휘수 제이매쓰수학방
정희정 정쌤수학
조아영 플레이팩토 오션시티교육원
조우영 위드유수학학원
조은영 MIT수학교습소
조 훈 캔필학원
주유미 엠투수학공부방
채송화 채송화수학
천현민 키움스터디
최광은 럭스 (Lux) 수학학원
최수정 이루다수학
최운교 삼성영어수학전문학원
최준승 주감학원
하 현 하현수학교습소
한주환 으뜸나무수학학원
한혜경 한수학 교습소
허영재 자하연 학원
허윤정 올림수학전문학원
허정은 전문과외
황영찬 수피움 수학
황진영 진심수학
황하남 과학수학의봄날학원

◇— 서울 —◇

강동은 반포 세정학원
강성철 목동 일타수학학원
강수진 블루플랜
강영미 슬로비매쓰수학학원
강은녕 탑수학학원
강종철 쿠메수학교습소
강주석 염광고등학교
강태윤 미래탐구 대치 중등센터
강현숙 유니크학원
계훈범 MathK 공부방
고수환 상승곡선학원
고재일 대치 토브(TOV)수학
고지영 황금열쇠학원
고 현 네오 수학학원
공정현 대공수학학원
곽슬기 목동매쓰원수학학원
구난영 셀프스터디수학학원
구순모 세진학원
권가영 커스텀(CUSTOM)수학
권경아 청담해법수학학원
권민경 전문과외
권상호 수학은권상호 수학학원
권용만 은광여자고등학교
권은진 참수학뿌리국어학원
김가회 에이원수학학원
김강현 구주이배수학학원 송파점
김경진 덕성여자중학교
김경희 전문과외
김규보 메리트수학학원
김규연 수력발전소학원
김금화 그루터기 수학학원
김기덕 메가 매쓰 수학학원
김나래 전문과외
김나영 대치 새움학원
김도규 김도규수학학원
김동균 더채움 수학학원
김명후 김명후 수학학원
김미란 퍼펙트수학
김미아 일등수학교습소
김미애 스카이맥에듀
김미영 명수학교습소
김미영 정일품 수학학원
김미진 채움수학
김미희 행복한수학쌤
김민수 대치 원수학
김민정 전문과외
김민지 강북 메가스터디학원
김민창 김민창 수학
김병수 중계 학림학원
김병호 국선수학학원
김보민 이투스수학학원 상도점
김부환 압구정정보강북수학학원
김상철 미래탐구마포
김상호 압구정 파인만 이촌특별관
김선정 이룸학원
김성숙 써큘러스리더 러닝센터
김성현 하이탑수학학원
김성호 개념상상(서초관)
김수민 통수학학원
김수정 유니크 수학
김수진 싸인매쓰수학학원
김수진 깊은수학학원
김승원 솔(sol)수학학원
김승훈 하이스트 염창관
김양식 송파영재센터GTG
김여옥 매쓰홀릭학원
김연정 전문과외
김연주 목동쌤올림수학
김영란 일심수학학원
김영미 제로미수학교습소
김영숙 수 플러스학원
김영재 한그루수학
김영준 강남매쓰탑학원
김영진 세움수학학원
김 유 전문과외
김유진 전문과외
김윤태 두각학원, 김종철 국어수학 전문학원
김윤희 유니수학교습소
김은숙 전문과외
김은영 선우수학
김은영 와이즈만은평
김은영 휘경여자고등학교
김은찬 엑시엄수학학원
김은현 김쌤깨알수학
김의진 서울 성북구 채움수학
김이슬 전문과외
김이현 에듀플렉스 고덕지점
김인기 중계 학림학원
김재산 목동 일타수학학원
김재성 티포인트에듀학원
김재연 규연 수학 학원
김재헌 Creverse 고등관
김정민 청어람 수학원
김정민
김정아 지올수학
김지선 수학전문 순수
김지숙 김쌤수학의숲
김지영 구주이배수학학원
김지은 티포인트 에듀
김지은 수학대장
김지은 분석수학 선두학원
김지훈 드림에듀학원
김지훈 형설학원
김지훈 마타수학
김진규 서울바움수학(역삼럭키)
김진영 이대부속고등학교
김찬열 라엘수학
김창재 중계세일학원
김창주 고등부관 스카이학원
김태현 SMC 세곡관
김태훈 성북 페르마
김하늘 역경패도 수학전문
김하민 서강학원
김하연 전문과외
김항기 동대문중학교
김현미 김현미수학학원
김현욱 리마인드수학
김현유 혜성여자고등학교
김현정 미래탐구 중계
김현주 숙명여자고등학교
김현지 전문과외
김현혁 ◆성북학림
김형진 소자수학학원
김혜연 수학작가
김호영 장학학원
김홍수 김홍학원
김효선 토이300컴퓨터교습소
김효정 블루스카이학원 반포점
김후광 압구정파인만
김희연 이룸공부방
김희원 대일외국어고등학교
김희진 엑시엄 수학학원
나은영 메가스터디 러셀중계
나태산 중계 학림학원
남식훈 수학만
남호성 퍼씰수학전문학원
노동일 형설학원
류도현 서초구 방배동
류정민 사사모플러스수학학원
목영훈 목동 일타수학학원
목지아 수리티수학학원
문근실 시리우스수학
문성호 차원이다른수학학원
문소정 대치명인학원
문용근 올림 고등수학
문지훈 문지훈수학
박경보 최고수챌린지에듀학원
박경원 대치메이드 반포관
박광남 올마이티캠퍼스
박교국 백인대장
박근백 대치멘토스학원
박동진 더힐링수학 교습소
박리안 CMS서초고등부

박명훈 김샘학원 성북캠퍼스
박미라 매쓰몽
박민정 목동 깡수학과학학원
박상길 대길수학
박상후 강북 메가스터디학원
박설아 수학을삼키다학원 흑석2관
박성재 매쓰플러스수학학원
박소영 창동수학
박소윤 제이커브학원
박수견 비채수학원
박연주 물댄동산
박연희 박연희깨침수학교습소
박연희 열방수학
박영규 하이스트핏 수학 교습소
박영욱 태산학원
박용진 푸름을말하다학원
박정아 한신수학과외방
박정훈 전문과외
박종선 스터디153학원
박종원 상아탑학원 / 대치오르비
박종태 일타수학학원
박주현 장훈고등학교
박준하 전문과외
박진희 박선생수학전문학원
박 현 상일여자고등학교
박현주 나는별학원
박혜진 강북수재학원
박혜진 진매쓰
박홍식 송파연세수보습학원
방정은 백인대장 훈련소
방효건 서준학원 지혜관
배재형 배재형수학
백아름 아름쌤수학공부방
서근환 대진고등학교
서다인 수학의봄학원
서민국 시대인재
서민재 서준학원
서수연 수학전문 순수
서승희 딥브레인수학
서용준 와이제이학원
서원준 잠실 시그마 수학학원
서은애 하이탑수학학원
서중은 블루플렉스학원
서한나 라엘수학학원
석현욱 잇올스파르타
선 철 일신학원
설세령 뉴파인 용산중고등관
손권민경 원인학원
손민정 두드림에듀
손전모 다원교육
손정화 4퍼센트수학학원
손충모 공감수학
송경호 스마트스터디 학원
송동인 송동인수학명가
송재혁 엑시엄수학전문학원
송준민 송수학
송진우 도진우 수학 연구소
송해선 불곰에듀
신연우 개념폴리아 삼성청담관
신은숙 마곡펜타곤학원
신은진 상위권수학학원
신정훈 STEP EDU
신지영 아하 김일래 수학 전문학원
신지현 대치미래탐구
신채민 오스카 학원
신현수 현수쌤의 수학해설
심창섭 피앤에스수학학원
심혜진 반포파인만학원
안나연 전문과외
안도연 목동정도수학
안주은 채움수학
양원규 일신학원
양지애 전문과외
양창진 수학의 숲 수림학원
양해영 청출어람학원
엄시온 올마이티캠퍼스
엄유빈 유빈쌤 수학
엄지희 티포인트에듀학원
엄태웅 엄선생수학
여혜연 성북미래탐구
염승훈 이가 수학학원
오명석 대치 미래탐구 영재 경시 특목센터
오재경 성북 학림학원
오재현 강동파인만 고덕 고등관
오종택 에이원수학학원
오한별 광문고등학교
우동훈 헤파학원
위명훈 대치명인학원(마포)
위성웅 시대인재수학스쿨
위형채 에이치앤제이형설학원
유가영 탑솔루션 수학 교습소
유시준 목동깡수학과학학원
유정연 장훈고등학교
유환승 강북청솔학원
윤상문 청어람수학원
윤석원 공감수학
윤여균 전문과외
윤영숙 윤영숙수학학원
윤인영 전문과외
윤형중 씨알학당
은 현 목동 cms 입시센터 과고대비반
이경복 매스타트 수학학원
이경용 열공학원
이경주 생각하는 황소수학 서초학원
이경환 전문과외
이광락 펜타곤학원
이규만 수퍼매쓰학원
이동규 형설학원
이동훈 PGA
이루마 김샘학원
이명미 ◆대치위더스
이민호 강안교육
이상영 대치명인학원 은평캠퍼스
이상훈 골든벨수학학원
이서경 엘리트탑학원
이성용 수학의원리학원
이성재 지앤정 학원
이소윤 목동선수학
이수지 전문과외
이수호 준토에듀수학학원
이슬기 예친에듀
이시현 SKY미래연수학학원
이어진 신목중학교
이영하 키움수학
이용우 올림피아드 학원
이원용 필과수 학원
이원희 수학공작소
이유예 스카이플러스학원
이윤주 와이제이수학교습소
이은경 신길수학
이은숙 포르테수학 교습소
이은영 은수학교습소
이재봉 형설에듀이스트
이재용 이재용the쉬운수학학원
이정석 CMS서초영재관
이정섭 은지호 영감수학
이정호 정샘수학교습소
이제현 막강수학
이종혁 유인어스 학원
이종호 MathOne수학
이종환 카이수학전문학원
이주연 목동 하이씨앤씨
이준석 이가수학학원
이지연 단디수학학원
이지우 제이 앤 수 학원
이지혜 세레나영어수학학원
이지혜 대치파인만
이지훈 백향목에듀수학학원
이 진 수박에듀학원
이진덕 카이스트수학학원
이진희 서준학원
이창석 핵수학 수학전문학원
이채윤 전문과외
이충안 ◆채움수학
이충훈 QANDA
이학송 뷰티풀마인드 수학학원
이 혁 강동메르센수학학원
이현주 그레잇에듀
이형수 피앤아이수학영어학원
이혜림 다오른수학학원
이혜림 대동세무고등학교
이혜수 대치수학원
이호준 형설학원
이효준 다원교육
이효진 올토 수학학원
이희선 브리스톨
임규철 원수학 대치
임기호 대치 원수학
임다혜 시대인재 수학스쿨
임민정 전문과외
임상혁 임상혁수학학원
임소영 123수학
임영주 송파 세빛학원
임정빈 임정빈수학
임지혜 위드수학교습소
임현우 선덕고등학교
장석진 이덕재수학이미선국어학원
장성훈 미독수학
장세영 스펀지 영어수학 학원
장승희 명품이앤엠학원
장영신 송례중학교
장은영 목동깡수학과학학원
장지식 피큐브아카데미
장희준 대치 미래탐구
전기열 유니크학원
전상현 뉴클리어 수학 교습소
전성식 맥스전성식수학학원
전은나 상상수학학원
전지수 전문과외
전진남 지니어스 논술 교습소
전진아 메가스터디
정광조 로드맵수학
정다운 정다운수학교습소
정대영 대치파인만
정명련 유니크 수학학원
정무웅 강동드림보습학원
정문정 연세수학원
정민교 진학학원
정민준 사과나무학원(양천관)
정수정 대치수학클리닉 대치본점
정슬기 티포인트에듀학원
정승희 뉴파인
정연화 풀우리수학
정영아 정이수학교습소
정유미 휴브레인압구정학원
정은경 제이수학
정은영 CMS
정재윤 성덕고등학교
정진아 정선생수학
정찬민 목동매쓰원수학학원
정화진 진화수학학원
정환동 씨앤씨0.1%의대수학
정효석 최상위하다학원
조경미 레벨업수학(feat.과학)
조병훈 꿈을담는수학
조아라 유일수학
조아라 수학의시점
조아람 서울 양천구 목동
조원해 연세YT학원
조재묵 천광학원
조정은 조수학교습소
조한진 새미기픈수학
조햇봄 너의일등급수학
조현탁 전문가집단
주용호 아찬수학교습소
주은재 주은재수학학원
주정미 수학의꽃수학교습소
지명훈 선덕고등학교
지민경 고래수학교습소
진임진 전문과외
진혜원 더올라수학교습소
차민준 이투스수학학원 중계점
차성철 목동깡수학과학학원
차슬기 사과나무학원 은평관

차용우 서울외국어고등학교
채성진 수학에빠진학원
채우리 라엘수학
채행원 전문과외
최경민 배움틀수학학원
최규식 최강수학학원 보라매캠퍼스
최동영 중계이투스수학학원
최동욱 숭의여자고등학교
최백화 최백화수학
최병옥 최코치수학학원
최서훈 피큐브 아카데미
최성수 알티스수학학원
최성희 최쌤수학학원
최세남 엑시엄수학학원
최소민 최쌤ON수학
최엄견 차수학학원
최영준 문일고등학교
최용재 엠피리언학원
최용주 피크에듀학원
최윤정 최쌤수학학원
최정언 진화수학학원
최종석 강북수재학원
최지나 목동PGA전문가집단학원
최지선
최찬희 CMS중고등관
최철우 탑수학학원
최향애 피크에듀학원
최효원 한국삼육중학교
편순창 알면쉽다연세수학학원
피경민 대치명인sky
하태성 은평G1230
한나희 우리해법수학 교습소
한명석 아드폰테스
한승우 대치 개념상상SM
한승환 짱솔학원 반포점
한유리 강북청솔학원
한정우 휘문고등학교
한태인 러셀 강남
한헌주 PMG학원
현제윤 정명수학교습소
홍경표 ◆숨은원리수학
홍상민 디스토리 수학학원
홍석화 강동홍석화수학학원
홍성윤 센티움
홍성주 굿매쓰 수학
홍성진 문해와 수리 학원
홍정아 홍정아 수학
홍지혜 전문과외
황의숙 The 나은학원

◇— 세종 —◇

강태원 원수학
권정섭 너희가 꽃이다
권현수 권현수 수학전문학원
김광연 반곡고등학교
김기평 바른길수학학원
김서현 봄날영어수학학원
김수경 김수경 수학교실
김우진 정진수학학원
김편전 세종 데카르트 학원
김혜림 단하나수학
류바른 더 바른학원
박민겸 강남한국학원
배명욱 GTM 수학전문학원
배지후 해밀수학과학학원
설지연 수학적상상력
신석현 알파학원
오세은 플러스 학습교실
오현지 오쌤수학
윤여민 윤솔빈 수학하자
이준영 공부는습관이다
이지희 수학의강자
이진원 권현수수학학원
이혜란 마스터수학교습소
임채호 스파르타수학보람학원
장준영 백년대계입시학원
정하윤 공부방
최성실 샤위너스학원
최시안 세종 데카르트 수학학원
황성관 카이젠프리미엄 학원

◇— 울산 —◇

강규리 퍼스트클래스 수학영어 전문학원
고규라 고수학
고영준 비엠더블유수학전문학원
권상수 호크마수학전문학원
김민정 전문과외
김봉조 퍼스트클래스 수학영어 전문학원
김수영 울산학명수학학원
김영배 이영수학학원
김제득 퍼스트클래스 수학전문학원
김진희 김진수학학원
김현조 깊은생각수학학원
나순현 물푸레수학교습소
문명화 문쌤수학나무
박국진 강한수학전문학원
박민식 위더스 수학전문학원
반려진 우정 수학의달인
성수경 위룰 수학영어 전문학원
안지환 안누 수학
오종민 수학공작소학원
이윤호 호크마수학
이은수 삼산차수학학원
이한나 꿈꾸는고래학원
정경래 로고스영어수학학원
최규종 울산 뉴토모 수학전문학원
최이영 한양 수학전문학원
허다민 대치동 허쌤수학
황금주 제이티 수학전문학원

◇— 인천 —◇

강동인 전문과외
고준호 베스트교육(마전직영점)
곽나래 일등수학
권경원 강수학학원
권기우 하늘스터디수학학원
금상원 수미다
기미나 기쌤수학
기혜선 체리온탑수학영어학원
김강현 강수학전문학원
김건우 G1230 검단아라캠퍼스
김남신 클라비스학원
김도영 태풍학원
김미희 희수학
김보건 대치S클래스 학원
김보경 오아수학
김연주 하나M수학
김영훈 청라공감수학
김윤경 엠베스트SE학원
김은주 형진수학학원
김응수 메타수학학원
김 준 쭌에듀학원
김준식 동춘아카데미 동춘수학
김진완 성일학원
김현기 옵티머스프라임학원
김현우 더원스터디학원
김현호 온풀이 수학 1관 학원
김형진 형진수학학원
김혜린 밀턴수학
김혜영 김혜영 수학
김혜지 전문과외
김효선 코다수학학원
남덕우 Fun수학
노기성 노기성개인과외교습
렴영순 이텀교육학원
박동석 매쓰플랜수학학원 청라지점
박소이 다빈치창의수학교습소
박용석 절대학원
박재섭 구월SKY수학과학전문학원
박정우 청라디에이블영어수학학원
박치문 제일고등학교
박해석 효성비상영수학원
박혜용 전문과외
박효성 지코스수학학원
서대원 구름주전자
서미란 파이데이아학원
석동방 송도GLA학원
손선진 일품수학과학전문학원
송대익 청라ATOZ수학과학학원
송세진 부평페르마
신현우 다원교육
안서은 Sun매쓰
안예원 전문과외
오정민 갈루아수학학원
오지연 수학의힘 용현캠퍼스
왕건일 토모수학학원
유성규 현수학전문학원
유혜정 유쌤수학
이루다 이루다 교육학원
이민혁 혜윰학원
이애희 부평해법수학교실
이예나 E&M 아카데미
이필규 신현엠베스트SE학원
이혜경 이혜경고등수학학원
이혜선 우리공부
장태식 라이징수학학원
장혜림 와풀수학
전우진 인사이트 수학학원
정대웅 와이드수학
정진영 정선생 수학연구소
조미숙 수학의 신 학원
조민관 이앤에스 수학학원
조현숙 boo1class
차승민 황제수학학원
채선영 전문과외
최덕호 엠스퀘어수학교습소
최문경 (주)영웅아카데미
최웅철 큰샘수학학원
최은진 동춘수학
최 진 절대학원
한성윤 전문과외
한희영 더센플러스학원
허진선 수학나무
현미선 써니수학
현진명 에임학원
홍미영 연세영어수학과외
황규철 혜윰수학전문학원

◇— 전남 —◇

강선희 태강수학영어학원
김경민 한샘수학
김광현 한수위수학학원
김도형 하이수학교실
김도희 가람수학개인과외
김성문 창평고등학교
김윤선 전문과외
김은경 목포덕인고등학교
김은지 나주혁신위즈수학영어학원
김정은 바른사고력수학
박미옥 목포 폴리아학원
박유정 요리수연산&해봄학원
박진성 해남 한가람학원
배미경 창의논리upup
백지하 엠앤엠
서창현 전문과외
성준우 광양제철고등학교
유혜정 전문과외
이강화 강승학원
이미아 한다수학
임정원 순천매산고등학교
임진아 브레인 수학
전윤정 라온수학학원
정은경 목포베스트수학
정정화 올라스터디
정현옥 JK영수전문
조두희 무안 남악초등학교
조예은 스페셜 매쓰
조정인 나주엠베스트학원
주희정 주쌤의과수원
진양수 목포덕인고등학교
한용호 한샘수학
한지선 전문과외
황남일 SM 수학학원

◇— 전북 —◇

강원택 탑시드 수학전문학원
고혜련 성영재수학학원
권정욱 권정욱 수학
김상호 휴민고등수학전문학원
김선호 혜명학원
김성혁 S수학전문학원
김수연 전선생수학학원
김윤빈 쿼크수학영어전문학원
김재순 김재순수학학원
김준형 성영재 수학학원
나승현 나승현전유나 수학전문학원
노기한 포스 수학과학학원
박광수 박선생수학학원
박미숙 전문과외
박미화 엄쌤수학전문학원
박선미 박선생수학학원
박세희 멘토이젠수학
박소영 황규종수학전문학원
박은미 박은미수학교습소
박재성 올림수학학원
박재홍 예섬학원
박지유 박지유수학전문학원
박철우 익산 청운학원
배태익 스키마아카데미 수학교실
서영우 서영우수학교실
성영재 성영재수학전문학원
송지연 아이비리그데칼트학원
신영진 유나이츠학원
심우성 오늘은수학학원
양은지 군산중앙고등학교
양재호 양재호카이스트학원
양형준 대들보 수학
오혜진 YMS부송
유현수 수학당
윤병오 이투스247익산
이가영 마루수학국어학원
이보근 미라클입시학원
이송심 와이엠에스입시전문학원
이인성 우림중학교
이지원 긱매쓰
이한나 전문과외
이혜상 S수학전문학원
임승진 이터널수학영어학원
장재은 YMS입시학원
정두리 전문과외
정용재 성영재수학전문학원
정혜승 샤인학원
정환희 릿지수학학원
조세진 수학의길
조영신 성영재 수학전문학원
채승희 채승희수학전문학원
최성훈 최성훈수학학원
최영준 최영준수학학원
최 윤 엠투엠수학학원
최형진 수학본부
황규종 황규종수학전문학원

◇— 제주 —◇

강경혜 강경혜수학
강나래 전문과외
김기한 원탑학원
김대환 The원 수학
김보라 라딕스수학
김연희 whyplus 수학교습소
김장훈 프로젝트M수학학원
류혜선 진정성영어수학노형학원
박 찬 찬수학학원
박대희 실전수학
박승우 남녕고등학교
박재현 위더스입시학원
박진석 진리수
백민지 가우스수학학원
양은석 신성여자중학교
여원구 피드백수학전문학원
오가영 ◆메타수학학원
오재일 터닝포인트영어수학학원
이민경 공부의마침표
이상민 서이현아카데미학원
이선혜 STEADY MATH
이영주 전문과외
이현우 전문과외
장영환 제로링수학교실
편미경 편쌤수학
하혜림 제일아카데미
허은지 Hmath학원
현수진 학고제입시학원

◇— 충남 —◇

최소영 빛나는수학
강민주 수학하다 수학교습소
강범수 전문과외
강 석 에이커리어
고영지 전문과외
권순필 권쌤수학
권오운 광풍중학교
김경원 한일학원
김명은 더하다 수학학원
김미경 시티자이수학
김태화 김태화수학학원
김한빛 한빛수학학원
김현영 마루공부방
남기용 전문과외
박유진 제이홈스쿨
박재혁 명성수학학원
박지화 MATH1022
박혜정 전문과외
서봉원 서산SM수학교습소
서승우 담다수학
서유리 더배움영수학원
서정기 시너지S클래스 불당
송은선 전문과외
신경미 Honeytip
신유미 무한수학학원
유정수 천안고등학교
유창훈 시그마학원
윤보희 충남삼성고등학교
윤재웅 베테랑수학전문학원
이봉이 더수학교습소
이아람 퍼펙트브레인학원
이연지 하크니스 수학학원
이예진 명성학원
이은아 한다수학학원
이재장 깊은수학학원
이하나 에메트수학
이현주 수학다방
장다희 개인과외교습소
전혜영 타임수학학원
정광수 혜윰국영수단과학원
최원석 명사특강학원
최지원 청수303수학
추교현 더웨이학원
한호선 두드림영어수학학원
허유미 전문과외

◇— 충북 —◇

고정균 엠스터디수학학원
구강서 상류수학 전문학원
김가흔 루트 수학학원
김경희 점프업수학학원
김대호 온수학전문학원
김미화 참수학공간학원
김병용 동남수학하는사람들학원
김영은 연세고려E&M
김재광 노블가온수학학원
김정호 생생수학
김주희 매쓰프라임수학학원
김하나 하나수학
김현주 루트수학학원
문지혁 수학의 문 학원
박연경 전문과외
안진아 전문과외
윤성길 엑스클래스 수학학원
윤성희 윤성수학
윤정화 페르마수학교습소
이경미 행복한수학공부방
이연수 오창로뎀학원
이예나 수학여우정철어학원
주니어 옥산캠퍼스
이예찬 입실론수학학원
이윤성 블랙수학 교습소
이지수 일신여자고등학교
전병호 이루다 수학 학원
정수연 모두의수학
조병교 에르매쓰수학학원
조원미 원쌤수학과학교실
조형우 와이파이수학학원
최윤아 피티엠수학학원

평가원 기출의 또 다른 이름,

너기출

| For 2026 |

수학Ⅱ

평가원 기출부터 제대로!

2025학년도 대학수학능력시험 수학영역은 9월 모의평가의 출제 기조와 유사하게 지나치게 어려운 문항이나 불필요한 개념으로 실수를 유발하는 문항을 배제하면서도 공통과목과 선택과목 모두 각 단원별로 난이도의 배분이 균형 있게 출제되면서 최상위권 학생부터 중하위권 학생들까지 충분히 변별할 수 있도록 출제되었습니다.
최상위권 학생을 변별하는 문항들을 살펴보면 수학Ⅰ, 확률과 통계 과목에서는 추론능력, 수학Ⅱ, 미적분, 기하 과목에서는 문제해결 능력을 요구하는 문항이 출제되었습니다. 문제의 출제 유형은 이전에 최고난도 문항으로 출제되었던 문항의 출제 유형과 다르지 않지만 새로운 표현으로 조건을 제시하는 문항, 다양한 상황을 고려하면서 조건을 만족시키는 상황을 찾는 과정에서 시행착오를 유발할 수 있는 문항, 두 가지 이상의 수학적 개념을 동시에 적용시켜야 해결 가능한 문항들이 출제되면서 체감 난이도를 높이는 방향으로 출제되었습니다.

수험생들에게 체감난이도가 높았던 익숙하지 않은 유형의 문항을 구체적으로 살펴보면 완전히 새로운 유형이라고 할 수는 없습니다. 기존에 출제된 유형의 문제 표현 방식, 조건 제시 방식을 적은 폭으로 변경하면서 보기에는 다른 문항처럼 보이지만, 기본개념과 원리를 이해한 학생들에게는 어렵지 않게 문제 풀이 해법을 찾아나갈 수 있는 문항으로 출제되었습니다.
이렇듯 대학수학능력시험이 생긴 이후 몇 차례 교육과정과 시험 체재가 바뀌고, 출제되는 문제의 경향성이 조금씩 변화하였지만 큰 틀에서는 여전히 유사한 형태를 유지하고 있음을 알 수 있습니다.

따라서 수능 대비를 하는 수험생이라면 기출문제를 최우선으로 공부하는 것이 가장 효율적인 방법이며, 특히 평가원이 출제한 기출문제 분석은 감히 필수라고 말할 수 있습니다. 수능 시험에 대비하여 공부하려면 그 시험의 출제자인 평가원의 생각을 읽어야 하기 때문입니다. 평가원이 제시하는 학습 방향을 해석해야 한다는 것이지요. 이에 평가원 기출문제가 어떻게 진화되어 왔는지 분석하고 완벽하게 체화하는 과정이 선행되어야 합니다. 즉,

평가원 기출문제로 기출 학습의 중심을 잡은 후 수능 대비의 방향성을 찾아야 하는 것입니다.

지금까지 늘 그래왔던 것처럼 이투스북에서는 매년 수능, 평가원 기출문제를 교육과정에 근거하여 풀어보면서 면밀히 검토하고 심층 논의하여, 수험생들의 기출 분석에 도움을 주는 "너기출"을 출시하고자 노력하고 있습니다. '평가원 코드'를 담아낸 〈너기출 For 2026〉로 평가원 기출부터 제대로 공부할 수 있도록 도와드리겠습니다.

2005학년도~2025학년도 평가원 주관 수능 및 모의평가 기출(일부 단원 1994~) 전체 문항 中
2015 교육과정에 부합하고 최근 수능 경향에 맞는 문항을 빠짐없이 수록

일부 문항의 경우 2015 교육과정에 맞게 용어 및 표현 수정 / 변형 문항 수록

CONTENTS

수능 공통과목 차례 한 눈에 보기

수학Ⅰ

※ 수학Ⅰ은 별도 판매합니다.

수학Ⅱ

너기출 수학Ⅱ 이렇게 개발하였습니다

1 F 적분 단원의 전체적인 학습 밸런스 유지

15교육과정에 맞는 F 적분 단원의 고3 모의평가, 수능 기출 문항이 다른 단원에 비해 많이 부족합니다.
이에 고3 학력평가 기출 문항 중 일부를 선별 수록하여 전체적인 학습 밸런스를 유지할 수 있도록 하였습니다.

2 문항의 발문 및 식의 변형

D 함수의 극한과 연속에서 다소 복잡한 합성함수의 극한이나 연속을 묻는 기출문제는 15교육과정에서 그대로 다루기 어려운 면이 있습니다. 이에 주어진 조건을 그대로 유지하면서 수렴하는 극한의 성질이나 연속하는 함수의 성질을 이용할 수 있도록 묻는 식을 변형하여 제시하였습니다.

1 평가원 기출 중 2015 개정 교육과정에 부합하고 최근 수능 경향에 맞는 문항을 빠짐없이 수록하였습니다. 이 책에 없는 평가원 기출은 풀지 않아도 됩니다.

2005학년도~2025학년도 평가원 수능 및 모의고사 기출 전체 문항 중 **교육과정에 부합하며 최근 수능 경향에 맞는 문항을 빠짐없이 담았고**, 부합하지 않는 문항은 과감히 수록하지 않았습니다. 일부 단원의 경우 최근 10여 년간 출제된 문항 중 2015 개정 교육과정에 부합하는 것이 적었기 때문에, 전체적인 학습 밸런스를 위하여 1994학년도~2004학년도 평가원 수능 및 모의평가 기출문항을 선별하여 수록하였습니다. 2015 개정 교육과정에서 사용하는 용어 및 기호뿐만 아니라 수학적 논리 전개 과정에서 달라지는 부분을 엄밀히 분석하여 '변형' 문항을 수록하였습니다.

2 수능형 개념의 핵심 정리를 너기출 개념코드(너코)로 담아내고 너코 번호를 문제, 해설에 모두 연결하여 평가원 코드에 최적화된 학습을 할 수 있도록 구성하였습니다.

수능에서 출제될 때 어떻게 심화되고 통합되는지를 분석하여 수능형 개념 정리를 너기출 수능 개념코드(너코)로 담아냈습니다. 평가원 기출문제에서 자주 활용되는 개념들을 좀 더 자세하게 설명하고, 거의 출제되지 않는 부분은 가볍게 정리하여 학생들이 수능에 꼭 맞춘 개념 학습을 할 수 있게 하였습니다. 또한 내용마다 너코 번호를 부여하고 이 너코 번호를 해당 개념이 사용되는 문제와 해설에 모두 연결하여, 문제풀이와 개념을 유기적으로 학습할 수 있도록 하였습니다.

3 단원별, 유형별 세분화한 문항 배열과 친절하고 자세한 풀이로 처음 기출문제를 공부하는 학생들에게 편리하게 구성하였습니다.

2015 개정 교육과정의 단원 구성에 맞추어 기출학습에 최적화된 유형으로 분류하고, 각 유형 내에서는 난이도 순·출제년도 순으로 문항을 배열하였습니다. 쉬운 문제부터 어려운 문제까지 차근차근 풀어가면서 시간의 흐름에 따라 평가원 기출문제가 어떻게 진화했는지도 함께 학습할 수 있게 하였습니다. 고난이도 문항의 경우 문제의 실마리인 Hidden Point를 제공하여 포기하지 않고 접근해볼 수 있도록 하였습니다.

4 혼자 기출 학습을 하는 학생들도 쉽게 이해할 수 있도록 친절하고 자세한 풀이를 제공하였습니다.

딱딱하거나 불친절한 해설이 아닌 학생들이 자학으로 공부할 때도 불편함이 없도록 자세하면서 친절한 풀이를 제공하였습니다. 여러 가지 풀이로 다양한 접근법을 제시하였고, 엄밀하고 까다로운 내용도 생략없이 설명하여 이해를 돕고자 했습니다. 학생들이 어려워하는 몇몇 문제의 경우 풀이 전체 과정을 간단히 도식화하여 알기 쉽게 하였고, 이러닝에서 질문이 많았던 부분에 대하여 문답 형식의 설명을 제공하였습니다.

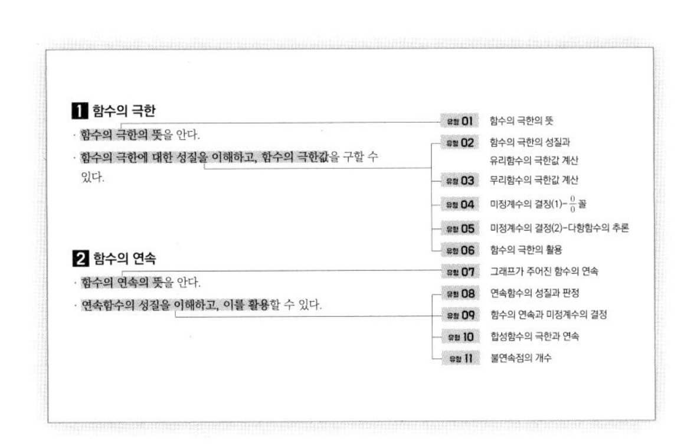

◎ 개정 교육과정의 포인트

해당 단원의 2015 개정 교육과정 원문과 함께 각 유형이 어떻게 연결되는지 보여주었습니다. 교육과정 상의 용어와 기호를 정확히 사용하였고, 교수·학습상의 유의점을 깊이 있게 분석하여 부합한 문항을 빠짐없이 담았습니다.

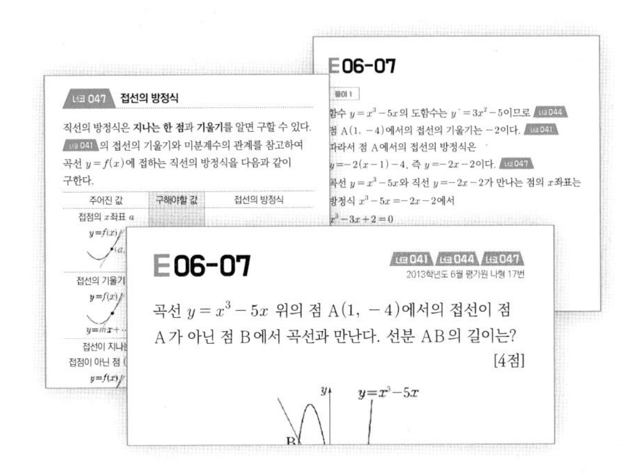

◎ 너기출 개념 코드를 활용한 개념, 문제, 해설의 유기적 학습

평가원 기출문항의 핵심 개념을 담아낸 너기출 개념코드(너코)를 제공하고 너코 번호를 문제와 해설에 모두 연결하여 실제 수능 및 평가원 기출문항에서 어떻게 적용되는지 통합적으로 학습하도록 하였습니다.

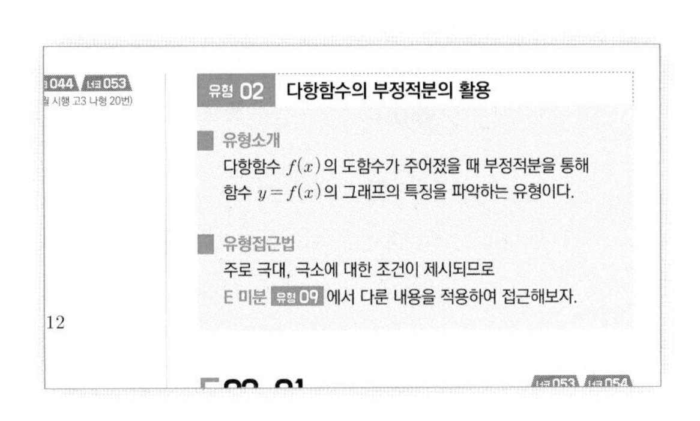

◎ 유형별 기출문제

기출문항의 핵심 개념에 따른 내용을 세분화하여 모든 문제들을 유형별로 정리하였습니다. 어떤 문항을 분류하였는지, 해당 유형에서 어떤 점을 유의해야 할지 아울러 볼 수 있도록 유형 소개를 적었습니다. 각 유형 안에서는 난이도 순·출제년도 순으로 문항을 정렬하여 학습이 용이하도록 하였습니다.

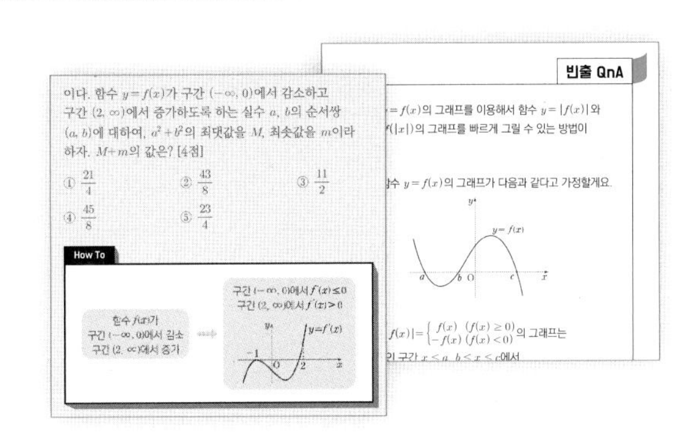

◎ 정답과 풀이

각 문항을 독립적으로 이해할 수 있도록 친절하고 자세하게 작성하였고, 피상적인 문구의 나열이 아닌 각 유형별로 핵심적이고 실전적인 접근법을 서술하였습니다. 여러 가지 풀이가 있는 경우 풀이 2, 풀이 3 으로, 풀이가 길고 복잡한 경우 풀이 과정을 간단히 도식화한 How To 로, 이러닝에서 학생들이 자주 질문하는 내용에 대한 답을 빈출 QnA 로 제공하여 풍부한 해설을 담았습니다.

D 함수의 극한과 연속

1 함수의 극한

· 함수의 극한의 뜻을 안다.

· 함수의 극한에 대한 성질을 이해하고, 함수의 극한값을 구할 수 있다.

2 함수의 연속

· 함수의 연속의 뜻을 안다.

· 연속함수의 성질을 이해하고, 이를 활용할 수 있다.

유형 01 함수의 극한의 뜻

유형 02 함수의 극한의 성질과 유리함수의 극한값 계산

유형 03 무리함수의 극한값 계산

유형 04 미정계수의 결정(1)-$\frac{0}{0}$ 꼴

유형 05 미정계수의 결정(2)-다항함수의 추론

유형 06 함수의 극한의 활용

유형 07 그래프가 주어진 함수의 연속

유형 08 연속함수의 성질과 판정

유형 09 함수의 연속과 미정계수의 결정

유형 10 합성함수의 극한과 연속

유형 11 불연속점의 개수

학습요소

· 구간, 닫힌구간, 열린구간, 반닫힌(반열린)구간, 수렴, 극한(값), 좌극한, 우극한, 발산, 무한대, 연속, 불연속, 연속함수, 최대·최소 정리, 사잇값의 정리, $[a, b]$, (a, b), $[a, b)$, $(a, b]$, $\lim_{x \to a} f(x)$, $\lim_{x \to a-} f(x)$, $\lim_{x \to a+} f(x)$, ∞

교수·학습상의 유의점

· 함수의 극한에 대한 뜻과 성질은 그래프를 통해 직관적으로 이해하게 하고, 이때 공학적 도구를 이용할 수 있다.
· 함수의 극한은 함수의 연속과 미분을 이해하는 데 필요한 정도로 간단히 다룬다.

평가방법 및 유의사항

· 함수의 극한과 연속에 대한 평가에서는 함수의 극한과 연속의 뜻과 성질에 대한 이해 여부를 평가하는 데 중점을 두고, 복잡한 합성함수나 절댓값이 여러 개 포함된 함수와 같이 지나치게 복잡한 함수를 포함하는 문제는 다루지 않는다.

1 함수의 극한

너코 032 함수의 수렴과 발산

함수 $f(x)$에 대하여
x의 값이

k는 아니면서 k에 한없이 가까워지며 변할 때

$f(x)$의 값이

계속 α이거나 또는 α에 한없이 가까워지면

함수 $f(x)$는 α에 수렴한다고 한다.

$x \to k$일 때 $f(x) \to \alpha$
또는
$$\lim_{x \to k} f(x) = \alpha$$

x의 값이 한없이 커지며 변할 때
$f(x)$의 값이 계속 α이거나 또는 α에 한없이 가까워지면
이 경우도 함수 $f(x)$는 α에 수렴한다고 하며

$$\lim_{x \to \infty} f(x) = \alpha$$

x의 값이 음수이면서 그 절댓값이 한없이 커지며 변할 때
$f(x)$의 값이 계속 α이거나 또는 α에 한없이 가까워지면
이 경우 역시 함수 $f(x)$는 α에 수렴한다고 한다.

$$\lim_{x \to -\infty} f(x) = \alpha$$

한편, 함수 $f(x)$에 대하여
x의 값이 k가 아니면서 k에 한없이 가까워지며 변할 때
$f(x)$의 값이 한없이 커지면
함수 $f(x)$는 양의 무한대(∞)로 발산한다고 한다.

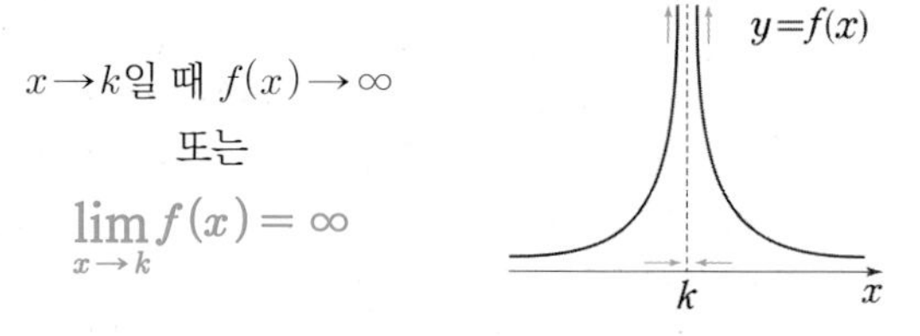

$x \to k$일 때 $f(x) \to \infty$
또는
$$\lim_{x \to k} f(x) = \infty$$

x의 값이 k가 아니면서 k에 한없이 가까워지며 변할 때
$f(x)$의 값이 음수이면서 그 절댓값이 한없이 커지면
함수 $f(x)$는 음의 무한대($-\infty$)로 발산한다고 한다.

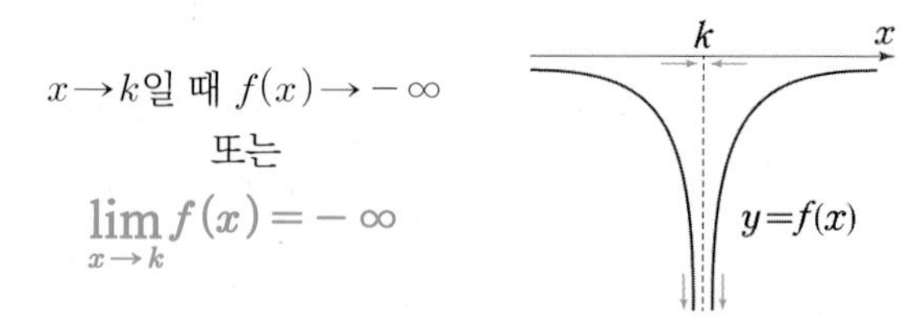

$x \to k$일 때 $f(x) \to -\infty$
또는
$$\lim_{x \to k} f(x) = -\infty$$

만약 구간별로 식이 다르게 정의된 함수라면
좌극한과 우극한을 비교하여 함수의 수렴을 판정한다.

x의 값이 k보다 작으면서 k에 한없이 가까워지며 변할 때
$f(x)$의 값이 계속 α이거나 또는 α에 한없이 가까워지면
$x=k$에서 **함수 $f(x)$의 좌극한이 α**이다.

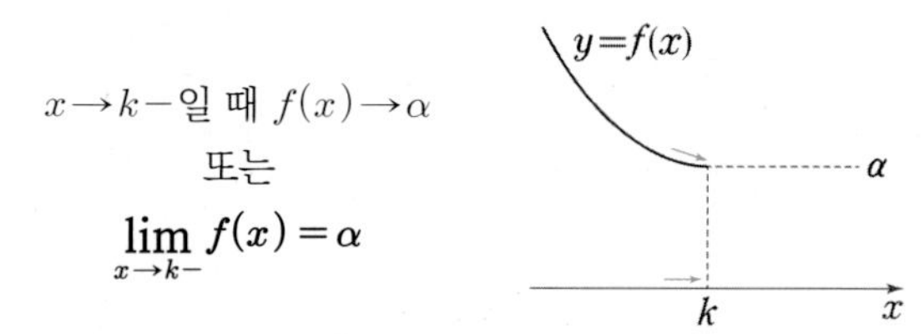

$x \to k-$일 때 $f(x) \to \alpha$
또는
$$\lim_{x \to k-} f(x) = \alpha$$

x의 값이 k보다 크면서 k에 한없이 가까워지며 변할 때
$f(x)$의 값이 β이거나 또는 β에 한없이 가까워지면
$x=k$에서 **함수 $f(x)$의 우극한이 β**이다.

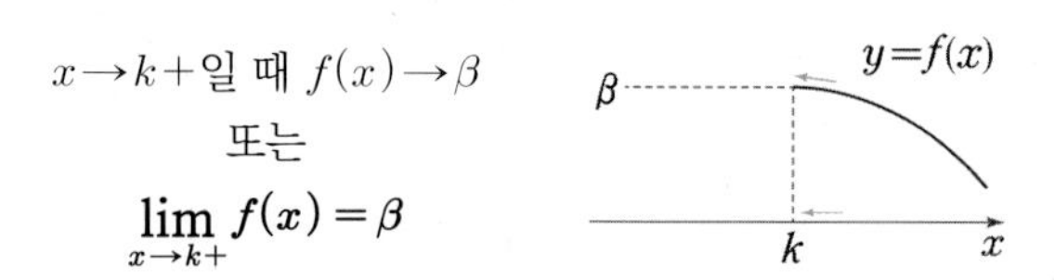

$x \to k+$일 때 $f(x) \to \beta$
또는
$$\lim_{x \to k+} f(x) = \beta$$

이때
$\alpha \neq \beta$이면 $x=k$에서 함수 $f(x)$의 극한값은
존재하지 않으며

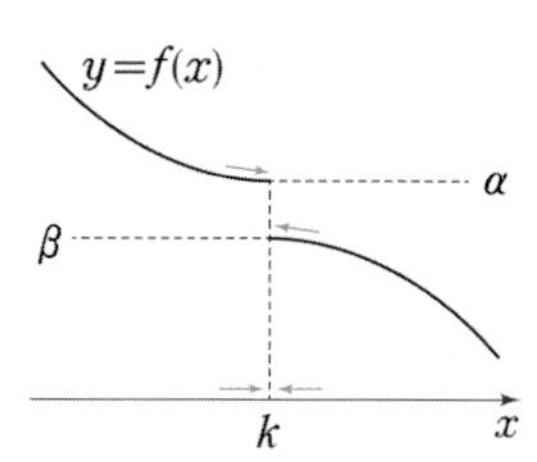

$\alpha = \beta$이면 $x=k$에서 함수 $f(x)$의 극한값이
α로 존재하므로
함수 $f(x)$는 α에 수렴한다.

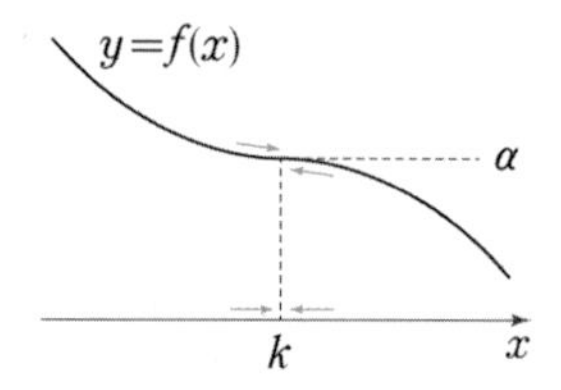

이 명제의 역도 성립하므로

$$\lim_{x\to k} f(x)=\alpha \Leftrightarrow \lim_{x\to k-} f(x)=\lim_{x\to k+} f(x)=\alpha$$

참고로 $\lim_{x\to\infty}\frac{1}{x}=0$, $\lim_{x\to\infty}\frac{1}{x^2}=0$과 같은 극한은

너코 035 의 $\frac{\infty}{\infty}$꼴의 극한을 구할 때 자주 활용된다.

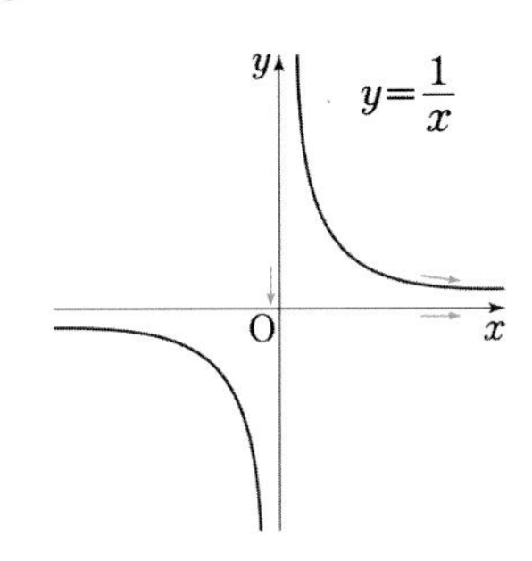

너코 033 함수의 극한에 대한 성질

$\lim_{x\to k} f(x)=\alpha$, $\lim_{x\to k} g(x)=\beta$일 때,

❶ $\lim_{x\to k} cf(x)=c\lim_{x\to k} f(x)=c\alpha$ (단, c는 상수)

❷ $\lim_{x\to k}\{f(x)\pm g(x)\}=\lim_{x\to k} f(x)\pm\lim_{x\to k} g(x)$
$=\alpha\pm\beta$

❸ $\lim_{x\to k} f(x)g(x)=\lim_{x\to k} f(x)\times\lim_{x\to k} g(x)=\alpha\beta$

❹ $\lim_{x\to k}\frac{f(x)}{g(x)}=\frac{\lim_{x\to k} f(x)}{\lim_{x\to k} g(x)}=\frac{\alpha}{\beta}$ (단, $\beta\neq 0$)

(단, $x\to k+$, $x\to k-$, $x\to\infty$, $x\to-\infty$인 경우에도 성립)

이 성질은 **개별 함수의 극한값이 모두 존재**할 때만 성립한다.

예를 들어

$\lim_{x\to\infty}\frac{x^2}{x^2+x}=\lim_{x\to\infty}\frac{1}{x}\times\lim_{x\to\infty}\frac{x^2}{x+1}=0\times\infty=0$은

잘못된 풀이이다.

$\lim_{x\to\infty}\frac{1}{x}$은 극한값이 0으로 존재하지만

$\lim_{x\to\infty}\frac{x^2}{x+1}$은 발산하여 극한값이 존재하지 않기 때문에

극한의 성질 ❸을 적용할 수 없다.

즉, 다음과 같이

수렴하는 함수들의 실수배, 합, 차, 곱, 몫

의 형태로 식을 변형해야 함수의 극한에 대한 성질을 이용하여 알맞은 극한값을 구할 수 있다.

$$\lim_{x\to\infty}\frac{x^2}{x^2+x}=\lim_{x\to\infty}\frac{1}{1+\frac{1}{x}}=\frac{\lim_{x\to\infty}1}{\lim_{x\to\infty}1+\lim_{x\to\infty}\frac{1}{x}}$$

$$=\frac{1}{1+0}=1$$

너코 034 $\frac{0}{0}$꼴의 극한값 계산

$\lim_{x\to k} f(x)=0$, $\lim_{x\to k} g(x)=0$일 때,

$\lim_{x\to k}\frac{f(x)}{g(x)}$를 **$\frac{0}{0}$꼴의 극한**이라고 하자.

[1] $\frac{0}{0}$꼴의 극한 구하기

너코 033 의 극한의 성질 ❹를 적용할 수 없으므로
일단 **분모가 0이 되도록 하는 인수를 찾아 약분**하여
계산한다.

예를 들어 $\lim_{x\to 2}\frac{x^2-x-2}{x-2}$는

(분모)$\to 0$이고 (분자)$\to 0$이므로 $\frac{0}{0}$꼴의 극한이다.

$f(x)=\frac{x^2-x-2}{x-2}$라 하면

$x\neq 2$일 때, $f(x)=\frac{x^2-x-2}{x-2}=\frac{(x-2)(x+1)}{x-2}=x+1$

따라서 x의 값이 2가 아니면서 2에 한없이 가까워지며
변할 때
$f(x)$의 값은 3에 한없이 가까워지므로

$$\lim_{x\to 2}\frac{x^2-x-2}{x-2}=\lim_{x\to 2}(x+1)=3$$

단, 무리함수가 포함된 $\frac{0}{0}$꼴은

먼저 분자 또는 분모를 유리화한 뒤,
분모가 0이 되도록 하는 인수를 찾아 약분하여
극한값을 구한다.

[2] $\frac{0}{0}$꼴의 극한의 성질

$\lim_{x\to k}\frac{f(x)}{g(x)}=\alpha$이고 $\lim_{x\to k}g(x)=0$이면

너코 033 의 극한의 성질 ③에 의하여

$$\lim_{x\to k}f(x)=\lim_{x\to k}\left\{\frac{f(x)}{g(x)}\times g(x)\right\}$$
$$=\lim_{x\to k}\frac{f(x)}{g(x)}\times\lim_{x\to k}g(x)$$
$$=\alpha\times 0=0$$

즉, $\lim_{x\to k}f(x)=0$이다.

또한

$\lim_{x\to k}\frac{f(x)}{g(x)}=\alpha(\alpha\neq 0)$이고 $\lim_{x\to k}f(x)=0$이면

너코 033 의 극한의 성질 ④에 의하여

$$\lim_{x\to k}g(x)=\lim_{x\to k}\frac{f(x)}{\frac{f(x)}{g(x)}}=\frac{\lim_{x\to k}f(x)}{\lim_{x\to k}\frac{f(x)}{g(x)}}=\frac{0}{\alpha}=0$$

즉, $\lim_{x\to k}g(x)=0$이다.

너코 035 $\frac{\infty}{\infty}$꼴, $\infty-\infty$꼴의 극한값 계산

$\lim_{x\to k}f(x)=\infty$, $\lim_{x\to k}g(x)=\infty$일 때,

$\lim_{x\to k}\frac{f(x)}{g(x)}$를 **$\frac{\infty}{\infty}$꼴의 극한**,

$\lim_{x\to k}\{f(x)-g(x)\}$를 **$\infty-\infty$꼴의 극한**이라고 하자.

[1] $\frac{\infty}{\infty}$꼴의 극한 구하기

분모와 분자를 각각 분모의 가장 큰 항으로 나누어 구하며

분모와 분자가 다항함수인 경우

$\frac{\infty}{\infty}$꼴의 극한이 0이 아닌 값으로 수렴하면 그 값은

분모와 분자의 최고차항의 계수의 비와 같다.

예를 들어 $\lim_{x\to\infty}\frac{x+1}{\sqrt{x^2-1}+x}$은

(분모)$\to\infty$이고 (분자)$\to\infty$이므로 $\frac{\infty}{\infty}$꼴의 극한이다.

이때 최고차항이 x이므로

분모와 분자를 각각 x로 나누어준 뒤

$\lim_{x\to\infty}\frac{1}{x}=0$, $\lim_{x\to\infty}\frac{1}{x^2}=0$ **등의 극한값을 대입**한다.

$$\lim_{x\to\infty}\frac{x+1}{\sqrt{x^2-1}+x}=\lim_{x\to\infty}\frac{1+\frac{1}{x}}{\sqrt{1-\frac{1}{x^2}}+1}$$
$$=\frac{1+0}{\sqrt{1-0}+1}=\frac{1}{2}$$

[2] $\frac{\infty}{\infty}$꼴의 극한의 성질

[1]의 방식에 따라

두 다항함수 $f(x)$, $g(x)$의 최고차항이 각각 ax^m, bx^n일 때

(단, $a\neq 0$, $b\neq 0$이고 m, n은 자연수)

$\lim_{x\to\infty}\frac{f(x)}{g(x)}=\alpha\ (\alpha\neq 0)$이면 $m=n$, $\alpha=\frac{a}{b}$이다.

한편,

$\lim_{x\to\infty}\frac{f(x)}{g(x)}=0$이면 $x\to\infty$일 때

$|g(x)|$가 $|f(x)|$보다 더 급격하게 커지므로 $m<n$이고

$\lim_{x\to\infty}\frac{f(x)}{g(x)}=\pm\infty$이면 $x\to\infty$일 때

$|f(x)|$가 $|g(x)|$보다 더 급격하게 커지므로 $m>n$이다.

[3] $\infty-\infty$꼴의 극한 구하기

무리함수가 포함된 $\infty-\infty$꼴은 유리화하여

$\frac{0}{0}$꼴 또는 $\frac{\infty}{\infty}$꼴로 바꾼 뒤, 극한을 구한다.

예를 들어

$$\lim_{x\to\infty}(\sqrt{x^2+3x}-x)$$
$$=\lim_{x\to\infty}\frac{(\sqrt{x^2+3x}-x)(\sqrt{x^2+3x}+x)}{\sqrt{x^2+3x}+x}$$
$$=\lim_{x\to\infty}\frac{3x}{\sqrt{x^2+3x}+x}$$
$$=\lim_{x\to\infty}\frac{3}{\sqrt{1+\frac{3}{x}}+1}$$
$$=\frac{3}{\sqrt{1+0}+1}=\frac{3}{2}$$

너코 036 함수의 극한의 대소 관계

$\lim_{x \to k} f(x) = \alpha$, $\lim_{x \to k} g(x) = \beta$일 때,
k는 아니면서 k에 가까운 모든 실수 x에 대하여

❶ $f(x) \le g(x)$이면 $\alpha \le \beta$이다.

❷ **$f(x) \le h(x) \le g(x)$이고 $\alpha = \beta$이면 $\lim_{x \to k} h(x) = \alpha$이다.**

(단, $x \to k+$, $x \to k-$, $x \to \infty$, $x \to -\infty$인 경우에도 성립)

위의 성질은 함수의 극한값이 존재할 때만 활용할 수 있으며
❶에서 $f(x) < g(x)$로,
❷에서 $f(x) < h(x) < g(x)$로 바뀌어도 성립한다.

❷를 이용하여 함수의 극한값을 구하는 과정을
예를 들어 살펴보면

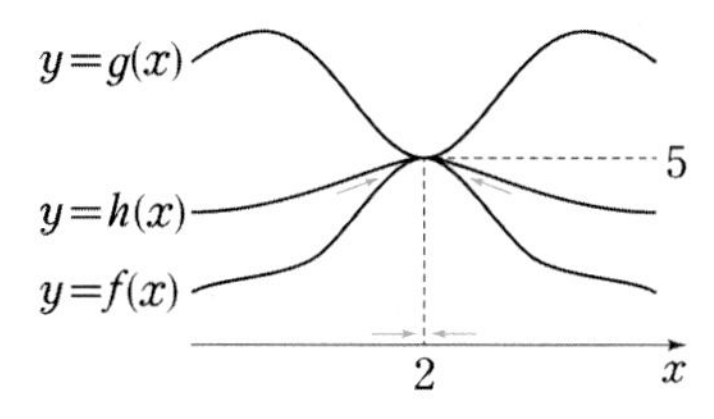

그림과 같이 2는 아니면서 2에 가까운 모든 실수 x에 대하여
$f(x) < h(x) < g(x)$이고 $\lim_{x \to 2} f(x) = \lim_{x \to 2} g(x) = 5$이면
$\lim_{x \to 2} h(x) = 5$이다.

2 함수의 연속

너코 037 함수의 연속과 연속함수

다음의 세 조건을 모두 만족시킬 때,
함수 $f(x)$는 $x = a$에서 연속이다.

❶ $f(a)$가 존재

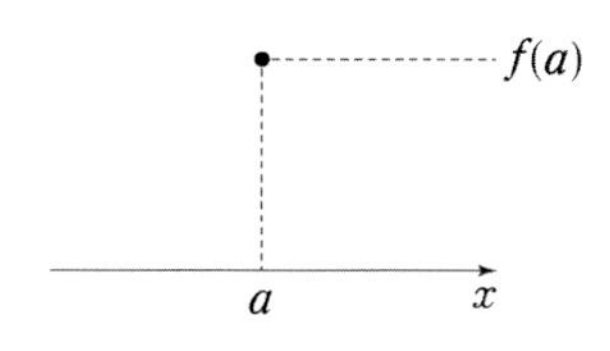

❷ $\lim_{x \to a} f(x)$가 존재

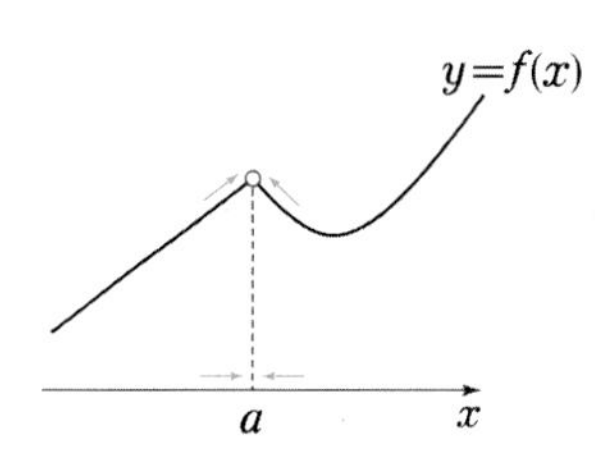

❸ $\lim_{x \to a} f(x) = f(a)$

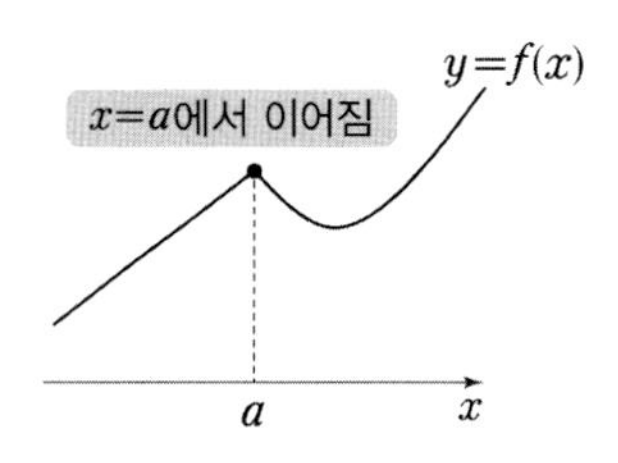

어떤 구간에 속하는 모든 실수에 대해 연속인 함수를
그 구간에서 연속함수라고 하며,
만약 위의 세 조건 중 어느 하나라도 만족시키지 않으면
$x = a$에서 그 그래프가 끊어지므로 그 점에서 불연속이다.

이때 함수 $f(x)$가 열린구간 (a, b)에서 연속이고
$\lim_{x \to a+} f(x) = f(a)$, $\lim_{x \to b-} f(x) = f(b)$이면
함수 $f(x)$는 닫힌구간 $[a, b]$에서 연속함수이다.

한편, **구간별로 각기 다른 연속함수들로 정의된 함수**는
구간의 경계에서 연속이기만 하면
정의역에 속하는 모든 실수에 대해 연속이다.

다시 말해 두 함수 $f(x)$, $g(x)$가 실수 전체에서
연속함수일 때,
함수 $h(x) = \begin{cases} f(x) & (x \ge a) \\ g(x) & (x < a) \end{cases}$가 실수 전체에서
연속함수이려면
구간의 경계인 $x = a$에서 연속이기만 하면 된다.

즉, $h(a) = f(a)$이고 (조건 ❶)
$x \ge a$일 때 $h(x) = f(x)$이므로
$\lim_{x \to a+} h(x) = \lim_{x \to a+} f(x) = f(a)$
$x < a$일 때 $h(x) = g(x)$이므로
$\lim_{x \to a-} h(x) = \lim_{x \to a-} g(x) = g(a)$
따라서 $f(a) = g(a)$만 만족시키면 된다. (조건 ❷, ❸)

너코 038 합성함수의 연속

합성함수의 연속을 판별할 때에는 동그라미 세 개를 그리면 그 과정을 한 눈에 파악할 수 있다.

예를 들어
두 함수 $y=f(x)$와 $y=g(x)$의 그래프가 다음과 같을 때
함수 $f(x)$의 치역이 함수 $g(x)$의 정의역이 되는
합성함수 $(g \circ f)(x)$의 $x=1$에서의 연속을 판별해보자.

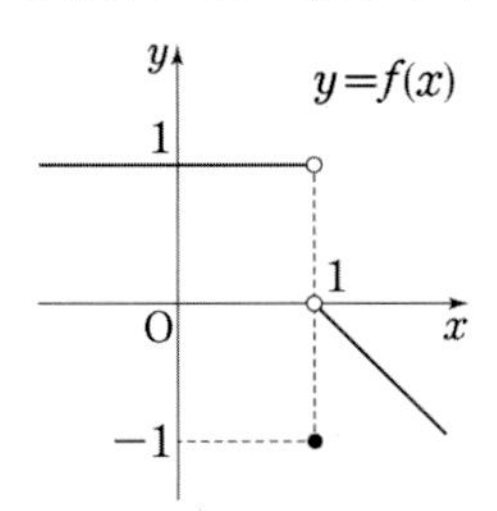

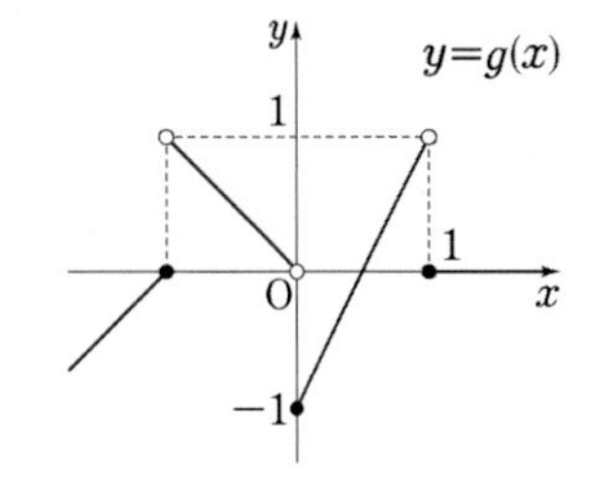

먼저 $\lim_{x \to 1+}(g \circ f)(x)$를 동그라미 세 개로 나타내면

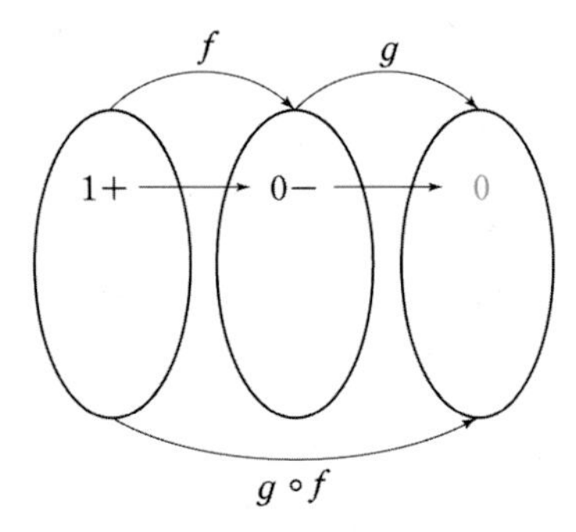

이는 함수 $y=f(x)$의 그래프에서
$x \to 1+$일 때 $f(x) \to 0-$이므로
첫 번째 동그라미에 $1+$, 두 번째 동그라미에 $0-$를 써넣고
함수 $y=g(x)$의 그래프에서
$x \to 0-$일 때 $g(x) \to 0$이므로
세 번째 동그라미에 0을 써넣은 것이다.
즉, $\lim_{x \to 1+}(g \circ f)(x)=0$이다.

그리고 $\lim_{x \to 1-}(g \circ f)(x)$를 추가하면

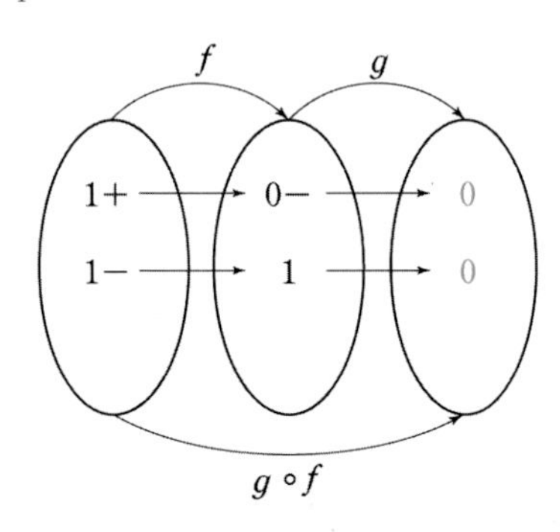

이는 함수 $y=f(x)$의 그래프에서
$x \to 1-$일 때 $f(x)=1$이므로
첫 번째 동그라미에 $1-$, 두 번째 동그라미에 1을 써넣고
함수 $y=g(x)$의 그래프에서
$x=1$일 때 $g(1)=0$이므로
세 번째 동그라미에 0을 써넣은 것이다.
즉, $\lim_{x \to 1-}(g \circ f)(x)=0$이다.

마지막으로 $(g \circ f)(1)$을 추가하면

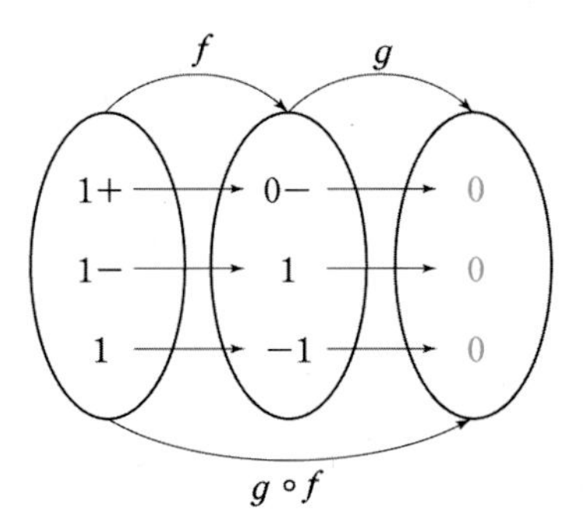

이는 $f(1)=-1$이므로
첫 번째 동그라미에 1, 두 번째 동그라미에 -1을 써넣고
$g(-1)=0$이므로
세 번째 동그라미에 0을 써넣은 것이다.
즉, $(g \circ f)(1)=0$이다.

결국 세 번째 동그라미에 적힌 수가 모두 같으므로
합성함수 $(g \circ f)(x)$는 $x=1$에서 연속임을 알 수 있다.

너코 039 연속함수의 성질

두 함수 $f(x)$, $g(x)$가 $x=a$에서 연속이면

$$\lim_{x \to a} f(x)=f(a),\ \lim_{x \to a} g(x)=g(a)$$

이므로 너코 033 의 함수의 극한에 대한 성질에 의해

$\lim_{x \to a} cf(x)=cf(a)$ (단, c는 상수)

$\lim_{x \to a}\{f(x) \pm g(x)\}=f(a) \pm g(a)$

$\lim_{x \to a} f(x)g(x)=f(a)g(a)$

$\lim_{x \to a} \frac{f(x)}{g(x)}=\frac{f(a)}{g(a)}$ (단, $g(a) \neq 0$)

따라서 **다음 함수도 $x=a$에서 연속**이다.

❶ $cf(x)$

❷ $f(x)\pm g(x)$

❸ $f(x)g(x)$

❹ $\dfrac{f(x)}{g(x)}$ (단, $g(a)\neq 0$)

한편, **함수 $f(x)$ 또는 $g(x)$가 $x=a$에서 불연속**일 때, 두 함수의 합, 차, 곱, 몫으로 정의되는 새로운 함수의 연속을 판별할 때에는 표를 그리면 그 과정을 한 눈에 파악할 수 있다.

예를 들어

두 함수 $y=f(x)$와 $y=g(x)$의 그래프가 다음과 같을 때,

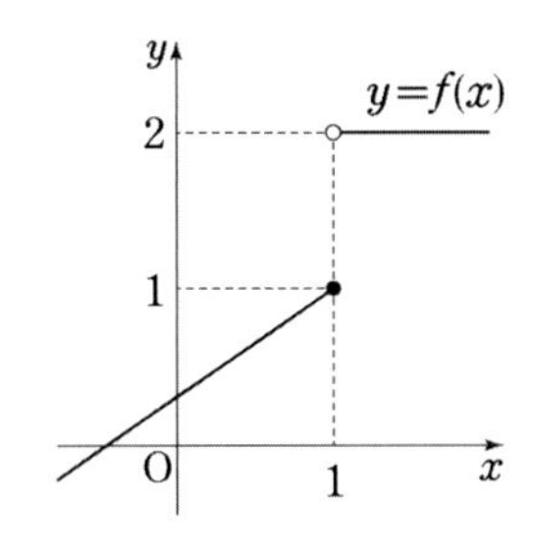

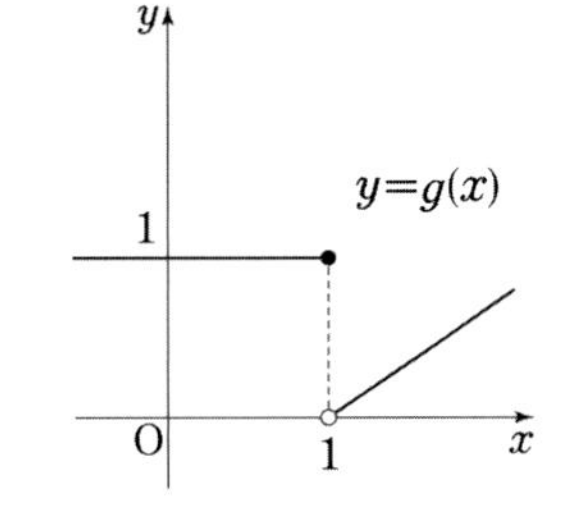

$x\to 1+$, $x\to 1-$일 때의 극한값과 $x=1$에서의 함숫값을 표로 나타내면 다음과 같다.

x	$f(x)$	$g(x)$	$f(x)+g(x)$	$f(x)-g(x)$	$f(x)g(x)$	$\frac{f(x)}{g(x)}$
$1+$	2	0	2	2	0	존재×
$1-$	1	1	2	0	1	1
1	1	1	2	0	1	1

위의 표에서

$\lim\limits_{x\to 1+}\{f(x)+g(x)\}=\lim\limits_{x\to 1-}\{f(x)+g(x)\}=2$,

$f(1)+g(1)=2$이므로

함수 $f(x)+g(x)$는 $x=1$에서 연속이다.

반면

$\lim\limits_{x\to 1+}\{f(x)-g(x)\}=2$, $\lim\limits_{x\to 1-}\{f(x)-g(x)\}=0$이므로

$\lim\limits_{x\to 1}\{f(x)-g(x)\}$는 존재하지 않는다.

따라서 함수 $f(x)-g(x)$는 $x=1$에서 불연속이고

함수 $f(x)g(x)$와 함수 $\dfrac{f(x)}{g(x)}$도 마찬가지로

$x=1$에서 불연속임을 알 수 있다.

너코 040 사잇값의 정리

사잇값의 정리는

함수 $f(x)$가 닫힌구간 $[a, b]$에서 연속이고

$\boldsymbol{f(a)\neq f(b)}$**이면,**

$f(a)$와 $f(b)$ 사이의 임의의 실수 k에 대하여

열린구간 (a, b)에

$f(c)=k$인 실수 c가 적어도 하나 존재

한다는 것이다.

이로부터 함수 $f(x)$가 닫힌구간 $[a, b]$에서 연속이고

$$\{f(a)-k\}\{f(b)-k\}<0$$

이면 $f(a)<k<f(b)$ 또는 $f(b)<k<f(a)$,

즉 $f(a)\neq f(b)$인 것이므로

방정식 $f(x)=k$의 실근이 적어도 하나 존재

함을 확인할 수 있다.

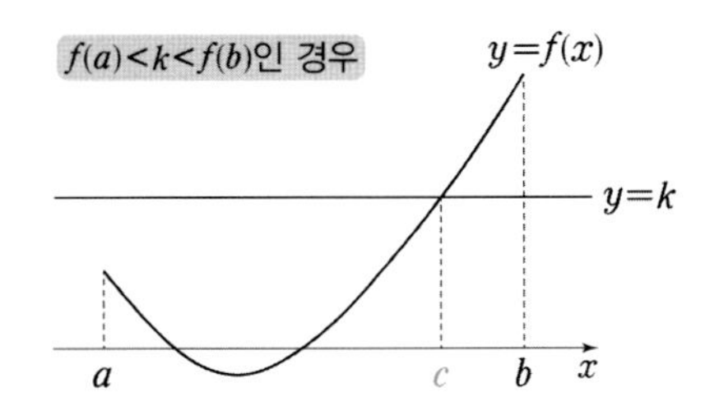

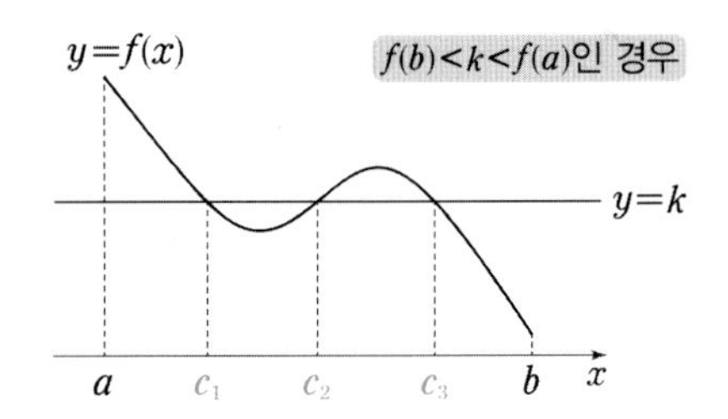

1 함수의 극한

유형 01 함수의 극한의 뜻

유형소개

함수의 극한의 뜻과 좌극한, 우극한을 이해하고 주어진 그래프를 해석하여 극한값을 찾는 유형이다.
쉬운 3점 수준으로 꾸준히 출제되고 있으므로 빠르게 풀 수 있도록 하자.

유형접근법

x의 값이 어떤 실수에 한없이 가까워질 때, $f(x)$의 값이 어떤 값에 한없이 가까워지는지를 화살표를 그려 보며 파악하자.

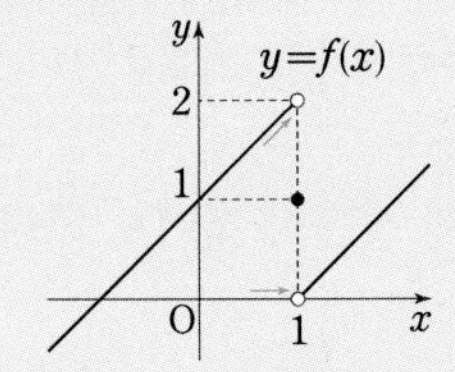

예를 들어 함수 $y=f(x)$의 그래프가 그림과 같다면 x좌표가 1보다 작으면서 1에 한없이 가까워질 때, $f(x)$의 값을 따라가는 화살표의 끝이 2를 향하고 있으므로 좌극한은 $\lim_{x\to1-}f(x)=2$이고,
마찬가지의 방법으로
우극한은 $\lim_{x\to1+}f(x)=0$임을 알 수 있다.

D01-01

너코 032
2019학년도 6월 평가원 나형 10번

함수 $y=f(x)$의 그래프가 그림과 같다.

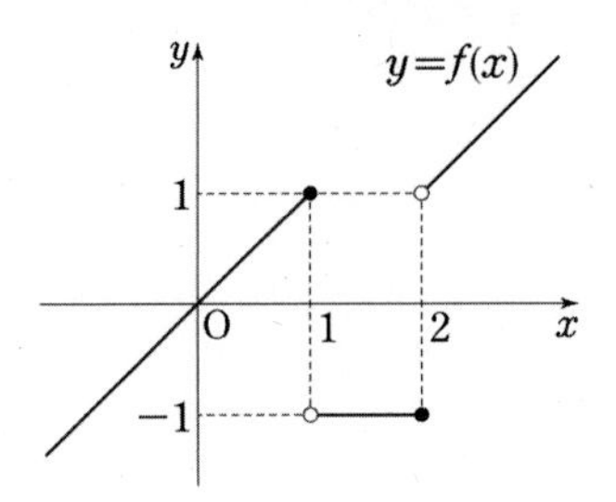

$\lim_{x\to1-}f(x)+\lim_{x\to2+}f(x)$의 값은? [3점]

① -2 ② -1 ③ 0
④ 1 ⑤ 2

D01-02

너코 032
2019학년도 9월 평가원 나형 6번

함수 $y=f(x)$의 그래프가 그림과 같다.

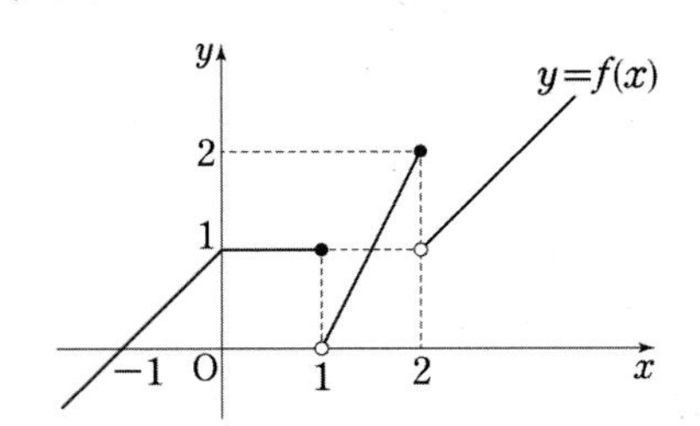

$\lim_{x\to1-}f(x)+\lim_{x\to2+}f(x)$의 값은? [3점]

① 1 ② 2 ③ 3
④ 4 ⑤ 5

D01-03

너코 032
2019학년도 수능 나형 7번

함수 $y=f(x)$의 그래프가 그림과 같다.

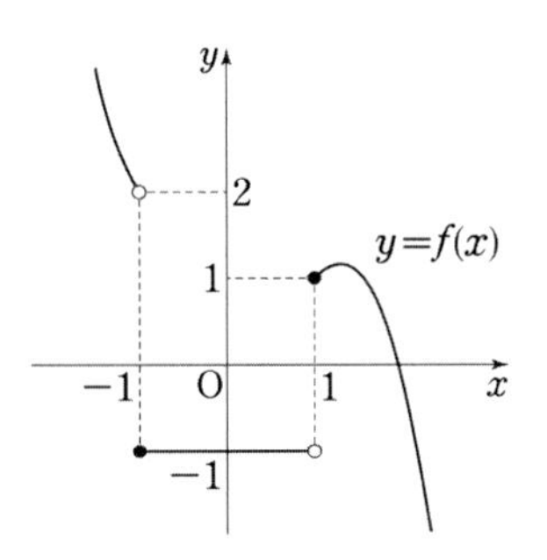

$\lim_{x\to-1-}f(x)-\lim_{x\to1+}f(x)$의 값은? [3점]

① -2　② -1　③ 0　④ 1　⑤ 2

D01-04

너코 032
2020학년도 6월 평가원 나형 7번

닫힌구간 $[-2, 2]$에서 정의된 함수 $y=f(x)$의 그래프가 그림과 같다.

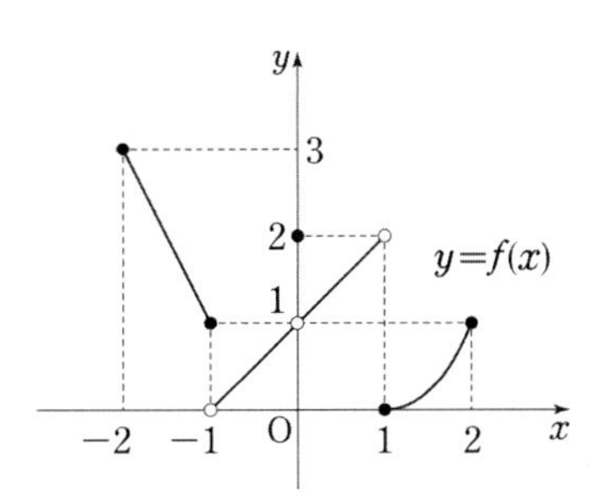

$\lim_{x\to-1+}f(x)+\lim_{x\to1-}f(x)$의 값은? [3점]

① 1　② 2　③ 3　④ 4　⑤ 5

D01-05

너코 032
2020학년도 수능 나형 8번

함수 $y=f(x)$의 그래프가 그림과 같다.

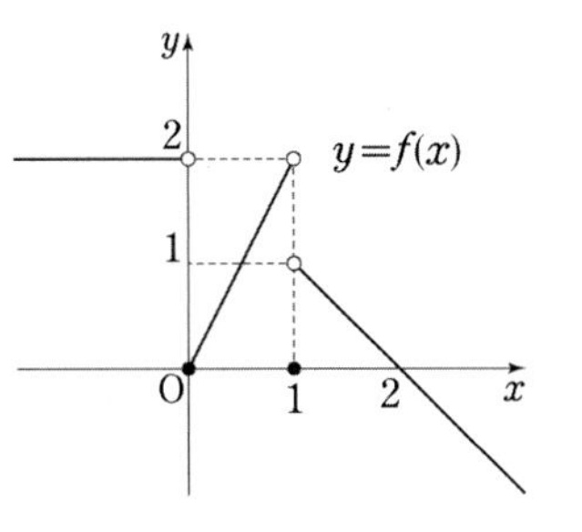

$\lim_{x\to0+}f(x)-\lim_{x\to1-}f(x)$의 값은? [3점]

① -2　② -1　③ 0　④ 1　⑤ 2

D01-06

너코 032
2022학년도 수능 예시문항 4번

함수 $y=f(x)$의 그래프가 그림과 같다.

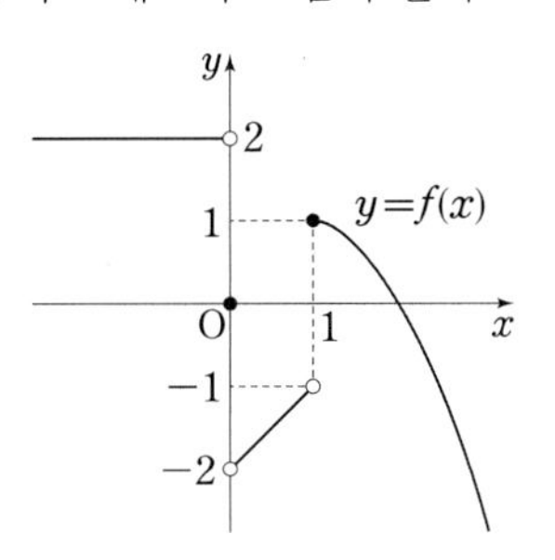

$\lim_{x\to0-}f(x)-\lim_{x\to1+}f(x)$의 값은? [3점]

① -2　② -1　③ 0　④ 1　⑤ 2

D01-07

너코 032
2021학년도 6월 평가원 나형 7번

열린구간 $(0, 4)$에서 정의된 함수 $y=f(x)$의 그래프가 그림과 같다.

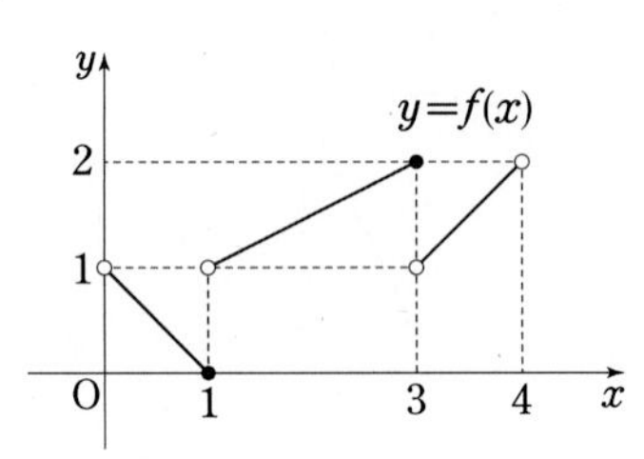

$\lim_{x \to 1+} f(x) - \lim_{x \to 3-} f(x)$의 값은? [3점]

① -2 ② -1 ③ 0
④ 1 ⑤ 2

D01-09

너코 032
2022학년도 6월 평가원 4번

함수 $y=f(x)$의 그래프가 그림과 같다.

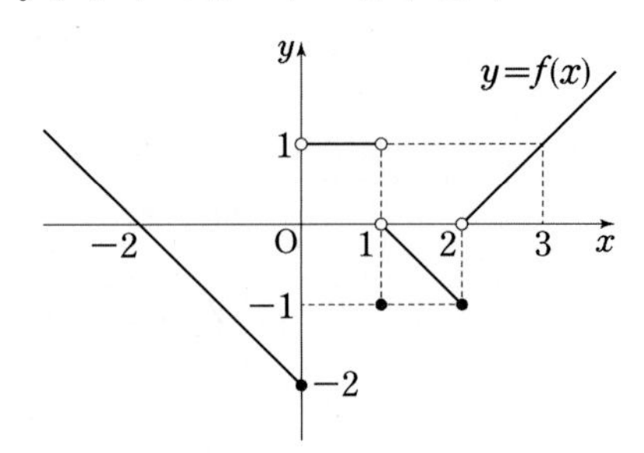

$\lim_{x \to 0-} f(x) + \lim_{x \to 2+} f(x)$의 값은? [3점]

① -2 ② -1 ③ 0
④ 1 ⑤ 2

D01-08

너코 032
2021학년도 9월 평가원 나형 6번

닫힌구간 $[-2, 2]$에서 정의된 함수 $y=f(x)$의 그래프가 다음 그림과 같다.

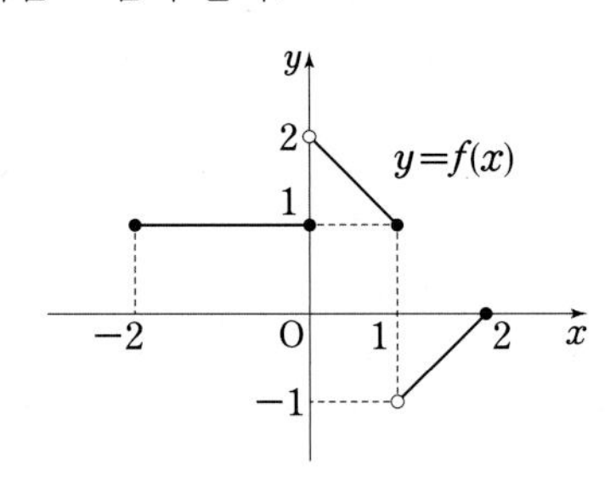

$\lim_{x \to 0+} f(x) + \lim_{x \to 2-} f(x)$의 값은? [3점]

① -2 ② -1 ③ 0
④ 1 ⑤ 2

D01-10

너코 032
2022학년도 수능 4번

함수 $y=f(x)$의 그래프가 그림과 같다.

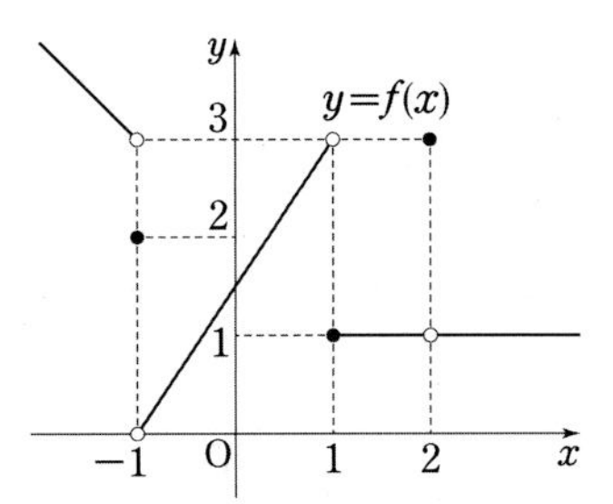

$\lim_{x \to -1-} f(x) + \lim_{x \to 2} f(x)$의 값은? [3점]

① 1 ② 2 ③ 3
④ 4 ⑤ 5

D01-11

너코 032
2023학년도 6월 평가원 4번

함수 $y=f(x)$의 그래프가 그림과 같다.

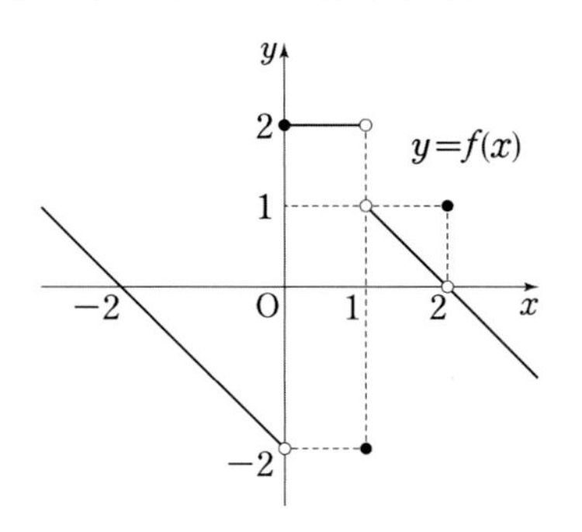

$\lim_{x \to 0-} f(x) + \lim_{x \to 1+} f(x)$의 값은? [3점]

① -2 ② -1 ③ 0
④ 1 ⑤ 2

D01-12

너코 032
2024학년도 9월 평가원 4번

함수 $y=f(x)$의 그래프가 그림과 같다.

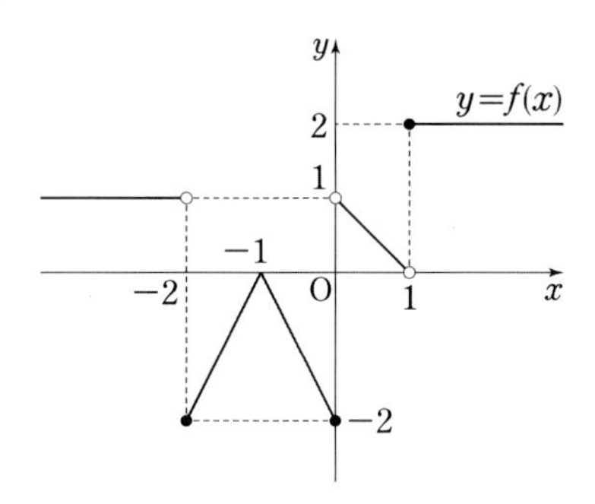

$\lim_{x \to -2+} f(x) + \lim_{x \to 1-} f(x)$의 값은? [3점]

① -2 ② -1 ③ 0
④ 1 ⑤ 2

D01-13

너코 032
2025학년도 6월 평가원 4번

함수 $y=f(x)$의 그래프가 그림과 같다.

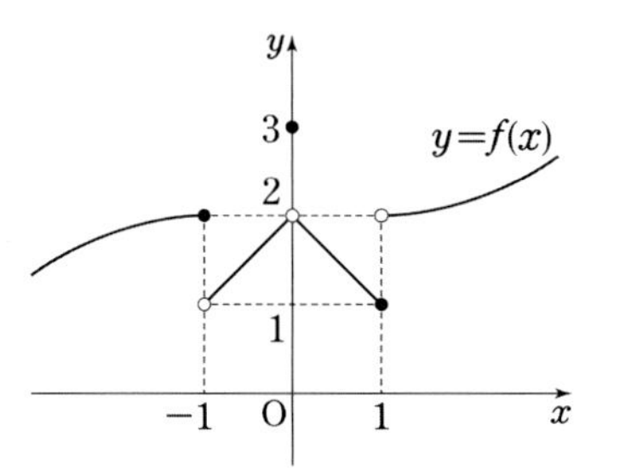

$\lim_{x \to 0+} f(x) + \lim_{x \to 1-} f(x)$의 값은? [3점]

① 1 ② 2 ③ 3
④ 4 ⑤ 5

D01-14

너코 032
2025학년도 9월 평가원 4번

함수 $y=f(x)$의 그래프가 그림과 같다.

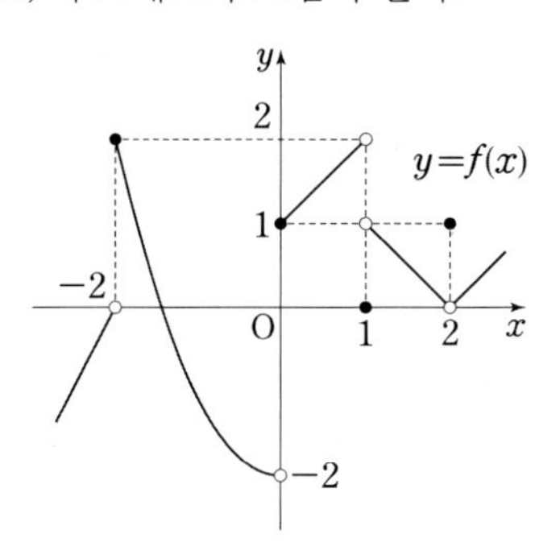

$\lim_{x \to 0-} f(x) + \lim_{x \to 1+} f(x)$의 값은? [3점]

① -2 ② -1 ③ 0
④ 1 ⑤ 2

D01-15

너코 032

2014학년도 9월 평가원 A형 15번

정의역이 $\{x \mid -2 \leq x \leq 2\}$인 함수 $y=f(x)$의 그래프가 구간 $[0, 2]$에서 그림과 같고, 정의역에 속하는 모든 실수 x에 대하여 $f(-x)=-f(x)$이다.

$\lim_{x \to -1+} f(x) + \lim_{x \to 2-} f(x)$의 값은? [4점]

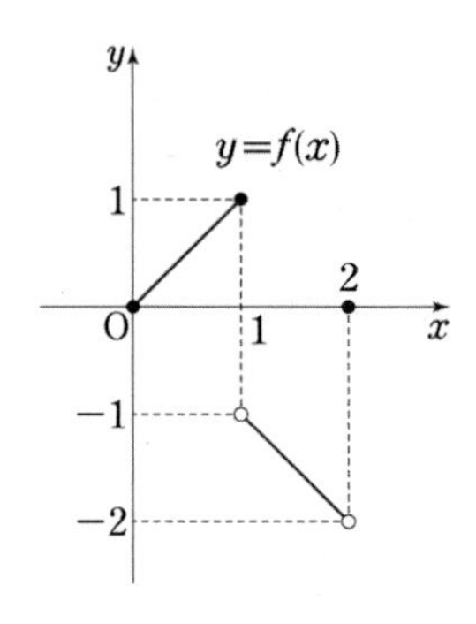

① -3　② -1　③ 0　④ 1　⑤ 3

유형 02 함수의 극한의 성질과 유리함수의 극한값 계산

유형소개

함수의 극한의 성질을 이용하여 극한값을 구하거나 $\frac{0}{0}$ 꼴을 포함한 유리함수의 극한을 계산하는 유형이다.

유형접근법

✓ 함수의 극한의 성질

$\lim_{x \to k} f(x) = \alpha$, $\lim_{x \to k} g(x) = \beta$일 때,

❶ $\lim_{x \to k} cf(x) = c\alpha$ (단, c는 상수)

❷ $\lim_{x \to k} \{f(x) \pm g(x)\} = \alpha \pm \beta$

❸ $\lim_{x \to k} f(x)g(x) = \alpha\beta$

❹ $\lim_{x \to k} \frac{f(x)}{g(x)} = \frac{\alpha}{\beta}$ (단, $\beta \neq 0$)

($x \to k+$, $x \to k-$, $x \to \infty$, $x \to -\infty$일 때도 성립)

✓ 유리함수의 극한

❶ $\lim_{x \to k} f(x) = \alpha$, $\lim_{x \to k} g(x) = \beta$일 때, (단, $\beta \neq 0$)

$\lim_{x \to k} \frac{f(x)}{g(x)} = \frac{\alpha}{\beta}$

❷ $\lim_{x \to k} f(x) = 0$, $\lim_{x \to k} g(x) = 0$일 때,

$\lim_{x \to k} \frac{f(x)}{g(x)}$, 즉 $\frac{0}{0}$꼴의 극한은

분모인 $g(x)$가 0이 되도록 하는 인수를 분자와 분모에서 각각 약분하여 극한값을 구한다.

D02-01

너코 033 너코 034

2012학년도 6월 평가원 나형 5번

함수 $f(x) = x^2 + ax$가 $\lim_{x \to 0} \frac{f(x)}{x} = 4$를 만족시킬 때, 상수 a의 값은? [3점]

① 4　② 5　③ 6　④ 7　⑤ 8

D02-02

너코 033
2012학년도 6월 평가원 나형 22번

$\lim_{x\to1}\frac{x+1}{x^2+ax+1}=\frac{1}{9}$일 때, 상수 a의 값을 구하시오.

[3점]

D02-03

너코 033 너코 034
2012학년도 9월 평가원 나형 22번

$\lim_{x\to5}\frac{x^2-25}{x-5}$의 값을 구하시오. [3점]

D02-04

너코 033 너코 034
2012학년도 수능 나형 22번

$\lim_{x\to1}\frac{(x-1)(x^2+3x+7)}{x-1}$의 값을 구하시오. [3점]

D02-05

너코 033
2013학년도 6월 평가원 나형 3번

$\lim_{x\to0}(x^2+2x+3)$의 값은? [2점]

① 1 ② 2 ③ 3 ④ 4 ⑤ 5

D02-06

너코 033
2013학년도 9월 평가원 나형 22번

$\lim_{x\to2}\frac{x^2+x}{x+1}$의 값을 구하시오. [3점]

D02-07

너코 033 너코 034
2013학년도 수능 나형 22번

$\lim_{x\to2}\frac{(x-2)(x+3)}{x-2}$의 값을 구하시오. [3점]

D02-08

너코 033 너코 034
2014학년도 5월 예비 시행 A형 22번

$\lim_{x\to 2}\frac{x^2+9x-22}{x-2}$의 값을 구하시오. [3점]

D02-09

너코 033 너코 034
2014학년도 9월 평가원 A형 3번

$\lim_{x\to 2}\frac{x^2-2x}{(x+1)(x-2)}$의 값은? [2점]

① $\frac{1}{6}$ ② $\frac{1}{3}$ ③ $\frac{1}{2}$
④ $\frac{2}{3}$ ⑤ $\frac{5}{6}$

D02-10

너코 033 너코 034
2015학년도 6월 평가원 A형 3번

$\lim_{x\to 2}\frac{(x-2)(x+1)}{x-2}$의 값은? [2점]

① 1 ② 2 ③ 3
④ 4 ⑤ 5

D02-11

너코 033
2015학년도 9월 평가원 A형 22번

$\lim_{x\to 3}\frac{x^3}{x-2}$의 값을 구하시오. [3점]

D02-12

너코 033 너코 034
2015학년도 수능 A형 22번

$\lim_{x\to 0}\frac{x(x+7)}{x}$의 값을 구하시오. [3점]

D02-13

너코 033
2016학년도 6월 평가원 A형 22번

$\lim_{x\to 2}\frac{x^2+7}{x-1}$의 값을 구하시오. [3점]

D02-14

너코 033 너코 034
2016학년도 9월 평가원 A형 5번

$\lim_{x \to 7} \frac{(x-7)(x+3)}{x-7}$의 값은? [3점]

① 6 ② 8 ③ 10
④ 12 ⑤ 14

D02-15

너코 033 너코 034
2016학년도 수능 A형 3번

$\lim_{x \to -2} \frac{(x+2)(x^2+5)}{x+2}$의 값은? [2점]

① 7 ② 8 ③ 9
④ 10 ⑤ 11

D02-16

너코 033 너코 034
2021학년도 6월 평가원 나형 4번

$\lim_{x \to 2} \frac{3x^2-6x}{x-2}$의 값은? [3점]

① 6 ② 7 ③ 8
④ 9 ⑤ 10

D02-17

너코 033 너코 034
2021학년도 9월 평가원 나형 4번

$\lim_{x \to -1} \frac{x^2+9x+8}{x+1}$의 값은? [3점]

① 6 ② 7 ③ 8
④ 9 ⑤ 10

D02-18

너코 033 너코 034
2021학년도 수능 나형 3번

$\lim_{x \to 2} \frac{x^2+2x-8}{x-2}$의 값은? [2점]

① 2 ② 4 ③ 6
④ 8 ⑤ 10

D02-19

너코 032 너코 033
2013학년도 6월 평가원 나형 9번

함수 $f(x)$에 대하여 $\lim_{x\to 2}\frac{f(x-2)}{x^2-2x}=4$일 때, $\lim_{x\to 0}\frac{f(x)}{x}$의 값은? [3점]

① 2 ② 4 ③ 6 ④ 8 ⑤ 10

D02-20

너코 033 너코 034
2014학년도 6월 평가원 A형 9번

함수 $f(x)$에 대하여

$$\lim_{x\to 2}\frac{f(x)-3}{x-2}=5$$

일 때, $\lim_{x\to 2}\frac{x-2}{\{f(x)\}^2-9}$의 값은? [3점]

① $\frac{1}{18}$ ② $\frac{1}{21}$ ③ $\frac{1}{24}$ ④ $\frac{1}{27}$ ⑤ $\frac{1}{30}$

D02-21

너코 032 너코 033
변형문항(2014학년도 6월 평가원 B형 6번)

다항함수 $f(x)$가

$$\lim_{x\to 0}\frac{x}{f(x)}=1,\ \lim_{x\to 1}\frac{x-1}{f(x)}=2$$

를 만족시킬 때, $\lim_{x\to 0}\frac{f(x+1)}{f(x)}$의 값은? [3점]

① $\frac{1}{6}$ ② $\frac{1}{3}$ ③ $\frac{1}{2}$ ④ $\frac{2}{3}$ ⑤ $\frac{5}{6}$

D02-22

너코 033
2018학년도 수능 나형 25번

함수 $f(x)$가 $\lim_{x\to 1}(x+1)f(x)=1$을 만족시킬 때, $\lim_{x\to 1}(2x^2+1)f(x)=a$이다. $20a$의 값을 구하시오. [3점]

유형 03 무리함수의 극한값 계산

유형소개

무리함수 형태의 극한값을 계산하는 유형이다. 주로 2점 또는 쉬운 3점 수준으로 출제되고 있으므로 빠르고 정확하게 계산할 수 있도록 연습하자.

유형접근법

무리함수로 표현된 분자 또는 분모를 유리화한 뒤 분모를 0으로 만드는 인수를 약분하여 극한값을 구한다.

D 03-01

너코 033 너코 034
2005학년도 6월 평가원 가형 18번

$\lim_{x \to 2} \frac{\sqrt{x^2-3}-1}{x-2}$ 의 값을 구하시오. [3점]

D 03-02

너코 033 너코 034
2007학년도 9월 평가원 가형 18번

$\lim_{x \to 0} \frac{20x}{\sqrt{4+x}-\sqrt{4-x}}$ 의 값을 구하시오. [3점]

D 03-03

너코 033 너코 034
2007학년도 수능 가형 3번

$\lim_{x \to 1} \frac{x^2-1}{\sqrt{x+3}-2}$ 의 값은? [2점]

① 7 ② 8 ③ 9 ④ 10 ⑤ 11

D 03-04

너코 032 너코 033 너코 035
2009학년도 6월 평가원 가형 2번

$\lim_{x \to -\infty} \frac{x+1}{\sqrt{x^2+x}-x}$ 의 값은? [2점]

① -1 ② $-\frac{1}{2}$ ③ 0 ④ $\frac{1}{2}$ ⑤ 1

D03-05

너코 033 너코 034
2010학년도 6월 평가원 가형 3번

$\lim_{x\to 1}\frac{x^3-x^2+x-1}{\sqrt{x+8}-3}$ 의 값은? [2점]

① 0 ② 3 ③ 6
④ 9 ⑤ 12

D03-06

너코 033
2014학년도 수능 A형 22번

$\lim_{x\to 0}\sqrt{2x+9}$ 의 값을 구하시오. [3점]

D03-07

너코 033 너코 035
2023학년도 수능 2번

$\lim_{x\to\infty}\frac{\sqrt{x^2-2}+3x}{x+5}$ 의 값은? [2점]

① 1 ② 2 ③ 3
④ 4 ⑤ 5

유형 04 미정계수의 결정(1) - $\frac{0}{0}$꼴

유형소개

$\frac{0}{0}$꼴의 극한에서 함수식 또는 극한값에 미지수가 포함되어있을 경우, 극한의 성질을 이용하여 미지수의 값을 구하는 유형이다. 자주 출제되는 유형이니 충분히 반복하며 공부하고 넘어가도록 하자.

유형접근법

❶ $\lim_{x\to k}\frac{f(x)}{g(x)}=\alpha$($\alpha$는 실수), $\lim_{x\to k}g(x)=0$이면 $\lim_{x\to k}f(x)=0$이다.

❷ $\lim_{x\to k}\frac{f(x)}{g(x)}=\alpha$($\alpha\neq 0$인 실수), $\lim_{x\to k}f(x)=0$이면 $\lim_{x\to k}g(x)=0$이다.

이를 통해 $f(x)$ 또는 $g(x)$에 포함된 미지수를 구한 다음, $\frac{0}{0}$꼴에서 분모가 0이 되도록 하는 인수를 분자와 분모에서 각각 약분하여 극한값을 구한다.

D04-01

너코 033 너코 034
2005학년도 수능 가형 18번

두 실수 a, b가 $\lim_{x\to 2}\frac{\sqrt{x^2+a}-b}{x-2}=\frac{2}{5}$를 만족시킬 때, $a+b$의 값을 구하시오. [3점]

D04-02

너코 033 너코 034
2006학년도 6월 평가원 가형 3번

$\lim_{x \to 2} \frac{x^2-4}{x^2+ax} = b$ (단, $b \neq 0$)가 성립하도록 상수 a, b의 값을 정할 때, $a+b$의 값은? [2점]

① -4 ② -2 ③ 0
④ 2 ⑤ 4

D04-03

너코 033 너코 034
2006학년도 9월 평가원 가형 3번

두 실수 a, b에 대하여 $\lim_{x \to 1} \frac{\sqrt{x^2+a}-b}{x-1} = \frac{1}{2}$일 때, ab의 값은? [2점]

① 6 ② 7 ③ 8
④ 9 ⑤ 10

D04-04

너코 033 너코 034
2006학년도 수능 가형 3번

두 상수 a, b가 $\lim_{x \to 2} \frac{x^2-(a+2)x+2a}{x^2-b} = 3$을 만족시킬 때, $a+b$의 값은? [2점]

① -6 ② -4 ③ -2
④ 0 ⑤ 2

D04-05

너코 033 너코 034
2008학년도 6월 평가원 가형 3번

두 상수 a, b에 대하여 $\lim_{x \to 1} \frac{\sqrt{2x+a}-\sqrt{x+3}}{x^2-1} = b$일 때, ab의 값은? [2점]

① 16 ② 4 ③ 1
④ $\frac{1}{4}$ ⑤ $\frac{1}{16}$

D04-06

너코 033 너코 034
2008학년도 9월 평가원 가형 2번

두 상수 a, b에 대하여 $\lim_{x\to1}\frac{ax+b}{\sqrt{x+1}-\sqrt{2}}=2\sqrt{2}$일 때, ab의 값은? [2점]

① -3　② -2　③ -1
④ 1　⑤ 2

D04-07

너코 033 너코 034
2009학년도 9월 평가원 가형 3번

$\lim_{x\to-3}\frac{\sqrt{x^2-x-3}+ax}{x+3}=b$가 성립하도록 상수 a, b의 값을 정할 때, $a+b$의 값은? [2점]

① $-\frac{5}{6}$　② $-\frac{1}{2}$　③ 0
④ $\frac{1}{2}$　⑤ $\frac{5}{6}$

D04-08

너코 033 너코 034
2010학년도 9월 평가원 가형 2번

$\lim_{x\to1}\frac{x^2+ax-b}{x^3-1}=3$이 성립하도록 상수 a, b의 값을 정할 때, $a+b$의 값은? [2점]

① 9　② 11　③ 13
④ 15　⑤ 17

D04-09

너코 033 너코 034
2010학년도 수능 가형 3번

두 상수 a, b에 대하여 $\lim_{x\to3}\frac{\sqrt{x+a}-b}{x-3}=\frac{1}{4}$일 때, $a+b$의 값은? [2점]

① 3　② 5　③ 7
④ 9　⑤ 11

D04-10

너코 033 너코 034
2011학년도 6월 평가원 가형 3번

두 상수 a, b에 대하여 $\lim_{x \to 3} \frac{x^2+ax+b}{x-3}=14$일 때, $a+b$의 값은? [2점]

① -25 ② -23 ③ -21 ④ -19 ⑤ -17

D04-11

너코 033 너코 034
2013학년도 6월 평가원 나형 5번

두 상수 a, b에 대하여 $\lim_{x \to 1} \frac{x^2+ax}{x-1}=b$일 때, $a+b$의 값은? [3점]

① -2 ② -1 ③ 0 ④ 1 ⑤ 2

D04-12

너코 033 너코 034
2014학년도 6월 평가원 A형 25번

두 상수 a, b에 대하여 $\lim_{x \to 2} \frac{\sqrt{x+a}-2}{x-2}=b$일 때, $10a+4b$의 값을 구하시오. [3점]

D04-13

너코 033 너코 034
2016학년도 6월 평가원 A형 7번

두 상수 a, b에 대하여 $\lim_{x \to 1} \frac{4x-a}{x-1}=b$일 때, $a+b$의 값은? [3점]

① 8 ② 9 ③ 10 ④ 11 ⑤ 12

유형 05 미정계수의 결정(2) - 다항함수의 추론

유형소개

다항함수에 대하여 몇 개의 극한값이 주어졌을 때, 조건을 해석하여 다항함수의 차수와 계수를 추론하는 유형이다.
유형 04 에서 공부한 내용을 바탕으로 하고 있으나 여러 개의 조건을 종합하여 문제를 해결해야하므로 고난도 문제로 자주 출제된다.

유형접근법

두 다항함수 $f(x)$, $g(x)$의 최고차항을 각각 ax^m, bx^n이라 하자. (단, $a \neq 0$, $b \neq 0$이고 m, n은 자연수)

❶ $\lim_{x\to\infty}\frac{f(x)}{g(x)}=\alpha(\alpha \neq 0)$이면 $m=n$, $\frac{a}{b}=\alpha$이다.

❷ $\lim_{x\to\infty}\frac{f(x)}{g(x)}=0$이면 $m<n$이다.

❸ $\lim_{x\to\infty}\frac{f(x)}{g(x)}=\pm\infty$이면 $m>n$이다.

이를 적용하여 알아낼 수 있는 다항함수의 최고차항의 차수 또는 계수로 구하고자 하는 다항함수의 식을 세운 후 유형 04 에서 공부한 방법으로 미정계수를 결정한다.

D05-01

너코 033 너코 034
2008학년도 6월 평가원 가형 5번

최고차항의 계수가 1인 삼차함수 $f(x)$가 $f(-1)=2$, $f(0)=0$, $f(1)=-2$를 만족시킬 때, $\lim_{x\to 0}\frac{f(x)}{x}$의 값은? [3점]

① -1 ② -2 ③ -3
④ -4 ⑤ -5

D05-02

너코 033 너코 035
2016학년도 9월 평가원 A형 28번

다항함수 $f(x)$가 다음 조건을 만족시킬 때, $f(2)$의 값을 구하시오. [4점]

(가) $\lim_{x\to\infty}\frac{f(x)-x^3}{3x}=2$
(나) $\lim_{x\to 0}f(x)=-7$

D05-03

너코 032 너코 033 너코 034
2009학년도 6월 평가원 가형 4번

다항함수 $g(x)$에 대하여 극한값 $\lim_{x\to 1}\frac{g(x)-2x}{x-1}$가 존재한다. 다항함수 $f(x)$가

$$f(x)+x-1=(x-1)g(x)$$

를 만족시킬 때, $\lim_{x\to 1}\frac{f(x)g(x)}{x^2-1}$의 값은? [3점]

① 1 ② 2 ③ 3
④ 4 ⑤ 5

D05-04

너코 033 너코 034 너코 035
2011학년도 9월 평가원 가형 5번

다항함수 $f(x)$가

$$\lim_{x \to \infty} \frac{f(x)}{x^3} = 0, \ \lim_{x \to 0} \frac{f(x)}{x} = 5$$

를 만족시킨다. 방정식 $f(x) = x$의 한 근이 -2일 때, $f(1)$의 값은? [3점]

① 6　② 7　③ 8　④ 9　⑤ 10

D05-05

너코 032 너코 033 너코 034
2017학년도 수능 나형 18번

최고차항의 계수가 1인 이차함수 $f(x)$가

$$\lim_{x \to a} \frac{f(x) - (x-a)}{f(x) + (x-a)} = \frac{3}{5}$$

을 만족시킨다. 방정식 $f(x) = 0$의 두 근을 α, β라 할 때, $|\alpha - \beta|$의 값은? (단, a는 상수이다.) [4점]

① 1　② 2　③ 3　④ 4　⑤ 5

D05-06

너코 033 너코 034 너코 035

2018학년도 9월 평가원 나형 12번

다항함수 $f(x)$가 다음 조건을 만족시킨다.

(가) $\lim_{x\to\infty}\frac{f(x)}{x^2}=2$

(나) $\lim_{x\to 0}\frac{f(x)}{x}=3$

$f(2)$의 값은? [3점]

① 11 ② 14 ③ 17
④ 20 ⑤ 23

D05-07

너코 032 너코 034 너코 035

2020학년도 6월 평가원 나형 20번

다음 조건을 만족시키는 모든 다항함수 $f(x)$에 대하여 $f(1)$의 최댓값은? [4점]

$\lim_{x\to\infty}\frac{f(x)-4x^3+3x^2}{x^{n+1}+1}=6$, $\lim_{x\to 0}\frac{f(x)}{x^n}=4$인 자연수 n이 존재한다.

① 12 ② 13 ③ 14
④ 15 ⑤ 16

D05-08

너코 033 너코 034 너코 035
2020학년도 9월 평가원 나형 16번

다항함수 $f(x)$가

$$\lim_{x\to\infty}\frac{f(x)}{x^3}=1,\ \lim_{x\to-1}\frac{f(x)}{x+1}=2$$

를 만족시킨다. $f(1)\le 12$일 때, $f(2)$의 최댓값은? [4점]

① 27 ② 30 ③ 33 ④ 36 ⑤ 39

D05-09

너코 033 너코 034 너코 035
2020학년도 수능 나형 14번

상수항과 계수가 모두 정수인 두 다항함수 $f(x)$, $g(x)$가 다음 조건을 만족시킬 때, $f(2)$의 최댓값은? [4점]

(가) $\lim_{x\to\infty}\frac{f(x)g(x)}{x^3}=2$

(나) $\lim_{x\to0}\frac{f(x)g(x)}{x^2}=-4$

① 4 ② 6 ③ 8 ④ 10 ⑤ 12

D05-10

너코 032 너코 033 너코 034
2022학년도 9월 평가원 8번

삼차함수 $f(x)$가

$$\lim_{x\to 0}\frac{f(x)}{x}=\lim_{x\to 1}\frac{f(x)}{x-1}=1$$

을 만족시킬 때, $f(2)$의 값은? [3점]

① 4 ② 6 ③ 8
④ 10 ⑤ 12

D05-11

너코 032 너코 033 너코 034 너코 035
2010학년도 6월 평가원 가형 19번

다항함수 $f(x)$가

$$\lim_{x\to 0+}\frac{x^3f\left(\frac{1}{x}\right)-1}{x^3+x}=5,\ \lim_{x\to 1}\frac{f(x)}{x^2+x-2}=\frac{1}{3}$$

을 만족시킬 때, $f(2)$의 값을 구하시오. [3점]

Hidden Point

D05-11 $\lim_{x\to 0+}\frac{x^3f\left(\frac{1}{x}\right)-1}{x^3+x}$을 그대로 두면 $\frac{0}{0}$꼴, $\frac{\infty}{\infty}$꼴 중 어느 것에도 해당되지 않으므로 극한을 구하기 어렵다.
따라서 식을 변형할 필요가 있고,
원래 식에 $\frac{1}{x}$이 포함되어 있으므로 $\frac{1}{x}=t$로 치환하여
$x\to 0+$일 때 $t\to\infty$라는 것을 이용하자.

D 05-12

너코 032 너코 033 너코 034
2015학년도 6월 평가원 A형 21번

최고차항의 계수가 1인 두 삼차함수 $f(x)$, $g(x)$가 다음 조건을 만족시킨다.

(가) $g(1)=0$

(나) $\lim_{x\to n}\frac{f(x)}{g(x)}=(n-1)(n-2)$ $(n=1,\ 2,\ 3,\ 4)$

$g(5)$의 값은? [4점]

① 4 ② 6 ③ 8 ④ 10 ⑤ 12

D 05-13

너코 032 너코 033 너코 034 너코 035
2015학년도 6월 평가원 A형 29번

다항함수 $f(x)$가

$$\lim_{x\to\infty}\frac{f(x)-x^3}{x^2}=-11,\ \lim_{x\to 1}\frac{f(x)}{x-1}=-9$$

를 만족시킬 때, $\lim_{x\to\infty}xf\left(\frac{1}{x}\right)$의 값을 구하시오. [4점]

D05-14

너코 032 너코 033 너코 034
2025학년도 수능 21번

함수 $f(x)=x^3+ax^2+bx+4$가 다음 조건을 만족시키도록 하는 두 정수 a, b에 대하여 $f(1)$의 최댓값을 구하시오. [4점]

> 모든 실수 α에 대하여 $\lim_{x \to \alpha} \frac{f(2x+1)}{f(x)}$의 값이 존재한다.

유형 06 함수의 극한의 활용

유형소개

함수의 그래프, 도형의 방정식 등과 관련된 수학 내적 문제해결 능력을 요구하는 문제로, 주어진 조건을 만족시키는 함수의 식을 구한 후 극한값을 계산하는 유형이다.
최근 자주 출제되었던 유형은 아니나 다른 과목의 내용과 엮여서 체감 난이도가 높으므로 제대로 이해하고 넘어가자.

유형접근법

문제에서 마지막에 극한값을 묻는 함수의 형태에 주목해야 한다.
선분의 길이의 극한값을 구해야 한다면 도형의 성질을 이용하여 선분의 길이를 문자로 표현하도록 하고, 새롭게 정의된 함수의 극한을 묻는다면 정의에 맞게 알맞은 함수의 식을 세워 그래프를 그리거나 극한값을 구하도록 하자.

D06-01

너코 035
2006학년도 6월 평가원 가형 4번

곡선 $y=\sqrt{x}$ 위의 점 $(t,\ \sqrt{t})$에서 점 $(1,\ 0)$까지의 거리를 d_1, 점 $(2,\ 0)$까지의 거리를 d_2라 할 때, $\lim_{t \to \infty}(d_1-d_2)$의 값은? [3점]

① 1　② $\frac{1}{2}$　③ $\frac{1}{4}$
④ $\frac{1}{8}$　⑤ 0

D06-02

너코 035
2012학년도 수능 나형 12번

그림과 같이 직선 $y=x+1$ 위에 두 점 $A(-1, 0)$과 $P(t, t+1)$이 있다. 점 P를 지나고 직선 $y=x+1$에 수직인 직선이 y축과 만나는 점을 Q라 할 때,

$\lim_{t \to \infty} \frac{\overline{AQ}^2}{\overline{AP}^2}$의 값은?[3점]

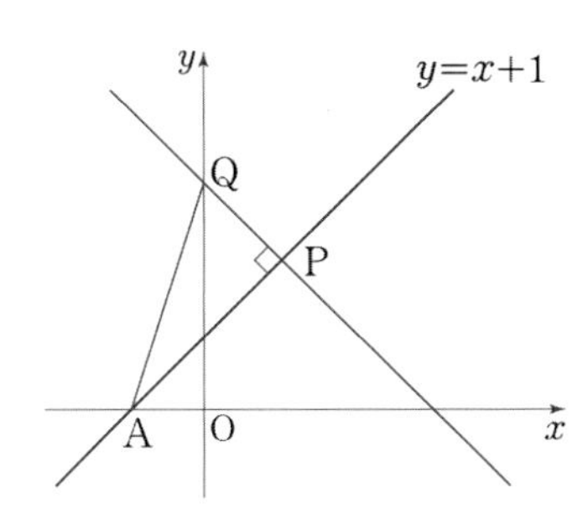

① 1 ② $\frac{3}{2}$ ③ 2

④ $\frac{5}{2}$ ⑤ 3

D06-03

너코 032
2011학년도 6월 평가원 가형 24번

x가 양수일 때, x보다 작은 자연수 중에서 소수의 개수를 $f(x)$라 하고, 함수 $g(x)$를

$$g(x)=\begin{cases} f(x) & (x>2f(x)) \\ \frac{1}{f(x)} & (x \le 2f(x)) \end{cases}$$

라고 하자. 예를 들어, $f\left(\frac{7}{2}\right)=2$이고 $\frac{7}{2}<2f\left(\frac{7}{2}\right)$이므로 $g\left(\frac{7}{2}\right)=\frac{1}{2}$이다. $\lim_{x \to 8+} g(x)=\alpha$, $\lim_{x \to 8-} g(x)=\beta$라고 할 때, $\frac{\alpha}{\beta}$의 값을 구하시오. [4점]

D06-04

너코 032

2012학년도 6월 평가원 나형 18번

실수 t에 대하여 직선 $y=t$가 함수 $y=|x^2-1|$의 그래프와 만나는 점의 개수를 $f(t)$라 할 때, $\lim_{t\to1-}f(t)$의 값은? [4점]

① 1　② 2　③ 3　④ 4　⑤ 5

D06-05

너코 033　너코 034

2023학년도 9월 평가원 12번

실수 $t\ (t>0)$에 대하여 직선 $y=x+t$와 곡선 $y=x^2$이 만나는 두 점을 A, B라 하자. 점 A를 지나고 x축에 평행한 직선이 곡선 $y=x^2$과 만나는 점 중 A가 아닌 점을 C, 점 B에서 선분 AC에 내린 수선의 발을 H라 하자.

$\lim_{t\to0+}\frac{\overline{\mathrm{AH}}-\overline{\mathrm{CH}}}{t}$의 값은? (단, 점 A의 x좌표는 양수이다.) [4점]

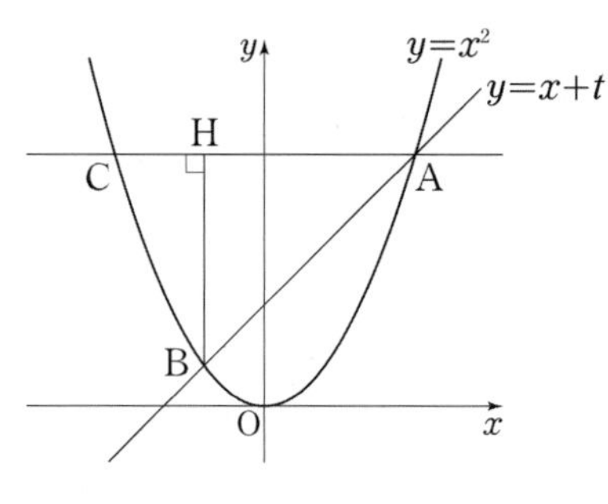

① 1　② 2　③ 3　④ 4　⑤ 5

D 06-06

너코 033 너코 034 너코 044
2024학년도 6월 평가원 11번

그림과 같이 실수 $t\ (0 < t < 1)$에 대하여 곡선 $y = x^2$ 위의 점 중에서 직선 $y = 2tx - 1$과의 거리가 최소인 점을 P라 하고, 직선 OP가 직선 $y = 2tx - 1$과 만나는 점을 Q라 할 때, $\lim\limits_{t \to 1-} \dfrac{\overline{PQ}}{1-t}$의 값은? (단, O는 원점이다.) [4점]

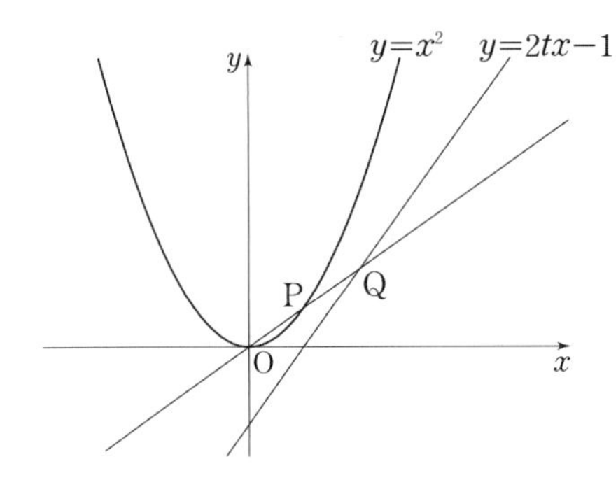

① $\sqrt{6}$ ② $\sqrt{7}$ ③ $2\sqrt{2}$
④ 3 ⑤ $\sqrt{10}$

2 함수의 연속

유형 07 그래프가 주어진 함수의 연속

유형소개

그래프가 주어진 함수의 극한값과 함숫값을 구하여 한 점에서 함수가 연속인지 판별하는 유형이다.

유형접근법

두 함수의 실수배, 합, 차, 곱, 몫으로 나타내어진 새로운 함수의 연속성을 판단할 때 표를 그리면 실수를 줄일 수 있다.

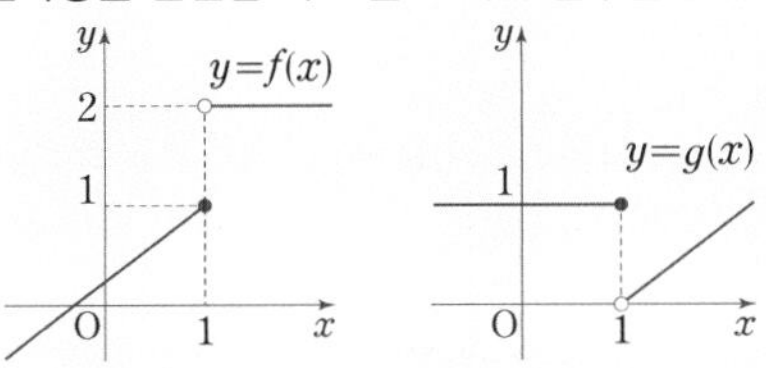

예를 들어 두 함수의 그래프가 그림과 같을 때 $x \to 1+$, $x \to 1-$일 때의 극한값과 $x = 1$에서의 함숫값을 표로 나타내면 다음과 같다.

x	$f(x)$	$g(x)$	$f(x)+g(x)$	$f(x)-g(x)$	$f(x)g(x)$	$\dfrac{f(x)}{g(x)}$
$1+$	2	0	2	2	0	∞
$1-$	1	1	2	0	1	1
1	1	1	2	0	1	1

이때 새롭게 정의된 함수에 대하여 $x = 1$에서의 우극한값, 좌극한값, 함숫값이 모두 존재하고, 그 값이 서로 같으면 $x = 1$에서 연속이다.
하나의 값이라도 존재하지 않거나 서로 다른 값을 가지면 $x = 1$에서 불연속이다.

D07-01

너코 032 너코 037
2005학년도 6월 평가원 가형 5번

정의역이 $\{x \mid -1 \leq x \leq 3\}$인 함수 $y=f(x)$의 그래프가 그림과 같을 때, 〈보기〉에서 옳은 것만을 있는 대로 고른 것은? [3점]

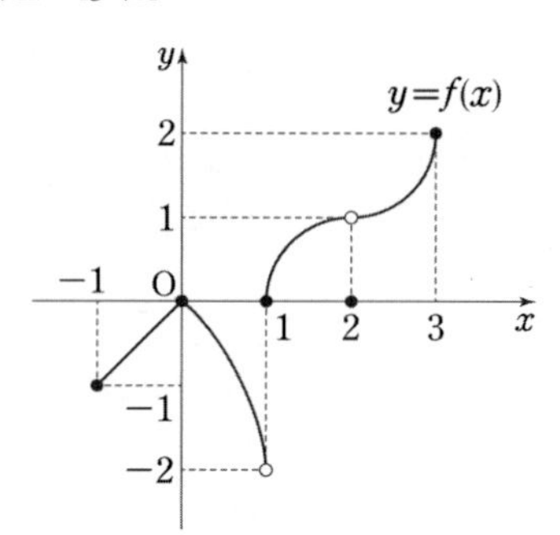

〈보 기〉

ㄱ. $\lim_{x\to1} f(x)$가 존재한다.

ㄴ. $\lim_{x\to2} f(x)$가 존재한다.

ㄷ. $-1<a<1$인 실수 a에 대하여 $\lim_{x\to a} f(x)$가 존재한다.

① ㄱ ② ㄴ ③ ㄷ
④ ㄱ, ㄴ ⑤ ㄴ, ㄷ

D07-02

너코 032 너코 037
2014학년도 6월 평가원 A형 11번

함수 $y=f(x)$의 그래프가 그림과 같다.

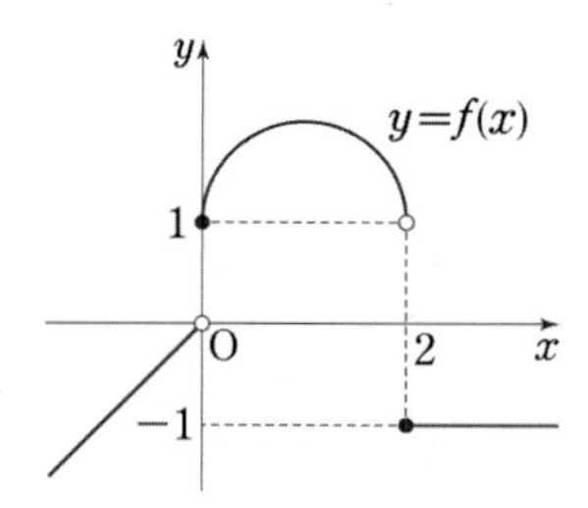

〈보기〉에서 옳은 것만을 있는 대로 고른 것은? [3점]

〈보 기〉

ㄱ. $\lim_{x\to0+} f(x)=1$

ㄴ. $\lim_{x\to2-} f(x)=-1$

ㄷ. 함수 $|f(x)|$는 $x=2$에서 연속이다.

① ㄱ ② ㄴ ③ ㄱ, ㄷ
④ ㄴ, ㄷ ⑤ ㄱ, ㄴ, ㄷ

D07-03

너코 032 너코 039
2012학년도 수능 나형 18번

함수 $y=f(x)$의 그래프가 그림과 같을 때, 옳은 것만을 〈보기〉에서 있는 대로 고른 것은? [4점]

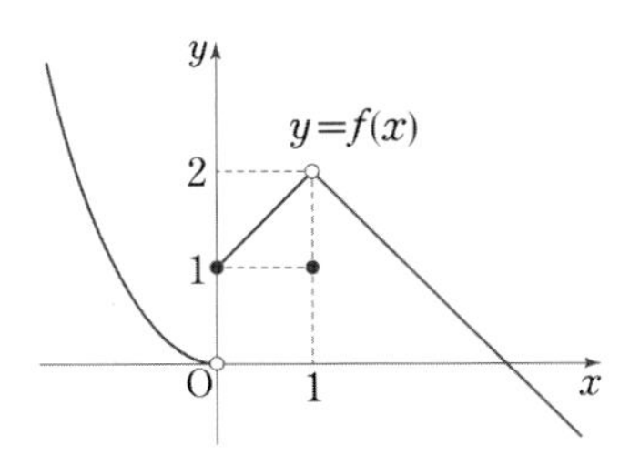

〈보 기〉

ㄱ. $\lim_{x\to 0+} f(x)=1$

ㄴ. $\lim_{x\to 1} f(x)=f(1)$

ㄷ. 함수 $(x-1)f(x)$는 $x=1$에서 연속이다.

① ㄱ ② ㄱ, ㄴ ③ ㄱ, ㄷ
④ ㄴ, ㄷ ⑤ ㄱ, ㄴ, ㄷ

D07-04

너코 037 너코 039
2013학년도 6월 평가원 가형 6번

최고차항의 계수가 1인 이차함수 $f(x)$와 함수

$$g(x)=\begin{cases} -1 & (x\le 0) \\ -x+1 & (0<x<2) \\ 1 & (x\ge 2) \end{cases}$$

에 대하여 함수 $f(x)g(x)$가 실수 전체의 집합에서 연속이다. $f(5)$의 값은? [3점]

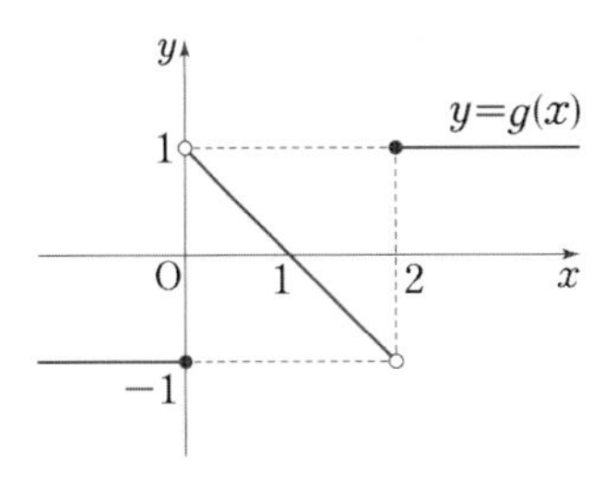

① 15 ② 17 ③ 19
④ 21 ⑤ 23

D07-05

너코 037 너코 039
2014학년도 6월 평가원 A형 13번

함수

$$f(x)=\begin{cases} x+2 & (x \le 0) \\ -\dfrac{1}{2}x & (x > 0) \end{cases}$$

의 그래프가 그림과 같다.

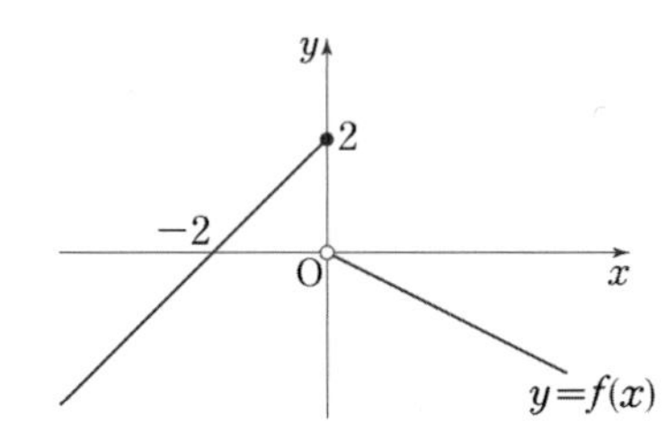

함수 $g(x)=f(x)\{f(x)+k\}$가 $x=0$에서 연속이 되도록 하는 상수 k의 값은? [3점]

① -2 ② -1 ③ 0
④ 1 ⑤ 2

D07-06

너코 032 너코 033 너코 039
2008학년도 수능 가형 8번

열린구간 $(-2,\ 2)$에서 정의된 함수 $y=f(x)$의 그래프가 다음 그림과 같다.

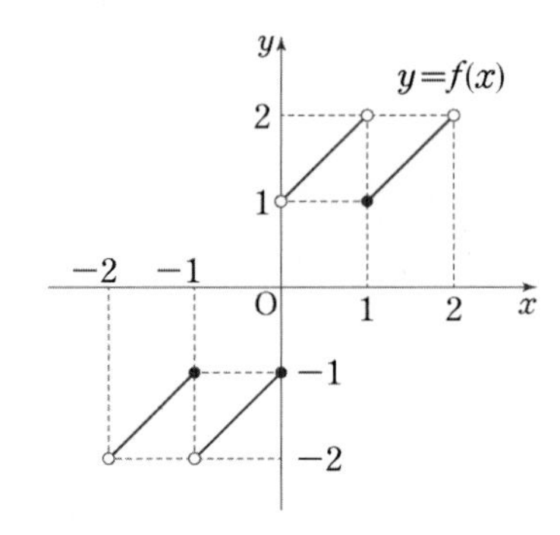

열린구간 $(-2,\ 2)$에서 함수 $g(x)$를

$$g(x)=f(x)+f(-x)$$

로 정의할 때, 〈보기〉에서 옳은 것만을 있는 대로 고른 것은? [4점]

〈보 기〉

ㄱ. $\lim_{x\to 0} f(x)$가 존재한다.

ㄴ. $\lim_{x\to 0} g(x)$가 존재한다.

ㄷ. 함수 $g(x)$는 $x=1$에서 연속이다.

① ㄴ ② ㄷ ③ ㄱ, ㄴ
④ ㄱ, ㄷ ⑤ ㄴ, ㄷ

D07-07

너코 032 너코 033 너코 037 너코 039 너코 040
변형문항(2010년 4월 시행 고3 가형 11번)

$-2 \leq x \leq 2$에서 정의된 두 함수 $y=f(x)$와 $y=g(x)$의 그래프가 그림과 같을 때, 〈보기〉에서 옳은 것만을 있는 대로 고른 것은? [4점]

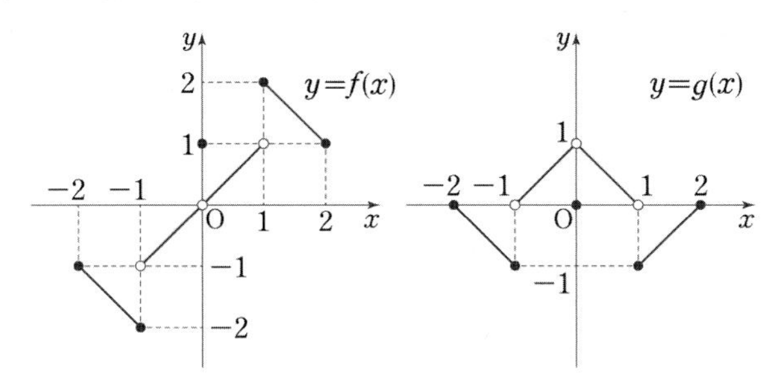

〈보 기〉

ㄱ. $x=-1$에서의 함수 $f(x)g(x)$의 극한값이 존재한다.

ㄴ. 함수 $f(x)g(x)$는 $x=0$에서 연속이다.

ㄷ. 방정식 $f(x)g(x)=-1$은 열린구간 $(1,\ 2)$에서 적어도 하나의 실근을 가진다.

① ㄱ ② ㄴ ③ ㄱ, ㄴ
④ ㄴ, ㄷ ⑤ ㄱ, ㄴ, ㄷ

D07-08

너코 032 너코 033 너코 037
2019학년도 9월 평가원 나형 18번

닫힌구간 $[-1,\ 1]$에서 정의된 함수 $y=f(x)$의 그래프가 그림과 같다.

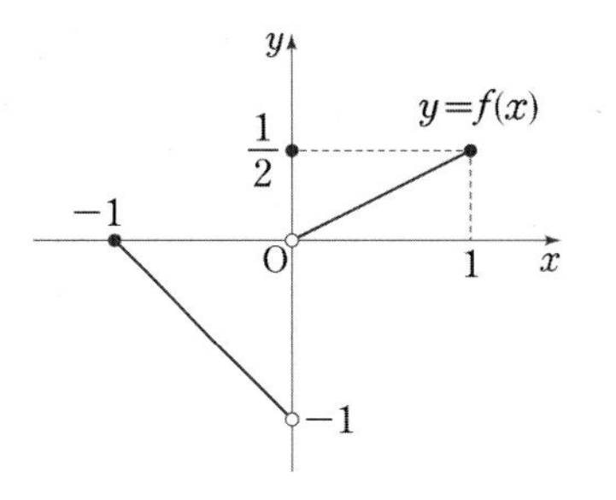

닫힌구간 $[-1,\ 1]$에서 두 함수 $g(x),\ h(x)$가

$$g(x)=f(x)+|f(x)|,$$
$$h(x)=f(x)+f(-x)$$

일 때, 〈보기〉에서 옳은 것만을 있는 대로 고른 것은? [4점]

〈보 기〉

ㄱ. $\lim_{x \to 0} g(x)=0$

ㄴ. 함수 $|h(x)|$는 $x=0$에서 연속이다.

ㄷ. 함수 $g(x)|h(x)|$는 $x=0$에서 연속이다.

① ㄱ ② ㄷ ③ ㄱ, ㄴ
④ ㄴ, ㄷ ⑤ ㄱ, ㄴ, ㄷ

유형 08 연속함수의 성질과 판정

유형소개

유형 07 과 유사하나 함수가 구간에 따른 식으로 정의되었을 때 연속인지 판별하거나 연속함수의 성질을 이용하여 보기 중 옳은 것을 구하는 유형이다.

유형접근법

함수식이 구간에 따라 다르게 정의되었을 때,
새롭게 정의된 함수의 그래프를 그리거나 식을 세워
유형 07 에서 다룬 방법으로 접근하면 된다.

D08-01

너코 032 너코 033 너코 037 너코 039 너코 040
변형문항(2007학년도 6월 평가원 가형 7번)

삼차함수 $y=f(x)$의 그래프와 함수

$$g(x)=\begin{cases} \dfrac{1}{2}x-1 & (x>0) \\ -x-2 & (x\le 0) \end{cases}$$

의 그래프가 그림과 같을 때, 〈보기〉에서 옳은 것만을 있는 대로 고른 것은? [3점]

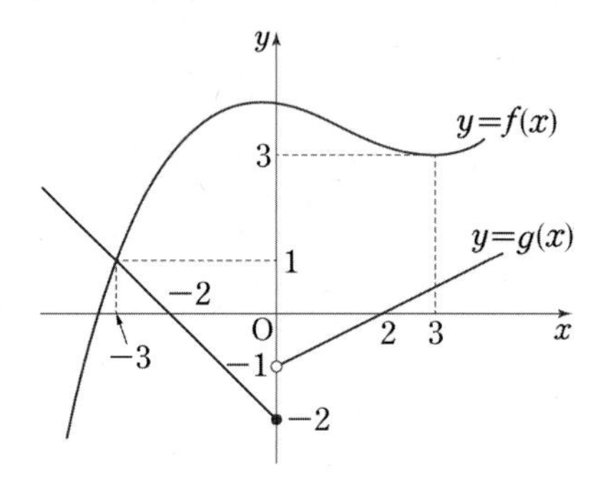

〈보 기〉

ㄱ. $\lim_{x\to 0+} g(x)=-1$
ㄴ. 함수 $f(x)g(x)$는 실수 전체의 집합에서 연속이다.
ㄷ. 방정식 $f(x)g(x)=0$은 닫힌구간 $[-3,\ 0]$에서 적어도 하나의 실근을 갖는다.

① ㄱ ② ㄴ ③ ㄷ
④ ㄱ, ㄷ ⑤ ㄱ, ㄴ, ㄷ

D08-02

너코 032 너코 033 너코 037 너코 039

2013학년도 9월 평가원 나형 13번

함수 $f(x)$가

$$f(x)=\begin{cases} a & (x \le 1) \\ -x+2 & (x>1) \end{cases}$$

일 때, 〈보기〉에서 옳은 것만을 있는 대로 고른 것은?

(단, a는 상수이다.) [3점]

〈보 기〉

ㄱ. $\lim_{x \to 1+} f(x)=1$

ㄴ. $a=0$이면 함수 $f(x)$는 $x=1$에서 연속이다.

ㄷ. 함수 $y=(x-1)f(x)$는 실수 전체의 집합에서 연속이다.

① ㄱ ② ㄴ ③ ㄱ, ㄷ
④ ㄴ, ㄷ ⑤ ㄱ, ㄴ, ㄷ

D08-03

너코 032 너코 037

2006학년도 6월 평가원 가형 15번

두 함수 $f(x)$, $g(x)$에 대하여 〈보기〉에서 옳은 것만을 있는 대로 고른 것은? [3점]

〈보 기〉

ㄱ. $\lim_{x \to 0} f(x)$와 $\lim_{x \to 0} g(x)$가 모두 존재하지 않으면 $\lim_{x \to 0}\{f(x)+g(x)\}$도 존재하지 않는다.

ㄴ. $y=f(x)$가 $x=0$에서 연속이면 $y=|f(x)|$도 $x=0$에서 연속이다.

ㄷ. $y=|f(x)|$가 $x=0$에서 연속이면 $y=f(x)$도 $x=0$에서 연속이다.

① ㄴ ② ㄷ ③ ㄱ, ㄴ
④ ㄱ, ㄷ ⑤ ㄴ, ㄷ

D08-04

너코 032 너코 033 너코 037
2007학년도 9월 평가원 가형 6번

집합 $\{x \mid 0 < x < 2\}$에서 정의된 함수 $f(x)$가

$$f(x) = \begin{cases} \dfrac{1}{x} - 1 & (0 < x \le 1) \\ \dfrac{1}{x-1} - 1 & (1 < x < 2) \end{cases}$$

일 때, 함수 $y = f(x)g(x)$가 $x = 1$에서 연속이 되도록 하는 함수 $g(x)$를 〈보기〉에서 있는 대로 고른 것은? [3점]

〈보 기〉

ㄱ. $g(x) = (x-1)^2 \ (0 < x < 2)$

ㄴ. $g(x) = (x-1)^3 + 1 \ (0 < x < 2)$

ㄷ. $g(x) = \begin{cases} x^2 + 1 & (0 < x \le 1) \\ (x-1)^3 & (1 < x < 2) \end{cases}$

① ㄱ ② ㄴ ③ ㄱ, ㄷ
④ ㄴ, ㄷ ⑤ ㄱ, ㄴ, ㄷ

D08-05

너코 032 너코 037 너코 039
2011학년도 6월 평가원 가형 11번

함수 $f(x)$가

$$f(x) = \begin{cases} x^2 & (x \ne 1) \\ 2 & (x = 1) \end{cases}$$

일 때, 〈보기〉에서 옳은 것만을 있는 대로 고른 것은? [4점]

〈보 기〉

ㄱ. $\lim_{x \to 1-} f(x) = \lim_{x \to 1+} f(x)$

ㄴ. 함수 $g(x) = f(x-a)$가 실수 전체의 집합에서 연속이 되도록 하는 실수 a가 존재한다.

ㄷ. 함수 $h(x) = (x-1)f(x)$는 실수 전체의 집합에서 연속이다.

① ㄱ ② ㄴ ③ ㄱ, ㄷ
④ ㄴ, ㄷ ⑤ ㄱ, ㄴ, ㄷ

D08-06

너코 032 너코 033 너코 039
2013학년도 수능 나형 20번

두 함수

$$f(x)=\begin{cases}-1 & (|x|\geq 1)\\ 1 & (|x|<1)\end{cases},$$
$$g(x)=\begin{cases}1 & (|x|\geq 1)\\ -x & (|x|<1)\end{cases}$$

에 대하여 〈보기〉에서 옳은 것만을 있는 대로 고른 것은? [4점]

〈보 기〉

ㄱ. $\lim_{x\to 1} f(x)g(x)=-1$

ㄴ. 함수 $g(x+1)$은 $x=0$에서 연속이다.

ㄷ. 함수 $f(x)g(x+1)$은 $x=-1$에서 연속이다.

① ㄱ ② ㄴ ③ ㄱ, ㄴ
④ ㄱ, ㄷ ⑤ ㄱ, ㄴ, ㄷ

D08-07

너코 032 너코 037
2023학년도 수능 14번

다항함수 $f(x)$에 대하여 함수 $g(x)$를 다음과 같이 정의한다.

$$g(x)=\begin{cases}x & (x<-1 \text{ 또는 } x>1)\\ f(x) & (-1\leq x\leq 1)\end{cases}$$

함수 $h(x)=\lim_{t\to 0+} g(x+t)\times \lim_{t\to 2+} g(x+t)$에 대하여 〈보기〉에서 옳은 것만을 있는 대로 고른 것은? [4점]

〈보 기〉

ㄱ. $h(1)=3$

ㄴ. 함수 $h(x)$는 실수 전체의 집합에서 연속이다.

ㄷ. 함수 $g(x)$가 닫힌구간 $[-1,\ 1]$에서 감소하고 $g(-1)=-2$이면 함수 $h(x)$는 실수 전체의 집합에서 최솟값을 갖는다.

① ㄱ ② ㄴ ③ ㄱ, ㄴ
④ ㄱ, ㄷ ⑤ ㄴ, ㄷ

유형 09 함수의 연속과 미정계수의 결정

유형소개

함수식이 구간별로 다르게 주어졌을 때 연속인 조건을 활용하여 함수식을 정하거나 미정계수를 구하는 문제를 이 유형에 수록하였다. 함수의 극한과 연속 단원에서 출제되는 대표적인 유형이므로 충분하게 숙달시키도록 하자.

유형접근법

두 연속함수 $f(x)$, $g(x)$에 대하여

함수 $h(x)=\begin{cases} f(x) & (x \geq a) \\ g(x) & (x < a) \end{cases}$가

실수 전체의 집합에서 연속이려면

$x=a$에서 연속이면 되므로

$\lim_{x \to a+} h(x) = \lim_{x \to a-} h(x) = h(a)$,

즉 $f(a)=g(a)$를 만족시키면 된다.

D09-01

너코 037

2020학년도 9월 평가원 나형 23번

함수 $f(x)$가 $x=2$에서 연속이고

$$\lim_{x \to 2-} f(x) = a+2,\ \lim_{x \to 2+} f(x) = 3a-2$$

를 만족시킬 때, $a+f(2)$의 값을 구하시오.

(단, a는 상수이다.) [3점]

D09-02

너코 032 너코 037

2022학년도 9월 평가원 4번

함수

$$f(x)=\begin{cases} 2x+a & (x \leq -1) \\ x^2-5x-a & (x > -1) \end{cases}$$

이 실수 전체의 집합에서 연속일 때, 상수 a의 값은? [3점]

① 1 ② 2 ③ 3 ④ 4 ⑤ 5

D09-03

너코 032 너코 037

2023학년도 9월 평가원 4번

함수

$$f(x)=\begin{cases} -2x+a & (x \leq a) \\ ax-6 & (x > a) \end{cases}$$

가 실수 전체의 집합에서 연속이 되도록 하는 모든 상수 a의 값의 합은? [3점]

① -1 ② -2 ③ -3 ④ -4 ⑤ -5

D09-04

너코 032 너코 037
2024학년도 6월 평가원 4번

실수 전체의 집합에서 연속인 함수 $f(x)$가

$$\lim_{x \to 1} f(x) = 4 - f(1)$$

을 만족시킬 때, $f(1)$의 값은? [3점]

① 1 ② 2 ③ 3
④ 4 ⑤ 5

D09-05

너코 032 너코 037
2024학년도 수능 4번

함수

$$f(x) = \begin{cases} 3x - a & (x < 2) \\ x^2 + a & (x \geq 2) \end{cases}$$

가 실수 전체의 집합에서 연속일 때, 상수 a의 값은? [3점]

① 1 ② 2 ③ 3
④ 4 ⑤ 5

D09-06

너코 032 너코 037
2025학년도 9월 평가원 7번

함수

$$f(x) = \begin{cases} (x-a)^2 & (x < 4) \\ 2x - 4 & (x \geq 4) \end{cases}$$

가 실수 전체의 집합에서 연속이 되도록 하는 모든 상수 a의 값의 곱은? [3점]

① 6 ② 9 ③ 12
④ 15 ⑤ 18

D09-07

너코 032 너코 037
2025학년도 수능 4번

함수

$$f(x) = \begin{cases} 5x + a & (x < -2) \\ x^2 - a & (x \geq -2) \end{cases}$$

가 실수 전체의 집합에서 연속일 때, 상수 a의 값은? [3점]

① 6 ② 7 ③ 8
④ 9 ⑤ 10

D09-08

너코 032 너코 037
2006학년도 9월 평가원 가형 4번

함수 $f(x)=\begin{cases} x(x-1) & (|x|>1) \\ -x^2+ax+b & (|x|\le 1) \end{cases}$가 모든 실수 x에서 연속이 되도록 상수 a, b의 값을 정할 때, $a-b$의 값은? [3점]

① -3　② -1　③ 0　④ 1　⑤ 3

D09-09

너코 032 너코 037
2008학년도 9월 평가원 가형 7번

함수 $f(x)$가

$$f(x)=\begin{cases} \dfrac{x^2}{2x-|x|} & (x\neq 0) \\ a & (x=0) \end{cases}$$

일 때, 〈보기〉에서 옳은 것만을 있는 대로 고른 것은?

(단, a는 실수이다.) [3점]

〈보 기〉

ㄱ. $f(-3)=1$이다.

ㄴ. $x>0$일 때, $f(x)=x$이다.

ㄷ. 함수 $f(x)$가 $x=0$에서 연속이 되도록 하는 a가 존재한다.

① ㄴ　② ㄷ　③ ㄱ, ㄴ　④ ㄱ, ㄷ　⑤ ㄴ, ㄷ

D 09-10

너코 032 너코 037 너코 039
2012학년도 9월 평가원 나형 20번

함수 $f(x)=x^2-x+a$에 대하여 함수 $g(x)$를

$$g(x)=\begin{cases} f(x+1) & (x \le 0) \\ f(x-1) & (x > 0) \end{cases}$$

이라 하자. 함수 $y=\{g(x)\}^2$이 $x=0$에서 연속일 때, 상수 a의 값은? [4점]

① -2　② -1　③ 0　④ 1　⑤ 2

D 09-11

너코 032 너코 037 너코 039
2016학년도 수능 A형 27번

두 함수

$$f(x)=\begin{cases} x+3 & (x \le a) \\ x^2-x & (x > a) \end{cases},$$

$$g(x)=x-(2a+7)$$

에 대하여 함수 $f(x)g(x)$가 실수 전체의 집합에서 연속이 되도록 하는 모든 실수 a의 값의 곱을 구하시오. [4점]

D09-12

너코 032 너코 037
2017학년도 수능 나형 14번

두 함수

$$f(x)=\begin{cases} x^2-4x+6 & (x<2) \\ 1 & (x \ge 2) \end{cases},$$
$$g(x)=ax+1$$

에 대하여 함수 $\dfrac{g(x)}{f(x)}$가 실수 전체의 집합에서 연속일 때, 상수 a의 값은? [4점]

① $-\dfrac{5}{4}$ ② -1 ③ $-\dfrac{3}{4}$
④ $-\dfrac{1}{2}$ ⑤ $-\dfrac{1}{4}$

D09-13

너코 033 너코 037
2018학년도 9월 평가원 나형 17번

실수 전체의 집합에서 정의된 두 함수 $f(x)$와 $g(x)$에 대하여

$x<0$일 때, $f(x)+g(x)=x^2+4$
$x>0$일 때, $f(x)-g(x)=x^2+2x+8$

이다. 함수 $f(x)$가 $x=0$에서 연속이고 $\lim\limits_{x\to 0-} g(x)-\lim\limits_{x\to 0+} g(x)=6$일 때, $f(0)$의 값은? [4점]

① -3 ② -1 ③ 0
④ 1 ⑤ 3

D09-14

너코 034 너코 037 너코 039
2019학년도 6월 평가원 나형 28번

이차함수 $f(x)$가 다음 조건을 만족시킨다.

(가) 함수 $\dfrac{x}{f(x)}$는 $x=1$, $x=2$에서 불연속이다.

(나) $\displaystyle\lim_{x\to 2}\frac{f(x)}{x-2}=4$

$f(4)$의 값을 구하시오. [4점]

D09-15

너코 032 너코 037 너코 039
2020학년도 6월 평가원 나형 15번

두 함수

$$f(x)=\begin{cases}-2x+3 & (x<0)\\ -2x+2 & (x\geq 0)\end{cases},$$

$$g(x)=\begin{cases}2x & (x<a)\\ 2x-1 & (x\geq a)\end{cases}$$

가 있다. 함수 $f(x)g(x)$가 실수 전체의 집합에서 연속이 되도록 하는 상수 a의 값은? [4점]

① -2 ② -1 ③ 0
④ 1 ⑤ 2

D09-16

너코 032 너코 037
2022학년도 수능 예시문항 7번

함수

$$f(x)=\begin{cases} x-4 & (x<a) \\ x+3 & (x \geq a) \end{cases}$$

에 대하여 함수 $|f(x)|$가 실수 전체의 집합에서 연속일 때, 상수 a의 값은? [3점]

① -1　② $-\frac{1}{2}$　③ 0　④ $\frac{1}{2}$　⑤ 1

D09-17

너코 033 너코 034 너코 037
2021학년도 수능 나형 26번

함수

$$f(x)=\begin{cases} -3x+a & (x \leq 1) \\ \dfrac{x+b}{\sqrt{x+3}-2} & (x>1) \end{cases}$$

이 실수 전체의 집합에서 연속일 때, $a+b$의 값을 구하시오.
(단, a와 b는 상수이다.) [4점]

D09-18

너코 032 너코 037 너코 039
2022학년도 6월 평가원 8번

함수

$$f(x)=\begin{cases}-2x+6 & (x<a)\\ 2x-a & (x\geq a)\end{cases}$$

에 대하여 함수 $\{f(x)\}^2$이 실수 전체의 집합에서 연속이 되도록 하는 모든 상수 a의 값의 합은? [3점]

① 2 ② 4 ③ 6
④ 8 ⑤ 10

D09-19

너코 037
2022학년도 수능 12번

실수 전체의 집합에서 연속인 함수 $f(x)$가 모든 실수 x에 대하여

$$\{f(x)\}^3-\{f(x)\}^2-x^2f(x)+x^2=0$$

을 만족시킨다. 함수 $f(x)$의 최댓값이 1이고 최솟값이 0일 때, $f\left(-\frac{4}{3}\right)+f(0)+f\left(\frac{1}{2}\right)$의 값은? [4점]

① $\frac{1}{2}$ ② 1 ③ $\frac{3}{2}$
④ 2 ⑤ $\frac{5}{2}$

D09-20

너코 032 너코 037
2023학년도 6월 평가원 6번

두 양수 a, b에 대하여 함수 $f(x)$가

$$f(x)=\begin{cases} x+a & (x<-1) \\ x & (-1\le x<3) \\ bx-2 & (x\ge 3) \end{cases}$$

이다. 함수 $|f(x)|$가 실수 전체의 집합에서 연속일 때, $a+b$의 값은? [3점]

① $\frac{7}{3}$　② $\frac{8}{3}$　③ 3　④ $\frac{10}{3}$　⑤ $\frac{11}{3}$

D09-21

너코 032 너코 037
2025학년도 6월 평가원 9번

함수

$$f(x)=\begin{cases} x-\frac{1}{2} & (x<0) \\ -x^2+3 & (x\ge 0) \end{cases}$$

에 대하여 함수 $(f(x)+a)^2$이 실수 전체의 집합에서 연속일 때, 상수 a의 값은? [4점]

① $-\frac{9}{4}$　② $-\frac{7}{4}$　③ $-\frac{5}{4}$　④ $-\frac{3}{4}$　⑤ $-\frac{1}{4}$

D09-22

너코 032 너코 037
2014학년도 5월 예비 시행 A형 11번

함수 $f(x)$는 모든 실수 x에 대하여 $f(x+2)=f(x)$를 만족시키고,

$$f(x)=\begin{cases} ax+1 & (-1 \le x < 0) \\ 3x^2+2ax+b & (0 \le x < 1) \end{cases}$$

이다. 함수 $f(x)$가 실수 전체의 집합에서 연속일 때, 두 상수 a, b의 합 $a+b$의 값은? [3점]

① -2　② -1　③ 0　④ 1　⑤ 2

D09-23

너코 032 너코 033 너코 037
2014학년도 수능 A형 28번

함수

$$f(x)=\begin{cases} x+1 & (x \le 0) \\ -\dfrac{1}{2}x+7 & (x > 0) \end{cases}$$

에 대하여 함수 $f(x)f(x-a)$가 $x=a$에서 연속이 되도록 하는 모든 실수 a의 값의 합을 구하시오. [4점]

D09-24

너코 032 너코 033 너코 037 너코 039

2016학년도 6월 평가원 A형 29번

실수 t에 대하여 직선 $y=t$가 곡선 $y=|x^2-2x|$와 만나는 점의 개수를 $f(t)$라 하자. 최고차항의 계수가 1인 이차함수 $g(t)$에 대하여 함수 $f(t)g(t)$가 모든 실수 t에서 연속일 때, $f(3)+g(3)$의 값을 구하시오. [4점]

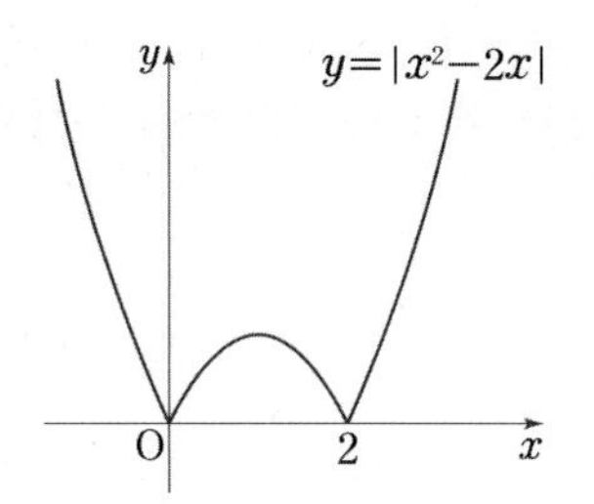

D09-25

너코 037

2019학년도 수능 나형 21번

최고차항의 계수가 1인 삼차함수 $f(x)$에 대하여 실수 전체의 집합에서 연속인 함수 $g(x)$가 다음 조건을 만족시킨다.

> (가) 모든 실수 x에 대하여
> $f(x)g(x)=x(x+3)$이다.
> (나) $g(0)=1$

$f(1)$이 자연수일 때, $g(2)$의 최솟값은? [4점]

① $\dfrac{5}{13}$ ② $\dfrac{5}{14}$ ③ $\dfrac{1}{3}$ ④ $\dfrac{5}{16}$ ⑤ $\dfrac{5}{17}$

D09-26

너코 032 너코 033 너코 034 너코 035 너코 037

2023학년도 6월 평가원 22번

두 양수 a, $b\,(b>3)$과 최고차항의 계수가 1인 이차함수 $f(x)$에 대하여 함수

$$g(x)=\begin{cases}(x+3)f(x) & (x<0)\\(x+a)f(x-b) & (x\geq 0)\end{cases}$$

이 실수 전체의 집합에서 연속이고 다음 조건을 만족시킬 때, $g(4)$의 값을 구하시오. [4점]

> $\lim_{x\to -3}\dfrac{\sqrt{|g(x)|+\{g(t)\}^2}-|g(t)|}{(x+3)^2}$의 값이
> 존재하지 않는 실수 t의 값은 -3과 6뿐이다.

D09-27

너코 032 너코 033 너코 034 너코 037

2024학년도 9월 평가원 15번

최고차항의 계수가 1인 삼차함수 $f(x)$에 대하여 함수 $g(x)$를

$$g(x)=\begin{cases}\dfrac{f(x+3)\{f(x)+1\}}{f(x)} & (f(x)\neq 0)\\ 3 & (f(x)=0)\end{cases}$$

이라 하자. $\lim_{x\to 3}g(x)=g(3)-1$일 때, $g(5)$의 값은?

[4점]

① 14 ② 16 ③ 18 ④ 20 ⑤ 22

유형 10 합성함수의 극한과 연속

유형소개

함수의 그래프 또는 함수식을 이용하여 합성함수의 극한값을 구하거나 연속성을 판별하는 유형이다.
2015 개정 교육과정의 〈평가 방법 및 유의 사항〉에 '복잡한 합성함수나 절댓값이 여러 개 포함된 함수와 같이 지나치게 복잡한 함수를 포함하는 문제는 다루지 않는다.'고 명시되어 있기 때문에 이 유형에는 교과서에서 다루는 정도로 간단한 형태의 합성함수만을 수록하였고, 이러한 유형이 다뤄질 수 있음을 참고하는 정도로 살펴보자.

유형접근법

두 함수 $y=f(x)$와 $y=g(x)$의 그래프가 다음과 같을 때,

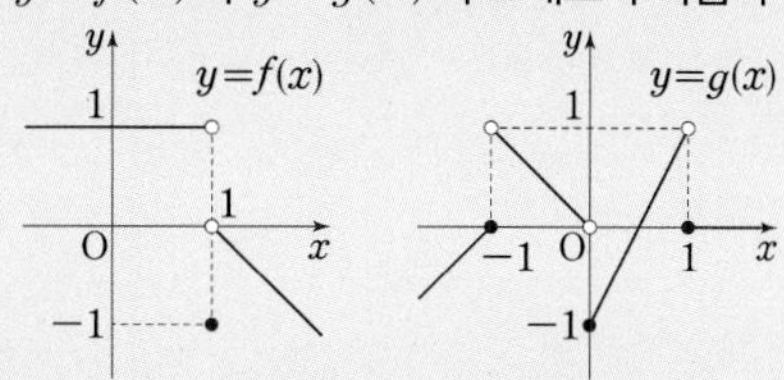

합성함수 $y=(g\circ f)(x)$의 극한 및 연속은 다음과 같이 동그라미 세 개를 그려서 그 내용을 간단히 정리할 수 있다.

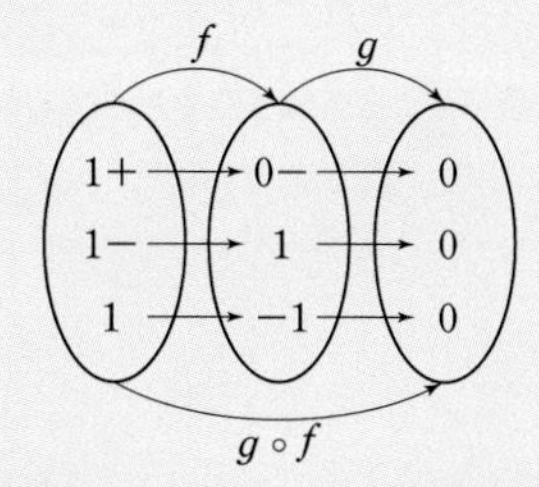

이에 따라 합성함수 $g\circ f$는 $x=1$에서 우극한, 좌극한, 함숫값이 각각 존재하고 그 값이 서로 같으므로 $x=1$에서 연속임을 판단할 수 있다.

D 10-01

너코 038

2012학년도 9월 평가원 가형 11번

정의역이 $\{x\mid 0\le x\le 4\}$인 함수 $y=f(x)$의 그래프가 그림과 같다.

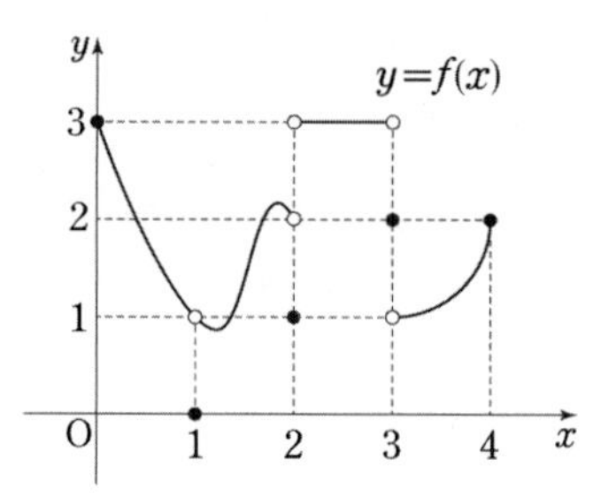

$\lim\limits_{x\to 0+}f(f(x))+\lim\limits_{x\to 2+}f(f(x))$의 값은? [3점]

① 1 ② 2 ③ 3
④ 4 ⑤ 5

D 10-02

너코 038

변형문항(2013년 10월 시행 고3 B형 25번)

실수 전체의 집합에서 정의된 함수 $y=f(x)$의 그래프는 그림과 같다. 함수 $g(x)=ax^3+bx^2+cx+10$에 대하여 합성함수 $(g \circ f)(x)$가 $x=2$에서 연속일 때, $g(1)+g(2)$의 값을 구하시오. (단, a, b, c는 상수이다.) [3점]

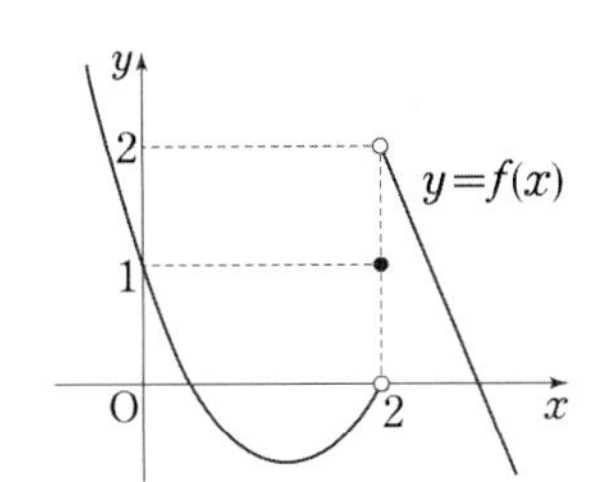

D 10-03

너코 032 너코 038

2015학년도 6월 평가원 B형 18번

닫힌구간 $[-1, 4]$에서 정의된 함수 $y=f(x)$의 그래프가 그림과 같다.

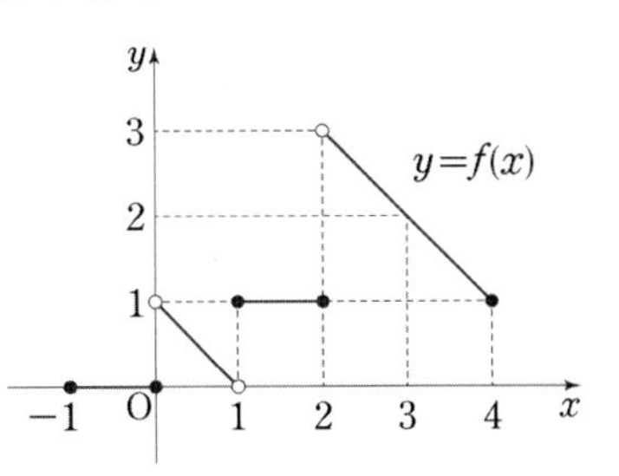

〈보기〉에서 옳은 것만을 있는 대로 고른 것은? [4점]

〈보 기〉

ㄱ. $\lim_{x\to 1-} f(x) < \lim_{x\to 1+} f(x)$

ㄴ. $\lim_{t\to\infty} f\left(\frac{1}{t}\right)=1$

ㄷ. 함수 $f(f(x))$는 $x=3$에서 연속이다.

① ㄱ ② ㄷ ③ ㄱ, ㄴ
④ ㄴ, ㄷ ⑤ ㄱ, ㄴ, ㄷ

D10-04

너코 009 너코 038

변형문항(2016학년도 6월 평가원 B형 16번)

두 함수

$$f(x)=\begin{cases} ax & (x<1) \\ -3x+4 & (x\geq 1) \end{cases},$$

$$g(x)=2^x+2^{-x}$$

에 대하여 합성함수 $(g \circ f)(x)$가 $x=1$에서 연속이 되도록 하는 모든 실수 a의 값의 곱은? [4점]

① -5　② -4　③ -3　④ -2　⑤ -1

D10-05

너코 038

2008학년도 6월 평가원 가형 8번

두 함수 $f(x)$, $g(x)$에 대하여 〈보기〉에서 옳은 것만을 있는 대로 고른 것은? [3점]

〈보 기〉

ㄱ. $f(x)=\begin{cases} 1 & (x\geq 0) \\ -1 & (x<0) \end{cases}$, $g(x)=|x|$일 때, $(g \circ f)(x)$는 $x=0$에서 연속이다.

ㄴ. $(g \circ f)(x)$가 $x=0$에서 연속이면 $f(x)$는 $x=0$에서 연속이다.

ㄷ. $(f \circ f)(x)$가 $x=0$에서 연속이면 $f(x)$는 $x=0$에서 연속이다.

① ㄱ　② ㄴ　③ ㄱ, ㄴ　④ ㄱ, ㄷ　⑤ ㄴ, ㄷ

D10-06

너코 032 너코 037 너코 038
2009학년도 6월 평가원 가형 11번

함수 $f(x)$는 구간 $(-1, 1]$에서

$$f(x)=(x-1)(2x-1)(x+1)$$

이고, 모든 실수 x에 대하여

$$f(x)=f(x+2)$$

이다. $a>1$에 대하여 함수 $g(x)$가

$$g(x)=\begin{cases} x & (x\neq 1) \\ a & (x=1) \end{cases}$$

일 때, 합성함수 $(f\circ g)(x)$가 $x=1$에서 연속이다. a의 최솟값은? [4점]

① 2 ② $\frac{5}{2}$ ③ 3 ④ $\frac{7}{2}$ ⑤ 4

유형 11 불연속점의 개수

유형소개

불연속점인 점 또는 그 개수를 구하는 유형이며 직접 함수식 또는 그래프를 그려 불연속을 판정할 수 있는 정도로만 수록되었다. 최근에는 잘 출제되지 않고 있으므로 이러한 유형이 다뤄질 수 있음을 참고하는 정도로 살펴보자.

유형접근법

주어진 조건을 해석한 후 유형 07 , 유형 08 , 유형 09 에서 다룬 접근법을 이용하여 불연속인 점을 파악한다.

D11-01

너코 037
2007학년도 6월 평가원 가형 6번

함수 $f(x)$에 대하여 불연속점의 개수를 $N(f)$로 나타내자.
예를 들어 $f(x)=\begin{cases} 1 & (x>0) \\ 0 & (x\leq 0) \end{cases}$이면 $N(f)=1$이다.
다음 두 함수 $g(x)$, $h(x)$에 대하여 $a_1=N(g+h)$, $a_2=N(gh)$, $a_3=N(|h|)$라 할 때, a_1, a_2, a_3의 대소 관계를 옳게 나타낸 것은?
(단, $(g+h)(x)=g(x)+h(x)$, $(gh)(x)=g(x)h(x)$, $|h|(x)=|h(x)|$이다.) [3점]

$$g(x)=\begin{cases} 0 & (x\leq 0) \\ 1 & (0<x\leq 1) \\ 0 & (1<x\leq 2) \\ 1 & (x>2) \end{cases}$$

$$h(x)=\begin{cases} 0 & (x\leq 0) \\ -1 & (0<x\leq 1) \\ 0 & (1<x\leq 2) \\ 1 & (x>2) \end{cases}$$

① $a_1=a_2=a_3$ ② $a_1<a_2=a_3$
③ $a_1=a_3<a_2$ ④ $a_2<a_1=a_3$
⑤ $a_3<a_1=a_2$

D11-02

너코 037 너코 039
2013학년도 6월 평가원 나형 19번

함수 $f(x)=\begin{cases} x & (|x| \geq 1) \\ -x & (|x|<1) \end{cases}$에 대하여, 〈보기〉에서 옳은 것만을 있는 대로 고른 것은? [4점]

〈보 기〉

ㄱ. 함수 $f(x)$가 불연속인 점은 2개이다.
ㄴ. 함수 $(x-1)f(x)$는 $x=1$에서 연속이다.
ㄷ. 함수 $\{f(x)\}^2$은 실수 전체의 집합에서 연속이다.

① ㄱ ② ㄴ ③ ㄱ, ㄴ
④ ㄱ, ㄷ ⑤ ㄱ, ㄴ, ㄷ

D11-03

너코 032 너코 037
2010학년도 수능 가형 8번

실수 a에 대하여 집합

$$\{x \mid ax^2+2(a-2)x-(a-2)=0,\ x\text{는 실수}\}$$

의 원소의 개수를 $f(a)$라 할 때, 〈보기〉에서 옳은 것만을 있는 대로 고른 것은? [3점]

〈보 기〉

ㄱ. $\lim_{a\to 0} f(a)=f(0)$
ㄴ. $\lim_{a\to c+} f(a) \neq \lim_{a\to c-} f(a)$인 실수 c는 2개이다.
ㄷ. 함수 $f(a)$가 불연속인 점은 3개이다.

① ㄴ ② ㄷ ③ ㄱ, ㄴ
④ ㄴ, ㄷ ⑤ ㄱ, ㄴ, ㄷ

D 11-04

너코 032 너코 033 너코 037 너코 039
2011학년도 수능 가형 8번

함수

$$f(x)=\begin{cases} x+2 & (x<-1) \\ 0 & (x=-1) \\ x^2 & (-1<x<1) \\ x-2 & (x\ge 1) \end{cases}$$

에 대하여 〈보기〉에서 옳은 것만을 있는 대로 고른 것은? [3점]

〈보 기〉

ㄱ. $\lim_{x\to 1+}\{f(x)+f(-x)\}=0$

ㄴ. 함수 $f(x)-|f(x)|$가 불연속인 점은 1개이다.

ㄷ. 함수 $f(x)f(x-a)$가 실수 전체의 집합에서 연속이 되는 상수 a는 없다.

① ㄱ ② ㄱ, ㄴ ③ ㄱ, ㄷ
④ ㄴ, ㄷ ⑤ ㄱ, ㄴ, ㄷ

D 11-05

너코 037 너코 038
2013학년도 9월 평가원 가형 8번

실수 전체의 집합에서 정의된 함수 $f(x)$의 그래프가 그림과 같다.

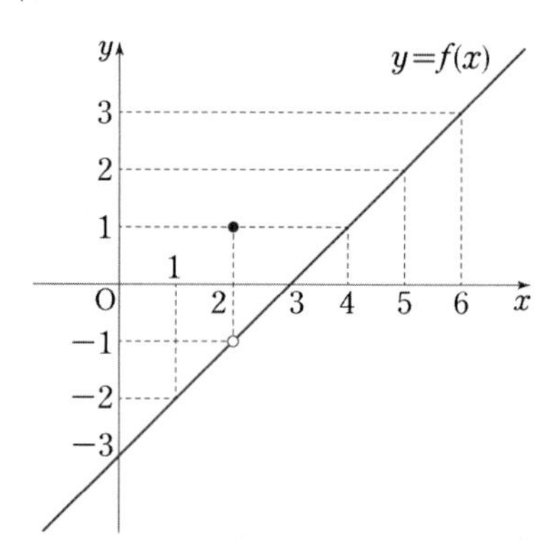

합성함수 $(f\circ f)(x)$가 $x=a$에서 불연속이 되는 모든 a의 값의 합은? (단, $0\le a\le 6$이다.) [3점]

① 3 ② 4 ③ 5
④ 6 ⑤ 7

E 미분

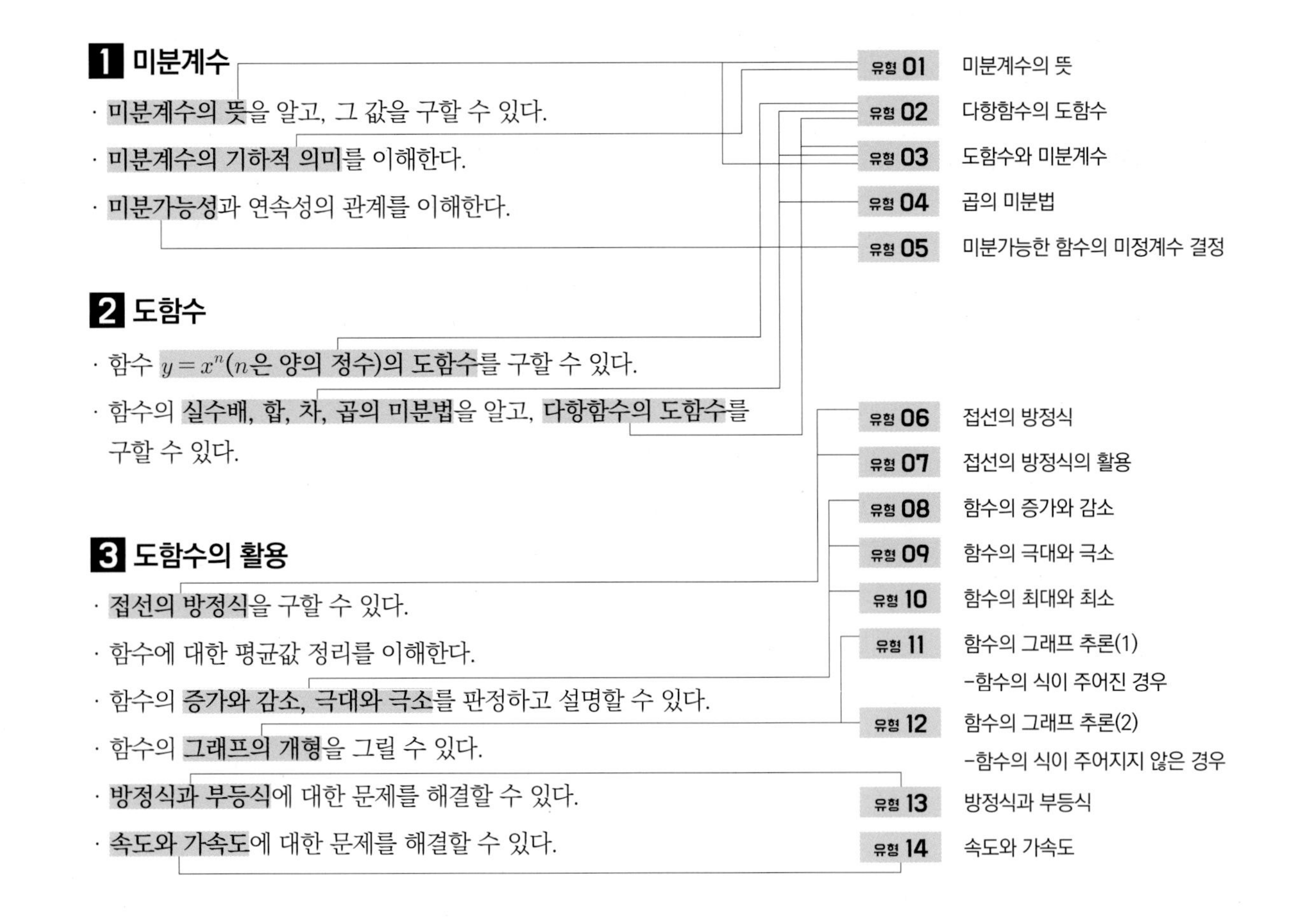

1 미분계수

· 미분계수의 뜻을 알고, 그 값을 구할 수 있다.

· 미분계수의 기하적 의미를 이해한다.

· 미분가능성과 연속성의 관계를 이해한다.

2 도함수

· 함수 $y=x^n$(n은 양의 정수)의 도함수를 구할 수 있다.

· 함수의 실수배, 합, 차, 곱의 미분법을 알고, 다항함수의 도함수를 구할 수 있다.

3 도함수의 활용

· 접선의 방정식을 구할 수 있다.

· 함수에 대한 평균값 정리를 이해한다.

· 함수의 증가와 감소, 극대와 극소를 판정하고 설명할 수 있다.

· 함수의 그래프의 개형을 그릴 수 있다.

· 방정식과 부등식에 대한 문제를 해결할 수 있다.

· 속도와 가속도에 대한 문제를 해결할 수 있다.

학습요소

· 증분, 평균변화율, 순간변화율, 미분계수, 미분가능, 도함수, 롤의 정리, 평균값 정리, 증가, 감소, 극대, 극소, 극값, 극댓값, 극솟값, Δx, Δy, $f'(x)$, y', $\frac{dy}{dx}$, $\frac{d}{dx}f(x)$

교수·학습상의 유의점

· 미분계수의 기하적 의미는 직관적으로 이해하게 하고, 이때 공학적 도구를 이용할 수 있다.
· 롤의 정리, 평균값 정리는 함수의 그래프를 이용하여 그 의미를 이해하게 할 수 있다.
· 속도와 가속도에 대한 문제는 직선 운동에 한하여 다룬다.
· 미분법을 단순히 적용하기보다는 미분의 의미를 이해하고, 이를 활용하여 여러 가지 문제를 해결함으로써 미분의 유용성과 가치를 인식하게 한다.

평가방법 및 유의사항

· 미분가능성과 연속성의 관계에 대한 지나치게 복잡한 문제는 다루지 않는다.
· 도함수를 활용하여 함수의 그래프의 개형을 그리거나 최댓값과 최솟값을 구하는 능력을 평가할 때, 지나치게 복잡한 함수를 포함하는 문제는 다루지 않는다.
· 속도와 가속도에 대한 지나치게 복잡한 문제는 다루지 않는다.

1 미분계수

너코 041 미분계수의 뜻

함수 $y=f(x)$의 x의 값이 a에서 b까지 변할 때의 평균변화율은

$$\frac{f(b)-f(a)}{b-a}$$

이고, 두 점 $\mathrm{A}(a, f(a))$, $\mathrm{B}(b, f(b))$를 지나는 직선의 기울기이다.

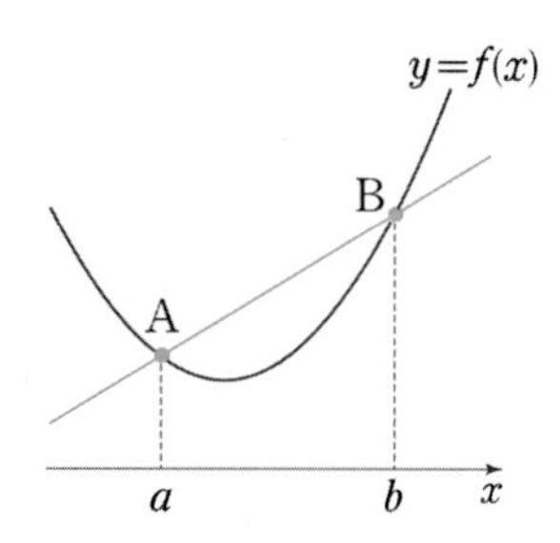

그리고 평균변화율의 극한값인
함수 $y=f(x)$의 $x=a$에서의 순간변화율 또는 **미분계수**를

$$\lim_{x \to a}\frac{f(x)-f(a)}{x-a}$$

또는

$$\lim_{h \to 0}\frac{f(a+h)-f(a)}{h} \quad (\text{단, } h=x-a)$$

로 정의하고 $f'(a)$로 표기하며
너코 034 에서 다룬 $\frac{0}{0}$ **꼴의 극한**을 구하는 방법으로
그 값을 구할 수 있다.

이때 $x \to a$이면 점 $(x, f(x))$는 곡선 $y=f(x)$를 따라 점 A에 한없이 가까워지므로
기울기가 $\frac{f(x)-f(a)}{x-a}$인 직선은
어느 한 직선에 한없이 가까워진다.

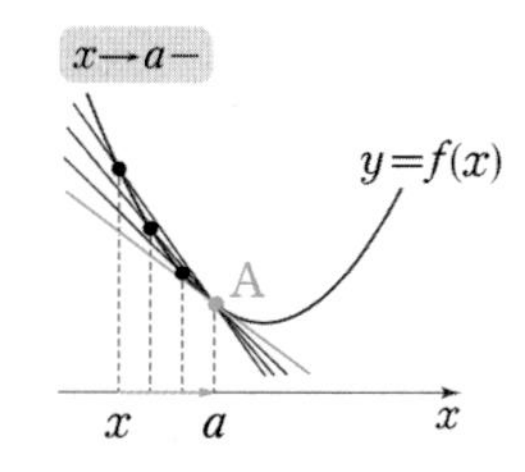

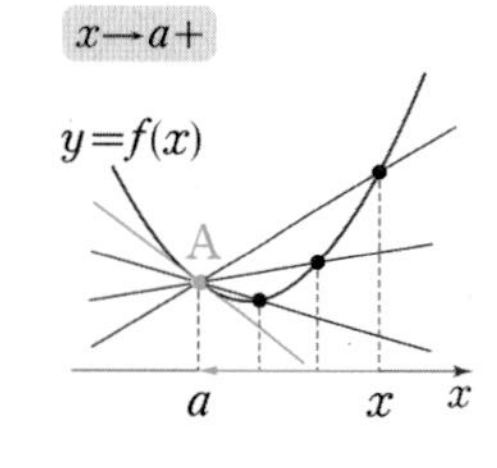

그 어느 한 직선이 바로
곡선 $y=f(x)$ 위의 점 A에서의 접선이므로
$\lim_{x \to a}\frac{f(x)-f(a)}{x-a}$, 즉 $f'(a)$는

곡선 $y=f(x)$ 위의 점 $(a, f(a))$에서의
접선의 기울기

와 같다.

너코 042 미분가능성과 연속성

$\lim_{x \to a-}\frac{f(x)-f(a)}{x-a}$, $\lim_{x \to a+}\frac{f(x)-f(a)}{x-a}$가 각각 수렴하고
그 극한값이 서로 같아
$\lim_{x \to a}\frac{f(x)-f(a)}{x-a}$, 즉 $f'(a)$의 값이 존재하면
함수 $f(x)$는 $x=a$에서 미분가능하다.
어떤 구간에 속하는 모든 실수 x에서 미분가능하면
함수 $f(x)$는 그 구간에서 미분가능한 함수라고 한다.

그리고 함수 $f(x)$가 $x=a$에서 미분가능하면
너코 033 의 함수의 극한의 성질에 의하여

$$\begin{aligned}\lim_{x \to a}\{f(x)-f(a)\}&=\lim_{x \to a}\left\{\frac{f(x)-f(a)}{x-a}\times(x-a)\right\}\\&=\lim_{x \to a}\frac{f(x)-f(a)}{x-a}\times\lim_{x \to a}(x-a)\\&=f'(a)\times 0\\&=0\end{aligned}$$

에서 $\lim_{x \to a}f(x)=f(a)$이므로 $x=a$에서 연속이다.

**단, 함수 $f(x)$가 $x=a$에서 연속이라 해서
반드시 $x=a$에서 미분가능한 것은 아니다.**

예를 들어 $f(x)=|x|$일 때,

$\lim_{x\to0}f(x)=f(0)$이므로 $x=0$에서 연속이지만

$\lim_{x\to0-}\frac{f(x)-f(0)}{x-0}=\lim_{x\to0-}\frac{-x}{x}=-1$,

$\lim_{x\to0+}\frac{f(x)-f(0)}{x-0}=\lim_{x\to0+}\frac{x}{x}=1$이므로

$\lim_{x\to0}\frac{f(x)-f(0)}{x-0}$, 즉 $f'(0)$의 값이 존재하지 않게 되어

$x=0$에서 미분가능하지 않다.

이처럼

$x=a$에서 연속이지만 미분가능하지 않은 함수 $f(x)$는

좌미분계수 $\lim_{x\to a-}\frac{f(x)-f(a)}{x-a}$와

우미분계수 $\lim_{x\to a+}\frac{f(x)-f(a)}{x-a}$**가 서로 달라**

접선이 아예 존재하지 않거나

$x=a$에서 접선을 갖더라도 그 기울기가 정의되지 않는,

즉 **접선이 x축에 수직인 경우**이다.

특히 접선이 아예 존재하지 않는 경우는 다음 그림과 같이

$x=a$에서 함수의 그래프가 **뾰족한 점**으로 나타난다.

접선 존재X

$y=f(x)$

a x

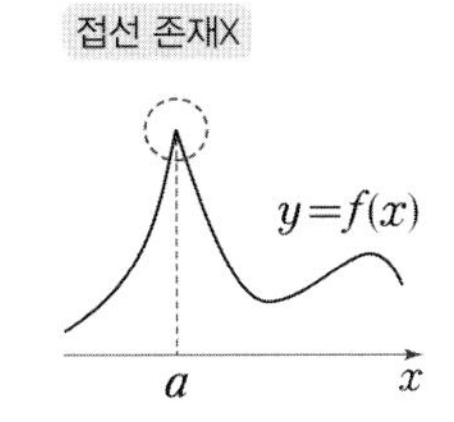

접선 존재

$y=f(x)$

a x

2 도함수

너코 043 도함수의 정의

정의역의 모든 실수 x에서 미분가능한 함수 $y=f(x)$에 대하여

$x=a$에서의 **미분계수 $f'(a)$에서 a를 변수 x로 바꾸어**

임의의 한 점 $(x, f(x))$에서의 접선의 기울기를 의미하는

새로운 함수 $f'(x)$를 정의할 수 있다.

이를 함수 $f(x)$의 **도함수**라고 한다.

$$f'(x),\ y',\ \frac{dy}{dx},\ \frac{d}{dx}f(x)$$

즉, 함수 $f(x)$의 도함수 $f'(x)$는

$$\lim_{h\to0}\frac{f(x+h)-f(x)}{h}$$

이고, 너코 041 의 미분계수와 마찬가지로

너코 034 에서 다룬 **$\frac{0}{0}$꼴의 극한**을 구하는 방법으로

그 식을 구할 수 있다.

이때 도함수 $f'(x)$를 구하는 것을

함수 $f(x)$를 x에 대하여 미분한다고 한다.

너코 044 다항함수의 도함수

상수함수 $f(x)=c$의 도함수는

$$f'(x)=\lim_{h\to0}\frac{f(x+h)-f(x)}{h}=\lim_{h\to0}\frac{c-c}{h}=\lim_{h\to0}0=0$$

n이 자연수일 때, 함수 $f(x)=x^n$의 도함수는

$f'(x)$

$=\lim_{h\to0}\frac{f(x+h)-f(x)}{h}$

$=\lim_{h\to0}\frac{(x+h)^n-x^n}{h}$

$=\lim_{h\to0}\frac{\{(x+h)-x\}\{(x+h)^{n-1}+(x+h)^{n-2}x+\cdots+x^{n-1}\}}{h}$

$=\lim_{h\to0}\{(x+h)^{n-1}+(x+h)^{n-2}x+\cdots+x^{n-1}\}$

$=x^{n-1}+x^{n-1}+\cdots+x^{n-1}$

$=nx^{n-1}$

그리고 미분가능한 두 함수 $f(x)$, $g(x)$의
실수배, 합, 차로 이루어진 함수 $cf(x)$, $f(x)\pm g(x)$의
도함수는
너코 033의 함수의 극한의 성질에 의하여

$$\{cf(x)\}'=\lim_{h\to0}\frac{cf(x+h)-cf(x)}{h}$$
$$=c\lim_{h\to0}\frac{f(x+h)-f(x)}{h}$$
$$=cf'(x)$$

$$\{f(x)\pm g(x)\}'$$
$$=\lim_{h\to0}\frac{\{f(x+h)\pm g(x+h)\}-\{f(x)\pm g(x)\}}{h}$$
$$=\lim_{h\to0}\left\{\frac{f(x+h)-f(x)}{h}\pm\frac{g(x+h)-g(x)}{h}\right\}$$
$$=\lim_{h\to0}\frac{f(x+h)-f(x)}{h}\pm\lim_{h\to0}\frac{g(x+h)-g(x)}{h}$$
$$=f'(x)\pm g'(x)$$

따라서
다항함수 $f(x)=a_nx^n+a_{n-1}x^{n-1}+\cdots+a_1x+a_0$은
도함수

$$f'(x)=na_nx^{n-1}+(n-1)a_{n-1}x^{n-2}+\cdots+a_1$$

을 가지므로 모든 **다항함수는 실수 전체에서 미분가능**하다.

너코 045 곱의 미분법

미분가능한 두 함수 $f(x)$, $g(x)$의 곱으로 이루어진
함수 $f(x)g(x)$의 도함수는
너코 033의 함수의 극한의 성질에 의하여

$$\{f(x)g(x)\}'$$
$$=\lim_{h\to0}\frac{f(x+h)g(x+h)-f(x)g(x)}{h}$$
$$=\lim_{h\to0}\frac{f(x+h)g(x+h)-f(x)g(x+h)+f(x)g(x+h)-f(x)g(x)}{h}$$
$$=\lim_{h\to0}\left[\frac{\{f(x+h)-f(x)\}g(x+h)}{h}+\frac{f(x)\{g(x+h)-g(x)\}}{h}\right]$$
$$=\lim_{h\to0}\frac{\{f(x+h)-f(x)\}g(x+h)}{h}+\lim_{h\to0}\frac{f(x)\{g(x+h)-g(x)\}}{h}$$
$$=\lim_{h\to0}\frac{f(x+h)-f(x)}{h}\times\lim_{h\to0}g(x+h)+\lim_{h\to0}f(x)\times\lim_{h\to0}\frac{g(x+h)-g(x)}{h}$$
$$=f'(x)g(x)+f(x)g'(x)$$

마찬가지로 미분가능한 세 함수 $f(x)$, $g(x)$, $h(x)$의
곱으로 이루어진 함수 $f(x)g(x)h(x)$의 도함수는

$$\{f(x)g(x)h(x)\}'$$
$$=\{f(x)g(x)\}'h(x)+\{f(x)g(x)\}h'(x)$$
$$=f'(x)g(x)h(x)+f(x)g'(x)h(x)+f(x)g(x)h'(x)$$

너코 046 구간별로 정의된 함수의 미분가능성

두 함수 $f(x)$, $g(x)$가 실수 전체에서 미분가능한 함수일 때,
구간별로 식이 다르게 주어진
함수 $h(x)=\begin{cases}f(x) & (x\ge a)\\ g(x) & (x<a)\end{cases}$가 실수 전체에서
미분가능한 함수이려면
구간의 경계인 $x=a$에서 미분가능하면 된다.
이때 함수 $h(x)$가 $x=a$에서 미분가능하기 위한
필요충분조건은 다음의 두 가지이다.

❶ $x=a$에서 연속
너코 037을 참고하면 $f(a)=g(a)$

❷ $x=a$에서 미분계수가 존재

$$\lim_{x\to a+}\frac{h(x)-h(a)}{x-a}=\lim_{x\to a+}\frac{f(x)-f(a)}{x-a}=f'(a)$$
$$\lim_{x\to a-}\frac{h(x)-h(a)}{x-a}=\lim_{x\to a-}\frac{g(x)-g(a)}{x-a}=g'(a)$$

($\because$ ❶)

에서 $\lim_{x\to a}\frac{h(x)-h(a)}{x-a}$, 즉 $h'(a)$가 존재해야 하므로
$f'(a)=g'(a)$

참고로 미분가능한 함수 $f(x)$에 대하여
$f(x)$의 부호가 바뀌는 $x=k$가 존재할 때
함수 $|f(x)|$가 실수 전체에서 미분가능하려면

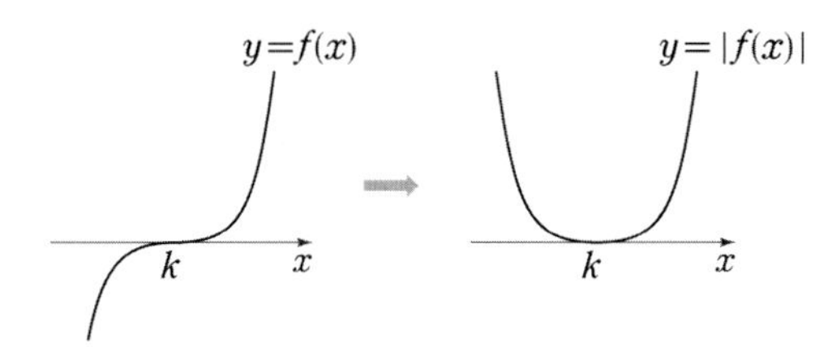

조건 ❶은 당연히 만족시키므로
조건 ❷에 의하여
$f'(k)=-f'(k)$, 즉 $\boldsymbol{f'(k)=0}$이면 된다.

3 도함수의 활용

너코 047 접선의 방정식

직선의 방정식은 **지나는 한 점**과 **기울기**를 알면 구할 수 있다.
너코 041 의 접선의 기울기와 미분계수의 관계를 참고하여
곡선 $y=f(x)$에 접하는 직선의 방정식을 다음과 같이
구한다.

주어진 값	구해야할 값	접선의 방정식
접점의 x좌표 a (y=f(x), $(a, f(a))$)	$f(a)$, $f'(a)$	$y=f'(a)(x-a)+f(a)$
접선의 기울기 m (y=f(x), $y=mx+\cdots$)	$f'(\square)=m$	$y=m(x-\square)+f(\square)$
접선이 지나는 접점이 아닌 점 (p, q) (y=f(x), (p, q))	$f'(\square)=\dfrac{f(\square)-q}{\square-p}$	$y=f'(\square)(x-\square)+f(\square)$

너코 048 평균값 정리

평균값 정리는
함수 $f(x)$가 닫힌구간 $[a, b]$에서 연속이고
열린구간 (a, b)에서 미분가능할 때,

$$f'(c)=\frac{f(b)-f(a)}{b-a}\text{인 실수 }c\text{가}$$
a와 b 사이에 적어도 하나 존재

한다는 것이다.

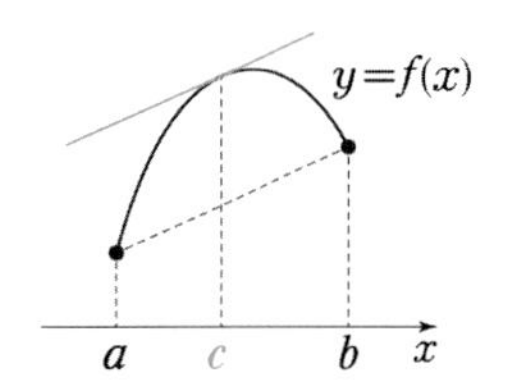

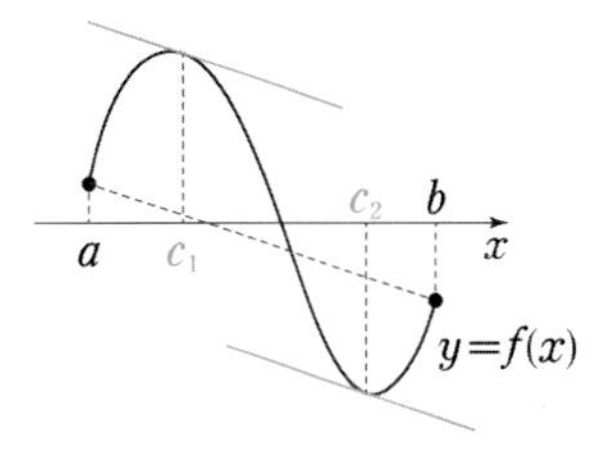

참고로 **롤의 정리**는 평균값 정리에서 $f(a)=f(b)$인
경우이다.
즉, 함수 $f(x)$가 닫힌구간 $[a, b]$에서 연속이고
열린구간 (a, b)에서 미분가능할 때, $\boldsymbol{f(a)=f(b)}$이면

$f'(c)=0$인 실수 c가
a와 b 사이에 적어도 하나 존재

한다는 것이다.

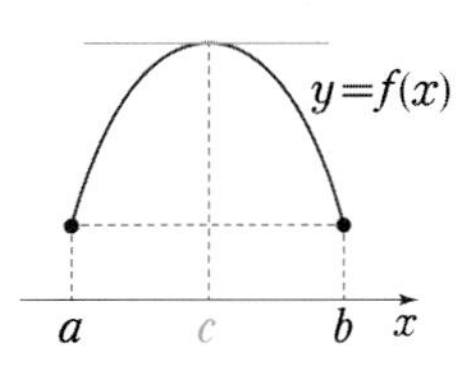

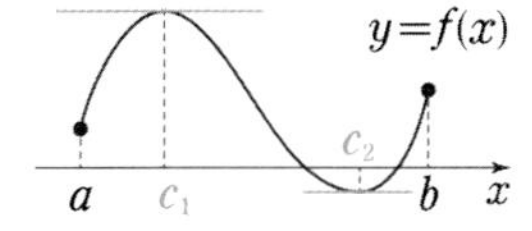

위의 두 정리는 모두 너코 040 의 사잇값의 정리와 마찬가지로
방정식의 실근의 존재성을 확인하는 데에 쓰일 수 있다.

너코 049 함수의 그래프 그리기

상수함수가 아닌 다항함수 $y=f(x)$의 그래프의 특징을 도함수 $f'(x)$를 활용하여 파악하자.

❶ 증가·감소

어떤 구간에 속하는 모든 실수 x에 대하여

$$f'(x) \geq 0$$

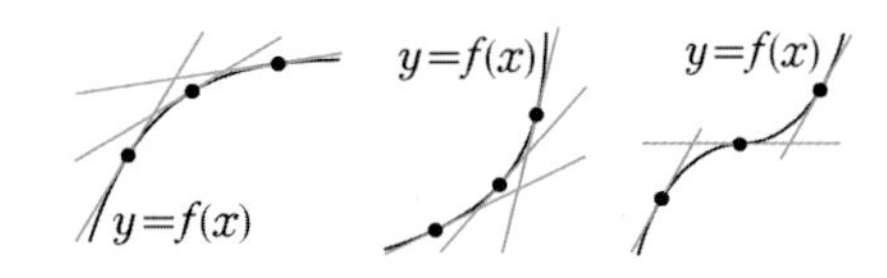

이면 함수 $f(x)$는 그 구간에서 증가하고

$$f'(x) \leq 0$$

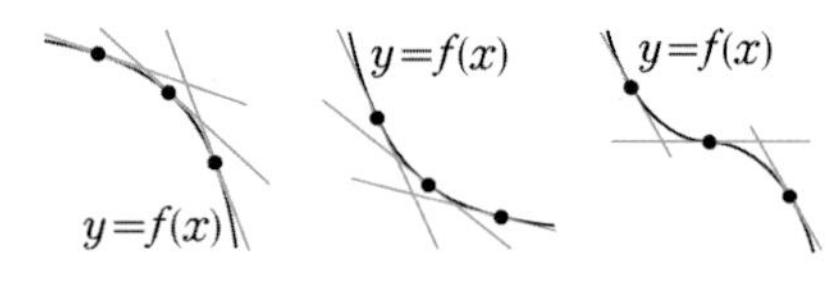

이면 함수 $f(x)$는 그 구간에서 감소한다.

❷ 극대·극소

실수 a를 포함하는 어떤 열린구간에 속하는 모든 실수 x에 대하여

$$f(x) \leq f(a)$$

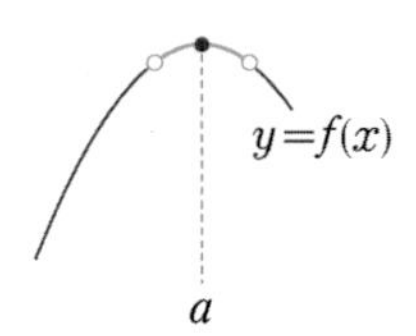

이면 함수 $f(x)$는 $x=a$에서 극대, $f(a)$를 극댓값이라 한다.

일반적으로 미분가능한 함수 $f(x)$에 대하여

$f'(a)=0$이고 $x=a$의 좌우에서

$f'(x)$의 부호가 $+$에서 $-$로 바뀌면

$x=a$에서 극대이다.

실수 b를 포함하는 어떤 열린구간에 속하는 모든 실수 x에 대하여

$$f(x) \geq f(b)$$

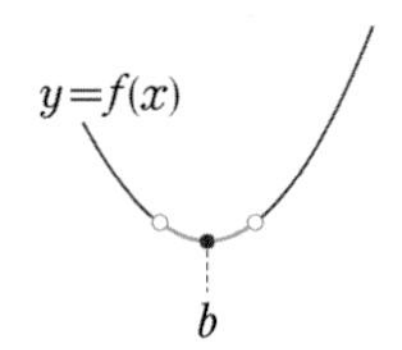

이면 함수 $f(x)$는 $x=b$에서 극소, $f(b)$를 극솟값이라 하고

일반적으로 미분가능한 함수 $f(x)$에 대하여

$f'(b)=0$이고 $x=b$의 좌우에서

$f'(x)$의 부호가 $-$에서 $+$로 바뀌면

$x=b$에서 극소이다.

단, 다음 그림과 같이 다항함수가 아닌

상수함수로 정의되는 구간을 포함하는 특수한 함수라면

$f'(x)$의 부호의 변화가 아닌 **극대와 극소의 정의**에 따라

$x=a$에서 극대, $x=b$에서 극소,

$x=c$에서 극대이자 동시에 극소일 수 있음에 유의한다.

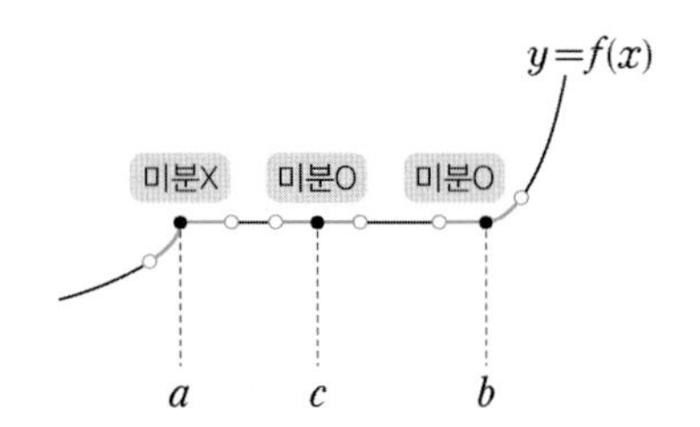

❶, ❷의 특징을 반영하여

다항함수 $y=f(x)$의 그래프를 다음의 순서로 그릴 수 있다.

$f'(x)=0$인 x의 값을 구한다.

❶ 증가·감소와 ❷ 극대·극소를 다음의 표로 나타낸다.

x	$\cdots$	α	$\cdots$	β	$\cdots$
$f'(x)$	$+$	0	$-$	0	$+$
$f(x)$	↗	$f(\alpha)$ (극대)	↘	$f(\beta)$ (극소)	↗

극대·극소가 되는 점을 지나는

함수 $y=f(x)$의 그래프를 그린다.

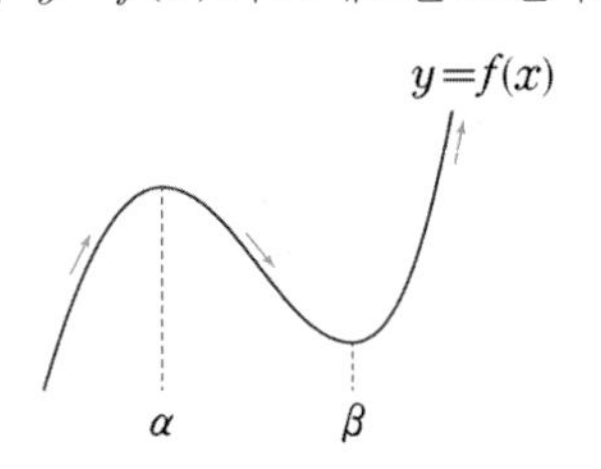

참고로 모든 삼차함수 $g(x)$에 대하여
이차함수 $y=g'(x)$의 그래프의 대칭축을 직선 $x=t$라 하면
삼차함수 $y=g(x)$의 그래프는 점 $(t,\ g(t))$에 대하여
대칭이다.

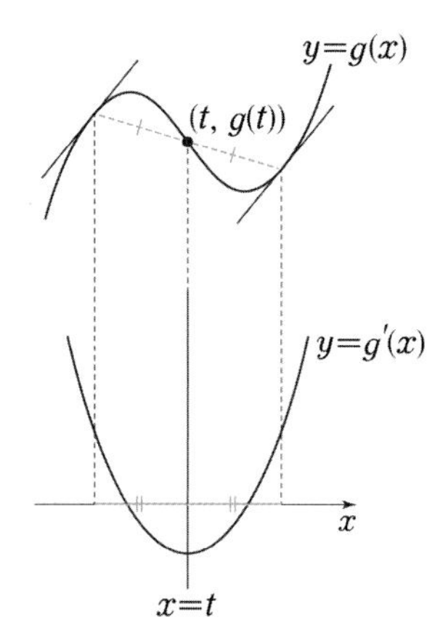

또한 **극값을 가지는 삼차함수**는 항상 다음과 같은
길이 관계를 가진다.

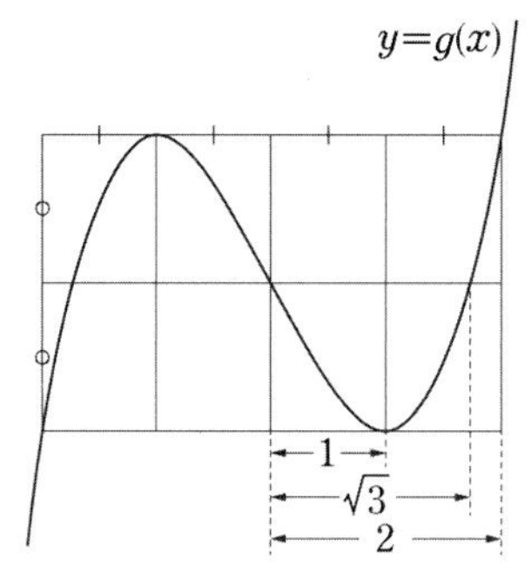

그림의 직사각형 8개는 서로 합동이며,
하단에 표시된 세 부분의 길이는 $1:\sqrt{3}:2$의 비를 갖는다.

너코 050 방정식과 함수의 그래프

방정식 $f(x)=g(x)$의 실근은

함수 $y=f(x)$의 그래프와
함수 $y=g(x)$의 그래프의 교점의 x좌표

이다.

1 삼차방정식과 삼차함수의 그래프
최고차항의 계수가 양수 a인 삼차함수 $f(x)$와
이차 이하의 다항함수 $g(x)$에 대하여
방정식 $f(x)=g(x)$의 실근은
$h(x)=f(x)-g(x)$라 할 때 방정식 $h(x)=0$의 실근이다.

삼차방정식 $h(x)=0$의 서로 다른 실근의 개수에 따른
삼차함수 $y=h(x)$의 그래프와 x축($y=0$)의 위치 관계를
짝지어보면 다음과 같다.

방정식 $h(x)=0$	곡선 $y=h(x)$와 x축($y=0$)
서로 다른 실근 3개 $\alpha,\ \beta,\ \gamma$ ⇕ $h(x)=a(x-\alpha)(x-\beta)(x-\gamma)$	$\alpha<\beta<\gamma$일 때 $y=h(x)$
서로 다른 실근 2개 α(중근), β ⇕ $h(x)=a(x-\alpha)^2(x-\beta)$ $(h'(\alpha)=0)$	$\alpha<\beta$일 때 $y=h(x)$
실근 1개 α ⇕ $h(x)=a(x-\alpha)i(x)$ (단, 이차방정식 $i(x)=0$의 판별식은 $D<0$)	$y=h(x)$
실근 1개 α(삼중근) ⇕ $h(x)=a(x-\alpha)^3$ $(h'(\alpha)=0)$	$y=h(x)$

2 사차방정식과 사차함수의 그래프
최고차항의 계수가 양수 a인 사차함수 $f(x)$와
삼차 이하의 다항함수 $g(x)$에 대하여
방정식 $f(x)=g(x)$의 실근은
$h(x)=f(x)-g(x)$라 할 때 방정식 $h(x)=0$의 실근이다.

사차방정식 $h(x)=0$의 서로 다른 실근의 개수에 따른
사차함수 $y=h(x)$의 그래프와 x축($y=0$)의 위치 관계를
짝지어보면 다음과 같다.

방정식 $h(x)=0$	곡선 $y=h(x)$와 x축$(y=0)$
서로 다른 실근 4개 $\alpha, \beta, \gamma, \delta$ $\Updownarrow$ $h(x)=a(x-\alpha)(x-\beta)(x-\gamma)(x-\delta)$	$\alpha<\beta<\gamma<\delta$일 때 $y=h(x)$
서로 다른 실근 3개 α(중근), β, γ $\Updownarrow$ $h(x)=a(x-\alpha)^2(x-\beta)(x-\gamma)$ $(h'(\alpha)=0)$	$\alpha<\beta<\gamma$일 때 $y=h(x)$
서로 다른 실근 2개 α, β $\Updownarrow$ $h(x)=a(x-\alpha)(x-\beta)i(x)$ (단, 이차방정식 $i(x)=0$의 판별식은 $D<0$)	$\alpha<\beta$일 때 $y=h(x)$
서로 다른 실근 2개 α(중근), β(중근) $\Updownarrow$ $h(x)=a(x-\alpha)^2(x-\beta)^2$ $(h'(\alpha)=0,\ h'(\beta)=0)$	$\alpha<\beta$일 때 $y=h(x)$
서로 다른 실근 2개 α(삼중근), β $\Updownarrow$ $h(x)=a(x-\alpha)^3(x-\beta)$ $(h'(\alpha)=0)$	$\alpha<\beta$일 때 $y=h(x)$
실근 1개 α(중근) $\Updownarrow$ $h(x)=a(x-\alpha)^2 i(x)$ $(h'(\alpha)=0)$ (단, 이차방정식 $i(x)=0$의 판별식은 $D<0$)	$y=h(x)$
실근 1개 α(사중근) $\Updownarrow$ $h(x)=a(x-\alpha)^4$ $(h'(\alpha)=0)$	$y=h(x)$

너코 051 부등식과 함수의 최대·최소

닫힌구간 $[a, b]$에서 연속함수 $f(x)$는 반드시

$$f(a),\ \text{극댓값 또는 극솟값},\ f(b)$$

중에서 가장 큰 값을 최댓값, 가장 작은 값을 최솟값으로 갖는다.

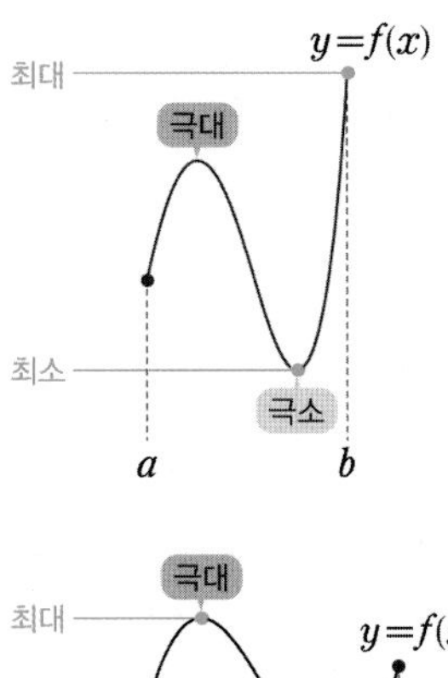

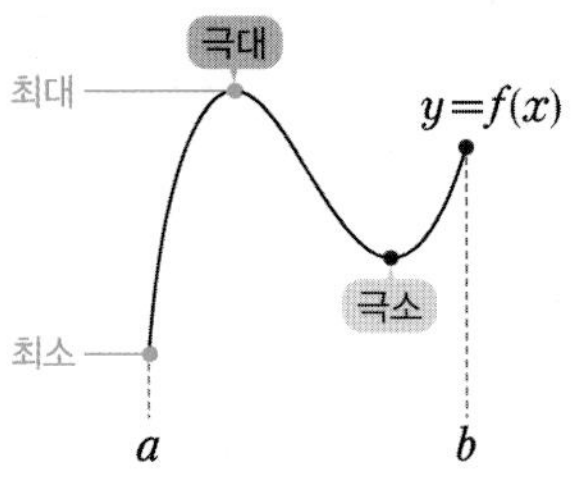

어떤 구간에서
부등식 $f(x) \geq 0$이 성립하려면
그 구간에서 함수 $f(x)$의 **최솟값이 0 이상**이면 되고
부등식 $f(x) \leq 0$이 성립하려면
그 구간에서 함수 $f(x)$의 **최댓값이 0 이하**이면 된다.

더 나아가 $h(x)=f(x)-g(x)$일 때,
어떤 구간에서
부등식 $f(x) \geq g(x)$, 즉 $h(x) \geq 0$이 성립하려면
그 구간에서 함수 $h(x)$의 최솟값이 0 이상이면 되고
부등식 $f(x) \leq g(x)$, 즉 $h(x) \leq 0$이 성립하려면
그 구간에서 함수 $h(x)$의 최댓값이 0 이하이면 된다.

너코 052 속도와 가속도

수직선 위를 움직이는 점 P의 시각 t에서의 위치를
$x=f(t)$라 할 때,
점 P의 시각 t에서의
위치의 순간변화율인 **속도는 $v(t)=f'(t)$**이고
속도의 순간변화율인 **가속도는 $a(t)=v'(t)$**이다.

$v(t)\le 0$ $v(t)\ge 0$
P x

$f(t)$가 t에 대한 상수함수가 아닌 다항함수일 때
수직선 위를 움직이는 **점 P의 운동 방향**은
너코 049의 ①에 의하여
$\boldsymbol{v(t)\ge 0}$, 즉 $f'(t)\ge 0$일 때 $f(t)$가 증가하므로
양의 방향이고
$\boldsymbol{v(t)\le 0}$, 즉 $f'(t)\le 0$일 때 $f(t)$가 감소하므로
음의 방향이다.
결국
$f'(t)=0$인 시각 t의 좌우에서 $f'(t)$의 부호가 바뀔 때,
점 P의 운동 방향도 바뀐다.

1 미분계수

유형 01 미분계수의 뜻

유형소개

미분계수의 정의를 이용하여 미분계수를 구하거나 주어진 식을 변형하여 극한값을 구하고, 미분계수의 기하적 의미가 그래프의 접선의 기울기임을 알고 답을 구하는 유형이다.

유형접근법

✓ 미분계수 $f'(a)$의 정의(평균변화율의 극한값)

$\lim_{x \to a} \frac{f(x)-f(a)}{x-a}$ 또는 $\lim_{h \to 0} \frac{f(a+h)-f(a)}{h}$

✓ 미분계수 $f'(a)$의 기하적 의미

$f'(a)$의 값은 $x=a$에서의 함수 $y=f(x)$의 그래프의 접선의 기울기와 같다.

문제에서 주어진 식을 미분계수의 두 가지 정의 중 하나의 꼴이 되도록 변형시킨 후 함수의 극한에 대한 성질을 이용하면 미분계수를 구할 수 있다.

E01-01

너코 034 너코 041

2008학년도 6월 평가원 가형 18번

함수 $f(x)$가 $f(x+2)-f(2)=x^3+6x^2+14x$를 만족시킬 때, $f'(2)$의 값을 구하시오. [3점]

E01-02

너코 032 너코 034 너코 037 너코 041

2009학년도 수능 가형 18번

다항함수 $f(x)$에 대하여 $\lim_{x \to 2} \frac{f(x+1)-8}{x^2-4}=5$일 때, $f(3)+f'(3)$의 값을 구하시오. [3점]

E01-03

너코 034 너코 037 너코 041

2012학년도 6월 평가원 나형 11번

다항함수 $f(x)$에 대하여 $\lim_{x \to 1} \frac{f(x)-2}{x^2-1}=3$일 때, $\frac{f'(1)}{f(1)}$의 값은? [3점]

① 3 ② $\frac{7}{2}$ ③ 4 ④ $\frac{9}{2}$ ⑤ 5

E01-04

너코 042
변형문항(2013학년도 6월 평가원 가형 16번)

양의 실수 전체의 집합에서 증가하는 함수 $f(x)$가 $x=0$에서 미분가능하다. 양수 a에 대하여 점 $(0,\ f(0))$과 점 $(a,\ f(a))$ 사이의 거리가 $a\sqrt{a^2+2a+2}$ 일 때, $f'(0)$의 값은? [4점]

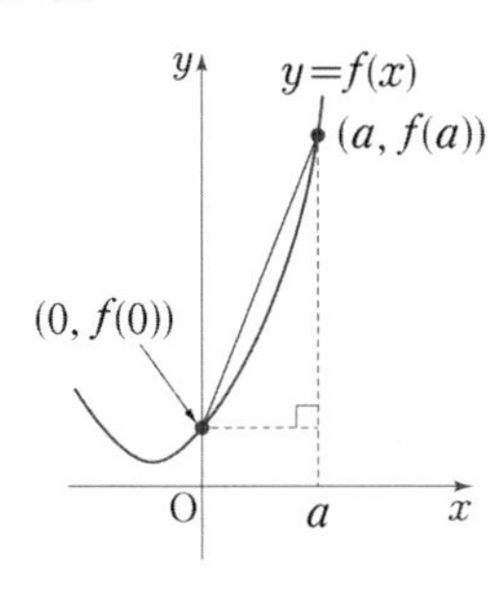

① $\frac{1}{2}$ ② 1 ③ $\frac{3}{2}$ ④ 2 ⑤ $\frac{5}{2}$

E01-05

너코 033 너코 041
2007학년도 6월 평가원 가형 10번

두 다항함수 $f_1(x)$, $f_2(x)$가 다음 세 조건을 만족시킬 때, 상수 k의 값은? [4점]

> (가) $f_1(0)=0,\ f_2(0)=0$
> (나) $f_i{}'(0)=\lim_{x\to 0}\frac{f_i(x)+2kx}{f_i(x)+kx}\ (i=1,\ 2)$
> (다) $y=f_1(x)$와 $y=f_2(x)$의 원점에서의 접선이 서로 직교한다.

① $\frac{1}{2}$ ② $\frac{1}{4}$ ③ 0 ④ $-\frac{1}{4}$ ⑤ $-\frac{1}{2}$

E01-06

너코 032 너코 036 너코 042
2014학년도 5월 예비 시행 B형 18번

$x>0$에서 함수 $f(x)$가 미분가능하고
$2x \le f(x) \le 3x$이다. $f(1)=2$이고 $f(2)=6$일 때,
$f'(1)+f'(2)$의 값은? [4점]

① 8　② 7　③ 6
④ 5　⑤ 4

E01-07

너코 040 너코 041 너코 050
2019학년도 6월 평가원 나형 30번

사차함수 $f(x)$가 다음 조건을 만족시킨다.

(가) 5 이하의 모든 자연수 n에 대하여
$\sum_{k=1}^{n} f(k) = f(n)f(n+1)$이다.
(나) $n=3,\ 4$일 때, 함수 $f(x)$에서 x의 값이 n에서 $n+2$까지 변할 때의 평균변화율은 양수가 아니다.

$128 \times f\left(\frac{5}{2}\right)$의 값을 구하시오. [4점]

Hidden Point

E01-06 함수식이 따로 주어지지 않았기 때문에 미분계수의 정의를 이용하여 $f'(1)$, $f'(2)$의 값을 구해야 한다.
즉, $f'(1)$의 값을 구하기 위해서 주어진 부등식의 일부를 변형하여
$\frac{f(x)-f(1)}{x-1}$의 꼴을 이끌어내고,
마찬가지로 $f'(2)$의 값을 구하기 위해서 주어진 부등식의 일부를 변형하여
$\frac{f(x)-f(2)}{x-2}$의 꼴을 이끌어낸 뒤 각 항에 극한을 취한다.

2 도함수

유형 02 다항함수의 도함수

유형소개

다항함수의 식이 주어지고 미분하여 도함수를 구한 뒤 도함수의 함숫값인 미분계수를 계산하거나, 주어진 조건에 맞게 다항함수의 도함수를 이용하여 해결하는 유형이다.
최근에 E 미분 단원에서 쉬운 3점 수준으로 출제되는 대표적인 유형 중 하나이다.

유형접근법

다항함수 $f(x)$에 대하여 미분계수 $f'(a)$의 값 구하기
[1단계] 함수 $f(x)$의 도함수 $f'(x)$를 구한다.
[2단계] [1단계]에서 구한 $f'(x)$의 식에 $x=a$를 대입하여 $f'(a)$의 값을 구한다.
이때 차수가 주어지지 않은 다항함수에 대해서는 차수에 따라 케이스를 나눈 뒤 조건에 맞게 미분하거나 식을 정리하여 해결하도록 하자.

E02-01

너코 044
2019학년도 6월 평가원 나형 23번

함수 $f(x)=x^3-2x^2+4$에 대하여 $f'(3)$의 값을 구하시오. [3점]

E02-02

너코 044
2019학년도 9월 평가원 나형 23번

함수 $f(x)=x^3+5x^2+1$에 대하여 $f'(1)$의 값을 구하시오. [3점]

E02-03

너코 044
2019학년도 수능 나형 23번

함수 $f(x)=x^4-3x^2+8$에 대하여 $f'(2)$의 값을 구하시오. [3점]

E02-04

너코 044
2021학년도 6월 평가원 나형 2번

함수 $f(x)=x^3+7x+1$에 대하여 $f'(0)$의 값은? [2점]

① 1 ② 3 ③ 5
④ 7 ⑤ 9

E02-05

너코 041 너코 044
2021학년도 6월 평가원 나형 26번

함수 $f(x)=x^3-3x^2+5x$에서 x의 값이 0에서 a까지 변할 때의 평균변화율이 $f'(2)$의 값과 같게 되도록 하는 양수 a의 값을 구하시오. [4점]

E02-06

너코 044
2021학년도 9월 평가원 나형 2번

함수 $f(x)=x^3-2x-7$에 대하여 $f'(1)$의 값은? [2점]

① 1 ② 2 ③ 3
④ 4 ⑤ 5

E02-07

너코 044
2021학년도 수능 나형 6번

함수 $f(x)=x^4+3x-2$에 대하여 $f'(2)$의 값은? [3점]

① 35 ② 37 ③ 39
④ 41 ⑤ 43

E02-08

너코 044
2022학년도 9월 평가원 2번

함수 $f(x)=2x^3+4x+5$에 대하여 $f'(1)$의 값은? [2점]

① 6 ② 7 ③ 8
④ 9 ⑤ 10

E02-09

너코 041 너코 044
2022학년도 9월 평가원 19번

함수 $f(x)=x^3-6x^2+5x$에서 x의 값이 0에서 4까지 변할 때의 평균변화율과 $f'(a)$의 값이 같게 되도록 하는 $0<a<4$인 모든 실수 a의 값의 곱은 $\frac{q}{p}$이다. $p+q$의 값을 구하시오. (단, p와 q는 서로소인 자연수이다.) [3점]

E02-10

너코 044
2022학년도 수능 2번

함수 $f(x)=x^3+3x^2+x-1$에 대하여 $f'(1)$의 값은? [2점]

① 6 ② 7 ③ 8
④ 9 ⑤ 10

E02-11

너코 025 너코 044
2006학년도 9월 평가원 가형 6번

등차수열 $\{x_n\}$과 이차함수 $f(x)=ax^2+bx+c$에 대하여 〈보기〉에서 옳은 것만을 있는 대로 고른 것은? [3점]

〈보 기〉

ㄱ. 수열 $\{f'(x_n)\}$은 등차수열이다.
ㄴ. 수열 $\{f(x_{n+1})-f(x_n)\}$은 등차수열이다.
ㄷ. $f(0)=3$, $f(2)=5$, $f(4)=9$이면 $f(6)=15$이다.

① ㄱ ② ㄴ ③ ㄱ, ㄷ
④ ㄴ, ㄷ ⑤ ㄱ, ㄴ, ㄷ

E02-12

너코 044

2019학년도 6월 평가원 나형 17번

함수 $f(x)=ax^2+b$가 모든 실수 x에 대하여

$$4f(x)=\{f'(x)\}^2+x^2+4$$

를 만족시킨다. $f(2)$의 값은? (단, a, b는 상수이다.) [4점]

① 3　② 4　③ 5　④ 6　⑤ 7

E02-13

너코 044

2025학년도 9월 평가원 21번

최고차항의 계수가 1인 삼차함수 $f(x)$가 모든 정수 k에 대하여

$$2k-8 \le \frac{f(k+2)-f(k)}{2} \le 4k^2+14k$$

를 만족시킬 때, $f'(3)$의 값을 구하시오. [4점]

E 02-14

너코 032 너코 034 너코 035 너코 044
2009학년도 수능 가형 11번

다항함수 $f(x)$와 두 자연수 m, n이

$$\lim_{x\to\infty}\frac{f(x)}{x^m}=1,\ \lim_{x\to\infty}\frac{f'(x)}{x^{m-1}}=a$$

$$\lim_{x\to0}\frac{f(x)}{x^n}=b,\ \lim_{x\to0}\frac{f'(x)}{x^{n-1}}=9$$

를 모두 만족시킬 때, 〈보기〉에서 옳은 것만을 있는 대로 고른 것은? (단, a, b는 실수이다.) [4점]

〈보 기〉

ㄱ. $m \geq n$
ㄴ. $ab \geq 9$
ㄷ. $f(x)$가 삼차함수이면 $am=bn$이다.

① ㄱ ② ㄷ ③ ㄱ, ㄴ
④ ㄴ, ㄷ ⑤ ㄱ, ㄴ, ㄷ

E 02-15

너코 034 너코 035 너코 044
2011학년도 6월 평가원 가형 23번

최고차항의 계수가 1이 아닌 다항함수 $f(x)$가 다음 조건을 만족시킬 때, $f'(1)$의 값을 구하시오. [4점]

(가) $\displaystyle\lim_{x\to\infty}\frac{\{f(x)\}^2-f(x^2)}{x^3f(x)}=4$

(나) $\displaystyle\lim_{x\to0}\frac{f'(x)}{x}=4$

유형 03 도함수와 미분계수

유형소개

구하는 극한값을 유형 01 에서 다룬 미분계수의 정의로 변형하고, 이때의 미분계수를 유형 02 에서 다룬 다항함수 $f(x)$의 도함수의 함숫값으로 구하는 유형이다.

유형접근법

도함수를 이용하여 극한값 구하기

[1단계] 함수 $f(x)$의 도함수 $f'(x)$를 구한다.

[2단계] 주어진 극한값을

$\lim_{h \to 0} \frac{f(a+h)-f(a)}{h}$ 또는 $\lim_{x \to a} \frac{f(x)-f(a)}{x-a}$가

포함된 꼴로 변형한 뒤 (상수)$\times f'(a)$로 나타낸다.

[3단계] [1단계]에서 구한 $f'(x)$의 식에 $x=a$를 대입한 후 (상수)$\times f'(a)$의 값을 구한다.

E03-01

너코 041 너코 044
2016학년도 6월 평가원 A형 11번

함수 $f(x)=x^2+8x$에 대하여

$$\lim_{h \to 0} \frac{f(1+2h)-f(1)}{h}$$

의 값은? [3점]

① 16 ② 17 ③ 18 ④ 19 ⑤ 20

E03-02

너코 041 너코 044
2023학년도 6월 평가원 2번

함수 $f(x)=x^3+9$에 대하여 $\lim_{h \to 0} \frac{f(2+h)-f(2)}{h}$의 값은? [2점]

① 11 ② 12 ③ 13 ④ 14 ⑤ 15

E03-03

너코 041 너코 044
2023학년도 9월 평가원 2번

함수 $f(x)=2x^2+5$에 대하여 $\lim_{x \to 2} \frac{f(x)-f(2)}{x-2}$의 값은? [2점]

① 8 ② 9 ③ 10 ④ 11 ⑤ 12

E03-04

너코 041 너코 044
2024학년도 6월 평가원 2번

함수 $f(x)=x^2-2x+3$에 대하여 $\lim_{h \to 0}\frac{f(3+h)-f(3)}{h}$의 값은? [2점]

① 1 ② 2 ③ 3 ④ 4 ⑤ 5

E03-05

너코 041 너코 044
2024학년도 9월 평가원 2번

함수 $f(x)=2x^2-x$에 대하여 $\lim_{x \to 1}\frac{f(x)-1}{x-1}$의 값은? [2점]

① 1 ② 2 ③ 3 ④ 4 ⑤ 5

E03-06

너코 041 너코 044
2024학년도 수능 2번

함수 $f(x)=2x^3-5x^2+3$에 대하여 $\lim_{h \to 0}\frac{f(2+h)-f(2)}{h}$의 값은? [2점]

① 1 ② 2 ③ 3 ④ 4 ⑤ 5

E03-07

너코 041 너코 044
2025학년도 6월 평가원 2번

함수 $f(x)=x^2+x+2$에 대하여 $\lim_{h \to 0}\frac{f(2+h)-f(2)}{h}$의 값은? [2점]

① 1 ② 2 ③ 3 ④ 4 ⑤ 5

E03-08

너코 041 너코 044
2025학년도 9월 평가원 2번

함수 $f(x)=x^3+3x^2-5$에 대하여

$\lim_{h \to 0} \frac{f(1+h)-f(1)}{h}$의 값은? [2점]

① 5 ② 6 ③ 7
④ 8 ⑤ 9

E03-09

너코 041 너코 044
2025학년도 수능 2번

함수 $f(x)=x^3-8x+7$에 대하여

$\lim_{h \to 0} \frac{f(2+h)-f(2)}{h}$의 값은? [2점]

① 1 ② 2 ③ 3
④ 4 ⑤ 5

E03-10

너코 033 너코 034 너코 037 너코 041 너코 044
2018학년도 수능 나형 18번

최고차항의 계수가 1이고 $f(1)=0$인 삼차함수 $f(x)$가

$$\lim_{x \to 2} \frac{f(x)}{(x-2)\{f'(x)\}^2}=\frac{1}{4}$$

을 만족시킬 때, $f(3)$의 값은? [4점]

① 4 ② 6 ③ 8
④ 10 ⑤ 12

E03-11

너코 032 너코 033 너코 036 너코 041 너코 044

2007학년도 6월 평가원 가형 9번

세 다항함수 $f(x)$, $g(x)$, $h(x)$에 대하여 〈보기〉에서 옳은 것만을 있는 대로 고른 것은? [3점]

〈보 기〉

ㄱ. $f(0)=0$이면 $f'(0)=0$이다.

ㄴ. 모든 실수 x에 대하여 $g(x)=g(-x)$이면 $g'(0)=0$이다.

ㄷ. 모든 실수 x에 대하여 $|h(2x)-h(x)| \le x^2$이면 $h'(0)=0$이다.

① ㄱ ② ㄴ ③ ㄷ
④ ㄱ, ㄴ ⑤ ㄴ, ㄷ

E03-12

너코 033 너코 034 너코 037 너코 041 너코 044

2007학년도 6월 평가원 가형 23번

다항함수 $f(x)$는 모든 실수 x, y에 대하여 $f(x+y)=f(x)+f(y)+2xy-1$을 만족시킨다.

$$\lim_{x \to 1} \frac{f(x)-f'(x)}{x^2-1}=14$$

일 때, $f'(0)$의 값을 구하시오. [4점]

E 미분

Hidden Point

E03-12 주어진 조건 $f(x+y)=f(x)+f(y)+2xy-1$을 이용하여 x, y 각각에 특정 숫자를 대입하여 함숫값을 구하거나, 도함수의 정의 $f'(x)=\lim_{h \to 0} \frac{f(x+h)-f(x)}{h}$에 $f(x+h)$ 대신 $f(x)+f(h)+2xh-1$을 대입하여 푸는 것이 가능하다.

유형 04 곱의 미분법

유형소개

두 다항식의 곱으로 나타내어진 다항함수를 미분한 후 미분계수를 구하는 유형이다. 주로 어렵지 않은 계산문제로 출제되어 왔으며 뒤에서 다뤄지는 유형의 중간 계산 과정에서 자주 사용되므로 빠르고 정확하게 풀 수 있어야 한다.

유형접근법

미분가능한 두 함수 $f(x)$, $g(x)$에 대하여
$\{f(x)g(x)\}'=f'(x)g(x)+f(x)g'(x)$이다.
특히 함수 $\{f(x)\}^2$의 도함수는 $2f'(x)f(x)$이다.

E04-01

너코 044 너코 045
2010학년도 수능 가형 18번

함수 $f(x)=(x^2+1)(x^2+x-2)$에 대하여 $f'(2)$의 값을 구하시오. [3점]

E04-02

너코 044 너코 045
2012학년도 9월 평가원 나형 26번

함수 $f(x)=(x^3+5)(x^2-1)$에 대하여 $f'(1)$의 값을 구하시오. [3점]

E04-03

너코 044 너코 045
2022학년도 수능 예시문항 17번

미분가능한 함수 $f(x)$가 $f(1)=2$, $f'(1)=4$를 만족시킬 때, 함수 $g(x)=(x+1)f(x)$의 $x=1$에서의 미분계수를 구하시오. [3점]

E04-04

너코 044 너코 045
2022학년도 6월 평가원 5번

다항함수 $f(x)$에 대하여 함수 $g(x)$를

$$g(x)=(x^2+3)f(x)$$

라 하자. $f(1)=2$, $f'(1)=1$일 때, $g'(1)$의 값은? [3점]

① 6 ② 7 ③ 8
④ 9 ⑤ 10

E04-05

너코 044 너코 045
2023학년도 수능 4번

다항함수 $f(x)$에 대하여 함수 $g(x)$를

$$g(x) = x^2 f(x)$$

라 하자. $f(2)=1$, $f'(2)=3$일 때, $g'(2)$의 값은? [3점]

① 12 ② 14 ③ 16
④ 18 ⑤ 20

E04-06

너코 044 너코 045
2024학년도 6월 평가원 5번

다항함수 $f(x)$에 대하여 함수 $g(x)$를

$$g(x) = (x^3+1)f(x)$$

라 하자. $f(1)=2$, $f'(1)=3$일 때, $g'(1)$의 값은? [3점]

① 12 ② 14 ③ 16
④ 18 ⑤ 20

E04-07

너코 044 너코 045
2024학년도 9월 평가원 18번

함수 $f(x)=(x^2+1)(x^2+ax+3)$에 대하여 $f'(1)=32$일 때, 상수 a의 값을 구하시오. [3점]

E04-08

너코 044 너코 045
2024학년도 수능 17번

함수 $f(x)=(x+1)(x^2+3)$에 대하여 $f'(1)$의 값을 구하시오. [3점]

E04-09

너코 044 너코 045
2025학년도 6월 평가원 5번

함수 $f(x)=(x^2-1)(x^2+2x+2)$에 대하여 $f'(1)$의 값은? [3점]

① 6 ② 7 ③ 8
④ 9 ⑤ 10

E04-10

너코 044 너코 045
2025학년도 9월 평가원 5번

함수 $f(x) = (x+1)(x^2+x-5)$에 대하여 $f'(2)$의 값은? [3점]

① 15　② 16　③ 17
④ 18　⑤ 19

E04-11

너코 044 너코 045
2025학년도 수능 5번

함수 $f(x) = (x^2+1)(3x^2-x)$에 대하여 $f'(1)$의 값은? [3점]

① 8　② 10　③ 12
④ 14　⑤ 16

E04-12

너코 034 너코 037 너코 041 너코 044 너코 045
2013학년도 6월 평가원 나형 27번

다항함수 $f(x)$가 $\lim_{x \to 1} \frac{f(x)-5}{x-1} = 9$를 만족시킨다.
$g(x) = xf(x)$라 할 때, $g'(1)$의 값을 구하시오. [4점]

E04-13

너코 045

2022학년도 수능 예시문항 11번

최고차항의 계수가 1인 삼차함수 $f(x)$가 다음 조건을 만족시킨다.

방정식 $f(x)=9$는 서로 다른 세 실근을 갖고, 이 세 실근은 크기 순서대로 등비수열을 이룬다.

$f(0)=1$, $f'(2)=-2$일 때, $f(3)$의 값은? [4점]

① 6 ② 7 ③ 8 ④ 9 ⑤ 10

E04-14

너코 033 너코 034 너코 045

2021학년도 수능 나형 17번

두 다항함수 $f(x)$, $g(x)$가

$$\lim_{x\to 0}\frac{f(x)+g(x)}{x}=3,\ \lim_{x\to 0}\frac{f(x)+3}{xg(x)}=2$$

를 만족시킨다. 함수 $h(x)=f(x)g(x)$에 대하여 $h'(0)$의 값은? [4점]

① 27 ② 30 ③ 33 ④ 36 ⑤ 39

E04-15

너코 041 너코 045
2008학년도 9월 평가원 가형 22번

두 다항함수 $f(x)$, $g(x)$가 다음 조건을 만족시킬 때, $g'(0)$의 값을 구하시오. [4점]

> (가) $f(0)=1$, $f'(0)=-6$, $g(0)=4$
> (나) $\lim_{x\to 0}\frac{f(x)g(x)-4}{x}=0$

유형 05 미분가능한 함수의 미정계수 결정

유형소개

구간별로 식이 다르게 주어진 함수가 구간의 경계에서 미분가능할 때, 그 점에서 연속이고 미분계수가 존재한다는 조건을 이용하여 답을 구하는 문제를 이 유형에 수록하였다. D 함수의 극한과 연속 단원의 유형 09 와 연계하여 접근하여야 하는데, 연속성을 먼저 따진 후 미분가능성을 따지도록 한다. 또한 E 미분 단원에서 출제되는 대표적인 유형 중 하나이므로 충분하게 숙달시키도록 하자.

유형접근법

두 다항함수 $f(x)$, $g(x)$에 대하여

함수 $h(x)=\begin{cases} f(x) & (x\ge a) \\ g(x) & (x<a) \end{cases}$가

$x=a$에서 미분가능하려면 다음 조건을 만족시키면 된다.

❶ $f(a)=g(a)$

❷ $f'(a)=g'(a)$

E05-01

너코 037 너코 041 너코 042 너코 044 너코 046
2005학년도 9월 평가원 가형 6번

함수

$$f(x)=\begin{cases} x^3+ax^2+bx & (x\ge 1) \\ 2x^2+1 & (x<1) \end{cases}$$

이 모든 실수 x에서 미분가능하도록 상수 a, b를 정할 때, ab의 값은? [3점]

① -5 ② -3 ③ -1
④ 0 ⑤ 1

E05-02

너코 037 너코 041 너코 042 너코 044 너코 046

2013학년도 수능 나형 18번

함수

$$f(x)=\begin{cases} x^3+ax & (x<1) \\ bx^2+x+1 & (x\geq 1) \end{cases}$$

이 $x=1$에서 미분가능할 때, $a+b$의 값은?

(단, a, b는 상수이다.) [4점]

① 5 ② 6 ③ 7 ④ 8 ⑤ 9

E05-03

너코 037 너코 041 너코 042 너코 044 너코 046

2017학년도 9월 평가원 나형 25번

함수

$$f(x)=\begin{cases} ax^2+1 & (x<1) \\ x^4+a & (x\geq 1) \end{cases}$$

가 $x=1$에서 미분가능할 때, 상수 a의 값을 구하시오.

[3점]

E05-04

너코 037 너코 041 너코 042 너코 044 너코 046

2018학년도 6월 평가원 나형 16번

함수

$$f(x)=\begin{cases} x^2+ax+b & (x\leq -2) \\ 2x & (x>-2) \end{cases}$$

가 실수 전체의 집합에서 미분가능할 때, $a+b$의 값은?

(단, a와 b는 상수이다.) [4점]

① 6 ② 7 ③ 8 ④ 9 ⑤ 10

E05-05

너코 037 너코 041 너코 042 너코 044 너코 046

2021학년도 9월 평가원 나형 10번

함수

$$f(x)=\begin{cases} x^3+ax+b & (x<1) \\ bx+4 & (x\ge 1) \end{cases}$$

이 실수 전체의 집합에서 미분가능할 때, $a+b$의 값은?

(단, a, b는 상수이다.) [3점]

① 6 ② 7 ③ 8 ④ 9 ⑤ 10

E05-06

너코 037 너코 044 너코 046

2007학년도 수능 가형 7번

함수 $f(x)$가

$$f(x)=\begin{cases} 1-x & (x<0) \\ x^2-1 & (0\le x<1) \\ \frac{2}{3}(x^3-1) & (x\ge 1) \end{cases}$$

일 때, 〈보기〉에서 옳은 것만을 있는 대로 고른 것은? [3점]

〈보 기〉

ㄱ. $f(x)$는 $x=1$에서 미분가능하다.

ㄴ. $|f(x)|$는 $x=0$에서 미분가능하다.

ㄷ. $x^k f(x)$가 $x=0$에서 미분가능하도록 하는 최소의 자연수 k는 2이다.

① ㄱ ② ㄴ ③ ㄱ, ㄷ ④ ㄴ, ㄷ ⑤ ㄱ, ㄴ, ㄷ

E05-07

너코 037 너코 040 너코 042 너코 044 너코 046
2010학년도 수능 가형 17번

최고차항의 계수가 1인 사차함수 $f(x)$에 대하여 함수 $g(x)$가 다음 조건을 만족시킨다.

> (가) $-1 \le x < 1$일 때, $g(x) = f(x)$이다.
> (나) 모든 실수 x에 대하여 $g(x+2) = g(x)$이다.

〈보기〉에서 옳은 것만을 있는 대로 고른 것은? [4점]

〈보 기〉

ㄱ. $f(-1) = f(1)$이고 $f'(-1) = f'(1)$이면, $g(x)$는 실수 전체의 집합에서 미분가능하다.
ㄴ. $g(x)$가 실수 전체의 집합에서 미분가능하면, $f'(0)f'(1) < 0$이다.
ㄷ. $g(x)$가 실수 전체의 집합에서 미분가능하고 $f'(1) > 0$이면, 구간 $(-\infty, -1)$에 $f'(c) = 0$인 c가 존재한다.

① ㄱ ② ㄴ ③ ㄱ, ㄷ
④ ㄴ, ㄷ ⑤ ㄱ, ㄴ, ㄷ

E05-08

너코 044 너코 046
2014학년도 5월 예비 시행 A형 21번

좌표평면 위에 그림과 같이 어두운 부분을 내부로 하는 도형이 있다. 이 도형과 네 점 $(0, 0)$, $(t, 0)$, (t, t), $(0, t)$를 꼭짓점으로 하는 정사각형이 겹치는 부분의 넓이를 $f(t)$라 하자.

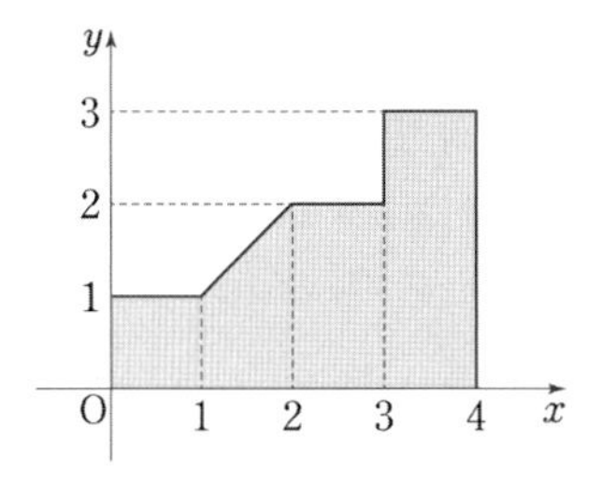

열린구간 $(0, 4)$에서 함수 $f(t)$가 미분가능하지 않은 모든 t의 값의 합은? [4점]

① 2 ② 3 ③ 4
④ 5 ⑤ 6

E05-09

너코 044 너코 046
2017학년도 6월 평가원 나형 29번

함수 $f(x)$는

$$f(x)=\begin{cases} x+1 & (x<1) \\ -2x+4 & (x \geq 1) \end{cases}$$

이고, 좌표평면 위에 두 점 $\mathrm{A}(-1,\ -1)$, $\mathrm{B}(1,\ 2)$가 있다. 실수 x에 대하여 점 $(x,\ f(x))$에서 점 A까지의 거리의 제곱과 점 B까지의 거리의 제곱 중 크지 않은 값을 $g(x)$라 하자. 함수 $g(x)$가 $x=a$에서 미분가능하지 않은 모든 a의 값의 합이 p일 때, $80p$의 값을 구하시오. [4점]

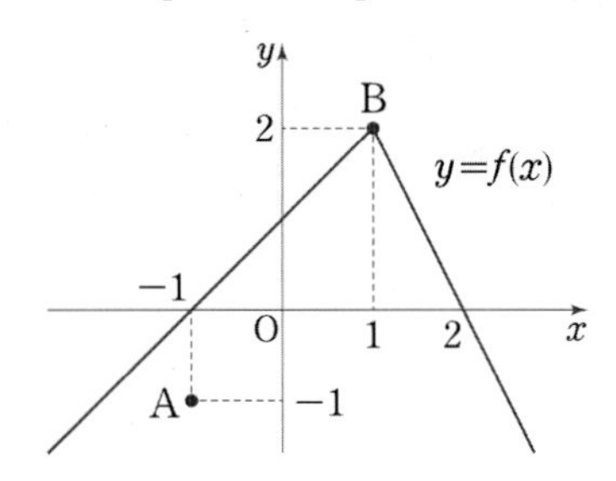

E05-10

너코 037 너코 044 너코 046
2020학년도 수능 나형 20번

함수

$$f(x)=\begin{cases} -x & (x \leq 0) \\ x-1 & (0<x \leq 2) \\ 2x-3 & (x>2) \end{cases}$$

와 상수가 아닌 다항식 $p(x)$에 대하여 〈보기〉에서 옳은 것만을 있는 대로 고른 것은? [4점]

〈보 기〉

ㄱ. 함수 $p(x)f(x)$가 실수 전체의 집합에서 연속이면 $p(0)=0$이다.

ㄴ. 함수 $p(x)f(x)$가 실수 전체의 집합에서 미분가능하면 $p(2)=0$이다.

ㄷ. 함수 $p(x)\{f(x)\}^2$이 실수 전체의 집합에서 미분가능하면 $p(x)$는 $x^2(x-2)^2$으로 나누어떨어진다.

① ㄱ ② ㄱ, ㄴ ③ ㄱ, ㄷ
④ ㄴ, ㄷ ⑤ ㄱ, ㄴ, ㄷ

E05-11

너코 037 너코 042
2025학년도 수능 15번

상수 a ($a \neq 3\sqrt{5}$)와 최고차항의 계수가 음수인 이차함수 $f(x)$에 대하여 함수

$$g(x) = \begin{cases} x^3 + ax^2 + 15x + 7 & (x \leq 0) \\ f(x) & (x > 0) \end{cases}$$

이 다음 조건을 만족시킨다.

> (가) 함수 $g(x)$는 실수 전체의 집합에서 미분가능하다.
> (나) x에 대한 방정식 $g'(x) \times g'(x-4) = 0$의 서로 다른 실근의 개수는 4이다.

$g(-2) + g(2)$의 값은? [4점]

① 30 ② 32 ③ 34 ④ 36 ⑤ 38

3 도함수의 활용

유형 06 접선의 방정식 + 평균값 정리

유형소개

곡선 위의 한 점에서의 미분계수가 접선의 기울기임을 알고, 접선의 방정식을 구하여 해결하는 유형이다. 접선의 기울기, 접점의 좌표, 곡선 밖의 지나는 점 등 주어지는 조건이 달라져도 기본 개념을 이해하면 어렵지 않게 풀 수 있다.
한편, 접선의 기울기의 간단한 활용으로 볼 수 있는 평균값 정리에 대한 문제도 이 유형에 함께 수록하였다. 보통은 방정식의 실근의 존재성을 확인하는 데에 쓰이므로 기본 개념을 정확하게 이해하고 있어야 하겠다.

유형접근법

점 (a, b)를 지나고 기울기가 m인 직선의 방정식은 $y = m(x-a) + b$이다.
각 문제마다 주어지는 조건에 따른 접선의 방정식을 구하는 방법은 다음과 같다.

❶ 점 $(a, f(a))$를 알 때
$y = f'(a)(x-a) + f(a)$

❷ 접선의 기울기 m을 알 때
방정식 $f'(a) = m$을 만족시키는 a의 값을 구한 뒤
❶과 같이 접선의 방정식을 구한다.

❸ 접선이 지나는 접점이 아닌 점 (p, q)를 알 때
점 $(a, f(a))$에서의 접선의 방정식을 세운 뒤
$x = p$, $y = q$를 대입하여 a의 값을 구하거나
$f'(a) = \dfrac{f(a) - q}{a - p}$를 만족시키는 a의 값을 구한 뒤
❶과 같이 접선의 방정식을 구한다.

E06-01

너코 041 너코 044 너코 047
2021학년도 6월 평가원 나형 24번

곡선 $y = x^3 - 6x^2 + 6$ 위의 점 $(1, 1)$에서의 접선이 점 $(0, a)$를 지날 때, a의 값을 구하시오. [3점]

E 미분

E06-02

너코 041 너코 044
2021학년도 수능 나형 9번

곡선 $y=x^3-3x^2+2x+2$ 위의 점 $\mathrm{A}(0, 2)$에서의 접선과 수직이고 점 A를 지나는 직선의 x절편은? [3점]

① 4　② 6　③ 8
④ 10　⑤ 12

E06-03

너코 048
2023학년도 6월 평가원 8번

실수 전체의 집합에서 미분가능하고 다음 조건을 만족시키는 모든 함수 $f(x)$에 대하여 $f(5)$의 최솟값은? [3점]

(가) $f(1)=3$
(나) $1<x<5$인 모든 실수 x에 대하여 $f'(x) \geq 5$이다.

① 21　② 22　③ 23
④ 24　⑤ 25

E06-04

너코 035 너코 041 너코 044 너코 047
2007학년도 9월 평가원 가형 20번

곡선 $y=x^3$ 위의 점 $\mathrm{P}(t, t^3)$에서의 접선과 원점 사이의 거리를 $f(t)$라 하자. $\lim_{t \to \infty} \frac{f(t)}{t}=\alpha$일 때, 30α의 값을 구하시오. [3점]

E06-05

너코 041 너코 044 너코 047
2010학년도 6월 평가원 가형 4번

곡선 $y=x^2$ 위의 점 $(-2, 4)$에서의 접선이 곡선 $y=x^3+ax-2$에 접할 때, 상수 a의 값은? [3점]

① -9　② -7　③ -5
④ -3　⑤ -1

E06-06

너코 041 너코 044 너코 047
2012학년도 9월 평가원 나형 15번

점 $(0,\ -4)$에서 곡선 $y=x^3-2$에 그은 접선이 x축과 만나는 점의 좌표를 $(a,\ 0)$이라 할 때, a의 값은? [4점]

① $\frac{7}{6}$ ② $\frac{4}{3}$ ③ $\frac{3}{2}$
④ $\frac{5}{3}$ ⑤ $\frac{11}{6}$

E06-07

너코 041 너코 044 너코 047
2013학년도 6월 평가원 나형 17번

곡선 $y=x^3-5x$ 위의 점 $\mathrm{A}(1,\ -4)$에서의 접선이 점 A가 아닌 점 B에서 곡선과 만난다. 선분 AB의 길이는? [4점]

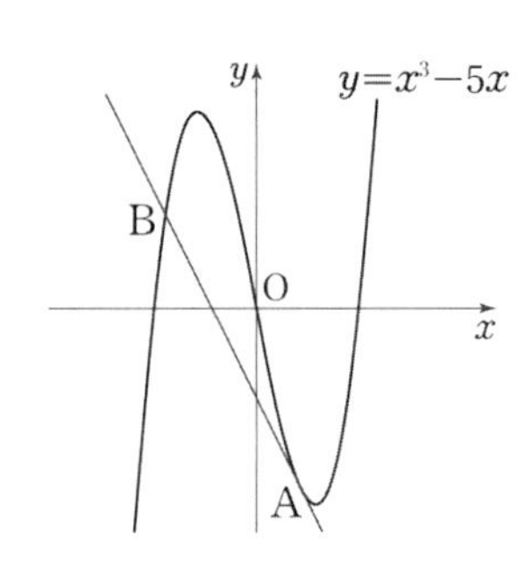

① $\sqrt{30}$ ② $\sqrt{35}$ ③ $2\sqrt{10}$
④ $3\sqrt{5}$ ⑤ $5\sqrt{2}$

E06-08

너코 041 너코 044 너코 047
2014학년도 6월 평가원 A형 17번

곡선 $y=x^3-3x^2+x+1$ 위의 서로 다른 두 점 A, B에서의 접선이 서로 평행이다. 점 A의 x좌표가 3일 때, 점 B에서의 접선의 y절편의 값은? [4점]

① 5 ② 6 ③ 7
④ 8 ⑤ 9

E06-09

너코 041 너코 044 너코 047
2014학년도 9월 평가원 A형 27번

곡선 $y=x^3+2x+7$ 위의 점 $\mathrm{P}(-1,\ 4)$에서의 접선이 점 P가 아닌 점 $(a,\ b)$에서 곡선과 만난다. $a+b$의 값을 구하시오. [4점]

E06-10

너코 041
2016학년도 6월 평가원 A형 13번

이차함수 $f(x)=(x-3)^2$의 그래프가 그림과 같다. 함수 $g(x)$의 도함수가 $f(x)$이고 곡선 $y=g(x)$ 위의 점 $(2,\ g(2))$에서의 접선의 y절편이 -5일 때, 이 접선의 x절편은? [3점]

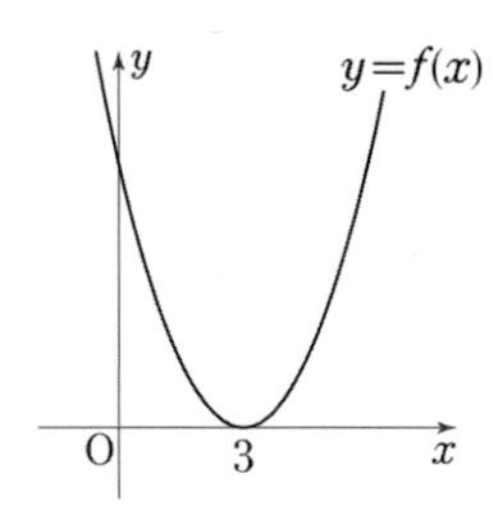

① 1　② 2　③ 3
④ 4　⑤ 5

E06-11

너코 041 너코 044 너코 047
2022학년도 수능 예시문항 9번

원점을 지나고 곡선 $y=-x^3-x^2+x$에 접하는 모든 직선의 기울기의 합은? [4점]

① 2　② $\frac{9}{4}$　③ $\frac{5}{2}$
④ $\frac{11}{4}$　⑤ 3

E06-12

너코 045 너코 047
2022학년도 수능 10번

삼차함수 $f(x)$에 대하여 곡선 $y=f(x)$ 위의 점 $(0,\ 0)$에서의 접선과 곡선 $y=xf(x)$ 위의 점 $(1,\ 2)$에서의 접선이 일치할 때, $f'(2)$의 값은? [4점]

① -18　② -17　③ -16
④ -15　⑤ -14

E06-13

너코 041 너코 044 너코 047
2023학년도 9월 평가원 8번

곡선 $y=x^3-4x+5$ 위의 점 $(1,\ 2)$에서의 접선이 곡선 $y=x^4+3x+a$에 접할 때, 상수 a의 값은? [3점]

① 6　② 7　③ 8　④ 9　⑤ 10

E06-14

너코 041 너코 044 너코 047
2023학년도 수능 8번

점 $(0,\ 4)$에서 곡선 $y=x^3-x+2$에 그은 접선의 x절편은? [3점]

① $-\frac{1}{2}$　② -1　③ $-\frac{3}{2}$　④ -2　⑤ $-\frac{5}{2}$

E06-15

너코 044 너코 045 너코 047
2024학년도 9월 평가원 10번

최고차항의 계수가 1인 삼차함수 $f(x)$에 대하여 곡선 $y=f(x)$ 위의 점 $(-2,\ f(-2))$에서의 접선과 곡선 $y=f(x)$ 위의 점 $(2,\ 3)$에서의 접선이 점 $(1,\ 3)$에서 만날 때, $f(0)$의 값은? [4점]

① 31　② 33　③ 35　④ 37　⑤ 39

E06-16

너코 041 너코 044 너코 047
2024학년도 수능 20번

$a > \sqrt{2}$ 인 실수 a에 대하여 함수 $f(x)$를

$$f(x) = -x^3 + ax^2 + 2x$$

라 하자. 곡선 $y = f(x)$ 위의 점 $\mathrm{O}(0,\ 0)$에서의 접선이 곡선 $y = f(x)$와 만나는 점 중 O가 아닌 점을 A라 하고, 곡선 $y = f(x)$ 위의 점 A에서의 접선이 x축과 만나는 점을 B라 하자. 점 A가 선분 OB를 지름으로 하는 원 위의 점일 때, $\overline{\mathrm{OA}} \times \overline{\mathrm{AB}}$의 값을 구하시오. [4점]

E06-17

너코 034 너코 041 너코 047
2025학년도 6월 평가원 11번

최고차항의 계수가 1이고 $f(0) = 0$인 삼차함수 $f(x)$가

$$\lim_{x \to a} \frac{f(x) - 1}{x - a} = 3$$

을 만족시킨다. 곡선 $y = f(x)$ 위의 점 $(a,\ f(a))$에서의 접선의 y절편이 4일 때, $f(1)$의 값은? (단, a는 상수이다.) [4점]

① -1　② -2　③ -3
④ -4　⑤ -5

E06-18

너코 041 너코 044 너코 047
2008학년도 6월 평가원 가형 20번

양수 a에 대하여 점 $(a,\ 0)$에서 곡선 $y=3x^3$에 그은 접선과 점 $(0,\ a)$에서 곡선 $y=3x^3$에 그은 접선이 서로 평행할 때, $90a$의 값을 구하시오. [3점]

E06-19

너코 041 너코 042 너코 044 너코 046 너코 047
2014학년도 수능 A형 21번

좌표평면에서 삼차함수 $f(x)=x^3+ax^2+bx$와 실수 t에 대하여 곡선 $y=f(x)$ 위의 점 $(t,\ f(t))$에서의 접선이 y축과 만나는 점을 P라 할 때, 원점에서 점 P까지의 거리를 $g(t)$라 하자. 함수 $f(x)$와 함수 $g(t)$는 다음 조건을 만족시킨다.

(가) $f(1)=2$
(나) 함수 $g(t)$는 실수 전체의 집합에서 미분가능하다.

$f(3)$의 값은? (단, a, b는 상수이다.) [4점]

① 21 ② 24 ③ 27
④ 30 ⑤ 33

E06-20

너코 034 너코 037 너코 041 너코 045 너코 047

2016학년도 수능 A형 28번

두 다항함수 $f(x)$, $g(x)$가 다음 조건을 만족시킨다.

(가) $g(x)=x^3f(x)-7$

(나) $\lim_{x\to 2}\frac{f(x)-g(x)}{x-2}=2$

곡선 $y=g(x)$ 위의 점 $(2,\ g(2))$에서의 접선의 방정식이 $y=ax+b$일 때, a^2+b^2의 값을 구하시오.

(단, a, b는 상수이다.) [4점]

E06-21

너코 041 너코 044 너코 047

2018학년도 6월 평가원 나형 20번

함수

$$f(x)=\frac{1}{3}x^3-kx^2+1\ (k>0\text{인 상수})$$

의 그래프 위의 서로 다른 두 점 A, B에서의 접선 l, m의 기울기가 모두 $3k^2$이다. 곡선 $y=f(x)$에 접하고 x축에 평행한 두 직선과 접선 l, m으로 둘러싸인 도형의 넓이가 24일 때, k의 값은? [4점]

① $\frac{1}{2}$　② 1　③ $\frac{3}{2}$　④ 2　⑤ $\frac{5}{2}$

E 06-22

너코 044 너코 048
2024학년도 6월 평가원 22번

정수 $a\ (a \neq 0)$에 대하여 함수 $f(x)$를

$$f(x) = x^3 - 2ax^2$$

이라 하자. 다음 조건을 만족시키는 모든 정수 k의 값의 곱이 -12가 되도록 하는 a에 대하여 $f'(10)$의 값을 구하시오. [4점]

> 함수 $f(x)$에 대하여
>
> $$\left\{\frac{f(x_1)-f(x_2)}{x_1-x_2}\right\} \times \left\{\frac{f(x_2)-f(x_3)}{x_2-x_3}\right\} < 0$$
>
> 을 만족시키는 세 실수 $x_1,\ x_2,\ x_3$이 열린구간 $\left(k,\ k+\dfrac{3}{2}\right)$에 존재한다.

유형 07 접선의 방정식의 활용

유형소개

직접적으로 접선이라는 단어가 언급되지는 않지만 문제의 조건을 만족시키려면 결국 곡선에 접하는 직선을 구해야 하는 유형이다. 주로 4점 또는 어려운 4점으로 출제되어왔고 접선의 방정식은 뒤에서 배울 '함수의 그래프 추론'을 위한 도구로도 자주 쓰이므로 틀린 문항은 여러 번 반복하여 완벽하게 이해하고 넘어가자.

유형접근법

✓ 곡선 위를 움직이는 점 P와 직선 l 사이의 거리
제한된 구간에서 이 길이가 최소 또는 최대일 때는
(점 P에서의 접선의 기울기)=(직선 l의 기울기)
인 경우가 자주 출제되므로 참고하여 접근해보자.

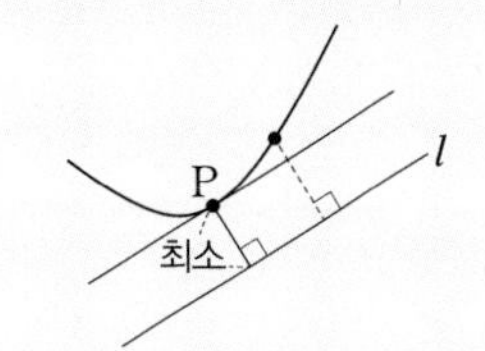

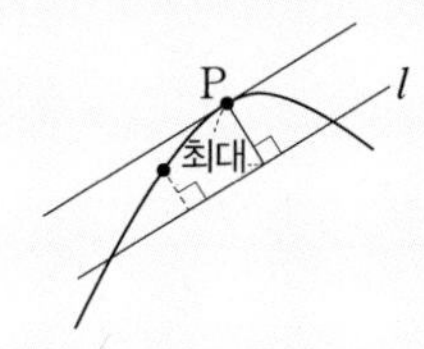

✓ 곡선과 직선의 교점의 개수
교점의 개수가 변하는 경계는 곡선과 직선이 접할 때이다.
특히 '삼차함수의 그래프와 직선이 서로 다른 두 점에서 만난다.'는 조건은 이 직선이 삼차함수의 그래프에 접한다는 것으로 해석할 수 있음을 참고하여 접근해보자.

E07-01

너코 041 너코 044 너코 045
2013학년도 9월 평가원 나형 19번

닫힌구간 $[0, 2]$에서 정의된 함수

$$f(x) = ax(x-2)^2 \ \left(a > \frac{1}{2}\right)$$

에 대하여 곡선 $y = f(x)$와 직선 $y = x$의 교점 중 원점 O가 아닌 점을 A라 하자. 점 P가 원점으로부터 점 A까지 곡선 $y = f(x)$ 위를 움직일 때, 삼각형 OAP의 넓이가 최대가 되는 점 P의 x좌표가 $\frac{1}{2}$이다. 상수 a의 값은?

[4점]

① $\frac{5}{4}$　② $\frac{4}{3}$　③ $\frac{17}{12}$
④ $\frac{3}{2}$　⑤ $\frac{19}{12}$

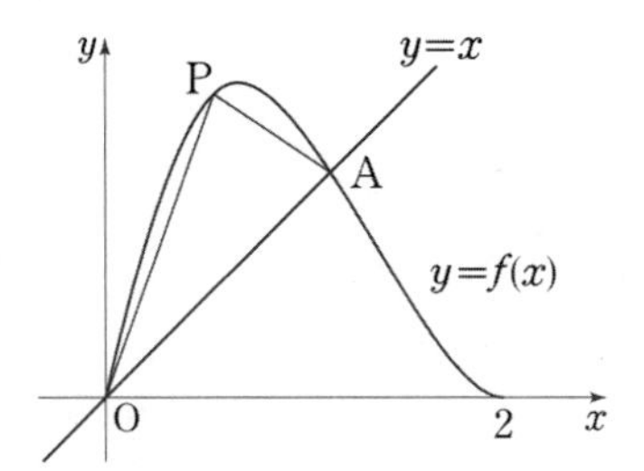

E07-02

너코 041 너코 044
2015학년도 9월 평가원 A형 27번

곡선 $y = \frac{1}{3}x^3 + \frac{11}{3}$ $(x > 0)$ 위를 움직이는 점 P와 직선 $x - y - 10 = 0$ 사이의 거리를 최소가 되게 하는 곡선 위의 점 P의 좌표를 (a, b)라 할 때, $a + b$의 값을 구하시오. [4점]

E07-03

너코 041 너코 044 너코 045 너코 047
2015학년도 수능 A형 14번

함수 $f(x)=x(x+1)(x-4)$에 대하여 직선 $y=5x+k$와 함수 $y=f(x)$의 그래프가 서로 다른 두 점에서 만날 때, 양수 k의 값은? [4점]

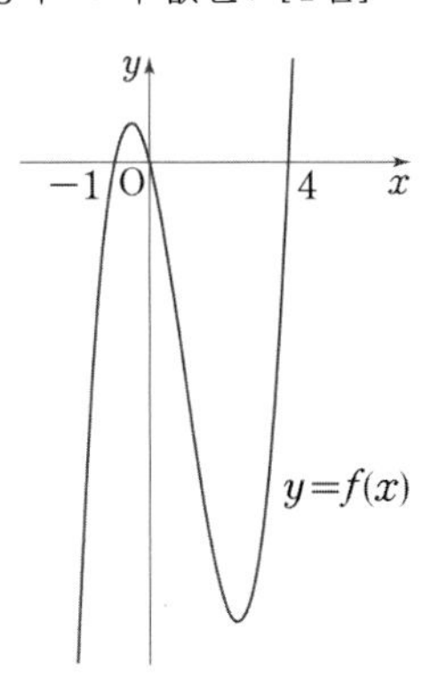

① 5　② $\frac{11}{2}$　③ 6　④ $\frac{13}{2}$　⑤ 7

E07-04

너코 041 너코 044 너코 047
2020학년도 9월 평가원 나형 27번

곡선 $y=x^3-3x^2+2x-3$과 직선 $y=2x+k$가 서로 다른 두 점에서만 만나도록 하는 모든 실수 k의 값의 곱을 구하시오. [4점]

E
미분

E07-05

너코 037 너코 044 너코 047 너코 050

2012학년도 수능 가형 19번

실수 m에 대하여 점 $(0,\ 2)$를 지나고 기울기가 m인 직선이 곡선 $y=x^3-3x^2+1$과 만나는 점의 개수를 $f(m)$이라 하자. 함수 $f(m)$이 구간 $(-\infty,\ a)$에서 연속이 되게 하는 실수 a의 최댓값은? [4점]

① -3　② $-\frac{3}{4}$　③ $\frac{3}{2}$　④ $\frac{15}{4}$　⑤ 6

E07-06

너코 041 너코 044 너코 050

2013학년도 9월 평가원 나형 21번

좌표평면에서 두 함수

$$f(x)=6x^3-x,\ g(x)=|x-a|$$

의 그래프가 서로 다른 두 점에서 만나도록 하는 모든 실수 a의 값의 합은? [4점]

① $-\frac{11}{18}$　② $-\frac{5}{9}$　③ $-\frac{1}{2}$　④ $-\frac{4}{9}$　⑤ $-\frac{7}{18}$

E07-07

너코 041 너코 044 너코 047
2014학년도 5월 예비 시행 A형 30번

그림과 같이 정사각형 ABCD의 두 꼭짓점 A, C는 y축 위에 있고, 두 꼭짓점 B, D는 x축 위에 있다. 변 AB와 변 CD가 각각 삼차함수 $y=x^3-5x$의 그래프에 접할 때, 정사각형 ABCD의 둘레의 길이를 구하시오. [4점]

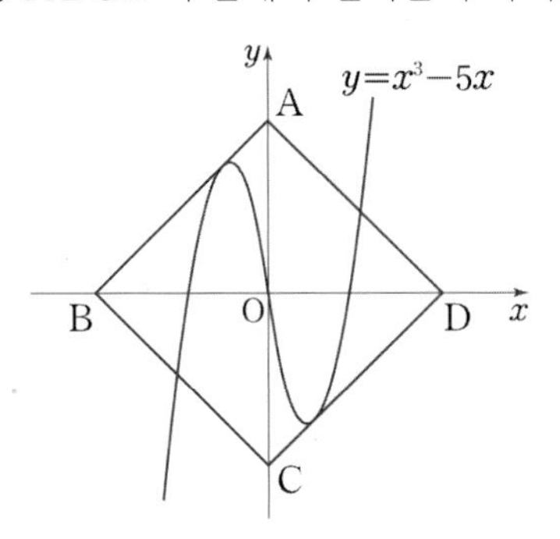

E07-08

너코 041 너코 044 너코 045 너코 046
2018학년도 수능 나형 29번

두 실수 a와 k에 대하여 두 함수 $f(x)$와 $g(x)$는

$$f(x)=\begin{cases} 0 & (x \le a) \\ (x-1)^2(2x+1) & (x>a) \end{cases},$$

$$g(x)=\begin{cases} 0 & (x \le k) \\ 12(x-k) & (x>k) \end{cases}$$

이고, 다음 조건을 만족시킨다.

> (가) 함수 $f(x)$는 실수 전체의 집합에서 미분가능하다.
> (나) 모든 실수 x에 대하여 $f(x) \ge g(x)$이다.

k의 최솟값이 $\dfrac{q}{p}$일 때, $a+p+q$의 값을 구하시오.

(단, p와 q는 서로소인 자연수이다.) [4점]

E

미분

E07-09

너코 044 너코 047
2021학년도 9월 평가원 나형 18번

최고차항의 계수가 a인 이차함수 $f(x)$가 모든 실수 x에 대하여

$$|f'(x)| \le 4x^2+5$$

를 만족시킨다. 함수 $y=f(x)$의 그래프의 대칭축이 직선 $x=1$일 때, 실수 a의 최댓값은? [4점]

① $\frac{3}{2}$ ② 2 ③ $\frac{5}{2}$
④ 3 ⑤ $\frac{7}{2}$

유형 08 함수의 증가와 감소

유형소개

다항함수가 증가 또는 감소하는 조건을 묻는 유형이다.
함수의 특징을 보여주는 조건이므로 꼼꼼히 공부하고 넘어가도록 하자.

유형접근법

상수함수가 아닌 다항함수 $f(x)$에 대하여
❶ 어떤 구간의 모든 실수 x에 대하여 $f'(x) \ge 0$이다.
⇔ 어떤 구간에서 증가한다.
❷ 어떤 구간의 모든 실수 x에 대하여 $f'(x) \le 0$이다.
⇔ 어떤 구간에서 감소한다.
❸ 특히 함수 $f(x)$가 삼차함수일 때 다음이 성립한다.
함수 $f(x)$의 역함수가 존재한다.
⇔ 모든 실수 x에 대하여 $f'(x) \ge 0$이거나
모든 실수 x에 대하여 $f'(x) \le 0$이다.

E08-01

너코 044 너코 049
2012학년도 6월 평가원 나형 15번

삼차함수 $f(x)=x^3+ax^2+2ax$가 구간 $(-\infty,\ \infty)$에서 증가하도록 하는 실수 a의 최댓값을 M이라 하고, 최솟값을 m이라 할 때, $M-m$의 값은? [4점]

① 3 ② 4 ③ 5
④ 6 ⑤ 7

E08-02

너코 044 너코 049
2016학년도 6월 평가원 A형 27번

함수 $f(x)=\frac{1}{3}x^3-9x+3$이 열린구간 $(-a,\ a)$에서 감소할 때, 양수 a의 최댓값을 구하시오. [4점]

E08-03

너코 044 너코 049
2022학년도 수능 19번

함수 $f(x)=x^3+ax^2-(a^2-8a)x+3$이 실수 전체의 집합에서 증가하도록 하는 실수 a의 최댓값을 구하시오. [3점]

E08-04

너코 044 너코 049
2012학년도 9월 평가원 나형 18번

함수 $f(x)=\frac{1}{3}x^3-ax^2+3ax$의 역함수가 존재하도록 하는 상수 a의 최댓값은? [4점]

① 3　② 4　③ 5　④ 6　⑤ 7

E08-05

너코 044 너코 047 너코 049
2011학년도 9월 평가원 가형 21번

함수 $f(x)=x^3-(a+2)x^2+ax$에 대하여 곡선 $y=f(x)$ 위의 점 $(t,\ f(t))$에서의 접선의 y절편을 $g(t)$라 하자. 함수 $g(t)$가 열린구간 $(0,\ 5)$에서 증가할 때, a의 최솟값을 구하시오. [3점]

E 미분

E08-06

너코 037 너코 049 너코 050
2014학년도 9월 평가원 A형 21번

사차함수 $f(x)$의 도함수 $f'(x)$가

$$f'(x)=(x+1)(x^2+ax+b)$$

이다. 함수 $y=f(x)$가 구간 $(-\infty, 0)$에서 감소하고 구간 $(2, \infty)$에서 증가하도록 하는 실수 a, b의 순서쌍 (a, b)에 대하여, a^2+b^2의 최댓값을 M, 최솟값을 m이라 하자. $M+m$의 값은? [4점]

① $\frac{21}{4}$ ② $\frac{43}{8}$ ③ $\frac{11}{2}$ ④ $\frac{45}{8}$ ⑤ $\frac{23}{4}$

E08-07

너코 040 너코 044 너코 049 너코 051
2024학년도 9월 평가원 13번

두 실수 a, b에 대하여 함수

$$f(x)=\begin{cases} -\frac{1}{3}x^3-ax^2-bx & (x<0) \\ \frac{1}{3}x^3+ax^2-bx & (x \geq 0) \end{cases}$$

이 구간 $(-\infty, -1]$에서 감소하고 구간 $[-1, \infty)$에서 증가할 때, $a+b$의 최댓값을 M, 최솟값을 m이라 하자. $M-m$의 값은? [4점]

① $\frac{3}{2}+3\sqrt{2}$ ② $3+3\sqrt{2}$ ③ $\frac{9}{2}+3\sqrt{2}$ ④ $6+3\sqrt{2}$ ⑤ $\frac{15}{2}+3\sqrt{2}$

유형 09 함수의 극대와 극소

유형소개

함수 $f(x)$가 극값을 가질 조건을 이해하고 극대 또는 극소인 점을 찾거나 그때의 함숫값, 즉 극댓값 또는 극솟값을 구하는 유형으로 다양한 난이도로 자주 출제된다.

유형접근법

상수함수가 아닌 다항함수 $f(x)$에 대하여 다음이 성립한다.

❶ $x=a$의 좌우에서 $f'(x)$의 부호가 $+$에서 $-$로 바뀐다.
 $\Leftrightarrow$ 함수 $f(x)$는 $x=a$에서 극댓값을 갖는다.

❷ $x=a$의 좌우에서 $f'(x)$의 부호가 $-$에서 $+$로 바뀐다.
 $\Leftrightarrow$ 함수 $f(x)$는 $x=a$에서 극솟값을 갖는다.

❸ $x=a$에서 극값을 가지면 $f'(a)=0$이다.

❸의 역이 성립하지 않는 예로는 $f(x)=x^3$이 있다.
$f'(0)=0$이지만 $x=0$의 좌우에서 $f'(x)$의 부호가 바뀌지 않으므로 $x=0$에서 극값을 갖지 않는다.

E09-01

너코 044 너코 049
2019학년도 6월 평가원 나형 6번

함수 $f(x)=x^3-ax+6$이 $x=1$에서 극소일 때, 상수 a의 값은? [3점]

① 1　② 3　③ 5　④ 7　⑤ 9

E09-02

너코 044 너코 049
2019학년도 수능 나형 9번

함수 $f(x)=x^3-3x+a$의 극댓값이 7일 때, 상수 a의 값은? [3점]

① 1　② 2　③ 3　④ 4　⑤ 5

E09-03

너코 044 너코 049
2022학년도 수능 예시문항 19번

실수 k에 대하여 함수 $f(x)=x^4+kx+10$이 $x=1$에서 극값을 가질 때, $f(1)$의 값을 구하시오. [3점]

E09-04

너코 044 너코 049
2021학년도 6월 평가원 나형 10번

함수 $f(x)=-\frac{1}{3}x^3+2x^2+mx+1$이 $x=3$에서 극대일 때, 상수 m의 값은? [3점]

① -3　② -1　③ 1　④ 3　⑤ 5

E09-05

너코 044 너코 049
2022학년도 6월 평가원 17번

함수 $f(x)=x^3-3x+12$가 $x=a$에서 극소일 때, $a+f(a)$의 값을 구하시오. (단, a는 상수이다.) [3점]

E09-06

너코 044 너코 049
2022학년도 9월 평가원 5번

함수 $f(x)=2x^3+3x^2-12x+1$의 극댓값과 극솟값을 각각 M, m이라 할 때, $M+m$의 값은? [3점]

① 13　② 14　③ 15　④ 16　⑤ 17

E 09-07

너코 044 너코 049
2023학년도 6월 평가원 19번

함수 $f(x)=x^4+ax^2+b$는 $x=1$에서 극소이다. 함수 $f(x)$의 극댓값이 4일 때, $a+b$의 값을 구하시오.
(단, a와 b는 상수이다.) [3점]

E 09-08

너코 044 너코 049
2023학년도 9월 평가원 6번

함수 $f(x)=x^3-3x^2+k$의 극댓값이 9일 때, 함수 $f(x)$의 극솟값은? (단, k는 상수이다.) [3점]

① 1 ② 2 ③ 3
④ 4 ⑤ 5

E 09-09

너코 044 너코 049
2023학년도 수능 6번

함수 $f(x)=2x^3-9x^2+ax+5$는 $x=1$에서 극대이고, $x=b$에서 극소이다. $a+b$의 값은? (단, a, b는 상수이다.) [3점]

① 12 ② 14 ③ 16
④ 18 ⑤ 20

E 09-10

너코 044 너코 049
2024학년도 6월 평가원 18번

두 상수 a, b에 대하여 삼차함수 $f(x)=ax^3+bx+a$는 $x=1$에서 극소이다. 함수 $f(x)$의 극솟값이 -2일 때, 함수 $f(x)$의 극댓값을 구하시오. [3점]

E09-11

너코 044 너코 049
2024학년도 9월 평가원 6번

함수 $f(x)=x^3+ax^2+bx+1$은 $x=-1$에서 극대이고, $x=3$에서 극소이다. 함수 $f(x)$의 극댓값은?
(단, a, b는 상수이다.) [3점]

① 0 ② 3 ③ 6
④ 9 ⑤ 12

E09-12

너코 044 너코 049
2024학년도 수능 7번

함수 $f(x)=\frac{1}{3}x^3-2x^2-12x+4$가 $x=\alpha$에서 극대이고 $x=\beta$에서 극소일 때, $\beta-\alpha$의 값은?
(단, α와 β는 상수이다.) [3점]

① -4 ② -1 ③ 2
④ 5 ⑤ 8

E09-13

너코 044 너코 049
2025학년도 9월 평가원 19번

함수 $f(x)=x^3+ax^2-9x+b$는 $x=1$에서 극소이다. 함수 $f(x)$의 극댓값이 28일 때, $a+b$의 값을 구하시오.
(단, a와 b는 상수이다.) [3점]

E09-14

너코 044 너코 049
2025학년도 수능 19번

양수 a에 대하여 함수 $f(x)$를

$$f(x)=2x^3-3ax^2-12a^2x$$

라 하자. 함수 $f(x)$의 극댓값이 $\frac{7}{27}$일 때, $f(3)$의 값을 구하시오. [3점]

E09-15

너코 041 너코 044 너코 047 너코 049

2009학년도 6월 평가원 가형 20번

함수 $f(x)=\frac{1}{3}x^3-x^2-3x$는 $x=a$에서 극솟값 b를 가진다. 함수 $y=f(x)$의 그래프 위의 점 $(2, f(2))$에서 접하는 직선을 l이라 할 때, 점 (a, b)에서 직선 l까지의 거리가 d이다. $90d^2$의 값을 구하시오. [4점]

E09-16

너코 044 너코 045 너코 049

2015학년도 수능 A형 29번

두 다항함수 $f(x)$와 $g(x)$가 모든 실수 x에 대하여

$$g(x)=(x^3+2)f(x)$$

를 만족시킨다. $g(x)$가 $x=1$에서 극솟값 24를 가질 때, $f(1)-f'(1)$의 값을 구하시오. [4점]

E09-17

너코 049

2016학년도 9월 평가원 A형 13번

함수 $f(x)$의 도함수 $f'(x)$는 $f'(x)=x^2-1$이다.
함수 $g(x)=f(x)-kx$가 $x=-3$에서 극값을 가질 때, 상수 k의 값은? [3점]

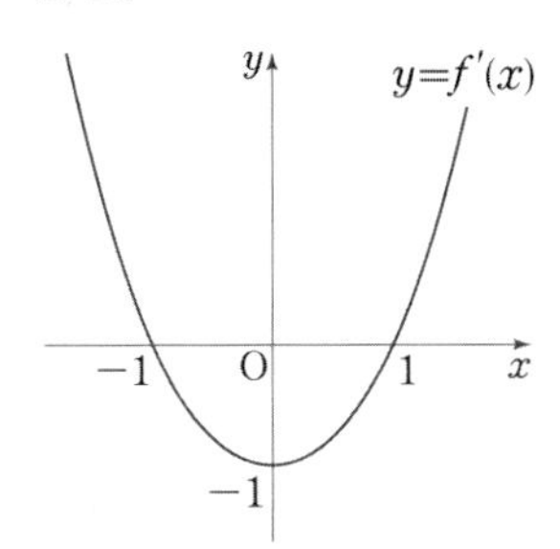

① 4 ② 5 ③ 6 ④ 7 ⑤ 8

E09-18

너코 044 너코 049
2020학년도 9월 평가원 나형 17번

함수 $f(x)=x^3-3ax^2+3(a^2-1)x$의 극댓값이 4이고 $f(-2)>0$일 때, $f(-1)$의 값은? (단, a는 상수이다.) [4점]

① 1 ② 2 ③ 3
④ 4 ⑤ 5

E09-19

너코 044 너코 049
2020학년도 수능 나형 12번

함수 $f(x)=-x^4+8a^2x^2-1$이 $x=b$와 $x=2-2b$에서 극대일 때, $a+b$의 값은?
(단, a, b는 $a>0$, $b>1$인 상수이다.) [3점]

① 3 ② 5 ③ 7
④ 9 ⑤ 11

E09-20

너코 043 너코 049
2006학년도 6월 평가원 가형 20번

실수에서 정의된 미분가능한 함수 $f(x)$는 다음 두 조건을 만족시킨다.

(가) 임의의 실수 x, y에 대하여
$$f(x-y)=f(x)-f(y)+xy(x-y)$$
(나) $f'(0)=8$

함수 $f(x)$가 $x=a$에서 극댓값을 갖고 $x=b$에서 극솟값을 가질 때, a^2+b^2의 값을 구하시오. [3점]

Hidden Point

E09-20 조건 (가)의 $f(x-y)=f(x)-f(y)+xy(x-y)$를 이용하여 x, y 각각에 숫자를 대입하여 필요한 함숫값을 구하거나,
도함수의 정의 $f'(x)=\lim_{h\to 0}\frac{f(x+h)-f(x)}{h}$에
$f(x+h)$ 대신 $f(x)-f(-h)-xh(x+h)$를 대입하여 푸는 것이 가능하다.

E09-21

너코 044 너코 049
2009학년도 6월 평가원 가형 23번

모든 계수가 정수인 삼차함수 $y=f(x)$는 다음 조건을 만족시킨다.

(가) 모든 실수 x에 대하여 $f(-x)=-f(x)$이다.
(나) $f(1)=5$
(다) $1<f'(1)<7$

함수 $y=f(x)$의 극댓값은 m이다. m^2의 값을 구하시오. [3점]

E09-22

너코 049
2010학년도 6월 평가원 가형 14번

$x=0$에서 극댓값을 갖는 모든 다항함수 $f(x)$에 대하여 〈보기〉에서 옳은 것만을 있는 대로 고른 것은? [3점]

〈보 기〉

ㄱ. 함수 $|f(x)|$은 $x=0$에서 극댓값을 갖는다.
ㄴ. 함수 $f(|x|)$은 $x=0$에서 극댓값을 갖는다.
ㄷ. 함수 $f(x)-x^2|x|$은 $x=0$에서 극댓값을 갖는다.

① ㄴ ② ㄷ ③ ㄱ, ㄴ
④ ㄱ, ㄷ ⑤ ㄴ, ㄷ

E09-23

너코 037 너코 041 너코 042 너코 049
2011학년도 6월 평가원 가형 16번

다항함수 $f(x)$, $g(x)$에 대하여 함수 $h(x)$를

$$h(x)=\begin{cases} f(x) & (x \geq 0) \\ g(x) & (x < 0) \end{cases}$$

라고 하자. $h(x)$가 실수 전체의 집합에서 연속일 때, 〈보기〉에서 옳은 것만을 있는 대로 고른 것은? [4점]

〈보 기〉

ㄱ. $f(0)=g(0)$
ㄴ. $f'(0)=g'(0)$이면 $h(x)$는 $x=0$에서 미분가능하다.
ㄷ. $f'(0)g'(0)<0$이면 $h(x)$는 $x=0$에서 극값을 갖는다.

① ㄱ ② ㄴ ③ ㄷ
④ ㄱ, ㄴ ⑤ ㄱ, ㄴ, ㄷ

E09-24

너코 044 너코 049 너코 050
2014학년도 6월 평가원 A형 21번

함수

$$f(x)=\begin{cases} a(3x-x^3) & (x<0) \\ x^3-ax & (x\geq 0) \end{cases}$$

의 극댓값이 5일 때, $f(2)$의 값은? (단, a는 상수이다.) [4점]

① 5 ② 7 ③ 9
④ 11 ⑤ 13

E09-25

너코 037 너코 044 너코 046 너코 049
2014학년도 6월 평가원 B형 16번

실수 t에 대하여 곡선 $y=x^3$ 위의 점 $(t,\ t^3)$과 직선 $y=x+6$ 사이의 거리를 $g(t)$라 하자. 〈보기〉에서 옳은 것만을 있는 대로 고른 것은? [4점]

〈보 기〉

ㄱ. 함수 $g(t)$는 실수 전체의 집합에서 연속이다.
ㄴ. 함수 $g(t)$는 0이 아닌 극솟값을 갖는다.
ㄷ. 함수 $g(t)$는 $t=2$에서 미분가능하다.

① ㄱ ② ㄷ ③ ㄱ, ㄴ
④ ㄴ, ㄷ ⑤ ㄱ, ㄴ, ㄷ

E09-26

너코 037 너코 044 너코 045 너코 049 너코 050

2016학년도 6월 평가원 A형 21번

자연수 n에 대하여 최고차항의 계수가 1이고 다음 조건을 만족시키는 삼차함수 $f(x)$의 극댓값을 a_n이라 하자.

(가) $f(n)=0$
(나) 모든 실수 x에 대하여 $(x+n)f(x) \geq 0$이다.

a_n이 자연수가 되도록 하는 n의 최솟값은? [4점]

① 1 ② 2 ③ 3 ④ 4 ⑤ 5

E09-27

너코 041 너코 042 너코 044 너코 049 너코 050

2016학년도 9월 평가원 A형 21번

실수 t에 대하여 직선 $x=t$가 두 함수

$$y=x^4-4x^3+10x-30,\ y=2x+2$$

의 그래프와 만나는 점을 각각 A, B라 할 때, 점 A와 점 B 사이의 거리를 $f(t)$라 하자.

$$\lim_{h \to 0+} \frac{f(t+h)-f(t)}{h} \times \lim_{h \to 0-} \frac{f(t+h)-f(t)}{h} \leq 0$$

을 만족시키는 모든 실수 t의 값의 합은? [4점]

① -7 ② -3 ③ 1 ④ 5 ⑤ 9

E09-28

너코 039 너코 040 너코 045 너코 049
2017학년도 6월 평가원 나형 18번

삼차함수 $y=f(x)$와 일차함수 $y=g(x)$의 그래프가 그림과 같고, $f'(b)=f'(d)=0$이다.

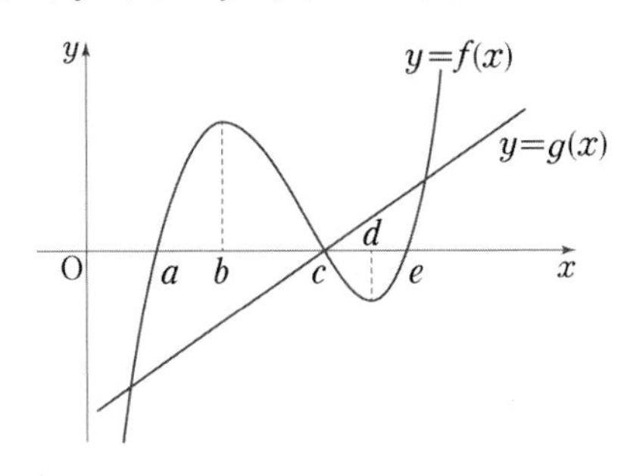

함수 $y=f(x)g(x)$는 $x=p$와 $x=q$에서 극소이다. 다음 중 옳은 것은? (단, $p<q$) [4점]

① $a<p<b$이고 $c<q<d$
② $a<p<b$이고 $d<q<e$
③ $b<p<c$이고 $c<q<d$
④ $b<p<c$이고 $d<q<e$
⑤ $c<p<d$이고 $d<q<e$

유형 10 함수의 최대와 최소

유형소개

주어진 범위에서 함수의 최댓값 또는 최솟값을 구하는 문제를 이 유형에 수록하였다.

유형접근법

닫힌구간 $[a, b]$에서 다항함수 $f(x)$는
극댓값 또는 극솟값 또는 구간의 양 끝 값 중
가장 큰 값을 최댓값, 가장 작은 값을 최솟값으로 갖는다.

E
미분

E10-01

너코 044 너코 049 너코 051
2009학년도 9월 평가원 가형 18번

닫힌구간 $[-2, 0]$에서 함수
$f(x)=x^3-3x^2-9x+8$의 최댓값을 구하시오. [3점]

E10-02

너코 044 너코 049 너코 051
2013학년도 6월 평가원 나형 13번

닫힌구간 $[1, 4]$에서 함수 $f(x)=x^3-3x^2+a$의 최댓값을 M, 최솟값을 m이라 하자. $M+m=20$일 때, 상수 a의 값은? [3점]

① 1 ② 2 ③ 3
④ 4 ⑤ 5

E 10-03

너코 044 너코 049 너코 051
2018학년도 6월 평가원 나형 10번

닫힌구간 $[-1, 3]$에서 함수 $f(x)=x^3-3x+5$의 최솟값은? [3점]

① 1 ② 2 ③ 3
④ 4 ⑤ 5

E 10-04

너코 044 너코 049 너코 051
2005학년도 6월 평가원 가형 6번

미분가능한 두 함수 $f(x)$와 $g(x)$의 그래프는 $x=a$와 $x=b$에서 만나고, $a<c<b$인 $x=c$에서 두 함숫값의 차가 최대가 된다. 다음 중 항상 옳은 것은? [3점]

① $f'(c)=-g'(c)$ ② $f'(c)=g'(c)$
③ $f'(a)=g'(b)$ ④ $f'(b)=g'(b)$
⑤ $f'(a)=g'(a)$

E 10-05

너코 044 너코 049 너코 051
2017학년도 6월 평가원 나형 28번

양수 a에 대하여 함수 $f(x)=x^3+ax^2-a^2x+2$가 닫힌구간 $[-a, a]$에서 최댓값 M, 최솟값 $\frac{14}{27}$를 갖는다. $a+M$의 값을 구하시오. [4점]

E 10-06

너코 044 너코 049 너코 051

2008학년도 6월 평가원 가형 22번

그림과 같이 좌표평면 위에 네 점 $\mathrm{O}(0,\ 0)$, $\mathrm{A}(8,\ 0)$, $\mathrm{B}(8,\ 8)$, $\mathrm{C}(0,\ 8)$을 꼭짓점으로 하는 정사각형 OABC와 한 변의 길이가 8이고 네 변이 좌표축과 평행한 정사각형 PQRS가 있다. 점 P가 점 $(-1,\ -6)$에서 출발하여 포물선 $y=-x^2+5x$를 따라 움직이도록 정사각형 PQRS를 평행이동시킨다. 평행이동시킨 정사각형과 정사각형 OABC가 겹치는 부분의 넓이의 최댓값을 $\dfrac{q}{p}$라 할 때, $p+q$의 값을 구하시오.

(단, p와 q는 서로소인 자연수이다.) [4점]

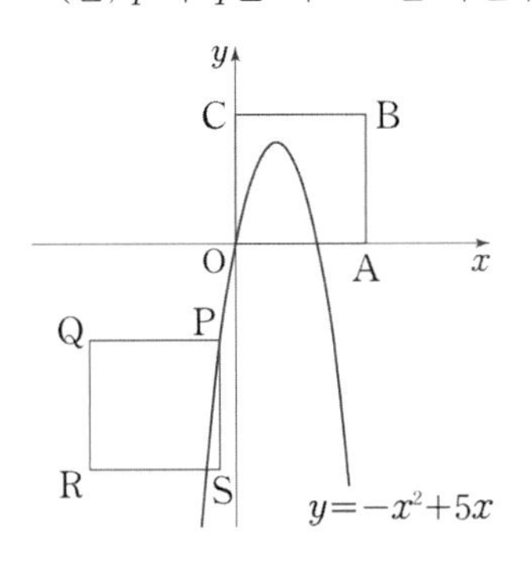

E 10-07

너코 044 너코 049 너코 051

2010학년도 6월 평가원 가형 20번

좌표평면 위에 점 $\mathrm{A}(0,\ 2)$가 있다. $0<t<2$일 때, 원점 O와 직선 $y=2$ 위의 점 $\mathrm{P}(t,\ 2)$를 잇는 선분 OP의 수직이등분선과 y축의 교점을 B라 하자. 삼각형 ABP의 넓이를 $f(t)$라 할 때, $f(t)$의 최댓값은 $\dfrac{b}{a}\sqrt{3}$이다. $a+b$의 값을 구하시오.

(단, a, b는 서로소인 자연수이다.) [3점]

E10-08

너코 044 너코 049 너코 051
2012학년도 6월 평가원 나형 21번

그림과 같이 한 변의 길이가 1인 정사각형 ABCD의 두 대각선의 교점의 좌표는 (0, 1)이고, 한 변의 길이가 1인 정사각형 EFGH의 두 대각선의 교점은 곡선 $y=x^2$ 위에 있다. 두 정사각형의 내부의 공통부분의 넓이의 최댓값은?
(단, 정사각형의 모든 변은 x축 또는 y축에 평행하다.) [4점]

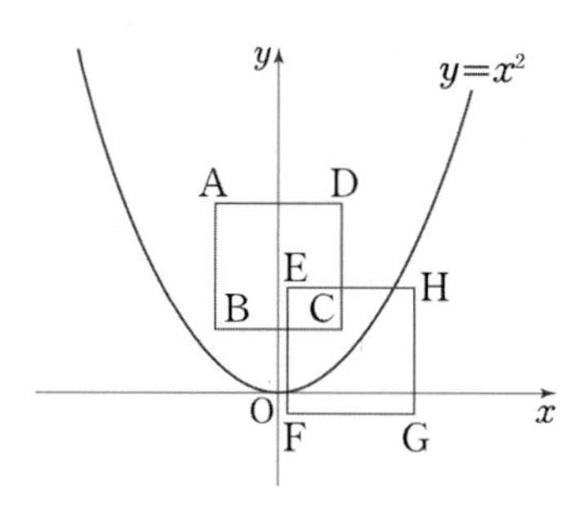

① $\frac{4}{27}$ ② $\frac{1}{6}$ ③ $\frac{5}{27}$
④ $\frac{11}{54}$ ⑤ $\frac{2}{9}$

E10-09

너코 041 너코 044 너코 046 너코 049 너코 051
2020학년도 6월 평가원 나형 18번

최고차항의 계수가 1인 삼차함수 $f(x)$에 대하여 함수 $g(x)$는

$$g(x)=\begin{cases} \frac{1}{2} & (x<0) \\ f(x) & (x\geq 0) \end{cases}$$

이다. $g(x)$가 실수 전체의 집합에서 미분가능하고 $g(x)$의 최솟값이 $\frac{1}{2}$보다 작을 때, 〈보기〉에서 옳은 것만을 있는 대로 고른 것은? [4점]

〈보 기〉

ㄱ. $g(0)+g'(0)=\frac{1}{2}$

ㄴ. $g(1)<\frac{3}{2}$

ㄷ. 함수 $g(x)$의 최솟값이 0일 때, $g(2)=\frac{5}{2}$이다.

① ㄱ ② ㄱ, ㄴ ③ ㄱ, ㄷ
④ ㄴ, ㄷ ⑤ ㄱ, ㄴ, ㄷ

유형 11 함수의 그래프 추론(1) - 함수의 식이 주어진 경우

유형소개

주어진 함수의 식으로부터 함수의 그래프를 추론하여 답을 구하는 유형이다. E 미분 단원에서 최고난도 문제로 출제되어온 유형이므로 앞의 유형을 충분히 복습한 뒤 풀어보자.

유형접근법

주어진 조건을 만족시키는 다항함수 $y=f(x)$의 그래프를 그린 후 물음에 답한다. 그래프를 그릴 때는 다음을 고려한다.

❶ 좌표축과의 교점
❷ 함수의 증가와 감소
❸ 함수의 극대와 극소(최대와 최소)

E11-01

너코 044 너코 049
2008학년도 6월 평가원 가형 21번

사차함수 $f(x)=x^4+ax^3+bx^2+cx+6$이 다음 조건을 만족시킬 때, $f(3)$의 값을 구하시오. [4점]

> (가) 모든 실수 x에 대하여 $f(-x)=f(x)$이다.
> (나) 함수 $f(x)$는 극솟값 -10을 갖는다.

E11-02

너코 044 너코 045 너코 049 너코 050
2018학년도 9월 평가원 나형 29번

두 삼차함수 $f(x)$와 $g(x)$가 모든 실수 x에 대하여

$$f(x)g(x)=(x-1)^2(x-2)^2(x-3)^2$$

을 만족시킨다. $g(x)$의 최고차항의 계수가 3이고, $g(x)$가 $x=2$에서 극댓값을 가질 때, $f'(0)=\dfrac{q}{p}$이다. $p+q$의 값을 구하시오.

(단, p와 q는 서로소인 자연수이다.) [4점]

E 미분

E11-03

너코 049

2006학년도 수능 가형 9번

함수 $y=f(x)$가 실수 전체의 집합에서 연속이고, $|x|\neq 1$인 모든 x의 값에 대하여 미분계수 $f'(x)$가

$$f'(x)=\begin{cases} x^2 & (|x|<1) \\ -1 & (|x|>1) \end{cases}$$

일 때, 〈보기〉에서 옳은 것만을 있는 대로 고른 것은? [3점]

〈보 기〉

ㄱ. 함수 $y=f(x)$는 $x=-1$에서 극값을 갖는다.

ㄴ. 모든 실수 x에 대하여 $f(x)=f(-x)$이다.

ㄷ. $f(0)=0$이면 $f(1)>0$이다.

① ㄱ ② ㄴ ③ ㄷ

④ ㄱ, ㄷ ⑤ ㄱ, ㄴ, ㄷ

E11-04

너코 047 너코 049

2011학년도 6월 평가원 가형 15번

삼차함수

$$f(x)=x(x-\alpha)(x-\beta)\ (0<\alpha<\beta)$$

와 두 실수 a, b에 대하여 함수 $g(x)$를

$$g(x)=f(a)+(b-a)f'(x)$$

라고 하자. $a<0$, $\alpha<b<\beta$일 때, 〈보기〉에서 옳은 것만을 있는 대로 고른 것은? [4점]

〈보 기〉

ㄱ. x에 대한 방정식 $g(x)=f(a)$는 실근을 갖는다.

ㄴ. $g(b)>f(a)$

ㄷ. $g(a)>f(b)$

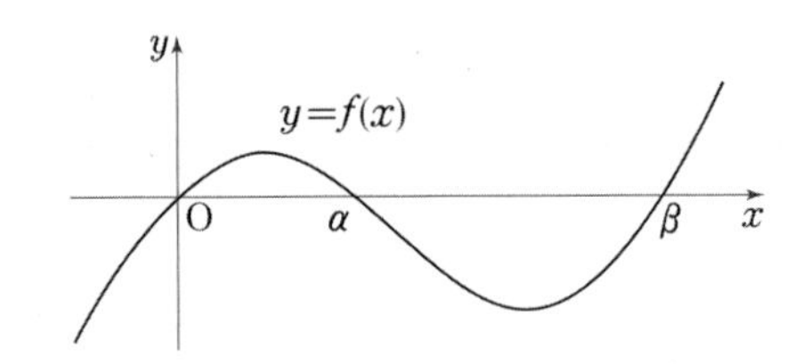

① ㄱ ② ㄴ ③ ㄱ, ㄴ

④ ㄱ, ㄷ ⑤ ㄱ, ㄴ, ㄷ

E11-05

너코 041 너코 042 너코 044 너코 046 너코 049

2011학년도 9월 평가원 가형 16번

함수 $f(x)=-3x^4+4(a-1)x^3+6ax^2\ (a>0)$과 실수 t에 대하여, $x \le t$에서 $f(x)$의 최댓값을 $g(t)$라 하자. 함수 $g(t)$가 실수 전체의 집합에서 미분가능하도록 하는 a의 최댓값은? [4점]

① 1　② 2　③ 3　④ 4　⑤ 5

E11-06

너코 042 너코 044 너코 046 너코 050

2013학년도 6월 평가원 가형 21번

함수 $f(x)=x^3-3x^2-9x-1$과 실수 m에 대하여 함수 $g(x)$를

$$g(x)=\begin{cases} f(x) & (f(x) \ge mx) \\ mx & (f(x) < mx) \end{cases}$$

라 하자. $g(x)$가 실수 전체의 집합에서 미분가능할 때, m의 값은? [4점]

① -14　② -12　③ -10　④ -8　⑤ -6

E 미분

E11-07

너크 044 너크 049
2022학년도 수능 예시문항 22번

함수

$$f(x)=x^3-3px^2+q$$

가 다음 조건을 만족시키도록 하는 25 이하의 두 자연수 p, q의 모든 순서쌍 (p, q)의 개수를 구하시오. [4점]

> (가) 함수 $|f(x)|$가 $x=a$에서 극대 또는 극소가 되도록 하는 모든 실수 a의 개수는 5이다.
> (나) 닫힌구간 $[-1, 1]$에서 함수 $|f(x)|$의 최댓값과 닫힌구간 $[-2, 2]$에서 함수 $|f(x)|$의 최댓값은 같다.

E11-08

너크 037 너크 042 너크 044 너크 049
2022학년도 6월 평가원 14번

두 양수 p, q와 함수 $f(x)=x^3-3x^2-9x-12$에 대하여 실수 전체의 집합에서 연속인 함수 $g(x)$가 다음 조건을 만족시킬 때, $p+q$의 값은? [4점]

> (가) 모든 실수 x에 대하여
> $xg(x)=|xf(x-p)+qx|$이다.
> (나) 함수 $g(x)$가 $x=a$에서 미분가능하지 않은 실수 a의 개수는 1이다.

① 6 ② 7 ③ 8 ④ 9 ⑤ 10

E 11-09

너코 032 너코 044 너코 049
2024학년도 수능 14번

두 자연수 a, b에 대하여 함수 $f(x)$는

$$f(x)=\begin{cases} 2x^3-6x+1 & (x \le 2) \\ a(x-2)(x-b)+9 & (x>2) \end{cases}$$

이다. 실수 t에 대하여 함수 $y=f(x)$의 그래프와 직선 $y=t$가 만나는 점의 개수를 $g(t)$라 하자.

$$g(k)+\lim_{t\to k-}g(t)+\lim_{t\to k+}g(t)=9$$

를 만족시키는 실수 k의 개수가 1이 되도록 하는 두 자연수 a, b의 순서쌍 (a, b)에 대하여 $a+b$의 최댓값은? [4점]

① 51 ② 52 ③ 53 ④ 54 ⑤ 55

유형 12 함수의 그래프 추론(2) – 함수의 식이 주어지지 않은 경우

유형소개

문제에서 주어진 함수의 증가와 감소, 극대와 극소 및 대칭성, 주기성과 관련된 조건을 만족시키는 함수의 식과 그래프를 추론하여 답을 구하는 유형이다. 유형 11 과 마찬가지로 E 미분 단원에서 최고난도 문제로 출제되는 유형이므로 앞의 유형을 충분히 복습한 뒤 풀어보자.

유형접근법

✓ 다항함수 $f(x)$가 모든 실수 x에 대하여
$f(x)=f(-x)$를 만족시키면
함수 $y=f(x)$의 그래프는 y축에 대하여 대칭이며
$f(x)$는 짝수차항과 상수항으로만 이루어져 있고
$f(x)=-f(-x)$를 만족시키면
함수 $y=f(x)$의 그래프는 원점에 대하여 대칭이며
$f(x)$는 홀수차항으로만 이루어져 있다.

✓ 다항함수 $f(x)$에 대하여
$f(a)=b$이면 $f(x)-b$는 $x-a$를 인수로 갖는다.
$f(a)=b$이고 $f'(a)=0$이면
$f(x)-b$는 $(x-a)^2$을 인수로 갖는다.

✓ 다항함수 $f(x)$에 대하여 함수 $|f(x)|$는
$f(a)\ne 0$이면 $x=a$에서 미분가능하다.
$f(a)=0$이고 $f'(a)=0$이면 $x=a$에서 미분가능하다.
$f(a)=0$이고 $f'(a)\ne 0$이면 $x=a$에서 미분가능하지 않다.

E 12-01

너코 044 너코 045 너코 046 너코 049 너코 050

2010학년도 6월 평가원 가형 24번

사차함수 $f(x)$가 다음 조건을 만족시킬 때, $\dfrac{f'(5)}{f'(3)}$의 값을 구하시오. [4점]

> (가) 함수 $f(x)$는 $x=2$에서 극값을 갖는다.
> (나) 함수 $|f(x)-f(1)|$은 오직 $x=a\ (a>2)$에서만 미분가능하지 않다.

E 12-02

너코 037 너코 046 너코 049 너코 050

2011학년도 수능 가형 24번

최고차항의 계수가 1이고, $f(0)=3$, $f'(3)<0$인 사차함수 $f(x)$가 있다. 실수 t에 대하여 집합 S를

$S=\{a\,|\,$함수 $|f(x)-t|$가 $x=a$에서 미분가능하지 않다.$\}$

라 하고, 집합 S의 원소의 개수를 $g(t)$라 하자. 함수 $g(t)$가 $t=3$과 $t=19$에서만 불연속일 때, $f(-2)$의 값을 구하시오. [4점]

E 12-03

너코 036 너코 041 너코 044 너코 050
2015학년도 9월 평가원 A형 21번

최고차항의 계수가 1인 다항함수 $f(x)$가 다음 조건을 만족시킬 때, $f(3)$의 값은? [4점]

> (가) $f(0) = -3$
> (나) 모든 양의 실수 x에 대하여
> $6x - 6 \le f(x) \le 2x^3 - 2$이다.

① 36 ② 38 ③ 40 ④ 42 ⑤ 44

E 12-04

너코 044 너코 049 너코 050
2015학년도 수능 A형 21번

다음 조건을 만족시키는 모든 삼차함수 $f(x)$에 대하여 $f(2)$의 최솟값은? [4점]

> (가) $f(x)$의 최고차항의 계수는 1이다.
> (나) $f(0) = f'(0)$
> (다) $x \ge -1$인 모든 실수 x에 대하여
> $f(x) \ge f'(x)$이다.

① 28 ② 33 ③ 38 ④ 43 ⑤ 48

E12-05

너코 041 너코 044 너코 045 너코 046 너코 050

2017학년도 9월 평가원 나형 21번

다음 조건을 만족시키며 최고차항의 계수가 음수인 모든 사차함수 $f(x)$에 대하여 $f(1)$의 최댓값은? [4점]

> (가) 방정식 $f(x)=0$의 실근은 $0,\ 2,\ 3$뿐이다.
> (나) 실수 x에 대하여 $f(x)$와 $|x(x-2)(x-3)|$ 중 크지 않은 값을 $g(x)$라 할 때, 함수 $g(x)$는 실수 전체의 집합에서 미분가능하다.

① $\frac{7}{6}$ ② $\frac{4}{3}$ ③ $\frac{3}{2}$
④ $\frac{5}{3}$ ⑤ $\frac{11}{6}$

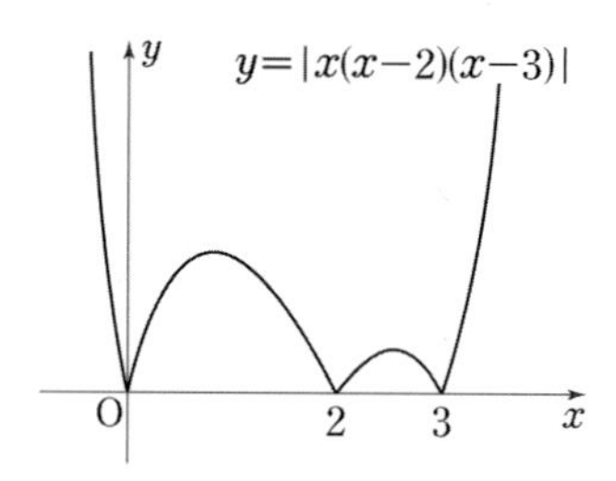

E12-06

너코 044 너코 045 너코 050

2018학년도 6월 평가원 나형 30번

최고차항의 계수가 1인 삼차함수 $f(x)$와 최고차항의 계수가 2인 이차함수 $g(x)$가 다음 조건을 만족시킨다.

> (가) $f(\alpha)=g(\alpha)$이고 $f'(\alpha)=g'(\alpha)=-16$인 실수 α가 존재한다.
> (나) $f'(\beta)=g'(\beta)=16$인 실수 β가 존재한다.

$g(\beta+1)-f(\beta+1)$의 값을 구하시오. [4점]

E12-07

너코 044 너코 049
2018학년도 9월 평가원 나형 20번

삼차함수 $f(x)$와 실수 t에 대하여 곡선 $y=f(x)$와 직선 $y=-x+t$의 교점의 개수를 $g(t)$라 하자. 〈보기〉에서 옳은 것만을 있는 대로 고른 것은? [4점]

〈보 기〉

ㄱ. $f(x)=x^3$이면 함수 $g(t)$는 상수함수이다.
ㄴ. 삼차함수 $f(x)$에 대하여, $g(1)=2$이면 $g(t)=3$인 t가 존재한다.
ㄷ. 함수 $g(t)$가 상수함수이면, 삼차함수 $f(x)$의 극값은 존재하지 않는다.

① ㄱ ② ㄷ ③ ㄱ, ㄴ
④ ㄴ, ㄷ ⑤ ㄱ, ㄴ, ㄷ

E12-08

너코 032 너코 044 너코 045 너코 049 너코 050
2020학년도 6월 평가원 나형 30번

최고차항의 계수가 1이고 $f(2)=3$인 삼차함수 $f(x)$에 대하여 함수

$$g(x)=\begin{cases} \dfrac{ax-9}{x-1} & (x<1) \\ f(x) & (x\geq 1) \end{cases}$$

이 다음 조건을 만족시킨다.

> 함수 $y=g(x)$의 그래프와 직선 $y=t$가 서로 다른 두 점에서만 만나도록 하는 모든 실수 t의 값의 집합은 $\{t\mid t=-1 \text{ 또는 } t\geq 3\}$이다.

$(g\circ g)(-1)$의 값을 구하시오. (단, a는 상수이다.) [4점]

E 미분

E12-09

너코 041 너코 044 너코 045 너코 047 너코 050

2020학년도 9월 평가원 나형 30번

최고차항의 계수가 1인 사차함수 $f(x)$에 대하여 네 개의 수 $f(-1)$, $f(0)$, $f(1)$, $f(2)$가 이 순서대로 등차수열을 이루고, 곡선 $y=f(x)$ 위의 점 $(-1, f(-1))$에서의 접선과 점 $(2, f(2))$에서의 접선이 점 $(k, 0)$에서 만난다. $f(2k)=20$일 때, $f(4k)$의 값을 구하시오.

(단, k는 상수이다.) [4점]

E12-10

너코 041 너코 046

2021학년도 9월 평가원 나형 30번

삼차함수 $f(x)$가 다음 조건을 만족시킨다.

(가) $f(1)=f(3)=0$
(나) 집합 $\{x \mid x \geq 1$이고 $f'(x)=0\}$의 원소의 개수는 1이다.

상수 a에 대하여 함수 $g(x)=|f(x)f(a-x)|$가 실수 전체의 집합에서 미분가능할 때, $\dfrac{g(4a)}{f(0) \times f(4a)}$의 값을 구하시오. [4점]

E 12-11

너코 037 너코 044 너코 046 너코 047

2021학년도 수능 나형 30번

함수 $f(x)$는 최고차항의 계수가 1인 삼차함수이고, 함수 $g(x)$는 일차함수이다. 함수 $h(x)$를

$$h(x)=\begin{cases}|f(x)-g(x)| & (x<1)\\ f(x)+g(x) & (x\geq 1)\end{cases}$$

이라 하자. 함수 $h(x)$가 실수 전체의 집합에서 미분가능하고, $h(0)=0$, $h(2)=5$일 때, $h(4)$의 값을 구하시오. [4점]

E 12-12

너코 037 너코 041 너코 042 너코 045

2022학년도 9월 평가원 22번

최고차항의 계수가 1인 삼차함수 $f(x)$에 대하여 함수

$$g(x)=f(x-3)\times\lim_{h\to 0+}\frac{|f(x+h)|-|f(x-h)|}{h}$$

가 다음 조건을 만족시킬 때, $f(5)$의 값을 구하시오. [4점]

(가) 함수 $g(x)$는 실수 전체의 집합에서 연속이다.
(나) 방정식 $g(x)=0$은 서로 다른 네 실근 α_1, α_2, α_3, α_4를 갖고 $\alpha_1+\alpha_2+\alpha_3+\alpha_4=7$이다.

E 미분

E12-13

너코 041 너코 044 너코 045 너코 049

2023학년도 수능 22번

최고차항의 계수가 1인 삼차함수 $f(x)$와 실수 전체의 집합에서 연속인 함수 $g(x)$가 다음 조건을 만족시킬 때, $f(4)$의 값을 구하시오. [4점]

> (가) 모든 실수 x에 대하여
> $f(x)=f(1)+(x-1)f'(g(x))$이다.
>
> (나) 함수 $g(x)$의 최솟값은 $\frac{5}{2}$이다.
>
> (다) $f(0)=-3$, $f(g(1))=6$

E12-14

너코 044 너코 049

2024학년도 수능 22번

최고차항의 계수가 1인 삼차함수 $f(x)$가 다음 조건을 만족시킨다.

> 함수 $f(x)$에 대하여
> $f(k-1)f(k+1)<0$
> 을 만족시키는 정수 k는 존재하지 않는다.

$f'\left(-\frac{1}{4}\right)=-\frac{1}{4}$, $f'\left(\frac{1}{4}\right)<0$일 때, $f(8)$의 값을 구하시오. [4점]

유형 13 방정식과 부등식

유형소개

도함수를 통해 함수 $y=f(x)$의 증가와 감소, 그래프의 개형을 파악하여 방정식 $f(x)=0$의 실근 또는 부등식 $f(x)\geq 0$, $f(x)\leq 0$의 해를 구하는 유형이다. 유형 11, 유형 12 와 마찬가지로 E 미분 단원에서 최고난도 문제로 출제되는 유형이므로 앞의 유형을 충분히 복습한 뒤 풀어보자.

유형접근법

✓ 방정식 $f(x)=g(x)$의 실근은
두 곡선 $y=f(x)$, $y=g(x)$의 교점의 x좌표이다.
따라서 방정식의 실근에 대해 묻는 문제에서 두 함수의 그래프의 관계를 파악하여 접근하자.

✓ 어떤 구간에서 $f(x)\geq 0$이 성립하려면
이 구간에서 함수 $f(x)$의 최솟값이 0 이상이면 되고,
어떤 구간에서 $f(x)\leq 0$이 성립하려면
이 구간에서 함수 $f(x)$의 최댓값이 0 이하이면 된다.

E 13-01

너코 044 너코 049
2021학년도 수능 나형 25번

곡선 $y=4x^3-12x+7$과 직선 $y=k$가 만나는 점의 개수가 2가 되도록 하는 양수 k의 값을 구하시오. [3점]

E 13-02

너코 044 너코 047 너코 049
2005학년도 6월 평가원 가형 10번

이차함수 $y=f(x)$의 그래프 위의 한 점 $(a,\ f(a))$에서의 접선의 방정식을 $y=g(x)$라 하자.
$h(x)=f(x)-g(x)$라 할 때, 〈보기〉에서 옳은 것만을 있는 대로 고른 것은? [4점]

〈보 기〉

ㄱ. $h(x_1)=h(x_2)$를 만족시키는 서로 다른 두 실수 x_1, x_2가 존재한다.

ㄴ. $h(x)$는 $x=a$에서 극솟값을 갖는다.

ㄷ. 부등식 $|h(x)|<\dfrac{1}{100}$의 해는 항상 존재한다.

① ㄱ ② ㄴ ③ ㄷ
④ ㄱ, ㄴ ⑤ ㄱ, ㄷ

E 미분

E13-03

너코 049
2005학년도 6월 평가원 가형 15번

세 실수 a, b, c에 대하여 사차함수 $f(x)$의 도함수 $f'(x)$가

$$f'(x)=(x-a)(x-b)(x-c)$$

일 때, 〈보기〉에서 옳은 것만을 있는 대로 고른 것은? [4점]

〈보 기〉

ㄱ. $a=b=c$이면, 방정식 $f(x)=0$은 실근을 갖는다.

ㄴ. $a=b\neq c$이고 $f(a)<0$이면, 방정식 $f(x)=0$은 서로 다른 두 실근을 갖는다.

ㄷ. $a<b<c$이고 $f(b)<0$이면, 방정식 $f(x)=0$은 서로 다른 두 실근을 갖는다.

① ㄱ ② ㄴ ③ ㄷ
④ ㄱ, ㄷ ⑤ ㄴ, ㄷ

E13-04

너코 044 너코 049
2005학년도 6월 평가원 가형 21번

함수 $f(x)=2x^3-3x^2-12x-10$의 그래프를 y축의 방향으로 a만큼 평행이동시켰더니 함수 $y=g(x)$의 그래프가 되었다. 방정식 $g(x)=0$이 서로 다른 두 실근만을 갖도록 하는 모든 a의 값의 합을 구하시오. [3점]

E 13-05

너코 044 너코 049 너코 051

2006학년도 6월 평가원 가형 24번

두 함수 $f(x)=5x^3-10x^2+k$, $g(x)=5x^2+2$가 있다. $\{x \mid 0<x<3\}$에서 부등식 $f(x) \geq g(x)$가 성립하도록 하는 상수 k의 최솟값을 구하시오. [4점]

E 13-06

너코 044 너코 049

2007학년도 6월 평가원 가형 4번

두 함수 $f(x)=x^4-4x+a$, $g(x)=-x^2+2x-a$의 그래프가 오직 한 점에서 만날 때, a의 값은? [3점]

① 1　　② 2　　③ 3　　④ 4　　⑤ 5

E 미분

E13-07

너코 050
2007학년도 6월 평가원 가형 5번

삼차부등식 $x^3+(a+1)x^2+2ax+a<0$의 해가 $x<-1$일 때, a의 최솟값은? [3점]

① -3　② -2　③ -1　④ 0　⑤ 1

E13-08

너코 049
2008학년도 수능 가형 6번

최고차항의 계수가 양수인 사차함수 $f(x)$가 다음 조건을 만족시킨다.

> $f'(x)=0$이 서로 다른 세 실근 α, β, γ $(\alpha<\beta<\gamma)$를 갖고, $f(\alpha)f(\beta)f(\gamma)<0$이다.

〈보기〉에서 옳은 것만을 있는 대로 고른 것은? [3점]

〈보 기〉

ㄱ. 함수 $f(x)$는 $x=\beta$에서 극댓값을 갖는다.
ㄴ. 방정식 $f(x)=0$은 서로 다른 두 실근을 갖는다.
ㄷ. $f(\alpha)>0$이면 방정식 $f(x)=0$은 β보다 작은 실근을 갖는다.

① ㄱ　② ㄷ　③ ㄱ, ㄴ　④ ㄴ, ㄷ　⑤ ㄱ, ㄴ, ㄷ

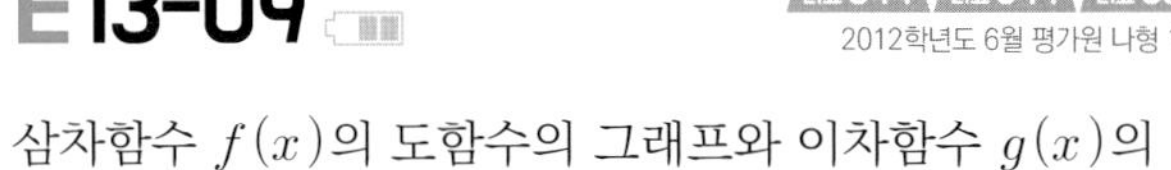

삼차함수 $f(x)$의 도함수의 그래프와 이차함수 $g(x)$의 도함수의 그래프가 그림과 같다. 함수 $h(x)$를 $h(x)=f(x)-g(x)$라 하자. $f(0)=g(0)$일 때, 〈보기〉에서 옳은 것만을 있는 대로 고른 것은? [4점]

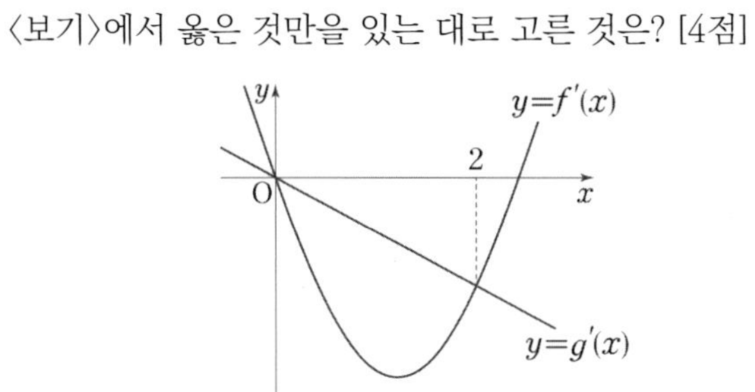

〈보 기〉

ㄱ. $0<x<2$에서 $h(x)$는 감소한다.
ㄴ. $h(x)$는 $x=2$에서 극솟값을 갖는다.
ㄷ. 방정식 $h(x)=0$은 서로 다른 세 실근을 갖는다.

① ㄱ ② ㄴ ③ ㄱ, ㄴ
④ ㄱ, ㄷ ⑤ ㄱ, ㄴ, ㄷ

E13-10

너코 044 너코 049 너코 050
2016학년도 6월 평가원 A형 17번

두 함수

$$f(x)=3x^3-x^2-3x,$$
$$g(x)=x^3-4x^2+9x+a$$

에 대하여 방정식 $f(x)=g(x)$가 서로 다른 두 개의 양의 실근과 한 개의 음의 실근을 갖도록 하는 모든 정수 a의 개수는? [4점]

① 6 ② 7 ③ 8
④ 9 ⑤ 10

E13-11

너코 044 너코 049 너코 050
2019학년도 9월 평가원 나형 15번

방정식 $x^3-3x^2-9x-k=0$의 서로 다른 실근의 개수가 3이 되도록 하는 정수 k의 최댓값은? [4점]

① 2 ② 4 ③ 6
④ 8 ⑤ 10

E13-12

너코 044 너코 049 너코 051
2020학년도 6월 평가원 나형 27번

두 함수

$$f(x)=x^3+3x^2-k,\ g(x)=2x^2+3x-10$$

에 대하여 부등식

$$f(x)\geq 3g(x)$$

가 닫힌구간 $[-1,\ 4]$에서 항상 성립하도록 하는 실수 k의 최댓값을 구하시오. [4점]

E13-13

너코 044 너코 049 너코 050
2021학년도 6월 평가원 나형 19번

방정식 $2x^3+6x^2+a=0$이 $-2\leq x\leq 2$에서 서로 다른 두 실근을 갖도록 하는 정수 a의 개수는? [4점]

① 4 ② 6 ③ 8
④ 10 ⑤ 12

E 13-14

너코 044 너코 049 너코 050
2021학년도 9월 평가원 나형 26번

방정식 $x^3 - x^2 - 8x + k = 0$의 서로 다른 실근의 개수가 2일 때, 양수 k의 값을 구하시오. [4점]

E 13-15

너코 044 너코 049 너코 050
2022학년도 수능 6번

방정식 $2x^3 - 3x^2 - 12x + k = 0$이 서로 다른 세 실근을 갖도록 하는 정수 k의 개수는? [3점]

① 20 ② 23 ③ 26
④ 29 ⑤ 32

E 13-16

너코 044 너코 049 너코 050
2023학년도 6월 평가원 9번

두 함수

$$f(x) = x^3 - x + 6,\ g(x) = x^2 + a$$

가 있다. $x \geq 0$인 모든 실수 x에 대하여 부등식

$$f(x) \geq g(x)$$

가 성립할 때, 실수 a의 최댓값은? [4점]

① 1 ② 2 ③ 3
④ 4 ⑤ 5

E 13-17

너코 044 너코 049 너코 050
2023학년도 9월 평가원 19번

방정식 $3x^4-4x^3-12x^2+k=0$이 서로 다른 4개의 실근을 갖도록 하는 자연수 k의 개수를 구하시오. [3점]

E 13-18

너코 044 너코 049 너코 050
2023학년도 수능 19번

방정식 $2x^3-6x^2+k=0$의 서로 다른 양의 실근의 개수가 2가 되도록 하는 정수 k의 개수를 구하시오. [3점]

E 13-19

너코 044 너코 049 너코 050
2024학년도 6월 평가원 8번

두 곡선 $y=2x^2-1$, $y=x^3-x^2+k$가 만나는 점의 개수가 2가 되도록 하는 양수 k의 값은? [3점]

① 1 ② 2 ③ 3
④ 4 ⑤ 5

E 13-20

2025학년도 6월 평가원 7번

x에 대한 방정식 $x^3-3x^2-9x+k=0$의 서로 다른 실근의 개수가 2가 되도록 하는 모든 실수 k의 값의 합은? [3점]

① 13 ② 16 ③ 19
④ 22 ⑤ 25

E 미분

E 13-21

너코 044 너코 049 너코 050
2005학년도 수능 가형 24번

x에 대한 삼차방정식 $\frac{1}{3}x^3 - x = k$가 서로 다른 세 실근 α, β, γ를 갖는다. 실수 k에 대하여 $|\alpha|+|\beta|+|\gamma|$의 최솟값을 m이라 할 때, m^2의 값을 구하시오. [4점]

E 13-22

너코 040 너코 044 너코 045 너코 050
2011학년도 6월 평가원 가형 12번

서로 다른 두 실수 α, β가 사차방정식 $f(x)=0$의 근일 때, 〈보기〉에서 옳은 것만을 있는 대로 고른 것은? [4점]

〈보 기〉

ㄱ. $f'(\alpha)=0$이면 다항식 $f(x)$는 $(x-\alpha)^2$으로 나누어떨어진다.
ㄴ. $f'(\alpha)f'(\beta)=0$이면 방정식 $f(x)=0$은 허근을 갖지 않는다.
ㄷ. $f'(\alpha)f'(\beta)>0$이면 방정식 $f(x)=0$은 서로 다른 네 실근을 갖는다.

① ㄱ ② ㄷ ③ ㄱ, ㄴ
④ ㄴ, ㄷ ⑤ ㄱ, ㄴ, ㄷ

E 13-23

너코 044 너코 045 너코 046 너코 050
2016학년도 수능 A형 21번

다음 조건을 만족시키는 모든 삼차함수 $f(x)$에 대하여 $\dfrac{f'(0)}{f(0)}$의 최댓값을 M, 최솟값을 m이라 하자. Mm의 값은? [4점]

> (가) 함수 $|f(x)|$는 $x=-1$에서만 미분가능하지 않다.
> (나) 방정식 $f(x)=0$은 닫힌구간 $[3, 5]$에서 적어도 하나의 실근을 갖는다.

① $\dfrac{1}{15}$　② $\dfrac{1}{10}$　③ $\dfrac{2}{15}$　④ $\dfrac{1}{6}$　⑤ $\dfrac{1}{5}$

E 13-24

너코 049
2017학년도 6월 평가원 나형 21번

삼차함수 $f(x)$의 도함수 $y=f'(x)$의 그래프가 그림과 같을 때, 〈보기〉에서 옳은 것만을 있는 대로 고른 것은? [4점]

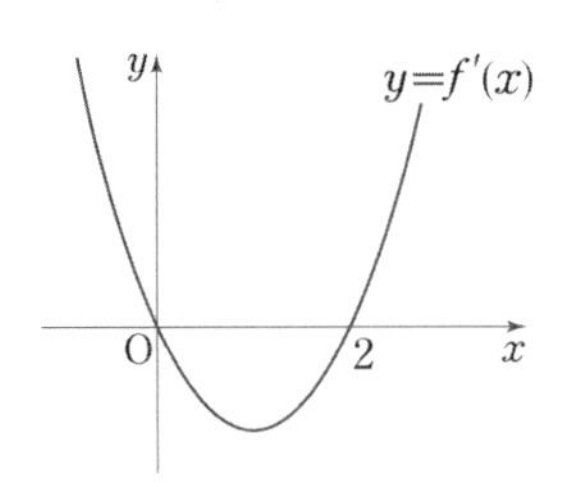

〈보 기〉

ㄱ. $f(0)<0$이면 $|f(0)|<|f(2)|$이다.
ㄴ. $f(0)f(2)\ge 0$이면 함수 $|f(x)|$가 $x=a$에서 극소인 a의 값의 개수는 2이다.
ㄷ. $f(0)+f(2)=0$이면 방정식 $|f(x)|=f(0)$의 서로 다른 실근의 개수는 4이다.

① ㄱ　② ㄱ, ㄴ　③ ㄱ, ㄷ　④ ㄴ, ㄷ　⑤ ㄱ, ㄴ, ㄷ

E13-25

너코 041 너코 044 너코 047 너코 049 너코 050
2017학년도 9월 평가원 나형 20번

삼차함수 $f(x)$가 다음 조건을 만족시킨다.

(가) $x=-2$에서 극댓값을 갖는다. (나) $f'(-3)=f'(3)$

〈보기〉에서 옳은 것만을 있는 대로 고른 것은? [4점]

〈보 기〉

ㄱ. 도함수 $f'(x)$는 $x=0$에서 최솟값을 갖는다.
ㄴ. 방정식 $f(x)=f(2)$는 서로 다른 두 실근을 갖는다.
ㄷ. 곡선 $y=f(x)$ 위의 점 $(-1,\ f(-1))$에서의 접선은 점 $(2,\ f(2))$를 지난다.

① ㄱ ② ㄷ ③ ㄱ, ㄴ
④ ㄴ, ㄷ ⑤ ㄱ, ㄴ, ㄷ

E13-26

너코 044 너코 049
2017학년도 수능 나형 30번

실수 k에 대하여 함수 $f(x)=x^3-3x^2+6x+k$의 역함수를 $g(x)$라 하자.
방정식 $4f'(x)+12x-18=(f'\circ g)(x)$가 닫힌구간 $[0,\ 1]$에서 실근을 갖기 위한 k의 최솟값을 m, 최댓값을 M이라 할 때, m^2+M^2의 값을 구하시오. [4점]

Hidden Point

E13-26 $f'(x)=3x^2-6x+6$이므로
주어진 방정식에 대입하여 정리하면
$(2x-1)^2=\{g(x)-1\}^2$,
즉 $g(x)=2x$ 또는 $g(x)=-2x+2$이다.
닫힌구간 $[0,\ 1]$에서 위의 방정식이 실근을 갖기 위해
$f(x)$는 어떤 조건을 만족시켜야 하는지를 생각해 보자.

E 13-27

너코 044 너코 049 너코 050 너코 051 너코 054

2018학년도 수능 나형 20번

최고차항의 계수가 1인 사차함수 $f(x)$가 다음 조건을 만족시킨다.

(가) $f'(0)=0$, $f'(2)=16$
(나) 어떤 양수 k에 대하여 두 열린구간 $(-\infty, 0)$, $(0, k)$에서 $f'(x)<0$이다.

<보기>에서 옳은 것만을 있는 대로 고른 것은? [4점]

<보 기>

ㄱ. 방정식 $f'(x)=0$은 열린구간 $(0, 2)$에서 한 개의 실근을 갖는다.
ㄴ. 함수 $f(x)$는 극댓값을 갖는다.
ㄷ. $f(0)=0$이면, 모든 실수 x에 대하여 $f(x)\geq -\frac{1}{3}$이다.

① ㄱ ② ㄴ ③ ㄱ, ㄷ
④ ㄴ, ㄷ ⑤ ㄱ, ㄴ, ㄷ

E 13-28

너코 041 너코 044 너코 049 너코 050

2019학년도 6월 평가원 나형 21번

상수 a, b에 대하여 삼차함수 $f(x)=x^3+ax^2+bx$가 다음 조건을 만족시킨다.

(가) $f(-1)>-1$
(나) $f(1)-f(-1)>8$

<보기>에서 옳은 것만을 있는 대로 고른 것은? [4점]

<보 기>

ㄱ. 방정식 $f'(x)=0$은 서로 다른 두 실근을 갖는다.
ㄴ. $-1<x<1$일 때, $f'(x)\geq 0$이다.
ㄷ. 방정식 $f(x)-f'(k)x=0$의 서로 다른 실근의 개수가 2가 되도록 하는 모든 실수 k의 개수는 4이다.

① ㄱ ② ㄱ, ㄴ ③ ㄱ, ㄷ
④ ㄴ, ㄷ ⑤ ㄱ, ㄴ, ㄷ

E13-29

너코 032 너코 040 너코 044 너코 045 너코 050

2019학년도 9월 평가원 나형 30번

최고차항의 계수가 양수인 삼차함수 $f(x)$에 대하여 방정식

$$(f \circ f)(x)=x$$

의 모든 실근이 0, 1, a, 2, b이다.

$$f'(1)<0,\ f'(2)<0,\ f'(0)-f'(1)=6$$

일 때, $f(5)$의 값을 구하시오. (단, $1<a<2<b$) [4점]

E13-30

너코 041 너코 044 너코 047 너코 050

2019학년도 수능 나형 30번

최고차항의 계수가 1인 삼차함수 $f(x)$와 최고차항의 계수가 -1인 이차함수 $g(x)$가 다음 조건을 만족시킨다.

(가) 곡선 $y=f(x)$ 위의 점 $(0,\ 0)$에서의 접선과 곡선 $y=g(x)$ 위의 점 $(2,\ 0)$에서의 접선은 모두 x축이다.

(나) 점 $(2,\ 0)$에서 곡선 $y=f(x)$에 그은 접선의 개수는 2이다.

(다) 방정식 $f(x)=g(x)$는 오직 하나의 실근을 가진다.

$x>0$인 모든 실수 x에 대하여

$$g(x) \le kx-2 \le f(x)$$

를 만족시키는 실수 k의 최댓값과 최솟값을 각각 α, β라 할 때, $\alpha-\beta=a+b\sqrt{2}$이다. a^2+b^2의 값을 구하시오. (단, a, b는 유리수이다.) [4점]

Hidden Point

E13-29 방정식 $(f \circ f)(x)=x$를 만족시키는 경우는 다음의 두 가지이다.
$f(p)=p$일 때,
즉 함수 $y=f(x)$의 그래프와 직선 $y=x$의 교점이 $(p,\ p)$인 경우와
$f(p)=q$이고 $f(q)=p$일 때,
즉 함수 $y=f(x)$의 그래프 위의 두 점 중
직선 $y=x$에 대하여 대칭인 서로 다른 두 점이 $(p,\ q)$, $(q,\ p)$인 경우이다.
이를 참고로 방정식 $(f \circ f)(x)=x$의 모든 실근이 0, 1, a, 2, b가 되도록 하는 삼차함수 $y=f(x)$의 그래프를 먼저 그려보자.

E 13-31

너코 044 너코 050
2020학년도 수능 나형 30번

최고차항의 계수가 양수인 삼차함수 $f(x)$가 다음 조건을 만족시킨다.

> (가) 방정식 $f(x)-x=0$의 서로 다른 실근의 개수는 2이다.
> (나) 방정식 $f(x)+x=0$의 서로 다른 실근의 개수는 2이다.

$f(0)=0$, $f'(1)=1$일 때, $f(3)$의 값을 구하시오. [4점]

E 13-32

너코 044 너코 046 너코 050
2021학년도 6월 평가원 나형 30번

이차함수 $f(x)$는 $x=-1$에서 극대이고, 삼차함수 $g(x)$는 이차항의 계수가 0이다. 함수

$$h(x)=\begin{cases} f(x) & (x \le 0) \\ g(x) & (x > 0) \end{cases}$$

이 실수 전체의 집합에서 미분가능하고 다음 조건을 만족시킬 때, $h'(-3)+h'(4)$의 값을 구하시오. [4점]

> (가) 방정식 $h(x)=h(0)$의 모든 실근의 합은 1이다.
> (나) 닫힌구간 $[-2, 3]$에서 함수 $h(x)$의 최댓값과 최솟값의 차는 $3+4\sqrt{3}$이다.

E13-33

너코 044 너코 050
2022학년도 6월 평가원 22번

삼차함수 $f(x)$가 다음 조건을 만족시킨다.

> (가) 방정식 $f(x)=0$의 서로 다른 실근의 개수는 2이다.
> (나) 방정식 $f(x-f(x))=0$의 서로 다른 실근의 개수는 3이다.

$f(1)=4$, $f'(1)=1$, $f'(0)>1$일 때, $f(0)=\frac{q}{p}$이다. $p+q$의 값을 구하시오. (단, p와 q는 서로소인 자연수이다.) [4점]

E13-34

너코 044 너코 049 너코 050
2022학년도 9월 평가원 20번

함수 $f(x)=\frac{1}{2}x^3-\frac{9}{2}x^2+10x$에 대하여 x에 대한 방정식

$$f(x)+|f(x)+x|=6x+k$$

의 서로 다른 실근의 개수가 4가 되도록 하는 모든 정수 k의 값의 합을 구하시오. [4점]

E 13-35

너코 037 너코 045 너코 049 너코 050
2023학년도 9월 평가원 22번

최고차항의 계수가 1이고 $x=3$에서 극댓값 8을 갖는 삼차함수 $f(x)$가 있다. 실수 t에 대하여 함수 $g(x)$를

$$g(x)=\begin{cases} f(x) & (x \geq t) \\ -f(x)+2f(t) & (x<t) \end{cases}$$

라 할 때, 방정식 $g(x)=0$의 서로 다른 실근의 개수를 $h(t)$라 하자. 함수 $h(t)$가 $t=a$에서 불연속인 a의 값이 두 개일 때, $f(8)$의 값을 구하시오. [4점]

유형 14 속도와 가속도

유형소개

수직선 위를 움직이는 점의 위치가 시간에 관한 함수로 주어졌을 때 점의 속도를 구하거나, 속도가 주어졌을 때 가속도를 구하는 유형이다. 매년 비슷한 형태로 출제되어 왔으므로 수록된 문항들을 완벽하게 훈련한다면 어렵지 않게 해결할 수 있다.

유형접근법

점 P의 시각 t에서의 위치가 $f(t)$일 때
속도는 $v(t)=f'(t)$이고
가속도는 $a(t)=v'(t)$이다.
이때 속도 함수 $v(t)$의 부호에 따라
점 P의 운동 방향이 결정되므로 $v(t)=0$이 되는
시각 t에서 점 P의 운동 방향이 바뀔 수 있다.

E 14-01

너코 044 너코 052
2015학년도 6월 평가원 A형 14번

수직선 위를 움직이는 점 P의 시각 t에서의 위치 x가

$$x=-t^2+4t$$

이다. $t=a$에서 점 P의 속도가 0일 때, 상수 a의 값은? [4점]

① 1 ② 2 ③ 3 ④ 4 ⑤ 5

E 14-02

너코 044 너코 052
2019학년도 수능 나형 27번

수직선 위를 움직이는 점 P의 시각 $t(t \geq 0)$에서의 위치 x가

$$x=-\frac{1}{3}t^3+3t^2+k \ (k\text{는 상수})$$

이다. 점 P의 가속도가 0일 때 점 P의 위치는 40이다. k의 값을 구하시오. [4점]

E 미분

E 14-03

너코 044 너코 052
2020학년도 6월 평가원 나형 25번

수직선 위를 움직이는 점 P의 시각 $t\ (t>0)$에서의 위치 x가

$$x=t^3-5t^2+6t$$

이다. $t=3$에서 점 P의 가속도를 구하시오. [3점]

E 14-04

너코 044 너코 052
2009학년도 6월 평가원 가형 18번

수직선 위를 움직이는 두 점 P, Q의 시각 t일 때의 위치는 각각

$$\mathrm{P}(t)=\frac{1}{3}t^3+4t-\frac{2}{3},\ \mathrm{Q}(t)=2t^2-10$$

이다. 두 점 P, Q의 속도가 같아지는 순간 두 점 P, Q 사이의 거리를 구하시오. [3점]

E 14-05

너코 044 너코 052
2013학년도 6월 평가원 나형 10번

수직선 위를 움직이는 두 점 P, Q의 시각 t일 때의 위치는 각각 $f(t)=2t^2-2t$, $g(t)=t^2-8t$이다. 두 점 P와 Q가 서로 반대방향으로 움직이는 시각 t의 범위는? [3점]

① $\frac{1}{2}<t<4$ ② $1<t<5$ ③ $2<t<5$
④ $\frac{3}{2}<t<6$ ⑤ $2<t<8$

E 14-06

너코 044 너코 052
2018학년도 6월 평가원 나형 17번

수직선 위를 움직이는 점 P의 시각 $t\ (t>0)$에서의 위치 x가

$$x=t^3-12t+k\ (k\text{는 상수})$$

이다. 점 P의 운동 방향이 원점에서 바뀔 때, k의 값은? [4점]

① 10 ② 12 ③ 14
④ 16 ⑤ 18

E14-07

너코 044 너코 052
2019학년도 6월 평가원 나형 16번

수직선 위를 움직이는 점 P의 시각 $t\,(t \geq 0)$에서의 위치 x가

$$x = t^3 + at^2 + bt \ (a,\ b\text{는 상수})$$

이다. 시각 $t = 1$에서 점 P가 운동 방향을 바꾸고, 시각 $t = 2$에서 점 P의 가속도는 0이다. $a+b$의 값은? [4점]

① 3 ② 4 ③ 5
④ 6 ⑤ 7

E14-08

너코 044 너코 051 너코 052
2019학년도 9월 평가원 나형 14번

수직선 위를 움직이는 점 P의 시각 $t\,(t \geq 0)$에서의 위치 x가

$$x = t^3 - 5t^2 + at + 5$$

이다. 점 P가 움직이는 방향이 바뀌지 않도록 하는 자연수 a의 최솟값은? [4점]

① 9 ② 10 ③ 11
④ 12 ⑤ 13

E14-09

너코 044 너코 052
2020학년도 수능 나형 27번

수직선 위를 움직이는 두 점 P, Q의 시각 $t\,(t \geq 0)$에서의 위치 x_1, x_2가

$$x_1 = t^3 - 2t^2 + 3t,\ x_2 = t^2 + 12t$$

이다. 두 점 P, Q의 속도가 같아지는 순간 두 점 P, Q 사이의 거리를 구하시오. [4점]

E 14-10

너코 044 너코 052
2025학년도 9월 평가원 11번

수직선 위를 움직이는 두 점 P, Q의 시각 $t\,(t \geq 0)$에서의 위치가 각각

$$x_1 = t^2 + t - 6,\ x_2 = -t^3 + 7t^2$$

이다. 두 점 P, Q의 위치가 같아지는 순간 두 점 P, Q의 가속도를 각각 p, q라 할 때, $p - q$의 값은? [4점]

① 24 ② 27 ③ 30
④ 33 ⑤ 36

E 14-11

너코 044 너코 052
2025학년도 수능 11번

시각 $t = 0$일 때 출발하여 수직선 위를 움직이는 점 P의 시각 $t\,(t \geq 0)$에서의 위치 x가

$$x = t^3 - \frac{3}{2}t^2 - 6t$$

이다. 출발한 후 점 P의 운동 방향이 바뀌는 시각에서의 점 P의 가속도는? [4점]

① 6 ② 9 ③ 12
④ 15 ⑤ 18

E 14-12

너코 041 너코 042 너코 044 너코 052
2006학년도 6월 평가원 가형 6번

다음 그림은 수직선 위를 움직이는 점 P 의 시각 t에서의 속도 $v(t)$를 나타내는 그래프이다.

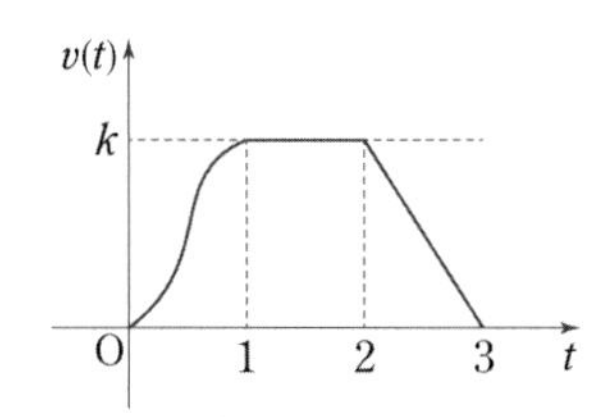

$v(t)$는 $t=2$를 제외한 열린구간 $(0,\ 3)$에서 미분가능한 함수이고, $v(t)$의 그래프는 열린구간 $(0,\ 1)$에서 원점과 점 $(1,\ k)$를 잇는 직선과 한 점에서 만난다. 점 P 의 시각 t에서의 가속도 $a(t)$를 나타내는 그래프의 개형으로 가장 알맞은 것은? [3점]

①
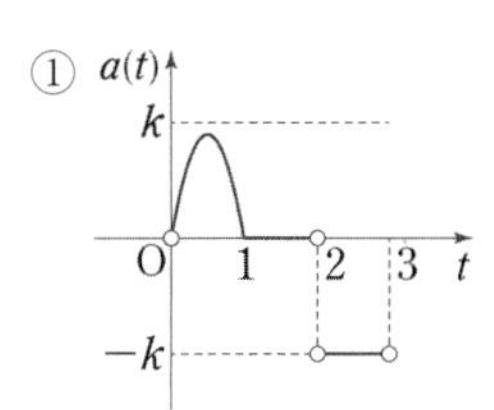

②
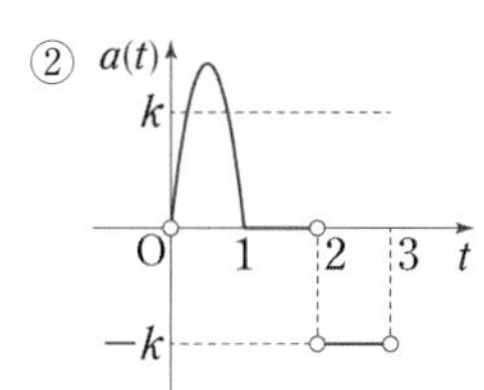

③
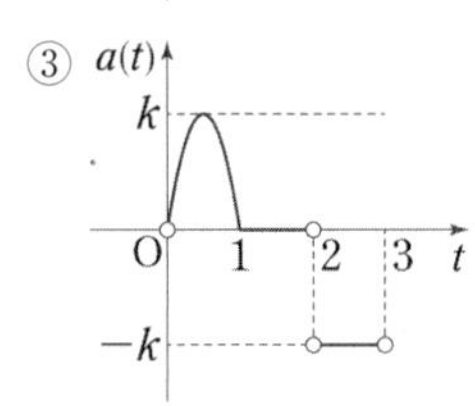

④
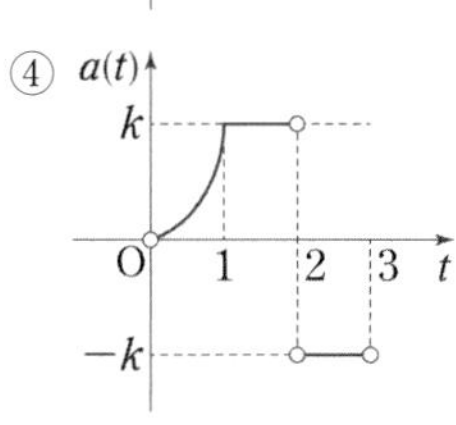

⑤
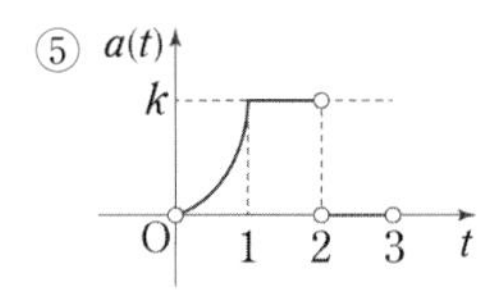

E 14-13

너코 018 너코 044 너코 052
2008학년도 6월 평가원 가형 12번

그림과 같이 편평한 바닥에 $60°$로 기울어진 경사면과 반지름의 길이가 $0.5\,\mathrm{m}$인 공이 있다. 이 공의 중심은 경사면과 바닥이 만나는 점에서 바닥에 수직으로 높이가 $21\,\mathrm{m}$인 위치에 있다.

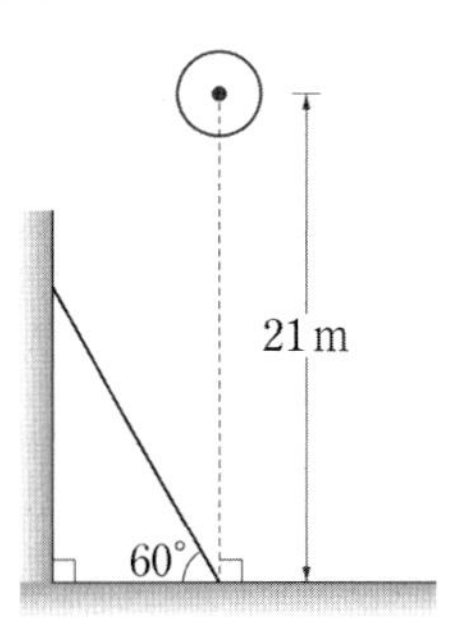

이 공을 자유 낙하시킬 때, t초 후 공의 중심의 높이 $h(t)$는

$$h(t)=21-5t^2\,(\mathrm{m})$$

라고 한다. 공이 경사면과 처음으로 충돌하는 순간, 공의 속도는?

(단, 경사면의 두께와 공기의 저항은 무시한다.) [4점]

① $-20\,\mathrm{m}$/초 ② $-17\,\mathrm{m}$/초 ③ $-15\,\mathrm{m}$/초
④ $-12\,\mathrm{m}$/초 ⑤ $-10\,\mathrm{m}$/초

E 미분

F 적분

1 부정적분

· 부정적분의 뜻을 안다.

· 함수의 실수배, 합, 차의 부정적분을 알고, **다항함수의 부정적분**을 구할 수 있다.

유형 01 다항함수의 부정적분

유형 02 다항함수의 부정적분의 활용

2 정적분

· **정적분의 뜻**을 안다.

· **다항함수의 정적분**을 구할 수 있다.

유형 03 다항함수의 정적분 계산

유형 04 정적분의 성질과 계산

유형 05 절댓값 기호를 포함한 정적분의 계산

유형 06 적분과 미분의 관계

3 정적분의 활용

· 곡선으로 둘러싸인 **도형의 넓이**를 구할 수 있다.

· **속도와 거리**에 대한 문제를 해결할 수 있다.

유형 07 정적분과 넓이

유형 08 넓이로 해석(1)-정적분 계산

유형 09 넓이로 해석(2)-평행이동·대칭 이용

유형 10 속도와 거리

학습요소

· 부정적분, 적분상수, 정적분, $\int f(x)\,dx$, $\int_a^b f(x)\,dx$, $\Big[F(x)\Big]_a^b$

교수·학습상의 유의점

· 적분에 필요한 공식은 미분법의 공식에서 유도할 수 있게 한다.
· 급수의 합을 이용한 정적분 정의는 다루지 않는다. $f(x)$의 부정적분 $F(x)$에 대하여 $F(b)-F(a)$를 $f(x)$의 a에서 b까지의 정적분이라 정의하되, 그 도입 및 설명 방법을 다양하게 할 수 있다.
· 속도와 거리에 대한 문제는 직선 운동에 한하여 다룬다.
· 적분법을 단순히 적용하기보다는 적분의 의미를 이해하고, 이를 활용하여 여러 가지 문제를 해결함으로써 적분의 유용성과 가치를 인식하게 한다.
· '피적분함수', '원시함수', '위끝', '아래끝', '미적분의 기본정리' 용어는 교수·학습 상황에서 사용할 수 있다.

평가방법 및 유의사항

· 정적분의 활용에서 지나치게 복잡한 문제는 다루지 않는다.

1 부정적분

너코 053 부정적분의 정의

함수 $f(x)$에 대하여

$$F'(x)=f(x)$$

즉, **미분하여 $f(x)$가 되는 함수 $F(x)$**를
함수 $f(x)$의 **부정적분**이라 한다.

예를 들어 함수 $3x^2+4x+1$의 부정적분은

$$x^3+2x^2+x,\ x^3+2x^2+x+1,\ x^3+2x^2+x-3,\ \cdots$$

으로 무수히 많다.

따라서 함수 $f(x)$의 한 부정적분을 $F(x)$라 하면
$f(x)$의 임의의 부정적분은 다음과 같이 표기한다.

$$\int f(x)dx=F(x)+C \text{ (단, } C\text{는 적분상수)}$$

이때 부정적분 $\int f(x)dx$를 구하는 것을
함수 $f(x)$를 적분한다고 한다.

적분

$$\int \boxed{f(x)}dx=\boxed{F(x)+C} \text{ (단, } C\text{는 적분상수)}$$

미분

너코 054 다항함수의 부정적분

n이 0 이상의 정수일 때, 함수 $y=x^n$의 부정적분은
$\left(\frac{1}{n+1}x^{n+1}\right)'=x^n$이므로

$$\int x^n dx=\frac{1}{n+1}x^{n+1}+C \text{ (단, } C\text{는 적분상수)}$$

그리고 두 함수 $f(x)$, $g(x)$의 부정적분을 $F(x)$, $G(x)$라
하면 너코 044의 실수배, 합, 차의 도함수에 의하여
$\{cF(x)\}'=cF'(x)=cf(x)$
$\{F(x)\pm G(x)\}'=F'(x)\pm G'(x)=f(x)\pm g(x)$
이므로 다음의 성질이 성립한다.

$$\int cf(x)dx=c\int f(x)dx$$

$$\int \{f(x)\pm g(x)\}dx=\int f(x)dx\pm\int g(x)dx$$

따라서
다항함수 $f(x)=a_0x^n+a_1x^{n-1}+\cdots+a_{n-1}x+a_n$의
부정적분은

$$\int f(x)dx=\frac{a_0}{n+1}x^{n+1}+\frac{a_1}{n}x^n+\cdots+\frac{a_{n-1}}{2}x^2+a_nx+C \text{ (단, } C\text{는 적분상수)}$$

이다.

2 정적분

너코 055 정적분의 정의

닫힌구간 $[a, b]$에서 연속인 함수 $f(x)$의 한 부정적분을
$F(x)$라 할 때 **함수 $f(x)$의 a에서 b까지의 정적분**은

$$\int_a^b f(x)dx=\Big[F(x)\Big]_a^b=F(b)-F(a)$$

이때 $\int_a^b f(x)dx$를 구하는 것을
함수 $f(x)$를 a에서 b까지 적분한다고 하며,
너코 054에서 구한 부정적분은 정적분을 구하기 위한
도구이다.

한편, $a=b$, $a>b$일 때의 정적분 $\int_a^b f(x)dx$는

$$\int_a^a f(x)dx=0,$$

$$\int_a^b f(x)dx=-\int_b^a f(x)dx$$

로 정의되고

$$\int_a^a f(x)dx=F(a)-F(a)=0,$$

$$\int_a^b f(x)dx=-\int_b^a f(x)dx=-\{F(a)-F(b)\}=F(b)-F(a)$$

따라서 **a, b의 대소에 관계없이** 다음이 항상 성립한다.

위끝

$$\int_{a}^{b} f(x)dx = \Big[F(x)\Big]_{a}^{b} = F(b) - F(a)$$

아래끝

너코 056 정적분의 성질

너코 055 의 정적분의 정의에 의하여
닫힌구간 $[a, b]$에서 연속인 두 함수 $f(x)$, $g(x)$의
부정적분을 $F(x)$, $G(x)$라 하면

$$\int_{a}^{b} cf(x)dx = cF(b) - cF(a) = c\{F(b) - F(a)\}$$

$$= c\int_{a}^{b} f(x)dx$$

$$\int_{a}^{b} f(x)dx \pm \int_{a}^{b} g(x)dx$$
$$= \{F(b) - F(a)\} \pm \{G(b) - G(a)\}$$
$$= \{F(b) \pm G(b)\} - \{F(a) \pm G(a)\}$$
$$= \int_{a}^{b} \{f(x) \pm g(x)\}dx$$

또한,
닫힌구간 $[a, b]$에 포함되는 임의의 세 실수 α, β, γ에
대하여

$$\int_{\alpha}^{\beta} f(x)dx + \int_{\beta}^{\gamma} f(x)dx$$
$$= \{F(\beta) - F(\alpha)\} + \{F(\gamma) - F(\beta)\}$$
$$= F(\gamma) - F(\alpha)$$
$$= \int_{\alpha}^{\gamma} f(x)dx$$

예를 들면

$$\int_{1}^{-3} f(x)dx + \int_{-3}^{2} f(x)dx = \int_{1}^{2} f(x)dx$$

위와 같은 정적분의 성질을 이용하여
두 개 이상의 정적분의 덧셈 또는 뺄셈을 하나의 정적분으로
간단히 나타내어 값을 구할 수 있다.

예를 들면

$$\int_{1}^{2} (3x^2 + x + 2)dx - \int_{1}^{2} (3x^2 - 1)dx + \int_{2}^{3} (x+3)dx$$
$$= \int_{1}^{2} \{(3x^2 + x + 2) - (3x^2 - 1)\}dx + \int_{2}^{3} (x+3)dx$$
$$= \int_{1}^{2} (x+3)dx + \int_{2}^{3} (x+3)dx$$
$$= \int_{1}^{3} (x+3)dx$$

한편 n이 0 이상의 정수일 때,

$$\int_{-a}^{a} x^{2n}dx = \left[\frac{1}{2n+1}x^{2n+1}\right]_{-a}^{a}$$
$$= \frac{1}{2n+1}\{a^{2n+1} - (-a)^{2n+1}\}$$
$$= 2\left\{\frac{1}{2n+1}(a^{2n+1} - 0)\right\}$$
$$= 2\left[\frac{1}{2n+1}x^{2n+1}\right]_{0}^{a} = 2\int_{0}^{a} x^{2n}dx$$

$$\int_{-a}^{a} x^{2n+1}dx = \left[\frac{1}{2n+2}x^{2n+2}\right]_{-a}^{a}$$
$$= \frac{1}{2n+1}\{a^{2n+2} - (-a)^{2n+2}\}$$
$$= 0$$

따라서 다항함수 $f(x)$에 대하여
아래끝과 위끝이 서로 부호만 다른 정적분 $\int_{-a}^{a} f(x)dx$를
간단하게 나타내어 값을 구할 수 있다.

예를 들면

$$\int_{-1}^{1} (2x^3 - x^2 + x + 1)dx$$
$$= \int_{-1}^{1} (2x^3 + x)dx - \int_{-1}^{1} (x^2 - 1)dx$$
$$= 0 - 2\int_{0}^{1} (x^2 - 1)dx$$

너코 057 적분과 미분의 관계

닫힌구간 $[a, b]$에서 연속인 함수 $f(x)$의 한 부정적분을
$F(x)$라 할 때

너코 053 의 부정적분과 너코 055 의 정적분의 정의에 따라 열린구간 (a, b)에 속하는 임의의 x에 대하여 성립하는

$$\int_a^x f(t)dt = F(x) - F(a)$$

의 양변을 x에 대하여 미분하면

$$\frac{d}{dx}\int_a^x f(t)dt = \frac{d}{dx}\{F(x) - F(a)\}$$
$$= F'(x) - 0 = f(x)$$

이를 **적분과 미분의 관계**라 한다.

단, 다음과 헷갈리지 않도록 하자.

$$\int_a^x \left\{\frac{d}{dt}f(t)\right\}dt = \int_a^x f'(t)dt = f(x) - f(a)$$

3 정적분의 활용

너코 058 두 그래프 사이의 넓이

함수 $f(x)$가 닫힌구간 $[a, b]$에서 연속이고 $f(x) \geq 0$일 때, 그래프 $y = f(x)$와 x축 및 두 직선 $x = a$, $x = b$로 둘러싸인 부분의 넓이 S는 다음과 같다.

$$S = \int_a^b f(x)dx$$

따라서 다음의 넓이들도 정적분으로 나타낼 수 있다.

1 그래프와 x축 사이의 넓이
그래프 $y = f(x)$와 x축 및 두 직선 $x = a$, $x = b$로 둘러싸인 부분의 넓이 S는

$f(x) \geq 0$일 때,

$$S = \int_a^b f(x)dx = \int_a^b |f(x)|dx$$

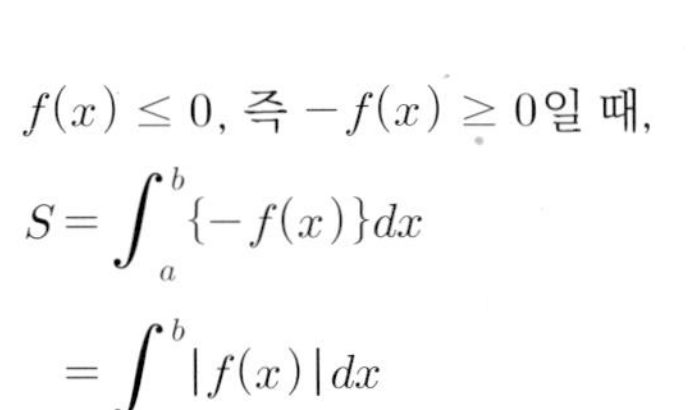

$f(x) \leq 0$, 즉 $-f(x) \geq 0$일 때,

$$S = \int_a^b \{-f(x)\}dx$$
$$= \int_a^b |f(x)|dx$$

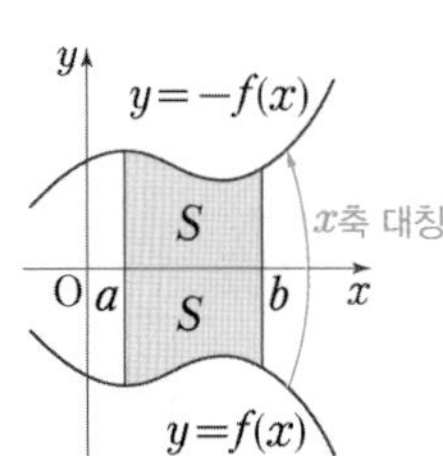

이에 따라
$a \leq x \leq c$에서 $f(x) \geq 0$,
$c \leq x \leq b$에서 $f(x) \leq 0$일 때

$$S_1 = \int_a^c f(x)dx = \int_a^c |f(x)|dx,$$

$$S_2 = \int_c^b \{-f(x)\}dx = \int_c^b |f(x)|dx \text{이므로}$$

$$S = S_1 + S_2$$
$$= \int_a^c |f(x)|dx + \int_c^b |f(x)|dx$$
$$= \int_a^b |f(x)|dx$$

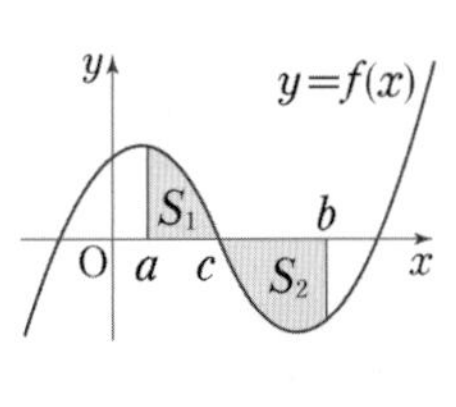

따라서 닫힌구간 $[a, b]$에서 연속인
함수 $f(x)$의 부호에 관계없이
그래프 $y = f(x)$와 x축 및 두 직선 $x = a$, $x = b$로 둘러싸인 부분의 넓이 S는

$$S = \int_a^b |f(x)|dx$$

2 두 그래프 사이의 넓이
닫힌구간 $[a, b]$에서 연속인 두 함수 $f(x)$, $g(x)$에 대하여 두 그래프 $y = f(x)$, $y = g(x)$와 두 직선 $x = a$, $x = b$로 둘러싸인 부분의 넓이 S는

$f(x) \geq g(x) \geq 0$일 때,

$$S = \int_a^b f(x)dx - \int_a^b g(x)dx$$
$$= \int_a^b \{f(x) - g(x)\}dx$$
$$= \int_a^b |f(x) - g(x)|dx$$

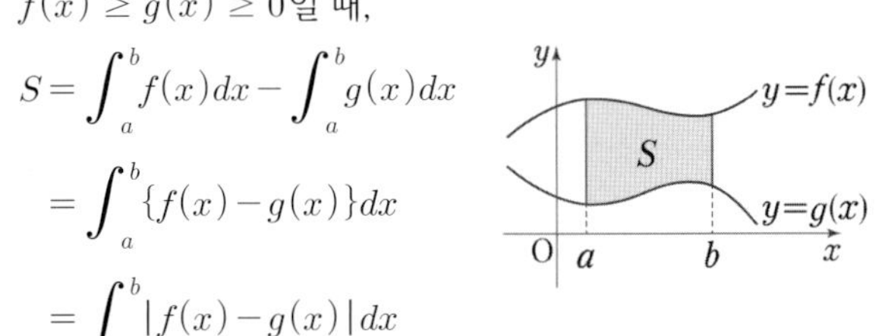

$f(x) \geq g(x)$이고 $f(x)$ 또는 $g(x)$가 음의 값을 가질 때, $f(x) + k \geq g(x) + k \geq 0$이 되도록 하는 k의 값에 대하여

$$S = \int_a^b \{f(x) + k\}dx$$
$$- \int_a^b \{g(x) + k\}dx$$
$$= \int_a^b \{f(x) - g(x)\}dx$$
$$= \int_a^b |f(x) - g(x)|dx$$

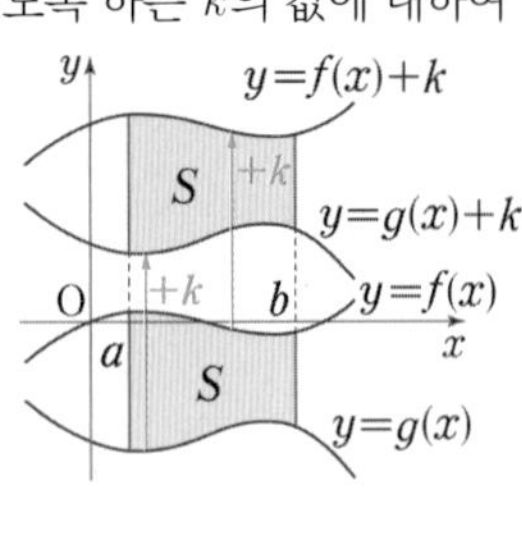

이에 따라

$a \le x \le c$에서 $f(x) \ge g(x)$,

$c \le x \le b$에서 $f(x) \le g(x)$일 때,

$S_1 = \int_a^c \{f(x)-g(x)\}dx$,

$S_2 = \int_c^b \{g(x)-f(x)\}dx$

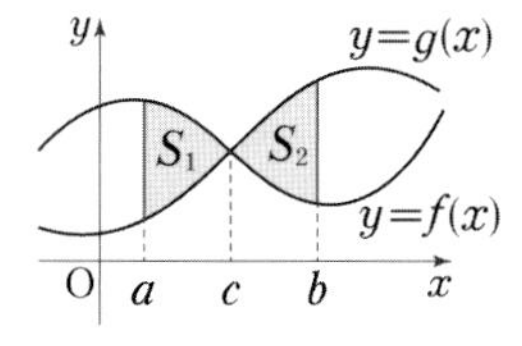

이므로

$$S = S_1 + S_2$$
$$= \int_a^c \{f(x)-g(x)\}dx + \int_c^b \{g(x)-f(x)\}dx$$
$$= \int_a^c |f(x)-g(x)|dx + \int_c^b |f(x)-g(x)|dx$$
$$= \int_a^b |f(x)-g(x)|dx$$

따라서 닫힌구간 $[a, b]$에서 연속인

두 함수 $f(x)$, $g(x)$의 대소에 관계없이

두 그래프 $y=f(x)$, $y=g(x)$와 두 직선 $x=a$, $x=b$로 둘러싸인 부분의 넓이 S는

$$S = \int_a^b |f(x)-g(x)|dx$$

너코 059 넓이와 정적분 계산

너코 058 를 바탕으로

두 그래프 사이의 넓이를 정적분으로 해석하여 계산하는 대표적인 경우를 살펴보자.

1 y축 대칭

연속함수 $f(x)$가 정의역의 모든 실수 x에 대하여

$f(x)=f(-x)$를 만족시킬 때,

즉 그 그래프가 **y축 대칭**이면 다음이 성립한다.

$$\int_{-a}^{a} f(x)dx$$
$$= \int_{-a}^{0} f(x)dx + \int_0^a f(x)dx$$
$$= 2\int_0^a f(x)dx$$

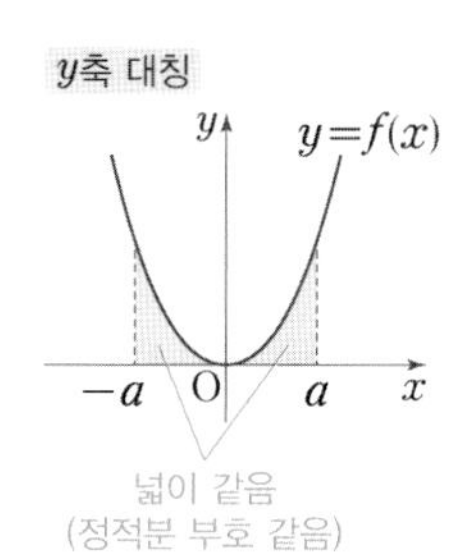

이에 따라 너코 056 에서 다룬 $\int_{-a}^{a} x^{2n}dx = 2\int_0^a x^{2n}dx$도

함수 $y=x^{2n}$의 그래프가 y축 대칭임을 이용하여 설명이 가능하다.

2 원점 대칭

연속함수 $f(x)$가 정의역의 모든 실수 x에 대하여

$f(x)=-f(-x)$를 만족시킬 때,

즉 그 그래프가 **원점 대칭**이면 다음이 성립한다.

$$\int_{-a}^{a} f(x)dx$$
$$= \int_{-a}^{0} f(x)dx + \int_0^a f(x)dx$$
$$= 0$$

원점 대칭

이에 따라 너코 056 에서 다룬 $\int_{-a}^{a} x^{2n+1}dx = 0$도

함수 $y=x^{2n+1}$의 그래프가 원점 대칭임을 이용하여 설명이 가능하다.

3 x축 평행이동

연속함수 $f(x)$에 대하여 다음이 성립한다.

$$\int_a^b f(x)dx = \int_{a+k}^{b+k} f(x-k)dx$$

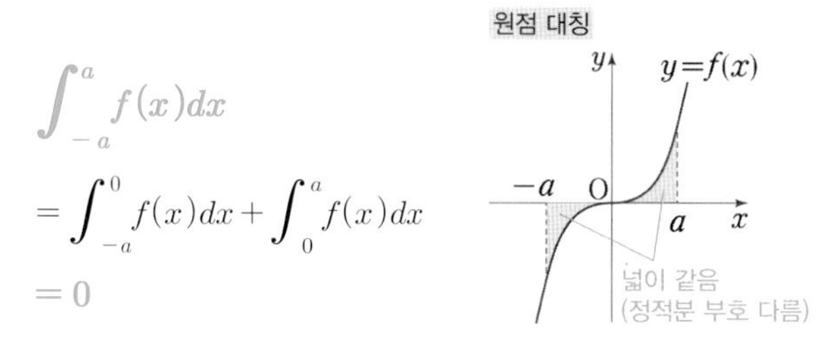

4 주기함수

연속함수 $f(x)$가 정의역 모든 실수 x에 대하여

$f(x)=f(x+p)$(단, p는 양수)이면

주기가 p인 주기함수이므로

$$\int_a^b f(x)dx = \int_{a+np}^{b+np} f(x)dx \text{ (단, } n\text{은 정수)}$$

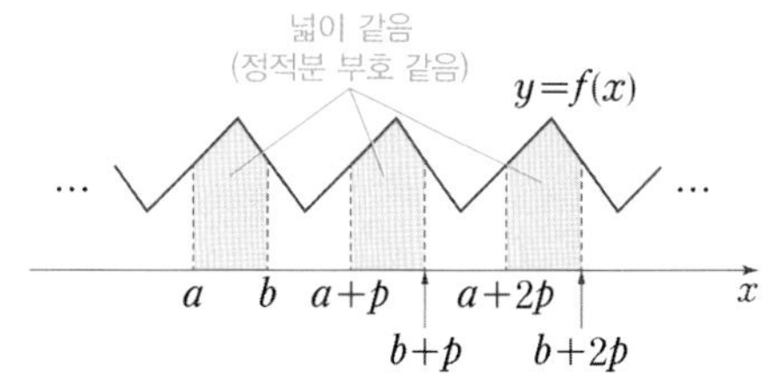

또한, $f(x)=f(x+np)$도 성립하므로

$$\int_a^b f(x)dx=\int_a^b f(x+np)dx$$

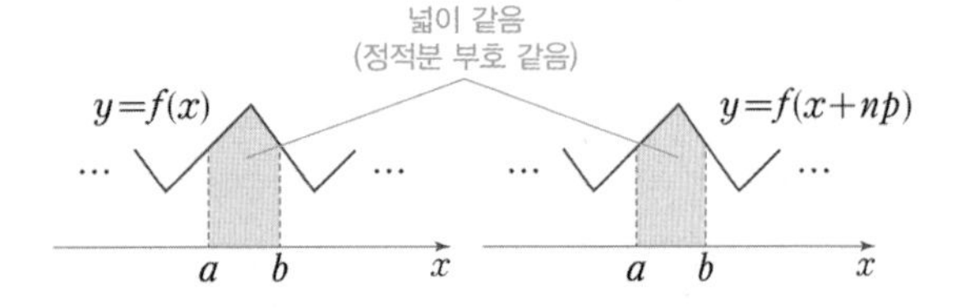

[5] 이차함수의 넓이 공식

이차함수의 그래프와 직선으로 둘러싸인 부분
또는 두 이차함수의 그래프로 둘러싸인 부분의 넓이는
너코 058 의 넓이와 정적분의 관계를 이용하여 구해진
다음의 결과를 기계적으로 이용하면 편하다.

최고차항의 계수가 a인 이차함수의 그래프와 직선으로
둘러싸인 부분의 넓이 S는
두 그래프의 교점의 x좌표가 α, β $(\alpha<\beta)$일 때,

$$S=\frac{|a|}{6}(\beta-\alpha)^3$$

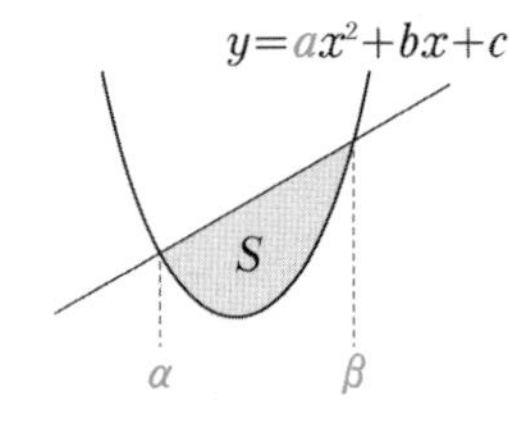

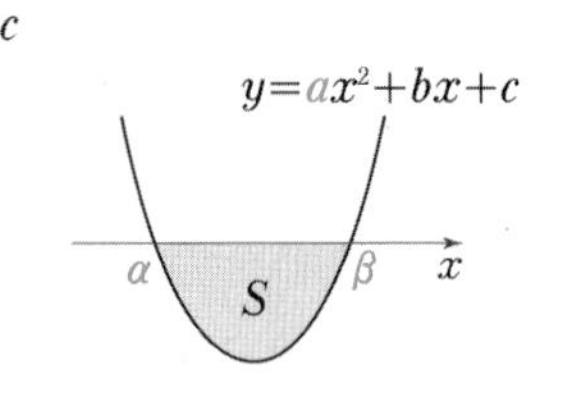

최고차항의 계수가 각각 a_1, a_2인
두 이차함수의 그래프로 둘러싸인 부분의 넓이 S는
두 그래프의 교점의 x좌표가 α, β $(\alpha<\beta)$일 때,

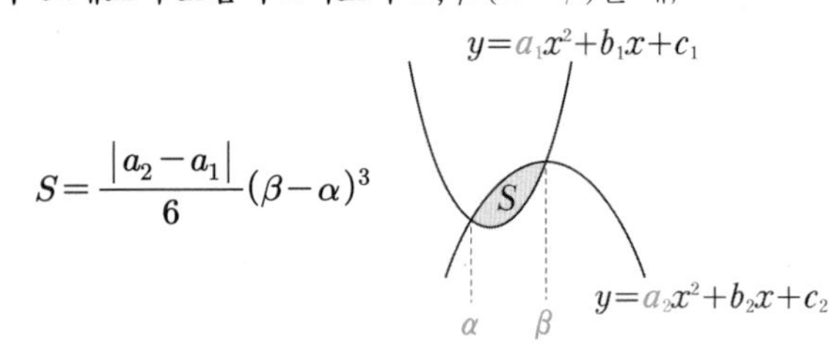

$$S=\frac{|a_2-a_1|}{6}(\beta-\alpha)^3$$

너코 060 속도와 거리

너코 052 를 참고하면
수직선 위를 움직이는 점 P의 시각 t에서의
위치와 속도를 각각 $f(t)$, $v(t)$라 할 때,
$f'(t)=v(t)$이므로 $f(t)$는 $v(t)$의 한 부정적분이다.

따라서 시각 $t=a$에서 $t=b$까지의 **점 P의 위치의 변화량**은

$$f(b)-f(a)=\int_a^b v(t)dt$$

이고 시각 $t=b$에서의 **점 P의 위치**는

$$f(b)=f(a)+\int_a^b v(t)dt$$

$f(t)$가 t에 대한 상수함수가 아닌 다항함수일 때
점 P의 위치의 변화량과 점 P가 움직인 거리 s의 관계를
살펴보면 다음과 같다.

❶ $v(t)\geq 0$일 때

P, $f(a)$, $f(b)$, x

점 P의 운동방향이 양의 방향이므로
시각 $t=a$에서 $t=b$까지의
점 P의 위치의 변화량과 움직인 거리 s는 같다.

$$s=f(b)-f(a)=\int_a^b v(t)dt=\int_a^b |v(t)|dt$$

❷ $v(t)\leq 0$일 때

P, $f(b)$, $f(a)$, x

점 P의 운동방향이 음의 방향이므로
시각 $t=a$에서 $t=b$까지의
점 P의 위치의 변화량과 움직인 거리 s는 부호만 다르다.

$$s=-\{f(b)-f(a)\}=-\int_a^b v(t)dt=\int_a^b |v(t)|dt$$

❸ 시각 $t=a$에서 $t=c$까지 $v(t)\geq 0$,
시각 $t=c$에서 $t=b$까지 $v(t)\leq 0$일 때

P, $f(a)$, $f(b)$, $f(c)$, x

시각 $t=a$에서 $t=c$까지 점 P가 움직인 거리는 ❶에 의해

$$f(c)-f(a)=\int_a^c v(t)dt=\int_a^c |v(t)|dt$$

시각 $t=c$에서 $t=b$까지 점 P가 움직인 거리는 ❷에 의해

$$-\{f(b)-f(c)\}=-\int_c^b v(t)dt=\int_c^b |v(t)|dt$$

따라서 시각 $t=a$에서 $t=b$까지 점 P가 움직인 거리 s는

$$s=\int_a^c |v(t)|\,dt+\int_c^b |v(t)|\,dt=\int_a^b |v(t)|\,dt$$

❶~❸에 의하여 **속도 $v(t)$의 부호에 관계없이**
수직선 위를 움직이는 점 P의
시각 $t=a$에서 $t=b$까지 **움직인 거리 s**$(s>0)$는

$$s=\int_a^b |v(t)|\,dt$$

이고, 너코 058의 1에 따르면
함수 $y=v(t)$의 그래프와 두 직선 $t=a$, $t=b$ 및 t축으로
둘러싸인 부분의 넓이와 같다.

1 부정적분

유형 01 다항함수의 부정적분

유형소개

다항함수의 도함수가 주어졌을 때 부정적분 구하고, 추가 조건을 통해 적분상수를 구하는 유형이다. 부정적분만을 묻는 문제가 많지는 않으나 이후에 정적분의 값을 계산하는 데에 필요한 개념이다.

유형접근법

부정적분은 미분의 역연산이므로

$\int f(x)dx = F(x) + C$ (단, C는 적분상수)에 대하여

$f(x) = F'(x)$가 성립한다.

즉, $f(x)$의 부정적분을 구하려면 어떤 식을 미분해야 $f(x)$가 되는지를 찾고 주어진 다른 조건을 이용하여 적분상수 C의 값을 구해야 한다.

F01-01

너코 054
2022학년도 수능 예시문항 6번

다항함수 $f(x)$가

$$f'(x) = 3x^2 - kx + 1,\ f(0) = f(2) = 1$$

을 만족시킬 때, 상수 k의 값은? [3점]

① 5　② 6　③ 7　④ 8　⑤ 9

F01-02

너코 054
2021학년도 6월 평가원 나형 23번

함수 $f(x)$가

$$f'(x) = x^3 + x,\ f(0) = 3$$

을 만족시킬 때, $f(2)$의 값을 구하시오. [3점]

F01-03

너코 054
2021학년도 9월 평가원 나형 23번

함수 $f(x)$가

$$f'(x)=-x^3+3,\ f(2)=10$$

을 만족시킬 때, $f(0)$의 값을 구하시오. [3점]

F01-04

너코 054
2021학년도 수능 나형 23번

함수 $f(x)$에 대하여 $f'(x)=3x^2+4x+5$이고 $f(0)=4$일 때, $f(1)$의 값을 구하시오. [3점]

F01-05

너코 054
2022학년도 6월 평가원 2번

함수 $f(x)$가

$$f'(x)=3x^2-2x,\ f(1)=1$$

을 만족시킬 때, $f(2)$의 값은? [2점]

① 1　② 2　③ 3　④ 4　⑤ 5

F01-06

너코 054
2022학년도 9월 평가원 17번

함수 $f(x)$에 대하여 $f'(x)=8x^3-12x^2+7$이고 $f(0)=3$일 때, $f(1)$의 값을 구하시오. [3점]

F01-07

너코 054
2022학년도 수능 17번

함수 $f(x)$에 대하여 $f'(x)=3x^2+2x$이고
$f(0)=2$일 때, $f(1)$의 값을 구하시오. [3점]

F01-08

너코 054
2023학년도 6월 평가원 17번

함수 $f(x)$에 대하여 $f'(x)=8x^3+6x^2$이고
$f(0)=-1$일 때, $f(-2)$의 값을 구하시오. [3점]

F01-09

너코 054
2023학년도 9월 평가원 17번

함수 $f(x)$에 대하여 $f'(x)=6x^2-4x+3$이고
$f(1)=5$일 때, $f(2)$의 값을 구하시오. [3점]

F01-10

너코 054
2023학년도 수능 17번

함수 $f(x)$에 대하여 $f'(x)=4x^3-2x$이고
$f(0)=3$일 때, $f(2)$의 값을 구하시오. [3점]

F01-11

너코 054
2024학년도 6월 평가원 17번

함수 $f(x)$에 대하여 $f'(x)=8x^3-1$이고 $f(0)=3$일 때, $f(2)$의 값을 구하시오. [3점]

F01-12

너코 054
2024학년도 9월 평가원 8번

다항함수 $f(x)$가

$$f'(x)=6x^2-2f(1)x,\ f(0)=4$$

를 만족시킬 때, $f(2)$의 값은? [3점]

① 5 ② 6 ③ 7 ④ 8 ⑤ 9

F01-13

너코 054
2024학년도 수능 5번

다항함수 $f(x)$가

$$f'(x)=3x(x-2),\ f(1)=6$$

을 만족시킬 때, $f(2)$의 값은? [3점]

① 1 ② 2 ③ 3 ④ 4 ⑤ 5

F01-14

너코 054
2025학년도 6월 평가원 17번

함수 $f(x)$에 대하여 $f'(x)=6x^2+2$이고 $f(0)=3$일 때, $f(2)$의 값을 구하시오. [3점]

F01-15

너코 054
2025학년도 9월 평가원 17번

함수 $f(x)$에 대하여 $f'(x)=6x^2+2x+1$이고 $f(0)=1$일 때, $f(1)$의 값을 구하시오. [3점]

F01-16

너코 054
2025학년도 수능 17번

다항함수 $f(x)$에 대하여 $f'(x)=9x^2+4x$이고 $f(1)=6$일 때, $f(2)$의 값을 구하시오. [3점]

F01-17

너코 044 너코 053
2013학년도 9월 평가원 나형 18번

이차함수 $f(x)$에 대하여 함수 $g(x)$가

$$g(x)=\int\{x^2+f(x)\}dx,$$

$$f(x)g(x)=-2x^4+8x^3$$

을 만족시킬 때, $g(1)$의 값은? [4점]

① 1 ② 2 ③ 3 ④ 4 ⑤ 5

F01-18

너코 044 너코 053
교육청 학평(2016년 7월 시행 고3 나형 20번)

두 다항함수 $f(x)$, $g(x)$가

$$f(x)=\int xg(x)dx,$$

$$\frac{d}{dx}\{f(x)-g(x)\}=4x^3+2x$$

를 만족시킬 때, $g(1)$의 값은? [4점]

① 10 ② 11 ③ 12
④ 13 ⑤ 14

유형 02 다항함수의 부정적분의 활용

유형소개

다항함수 $f(x)$의 도함수가 주어졌을 때 부정적분을 통해 함수 $y=f(x)$의 그래프의 특징을 파악하는 유형이다.

유형접근법

주로 극대, 극소에 대한 조건이 제시되므로
E 미분 유형 09 에서 다룬 내용을 적용하여 접근해보자.

F02-01

너코 053 너코 054
2015학년도 수능 A형 26번

다항함수 $f(x)$의 도함수 $f'(x)$가
$f'(x)=6x^2+4$이다. 함수 $y=f(x)$의 그래프가 점 $(0,\ 6)$을 지날 때, $f(1)$의 값을 구하시오. [4점]

F02-02

너코 053 너코 054
교육청 학평(2004년 10월 시행 고3 가형 6번)

삼차함수 $y=f(x)$의 도함수 $y=f'(x)$의 그래프는 다음과 같다.

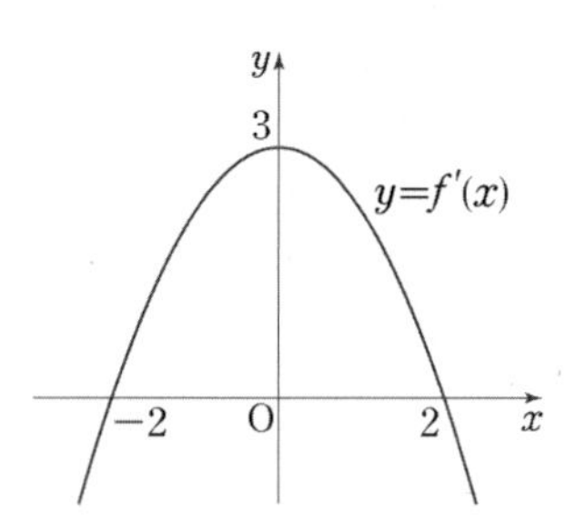

$f(0)=0$일 때, x에 대한 방정식 $f(x)=kx$가 서로 다른 세 실근을 갖기 위한 실수 k의 값의 범위는? [3점]

① $k>2$ ② $k>3$ ③ $k<3$
④ $-4<k<4$ ⑤ $k<-2$ 또는 $k>2$

F02-03

너코 044 너코 049 너코 054
교육청 학평(2012년 4월 시행 고3 가형 13번)

삼차함수 $y=f(x)$의 도함수 $y=f'(x)$의 그래프가 그림과 같다.

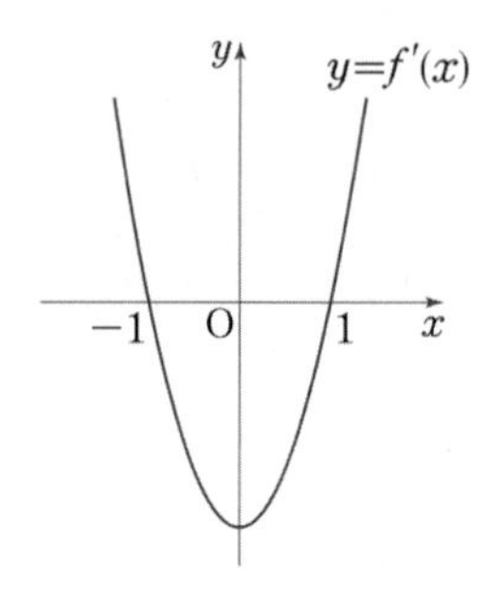

$f'(-1)=f'(1)=0$이고 함수 $f(x)$의 극댓값이 4, 극솟값이 0일 때, $f(3)$의 값은? [4점]

① 14 ② 16 ③ 18
④ 20 ⑤ 22

F02-04

너코 041 너코 049 너코 054
교육청 학평(2012년 7월 시행 고3 나형 24번)

곡선 $y=f(x)$ 위의 임의의 점 $\mathrm{P}(x,\ y)$에서의 접선의 기울기가 $3x^2-12$이고 함수 $f(x)$의 극솟값이 3일 때, 함수 $f(x)$의 극댓값을 구하시오. [3점]

F02-05

너코 044 너코 045 너코 049 너코 050 너코 053
교육청 학평(2013년 7월 시행 고3 A형 21번)

최고차항의 계수가 1인 삼차함수 $f(x)$가 $f(0)=0$, $f(\alpha)=0$, $f'(\alpha)=0$이고 함수 $g(x)$가 다음 두 조건을 만족시킬 때, $g\left(\frac{\alpha}{3}\right)$의 값은? (단, α는 양수이다.) [4점]

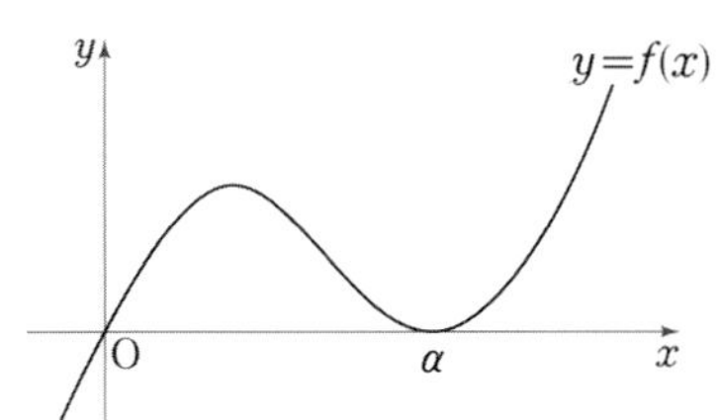

(가) 모든 실수 x에 대하여
$g'(x)=f(x)+xf'(x)$이다.
(나) $g(x)$의 극댓값이 81이고 극솟값이 0이다.

① 56 ② 58 ③ 60
④ 62 ⑤ 64

F 적분

Hidden Point

F02-05 조건 (가)에서 $g'(x)=\{xf(x)\}'$이므로
$g(x)=xf(x)+C$이다. (단, C는 적분상수)
문제에서 주어진 조건과 위에서 구한 두 함수 $f(x)$, $g(x)$의 관계를 이용하여 함수 $g(x)$의 식을 구해보자.

F02-06

너코 044 너코 049 너코 054
교육청 학평(2016년 10월 시행 고3 나형 21번)

사차함수 $f(x)$의 도함수 $y=f'(x)$의 그래프가 그림과 같고, $f'(-\sqrt{2})=f'(0)=f'(\sqrt{2})=0$이다.

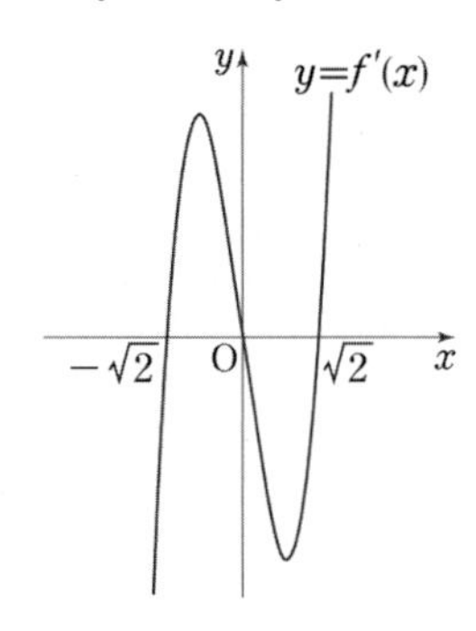

$f(0)=1$, $f(\sqrt{2})=-3$일 때, $f(m)f(m+1)<0$을 만족시키는 모든 정수 m의 값의 합은? [4점]

① -2　② -1　③ 0
④ 1　⑤ 2

F02-07

너코 032 너코 049 너코 054
2022학년도 수능 22번

최고차항의 계수가 $\frac{1}{2}$인 삼차함수 $f(x)$와 실수 t에 대하여 방정식 $f'(x)=0$이 닫힌구간 $[t, t+2]$에서 갖는 실근의 개수를 $g(t)$라 할 때, 함수 $g(t)$는 다음 조건을 만족시킨다.

> (가) 모든 실수 a에 대하여
> $\lim_{t \to a+} g(t) + \lim_{t \to a-} g(t) \le 2$이다.
> (나) $g(f(1))=g(f(4))=2$, $g(f(0))=1$

$f(5)$의 값을 구하시오. [4점]

F02-08

너코 044 너코 045 너코 049 너코 054

2025학년도 6월 평가원 21번

최고차항의 계수가 1인 사차함수 $f(x)$가 다음 조건을 만족시킨다.

(가) $f'(a) \leq 0$인 실수 a의 최댓값은 2이다.
(나) 집합 $\{x \mid f(x) = k\}$의 원소의 개수가 3 이상이 되도록 하는 실수 k의 최솟값은 $\frac{8}{3}$이다.

$f(0) = 0$, $f'(1) = 0$일 때, $f(3)$의 값을 구하시오. [4점]

2 정적분

유형 03 다항함수의 정적분 계산

유형소개

정적분을 이해하고 다항함수의 적분법을 이용하여 정적분을 계산하는 유형이다. 쉬운 계산문제로 꾸준히 출제되고 있으므로 실수 없이 정확히 푸는 연습을 하자.

유형접근법

✓ 함수 $f(x)$의 한 부정적분이 $F(x)$이면

$$\int_a^b f(x)dx = F(b) - F(a)$$

✓ 실수 a, b에 대하여 정적분 $\int_a^b f(x)dx$의 값은 상수이므로 정적분이 포함된 식에서는 $\int_a^b f(x)dx = k$와 같이 정적분을 한 문자로 간단히 하여 푼다. (단, k는 상수)

F 적분

F03-01

너코 055
교육청 학평(2012년 10월 시행 고3 나형 10번)

그림과 같이 삼차함수 $y=f(x)$가

$$f(-1)=f(1)=f(2)=0,\ f(0)=2$$

를 만족시킬 때, $\int_{0}^{2} f'(x)dx$의 값은? [3점]

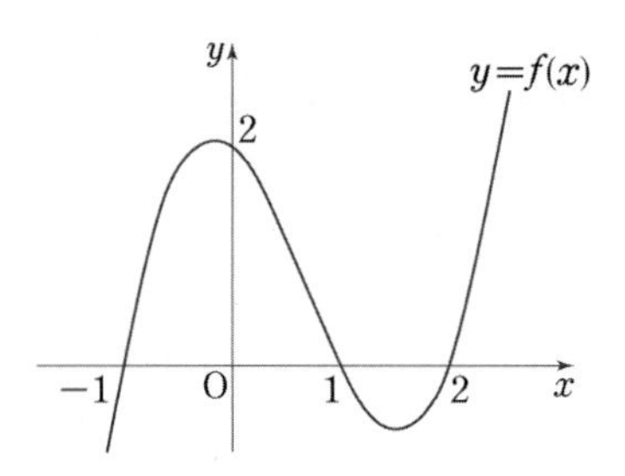

① -2　② -1　③ 0
④ 1　⑤ 2

F03-02

너코 055
2015학년도 수능 A형 6번

$\int_{0}^{1}(2x+a)dx=4$일 때, 상수 a의 값은? [3점]

① 1　② 2　③ 3
④ 4　⑤ 5

F03-03

너코 055
교육청 학평(2016년 10월 시행 고3 나형 24번)

함수 $y=4x^3-12x^2$의 그래프를 y축의 방향으로 k만큼 평행이동한 그래프를 나타내는 함수를 $y=f(x)$라 하자. $\int_{0}^{3} f(x)dx=0$을 만족시키는 상수 k의 값을 구하시오.

[3점]

F03-04

너코 055
2017학년도 수능 나형 9번

$\int_{0}^{2}(6x^2-x)dx$의 값은? [3점]

① 15　② 14　③ 13
④ 12　⑤ 11

F03-05

너코 055
2018학년도 수능 나형 9번

$\int_{0}^{a}(3x^2-4)dx=0$을 만족시키는 양수 a의 값은? [3점]

① 2 ② $\frac{9}{4}$ ③ $\frac{5}{2}$
④ $\frac{11}{4}$ ⑤ 3

F03-06

너코 055
2019학년도 9월 평가원 나형 8번

$\int_{0}^{2}(3x^2+2x)dx$의 값은? [3점]

① 6 ② 8 ③ 10
④ 12 ⑤ 14

F03-07

너코 055
2020학년도 9월 평가원 나형 6번

$\int_{0}^{2}(3x^2+6x)\,dx$의 값은? [3점]

① 20 ② 22 ③ 24
④ 26 ⑤ 28

F03-08

너코 055
2021학년도 6월 평가원 나형 17번

함수 $f(x)$가 모든 실수 x에 대하여

$$f(x)=4x^3+x\int_{0}^{1}f(t)\,dt$$

를 만족시킬 때, $f(1)$의 값은? [4점]

① 6 ② 7 ③ 8
④ 9 ⑤ 10

F03-09

너코 055
2006학년도 9월 평가원 가형 19번

이차함수 $f(x)$가

$$f(x)=\frac{12}{7}x^2-2x\int_{1}^{2}f(t)dt+\left\{\int_{1}^{2}f(t)dt\right\}^2$$

일 때, $10\int_{1}^{2}f(x)dx$의 값을 구하시오. [3점]

F
적분

F03-10

너코 055
교육청 학평(2013년 7월 시행 고3 A형 12번)

함수 $f(x)$가 $f(x)=x^2-2x+\int_0^1 tf(t)dt$를 만족시킬 때, $f(3)$의 값은? [3점]

① $\frac{13}{6}$ ② $\frac{5}{2}$ ③ $\frac{17}{6}$
④ $\frac{19}{6}$ ⑤ $\frac{7}{2}$

F03-11

너코 055
교육청 학평(2014년 10월 시행 고3 A형 24번)

모든 실수 x에 대하여 함수 $f(x)$는 다음 조건을 만족시킨다.

$$\int_{12}^{x} f(t)dt=-x^3+x^2+\int_0^1 xf(t)dt$$

$\int_0^1 f(x)dx$의 값을 구하시오. [3점]

F03-12

너코 050 너코 055
교육청 학평(2018년 7월 시행 고3 나형 17번)

최고차항의 계수가 1이고 $f(0)=0$인 삼차함수 $f(x)$가 다음 조건을 만족시킨다.

(가) $f(2)=f(5)$
(나) 방정식 $f(x)-p=0$의 서로 다른 실근의 개수가 2가 되게 하는 실수 p의 최댓값은 $f(2)$이다.

$\int_0^2 f(x)dx$의 값은? [4점]

① 25 ② 28 ③ 31
④ 34 ⑤ 37

F03-13

너코 037 너코 044 너코 046 너코 055
2022학년도 수능 20번

실수 전체의 집합에서 미분가능한 함수 $f(x)$가 다음 조건을 만족시킨다.

(가) 닫힌구간 $[0, 1]$에서 $f(x)=x$이다.
(나) 어떤 상수 a, b에 대하여 구간 $[0, \infty)$에서 $f(x+1)-xf(x)=ax+b$이다.

$60 \times \int_1^2 f(x)dx$의 값을 구하시오. [4점]

F03-14

너코 044 너코 051 너코 054 너코 055

교육청 학평(2015년 7월 시행 고3 A형 29번)

최고차항의 계수가 1이고 다음 조건을 만족시키는 모든 삼차함수 $f(x)$에 대하여 $\int_{0}^{3} f(x)dx$의 최솟값을 m이라 할 때, $4m$의 값을 구하시오. [4점]

> (가) $f(0)=0$
> (나) 모든 실수 x에 대하여
> $f'(2-x)=f'(2+x)$이다.
> (다) 모든 실수 x에 대하여 $f'(x)\geq -3$이다.

F03-15

너코 044 너코 045 너코 048 너코 049 너코 055

2020학년도 9월 평가원 나형 21번

함수 $f(x)=x^3+x^2+ax+b$에 대하여 함수 $g(x)$를

$$g(x)=f(x)+(x-1)f'(x)$$

라 하자. 〈보기〉에서 옳은 것만을 있는 대로 고른 것은?
(단, a, b는 상수이다.) [4점]

〈보 기〉

ㄱ. 함수 $h(x)$가 $h(x)=(x-1)f(x)$이면 $h'(x)=g(x)$이다.

ㄴ. 함수 $f(x)$가 $x=-1$에서 극값 0을 가지면 $\int_{0}^{1} g(x)\,dx=-1$이다.

ㄷ. $f(0)=0$이면 방정식 $g(x)=0$은 열린구간 $(0,\ 1)$에서 적어도 하나의 실근을 갖는다.

① ㄱ ② ㄴ ③ ㄱ, ㄴ
④ ㄱ, ㄷ ⑤ ㄱ, ㄴ, ㄷ

유형 04 정적분의 성질과 계산

유형소개

정적분의 성질을 이용하여 구간별로 다르게 정의되는 함수의 정적분을 계산하거나 아래끝과 위끝의 값에 따라 주어진 정적분을 간단히 하여 계산하는 유형이다. 정적분의 성질만 정확하게 적용할 수 있다면 크게 어렵지 않은 계산 위주의 문제가 출제된다.

유형접근법

✓ 정적분의 성질

다항함수 $f(x)$, $g(x)$에 대하여 다음이 성립한다.

❶ $\int_{\alpha}^{\beta}\{f(x)\pm g(x)\}dx$
$=\int_{\alpha}^{\beta}f(x)dx\pm\int_{\alpha}^{\beta}g(x)dx$

❷ $\int_{\alpha}^{\beta}cf(x)dx=c\int_{\alpha}^{\beta}f(x)dx$ (단, c는 상수)

❸ $\int_{\alpha}^{\gamma}f(x)dx=\int_{\alpha}^{\beta}f(x)dx+\int_{\beta}^{\gamma}f(x)dx$

✓ n이 0 이상의 정수일 때 다음이 성립한다.

❶ $\int_{-a}^{a}x^{2n}dx=2\int_{0}^{a}x^{2n}dx$,

❷ $\int_{-a}^{a}x^{2n+1}dx=0$

이를 이용하면 아래끝, 위끝이 부호만 다르게 주어졌을 때 빠르게 계산할 수 있다.

F04-01

너코 055 너코 056
2013학년도 9월 평가원 나형 23번

$\int_{-2}^{2}x(3x+1)dx$의 값을 구하시오. [3점]

F04-02

너코 055 너코 056
2013학년도 수능 나형 11번

함수 $f(x)=x+1$에 대하여

$$\int_{-1}^{1}\{f(x)\}^2dx=k\left(\int_{-1}^{1}f(x)dx\right)^2$$

일 때, 상수 k의 값은? [3점]

① $\frac{1}{6}$ ② $\frac{1}{3}$ ③ $\frac{1}{2}$
④ $\frac{2}{3}$ ⑤ $\frac{5}{6}$

F04-03

너코 055 너코 056
2014학년도 5월 예비 시행 A형 4번

$\int_{-1}^{1}(x^3+3x^2+5)dx$의 값은? [3점]

① 11 ② 12 ③ 13
④ 14 ⑤ 15

F 적분

F04-04

너코 055 너코 056
2014학년도 수능 A형 23번

실수 a에 대하여 $\int_{-a}^{a}(3x^2+2x)dx=\frac{1}{4}$일 때, $50a$의 값을 구하시오. [3점]

F04-05

너코 055 너코 056
2022학년도 수능 예시문항 2번

$\int_{-1}^{1}(x^3+a)dx=4$일 때, 상수 a의 값은? [2점]

① 1 ② 2 ③ 3
④ 4 ⑤ 5

F04-06

너코 055 너코 056
2024학년도 수능 8번

삼차함수 $f(x)$가 모든 실수 x에 대하여

$$xf(x)-f(x)=3x^4-3x$$

를 만족시킬 때, $\int_{-2}^{2}f(x)dx$의 값은? [3점]

① 12 ② 16 ③ 20
④ 24 ⑤ 28

F04-07

너코 055 너코 056
2025학년도 9월 평가원 9번

함수 $f(x)=x^2+x$에 대하여

$$5\int_{0}^{1}f(x)dx-\int_{0}^{1}(5x+f(x))dx$$

의 값은? [4점]

① $\frac{1}{6}$ ② $\frac{1}{3}$ ③ $\frac{1}{2}$
④ $\frac{2}{3}$ ⑤ $\frac{5}{6}$

F04-08

너코 055 너코 056

2025학년도 수능 9번

함수 $f(x)=3x^2-16x-20$에 대하여

$$\int_{-2}^{a} f(x)dx = \int_{-2}^{0} f(x)dx$$

일 때, 양수 a의 값은? [4점]

① 16 ② 14 ③ 12
④ 10 ⑤ 8

F04-09

너코 044 너코 045 너코 054 너코 055 너코 056

교육청 학평(2008년 7월 시행 고3 가형 6번)

다항함수 $f(x)$가 다음 조건을 만족시킬 때, $f(0)$의 값은? [3점]

(가) $\int f(x)dx = \{f(x)\}^2$

(나) $\int_{-1}^{1} f(x)dx = 50$

① 21 ② 22 ③ 23
④ 24 ⑤ 25

F 적분

F04-10

너코 055 너코 056
2012학년도 9월 평가원 나형 13번

모든 다항함수 $f(x)$에 대하여 〈보기〉에서 옳은 것만을 있는 대로 고른 것은? [4점]

〈보 기〉

ㄱ. $\int_{0}^{3} f(x)dx = 3\int_{0}^{1} f(x)dx$

ㄴ. $\int_{0}^{1} f(x)dx = \int_{0}^{2} f(x)dx + \int_{2}^{1} f(x)dx$

ㄷ. $\int_{0}^{1} \{f(x)\}^2 dx = \left\{\int_{0}^{1} f(x)dx\right\}^2$

① ㄴ ② ㄷ ③ ㄱ, ㄴ
④ ㄱ, ㄷ ⑤ ㄴ, ㄷ

F04-11

너코 055 너코 056
2012학년도 수능 나형 19번

이차함수 $f(x)$는 $f(0) = -1$이고,

$$\int_{-1}^{1} f(x)dx = \int_{0}^{1} f(x)dx = \int_{-1}^{0} f(x)dx$$

를 만족시킨다. $f(2)$의 값은? [4점]

① 11 ② 10 ③ 9
④ 8 ⑤ 7

F04-12

너코 044 / 너코 049 / 너코 056
교육청 학평(2012년 7월 시행 고3 나형 19번)

정수 a, b, c에 대하여 함수

$$f(x)=x^4+ax^3+bx^2+cx+10$$

이 다음 두 조건을 모두 만족시킨다.

(가) 모든 실수 α에 대하여
$$\int_{-\alpha}^{\alpha} f(x)dx=2\int_{0}^{\alpha} f(x)dx$$이다.
(나) $-6<f'(1)<-2$

이때 함수 $y=f(x)$의 극솟값은? [4점]

① 5 ② 6 ③ 7
④ 8 ⑤ 9

F04-13

너코 044 / 너코 055 / 너코 056
2016학년도 수능 A형 20번

두 다항함수 $f(x)$, $g(x)$가 모든 실수 x에 대하여

$$f(-x)=-f(x),\ g(-x)=g(x)$$

를 만족시킨다. 함수 $h(x)=f(x)g(x)$에 대하여

$$\int_{-3}^{3}(x+5)h'(x)dx=10$$

일 때, $h(3)$의 값은? [4점]

① 1 ② 2 ③ 3
④ 4 ⑤ 5

F04-14

너코 044 너코 049 너코 051 너코 055 너코 056

2017학년도 9월 평가원 나형 29번

구간 $[0, 8]$에서 정의된 함수 $f(x)$는

$$f(x)=\begin{cases}-x(x-4) & (0 \le x < 4) \\ x-4 & (4 \le x \le 8)\end{cases}$$

이다. 실수 a $(0 \le a \le 4)$에 대하여 $\displaystyle\int_{a}^{a+4} f(x)dx$의 최솟값은 $\dfrac{q}{p}$이다. $p+q$의 값을 구하시오.

(단, p와 q는 서로소인 자연수이다.) [4점]

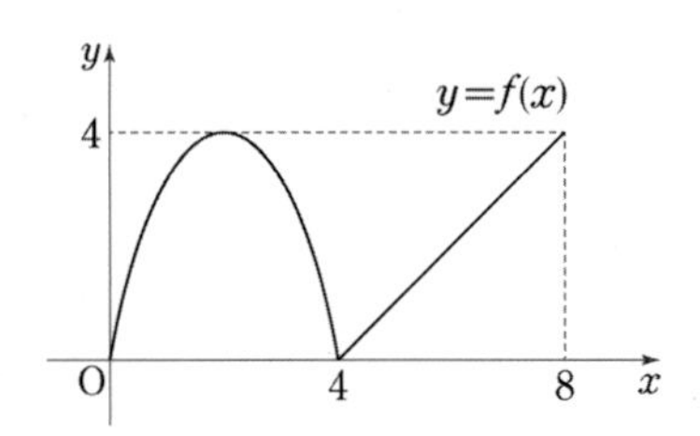

F04-15

너코 044 너코 049 너코 051 너코 055 너코 056

교육청 학평(2017년 10월 시행 고3 나형 16번)

함수 $f(x)$를

$$f(x)=\begin{cases}2x+2 & (x < 0) \\ -x^2+2x+2 & (x \ge 0)\end{cases}$$

라 하자. 양의 실수 a에 대하여 $\displaystyle\int_{-a}^{a} f(x)dx$의 최댓값은?

[4점]

① 5 ② $\dfrac{16}{3}$ ③ $\dfrac{17}{3}$

④ 6 ⑤ $\dfrac{19}{3}$

F04-16

너코 044 너코 049 너코 055 너코 056

2010학년도 수능 가형 24번

삼차함수 $f(x)=x^3-3x-1$이 있다. 실수 $t\,(t\geq -1)$에 대하여 $-1\leq x\leq t$에서 $|f(x)|$의 최댓값을 $g(t)$라고 하자. $\int_{-1}^{1} g(t)dt=\frac{q}{p}$일 때, $p+q$의 값을 구하시오.

(단, p, q는 서로소인 자연수이다.) [4점]

F04-17

너코 044 너코 046 너코 048 너코 055 너코 056

2015학년도 6월 평가원 B형 30번

실수 전체의 집합에서 미분가능한 함수 $f(x)$가 다음 조건을 만족시킨다.

(가) 모든 실수 x에 대하여 $1\leq f'(x)\leq 3$이다.
(나) 모든 정수 n에 대하여 함수 $y=f(x)$의 그래프는 점 $(4n,\ 8n)$, 점 $(4n+1,\ 8n+2)$, 점 $(4n+2,\ 8n+5)$, 점 $(4n+3,\ 8n+7)$을 모두 지난다.
(다) 모든 정수 k에 대하여 닫힌구간 $[2k,\ 2k+1]$에서 함수 $y=f(x)$의 그래프는 각각 이차함수의 그래프의 일부이다.

$\int_{3}^{6} f(x)dx=a$라 할 때, $6a$의 값을 구하시오. [4점]

F

적분

F04-18

너코 055 너코 056

2021학년도 9월 평가원 나형 20번

실수 전체의 집합에서 연속인 두 함수 $f(x)$와 $g(x)$가 모든 실수 x에 대하여 다음 조건을 만족시킨다.

> (가) $f(x) \geq g(x)$
> (나) $f(x)+g(x)=x^2+3x$
> (다) $f(x)g(x)=(x^2+1)(3x-1)$

$\int_0^2 f(x)dx$의 값은? [4점]

① $\frac{23}{6}$　② $\frac{13}{3}$　③ $\frac{29}{6}$　④ $\frac{16}{3}$　⑤ $\frac{35}{6}$

F04-19

너코 044 너코 046 너코 054 너코 055 너코 056

2022학년도 9월 평가원 14번

최고차항의 계수가 1이고 $f'(0)=f'(2)=0$인 삼차함수 $f(x)$와 양수 p에 대하여 함수 $g(x)$를

$$g(x)=\begin{cases} f(x)-f(0) & (x \leq 0) \\ f(x+p)-f(p) & (x>0) \end{cases}$$

이라 하자. 〈보기〉에서 옳은 것만을 있는 대로 고른 것은? [4점]

〈보 기〉

ㄱ. $p=1$일 때, $g'(1)=0$이다.
ㄴ. $g(x)$가 실수 전체의 집합에서 미분가능하도록 하는 양수 p의 개수는 1이다.
ㄷ. $p \geq 2$일 때, $\int_{-1}^{1} g(x)dx \geq 0$이다.

① ㄱ　② ㄱ, ㄴ　③ ㄱ, ㄷ　④ ㄴ, ㄷ　⑤ ㄱ, ㄴ, ㄷ

유형 05 절댓값 기호를 포함한 정적분의 계산

유형소개

정적분 $\int_a^b |f(x)|dx$ 꼴을 계산하는 유형이다. 함수의 그래프와 연관 지어 $f(x)$의 부호만 잘 따져주면 크게 어렵지 않게 풀 수 있다.

유형접근법

$\int_a^b |f(x)|dx$의 값은 정적분의 성질을 이용하여
$f(x) \geq 0$, 즉 $|f(x)| = f(x)$인 구간과
$f(x) < 0$, 즉 $|f(x)| = -f(x)$인 구간으로 나누어
계산한다.

F05-01

너코 055 너코 056
교육청 학평(2007년 10월 시행 고3 가형 18번)

$\int_0^6 |2x-4|dx$의 값을 구하시오. [3점]

F05-02

너코 055 너코 056
2019학년도 수능 나형 25번

$\int_1^4 (x+|x-3|)dx$의 값을 구하시오. [3점]

F05-03

너코 050 너코 055 너코 056
2008학년도 9월 평가원 가형 5번

$\int_0^2 |x^2(x-1)|dx$의 값은? [3점]

① $\frac{3}{2}$ ② 2 ③ $\frac{5}{2}$
④ 3 ⑤ $\frac{7}{2}$

F 적분

F05-04

너코 055 너코 056

교육청 학평(2011년 4월 시행 고3 가형 30번)

x에 대한 방정식 $\int_{0}^{x}|t-1|dt=x$의 양수인 실근이 $m+n\sqrt{2}$일 때, m^3+n^3의 값을 구하시오.

(단, m과 n은 유리수이다.) [4점]

F05-05

너코 055 너코 056

2016학년도 수능 A형 29번

이차함수 $f(x)$가 $f(0)=0$이고 다음 조건을 만족시킨다.

(가) $\int_{0}^{2}|f(x)|dx=-\int_{0}^{2}f(x)dx=4$

(나) $\int_{2}^{3}|f(x)|dx=\int_{2}^{3}f(x)dx$

$f(5)$의 값을 구하시오. [4점]

유형 06 적분과 미분의 관계

■ 유형소개

정적분으로 정의된 함수식을 미분하여 함숫값을 구하거나 함수식을 찾아 활용하는 유형이다.

■ 유형접근법

$\int_a^x f(t)\,dt = g(x)$라 주어진 경우

$g(a)=0$, $f(x)=g'(x)$임을 이용하여 접근한다.

F06-01

너코 057

2018학년도 9월 평가원 나형 8번

함수 $f(x)=\int_1^x (t-2)(t-3)dt$에 대하여 $f'(4)$의 값은? [3점]

① 1 ② 2 ③ 3
④ 4 ⑤ 5

F06-02

너코 044 너코 055 너코 057

2019학년도 수능 나형 14번

다항함수 $f(x)$가 모든 실수 x에 대하여

$$\int_1^x \left\{\frac{d}{dt}f(t)\right\}dt = x^3+ax^2-2$$

를 만족시킬 때, $f'(a)$의 값은? (단, a는 상수이다.) [4점]

① 1 ② 2 ③ 3
④ 4 ⑤ 5

F06-03

너코 057

2025학년도 수능 7번

다항함수 $f(x)$가 모든 실수 x에 대하여

$$\int_0^x f(t)dt = 3x^3+2x$$

를 만족시킬 때, $f(1)$의 값은? [3점]

① 7 ② 9 ③ 11
④ 13 ⑤ 15

F06-04

너코 055 너코 056 너코 057
2020학년도 수능 나형 28번

다항함수 $f(x)$가 다음 조건을 만족시킨다.

(가) 모든 실수 x에 대하여
$$\int_{1}^{x} f(t)dt = \frac{x-1}{2}\{f(x)+f(1)\}$$ 이다.

(나) $\int_{0}^{2} f(x)dx = 5\int_{-1}^{1} xf(x)dx$

$f(0)=1$일 때, $f(4)$의 값을 구하시오. [4점]

F06-05

너코 049 너코 051 너코 057
2021학년도 9월 평가원 나형 28번

함수 $f(x)=-x^2-4x+a$에 대하여 함수

$$g(x)=\int_{0}^{x} f(t)dt$$

가 닫힌구간 $[0,\ 1]$에서 증가하도록 하는 실수 a의 최솟값을 구하시오. [4점]

F06-06

너코 045 너코 054 너코 055 너코 057
2022학년도 9월 평가원 11번

다항함수 $f(x)$가 모든 실수 x에 대하여

$$xf(x)=2x^3+ax^2+3a+\int_1^x f(t)dt$$

를 만족시킨다. $f(1)=\int_0^1 f(t)dt$일 때, $a+f(3)$의 값은? (단, a는 상수이다.) [4점]

① 5 ② 6 ③ 7
④ 8 ⑤ 9

F06-07

너코 045 너코 054 너코 055 너코 057
2024학년도 9월 평가원 22번

두 다항함수 $f(x)$, $g(x)$에 대하여 $f(x)$의 한 부정적분을 $F(x)$라 하고 $g(x)$의 한 부정적분을 $G(x)$라 할 때, 이 함수들은 모든 실수 x에 대하여 다음 조건을 만족시킨다.

(가) $\int_1^x f(t)dt=xf(x)-2x^2-1$

(나) $f(x)G(x)+F(x)g(x)=8x^3+3x^2+1$

$\int_1^3 g(x)dx$의 값을 구하시오. [4점]

F
적분

F06-08

너코 055 너코 057
2025학년도 9월 평가원 15번

두 다항함수 $f(x)$, $g(x)$는 모든 실수 x에 대하여 다음 조건을 만족시킨다.

(가) $\int_{1}^{x} tf(t)dt + \int_{-1}^{x} tg(t)dt = 3x^4 + 8x^3 - 3x^2$
(나) $f(x) = xg'(x)$

$\int_{0}^{3} g(x)dx$의 값은? [4점]

① 72 ② 76 ③ 80
④ 84 ⑤ 88

F06-09

너코 041 너코 048 너코 054 너코 055 너코 057
2013학년도 수능 가형 19번

삼차함수 $f(x)$는 $f(0) > 0$을 만족시킨다. 함수 $g(x)$를

$$g(x) = \left| \int_{0}^{x} f(t)dt \right|$$

라 할 때, 함수 $y = g(x)$의 그래프가 그림과 같다.

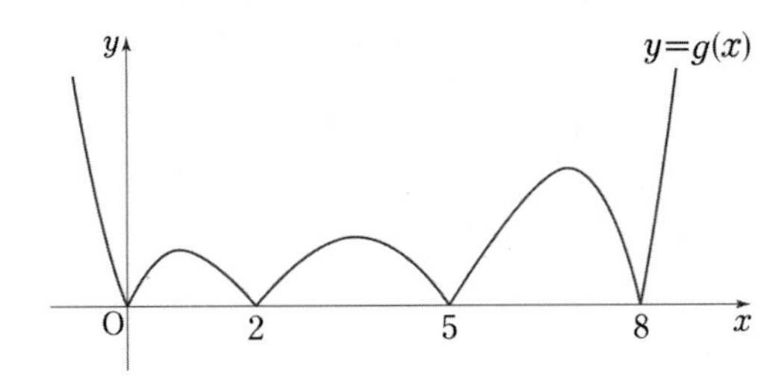

〈보기〉에서 옳은 것만을 있는 대로 고른 것은? [4점]

〈보 기〉

ㄱ. 방정식 $f(x) = 0$은 서로 다른 3개의 실근을 갖는다.
ㄴ. $f'(0) < 0$
ㄷ. $\int_{m}^{m+2} f(x)dx > 0$을 만족시키는 자연수 m의 개수는 3이다.

① ㄴ ② ㄷ ③ ㄱ, ㄴ
④ ㄱ, ㄷ ⑤ ㄱ, ㄴ, ㄷ

F06-10

너코 049 너코 055 너코 056 너코 057

2017학년도 수능 나형 20번

최고차항의 계수가 양수인 삼차함수 $f(x)$가 다음 조건을 만족시킨다.

(가) 함수 $f(x)$는 $x=0$에서 극댓값, $x=k$에서 극솟값을 가진다. (단, k는 상수이다.)
(나) 1보다 큰 모든 실수 t에 대하여
$\int_0^t |f'(x)|dx = f(t)+f(0)$이다.

〈보기〉에서 옳은 것만을 있는 대로 고른 것은? [4점]

〈보 기〉

ㄱ. $\int_0^k f'(x)dx < 0$
ㄴ. $0 < k \leq 1$
ㄷ. 함수 $f(x)$의 극솟값은 0이다.

① ㄱ ② ㄷ ③ ㄱ, ㄴ
④ ㄴ, ㄷ ⑤ ㄱ, ㄴ, ㄷ

F06-11

너코 044 너코 045 너코 049 너코 055 너코 057

2021학년도 수능 나형 20번

실수 $a(a>1)$에 대하여 함수 $f(x)$를

$$f(x)=(x+1)(x-1)(x-a)$$

라 하자. 함수

$$g(x)=x^2\int_0^x f(t)dt-\int_0^x t^2 f(t)dt$$

가 오직 하나의 극값을 갖도록 하는 a의 최댓값은? [4점]

① $\frac{9\sqrt{2}}{8}$ ② $\frac{3\sqrt{6}}{4}$ ③ $\frac{3\sqrt{2}}{2}$
④ $\sqrt{6}$ ⑤ $2\sqrt{2}$

F06-12

너코 044 너코 045 너코 049 너코 057
2022학년도 6월 평가원 20번

실수 a와 함수 $f(x)=x^3-12x^2+45x+3$에 대하여 함수

$$g(x)=\int_a^x \{f(x)-f(t)\}\times\{f(t)\}^4\,dt$$

가 오직 하나의 극값을 갖도록 하는 모든 a의 값의 합을 구하시오. [4점]

F06-13

너코 032 너코 037 너코 057
2023학년도 6월 평가원 14번

실수 전체의 집합에서 연속인 함수 $f(x)$와 최고차항의 계수가 1인 삼차함수 $g(x)$가

$$g(x)=\begin{cases} -\int_0^x f(t)dt & (x<0) \\ \int_0^x f(t)dt & (x\geq 0) \end{cases}$$

을 만족시킬 때, 〈보기〉에서 옳은 것만을 있는 대로 고른 것은? [4점]

〈보 기〉

ㄱ. $f(0)=0$
ㄴ. 함수 $f(x)$는 극댓값을 갖는다.
ㄷ. $2<f(1)<4$일 때, 방정식 $f(x)=x$의 서로 다른 실근의 개수는 3이다.

① ㄱ　② ㄷ　③ ㄱ, ㄴ　④ ㄱ, ㄷ　⑤ ㄱ, ㄴ, ㄷ

F06-14

너코 054 너코 057
2024학년도 6월 평가원 20번

최고차항의 계수가 1인 이차함수 $f(x)$에 대하여 함수

$$g(x)=\int_0^x f(t)\,dt$$

가 다음 조건을 만족시킬 때, $f(9)$의 값을 구하시오. [4점]

> $x \geq 1$인 모든 실수 x에 대하여
> $g(x) \geq g(4)$이고 $|g(x)| \geq |g(3)|$이다.

F06-15

너코 041 너코 042
2025학년도 6월 평가원 15번

최고차항의 계수가 1인 삼차함수 $f(x)$와 상수 $k\ (k \geq 0)$에 대하여 함수

$$g(x)=\begin{cases} 2x-k & (x \leq k) \\ f(x) & (x > k) \end{cases}$$

가 다음 조건을 만족시킨다.

> (가) 함수 $g(x)$는 실수 전체의 집합에서 증가하고 미분가능하다.
> (나) 모든 실수 x에 대하여
> $$\int_0^x g(t)\{|t(t-1)|+t(t-1)\}dt \geq 0$$이고
> $$\int_3^x g(t)\{|(t-1)(t+2)|-(t-1)(t+2)\}dt \geq 0$$
> 이다.

$g(k+1)$의 최솟값은? [4점]

① $4-\sqrt{6}$ ② $5-\sqrt{6}$ ③ $6-\sqrt{6}$
④ $7-\sqrt{6}$ ⑤ $8-\sqrt{6}$

3 정적분의 활용

유형 07 정적분과 넓이

유형소개

곡선과 x축 사이의 넓이, 두 곡선 사이의 넓이 등을 구할 때 정적분을 이용하는 문제를 분류하였다. 다양한 난이도로 자주 출제되는 유형이며 제시된 정적분을 넓이로 해석하는 유형 08, 유형 09 에 수록된 문제의 바탕이 되므로 꼼꼼히 공부하고 넘어갈 수 있도록 하자.

유형접근법

✓ 두 그래프 $y=f(x)$와 $y=g(x)$로 둘러싸인 부분의 넓이를 S라 할 때, S의 값을 구하는 과정은 다음과 같다.
[1단계] 방정식 $f(x)=g(x)$를 푼다.
[2단계] [1단계]에서 구한 두 실근이 α, β일 때 (단, $\alpha<\beta$)

$$S=\int_{\alpha}^{\beta}|f(x)-g(x)|dx \text{이다.}$$

✓ 이차함수의 넓이 공식
최고차항의 계수가 a인 이차함수의 그래프와 직선으로 둘러싸인 도형의 넓이를 S라 할 때,
두 교점의 x 좌표가 α, β이면 (단, $\alpha<\beta$)
$S=\dfrac{|a|}{6}(\beta-\alpha)^3$ 이다.

F07-01

너코 058
2020학년도 9월 평가원 나형 15번

함수 $f(x)=x^2-2x$에 대하여 두 곡선 $y=f(x)$, $y=-f(x-1)-1$로 둘러싸인 부분의 넓이는? [4점]

① $\dfrac{1}{6}$　② $\dfrac{1}{4}$　③ $\dfrac{1}{3}$　④ $\dfrac{5}{12}$　⑤ $\dfrac{1}{2}$

F07-02

너코 058
2021학년도 6월 평가원 나형 13번

곡선 $y=x^3-2x^2$과 x축으로 둘러싸인 부분의 넓이는? [3점]

① $\dfrac{7}{6}$　② $\dfrac{4}{3}$　③ $\dfrac{3}{2}$　④ $\dfrac{5}{3}$　⑤ $\dfrac{11}{6}$

F07-03

너코 058
2021학년도 수능 나형 27번

곡선 $y=x^2-7x+10$과 직선 $y=-x+10$으로 둘러싸인 부분의 넓이를 구하시오. [4점]

F07-04

너코 058
2022학년도 6월 평가원 6번

곡선 $y=3x^2-x$와 직선 $y=5x$로 둘러싸인 부분의 넓이는? [3점]

① 1　　② 2　　③ 3
④ 4　　⑤ 5

F07-05

너코 058
2022학년도 수능 8번

곡선 $y=x^2-5x$와 직선 $y=x$로 둘러싸인 부분의 넓이를 직선 $x=k$가 이등분할 때, 상수 k의 값은? [3점]

① 3　　② $\frac{13}{4}$　　③ $\frac{7}{2}$
④ $\frac{15}{4}$　　⑤ 4

F07-06

너코 058
2024학년도 9월 평가원 19번

두 곡선 $y=3x^3-7x^2$과 $y=-x^2$으로 둘러싸인 부분의 넓이를 구하시오. [3점]

F
적분

F07-07

너코 056 너코 058
교육청 학평(2009년 10월 시행 고3 가형 7번)

그림과 같이 함수 $f(x) = ax^2 + b\ (x \geq 0)$의 그래프와 그 역함수 $g(x)$의 그래프가 만나는 두 점의 x좌표는 1과 2이다. $0 \leq x \leq 1$에서 두 곡선 $y = f(x)$, $y = g(x)$ 및 x축, y축으로 둘러싸인 부분의 넓이를 A라 하고, $1 \leq x \leq 2$에서 두 곡선 $y = f(x)$, $y = g(x)$로 둘러싸인 부분의 넓이를 B라 하자.

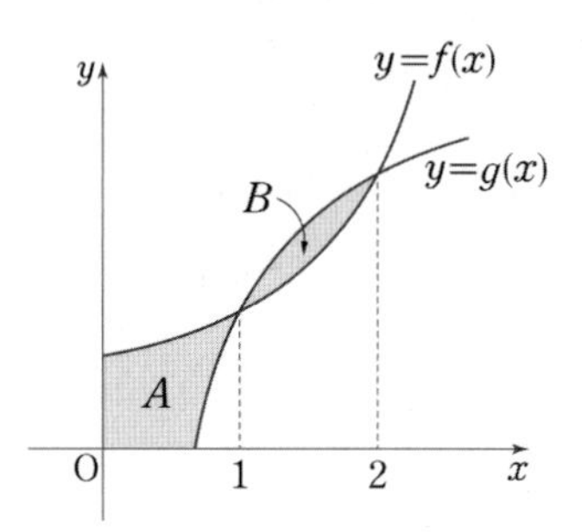

이때 $A - B$의 값은? (단, a와 b는 상수이다.) [3점]

① $\frac{1}{9}$ ② $\frac{2}{9}$ ③ $\frac{1}{3}$
④ $\frac{4}{9}$ ⑤ $\frac{5}{9}$

F07-08

너코 058
교육청 학평(2011년 10월 시행 고3 가형 29번)

그림과 같이 삼차함수 $f(x) = -(x+1)^3 + 8$의 그래프가 x축과 만나는 점을 A라 하고, 점 A를 지나고 x축에 수직인 직선을 l이라 하자. 또, 곡선 $y = f(x)$와 y축 및 직선 $y = k\ (0 < k < 7)$로 둘러싸인 부분의 넓이를 S_1이라 하고, 곡선 $y = f(x)$와 직선 l 및 직선 $y = k$로 둘러싸인 부분의 넓이를 S_2라 하자. 이때 $S_1 = S_2$가 되도록 하는 상수 k에 대하여 $4k$의 값을 구하시오. [4점]

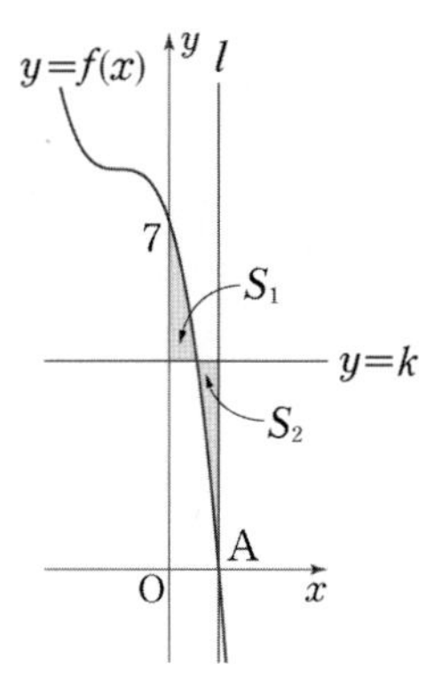

F07-09

너코 025 너코 058
교육청 학평(2012년 10월 시행 고3 나형 19번)

함수 $f(x)=-x^2+x+2$에 대하여 그림과 같이 곡선 $y=f(x)$와 x축으로 둘러싸인 부분을 y축과 직선 $x=k(0<k<2)$로 나눈 세 부분의 넓이를 각각 S_1, S_2, S_3이라 하자. S_1, S_2, S_3이 이 순서대로 등차수열을 이룰 때, S_2의 값은? [4점]

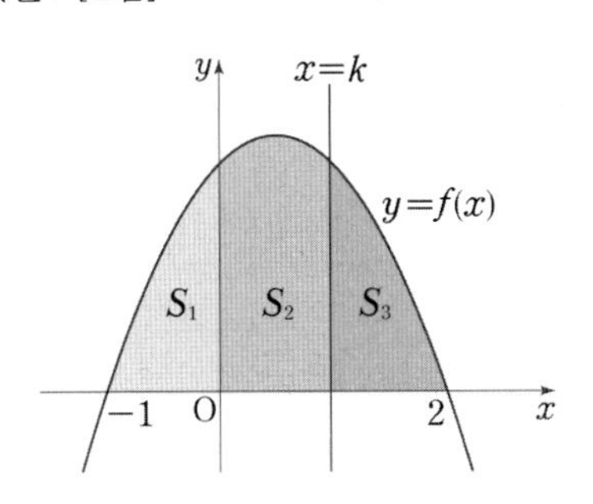

① 1　② $\frac{5}{4}$　③ $\frac{4}{3}$　④ $\frac{3}{2}$　⑤ 2

F07-10

너코 050 너코 058
2014학년도 5월 예비 시행 A형 26번

함수 $y=4x^3-12x^2+8x$의 그래프와 x축으로 둘러싸인 부분의 넓이를 구하시오. [4점]

F
적분

F07-11

너코 050 너코 054 너코 056 너코 058 너코 059
교육청 학평(2013년 7월 시행 고3 A형 17번)

삼차함수 $f(x)$가 다음 두 조건을 만족시킨다.

(가) $f'(x) = 3x^2 - 4x - 4$
(나) 함수 $y = f(x)$의 그래프는 점 $(2, 0)$을 지난다.

이때 함수 $y = f(x)$의 그래프와 x축으로 둘러싸인 도형의 넓이는? [4점]

① $\frac{56}{3}$ ② $\frac{58}{3}$ ③ 20
④ $\frac{62}{3}$ ⑤ $\frac{64}{3}$

F07-12

너코 050 너코 053 너코 054 너코 058
2016학년도 9월 평가원 A형 14번

함수 $f(x)$의 도함수 $f'(x)$는 $f'(x) = x^2 - 1$이다. $f(0) = 0$일 때, 곡선 $y = f(x)$와 x축으로 둘러싸인 부분의 넓이는? [4점]

① $\frac{9}{8}$ ② $\frac{5}{4}$ ③ $\frac{11}{8}$
④ $\frac{3}{2}$ ⑤ $\frac{13}{8}$

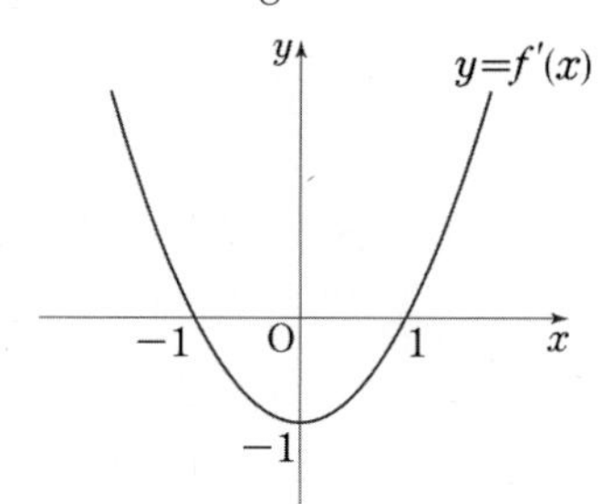

F07-13

너코 058
2020학년도 수능 나형 26번

두 함수

$$f(x)=\frac{1}{3}x(4-x),\ g(x)=|x-1|-1$$

의 그래프로 둘러싸인 부분의 넓이를 S라 할 때, $4S$의 값을 구하시오. [4점]

F07-14

너코 058
2023학년도 수능 10번

두 곡선 $y=x^3+x^2$, $y=-x^2+k$와 y축으로 둘러싸인 부분의 넓이를 A, 두 곡선 $y=x^3+x^2$, $y=-x^2+k$와 직선 $x=2$로 둘러싸인 부분의 넓이를 B라 하자. $A=B$일 때, 상수 k의 값은? (단, $4<k<5$) [4점]

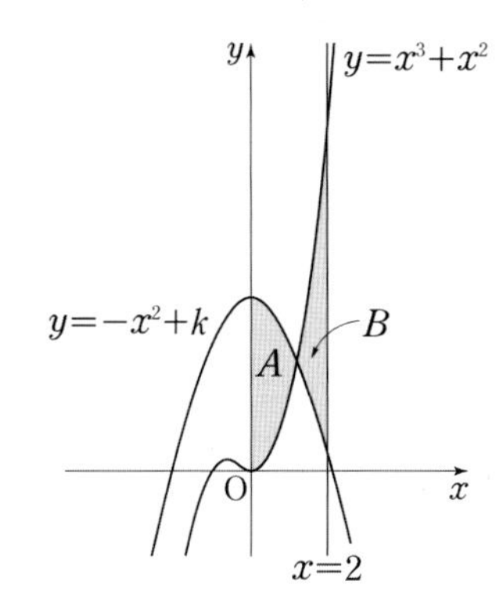

① $\frac{25}{6}$ ② $\frac{13}{3}$ ③ $\frac{9}{2}$ ④ $\frac{14}{3}$ ⑤ $\frac{29}{6}$

F 적분

F07-15

너코 056 너코 058
2024학년도 6월 평가원 10번

양수 k에 대하여 함수 $f(x)$는

$$f(x)=kx(x-2)(x-3)$$

이다. 곡선 $y=f(x)$와 x축이 원점 O와 두 점 P, Q ($\overline{\mathrm{OP}}<\overline{\mathrm{OQ}}$)에서 만난다. 곡선 $y=f(x)$와 선분 OP로 둘러싸인 영역을 A, 곡선 $y=f(x)$와 선분 PQ로 둘러싸인 영역을 B라 하자.

$$(A\text{의 넓이})-(B\text{의 넓이})=3$$

일 때, k의 값은? [4점]

① $\frac{7}{6}$ ② $\frac{4}{3}$ ③ $\frac{3}{2}$ ④ $\frac{5}{3}$ ⑤ $\frac{11}{6}$

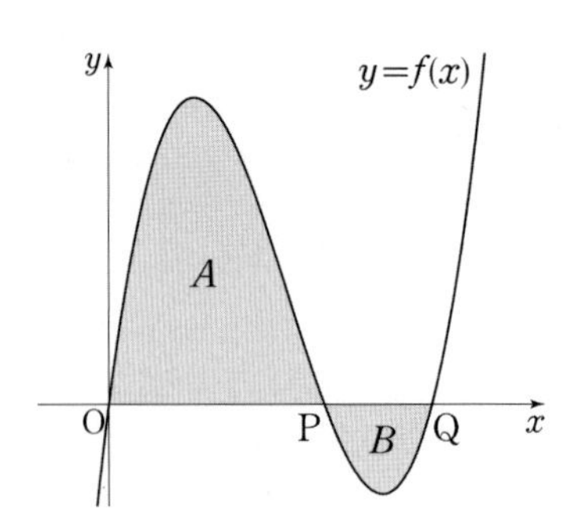

F07-16

너코 058
2025학년도 6월 평가원 13번

곡선 $y=\frac{1}{4}x^3+\frac{1}{2}x$와 직선 $y=mx+2$ 및 y축으로 둘러싸인 부분의 넓이를 A, 곡선 $y=\frac{1}{4}x^3+\frac{1}{2}x$와 두 직선 $y=mx+2$, $x=2$로 둘러싸인 부분의 넓이를 B라 하자. $B-A=\frac{2}{3}$일 때, 상수 m의 값은?

(단, $m<-1$) [4점]

① $-\frac{3}{2}$ ② $-\frac{17}{12}$ ③ $-\frac{4}{3}$ ④ $-\frac{5}{4}$ ⑤ $-\frac{7}{6}$

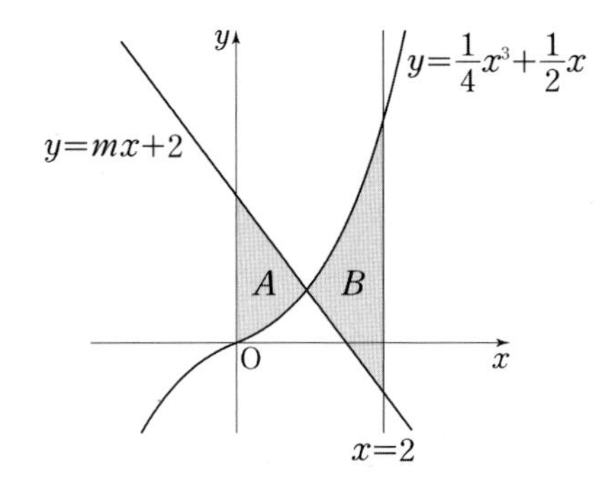

F07-17

너코 058
2025학년도 9월 평가원 13번

함수

$$f(x)=\begin{cases}-x^2-2x+6 & (x<0)\\ -x^2+2x+6 & (x\geq 0)\end{cases}$$

의 그래프가 x축과 만나는 서로 다른 두 점을 P, Q라 하고, 상수 k $(k>4)$에 대하여 직선 $x=k$가 x축과 만나는 점을 R이라 하자. 곡선 $y=f(x)$와 선분 PQ로 둘러싸인 부분의 넓이를 A, 곡선 $y=f(x)$와 직선 $x=k$ 및 선분 QR로 둘러싸인 부분의 넓이를 B라 하자. $A=2B$일 때, k의 값은? (단, 점 P의 x좌표는 음수이다.) [4점]

① $\frac{9}{2}$ ② 5 ③ $\frac{11}{2}$
④ 6 ⑤ $\frac{13}{2}$

F07-18

너코 058
2025학년도 수능 13번

최고차항의 계수가 1인 삼차함수 $f(x)$가

$$f(1)=f(2)=0,\ f'(0)=-7$$

을 만족시킨다. 원점 O와 점 P$(3, f(3))$에 대하여 선분 OP가 곡선 $y=f(x)$와 만나는 점 중 P가 아닌 점을 Q라 하자. 곡선 $y=f(x)$와 y축 및 선분 OQ로 둘러싸인 부분의 넓이를 A, 곡선 $y=f(x)$와 선분 PQ로 둘러싸인 부분의 넓이를 B라 할 때, $B-A$의 값은? [4점]

① $\frac{37}{4}$ ② $\frac{39}{4}$ ③ $\frac{41}{4}$
④ $\frac{43}{4}$ ⑤ $\frac{45}{4}$

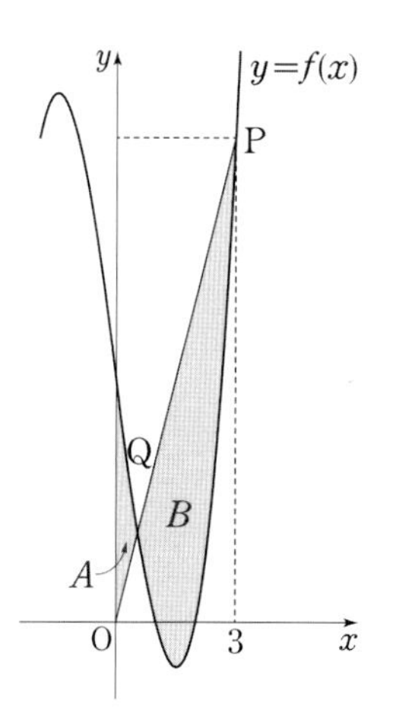

F07-19

너코 044 너코 059
2013학년도 9월 평가원 나형 29번

그림과 같이 곡선 $y=x^2$과 양수 t에 대하여 세 점 $\mathrm{O}(0,\ 0)$, $\mathrm{A}(t,\ 0)$, $\mathrm{B}(t,\ t^2)$을 지나는 원 C가 있다. 원 C의 내부와 곡선 $y=x^2$ 아래의 공통부분의 넓이를 $S(t)$라 할 때, $S'(1)=\dfrac{p\pi+q}{4}$이다. p^2+q^2의 값을 구하시오. (단, p, q는 정수이다.) [4점]

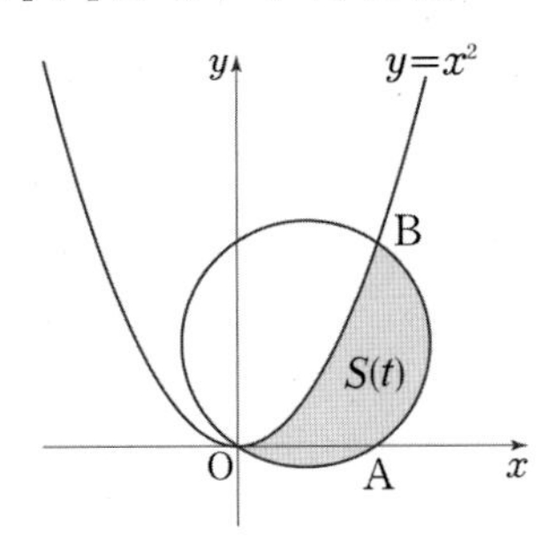

F07-20

너코 055 너코 056 너코 059
2013학년도 수능 나형 28번

최고차항의 계수가 1인 이차함수 $f(x)$가 $f(3)=0$이고,

$$\int_0^{2013} f(x)dx=\int_3^{2013} f(x)dx$$

를 만족시킨다. 곡선 $y=f(x)$와 x축으로 둘러싸인 부분의 넓이가 S일 때, $30S$의 값을 구하시오. [4점]

F07-21

너코 058

교육청 학평(2013년 10월 시행 고3 A형 21번)

그림과 같이 좌표평면 위의 두 점 $\mathrm{A}(2,\ 0)$, $\mathrm{B}(0,\ 3)$을 지나는 직선과 곡선 $y=ax^2\ (a>0)$ 및 y축으로 둘러싸인 부분 중에서 제1사분면에 있는 부분의 넓이를 S_1이라 하자. 또한, 직선 AB와 곡선 $y=ax^2$ 및 x축으로 둘러싸인 부분의 넓이를 S_2라 하자.
$S_1 : S_2 = 13 : 3$일 때, 상수 a의 값은? [4점]

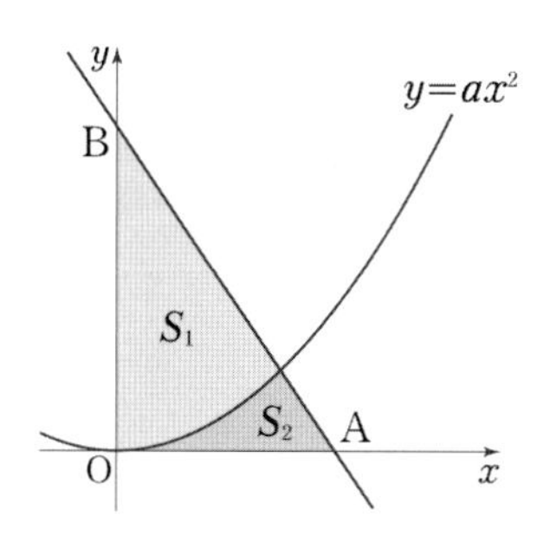

① $\dfrac{2}{9}$ ② $\dfrac{1}{3}$ ③ $\dfrac{4}{9}$
④ $\dfrac{5}{9}$ ⑤ $\dfrac{2}{3}$

F07-22

너코 055 너코 056 너코 058 너코 059

2019학년도 수능 나형 17번

실수 전체의 집합에서 증가하는 연속함수 $f(x)$가 다음 조건을 만족시킨다.

> (가) 모든 실수 x에 대하여
> $f(x)=f(x-3)+4$이다.
> (나) $\displaystyle\int_0^6 f(x)dx=0$

함수 $y=f(x)$의 그래프와 x축 및 두 직선 $x=6$, $x=9$로 둘러싸인 부분의 넓이는? [4점]

① 9 ② 12 ③ 15
④ 18 ⑤ 21

Hidden Point

F07-22 조건 (가)에 의해 두 상수 a, b에 대하여

$$\int_a^b f(x)dx=\int_a^b\{f(x-3)+4\}dx$$
$$=\int_a^b f(x-3)dx+\int_a^b 4dx$$
$$=\int_{a-3}^{b-3} f(x)dx+4(b-a)$$

가 성립함을 이용하자.

F 적분

F07-23

너코 041 너코 044 너코 049 너코 058

2023학년도 9월 평가원 20번

상수 $k\,(k<0)$에 대하여 두 함수

$$f(x)=x^3+x^2-x,\ g(x)=4|x|+k$$

의 그래프가 만나는 점의 개수가 2일 때, 두 함수의 그래프로 둘러싸인 부분의 넓이를 S라 하자. $30\times S$의 값을 구하시오. [4점]

F07-24

너코 044 너코 055 너코 056 너코 058

2024학년도 수능 12번

함수 $f(x)=\frac{1}{9}x(x-6)(x-9)$와 실수 $t\ (0<t<6)$에 대하여 함수 $g(x)$는

$$g(x)=\begin{cases} f(x) & (x<t) \\ -(x-t)+f(t) & (x\geq t) \end{cases}$$

이다. 함수 $y=g(x)$의 그래프와 x축으로 둘러싸인 영역의 넓이의 최댓값은? [4점]

① $\frac{125}{4}$ ② $\frac{127}{4}$ ③ $\frac{129}{4}$ ④ $\frac{131}{4}$ ⑤ $\frac{133}{4}$

유형 08 넓이로 해석(1) - 정적분 계산

유형소개

문제에 제시된 정적분을 곡선과 x축 사이의 넓이, 두 곡선 사이의 넓이 등으로 해석하여 계산을 간단히 하거나 주어진 조건을 해석하는 유형이다.

유형접근법

구간 $[a, b]$에서 연속인 두 함수 $f(x)$, $g(x)$에 대하여

$\int_a^b \{f(x)-g(x)\}dx$의 값은

❶ $f(x) \geq g(x)$일 때
두 함수 $y=f(x)$, $y=g(x)$의 그래프와
두 직선 $x=a$, $x=b$로 둘러싸인 부분의 넓이와 같다.

❷ $f(x) < g(x)$일 때
두 함수 $y=f(x)$, $y=g(x)$의 그래프와
두 직선 $x=a$, $x=b$로 둘러싸인 부분의 넓이에
$-$를 붙인 값과 같다.

F08-01

너코 049 너코 058
2005학년도 수능 가형 8번

다음은 연속함수 $y=f(x)$의 그래프와 이 그래프 위의 서로 다른 두 점 $\mathrm{P}(a, f(a))$, $\mathrm{Q}(b, f(b))$를 나타낸 것이다.

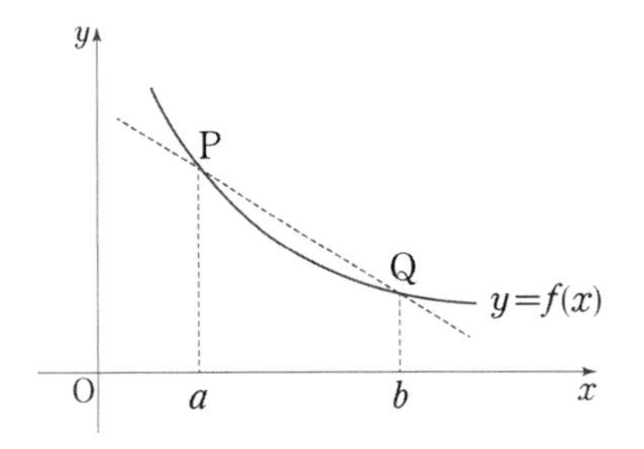

함수 $F(x)$가 $F'(x)=f(x)$를 만족시킬 때, <보기>에서 옳은 것만을 있는 대로 고른 것은? [4점]

<보 기>

ㄱ. 함수 $F(x)$는 구간 $[a, b]$에서 증가한다.

ㄴ. $\dfrac{F(b)-F(a)}{b-a}$는 직선 PQ의 기울기와 같다.

ㄷ. $\displaystyle\int_a^b \{f(x)-f(b)\}dx \leq \dfrac{(b-a)\{f(a)-f(b)\}}{2}$

① ㄱ ② ㄴ ③ ㄱ, ㄷ
④ ㄴ, ㄷ ⑤ ㄱ, ㄴ, ㄷ

F 적분

F08-02

너코 058

교육청 학평(2011년 10월 시행 고3 나형 7번)

이차함수 $f(x)=(x-\alpha)(x-\beta)$에서 두 상수 α, β가 다음 조건을 만족시킨다.

(가) $\alpha<0<\beta$
(나) $\alpha+\beta>0$

이때 세 정적분

$$A=\int_{\alpha}^{0}f(x)dx,$$

$$B=\int_{0}^{\beta}f(x)dx,$$

$$C=\int_{\alpha}^{\beta}f(x)dx$$

의 값의 대소 관계를 바르게 나타낸 것은? [3점]

① $A<B<C$　② $A<C<B$
③ $B<A<C$　④ $C<A<B$
⑤ $C<B<A$

F08-03

너코 049 너코 056 너코 058

교육청 학평(2018년 7월 시행 고3 나형 21번)

함수

$$f(x)=(x-1)|x-a|$$

의 극댓값이 1일 때, $\int_{0}^{4}f(x)dx$의 값은?

(단, a는 상수이다.) [4점]

① $\frac{4}{3}$　② $\frac{3}{2}$　③ $\frac{5}{3}$
④ $\frac{11}{6}$　⑤ 2

F08-04

너코 044 너코 049 너코 058
2022학년도 수능 예시문항 12번

$0 < a < b$인 모든 실수 a, b에 대하여

$$\int_a^b (x^3 - 3x + k)dx > 0$$

이 성립하도록 하는 실수 k의 최솟값은? [4점]

① 1 ② 2 ③ 3
④ 4 ⑤ 5

F08-05

너코 058
2009학년도 9월 평가원 가형 11번

다항함수 $f(x)$가 다음 두 조건을 만족시킨다.

> (가) $f(0) = 0$
> (나) $0 < x < y < 1$ 인 모든 x, y에 대하여
> $0 < xf(y) < yf(x)$

세 수 $A = f'(0)$, $B = f(1)$, $C = 2\int_0^1 f(x)dx$의 대소 관계를 옳게 나타낸 것은? [4점]

① $A < B < C$ ② $A < C < B$
③ $B < A < C$ ④ $B < C < A$
⑤ $C < A < B$

Hidden Point

F08-05 조건 (나)에서 $0 < x < y < 1$인 모든 x, y에 대하여 $0 < \frac{f(y)}{y} < \frac{f(x)}{x}$이므로 함수 $y = f(t)$의 그래프는 다음과 같다.

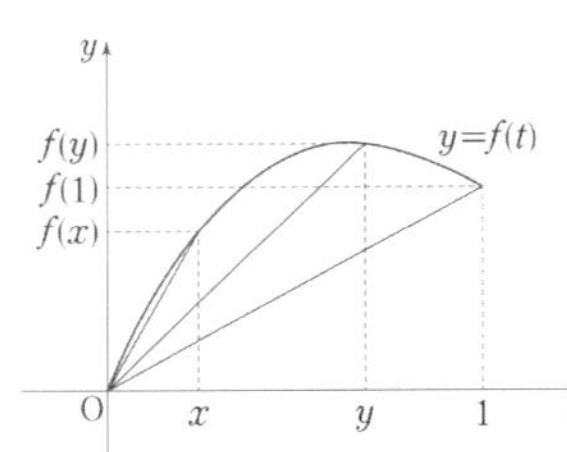

이 그래프에서 세 수 A, B, C가 어떤 도형의 넓이와 연관되는지를 찾아보자.

F08-06

너코 044 너코 049 너코 055 너코 058
2018학년도 9월 평가원 나형 30번

두 함수 $f(x)$와 $g(x)$가

$$f(x)=\begin{cases}0 & (x \le 0)\\ x & (x>0)\end{cases},$$

$$g(x)=\begin{cases}x(2-x) & (|x-1|\le 1)\\ 0 & (|x-1|>1)\end{cases}$$

이다. 양의 실수 k, a, b $(a<b<2)$에 대하여, 함수 $h(x)$를

$$h(x)=k\{f(x)-f(x-a)-f(x-b)+f(x-2)\}$$

라 정의하자. 모든 실수 x에 대하여 $0\le h(x)\le g(x)$일 때, $\int_0^2 \{g(x)-h(x)\}dx$의 값이 최소가 되게 하는 k, a, b에 대하여 $60(k+a+b)$의 값을 구하시오. [4점]

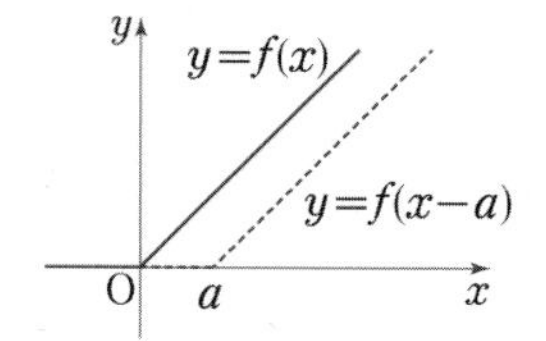

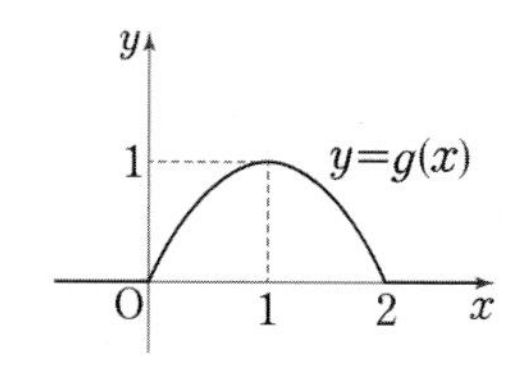

F08-07

너코 037 너코 056 너코 058
2019학년도 9월 평가원 나형 21번

사차함수 $f(x)=x^4+ax^2+b$에 대하여 $x\ge 0$에서 정의된 함수

$$g(x)=\int_{-x}^{2x}\{f(t)-|f(t)|\}dt$$

가 다음 조건을 만족시킨다.

> (가) $0<x<1$에서 $g(x)=c_1$ (c_1은 상수)
> (나) $1<x<5$에서 $g(x)$는 감소한다.
> (다) $x>5$에서 $g(x)=c_2$ (c_2는 상수)

$f(\sqrt{2})$의 값은? (단, a, b는 상수이다.) [4점]

① 40 ② 42 ③ 44
④ 46 ⑤ 48

Hidden Point

F08-06 두 함수 $y=g(x)$, $y=h(x)$를 좌표평면에 함께 나타내면 다음과 같다.

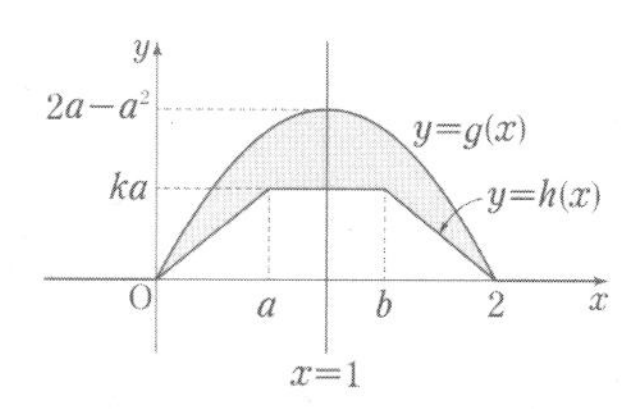

색칠된 도형의 넓이인 $\int_0^2 \{g(x)-h(x)\}dx$가 최소가 되려면 어떤 조건을 만족시켜야 하는지 생각해보자.

F08-08

너코 044 너코 045 너코 049 너코 058

2023학년도 6월 평가원 20번

최고차항의 계수가 2인 이차함수 $f(x)$에 대하여 함수 $g(x)=\int_{x}^{x+1}|f(t)|dt$는 $x=1$과 $x=4$에서 극소이다. $f(0)$의 값을 구하시오. [4점]

F08-09

너코 055 너코 056 너코 058

2023학년도 9월 평가원 14번

최고차항의 계수가 1이고 $f(0)=0$, $f(1)=0$인 삼차함수 $f(x)$에 대하여 함수 $g(t)$를

$$g(t)=\int_{t}^{t+1}f(x)dx-\int_{0}^{1}|f(x)|dx$$

라 할 때, 〈보기〉에서 옳은 것만을 있는 대로 고른 것은? [4점]

〈보 기〉

ㄱ. $g(0)=0$이면 $g(-1)<0$이다.

ㄴ. $g(-1)>0$이면 $f(k)=0$을 만족시키는 $k<-1$인 실수 k가 존재한다.

ㄷ. $g(-1)>1$이면 $g(0)<-1$이다.

① ㄱ ② ㄱ, ㄴ ③ ㄱ, ㄷ
④ ㄴ, ㄷ ⑤ ㄱ, ㄴ, ㄷ

유형 09 넓이로 해석(2) - 평행이동·대칭 이용

유형소개

함수의 평행이동이나 주기성, 대칭성과 같은 성질을 이용하여 정적분을 계산하는 유형이다.

유형접근법

✓ 대칭성

❶ 함수 $y=f(x)$의 그래프가 y축에 대하여 대칭이면 모든 실수 t에 대하여 다음이 성립한다.

$$\int_{-t}^{0} f(x)dx=\int_{0}^{t} f(x)dx$$

❷ 함수 $y=f(x)$의 그래프가 원점에 대하여 대칭이면 모든 실수 t에 대하여 다음이 성립한다.

$$\int_{-t}^{0} f(x)dx=-\int_{0}^{t} f(x)dx$$

✓ x축 평행이동

$$\int_{a}^{b} f(x)dx=\int_{a+k}^{b+k} f(x-k)dx \quad (k\text{는 상수})$$

✓ 주기함수

함수 $f(x)$가 주기가 p인 주기함수이면 모든 정수 n에 대하여 다음이 성립한다.

$$\int_{a+np}^{b+np} f(x)dx=\int_{a}^{b} f(x)dx$$

$$\int_{a}^{b} f(x+np)dx=\int_{a}^{b} f(x)dx$$

이와 같이 같은 넓이가 반복되는 규칙성을 이용하면 계산 과정을 줄일 수 있다.

F09-01

너코 049 너코 059

2005학년도 9월 평가원 가형 8번

함수 $f(x)$는 다음 두 조건을 만족시킨다.

(가) $-2 \le x \le 2$일 때, $f(x)=x^3-4x$
(나) 임의의 실수 x에 대하여 $f(x)=f(x+4)$

정적분 $\int_{1}^{2} f(x)dx$와 같은 것은? [4점]

① $\int_{2004}^{2005} f(x)dx$　② $-\int_{2004}^{2005} f(x)dx$　③ $\int_{2005}^{2006} f(x)dx$　④ $-\int_{2005}^{2006} f(x)dx$　⑤ $\int_{2006}^{2007} f(x)dx$

F09-02

너코 058

2006학년도 수능 가형 20번

함수 $f(x)=x^3$의 그래프를 x축 방향으로 a만큼, y축 방향으로 b만큼 평행이동시켰더니 함수 $y=g(x)$의 그래프가 되었다. $g(0)=0$이고

$\int_{a}^{3a} g(x)dx - \int_{0}^{2a} f(x)dx = 32$일 때, a^4의 값을 구하시오. [3점]

F09-03

너코 037 너코 056 너코 059

교육청 학평(2012년 7월 시행 고3 나형 10번)

실수 전체에서 정의된 연속함수 $f(x)$가 모든 실수 x에 대하여 $f(x)=f(x+4)$를 만족시키고

$$f(x)=\begin{cases} -4x+2 & (0 \le x < 2) \\ x^2-2x+a & (2 \le x \le 4) \end{cases}$$

일 때, $\int_{9}^{11} f(x)dx$의 값은? [3점]

① -8 ② $-\frac{26}{3}$ ③ $-\frac{28}{3}$
④ -10 ⑤ $-\frac{32}{3}$

F 적분

F09-04

너코 055 너코 056 너코 058 너코 059
교육청 학평(2014년 10월 시행 고3 A형 19번)

함수 $f(x)$는 다음 조건을 만족시킨다.

(가) 모든 실수 x에 대하여 $f(x+2)=f(x)$이다.
(나) $f(x)=|x|\ (-1 \le x < 1)$

함수 $g(x)=\int_{-2}^{x} f(t)dt$라 할 때, 실수 a에 대하여 $g(a+4)-g(a)$의 값은? [4점]

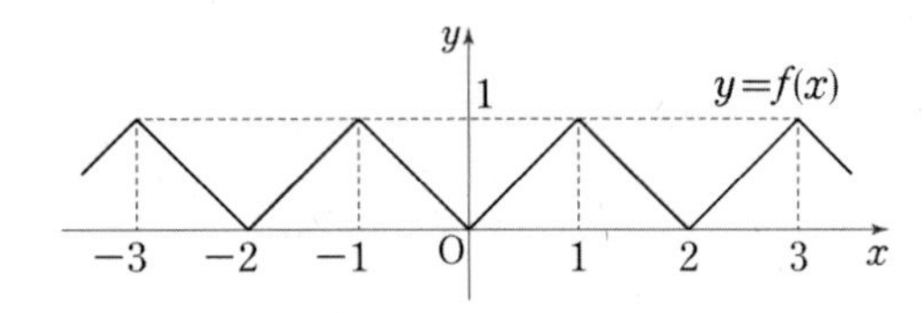

① 1 ② 2 ③ 3
④ 4 ⑤ 5

F09-05

너코 056 너코 058 너코 059
2015학년도 수능 A형 20번

함수 $f(x)$는 모든 실수 x에 대하여 $f(x+3)=f(x)$를 만족시키고,

$$f(x)=\begin{cases} x & (0 \le x < 1) \\ 1 & (1 \le x < 2) \\ -x+3 & (2 \le x < 3) \end{cases}$$

이다. $\int_{-a}^{a} f(x)dx=13$일 때, 상수 a의 값은? [4점]

① 10 ② 12 ③ 14
④ 16 ⑤ 18

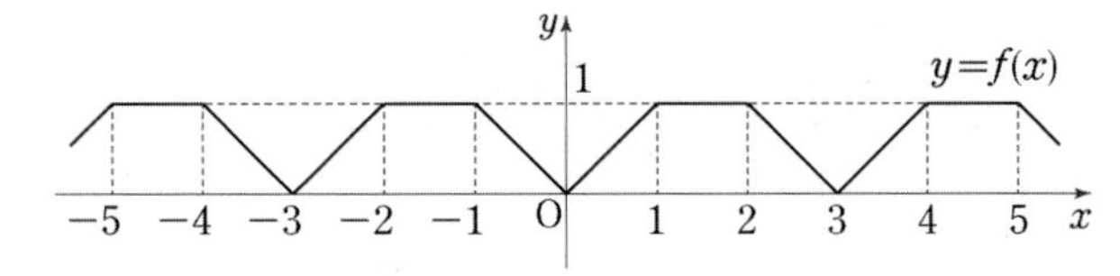

F09-06

너코 056 너코 059
2022학년도 6월 평가원 11번

닫힌구간 $[0, 1]$에서 연속인 함수 $f(x)$가

$$f(0)=0,\ f(1)=1,\ \int_0^1 f(x)dx=\frac{1}{6}$$

을 만족시킨다. 실수 전체의 집합에서 정의된 함수 $g(x)$가 다음 조건을 만족시킬 때, $\int_{-3}^{2} g(x)dx$의 값은? [4점]

> (가) $g(x)=\begin{cases} -f(x+1)+1 & (-1<x<0) \\ f(x) & (0\le x\le 1)\end{cases}$
> (나) 모든 실수 x에 대하여 $g(x+2)=g(x)$이다.

① $\frac{5}{2}$　② $\frac{17}{6}$　③ $\frac{19}{6}$　④ $\frac{7}{2}$　⑤ $\frac{23}{6}$

F09-07

너코 055 너코 056 너코 058
2006학년도 9월 평가원 가형 20번

최고차항의 계수가 1인 삼차함수 $y=f(x)$는 다음 조건을 만족시킨다.

> (가) $f(0)=f(6)=0$
> (나) 함수 $y=f(x)$의 그래프와 함수 $y=-f(x-k)$의 그래프가 서로 다른 세 점 $(\alpha, f(\alpha))$, $(\beta, f(\beta))$, $(\gamma, f(\gamma))$ (단, $\alpha<\beta<\gamma$)에서 만나면 k의 값에 관계없이
> $\int_{\alpha}^{\gamma}\{f(x)+f(x-k)\}dx=0$이다.

함수 $y=f(x)$의 그래프와 함수 $y=-f(x-k)$의 그래프가 다음 그림과 같이 서로 다른 세 점에서 만나고 가운데 교점의 x좌표의 값이 4일 때, $\int_0^k f(x)dx$의 값을 구하시오. [4점]

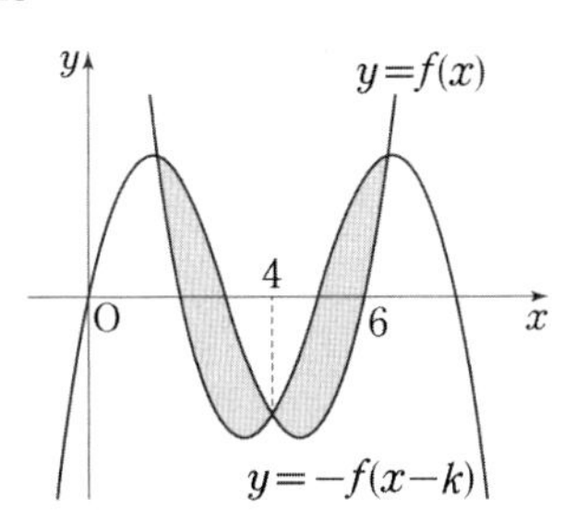

F
적분

F09-08

너코 056 너코 058 너코 059
2007학년도 9월 평가원 가형 8번

양수 a에 대하여 삼차함수 $f(x)=-x(x+a)(x-a)$의 극대점의 x좌표를 b라 하자.

$$\int_{-b}^{a} f(x)dx = A,\ \int_{b}^{a+b} f(x-b)dx = B$$

일 때, $\int_{-b}^{a} |f(x)|dx$의 값은? [3점]

① $-A+2B$　② $-2A+B$　③ $-A+B$
④ $A+B$　⑤ $A+2B$

F09-09

너코 058 너코 059
교육청 학평(2010년 10월 시행 고3 가형 9번)

실수 전체의 집합에서 정의된 연속함수 $y=f(x)$의 그래프의 일부가 그림과 같다.

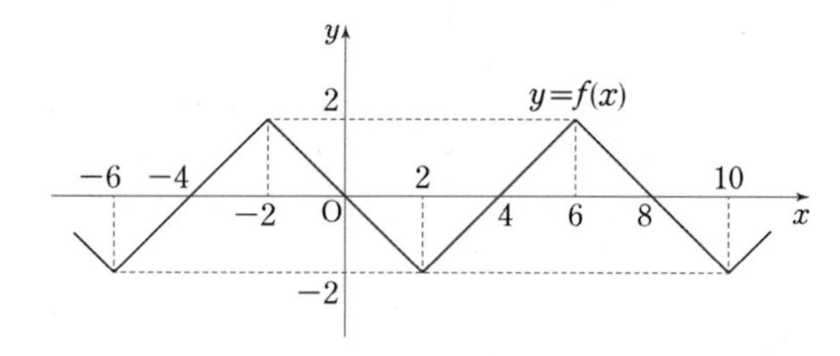

실수 전체의 집합에서 함수 $g(x)$를

$g(x)=\int_{x}^{x+2} f(t)dt$라 할 때, 〈보기〉에서 옳은 것만을 있는 대로 고른 것은? [4점]

〈보 기〉

ㄱ. $g(-1)=0$
ㄴ. 함수 $g(x)$는 열린구간 $(-2,\ 2)$에서 감소한다.
ㄷ. $-4 \le x \le 6$에서 방정식 $g(x)=2$의 모든 실근의 합은 4이다.

① ㄱ　② ㄴ　③ ㄱ, ㄴ
④ ㄱ, ㄷ　⑤ ㄱ, ㄴ, ㄷ

F09-10

너코 058

교육청 학평(2012년 7월 시행 고3 나형 21번)

함수 $f(x)=x^3+x-1$의 역함수를 $g(x)$라 할 때, $\int_1^9 g(x)dx$의 값은? [4점]

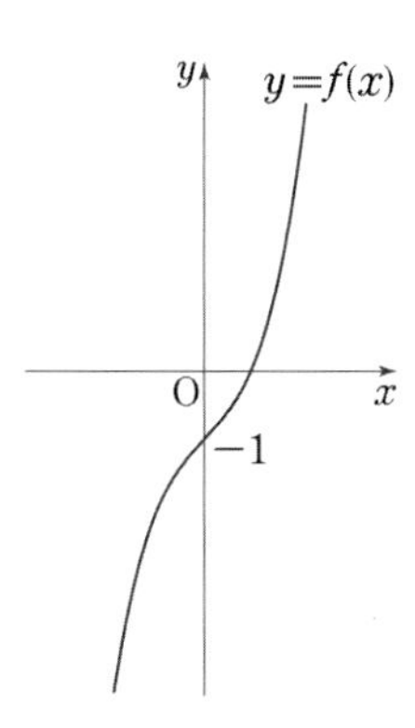

① $\frac{47}{4}$ ② $\frac{49}{4}$ ③ $\frac{51}{4}$
④ $\frac{53}{4}$ ⑤ $\frac{55}{4}$

F09-11

너코 049 너코 054 너코 056 너코 059

2023학년도 수능 12번

실수 전체의 집합에서 연속인 함수 $f(x)$가 다음 조건을 만족시킨다.

> $n-1 \le x < n$일 때,
> $|f(x)|=|6(x-n+1)(x-n)|$
> 이다. (단, n은 자연수이다.)

열린구간 $(0,\ 4)$에서 정의된 함수

$$g(x)=\int_0^x f(t)\,dt-\int_x^4 f(t)\,dt$$

가 $x=2$에서 최솟값 0을 가질 때, $\int_{\frac{1}{2}}^4 f(x)\,dx$의 값은? [4점]

① $-\frac{3}{2}$ ② $-\frac{1}{2}$ ③ $\frac{1}{2}$
④ $\frac{3}{2}$ ⑤ $\frac{5}{2}$

F 적분

Hidden Point

F09-10 함수 $f(x)$의 역함수 $g(x)$의 식을 직접 구하기 어려우므로
두 함수 $y=f(x)$, $y=g(x)$의 그래프가
직선 $y=x$에 대하여 대칭임을 이용하여
$\int_1^9 g(x)dx$의 값과 같은 넓이를 갖는 부분을
함수 $y=f(x)$의 그래프에서 찾아보자.

유형 10 속도와 거리

유형소개

E 미분 단원에서 위치 함수의 도함수가 속도 함수임을 공부하였다. 이를 반대로 생각하여 속도 함수를 적분하여 위치 함수 또는 이동한 거리를 구하는 유형이다.

유형접근법

점 P의 시각 t에서의 위치가 $f(t)$, 속도가 $v(t)$일 때 점 P의 시각 $t=a$에서 $t=b$까지 위치의 변화량은

$f(b)-f(a)=\int_a^b v(t)dt$이므로

점 P의 시각 $t=b$에서의 위치는

$f(b)=f(a)+\int_a^b v(t)dt$이다.

또한 점 P가 $t=a$에서 $t=b$까지 움직인 거리 s는

$s=\int_a^b |v(t)|dt$이다.

F10-01

너코 048 너코 060
2005학년도 수능 가형 4번

다음은 '가' 지점에서 출발하여 '나' 지점에 도착할 때까지 직선 경로를 따라 이동한 세 자동차 A, B, C의 시각 t에서의 속도 v를 각각 나타낸 그래프이다.

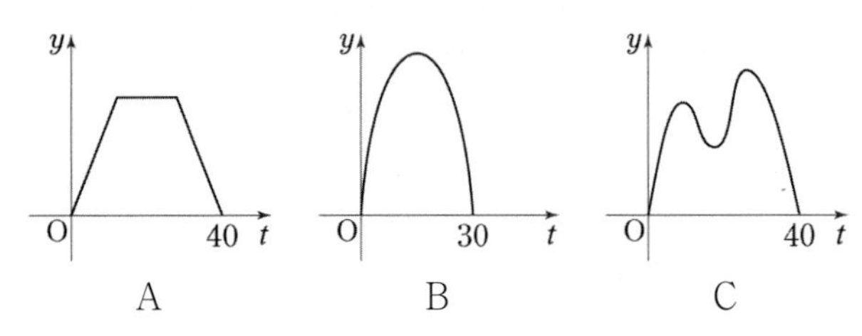

'가' 지점에서 출발하여 '나' 지점에 도착할 때까지의 상황에 대하여 〈보기〉에서 옳은 것만을 있는 대로 고른 것은? [3점]

〈보 기〉

ㄱ. A와 C의 평균속도는 같다.

ㄴ. B와 C 모두 가속도가 0인 순간이 적어도 한 번 존재한다.

ㄷ. A, B, C 각각의 속도 그래프와 t축으로 둘러싸인 영역의 넓이는 모두 같다.

① ㄱ ② ㄷ ③ ㄱ, ㄴ
④ ㄴ, ㄷ ⑤ ㄱ, ㄴ, ㄷ

F 10-02

너코 060
2014학년도 5월 예비 시행 A형 10번

원점을 출발하여 수직선 위를 움직이는 점 P의 시각 $t\,(0 \le t \le 6)$에서의 속도 $v(t)$의 그래프가 그림과 같다. 점 P가 시각 $t=0$에서 시각 $t=6$까지 움직인 거리는? [3점]

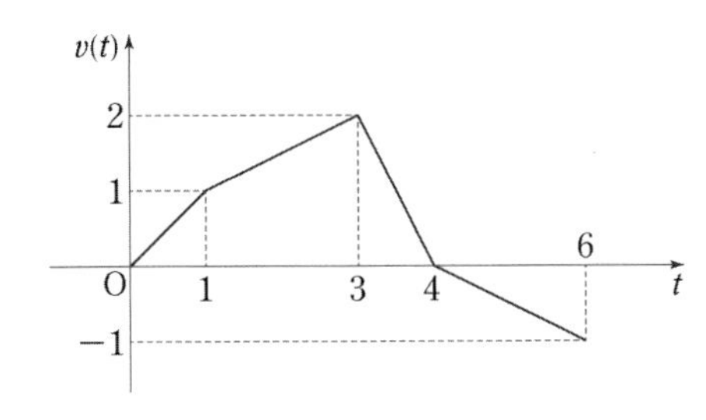

① $\frac{3}{2}$ ② $\frac{5}{2}$ ③ $\frac{7}{2}$
④ $\frac{9}{2}$ ⑤ $\frac{11}{2}$

F 10-03

너코 060
2017학년도 수능 나형 12번

수직선 위를 움직이는 점 P의 시각 $t\,(t \ge 0)$에서의 속도 $v(t)$가

$$v(t) = -2t+4$$

이다. $t=0$부터 $t=4$까지 점 P가 움직인 거리는? [3점]

① 8 ② 9 ③ 10
④ 11 ⑤ 12

F 10-04

너코 055 너코 060
2021학년도 6월 평가원 나형 15번

수직선 위를 움직이는 점 P의 시각 $t\,(t \ge 0)$에서의 속도 $v(t)$가

$$v(t) = -4t+5$$

이다. 시각 $t=3$에서 점 P의 위치가 11일 때, 시각 $t=0$에서 점 P의 위치는? [4점]

① 11 ② 12 ③ 13
④ 14 ⑤ 15

F 10-05

너코 055 너코 060
2021학년도 수능 나형 14번

수직선 위를 움직이는 점 P의 시각 $t\,(t \ge 0)$에서의 속도 $v(t)$가

$$v(t) = 2t-6$$

이다. 점 P가 시각 $t=3$에서 $t=k\,(k>3)$까지 움직인 거리가 25일 때, 상수 k의 값은? [4점]

① 6 ② 7 ③ 8
④ 9 ⑤ 10

F10-06

너코 055 너코 060
2022학년도 6월 평가원 19번

수직선 위를 움직이는 점 P의 시각 t $(t \geq 0)$에서의 속도 $v(t)$가

$$v(t) = 3t^2 - 4t + k$$

이다. 시각 $t = 0$에서 점 P의 위치는 0이고, 시각 $t = 1$에서 점 P의 위치는 -3이다. 시각 $t = 1$에서 $t = 3$까지 점 P의 위치의 변화량을 구하시오.

(단, k는 상수이다.) [3점]

F10-07

너코 044 너코 052 너코 055 너코 060
2022학년도 9월 평가원 9번

수직선 위를 움직이는 점 P의 시각 t $(t > 0)$에서의 속도 $v(t)$가

$$v(t) = -4t^3 + 12t^2$$

이다. 시각 $t = k$에서 점 P의 가속도가 12일 때, 시각 $t = 3k$에서 $t = 4k$까지 점 P가 움직인 거리는?

(단, k는 상수이다.) [4점]

① 23 ② 25 ③ 27 ④ 29 ⑤ 31

F10-08

너코 055 너코 060
2023학년도 9월 평가원 10번

수직선 위의 점 A(6)과 시각 $t = 0$일 때 원점을 출발하여 이 수직선 위를 움직이는 점 P가 있다.
시각 t $(t \geq 0)$에서의 점 P의 속도 $v(t)$를

$$v(t) = 3t^2 + at \ (a > 0)$$

이라 하자. 시각 $t = 2$에서 점 P와 점 A 사이의 거리가 10일 때, 상수 a의 값은? [4점]

① 1 ② 2 ③ 3 ④ 4 ⑤ 5

F10-09

너코 054 너코 060
2019학년도 9월 평가원 나형 28번

시각 $t = 0$일 때 동시에 원점을 출발하여 수직선 위를 움직이는 두 점 P, Q의 시각 t $(t \geq 0)$에서의 속도가 각각

$$v_1(t) = 3t^2 + t, \ v_2(t) = 2t^2 + 3t$$

이다. 출발한 후 두 점 P, Q의 속도가 같아지는 순간 두 점 P, Q 사이의 거리를 a라 할 때, $9a$의 값을 구하시오.

[4점]

F10-10

너코 055 너코 060
2021학년도 9월 평가원 나형 13번

수직선 위를 움직이는 점 P의 시각 $t(t \geq 0)$에서의 속도 $v(t)$가

$$v(t) = t^2 - at \ (a > 0)$$

이다. 점 P가 시각 $t = 0$일 때부터 움직이는 방향이 바뀔 때까지 움직인 거리가 $\frac{9}{2}$이다. 상수 a의 값은? [3점]

① 1　② 2　③ 3
④ 4　⑤ 5

F10-11

너코 055 너코 060
2023학년도 6월 평가원 11번

시각 $t = 0$일 때 동시에 원점을 출발하여 수직선 위를 움직이는 두 점 P, Q의 시각 $t\ (t \geq 0)$에서의 속도가 각각

$$v_1(t) = 2 - t,\ v_2(t) = 3t$$

이다. 출발한 시각부터 점 P가 원점으로 돌아올 때까지 점 Q가 움직인 거리는? [4점]

① 16　② 18　③ 20
④ 22　⑤ 24

F
적분

F10-12

너코 055 너코 060
2023학년도 수능 20번

수직선 위를 움직이는 점 P의 시각 t ($t \geq 0$)에서의 속도 $v(t)$와 가속도 $a(t)$가 다음 조건을 만족시킨다.

(가) $0 \leq t \leq 2$일 때, $v(t) = 2t^3 - 8t$이다.
(나) $t \geq 2$일 때, $a(t) = 6t + 4$이다.

시각 $t = 0$에서 $t = 3$까지 점 P가 움직인 거리를 구하시오. [4점]

F10-13

너코 055 너코 060
2024학년도 9월 평가원 11번

두 점 P와 Q는 시각 $t = 0$일 때 각각 점 A(1)과 점 B(8)에서 출발하여 수직선 위를 움직인다. 두 점 P, Q의 시각 t ($t \geq 0$)에서의 속도는 각각

$$v_1(t) = 3t^2 + 4t - 7,\ v_2(t) = 2t + 4$$

이다. 출발한 시각부터 두 점 P, Q 사이의 거리가 처음으로 4가 될 때까지 점 P가 움직인 거리는? [4점]

① 10 ② 14 ③ 19 ④ 25 ⑤ 32

F 10-14

너코 055 너코 060
2025학년도 6월 평가원 19번

시각 $t=0$일 때 원점을 출발하여 수직선 위를 움직이는 점 P의 시각 t $(t \geq 0)$에서의 속도 $v(t)$가

$$v(t)=\begin{cases}-t^2+t+2 & (0 \leq t \leq 3) \\ k(t-3)-4 & (t>3)\end{cases}$$

이다. 출발한 후 점 P의 운동 방향이 두 번째로 바뀌는 시각에서의 점 P의 위치가 1일 때, 양수 k의 값을 구하시오. [3점]

F 10-15

너코 055 너코 056 너코 058 너코 060
2007학년도 수능 가형 8번

다음은 원점을 출발하여 수직선 위를 움직이는 점 P의 시각 t $(0 \leq t \leq d)$에서의 속도 $v(t)$를 나타내는 그래프이다.

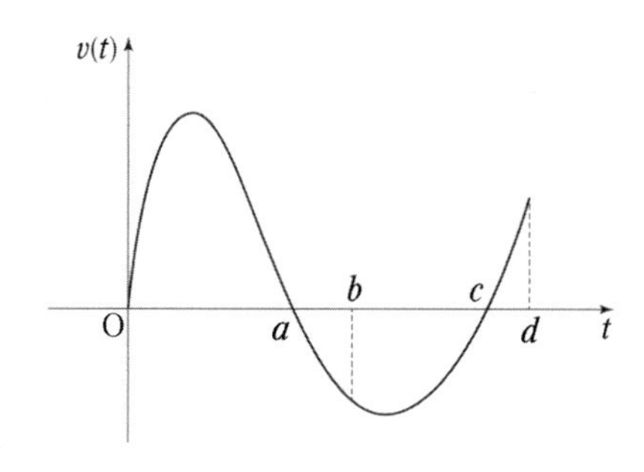

$\displaystyle\int_0^a |v(t)|\,dt = \int_a^d |v(t)|\,dt$일 때, 〈보기〉에서 옳은 것만을 있는 대로 고른 것은?

(단, $0<a<b<c<d$이다.) [3점]

〈보 기〉

ㄱ. 점 P는 출발하고 나서 원점을 다시 지난다.

ㄴ. $\displaystyle\int_0^c v(t)\,dt = \int_c^d v(t)\,dt$

ㄷ. $\displaystyle\int_0^b v(t)\,dt = \int_b^d |v(t)|\,dt$

① ㄴ ② ㄷ ③ ㄱ, ㄴ
④ ㄴ, ㄷ ⑤ ㄱ, ㄴ, ㄷ

F10-16

너코 044 너코 046 너코 058 너코 060
2011학년도 수능 가형 17번

원점을 출발하여 수직선 위를 움직이는 점 P의 시각 $t\,(0 \le t \le 5)$에서의 속도 $v(t)$가 다음과 같다.

$$v(t)=\begin{cases} 4t & (0 \le t < 1) \\ -2t+6 & (1 \le t < 3) \\ t-3 & (3 \le t \le 5) \end{cases}$$

$0 < x < 3$인 실수 x에 대하여 점 P가 시각 $t=0$에서 $t=x$까지 움직인 거리, 시각 $t=x$에서 $t=x+2$까지 움직인 거리, 시각 $t=x+2$에서 $t=5$까지 움직인 거리 중에서 최소인 값을 $f(x)$라 할 때, 〈보기〉에서 옳은 것만을 있는 대로 고른 것은? [4점]

〈보 기〉

ㄱ. $f(1)=2$

ㄴ. $f(2)-f(1)=\int_{1}^{2} v(t)dt$

ㄷ. 함수 $f(x)$는 $x=1$에서 미분가능하다.

① ㄱ　② ㄴ　③ ㄱ, ㄴ
④ ㄱ, ㄷ　⑤ ㄴ, ㄷ

F10-17

너코 049 너코 057 너코 060
2012학년도 9월 평가원 나형 21번

같은 높이의 지면에서 동시에 출발하여 지면과 수직인 방향으로 올라가는 두 물체 A, B가 있다. 그림은 시각 $t\,(0 \le t \le c)$에서 물체 A의 속도 $f(t)$와 물체 B의 속도 $g(t)$를 나타낸 것이다.

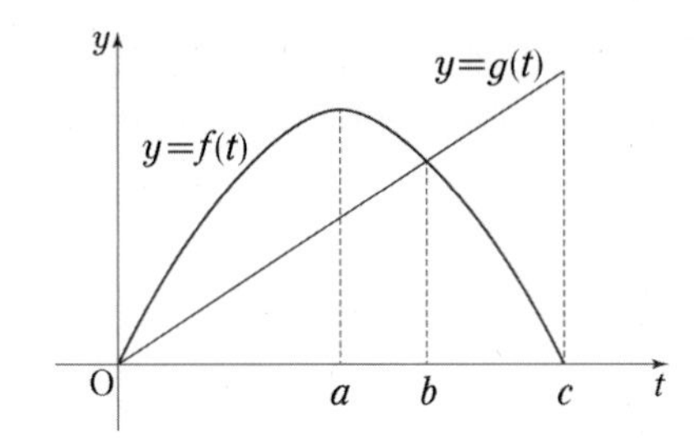

$\int_{0}^{c} f(t)dt = \int_{0}^{c} g(t)dt$이고 $0 \le t \le c$일 때, 〈보기〉에서 옳은 것만을 있는 대로 고른 것은? [4점]

〈보 기〉

ㄱ. $t=a$일 때, 물체 A는 물체 B보다 높은 위치에 있다.

ㄴ. $t=b$일 때, 물체 A와 물체 B의 높이의 차가 최대이다.

ㄷ. $t=c$일 때, 물체 A와 물체 B는 같은 높이에 있다.

① ㄴ　② ㄷ　③ ㄱ, ㄴ
④ ㄱ, ㄷ　⑤ ㄱ, ㄴ, ㄷ

F10-18

너코 044 너코 049 너코 060
교육청 학평(2011년 10월 시행 고3 나형 19번)

수직선 위를 움직이는 두 점 P, Q가 있다.
점 P는 점 A(5)를 출발하여 시각 t에서의 속도가 $3t^2-2$이고, 점 Q는 점 B(k)를 출발하여 시각 t에서의 속도가 1이다. 두 점 P, Q가 동시에 출발한 후 2번 만나도록 하는 정수 k의 값은? (단, $k \neq 5$) [4점]

① 2 ② 4 ③ 6
④ 8 ⑤ 10

F10-19

너코 044 너코 049 너코 060
교육청 학평(2013년 10월 시행 교육청 A형 28번)

원점을 동시에 출발하여 수직선 위를 움직이는 두 점 P, Q의 시각 t $(0 \leq t \leq 8)$에서의 속도가 각각 $2t^2-8t$, t^3-10t^2+24t이다. 두 점 P, Q 사이의 거리의 최댓값을 구하시오. [4점]

F
적분

F10-20

너코 052 너코 060
2022학년도 수능 예시문항 14번

수직선 위를 움직이는 점 P의 시각 t에서의 가속도가

$$a(t) = 3t^2 - 12t + 9 \ (t \geq 0)$$

이고, 시각 $t = 0$에서의 속도가 k일 때, 〈보기〉에서 옳은 것만을 있는 대로 고른 것은? [4점]

〈보 기〉

ㄱ. 구간 $(3, \infty)$에서 점 P의 속도는 증가한다.

ㄴ. $k = -4$이면 구간 $(0, \infty)$에서 점 P의 운동 방향이 두 번 바뀐다.

ㄷ. 시각 $t = 0$에서 시각 $t = 5$까지 점 P의 위치의 변화량과 점 P가 움직인 거리가 같도록 하는 k의 최솟값은 0이다.

① ㄱ ② ㄴ ③ ㄱ, ㄴ ④ ㄱ, ㄷ ⑤ ㄱ, ㄴ, ㄷ

F10-21

너코 055 너코 060
2022학년도 수능 14번

수직선 위를 움직이는 점 P의 시각 t에서의 위치 $x(t)$가 두 상수 a, b에 대하여

$$x(t) = t(t-1)(at+b) \ (a \neq 0)$$

이다. 점 P의 시각 t에서의 속도 $v(t)$가 $\int_0^1 |v(t)| = 2$를 만족시킬 때, 〈보기〉에서 옳은 것만을 있는 대로 고른 것은? [4점]

〈보 기〉

ㄱ. $\int_0^1 v(t)dt = 0$

ㄴ. $|x(t_1)| > 1$인 t_1이 열린구간 $(0, 1)$에 존재한다.

ㄷ. $0 \leq t \leq 1$인 모든 t에 대하여 $|x(t)| < 1$이면 $x(t_2) = 0$인 t_2가 열린구간 $(0, 1)$에 존재한다.

① ㄱ ② ㄱ, ㄴ ③ ㄱ, ㄷ ④ ㄴ, ㄷ ⑤ ㄱ, ㄴ, ㄷ

F 10-22

너코 052 너코 055 너코 060
2024학년도 6월 평가원 14번

실수 a $(a \geq 0)$에 대하여 수직선 위를 움직이는 점 P의 시각 t $(t \geq 0)$에서의 속도 $v(t)$를

$$v(t) = -t(t-1)(t-a)(t-2a)$$

라 하자. 점 P가 시각 $t=0$일 때 출발한 후 운동 방향을 한 번만 바꾸도록 하는 a에 대하여, 시각 $t=0$에서 $t=2$까지 점 P의 위치의 변화량의 최댓값은? [4점]

① $\frac{1}{5}$ ② $\frac{7}{30}$ ③ $\frac{4}{15}$ ④ $\frac{3}{10}$ ⑤ $\frac{1}{3}$

F 10-23

너코 049 너코 055 너코 060
2024학년도 수능 10번

시각 $t=0$일 때 동시에 원점을 출발하여 수직선 위를 움직이는 두 점 P, Q의 시각 t $(t \geq 0)$에서의 속도가 각각

$$v_1(t) = t^2 - 6t + 5, \ v_2(t) = 2t - 7$$

이다. 시각 t에서의 두 점 P, Q 사이의 거리를 $f(t)$라 할 때, 함수 $f(t)$는 구간 $[0, a]$에서 증가하고, 구간 $[a, b]$에서 감소하고, 구간 $[b, \infty)$에서 증가한다. 시각 $t=a$에서 $t=b$까지 점 Q가 움직인 거리는? (단, $0 < a < b$) [4점]

① $\frac{15}{2}$ ② $\frac{17}{2}$ ③ $\frac{19}{2}$ ④ $\frac{21}{2}$ ⑤ $\frac{23}{2}$

Memo

너기출

| For 2026 | 수학 II

평가원 기출의 또 다른 이름,

너기출

| For 2026 |

수학 II

정답과 풀이

이투스북

D 함수의 극한과 연속

1 함수의 극한

본문 14~37쪽

01-01 ⑤	01-02 ②	01-03 ④	01-04 ②
01-05 ①	01-06 ④	01-07 ②	01-08 ⑤
01-09 ①	01-10 ④	01-11 ②	01-12 ①
01-13 ③	01-14 ②	01-15 ①	
02-01 ①	02-02 16	02-03 10	02-04 11
02-05 ③	02-06 2	02-07 5	02-08 13
02-09 ④	02-10 ③	02-11 27	02-12 7
02-13 11	02-14 ③	02-15 ③	02-16 ①
02-17 ②	02-18 ③	02-19 ④	02-20 ⑤
02-21 ③	02-22 30		
03-01 2	03-02 40	03-03 ②	03-04 ②
03-05 ⑤	03-06 3	03-07 ④	
04-01 26	04-02 ③	04-03 ①	04-04 ①
04-05 ④	04-06 ③	04-07 ⑤	04-08 ④
04-09 ①	04-10 ①	04-11 ③	04-12 21
04-13 ①			
05-01 ③	05-02 13	05-03 ①	05-04 ②
05-05 ④	05-06 ②	05-07 ③	05-08 ③
05-09 ③	05-10 ②	05-11 10	05-12 ⑤
05-13 10	05-14 16		
06-01 ①	06-02 ③	06-03 16	06-04 ④
06-05 ②	06-06 ③		

2 함수의 연속

본문 37~63쪽

07-01 ⑤	07-02 ③	07-03 ③	07-04 ①
07-05 ①	07-06 ⑤	07-07 ④	07-08 ③
08-01 ④	08-02 ③	08-03 ①	08-04 ③
08-05 ③	08-06 ④	08-07 ①	
09-01 6	09-02 ④	09-03 ①	09-04 ②
09-05 ①	09-06 ③	09-07 ②	09-08 ①
09-09 ⑤	09-10 ②	09-11 21	09-12 ④
09-13 ⑤	09-14 24	09-15 ④	09-16 ④
09-17 6	09-18 ④	09-19 ③	09-20 ⑤
09-21 ③	09-22 ③	09-23 13	09-24 8
09-25 ①	09-26 19	09-27 ④	
10-01 ⑤	10-02 20	10-03 ③	10-04 ⑤
10-05 ①	10-06 ②		
11-01 ②	11-02 ⑤	11-03 ④	11-04 ②
11-05 ⑤			

E 미분

1 미분계수

본문 74~76쪽

01-01 14	01-02 28	01-03 ①	01-04 ②
01-05 ①	01-06 ④	01-07 65	

2 도함수

본문 77~95쪽

02-01 15	02-02 13	02-03 20	02-04 ④
02-05 3	02-06 ①	02-07 ①	02-08 ⑤
02-09 11	02-10 ⑤	02-11 ⑤	02-12 ①
02-13 31	02-14 ⑤	02-15 19	
03-01 ⑤	03-02 ②	03-03 ①	03-04 ④
03-05 ③	03-06 ④	03-07 ⑤	03-08 ⑤
03-09 ④	03-10 ④	03-11 ⑤	03-12 28
04-01 41	04-02 12	04-03 10	04-04 ③
04-05 ③	04-06 ①	04-07 5	04-08 8
04-09 ⑤	04-10 ②	04-11 ④	04-12 14
04-13 ②	04-14 ①	04-15 24	
05-01 ②	05-02 ③	05-03 2	05-04 ⑤
05-05 ④	05-06 ③	05-07 ③	05-08 ③
05-09 186	05-10 ②	05-11 ②	

3 도함수의 활용

본문 95~157쪽

06-01 10	06-02 ①	06-03 ③	06-04 20
06-05 ②	06-06 ②	06-07 ④	06-08 ②
06-09 21	06-10 ⑤	06-11 ②	06-12 ⑤
06-13 ①	06-14 ④	06-15 ③	06-16 25
06-17 ⑤	06-18 20	06-19 ④	06-20 97
06-21 ③	06-22 380		
07-01 ②	07-02 5	07-03 ①	07-04 21
07-05 ④	07-06 ④	07-07 32	07-08 32
07-09 ②			
08-01 ④	08-02 3	08-03 6	08-04 ①
08-05 13	08-06 ③	08-07 ③	
09-01 ②	09-02 ⑤	09-03 7	09-04 ①
09-05 11	09-06 ③	09-07 2	09-08 ⑤
09-09 ②	09-10 6	09-11 ③	09-12 ⑤
09-13 4	09-14 41	09-15 16	09-16 16
09-17 ⑤	09-18 ②	09-19 ①	09-20 16
09-21 32	09-22 ⑤	09-23 ⑤	09-24 ⑤
09-25 ③	09-26 ③	09-27 ④	09-28 ②
10-01 13	10-02 ④	10-03 ③	10-04 ②
10-05 12	10-06 527	10-07 11	10-08 ①
10-09 ⑤			
11-01 15	11-02 10	11-03 ④	11-04 ④
11-05 ①	11-06 ②	11-07 14	11-08 ③
11-09 ①			
12-01 12	12-02 147	12-03 ①	12-04 ⑤
12-05 ②	12-06 243	12-07 ③	12-08 19
12-09 42	12-10 105	12-11 39	12-12 108
12-13 13	12-14 483		
13-01 15	13-02 ⑤	13-03 ⑤	13-04 33
13-05 22	13-06 ②	13-07 ④	13-08 ③
13-09 ③	13-10 ①	13-11 ②	13-12 3
13-13 ③	13-14 12	13-15 ③	13-16 ⑤
13-17 4	13-18 7	13-19 ③	13-20 ④
13-21 12	13-22 ⑤	13-23 ⑤	13-24 ⑤
13-25 ⑤	13-26 65	13-27 ③	13-28 ③
13-29 40	13-30 5	13-31 51	13-32 38
13-33 61	13-34 21	13-35 58	
14-01 ②	14-02 22	14-03 8	14-04 12
14-05 ①	14-06 ④	14-07 ①	14-08 ①
14-09 27	14-10 ①	14-11 ②	14-12 ②
14-13 ①			

F 적분

1 부정적분

본문 166~174쪽

01-01 ①	01-02 9	01-03 8	01-04 12
01-05 ⑤	01-06 8	01-07 4	01-08 15
01-09 16	01-10 15	01-11 33	01-12 ④
01-13 ④	01-14 23	01-15 5	01-16 33
01-17 ②	01-18 ⑤		
02-01 12	02-02 ③	02-03 ④	02-04 35
02-05 ⑤	02-06 ①	02-07 9	02-08 15

2 정적분

본문 175~197쪽

03-01 ①	03-02 ③	03-03 9	03-04 ②
03-05 ①	03-06 ④	03-07 ①	03-08 ①
03-09 20	03-10 ①	03-11 132	03-12 ②
03-13 110	03-14 27	03-15 ⑤	
04-01 16	04-02 ④	04-03 ②	04-04 25
04-05 ②	04-06 ②	04-07 ⑤	04-08 ④
04-09 ⑤	04-10 ①	04-11 ①	04-12 ②
04-13 ①	04-14 43	04-15 ②	04-16 17
04-17 167	04-18 ③	04-19 ⑤	
05-01 20	05-02 10	05-03 ①	05-04 9
05-05 45			
06-01 ②	06-02 ⑤	06-03 ③	06-04 7
06-05 5	06-06 ④	06-07 10	06-08 ①
06-09 ⑤	06-10 ⑤	06-11 ④	06-12 8
06-13 ④	06-14 39	06-15 ②	

3 정적분의 활용

본문 197~229쪽

07-01 ③	07-02 ②	07-03 36	07-04 ④
07-05 ①	07-06 4	07-07 ④	07-08 17
07-09 ④	07-10 2	07-11 ⑤	07-12 ④
07-13 14	07-14 ④	07-15 ②	07-16 ③
07-17 ④	07-18 ⑤	07-19 13	07-20 40
07-21 ②	07-22 ④	07-23 80	07-24 ③
08-01 ③	08-02 ⑤	08-03 ①	08-04 ②
08-05 ④	08-06 200	08-07 ④	08-08 13
08-09 ⑤			
09-01 ③	09-02 16	09-03 ②	09-04 ②
09-05 ①	09-06 ②	09-07 16	09-08 ①
09-09 ④	09-10 ③	09-11 ②	
10-01 ⑤	10-02 ⑤	10-03 ①	10-04 ④
10-05 ③	10-06 6	10-07 ③	10-08 ④
10-09 12	10-10 ③	10-11 ⑤	10-12 17
10-13 ⑤	10-14 16	10-15 ④	10-16 ①
10-17 ⑤	10-18 ②	10-19 64	10-20 ④
10-21 ③	10-22 ③	10-23 ②	

너기출

평가원 기출의 또 다른 이름,

너기출

| For 2026 |

수학 Ⅱ

정답과 풀이

정답과 풀이

D 함수의 극한과 연속

1 함수의 극한

D01-01

주어진 그래프에서

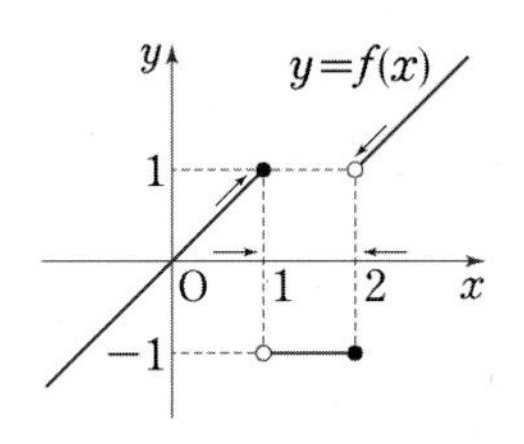

$\lim_{x\to1-}f(x)=1$, $\lim_{x\to2+}f(x)=1$ 너코 032

$\therefore \lim_{x\to1-}f(x)+\lim_{x\to2+}f(x)=2$

답 ⑤

D01-02

주어진 그래프에서

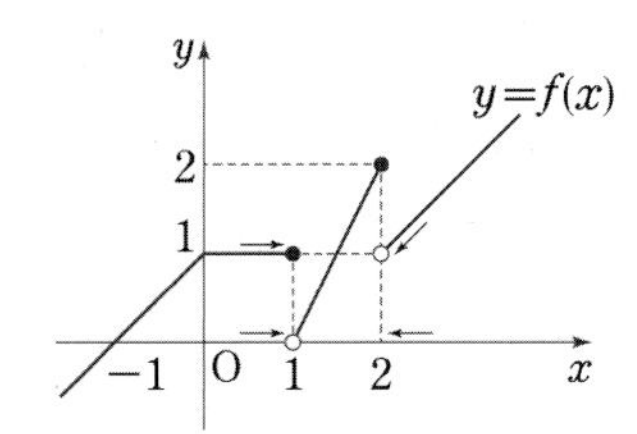

$\lim_{x\to1-}f(x)=1$, $\lim_{x\to2+}f(x)=1$ 너코 032

$\therefore \lim_{x\to1-}f(x)+\lim_{x\to2+}f(x)=2$

답 ②

D01-03

주어진 그래프에서

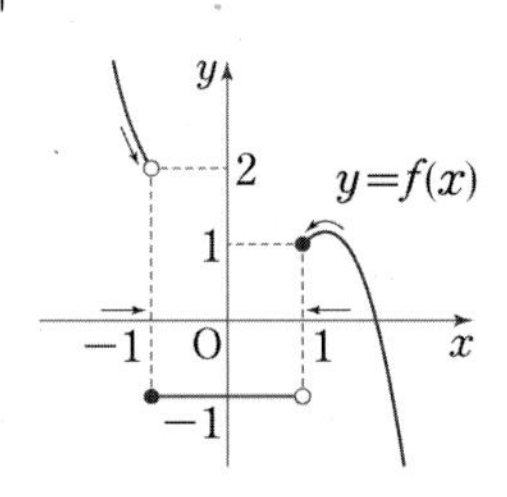

$\lim_{x\to-1-}f(x)=2$, $\lim_{x\to1+}f(x)=1$ 너코 032

$\therefore \lim_{x\to-1-}f(x)-\lim_{x\to1+}f(x)=1$

답 ④

D01-04

주어진 그래프에서

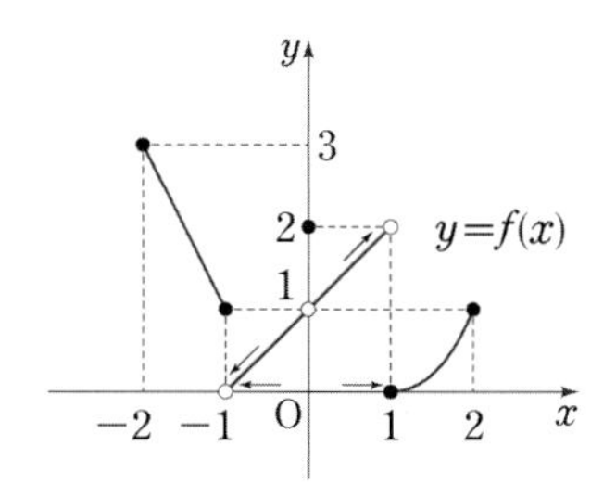

$\lim_{x\to -1+} f(x)=0$, $\lim_{x\to 1-} f(x)=2$ 너코 032

$\therefore \lim_{x\to -1+} f(x)+\lim_{x\to 1-} f(x)=2$

답 ②

D01-05

주어진 그래프에서

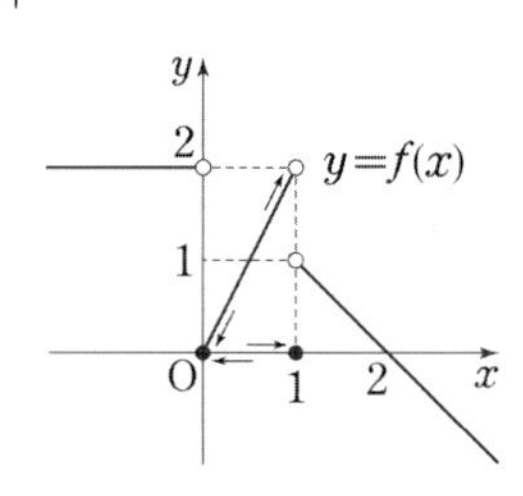

$\lim_{x\to 0+} f(x)=0$, $\lim_{x\to 1-} f(x)=2$ 너코 032

$\therefore \lim_{x\to 0+} f(x)-\lim_{x\to 1-} f(x)=0-2=-2$

답 ①

D01-06

주어진 그래프에서

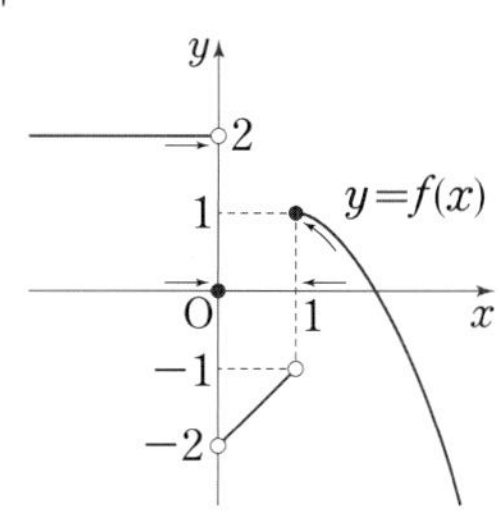

$\lim_{x\to 0-} f(x)=2$, $\lim_{x\to 1+} f(x)=1$ 너코 032

$\therefore \lim_{x\to 0-} f(x)-\lim_{x\to 1+} f(x)=2-1=1$

답 ④

D01-07

주어진 그래프에서

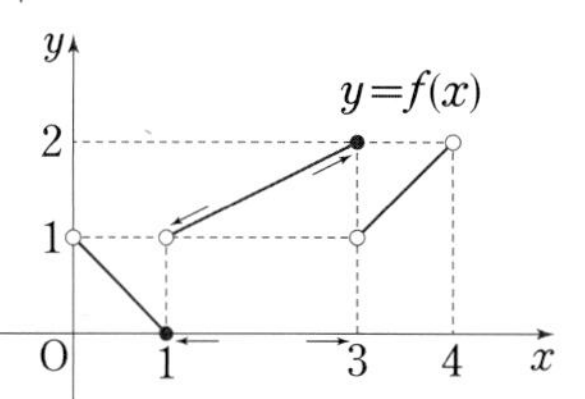

$\lim_{x\to 1+} f(x)=1$, $\lim_{x\to 3-} f(x)=2$ 너코 032

$\therefore \lim_{x\to 1+} f(x)-\lim_{x\to 3-} f(x)=1-2=-1$

답 ②

D01-08

주어진 그래프에서

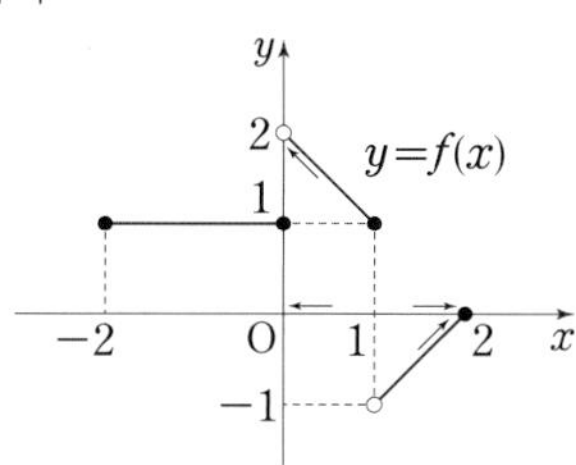

$\lim_{x\to 0+} f(x)=2$, $\lim_{x\to 2-} f(x)=0$ 너코 032

$\therefore \lim_{x\to 0+} f(x)+\lim_{x\to 2-} f(x)=2+0=2$

답 ⑤

D01-09

주어진 그래프에서

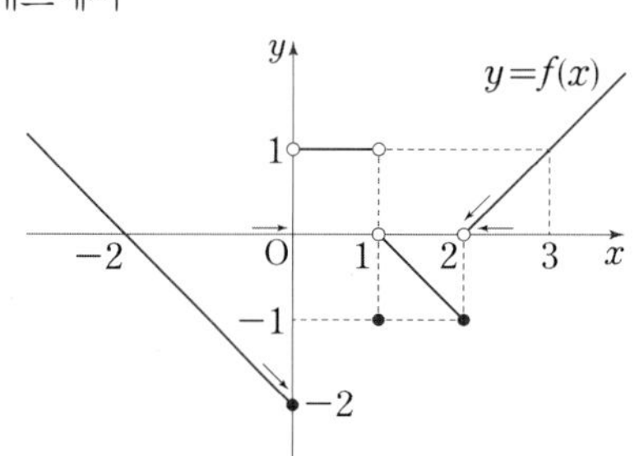

$\lim_{x\to 0-} f(x)=-2$, $\lim_{x\to 2+} f(x)=0$ 너코 032

$\therefore \lim_{x\to 0-} f(x)+\lim_{x\to 2+} f(x)=-2$

답 ①

D01-10

주어진 그래프에서

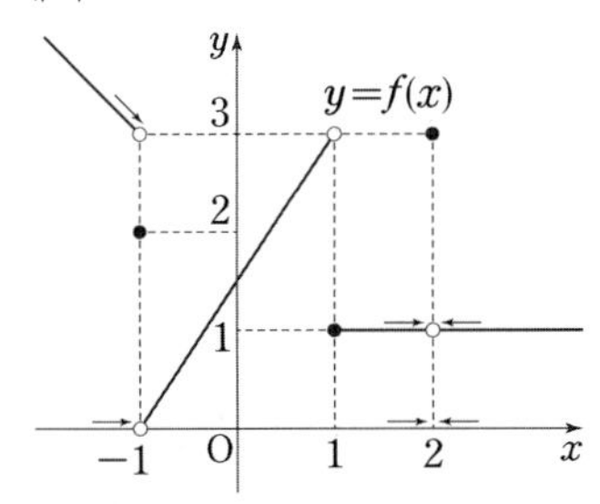

$\lim_{x \to -1-} f(x)=3$, $\lim_{x \to 2} f(x)=1$ 너코 032

$\therefore \lim_{x \to -1-} f(x)+\lim_{x \to 2} f(x)=4$

답 ④

D01-11

주어진 그래프에서

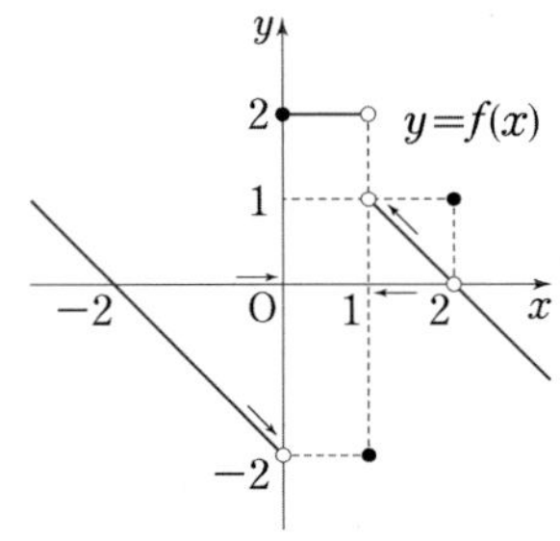

$\lim_{x \to 0-} f(x)=-2$, $\lim_{x \to 1+} f(x)=1$ 너코 032

$\therefore \lim_{x \to 0-} f(x)+\lim_{x \to 1+} f(x)=-1$

답 ②

D01-12

주어진 그래프에서

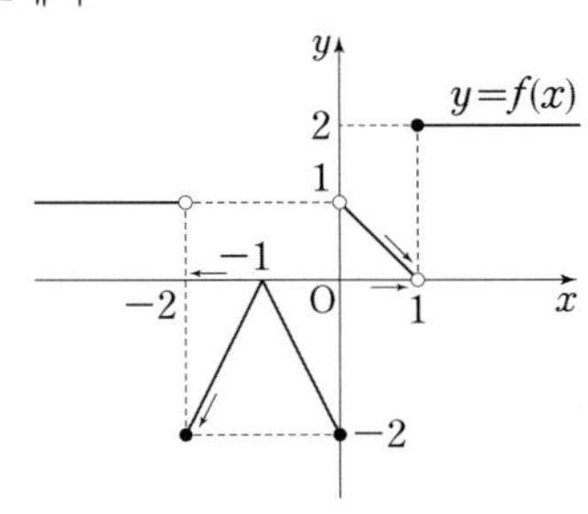

$\lim_{x \to -2+} f(x)=-2$, $\lim_{x \to 1-} f(x)=0$ 너코 032

$\therefore \lim_{x \to -2+} f(x)+\lim_{x \to 1-} f(x)=-2+0=-2$

답 ①

D01-13

주어진 그래프에서

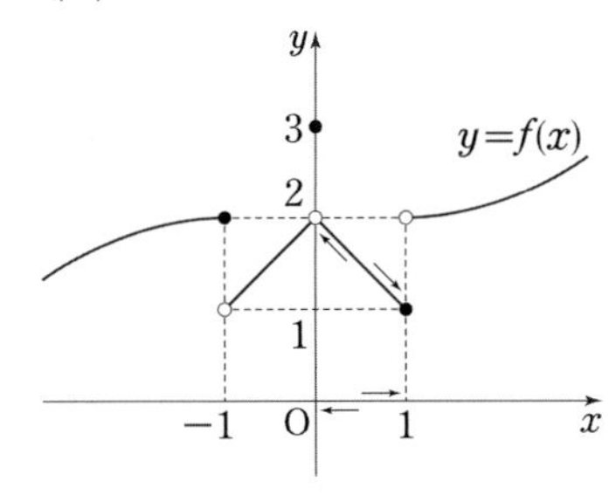

$\lim_{x \to 0+} f(x)=2$, $\lim_{x \to 1-} f(x)=1$ 너코 032

$\therefore \lim_{x \to 0+} f(x)+\lim_{x \to 1-} f(x)=2+1=3$

답 ③

D01-14

주어진 그래프에서

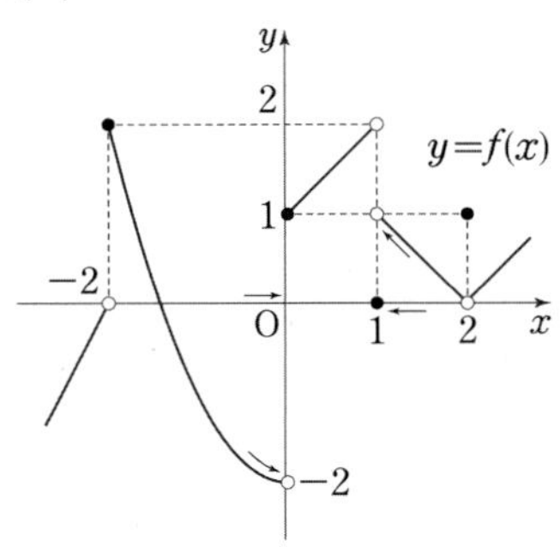

$\lim_{x \to 0-} f(x)=-2$, $\lim_{x \to 1+} f(x)=1$ 너코 032

$\therefore \lim_{x \to 0-} f(x)+\lim_{x \to 1+} f(x)=-2+1=-1$

답 ②

D01-15

풀이 1

함수 $f(x)$가 정의역의 모든 원소 x에 대하여

$f(-x)=-f(x)$를 만족하므로

함수 $y=f(x)$의 그래프는 원점에 대하여 대칭이고 다음과 같다.

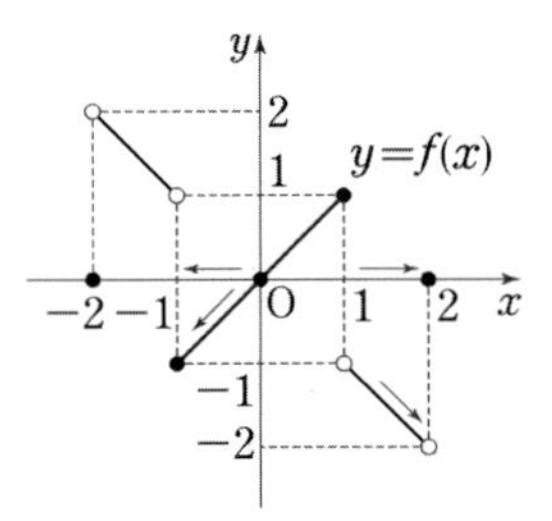

$\lim_{x \to -1+} f(x)=-1$, $\lim_{x \to 2-} f(x)=-2$ 너코 032

$\therefore \lim_{x \to -1+} f(x)+\lim_{x \to 2-} f(x)=-3$

풀이 2

$-x=t$라 하면 x와 t의 관계는 다음과 같다.

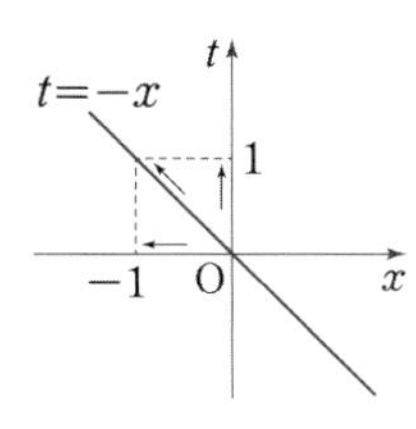

따라서 $x \to -1+$일 때 $t \to 1-$이고 너코 032

주어진 조건에 의하여 $f(-t)=-f(t)$이므로

$$\lim_{x\to -1+} f(x)=\lim_{t\to 1-} f(-t)=-\lim_{t\to 1-} f(t) \quad \cdots\cdots ㉠$$

주어진 그래프에서

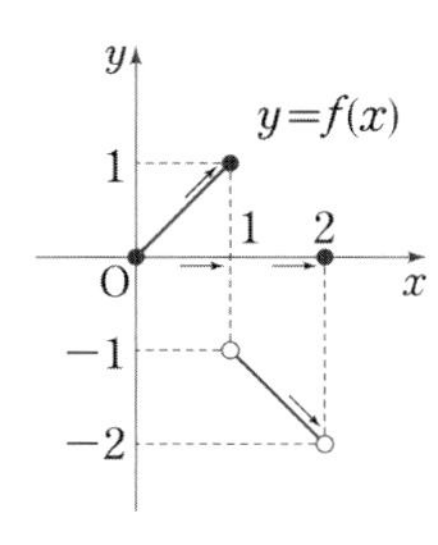

$\lim_{x\to 1-} f(x)=1,\ \lim_{x\to 2-} f(x)=-2$

$\therefore \lim_{x\to -1+} f(x)+\lim_{x\to 2-} f(x)=-1+(-2)=-3$ ($\because$ ㉠)

답 ①

D 02-01

풀이 1

$$\lim_{x\to 0}\frac{f(x)}{x}=\lim_{x\to 0}\frac{x^2+ax}{x}$$
$$=\lim_{x\to 0}(x+a) \text{ 너코 034}$$
$$=0+a=4 \text{ 너코 033}$$

$\therefore a=4$

풀이 2

E 미분 단원을 학습하였다면

미분계수의 정의와 다항함수의 도함수를 이용하여

다음과 같이 풀 수도 있다.

$f(x)=x^2+ax$에서

$f(0)=0,\ f'(x)=2x+a$이므로 너코 044

$$\lim_{x\to 0}\frac{f(x)}{x}=\lim_{x\to 0}\frac{f(x)-f(0)}{x-0}$$
$$=f'(0) \text{ 너코 041}$$
$$=a=4$$

답 ①

D 02-02

$\lim_{x\to 1}\frac{x+1}{x^2+ax+1}=\frac{1+1}{1^2+a\times 1+1}=\frac{2}{a+2}=\frac{1}{9}$에서 너코 033

$a+2=18$

$\therefore a=16$

답 16

D 02-03

$$\lim_{x\to 5}\frac{x^2-25}{x-5}=\lim_{x\to 5}\frac{(x+5)(x-5)}{x-5}$$
$$=\lim_{x\to 5}(x+5) \text{ 너코 034}$$
$$=5+5=10 \text{ 너코 033}$$

답 10

D 02-04

$$\lim_{x\to 1}\frac{(x-1)(x^2+3x+7)}{x-1}=\lim_{x\to 1}(x^2+3x+7) \text{ 너코 034}$$
$$=1^2+3\times 1+7=11 \text{ 너코 033}$$

답 11

D 02-05

$\lim_{x\to 0}(x^2+2x+3)=0+2\times 0+3=3$ 너코 033

답 ③

D 02-06

$\lim_{x\to 2}\frac{x^2+x}{x+1}=\lim_{x\to 2}\frac{x(x+1)}{(x+1)}=\lim_{x\to 2}x=2$ 너코 033

답 2

D 02-07

$\lim_{x\to 2}\frac{(x-2)(x+3)}{x-2}=\lim_{x\to 2}(x+3)=2+3=5$

너코 033 너코 034

답 5

D 02-08

$$\lim_{x\to 2}\frac{x^2+9x-22}{x-2}=\lim_{x\to 2}\frac{(x-2)(x+11)}{x-2}$$
$$=\lim_{x\to 2}(x+11) \text{ 너코 034}$$
$$=2+11=13 \text{ 너코 033}$$

답 13

D02-09

$$\lim_{x\to2}\frac{x^2-2x}{(x+1)(x-2)}=\lim_{x\to2}\frac{x(x-2)}{(x+1)(x-2)}$$
$$=\lim_{x\to2}\frac{x}{x+1}$$ 너코 034
$$=\frac{2}{2+1}=\frac{2}{3}$$ 너코 033

답 ④

D02-10

$$\lim_{x\to2}\frac{(x-2)(x+1)}{x-2}=\lim_{x\to2}(x+1)=2+1=3$$

너코 033 너코 034

답 ③

D02-11

$$\lim_{x\to3}\frac{x^3}{x-2}=\frac{3^3}{3-2}=27$$ 너코 033

답 27

D02-12

$$\lim_{x\to0}\frac{x(x+7)}{x}=\lim_{x\to0}(x+7)=0+7=7$$ 너코 033 너코 034

답 7

D02-13

$$\lim_{x\to2}\frac{x^2+7}{x-1}=\frac{2^2+7}{2-1}=11$$ 너코 033

답 11

D02-14

$$\lim_{x\to7}\frac{(x-7)(x+3)}{x-7}=\lim_{x\to7}(x+3)=7+3=10$$

너코 033 너코 034

답 ③

D02-15

$$\lim_{x\to-2}\frac{(x+2)(x^2+5)}{x+2}=\lim_{x\to-2}(x^2+5)=2^2+5=9$$

너코 033 너코 034

답 ③

D02-16

$$\lim_{x\to2}\frac{3x^2-6x}{x-2}=\lim_{x\to2}\frac{3x(x-2)}{x-2}=\lim_{x\to2}3x=6$$

너코 033 너코 034

답 ①

D02-17

$$\lim_{x\to-1}\frac{x^2+9x+8}{x+1}=\lim_{x\to-1}\frac{(x+1)(x+8)}{x+1}$$
$$=\lim_{x\to-1}(x+8)$$ 너코 034
$$=(-1)+8=7$$ 너코 033

답 ②

D02-18

$$\lim_{x\to2}\frac{x^2+2x-8}{x-2}=\lim_{x\to2}\frac{(x-2)(x+4)}{x-2}$$
$$=\lim_{x\to2}(x+4)$$ 너코 034
$$=2+4=6$$ 너코 033

답 ③

D02-19

$x-2=t$라 하면

$x\to2$일 때 $t\to0$이므로 너코 032

$$\lim_{x\to2}\frac{f(x-2)}{x^2-2x}=\lim_{x\to2}\frac{f(x-2)}{x(x-2)}$$
$$=\lim_{t\to0}\frac{f(t)}{(t+2)t}=4$$

이때 $\lim_{x\to0}(x+2)=2$이므로 너코 033

$$\therefore\ \lim_{x\to0}\frac{f(x)}{x}=\lim_{x\to0}\left\{\frac{f(x)}{x(x+2)}\times(x+2)\right\}$$
$$=4\times2=8$$

답 ④

D02-20

$\lim_{x\to2}\frac{f(x)-3}{x-2}=5$이고

(분모)$\to0$이므로 (분자)$\to0$이다. 너코 034

따라서 $\lim_{x\to2}\{f(x)-3\}=0$, 즉 $\lim_{x\to2}f(x)=3$이다. 너코 033

$$\therefore\ \lim_{x\to2}\frac{x-2}{\{f(x)\}^2-9}=\lim_{x\to2}\frac{x-2}{\{f(x)-3\}\{f(x)+3\}}$$
$$=\lim_{x\to2}\frac{x-2}{f(x)-3}\times\lim_{x\to2}\frac{1}{f(x)+3}$$
$$=\frac{1}{5}\times\frac{1}{6}=\frac{1}{30}$$

답 ⑤

D02-21

$x-1=t$라 하면

$x\to1$일 때 $t\to0$이므로 너코 032

$\lim_{x\to1}\frac{x-1}{f(x)}=\lim_{t\to0}\frac{t}{f(t+1)}=2$

이때 $\lim_{x\to0}\frac{x}{f(x)}=1$이므로

$$\lim_{x\to0}\frac{f(x+1)}{f(x)}=\lim_{x\to0}\left\{\frac{1}{\frac{x}{f(x+1)}}\times\frac{x}{f(x)}\right\}$$
$$=\frac{1}{2}\times1=\frac{1}{2}$$ 너코 033

답 ③

D02-22

$\lim_{x\to1}(x+1)f(x)=1$이므로

$$\lim_{x\to1}(2x^2+1)f(x)=\lim_{x\to1}\left\{(x+1)f(x)\times\frac{2x^2+1}{x+1}\right\}$$
$$=1\times\frac{3}{2}=\frac{3}{2}$$ 너코 033

$\therefore\ 20a=20\times\frac{3}{2}=30$

답 30

D03-01

$$\lim_{x\to2}\frac{\sqrt{x^2-3}-1}{x-2}=\lim_{x\to2}\frac{(\sqrt{x^2-3}-1)(\sqrt{x^2-3}+1)}{(x-2)(\sqrt{x^2-3}+1)}$$ 너코 034

$$=\lim_{x\to2}\frac{(x^2-3)-1}{(x-2)(\sqrt{x^2-3}+1)}$$
$$=\lim_{x\to2}\frac{x^2-4}{(x-2)(\sqrt{x^2-3}+1)}$$
$$=\lim_{x\to2}\frac{(x-2)(x+2)}{(x-2)(\sqrt{x^2-3}+1)}$$
$$=\lim_{x\to2}\frac{x+2}{\sqrt{x^2-3}+1}$$
$$=\frac{2+2}{\sqrt{2^2-3}+1}=2$$ 너코 033

답 2

D03-02

$$\lim_{x\to0}\frac{20x}{\sqrt{4+x}-\sqrt{4-x}}$$
$$=\lim_{x\to0}\frac{20x(\sqrt{4+x}+\sqrt{4-x})}{(\sqrt{4+x}-\sqrt{4-x})(\sqrt{4+x}+\sqrt{4-x})}$$ 너코 034
$$=\lim_{x\to0}\frac{20x(\sqrt{4+x}+\sqrt{4-x})}{(4+x)-(4-x)}$$
$$=\lim_{x\to0}\frac{20x(\sqrt{4+x}+\sqrt{4-x})}{2x}$$
$$=\lim_{x\to0}10(\sqrt{4+x}+\sqrt{4-x})$$
$$=10(\sqrt{4}+\sqrt{4})=40$$ 너코 033

답 40

D03-03

$$\lim_{x\to1}\frac{x^2-1}{\sqrt{x+3}-2}=\lim_{x\to1}\frac{(x^2-1)(\sqrt{x+3}+2)}{(\sqrt{x+3}-2)(\sqrt{x+3}+2)}$$ 너코 034
$$=\lim_{x\to1}\frac{(x^2-1)(\sqrt{x+3}+2)}{(x+3)-4}$$
$$=\lim_{x\to1}\frac{(x-1)(x+1)(\sqrt{x+3}+2)}{x-1}$$
$$=\lim_{x\to1}(x+1)(\sqrt{x+3}+2)$$
$$=2\times4=8$$ 너코 033

답 ②

D03-04

$-x=t$라 하면 x와 t의 관계는 다음과 같다.

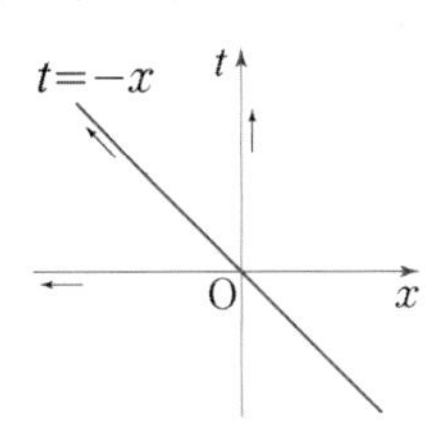

따라서 $x\to-\infty$일 때 $t\to\infty$이므로 너코 032

$$\therefore\ \lim_{x\to-\infty}\frac{x+1}{\sqrt{x^2+x}-x}=\lim_{t\to\infty}\frac{-t+1}{\sqrt{t^2-t}+t}$$ …빈출 QnA
$$=\lim_{t\to\infty}\frac{-1+\frac{1}{t}}{\sqrt{1-\frac{1}{t}}+1}$$ 너코 035
$$=\frac{-1+0}{\sqrt{1-0}+1}=-\frac{1}{2}$$ 너코 033

답 ②

빈출 QnA

Q. $-x=t$로 치환한 식 $\frac{-t+1}{\sqrt{t^2-t}+t}$에 분모의 유리화를 적용하면 극한이 구해지지 않아요. 무리함수가 포함되면 무조건 유리화를 해주는 게 아닌가요?

A. 무리함수가 포함된 $\infty-\infty$꼴일 때, 그 부분을 유리화해주는 것입니다.

$\frac{-t+1}{\sqrt{t^2-t}+t}$에서 무리함수가 포함된 분모 $\sqrt{t^2-t}+t$는 굳이 표현하자면 $\infty+\infty$꼴,

즉 양의 무한대로 발산하는 부분입니다.

따라서 $\lim_{t\to\infty}\frac{-t+1}{\sqrt{t^2-t}+t}$은 결국 $(-)\frac{\infty}{\infty}$ 꼴 극한이므로 해설에서와 같이 분자와 분모를 각각 최고차항으로 나누어 그 값을 구하는 것이 맞습니다.

D03-05

$$\lim_{x\to1}\frac{x^3-x^2+x-1}{\sqrt{x+8}-3}$$
$$=\lim_{x\to1}\frac{(x^3-x^2+x-1)(\sqrt{x+8}+3)}{(\sqrt{x+8}-3)(\sqrt{x+8}+3)}$$ 너코 034
$$=\lim_{x\to1}\frac{(x^3-x^2+x-1)(\sqrt{x+8}+3)}{(x+8)-9}$$
$$=\lim_{x\to1}\frac{(x-1)(x^2+1)(\sqrt{x+8}+3)}{x-1}$$
$$=\lim_{x\to1}(x^2+1)(\sqrt{x+8}+3)$$
$$=2\times6=12$$ 너코 033

답 ⑤

D03-06

$\lim_{x\to0}\sqrt{2x+9}=\sqrt{9}=3$ 너코 033

답 3

D03-07

$$\lim_{x\to\infty}\frac{\sqrt{x^2-2}+3x}{x+5}=\lim_{x\to\infty}\frac{\sqrt{1-\frac{2}{x^2}}+3}{1+\frac{5}{x}}$$
$$=\frac{1+3}{1+0}=4$$ 너코 033 너코 035

답 ④

D04-01

$\lim_{x\to2}\frac{\sqrt{x^2+a}-b}{x-2}=\frac{2}{5}$에서

(분모)$\to0$이므로 (분자)$\to0$이다. 너코 034

따라서 $\lim_{x\to2}(\sqrt{x^2+a}-b)=\sqrt{4+a}-b=0$, 너코 033

즉 $b=\sqrt{4+a}$이므로

$$\lim_{x\to2}\frac{\sqrt{x^2+a}-b}{x-2}=\lim_{x\to2}\frac{\sqrt{x^2+a}-\sqrt{4+a}}{x-2}$$
$$=\lim_{x\to2}\frac{(x^2+a)-(4+a)}{(x-2)(\sqrt{x^2+a}+\sqrt{4+a})}$$
$$=\lim_{x\to2}\frac{x^2-4}{(x-2)(\sqrt{x^2+a}+\sqrt{4+a})}$$
$$=\lim_{x\to2}\frac{(x-2)(x+2)}{(x-2)(\sqrt{x^2+a}+\sqrt{4+a})}$$
$$=\lim_{x\to2}\frac{x+2}{\sqrt{x^2+a}+\sqrt{4+a}}$$
$$=\frac{4}{2\sqrt{4+a}}=\frac{2}{\sqrt{4+a}}=\frac{2}{5}$$

에서 $\sqrt{4+a}=5$, 즉 $a=21$이다.

$\therefore\ a+b=21+\sqrt{4+21}=21+5=26$

답 26

D04-02

$\lim_{x\to2}\frac{x^2-4}{x^2+ax}$의 값이 0이 아닌 실수이고

(분자)$\to0$이므로 (분모)$\to0$이다. 너코 034

따라서 $\lim_{x\to2}(x^2+ax)=4+2a=0$, 너코 033

즉 $a=-2$이므로

$$\lim_{x\to2}\frac{x^2-4}{x^2+ax}=\lim_{x\to2}\frac{x^2-4}{x^2-2x}$$
$$=\lim_{x\to2}\frac{(x+2)(x-2)}{x(x-2)}$$
$$=\lim_{x\to2}\frac{x+2}{x}$$
$$=\frac{4}{2}=2=b$$

$\therefore\ a+b=(-2)+2=0$

답 ③

D04-03

$\lim_{x\to1}\frac{\sqrt{x^2+a}-b}{x-1}=\frac{1}{2}$에서

(분모)$\to0$이므로 (분자)$\to0$이다. 너코 034

따라서 $\lim_{x\to1}(\sqrt{x^2+a}-b)=\sqrt{1+a}-b=0$, 너코 033

즉 $b=\sqrt{1+a}$이므로

$$\lim_{x\to1}\frac{\sqrt{x^2+a}-b}{x-1}=\lim_{x\to1}\frac{\sqrt{x^2+a}-\sqrt{1+a}}{x-1}$$
$$=\lim_{x\to1}\frac{(x^2+a)-(1+a)}{(x-1)(\sqrt{x^2+a}+\sqrt{1+a})}$$
$$=\lim_{x\to1}\frac{x^2-1}{(x-1)(\sqrt{x^2+a}+\sqrt{1+a})}$$
$$=\lim_{x\to1}\frac{(x-1)(x+1)}{(x-1)(\sqrt{x^2+a}+\sqrt{1+a})}$$
$$=\lim_{x\to1}\frac{x+1}{\sqrt{x^2+a}+\sqrt{1+a}}$$
$$=\frac{2}{2\sqrt{1+a}}$$
$$=\frac{1}{\sqrt{1+a}}=\frac{1}{2}$$

$\sqrt{1+a}=2$, 즉 $a=3$이므로 $b=\sqrt{1+3}=2$이다.

$\therefore\ ab=6$

답 ①

D04-04

$\lim\limits_{x\to2}\dfrac{x^2-(a+2)x+2a}{x^2-b}$의 값이 0이 아닌 실수이고

(분자)$\to0$이므로 (분모)$\to0$이다. 너코 034

따라서 $\lim\limits_{x\to2}(x^2-b)=4-b=0$, 즉 $b=4$이므로 너코 033

$$\lim_{x\to2}\frac{x^2-(a+2)x+2a}{x^2-b}=\lim_{x\to2}\frac{x^2-(a+2)x+2a}{x^2-4}$$
$$=\lim_{x\to2}\frac{(x-a)(x-2)}{(x+2)(x-2)}$$
$$=\lim_{x\to2}\frac{x-a}{x+2}=\frac{2-a}{4}=3$$

에서 $a=-10$이다.

$\therefore\ a+b=(-10)+4=-6$

답 ①

D04-05

$\lim\limits_{x\to1}\dfrac{\sqrt{2x+a}-\sqrt{x+3}}{x^2-1}$의 값이 존재하고

(분모)$\to0$이므로 (분자)$\to0$이다. 너코 034

따라서 $\lim\limits_{x\to1}(\sqrt{2x+a}-\sqrt{x+3})=\sqrt{2+a}-2=0$, 너코 033

즉 $a=2$이므로

$$\lim_{x\to1}\frac{\sqrt{2x+a}-\sqrt{x+3}}{x^2-1}$$
$$=\lim_{x\to1}\frac{\sqrt{2x+2}-\sqrt{x+3}}{x^2-1}$$
$$=\lim_{x\to1}\frac{(2x+2)-(x+3)}{(x^2-1)(\sqrt{2x+2}+\sqrt{x+3})}$$
$$=\lim_{x\to1}\frac{x-1}{(x-1)(x+1)(\sqrt{2x+2}+\sqrt{x+3})}$$
$$=\lim_{x\to1}\frac{1}{(x+1)(\sqrt{2x+2}+\sqrt{x+3})}$$
$$=\frac{1}{2(2+2)}=\frac{1}{8}=b$$

$\therefore\ ab=2\times\dfrac{1}{8}=\dfrac{1}{4}$

답 ④

D04-06

$\lim\limits_{x\to1}\dfrac{ax+b}{\sqrt{x+1}-\sqrt{2}}=2\sqrt{2}$에서

(분모)$\to0$이므로 (분자)$\to0$이다. 너코 034

따라서 $\lim\limits_{x\to1}(ax+b)=a+b=0$, 즉 $b=-a$이므로 너코 033

$$\lim_{x\to1}\frac{ax+b}{\sqrt{x+1}-\sqrt{2}}=\lim_{x\to1}\frac{ax-a}{\sqrt{x+1}-\sqrt{2}}$$
$$=\lim_{x\to1}\frac{a(x-1)(\sqrt{x+1}+\sqrt{2})}{(x+1)-2}$$
$$=\lim_{x\to1}\frac{a(x-1)(\sqrt{x+1}+\sqrt{2})}{x-1}$$
$$=a\lim_{x\to1}(\sqrt{x+1}+\sqrt{2})$$
$$=2\sqrt{2}a=2\sqrt{2}$$

에서 $a=1$이고 $b=-1$이다.

$\therefore\ ab=-1$

답 ③

D04-07

$\lim\limits_{x\to-3}\dfrac{\sqrt{x^2-x-3}+ax}{x+3}$의 값이 존재하고

(분모)$\to0$이므로 (분자)$\to0$이다. 너코 034

따라서 $\lim\limits_{x\to-3}(\sqrt{x^2-x-3}+ax)=3-3a=0$, 너코 033

즉 $a=1$이므로

$$\lim_{x\to-3}\frac{\sqrt{x^2-x-3}+ax}{x+3}=\lim_{x\to-3}\frac{\sqrt{x^2-x-3}+x}{x+3}$$
$$=\lim_{x\to-3}\frac{(x^2-x-3)-x^2}{(x+3)(\sqrt{x^2-x-3}-x)}$$
$$=\lim_{x\to-3}\frac{-(x+3)}{(x+3)(\sqrt{x^2-x-3}-x)}$$
$$=\lim_{x\to-3}\left(-\frac{1}{\sqrt{x^2-x-3}-x}\right)$$
$$=-\frac{1}{6}=b$$

$\therefore\ a+b=1+\left(-\dfrac{1}{6}\right)=\dfrac{5}{6}$

답 ⑤

D04-08

풀이 1

$\lim\limits_{x\to1}\dfrac{x^2+ax-b}{x^3-1}=3$에서

(분모)$\to0$이므로 (분자)$\to0$이다. 너코 034

따라서 $\lim\limits_{x\to1}(x^2+ax-b)=1+a-b=0$, 너코 033

즉 $b=a+1$이므로

$$\lim_{x\to1}\frac{x^2+ax-b}{x^3-1}=\lim_{x\to1}\frac{x^2+ax-(a+1)}{x^3-1}$$
$$=\lim_{x\to1}\frac{(x-1)(x+a+1)}{(x-1)(x^2+x+1)}$$
$$=\lim_{x\to1}\frac{x+a+1}{x^2+x+1}=\frac{a+2}{3}=3$$

에서 $a=7$이고 $b=8$이다.

$\therefore\ a+b=15$

풀이 2

$\lim_{x\to1}\frac{x^2+ax-b}{x^3-1}=3$에서

(분모)$\to0$이므로 (분자)$\to0$이다. 너코 034

따라서 $\lim_{x\to1}(x^2+ax-b)=1+a-b=0$이고 너코 033

x^2+ax-b는 $x-1$을 인수로 갖는다.

즉, $x^2+ax-b=(x-1)(x+b)$이므로 (단, $a=b-1$)

$$\lim_{x\to1}\frac{x^2+ax-b}{x^3-1}=\lim_{x\to1}\frac{(x-1)(x+b)}{(x-1)(x^2+x+1)}$$
$$=\lim_{x\to1}\frac{x+b}{x^2+x+1}$$
$$=\frac{1+b}{3}=3$$

에서 $b=8$이고 $a=8-1=7$이다.

$\therefore\ a+b=15$

답 ④

D04-09

$\lim_{x\to3}\frac{\sqrt{x+a}-b}{x-3}=\frac{1}{4}$에서

(분모)$\to0$이므로 (분자)$\to0$이다. 너코 034

따라서 $\lim_{x\to3}(\sqrt{x+a}-b)=\sqrt{3+a}-b=0$, 너코 033

즉 $b=\sqrt{3+a}$이므로

$$\lim_{x\to3}\frac{\sqrt{x+a}-b}{x-3}=\lim_{x\to3}\frac{\sqrt{x+a}-\sqrt{3+a}}{x-3}$$
$$=\lim_{x\to3}\frac{(x+a)-(3+a)}{(x-3)(\sqrt{x+a}+\sqrt{3+a})}$$
$$=\lim_{x\to3}\frac{x-3}{(x-3)(\sqrt{x+a}+\sqrt{3+a})}$$
$$=\lim_{x\to3}\frac{1}{\sqrt{x+a}+\sqrt{3+a}}$$
$$=\frac{1}{2\sqrt{3+a}}=\frac{1}{4}$$

에서 $\sqrt{3+a}=2$, 즉 $a=1$이고 $b=\sqrt{3+1}=2$이다.

$\therefore\ a+b=3$

답 ①

D04-10

풀이 1

$\lim_{x\to3}\frac{x^2+ax+b}{x-3}=14$에서

(분모)$\to0$이므로 (분자)$\to0$이다. 너코 034

따라서 $\lim_{x\to3}(x^2+ax+b)=9+3a+b=0$, 너코 033

즉 $b=-3a-9$이므로

$$\lim_{x\to3}\frac{x^2+ax+b}{x-3}=\lim_{x\to3}\frac{x^2+ax-3a-9}{x-3}$$
$$=\lim_{x\to3}\frac{(x-3)(x+a+3)}{x-3}$$
$$=\lim_{x\to3}(x+a+3)$$
$$=a+6=14$$

에서 $a=8$이고 $b=-33$이다.

$\therefore\ a+b=-25$

풀이 2

$\lim_{x\to3}\frac{x^2+ax+b}{x-3}=14$에서

(분모)$\to0$이므로 (분자)$\to0$이다. 너코 034

따라서 $\lim_{x\to3}(x^2+ax+b)=9+3a+b=0$이고 너코 033

x^2+ax+b는 $x-3$을 인수로 갖는다.

즉, $x^2+ax+b=(x-3)\left(x-\frac{b}{3}\right)$이므로 (단, $a=-3-\frac{b}{3}$)

$$\lim_{x\to3}\frac{x^2+ax+b}{x-3}=\lim_{x\to3}\frac{(x-3)\left(x-\frac{b}{3}\right)}{x-3}$$
$$=\lim_{x\to3}\left(x-\frac{b}{3}\right)=3-\frac{b}{3}=14$$

에서 $b=-33$이고 $a=(-3)+\frac{33}{3}=8$이다.

$\therefore\ a+b=-25$

답 ①

D04-11

$\lim_{x\to1}\frac{x^2+ax}{x-1}$의 값이 존재하고

(분모)$\to0$이므로 (분자)$\to0$이다. 너코 034

따라서 $\lim_{x\to1}(x^2+ax)=1+a=0$, 너코 033

즉 $a=-1$이므로

$$\lim_{x\to1}\frac{x^2+ax}{x-1}=\lim_{x\to1}\frac{x^2-x}{x-1}$$
$$=\lim_{x\to1}\frac{x(x-1)}{x-1}$$
$$=\lim_{x\to1}x=1=b$$

$\therefore\ a+b=(-1)+1=0$

답 ③

D04-12

$\lim_{x\to2}\frac{\sqrt{x+a}-2}{x-2}$의 값이 존재하고

(분모)$\to0$이므로 (분자)$\to0$이다. 너코 034

따라서 $\lim_{x\to2}(\sqrt{x+a}-2)=\sqrt{2+a}-2=0$, 너코 033

즉 $a=2$이므로

$$\lim_{x\to2}\frac{\sqrt{x+a}-2}{x-2}=\lim_{x\to2}\frac{\sqrt{x+2}-2}{x-2}$$
$$=\lim_{x\to2}\frac{(x+2)-4}{(x-2)(\sqrt{x+2}+2)}$$
$$=\lim_{x\to2}\frac{x-2}{(x-2)(\sqrt{x+2}+2)}$$
$$=\lim_{x\to2}\frac{1}{\sqrt{x+2}+2}=\frac{1}{4}=b$$

$\therefore\ 10a+4b=10\times2+4\times\frac{1}{4}=21$

답 21

D04-13

$\lim_{x\to1}\frac{4x-a}{x-1}$의 값이 존재하고

(분모)$\to0$이므로 (분자)$\to0$이다. 너코 034

따라서 $\lim_{x\to1}(4x-a)=4-a=0$, 즉 $a=4$이므로 너코 033

$$\lim_{x\to1}\frac{4x-a}{x-1}=\lim_{x\to1}\frac{4x-4}{x-1}$$
$$=\lim_{x\to1}\frac{4(x-1)}{x-1}$$
$$=4=b$$

$\therefore\ a+b=4+4=8$

답 ①

D05-01

풀이 1

$f(x)$의 최고차항의 계수가 1이므로

$f(x)=x^3+ax^2+bx+c$로 놓으면 (단, a, b, c는 상수)

$f(-1)=-1+a-b+c=2$,

$f(0)=c=0$,

$f(1)=1+a+b+c=-2$

세 식을 연립하여 풀면

$a=0$, $b=-3$, $c=0$이므로

$f(x)=x^3-3x$

$$\lim_{x\to0}\frac{f(x)}{x}=\lim_{x\to0}\frac{x^3-3x}{x}$$
$$=\lim_{x\to0}(x^2-3)\ \text{너코 034}$$
$$=0-3=-3\ \text{너코 033}$$

풀이 2

$f(-1)=2$, $f(0)=0$, $f(1)=-2$에서

$f(-1)=-2\times(-1)$, $f(0)=-2\times0$, $f(1)=-2\times1$이므로

방정식 $f(x)=-2x$,

즉 방정식 $f(x)+2x=0$의 세 실근이 $x=-1,\ 0,\ 1$이다.

또한 삼차함수 $f(x)$의 최고차항의 계수가 1이므로

$f(x)+2x=x(x+1)(x-1)$

$f(x)=x(x+1)(x-1)-2x=x^3-3x$

$$\therefore\ \lim_{x\to0}\frac{f(x)}{x}=\lim_{x\to0}\frac{x^3-3x}{x}$$
$$=\lim_{x\to0}(x^2-3)\ \text{너코 034}$$
$$=0-3=-3\ \text{너코 033}$$

답 ③

D05-02

조건 (가)에서 $\lim_{x\to\infty}\frac{f(x)-x^3}{3x}=2$이므로

함수 $f(x)-x^3$은 최고차항의 계수가 6인 일차함수이다.

너코 035

따라서 $f(x)-x^3=6x+a$,

즉 $f(x)=x^3+6x+a$라 하면 (단, a는 상수)

조건 (나)에서

$\lim_{x\to0}(x^3+6x+a)=a=-7$이므로 너코 033

$f(x)=x^3+6x-7$이다.

$\therefore\ f(2)=13$

답 13

D05-03

$\lim_{x\to1}\frac{g(x)-2x}{x-1}$의 값이 존재하고

(분모)$\to0$이므로 (분자)$\to0$이다. 너코 034

따라서 $\lim_{x\to1}\{g(x)-2x\}=g(1)-2=0$, 너코 032 너코 033

즉 $g(1)=2$이다.

한편 $f(x)+x-1=(x-1)g(x)$에서

$f(x)=(x-1)\{g(x)-1\}$이므로

$$\lim_{x\to1}\frac{f(x)g(x)}{x^2-1}=\lim_{x\to1}\frac{(x-1)\{g(x)-1\}g(x)}{(x-1)(x+1)}$$
$$=\lim_{x\to1}\frac{\{g(x)-1\}g(x)}{x+1}$$
$$=\frac{\{g(1)-1\}g(1)}{2}$$
$$=\frac{(2-1)2}{2}=1$$

답 ①

D05-04

풀이 1

$\lim_{x\to\infty}\frac{f(x)}{x^3}=0$이므로

함수 $f(x)$는 이차 이하의 다항함수이다. 너코 035

따라서 $f(x)=ax^2+bx+c$라 하자. (단, a, b, c는 상수)

$\lim_{x\to0}\frac{f(x)}{x}=5$에서

(분모) $\to 0$이므로 (분자) $\to 0$이다. 너코 034

즉, $\lim_{x\to0}(ax^2+bx+c)=c=0$이므로 너코 033

$$\lim_{x\to0}\frac{f(x)}{x}=\lim_{x\to0}\frac{ax^2+bx}{x}$$
$$=\lim_{x\to0}(ax+b)=b=5$$

$f(x)=ax^2+5x$이고 방정식 $f(x)=x$의 한 근이 -2이므로

$f(-2)=4a-10=-2$에서 $a=2$이다.

따라서 $f(x)=2x^2+5x$이다.

$\therefore\ f(1)=7$

풀이 2

$\lim_{x\to\infty}\frac{f(x)}{x^3}=0$이므로

함수 $f(x)$는 이차 이하의 다항함수이며 너코 035 ……㉠

$\lim_{x\to0}\frac{f(x)}{x}=5$에서

(분모) $\to 0$이므로 (분자) $\to 0$이다. 너코 034

따라서 $\lim_{x\to0}f(x)=f(0)=0$이므로 너코 032

$f(x)$는 x를 인수로 가진다. ……㉡

㉠, ㉡에 의하여

$f(x)=x(ax+b)$라 하면 (단, a, b는 상수)

$$\lim_{x\to0}\frac{f(x)}{x}=\lim_{x\to0}\frac{x(ax+b)}{x}=\lim_{x\to0}(ax+b)=b=5$$ 너코 033

이때 방정식 $f(x)=x$의 한 근이 -2이므로

$f(-2)=-2(-2a+b)=-2(-2a+5)=-2$에서

$a=2$이다.

따라서 $f(x)=x(2x+5)$이다.

$\therefore\ f(1)=7$

답 ②

D05-05

이차함수 $f(x)$의 최고차항의 계수가 1이고

방정식 $f(x)=0$의 두 근이 α, β이므로

$f(x)=(x-\alpha)(x-\beta)$이다.

주어진 조건 $\lim_{x\to a}\frac{f(x)-(x-a)}{f(x)+(x-a)}=\frac{3}{5}$에서

$\lim_{x\to a}f(x)\neq0$이면

$\lim_{x\to a}\frac{f(x)-(x-a)}{f(x)+(x-a)}=\frac{f(a)}{f(a)}=1\neq\frac{3}{5}$이므로 너코 033

$\lim_{x\to a}f(x)=0$이어야 한다.

즉, $\lim_{x\to a}f(x)=f(a)=0$이므로 너코 032

α, β 중 어느 하나가 a이다.

일반성을 잃지 않고 $\alpha=a$라 하면

$$\lim_{x\to a}\frac{f(x)-(x-a)}{f(x)+(x-a)}=\lim_{x\to\alpha}\frac{(x-\alpha)(x-\beta)-(x-\alpha)}{(x-\alpha)(x-\beta)+(x-\alpha)}$$
$$=\lim_{x\to\alpha}\frac{(x-\alpha)(x-\beta-1)}{(x-\alpha)(x-\beta+1)}$$
$$=\lim_{x\to\alpha}\frac{x-\beta-1}{x-\beta+1}$$ 너코 034
$$=\frac{\alpha-\beta-1}{\alpha-\beta+1}=\frac{3}{5}$$

에서 $5(\alpha-\beta)-5=3(\alpha-\beta)+3$,

$2(\alpha-\beta)=8$이다.

$\therefore\ |\alpha-\beta|=4$

답 ④

D05-06

풀이 1

조건 (가)에서 $\lim_{x\to\infty}\frac{f(x)}{x^2}=2$이므로

함수 $f(x)$는 최고차항의 계수가 2인 이차함수이다. 너코 035

따라서 $f(x)=2x^2+ax+b$라 하자. (단, a, b는 상수)

조건 (나)에서 $\lim_{x\to0}\frac{f(x)}{x}=3$이고

(분모) $\to 0$이므로 (분자) $\to 0$이다. 너코 034

즉, $\lim_{x\to0}(2x^2+ax+b)=b=0$이므로 너코 033

$$\lim_{x\to0}\frac{f(x)}{x}=\lim_{x\to0}\frac{2x^2+ax+b}{x}$$
$$=\lim_{x\to0}\frac{2x^2+ax}{x}$$
$$=\lim_{x\to0}(2x+a)=a=3$$

따라서 $f(x)=2x^2+3x$이다.

$\therefore\ f(2)=14$

풀이 2

조건 (가)에서 $\lim_{x\to\infty}\frac{f(x)}{x^2}=2$이므로

함수 $f(x)$는 최고차항의 계수가 2인 이차함수이며 너코 035 ……㉠

조건 (나)에서 $\lim_{x\to0}\frac{f(x)}{x}=3$이고

(분모) $\to 0$이므로 (분자) $\to 0$이다. 너코 034

따라서 $\lim_{x\to0}f(x)=f(0)=0$이므로 너코 032

$f(x)$는 x를 인수로 가진다. ……㉡

㉠, ㉡에 의하여

$f(x)=2x(x+a)$라 하면 (단, a는 상수)

$$\lim_{x\to0}\frac{f(x)}{x}=\lim_{x\to0}\frac{2x(x+a)}{x}$$
$$=2\lim_{x\to0}(x+a)$$
$$=2a=3$$ 너코 033

즉 $a=\frac{3}{2}$이므로 $f(x)=2x\left(x+\frac{3}{2}\right)$이다.

$\therefore\ f(2)=14$

답 ②

D05-07

$\lim_{x\to\infty}\frac{f(x)-4x^3+3x^2}{x^{n+1}+1}=6$에서

$f(x)-4x^3+3x^2$의 최고차항은 $6x^{n+1}$이다. 너코 035

i) $n+1=2$이면 $\lim_{x\to 0}\frac{f(x)}{x}=4$에 의하여

$f(x)=4x^3+3x^2+4x$이므로 $f(1)=11$이다.

ii) $n+1=3$이면 $f(x)$의 최고차항은 $10x^{n+1}$이고

$n+1>3$이면 $f(x)$의 최고차항은 $6x^{n+1}$이다.

또한 $\lim_{x\to 0}\frac{f(x)}{x^n}=4$에서 0이 아닌 값으로 수렴하므로

$f(x)=x^n(ax+b)$라 할 수 있다. 너코 034

(단, a는 10 또는 6이고, b는 0이 아닌 상수)

$\lim_{x\to 0}\frac{x^n(ax+b)}{x^n}=\lim_{x\to 0}(ax+b)=b=4$이므로 너코 032

$f(x)=x^n(ax+4)$이다.

따라서 $a=10$일 때 $f(1)$은 최댓값 14를 갖는다.

i), ii)에 의하여 $f(1)$의 최댓값은 14이다.

답 ③

D05-08

풀이 1

$\lim_{x\to\infty}\frac{f(x)}{x^3}=1$에서

함수 $f(x)$는 최고차항의 계수가 1인 삼차함수이다. 너코 035

따라서 $f(x)=x^3+ax^2+bx+c$라 하자. (단, a, b, c는 상수)

$\lim_{x\to -1}\frac{f(x)}{x+1}=2$에서

(분모)$\to 0$이므로 (분자)$\to 0$이다. 너코 034

즉, $\lim_{x\to -1}(x^3+ax^2+bx+c)=-1+a-b+c=0$이므로

너코 033

$$\begin{aligned}\lim_{x\to -1}\frac{f(x)}{x+1}&=\lim_{x\to -1}\frac{x^3+ax^2+bx+1-a+b}{x+1}\\&=\lim_{x\to -1}\frac{(x+1)\{x^2+(a-1)x+1-a+b\}}{x+1}\\&=\lim_{x\to -1}\{x^2+(a-1)x+1-a+b\}\\&=3-2a+b=2\end{aligned}$$

따라서 $b=2a-1$이고

$f(x)=(x+1)\{x^2+(a-1)x+a\}$이다.

한편 $f(1)\le 12$일 때

$4a\le 12$,

$a\le 3$이므로 $f(2)=3(3a+2)\le 33$이다.

따라서 $f(2)$의 최댓값은 33이다.

풀이 2

$\lim_{x\to\infty}\frac{f(x)}{x^3}=1$에서

함수 $f(x)$는 최고차항의 계수가 1인 삼차함수이다. 너코 035 ⋯⋯㉠

$\lim_{x\to -1}\frac{f(x)}{x+1}=2$에서

(분모)$\to 0$이므로 (분자)$\to 0$이다. 너코 034

즉, $\lim_{x\to -1}f(x)=f(-1)=0$이다. 너코 032 ⋯⋯㉡

㉠, ㉡에 의하여

$f(x)=(x+1)(x^2+ax+b)$라 할 수 있으므로 (단, a, b는 상수)

$$\begin{aligned}\lim_{x\to -1}\frac{f(x)}{x+1}&=\lim_{x\to -1}\frac{(x+1)(x^2+ax+b)}{x+1}\\&=\lim_{x\to -1}(x^2+ax+b)\\&=1-a+b=2\end{aligned}$$ 너코 033

즉, $b=a+1$이므로 $f(x)=(x+1)(x^2+ax+a+1)$이다.

한편 $f(1)\le 12$일 때

$2(2+2a)\le 12$,

$a\le 2$이므로 $f(2)=3(3a+5)\le 33$이다.

따라서 $f(2)$의 최댓값은 33이다.

답 ③

D05-09

풀이 1

조건 (가)에서 $\lim_{x\to\infty}\frac{f(x)g(x)}{x^3}=2$이므로

함수 $f(x)g(x)$는 최고차항의 계수가 2인 삼차함수이다.

너코 035

따라서 $f(x)g(x)=2x^3+ax^2+bx+c$라 하면

(단, a, b, c는 상수)

조건 (나)에서 $\lim_{x\to 0}\frac{f(x)g(x)}{x^2}=-4$이고

(분모)$\to 0$이므로 (분자)$\to 0$이다. 너코 034

즉, $\lim_{x\to 0}(2x^3+ax^2+bx+c)=c=0$이며 너코 033

$\lim_{x\to 0}\frac{2x^2+ax+b}{x}=-4$에서

(분모)$\to 0$이므로 (분자)$\to 0$이다.

즉, $\lim_{x\to 0}(2x^2+ax+b)=b=0$이며

$\lim_{x\to 0}(2x+a)=a=-4$이므로

$f(x)g(x)=2x^3-4x^2$이다.

두 함수 $f(x)$, $g(x)$의 상수항과 계수가 모두 정수이므로

$f(x)=2x^2$, $g(x)=x-2$일 때 $f(2)$는 최댓값 8을 갖는다.

풀이 2

조건 (가)에서 $\lim_{x\to\infty}\frac{f(x)g(x)}{x^3}=2$이므로

함수 $f(x)g(x)$는 최고차항의 계수가 2인 삼차함수이다.

너코 035 ……㉠

조건 (나)에서 $\lim_{x\to 0}\frac{f(x)g(x)}{x^2}=-4$이므로

함수 $f(x)g(x)$는 x^2을 인수로 갖는다. 너코 034 ……㉡

㉠, ㉡에 의하여

$f(x)g(x)=2x^2(x+a)$라 하면 (단, a는 0이 아닌 상수)

$\lim_{x\to 0}\frac{f(x)g(x)}{x^2}=\lim_{x\to 0}\frac{2x^2(x+a)}{x^2}=2a=-4$

즉, $a=-2$이므로 $f(x)g(x)=2x^2(x-2)$이다.

두 함수 $f(x)$, $g(x)$의 상수항과 계수가 모두 정수이므로

$f(x)=2x^2$, $g(x)=x-2$일 때 $f(2)$는 최댓값 8을 갖는다.

답 ③

D 05-10

풀이 1

$\lim_{x\to 0}\frac{f(x)}{x}=1$에서 극한값이 존재하고, $x\to 0$일 때

(분모)$\to 0$이므로 (분자)$\to 0$이어야 한다. 너코 034

$\therefore \lim_{x\to 0}f(x)=f(0)=0$ 너코 032

또한 $\lim_{x\to 1}\frac{f(x)}{x-1}=1$에서 같은 이유로

$\lim_{x\to 1}f(x)=f(1)=0$

따라서 삼차함수 $f(x)$를

$f(x)=x(x-1)(ax+b)$ (a, b는 상수)

로 놓을 수 있으므로

$\lim_{x\to 0}\frac{f(x)}{x}=\lim_{x\to 0}(x-1)(ax+b)=-b=1$에서 너코 033

$b=-1$

$\lim_{x\to 1}\frac{f(x)}{x-1}=\lim_{x\to 1}x(ax+b)=a+b=1$에서

$a=2$ ($\because$ $b=-1$)

따라서 $f(x)=x(x-1)(2x-1)$이므로

$f(2)=2\times 1\times 3=6$

풀이 2

$\lim_{x\to 0}\frac{f(x)}{x}=1$에서 $f(0)=0$, $f'(0)=1$, 너코 034 너코 041

$\lim_{x\to 1}\frac{f(x)}{x-1}=1$에서 $f(1)=0$, $f'(1)=1$이다.

$f(0)=0$, $f(1)=0$이므로 삼차함수 $f(x)$를

$f(x)=x(x-1)(ax+b)$ (a, b는 상수)라 하면

$f'(x)=(x-1)(ax+b)+x(ax+b)+ax(x-1)$ 너코 045

$f'(0)=1$에서 $-b=1$

$f'(1)=1$에서 $a+b=1$

두 식을 연립하여 풀면 $a=2$, $b=-1$

따라서 $f(x)=x(x-1)(2x-1)$이므로

$f(2)=2\times 1\times 3=6$

답 ②

D 05-11

$$\lim_{x\to 0+}\frac{x^3 f\left(\frac{1}{x}\right)-1}{x^3+x}=\lim_{x\to 0+}\frac{f\left(\frac{1}{x}\right)-\frac{1}{x^3}}{1+\frac{1}{x^2}}\text{에서}$$

$\frac{1}{x}=t$라 하면 x와 t의 관계는 그림과 같다.

$x\to 0+$일 때 $t\to\infty$이므로 너코 032

$$\lim_{x\to 0+}\frac{f\left(\frac{1}{x}\right)-\frac{1}{x^3}}{1+\frac{1}{x^2}}=\lim_{t\to\infty}\frac{f(t)-t^3}{1+t^2}=5$$

따라서 다항함수 $f(t)-t^3$은

최고차항의 계수가 5인 이차함수이어야 한다. 너코 035

$f(t)-t^3=5t^2+at+b$라 하면 (단, a, b는 상수)

$f(t)=t^3+5t^2+at+b$이고

$\lim_{x\to 1}\frac{f(x)}{x^2+x-2}=\lim_{x\to 1}\frac{x^3+5x^2+ax+b}{x^2+x-2}=\frac{1}{3}$에서

(분모)$\to 0$이므로 (분자)$\to 0$이다. 너코 034

따라서 $\lim_{x\to 1}(x^3+5x^2+ax+b)=6+a+b=0$, 너코 033

즉 $b=-a-6$이다.

$$\begin{aligned}\lim_{x\to 1}\frac{f(x)}{x^2+x-2}&=\lim_{x\to 1}\frac{x^3+5x^2+ax-a-6}{x^2+x-2}\\&=\lim_{x\to 1}\frac{(x-1)(x^2+6x+a+6)}{(x-1)(x+2)}\\&=\lim_{x\to 1}\frac{x^2+6x+a+6}{x+2}\\&=\frac{a+13}{3}=\frac{1}{3}\end{aligned}$$

에서 $a=-12$, $b=6$이므로

$f(x)=x^3+5x^2-12x+6$이다.

$\therefore$ $f(2)=10$

답 10

D 05-12

조건 (나)에서 $n=1$, 2, 3, 4일 때를 각각 고려하여

두 삼차함수 $f(x)$, $g(x)$의 식을 구해보자.

i) $n=1$일 때

$\lim_{x\to 1}\frac{f(x)}{g(x)}=0$이고

$\lim_{x\to 1}g(x)=g(1)=0$이다. 너코 032

따라서 (분모)$\to 0$이므로 (분자)$\to 0$, 너코 034

즉 $\lim_{x\to 1} f(x)=f(1)=0$이다.

결국 $f(x)$, $g(x)$ 각각이 모두 $x-1$을 인수로 가지므로

$g(x)=(x-1)p(x)$, $f(x)=(x-1)q(x)$라 하면 ……㉠

$\lim_{x\to 1}\frac{f(x)}{g(x)}=\lim_{x\to 1}\frac{(x-1)q(x)}{(x-1)p(x)}=\lim_{x\to 1}\frac{q(x)}{p(x)}=0$이다.

이때 이차함수 $p(x)$에 대하여 $p(1)=\alpha$라 하면

$\lim_{x\to 1}p(x)=p(1)=\alpha$이고

$\lim_{x\to 1}q(x)=\lim_{x\to 1}\left\{\frac{q(x)}{p(x)}\times p(x)\right\}$

$=0\times\alpha=0$ 너코 033

따라서 이차함수 $q(x)$에 대하여 $\lim_{x\to 1}q(x)=q(1)=0$,

즉 $q(x)$는 $x-1$을 인수로 가지므로

$f(x)$는 $(x-1)^2$을 인수로 가진다. ($\because$ ㉠)

ii) $n=2$일 때

$\lim_{x\to 2}\frac{f(x)}{g(x)}=0$이고

이때 삼차함수 $g(x)$에 대하여 $g(2)=\beta$라 하면

$\lim_{x\to 2}g(x)=\beta$이고

$\lim_{x\to 2}f(x)=\lim_{x\to 2}\left\{\frac{f(x)}{g(x)}\times g(x)\right\}=0\times\beta=0$이다.

따라서 삼차함수 $f(x)$에 대하여 $\lim_{x\to 2}f(x)=f(2)=0$,

즉 $f(x)$는 $x-2$를 인수로 가진다.

i), ii)에서 최고차항의 계수가 1인 삼차함수 $f(x)$가

$f(x)=(x-1)^2(x-2)$임을 알 수 있다.

iii) $n=3$일 때

$\lim_{x\to 3}\frac{f(x)}{g(x)}=\lim_{x\to 3}\frac{(x-1)^2(x-2)}{(x-1)p(x)}=2$,

즉 $\frac{2^2\times 1}{2p(3)}=2$이므로

$p(3)=1$

iv) $n=4$일 때

$\lim_{x\to 4}\frac{f(x)}{g(x)}=\lim_{x\to 4}\frac{(x-1)^2(x-2)}{(x-1)p(x)}=6$,

즉 $\frac{3^2\times 2}{3p(4)}=6$이므로

$p(4)=1$

iii), iv)에서 함수 $p(x)$는 최고차항의 계수가 1인 이차함수이고

이차방정식 $p(x)=1$이 두 근 $x=3$, $x=4$를 가지므로

$p(x)-1=(x-3)(x-4)$

$p(x)=x^2-7x+13$

따라서 $g(x)=(x-1)(x^2-7x+13)$이다. ($\because$ ㉠)

$\therefore\ g(5)=4\times 3=12$

답 ⑤

D05-13

$\lim_{x\to\infty}\frac{f(x)-x^3}{x^2}=-11$이므로

함수 $f(x)-x^3$은 최고차항의 계수가 -11인 이차함수이다.

너코 035

즉, $f(x)-x^3=-11x^2+ax+b$라 하면 (단, a, b는 상수)

$f(x)=x^3-11x^2+ax+b$이고

$\lim_{x\to 1}\frac{f(x)}{x-1}=-9$에서

(분모)$\to 0$이므로 (분자)$\to 0$이다. 너코 034

따라서 $\lim_{x\to 1}(x^3-11x^2+ax+b)=1-11+a+b=0$, 너코 033

즉 $b=10-a$이다.

$f(x)=x^3-11x^2+ax+10-a$

$=(x-1)(x^2-10x+a-10)$

$\lim_{x\to 1}\frac{f(x)}{x-1}=\lim_{x\to 1}\frac{(x-1)(x^2-10x+a-10)}{x-1}$

$=\lim_{x\to 1}(x^2-10x+a-10)=a-19=-9$

에서 $a=10$이고 $b=10-10=0$이다.

$\therefore\ f(x)=x^3-11x^2+10x$

$\therefore\ \lim_{x\to\infty}xf\left(\frac{1}{x}\right)=\lim_{x\to\infty}x\left(\frac{1}{x^3}-\frac{11}{x^2}+\frac{10}{x}\right)$

$=\lim_{x\to\infty}\left(\frac{1}{x^2}-\frac{11}{x}+10\right)$

$=0-0+10=10$ 너코 032

답 10

D05-14

만약 $f(\alpha)\neq 0$이면 삼차함수 $f(x)$는 연속함수이므로

$\lim_{x\to\alpha}\frac{f(2x+1)}{f(x)}=\frac{f(2\alpha+1)}{f(\alpha)}$이 되어 주어진 조건을

만족시킨다. 너코 032 너코 033

함수 $f(x)$는 삼차함수이므로 방정식 $f(x)=0$의 실근이

반드시 1개 이상 존재한다.

만약 $f(\alpha)=0$이면 $\lim_{x\to\alpha}\frac{f(2x+1)}{f(x)}$의 값이 존재하므로

$f(2\alpha+1)=0$이어야 한다. 너코 034

즉, $x=\alpha$가 방정식 $f(x)=0$의 실근이면 $x=2\alpha+1$도

방정식 $f(x)=0$의 실근이다.

따라서

$x=2(2\alpha+1)+1=4\alpha+3$도 방정식 $f(x)=0$의 실근이고

$x=2(4\alpha+3)+1=8\alpha+7$도 방정식 $f(x)=0$의 실근이다.

마찬가지 방법으로 삼차방정식 $f(x)=0$의 실근은

$x=\alpha,\ 2\alpha+1,\ 4\alpha+3,\ 8\alpha+7,\ \cdots$이다.

이때 삼차방정식의 서로 다른 실근의 개수는 많아야 3개이므로

$\alpha=2\alpha+1$에서 $\alpha=-1$이다.

즉, 삼차방정식 $f(x)=0$의 실근은 -1뿐이다. ……㉠

i) $\alpha=-1$이 방정식 $f(x)=0$의 삼중근인 경우
$f(x)=(x+1)^3$이고 이는 주어진 함수와 상수항이 다르므로 모순이다.

ii) $\alpha=-1$이 방정식 $f(x)=0$의 이중근인 경우
$x^3+ax^2+bx+4=(x+1)^2(x+4)$이고 이때 $x=-4$는 방정식 $f(x)=0$의 실근이 되므로 ㉠을 만족시키지 않는다.

따라서 방정식 $f(x)=0$은 $\alpha=-1$과 서로 다른 두 허근을 가진다.
$f(-1)=0$에서 $-1+a-b+4=0$이므로 $b=a+3$
따라서

$$x^3+ax^2+bx+4=x^3+ax^2+(a+3)x+4$$
$$=(x+1)\{x^2+(a-1)x+4\} \quad \cdots\cdots ㉡$$

이고 이차방정식 $x^2+(a-1)x+4=0$은 실근을 갖지 않는다.
이차방정식 $x^2+(a-1)x+4=0$의 판별식을 D라 하면
$D<0$에서
$(a-1)^2-16<0$, 즉 $-3<a<5$에서 정수 a의 최댓값은 4이다.
따라서 ㉡에서
$f(1)=2(a+4)\le 2\times(4+4)=16$
이므로 $f(1)$의 최댓값은 16이다.

답 16

D06-01

$$d_1=\sqrt{(t-1)^2+\sqrt{t}^2}=\sqrt{t^2-t+1}$$
$$d_2=\sqrt{(t-2)^2+\sqrt{t}^2}=\sqrt{t^2-3t+4}$$
$$\therefore \lim_{t\to\infty}(d_1-d_2)=\lim_{t\to\infty}\left(\sqrt{t^2-t+1}-\sqrt{t^2-3t+4}\right)$$
$$=\lim_{t\to\infty}\frac{(t^2-t+1)-(t^2-3t+4)}{\sqrt{t^2-t+1}+\sqrt{t^2-3t+4}}$$ 너코 035
$$=\lim_{t\to\infty}\frac{2t-3}{\sqrt{t^2-t+1}+\sqrt{t^2-3t+4}}$$
$$=\frac{2}{1+1}=1$$

답 ①

D06-02

직선 PQ는 직선 $y=x+1$과 점 $\mathrm{P}(t,\ t+1)$에서 수직으로 만난다.
따라서 그 기울기가 -1이므로
직선 PQ의 방정식은 $y=-(x-t)+t+1$이고
$\mathrm{Q}(0,\ 2t+1)$이다.
주어진 조건에서 $\mathrm{A}(-1,\ 0)$이므로
$\overline{\mathrm{AP}}^2=(t+1)^2+(t+1)^2=2t^2+4t+2$
$\overline{\mathrm{AQ}}^2=1^2+(2t+1)^2=4t^2+4t+2$

$$\therefore \lim_{t\to\infty}\frac{\overline{\mathrm{AQ}}^2}{\overline{\mathrm{AP}}^2}=\lim_{t\to\infty}\frac{4t^2+4t+2}{2t^2+4t+2}=\frac{4}{2}=2$$ 너코 035

답 ③

D06-03

$x\to8-$, $x\to8+$일 때의 함수 $g(x)$의 극한값을 찾아야 하므로 $x=8$과 가장 가까운 $7<x<8$, $8<x<9$일 때의 함수 $g(x)$를 구한다. 너코 032

i) $7<x<8$일 때
x보다 작은 자연수 중에서 소수는 2, 3, 5, 7의 4개이다.
따라서 $f(x)=4$이고 $x\le 2f(x)=8$이므로
$$g(x)=\frac{1}{f(x)}=\frac{1}{4}$$
따라서 $\displaystyle\lim_{x\to8-}g(x)=\frac{1}{4}=\beta$이다.

ii) $8<x<9$일 때
x보다 작은 자연수 중에서 소수는 2, 3, 5, 7의 4개이다.
따라서 $f(x)=4$이고 $x>2f(x)=8$이므로
$g(x)=f(x)=4$
따라서 $\displaystyle\lim_{x\to8+}g(x)=4=\alpha$이다.

$$\therefore \frac{\alpha}{\beta}=\frac{4}{\frac{1}{4}}=16$$

답 16

D06-04

함수 $y=|x^2-1|$의 그래프는 다음 그림과 같다. …빈출 QnA

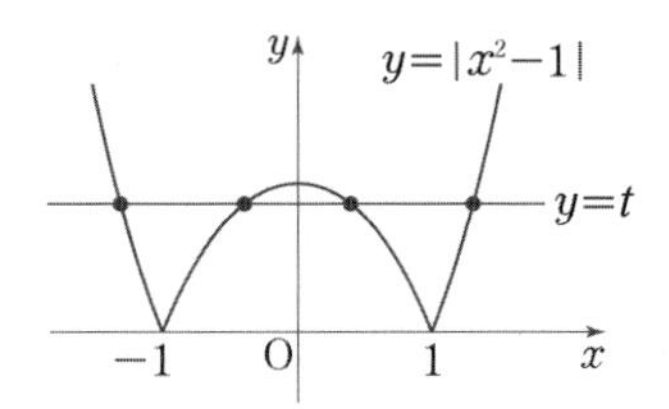

$t\to1-$일 때의 극한값을 찾아야 하므로
$0<t<1$일 때의 함수 $f(t)$를 구한다. 너코 032
$0<t<1$일 때, 함수 $y=|x^2-1|$의 그래프와 직선 $y=t$는 서로 다른 네 점에서 만나므로 $f(t)=4$이다.
$$\therefore \lim_{t\to1-}f(t)=4$$

답 ④

빈출 QnA

Q. 함수 $y=f(x)$의 그래프를 이용해서 함수 $y=|f(x)|$와 함수 $y=f(|x|)$의 그래프를 빠르게 그릴 수 있는 방법이 있나요?

A. 먼저 함수 $y=f(x)$의 그래프가 다음과 같다고 가정할게요.

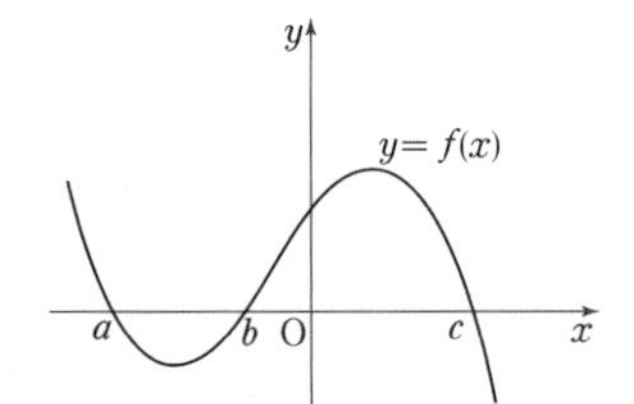

함수 $y=|f(x)|=\begin{cases} f(x) & (f(x)\geq 0) \\ -f(x) & (f(x)<0) \end{cases}$의 그래프는

$f(x)\geq 0$인 구간 $x\leq a$, $b\leq x\leq c$에서

함수 $y=f(x)$의 그래프와 같고

$f(x)<0$인 구간 $a<x<b$, $x>c$에서

함수 $y=-f(x)$의 그래프와 같습니다.

즉, 함수 $y=-f(x)$의 그래프가 함수 $y=f(x)$의 그래프를 x축에 대하여 대칭시킨 것이므로

함수 $y=|f(x)|$의 그래프는 함수 $y=f(x)$의 그래프의 x축 위쪽에 그려진 부분은 그대로 두고,

x축 아래쪽에 그려진 부분을 x축을 기준으로 위쪽으로 접어 올린 것과 같습니다.

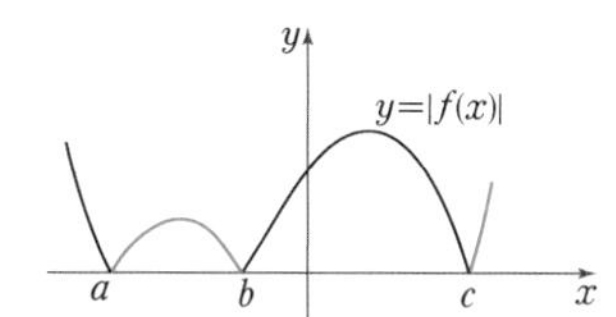

함수 $y=f(|x|)=\begin{cases} f(x) & (x\geq 0) \\ f(-x) & (x<0) \end{cases}$의 그래프는

구간 $x\geq 0$에서 함수 $y=f(x)$의 그래프와 같고

구간 $x<0$에서 함수 $y=f(-x)$의 그래프와 같습니다.

즉, 함수 $y=f(-x)$의 그래프가 함수 $y=f(x)$의 그래프를 y축에 대하여 대칭시킨 것이므로

함수 $y=f(|x|)$의 그래프는 함수 $y=f(x)$의 그래프의 y축 오른쪽에 그려진 부분은 그대로 두고,

y축 왼쪽에는 y축 오른쪽에 그려진 부분을 y축을 기준으로 왼쪽으로 대칭시킨 것과 같습니다.

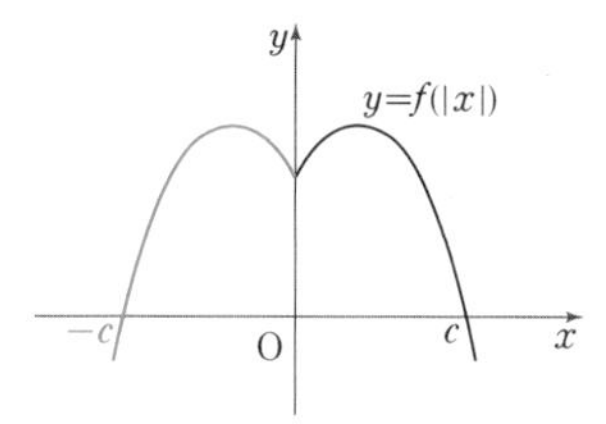

D06-05

두 점 A, B의 x좌표를 각각 a, b $(b<0<a)$라 하면

점 C의 x좌표는 $-a$이므로

$\overline{\mathrm{AH}}=a-b$, $\overline{\mathrm{CH}}=b-(-a)=a+b$

$\therefore\ \overline{\mathrm{AH}}-\overline{\mathrm{CH}}=a-b-(a+b)=-2b$ ……㉠

이때 두 점 A, B는 직선 $y=x+t$와 곡선 $y=x^2$의 교점이므로

방정식 $x+t=x^2$, 즉 $x^2-x-t=0$의 두 근이 a, b이다.

이차방정식의 근의 공식에 의하여

$b=\dfrac{1-\sqrt{1+4t}}{2}$이므로 ㉠에서

$\overline{\mathrm{AH}}-\overline{\mathrm{CH}}=\sqrt{1+4t}-1$

$$\therefore\ \lim_{t\to 0+}\frac{\overline{\mathrm{AH}}-\overline{\mathrm{CH}}}{t}$$

$$=\lim_{t\to 0+}\frac{\sqrt{1+4t}-1}{t}$$

$$=\lim_{t\to 0+}\frac{(\sqrt{1+4t}-1)(\sqrt{1+4t}+1)}{t(\sqrt{1+4t}+1)}$$ 너코 034

$$=\lim_{t\to 0+}\frac{4t}{t(\sqrt{1+4t}+1)}$$

$$=\lim_{t\to 0+}\frac{4}{\sqrt{1+4t}+1}$$

$$=\frac{4}{1+1}=2$$ 너코 033

참고 1

$\overline{\mathrm{AH}}-\overline{\mathrm{CH}}$의 식을 다음과 같이 구할 수도 있다.

두 점 A, B의 x좌표를 각각 a, b $(b<0<a)$라 하면

두 점 A, B는 직선 $y=x+t$와 곡선 $y=x^2$의 교점이므로

a, b는 이차방정식 $x+t=x^2$, 즉 $x^2-x-t=0$의 두 근이다.

따라서 이차방정식의 근과 계수의 관계에 의하여

$a+b=1$, $ab=-t$

$\therefore\ \overline{\mathrm{AH}}=a-b$

$=\sqrt{(a-b)^2}$

$=\sqrt{(a+b)^2-4ab}$

$=\sqrt{1+4t}$

점 C의 x좌표는 $-a$이므로

$\overline{\mathrm{CH}}=b-(-a)=a+b=1$

$\therefore\ \overline{\mathrm{AH}}-\overline{\mathrm{CH}}=\sqrt{1+4t}-1$

참고 2

$\displaystyle\lim_{t\to 0+}\frac{\overline{\mathrm{AH}}-\overline{\mathrm{CH}}}{t}$의 값을 다음과 같이 구할 수도 있다.

㉠에서 $\overline{\mathrm{AH}}-\overline{\mathrm{CH}}=-2b$이고,

$b^2-b-t=0$에서 $t=b^2-b=b(b-1)$이다.

이때 주어진 그림에서 $t\to 0+$일 때 $b\to 0-$이므로

$$\lim_{t\to 0+}\frac{\overline{\mathrm{AH}}-\overline{\mathrm{CH}}}{t}=\lim_{b\to 0-}\frac{-2b}{b(b-1)}$$

$$=\lim_{b\to 0-}\frac{-2}{b-1}$$ 너코 034

$$=\frac{-2}{-1}=2$$

답 ②

D06-06

곡선 $y=x^2$ 위의 점 중에서 직선 $y=2tx-1$과의 거리가 최소인 점은 접선의 기울기가 $2t$인 점이다.

$y=x^2$에서 $y'=2x$이고 너코 044

점 P에서의 접선의 기울기가 $2t$이므로 점 P의 x좌표는 t이다.

$\therefore\ \mathrm{P}(t,\ t^2)$

직선 OP의 방정식은 $y=tx$이므로 직선 $y=tx$와 직선 $y=2tx-1$이 만나는 점 Q의 x좌표는

$tx=2tx-1$에서 $x=\dfrac{1}{t}$ $\quad\therefore\ \mathrm{Q}\left(\dfrac{1}{t},\ 1\right)$

따라서 $\overline{\mathrm{PQ}}=\sqrt{\left(t-\dfrac{1}{t}\right)^2+(t^2-1)^2}$ 이므로

$$\lim_{t\to1-}\frac{\overline{PQ}}{1-t}=\lim_{t\to1-}\frac{\sqrt{\left(t-\frac{1}{t}\right)^2+(t^2-1)^2}}{1-t}$$

$$=\lim_{t\to1-}\frac{\sqrt{\frac{(t^2-1)^2+t^2(t^2-1)^2}{t^2}}}{1-t}$$

$$=\lim_{t\to1-}\frac{|t^2-1|\sqrt{1+t^2}}{|t|(1-t)}$$

$$=\lim_{t\to1-}\frac{(1-t^2)\sqrt{1+t^2}}{t(1-t)}\ (\because\ 0<t<1)$$

$$=\lim_{t\to1-}\frac{(1-t)(1+t)\sqrt{1+t^2}}{t(1-t)}$$

$$=\lim_{t\to1-}\frac{(1+t)\sqrt{1+t^2}}{t}$$ 너코 034

$$=\frac{2\sqrt{1+1}}{1}=2\sqrt{2}$$ 너코 033

참고

극한값을 다음과 같이 구할 수도 있다.

$$\lim_{t\to1-}\frac{\overline{PQ}}{1-t}=\lim_{t\to1-}\frac{\sqrt{\left(t-\frac{1}{t}\right)^2+(t^2-1)^2}}{\sqrt{(1-t)^2}}\ (\because\ 1-t>0)$$

$$=\lim_{t\to1-}\frac{\sqrt{t^2-2+\frac{1}{t^2}+t^4-2t^2+1}}{\sqrt{(t-1)^2}}$$

$$=\lim_{t\to1-}\sqrt{\frac{t^6-t^4-t^2+1}{t^2(t-1)^2}}$$

$$=\lim_{t\to1-}\sqrt{\frac{t^4(t^2-1)-(t^2-1)}{t^2(t-1)^2}}$$

$$=\lim_{t\to1-}\sqrt{\frac{(t^2-1)(t^4-1)}{t^2(t-1)^2}}$$

$$=\lim_{t\to1-}\sqrt{\frac{(t-1)^2(t+1)^2(t^2+1)}{t^2(t-1)^2}}$$

$$=\lim_{t\to1-}\sqrt{\frac{(t+1)^2(t^2+1)}{t^2}}$$ 너코 034

$$=\sqrt{\frac{4\times2}{1}}=2\sqrt{2}$$ 너코 033

답 ③

2 함수의 연속

D07-01

ㄱ. $\lim_{x\to1-}f(x)=-2$, $\lim_{x\to1+}f(x)=0$이므로

$\lim_{x\to1}f(x)$는 존재하지 않는다. 너코 032 (거짓)

ㄴ. $\lim_{x\to2-}f(x)=\lim_{x\to2+}f(x)=1$이므로

$\lim_{x\to2}f(x)=1$이다. 너코 032 (참)

ㄷ. 함수 $f(x)$는 $-1<x<1$에서 연속이므로

$-1<a<1$인 모든 실수 a에 대하여

$\lim_{x\to a}f(x)=f(a)$이다. 너코 037 (참)

따라서 옳은 것은 ㄴ, ㄷ이다.

답 ⑤

D07-02

ㄱ. $\lim_{x\to0+}f(x)=1$ 너코 032 (참)

ㄴ. $\lim_{x\to2-}f(x)=1$ 너코 032 (거짓)

ㄷ. 함수 $y=|f(x)|$의 그래프는 다음과 같다.

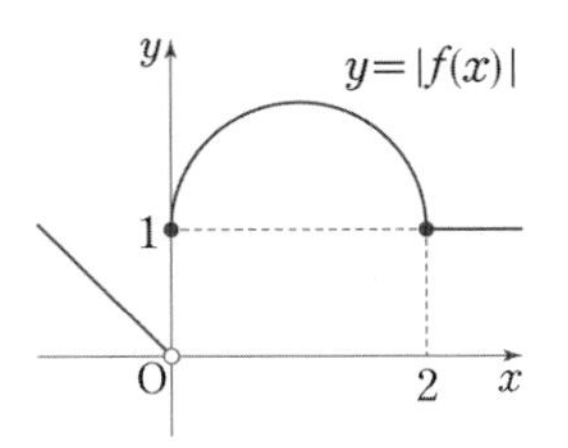

$\lim_{x\to2-}|f(x)|=\lim_{x\to2+}|f(x)|=1$, $|f(2)|=1$이므로

$\lim_{x\to2}|f(x)|=|f(2)|$, 너코 032

즉 함수 $|f(x)|$는 $x=2$에서 연속이다. 너코 037 (참)

따라서 옳은 것은 ㄱ, ㄷ이다.

답 ③

D07-03

ㄱ. $\lim_{x\to0+}f(x)=1$ 너코 032 (참)

ㄴ. $\lim_{x\to1-}f(x)=\lim_{x\to1+}f(x)=2$, $f(1)=1$이므로

$\lim_{x\to1}f(x)\neq f(1)$ 너코 032 (거짓)

ㄷ.

x	$x-1$	$f(x)$	$(x-1)f(x)$
$1+$	0	2	0
$1-$	0	2	0
1	0	1	0

위의 표에서 $\lim_{x\to1}(x-1)f(x)=(1-1)f(1)$이므로

함수 $(x-1)f(x)$는 $x=1$에서 연속이다. 너코 039 (참)

따라서 옳은 것은 ㄱ, ㄷ이다.

답 ③

D07-04

함수 $f(x)g(x)$가 실수 전체의 집합에서 연속이므로

$x=0$, $x=2$일 때에도 모두 연속이다. 너코 037 너코 039

x	$f(x)$	$g(x)$	$f(x)g(x)$
$0+$	$f(0)$	1	$f(0)$
$0-$	$f(0)$	-1	$-f(0)$
0	$f(0)$	-1	$-f(0)$

위의 표에서 함수 $f(x)g(x)$가 $x=0$일 때 연속이므로
$f(0)=-f(0)$, 즉 $f(0)=0$이다.

x	$f(x)$	$g(x)$	$f(x)g(x)$
$2+$	$f(2)$	1	$f(2)$
$2-$	$f(2)$	-1	$-f(2)$
2	$f(2)$	1	$f(2)$

위의 표에서 함수 $f(x)g(x)$가 $x=2$일 때 연속이므로
$f(2)=-f(2)$, 즉 $f(2)=0$이다.
따라서 이차항의 계수가 1인 이차방정식 $f(x)=0$이
두 실근 $x=0$, $x=2$를 가지므로
$f(x)=x(x-2)$
$\therefore\ f(5)=15$

답 ①

D07-05

함수 $g(x)=f(x)\{f(x)+k\}$가 $x=0$에서 연속이 되려면
$\lim_{x\to0}g(x)=g(0)$이어야 한다. 너코 037

x	$f(x)$	$f(x)+k$	$g(x)$
$0+$	0	k	0
$0-$	2	$k+2$	$2(k+2)$
0	2	$k+2$	$2(k+2)$

위의 표에서
$\lim_{x\to0+}g(x)=0$, $\lim_{x\to0-}g(x)=g(0)=2(k+2)$이므로
$2(k+2)=0$ 너코 039
$\therefore\ k=-2$

답 ①

D07-06

풀이 1

ㄱ. $\lim_{x\to0+}f(x)=1$, $\lim_{x\to0-}f(x)=-1$이므로
$\lim_{x\to0}f(x)$는 존재하지 않는다. 너코 032 (거짓)

ㄴ.

x	$-x$	$f(x)$	$f(-x)$	$g(x)$
$0+$	$0-$	1	-1	0
$0-$	$0+$	-1	1	0

$\lim_{x\to0+}g(x)=\lim_{x\to0-}g(x)=0$이므로
$\lim_{x\to0}g(x)=0$이다. 너코 032 너코 033 (참)

ㄷ.

x	$-x$	$f(x)$	$f(-x)$	$g(x)$
$1+$	$-1-$	1	-1	0
$1-$	$-1+$	2	-2	0
1	-1	1	-1	0

$\lim_{x\to1}g(x)=g(1)$이므로
함수 $g(x)$는 $x=1$에서 연속이다. 너코 039 (참)
따라서 옳은 것은 ㄴ, ㄷ이다.

풀이 2

함수 $y=f(-x)$의 그래프는 함수 $y=f(x)$의 그래프를
y축에 대하여 대칭이동시킨 것이므로
함수 $y=f(x)+f(-x)$, 즉 $y=g(x)$의 그래프는 다음과 같다.

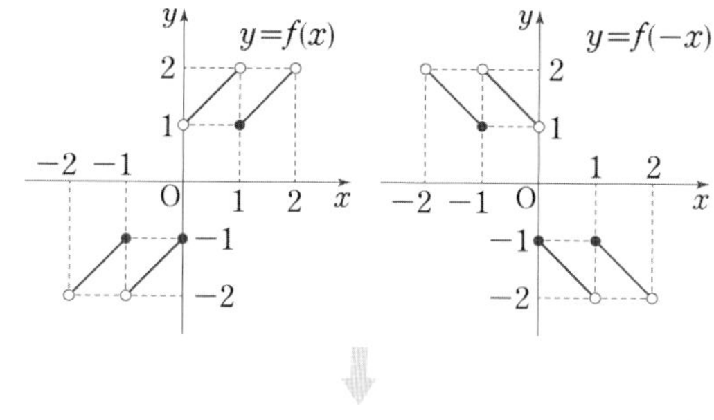

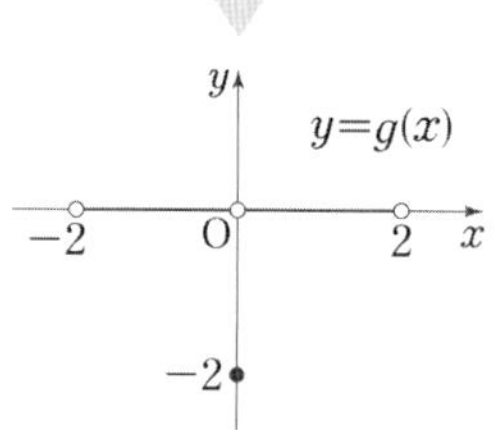

ㄱ. $\lim_{x\to0+}f(x)=1$, $\lim_{x\to0-}f(x)=-1$이므로
$\lim_{x\to0}f(x)$는 존재하지 않는다. 너코 032 (거짓)

ㄴ. $\lim_{x\to0}g(x)=0$이다. 너코 032 (참)

ㄷ. 함수 $g(x)$는 $x=1$에서 연속이다. 너코 037 (참)
따라서 옳은 것은 ㄴ, ㄷ이다.

답 ⑤

D07-07

ㄱ.

x	$f(x)$	$g(x)$	$f(x)g(x)$
$-1+$	-1	0	0
$-1-$	-2	-1	2

$\lim_{x\to-1+}f(x)g(x)\neq\lim_{x\to-1-}f(x)g(x)$이므로
극한값은 존재하지 않는다. 너코 032 너코 033 (거짓)

ㄴ.

x	$f(x)$	$g(x)$	$f(x)g(x)$
$0+$	0	1	0
$0-$	0	1	0
0	1	0	0

$\lim_{x\to0}f(x)g(x)=f(0)g(0)$이므로
함수 $f(x)g(x)$는 $x=0$에서 연속이다. 너코 039 (참)

ㄷ. 주어진 그래프에서 두 함수 $f(x)$, $g(x)$가 모두 닫힌구간 $[1, 2]$에서 연속이므로 너코 037

함수 $f(x)g(x)$도 닫힌구간 $[1, 2]$에서 연속이다. 너코 039

$f(1)g(1)=-2$, $f(2)g(2)=0$에서

$\{f(1)g(1)+1\}\{f(2)g(2)+1\}=-1<0$이므로

사잇값의 정리에 의하여 방정식 $f(x)g(x)+1=0$,

즉 $f(x)g(x)=-1$은 열린구간 $(1, 2)$에서

적어도 하나의 실근을 가진다. 너코 040 (참)

따라서 옳은 것은 ㄴ, ㄷ이다.

답 ④

D07-08

$$g(x)=\begin{cases}0 & (f(x)\le 0)\\ 2f(x) & (f(x)>0)\end{cases}=\begin{cases}0 & (-1\le x<0)\\ 1 & (x=0)\\ x & (0<x\le 1)\end{cases}$$ 이고

$$h(x)=\begin{cases}(-x-1)+\left(-\dfrac{x}{2}\right) & (-1\le x<0)\\ 1 & (x=0)\\ \dfrac{x}{2}+(x-1) & (0<x\le 1)\end{cases}$$

$$=\begin{cases}-\dfrac{3}{2}x-1 & (-1\le x<0)\\ 1 & (x=0)\\ \dfrac{3}{2}x-1 & (0<x\le 1)\end{cases}$$

이므로 두 함수 $y=g(x)$, $y=h(x)$의 그래프는 각각 [그림 1], [그림 2]와 같다.

이때 함수 $y=|h(x)|$의 그래프는

[그림 2]에 해당하는 함수 $y=h(x)$의 그래프에서

x축 위쪽에 그려진 부분은 그대로 두고

x축 아래쪽에 그려진 부분을 x축을 기준으로 위쪽으로 접어올린 [그림 3]과 같다.

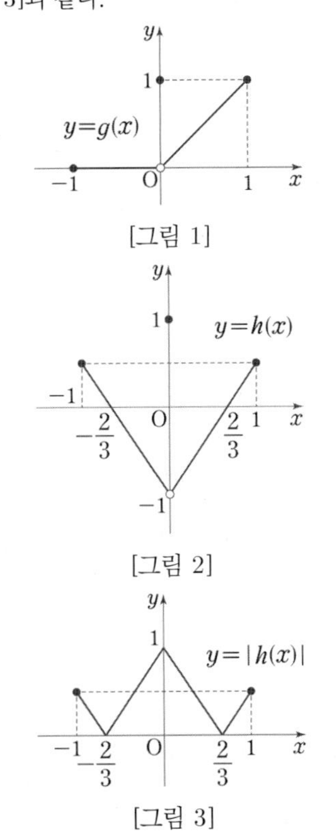

ㄱ. [그림 1]에서 $\lim_{x\to 0-}g(x)=\lim_{x\to 0+}g(x)=0$이므로

$\lim_{x\to 0}g(x)=0$이다. 너코 032 (참)

ㄴ. [그림 3]에서

$\lim_{x\to 0-}|h(x)|=\lim_{x\to 0+}|h(x)|=|h(0)|=1$이므로 너코 032

함수 $|h(x)|$는 $x=0$에서 연속이다. 너코 037 (참)

ㄷ. [그림 1]과 [그림 3]에서

$\lim_{x\to 0-}\{g(x)|h(x)|\}=0\times 1=0$, 너코 032 너코 033

$\lim_{x\to 0+}\{g(x)|h(x)|\}=0\times 1=0$,

$g(0)|h(0)|=1\times 1=1$이므로

$\lim_{x\to 0}\{g(x)|h(x)|\}\neq g(0)|h(0)|$이다.

따라서 함수 $g(x)|h(x)|$는 $x=0$에서 불연속이다.

너코 037 (거짓)

따라서 옳은 것은 ㄱ, ㄴ이다.

답 ③

D08-01

ㄱ. $\lim_{x\to 0+}g(x)=-1$ 너코 032 (참)

ㄴ. 함수 $f(x)$는 실수 전체의 집합에서 연속이고

함수 $g(x)$는 $x=0$에서만 불연속이므로

함수 $f(x)g(x)$가 실수 전체의 집합에서 연속이려면

$x=0$에서 연속이기만 하면 된다. 너코 037 너코 039

하지만

$\lim_{x\to 0-}f(x)g(x)=-2f(0)$, 너코 032 너코 033

$\lim_{x\to 0+}f(x)g(x)=-f(0)$,

$f(0)g(0)=-2f(0)$이고

주어진 그래프에 의해 $f(0)\neq 0$이므로

$-2f(0)\neq -f(0)$이다.

즉 함수 $f(x)g(x)$는 $x=0$에서 불연속이다. (거짓)

ㄷ. 두 함수 $f(x)$, $g(x)$가 모두 닫힌구간 $[-3, 0]$에서 연속이므로 너코 037

함수 $f(x)g(x)$도 닫힌구간 $[-3, 0]$에서 연속이다.

너코 039

이때 $f(-3)g(-3)=1\times 1=1$이고

$f(0)=k\,(k>3)$라 할 때 $f(0)g(0)=-2k<0$이므로

$\{f(-3)g(-3)\}\{f(0)g(0)\}<0$이다.

따라서 사잇값의 정리에 의하여

방정식 $f(x)g(x)=0$은 닫힌구간 $[-3, 0]$에서

적어도 하나의 실근을 갖는다. 너코 040 (참)

따라서 옳은 것은 ㄱ, ㄷ이다.

답 ④

D08-02

ㄱ. $\lim_{x\to 1+}f(x)=\lim_{x\to 1+}(-x+2)=1$ 너코 033 (참)

그런데 이 구간에서 x의 값이 증가할 때 $h(x)$의 값은 감소하지만 경계인 $x=1$이 구간에 포함되지 않으므로 최솟값은 존재하지 않는다. (거짓)

따라서 옳은 것은 ㄱ뿐이다.

답 ①

D09-01

함수 $f(x)$가 $x=2$에서 연속이면

$\lim_{x\to 2-} f(x) = \lim_{x\to 2+} f(x) = f(2)$를 만족시킨다. 너코 037

즉, $a+2=3a-2=f(2)$이므로

$a=2$이고 $f(2)=4$이다.

$\therefore\ a+f(2)=6$

답 6

D09-02

$f(x)=\begin{cases} 2x+a & (x\le -1) \\ x^2-5x-a & (x>-1) \end{cases}$에서

두 다항함수 $y=2x+a$, $y=x^2-5x-a$는 실수 전체의 집합에서 연속이다.

따라서 함수 $f(x)$가 실수 전체의 집합에서 연속이려면 $x=-1$에서 연속이면 되므로

$\lim_{x\to -1-} f(x) = \lim_{x\to -1+} f(x) = f(-1)$ 너코 037

이 성립해야 한다.

$\lim_{x\to -1-} f(x) = \lim_{x\to -1-} (2x+a) = -2+a$,

$\lim_{x\to -1+} f(x) = \lim_{x\to -1+} (x^2-5x-a) = 6-a$,

$f(-1)=-2+a$이므로

$-2+a=6-a$에서 너코 032

$a=4$

답 ④

D09-03

$g(x)=-2x+a$, $h(x)=ax-6$이라 하면

두 함수 $g(x)$, $h(x)$는 다항함수이므로 실수 전체의 집합에서 연속이다.

따라서 $f(x)$가 실수 전체의 집합에서 연속이려면

$x=a$에서 연속이면 되므로

$\lim_{x\to a} f(x) = f(a)$이어야 한다. 너코 037

$x\le a$일 때 $f(x)=g(x)$,

$x>a$일 때 $f(x)=h(x)$이므로

$f(a)=g(a)=-2a+a=-a$

$\lim_{x\to a-} f(x) = \lim_{x\to a-} g(x) = g(a) = -a$

$\lim_{x\to a+} f(x) = \lim_{x\to a+} h(x) = h(a) = a^2-6$

따라서 $-a=a^2-6$이어야 하므로 너코 032

$a^2+a-6=0$, $(a+3)(a-2)=0$

$\therefore\ a=-3$ 또는 $a=2$

따라서 모든 상수 a의 값의 합은 -1이다.

답 ①

D09-04

함수 $f(x)$가 실수 전체의 집합에서 연속이므로

$\lim_{x\to 1} f(x) = f(1)$이다. 너코 037

따라서 $f(1)=4-f(1)$이므로 너코 032

$2f(1)=4$

$\therefore\ f(1)=2$

답 ②

D09-05

$g(x)=3x-a$, $h(x)=x^2+a$라 하면

두 함수 $g(x)$, $h(x)$는 다항함수이므로 실수 전체의 집합에서 연속이다.

따라서 $f(x)$가 실수 전체의 집합에서 연속이려면

$x=2$에서 연속이면 되므로

$\lim_{x\to 2} f(x) = f(2)$이어야 한다. 너코 037

$x<2$일 때 $f(x)=g(x)$,

$x\ge 2$일 때 $f(x)=h(x)$이므로

$f(2)=h(2)=4+a$

$\lim_{x\to 2-} f(x) = \lim_{x\to 2-} g(x) = g(2) = 6-a$

$\lim_{x\to 2+} f(x) = \lim_{x\to 2+} h(x) = h(2) = 4+a$

따라서 $4+a=6-a$이어야 하므로 너코 032

$a=1$

답 ①

D09-06

함수 $f(x)$가 실수 전체의 집합에서 연속이려면 함수 $f(x)$는 $x=4$에서 연속이면 되므로

$\lim_{x\to 4-} f(x) = \lim_{x\to 4+} f(x) = f(4)$ 너코 037 ……㉠

이어야 한다.

$\lim_{x\to 4-} f(x) = \lim_{x\to 4-} (x-a)^2 = (4-a)^2$,

$\lim_{x\to 4+} f(x) = \lim_{x\to 4+} (2x-4) = 4$,

$f(4)=4$ 너코 032

이므로 ㉠에서

$(4-a)^2=4$

$4-a=2$ 또는 $4-a=-2$에서 $a=2$ 또는 $a=6$

따라서 모든 상수 a의 값의 곱은 12이다.

답 ③

D09-07

함수 $f(x)$ 가 실수 전체의 집합에서 연속이려면 함수 $f(x)$는 $x=-2$에서 연속이면 되므로

$\lim_{x\to-2-} f(x)=\lim_{x\to-2+} f(x)=f(-2)$ 너코 037 ······㉠

이어야 한다.

$\lim_{x\to-2-} f(x)=\lim_{x\to-2-}(5x+a)=-10+a$,

$\lim_{x\to-2+} f(x)=\lim_{x\to-2+}(x^2-a)=4-a$,

$f(-2)=4-a$

이므로 ㉠에서

$-10+a=4-a$ 너코 032

$\therefore\ a=7$

답 ②

D09-08

$g(x)=x(x-1)$, $h(x)=-x^2+ax+b$라 하면

두 함수 $g(x)$, $h(x)$는 다항함수이므로 모든 실수 x에서 연속이다.

따라서 함수 $f(x)$가 모든 실수 x에서 연속이려면 $|x|=1$일 때, 즉 $x=1$, $x=-1$에서 모두 연속이면 된다.

너코 037

$x<-1$ 또는 $x>1$일 때 $f(x)=g(x)$이고

$-1\le x\le 1$일 때 $f(x)=h(x)$이므로

함수 $f(x)$가 $x=1$에서 연속이 되려면

$f(1)=h(1)=-1+a+b$

$\lim_{x\to1-} f(x)=\lim_{x\to1-} h(x)=h(1)=-1+a+b$

$\lim_{x\to1+} f(x)=\lim_{x\to1+} g(x)=g(1)=0$

따라서 $-1+a+b=0$이어야 하므로 너코 032

$a+b=1$ ······㉠

함수 $f(x)$가 $x=-1$에서 연속이 되려면

$f(-1)=h(-1)=-1-a+b$

$\lim_{x\to-1-} f(x)=\lim_{x\to-1-} g(x)=g(-1)=2$

$\lim_{x\to-1+} f(x)=\lim_{x\to-1+} h(x)=h(-1)=-1-a+b$

따라서 $-1-a+b=2$이어야 하므로

$-a+b=3$ ······㉡

㉠, ㉡에서 $a=-1$, $b=2$이다.

$\therefore\ a-b=-3$

답 ①

D09-09

ㄱ. $f(-3)=\dfrac{(-3)^2}{2\times(-3)-|-3|}=-1$ (거짓)

ㄴ. $x>0$일 때, $|x|=x$이므로

$f(x)=\dfrac{x^2}{2x-x}=\dfrac{x^2}{x}=x$ (참)

ㄷ. $x<0$일 때, $|x|=-x$이므로

$f(x)=\dfrac{x^2}{2x+x}=\dfrac{x^2}{3x}=\dfrac{x}{3}$

따라서

$\lim_{x\to0-} f(x)=\lim_{x\to0-}\dfrac{x}{3}=0$,

$\lim_{x\to0+} f(x)=\lim_{x\to0+} x=0$ ($\because$ ㄴ),

$f(0)=a$이므로

함수 $f(x)$가 $x=0$에서 연속이 되려면

$f(0)=0$이어야 한다. 너코 032 너코 037

$\therefore\ a=0$ (참)

따라서 옳은 것은 ㄴ, ㄷ이다.

답 ⑤

D09-10

$\{g(x)\}^2=\begin{cases}\{f(x+1)\}^2 & (x\le0)\\ \{f(x-1)\}^2 & (x>0)\end{cases}$이고

두 다항함수 $\{f(x+1)\}^2$, $\{f(x-1)\}^2$은 실수 전체의 집합에서 연속이다. 너코 039

따라서 함수 $y=\{g(x)\}^2$이 $x=0$에서 연속이려면

$\{g(0)\}^2=\{f(1)\}^2$,

$\lim_{x\to0-}\{g(x)\}^2=\lim_{x\to0-}\{f(x+1)\}^2=\{f(1)\}^2$,

$\lim_{x\to0+}\{g(x)\}^2=\lim_{x\to0+}\{f(x-1)\}^2=\{f(-1)\}^2$이므로

$\{f(1)\}^2=\{f(-1)\}^2$에서 너코 032 너코 037

$(1-1+a)^2=(1+1+a)^2$

$a^2=a^2+4a+4$

$\therefore\ a=-1$

답 ②

D09-11

$h_1(x)=x+3$, $h_2(x)=x^2-x$라 하면

두 다항함수 $h_1(x)$, $h_2(x)$와 함수 $g(x)$는 실수 전체의 집합에서 연속이다.

따라서 함수 $f(x)g(x)$가 실수 전체의 집합에서 연속이 되려면 $x=a$에서 연속이면 된다. 너코 037 너코 039

x	$f(x)$	$g(x)$	$f(x)g(x)$
$a+$	a^2-a	$-(a+7)$	$-(a^2-a)(a+7)$
$a-$	$a+3$	$-(a+7)$	$-(a+3)(a+7)$
a	$a+3$	$-(a+7)$	$-(a+3)(a+7)$

위의 표에서

$\lim_{x\to a} f(x)g(x)=f(a)g(a)$이어야

함수 $f(x)g(x)$가 $x=a$에서 연속이 되므로

$-(a^2-a)(a+7)=-(a+3)(a+7)$ 너코 032

$(a^2-2a-3)(a+7)=0$

$(a-3)(a+1)(a+7)=0$

$\therefore\ a=3$ 또는 $a=-1$ 또는 $a=-7$

따라서 구하는 모든 실수 a의 값의 곱은

$3\times(-1)\times(-7)=21$

답 21

D09-12

$$\frac{g(x)}{f(x)}=\begin{cases}\dfrac{ax+1}{x^2-4x+6} & (x<2)\\ ax+1 & (x\geq 2)\end{cases}$$

이때 $h_1(x)=\dfrac{ax+1}{x^2-4x+6}$, $h_2(x)=ax+1$이라 하면

모든 실수 x에 대하여 $x^2-4x+6\neq 0$이므로 ($\because\ D<0$)

함수 $h_1(x)$와 함수 $h_2(x)$는 실수 전체의 집합에서 연속이다.

너코 037

함수 $\dfrac{g(x)}{f(x)}$가 실수 전체의 집합에서 연속이면

$x=2$에서도 연속이므로

$\dfrac{g(2)}{f(2)}=h_2(2)=2a+1$,

$\lim\limits_{x\to 2-}\dfrac{g(x)}{f(x)}=\lim\limits_{x\to 2-}h_1(x)=h_1(2)=\dfrac{2a+1}{2}$,

$\lim\limits_{x\to 2+}\dfrac{g(x)}{f(x)}=\lim\limits_{x\to 2+}h_2(x)=h_2(2)=2a+1$에서

$2a+1=\dfrac{2a+1}{2}$, $2a=-1$ 너코 032

$\therefore\ a=-\dfrac{1}{2}$

답 ④

D09-13

함수 $f(x)$가 $x=0$에서 연속이므로

$\lim\limits_{x\to 0}f(x)=f(0)$이고 너코 037

$g(x)=\begin{cases}-f(x)+x^2+4 & (x<0)\\ f(x)-x^2-2x-8 & (x>0)\end{cases}$이므로

$\lim\limits_{x\to 0-}g(x)=\lim\limits_{x\to 0-}\{-f(x)+x^2+4\}=-f(0)+4$, 너코 033

$\lim\limits_{x\to 0+}g(x)=\lim\limits_{x\to 0+}\{f(x)-x^2-2x-8\}=f(0)-8$이다.

주어진 조건 $\lim\limits_{x\to 0-}g(x)-\lim\limits_{x\to 0+}g(x)=6$에서

$\{-f(0)+4\}-\{f(0)-8\}=6$

$-2f(0)=-6$

$\therefore\ f(0)=3$

답 ⑤

D09-14

두 함수 $y=x$, $y=f(x)$가 모두 실수 전체의 집합에서 연속이므로

함수 $\dfrac{x}{f(x)}$는 $f(x)=0$을 만족시키는 x의 값에서만 함숫값이 존재하지 않아 불연속이다. 너코 037 너코 039

조건 (가)에 의하여 $f(1)=0$, $f(2)=0$이므로

이차함수 $f(x)$는

$f(x)=a(x-1)(x-2)$ (단, $a\neq 0$)

이때 조건 (나)에서

$\lim\limits_{x\to 2}\dfrac{f(x)}{x-2}=\lim\limits_{x\to 2}\dfrac{a(x-1)(x-2)}{x-2}=a=4$이므로 너코 034

$f(x)=4(x-1)(x-2)$

$\therefore\ f(4)=24$

답 24

D09-15

$\lim\limits_{x\to 0-}f(x)=3$, $\lim\limits_{x\to 0+}f(x)=2$이므로 너코 032

함수 $f(x)$는 $x=0$에서만 불연속이고 너코 037

$\lim\limits_{x\to a-}g(x)=2a$, $\lim\limits_{x\to a+}g(x)=2a-1$이므로

함수 $g(x)$는 $x=a$에서만 불연속이다.

따라서 함수 $f(x)g(x)$가 실수 전체의 집합에서 연속이기 위해서는

$x=0$, $x=a$일 때 모두 연속이면 된다. 너코 039

이때 함수 $f(x)g(x)$는

i) $a=0$이면

$\lim\limits_{x\to 0-}f(x)g(x)=3\times 0=0$,

$\lim\limits_{x\to 0+}f(x)g(x)=2\times(-1)=-2$이므로

$x=0$에서 불연속이다.

ii) $a<0$이면

$\lim\limits_{x\to 0-}f(x)g(x)=3\times(-1)=-3$,

$\lim\limits_{x\to 0+}f(x)g(x)=2\times(-1)=-2$이므로

$x=0$에서 불연속이다.

iii) $a>0$이면

x	$f(x)$	$g(x)$	$f(x)g(x)$
$0-$	3	0	0
$0+$	2	0	0
0	2	0	0

위의 표에서 함수 $f(x)g(x)$는 $x=0$에서 연속이고

x	$f(x)$	$g(x)$	$f(x)g(x)$
$a-$	$-2a+2$	$2a$	$2a(-2a+2)$
$a+$	$-2a+2$	$2a-1$	$(2a-1)(-2a+2)$
a	$-2a+2$	$2a-1$	$(2a-1)(-2a+2)$

위의 표에서 함수 $f(x)g(x)$가 $x=a$에서 연속이려면

$2a(-2a+2)=(2a-1)(-2a+2)$이어야 한다.

즉, $-2a+2=0$이어야 한다.

i)~iii)에 의하여 $a=1$이다.

답 ④

D09-16

$\lim_{x\to a-} f(x) = a-4$,

$\lim_{x\to a+} f(x) = f(a) = a+3$이고 너코 032

$a-4 \neq a+3$이므로 함수 $f(x)$는 $x=a$에서만 불연속이다.

너코 037

이때 함수 $|f(x)|$가 실수 전체의 집합에서 연속이려면

$x=a$에서만 연속이면 되므로

$a-4$, $a+3$의 값의 크기는 같고 부호는 서로 반대이면 된다.

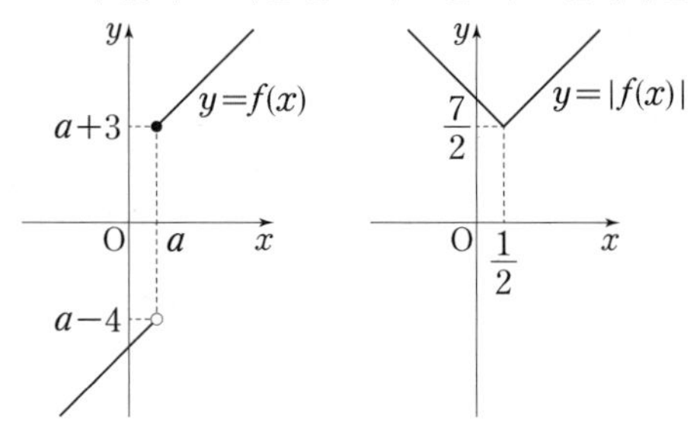

즉, $a-4=-(a+3)$에서 $a=\frac{1}{2}$이다.

답 ④

D09-17

함수 $f(x)$가 $x=1$에서 연속이므로

$\lim_{x\to 1+} f(x) = \lim_{x\to 1-} f(x) = f(1) = -3+a$를 만족시킨다.

너코 037

이때 $\lim_{x\to 1+} f(x) = \lim_{x\to 1+} \frac{x+b}{\sqrt{x+3}-2}$에서

(분모)$\to 0$이므로 (분자)$\to 0$이다. 너코 034

따라서 $\lim_{x\to 1+} (x+b) = 1+b = 0$, 즉 $b=-1$이므로 너코 033

$$\begin{aligned}\lim_{x\to 1+} f(x) &= \lim_{x\to 1+} \frac{x-1}{\sqrt{x+3}-2}\\ &= \lim_{x\to 1+} \frac{(x-1)(\sqrt{x+3}+2)}{(x+3)-4}\\ &= \lim_{x\to 1+} (\sqrt{x+3}+2)\\ &= 4\end{aligned}$$

즉, $-3+a=4$에서 $a=7$이다.

$\therefore\ a+b=7+(-1)=6$

답 6

D09-18

$f(x) = \begin{cases} -2x+6 & (x<a) \\ 2x-a & (x \geq a) \end{cases}$에서

$\{f(x)\}^2 = \begin{cases} (-2x+6)^2 & (x<a) \\ (2x-a)^2 & (x \geq a) \end{cases}$이고

두 다항함수 $y=(-2x+6)^2$, $y=(2x-a)^2$은 실수 전체의 집합에서 연속이다. 너코 039

따라서 함수 $\{f(x)\}^2$이 실수 전체의 집합에서 연속이려면

$x=a$에서 연속이면 되므로

$\lim_{x\to a-} \{f(x)\}^2 = \lim_{x\to a+} \{f(x)\}^2 = \{f(a)\}^2$ 너코 037

이어야 한다.

$\lim_{x\to a-} \{f(x)\}^2 = (-2a+6)^2$이고

$\lim_{x\to a+} \{f(x)\}^2 = \{f(a)\}^2 = (2a-a)^2 = a^2$이므로

$(-2a+6)^2 = a^2$에서 너코 032

$3a^2-24a+36=0$

$a^2-8a+12=0$,

$(a-2)(a-6)=0$

$\therefore\ a=2$ 또는 $a=6$

따라서 구하는 모든 상수 a의 값의 합은 8이다.

답 ④

D09-19

$\{f(x)\}^3 - \{f(x)\}^2 - x^2f(x) + x^2 = 0$에서

$\{f(x)\}^2\{f(x)-1\} - x^2\{f(x)-1\} = 0$

$\{f(x)-1\}[\{f(x)\}^2 - x^2] = 0$

$\{f(x)-1\}\{f(x)-x\}\{f(x)+x\} = 0$

$\therefore\ f(x)=1$ 또는 $f(x)=x$ 또는 $f(x)=-x$

즉, 함수 $f(x)$는 적당한 구간 또는 x의 값에서 위의 셋 중 하나의 식으로 정해져야 한다.

이때 함수 $f(x)$는 연속함수이고

최댓값이 1, 최솟값이 0, 즉 치역이 $[0, 1]$이 되어야 하므로

이를 만족시키는 함수 $f(x)$는

$f(x) = \begin{cases} 1 & (x<-1,\ x>1) \\ -x & (-1 \leq x < 0) \\ x & (0 \leq x \leq 1) \end{cases}$ 이다. 너코 037

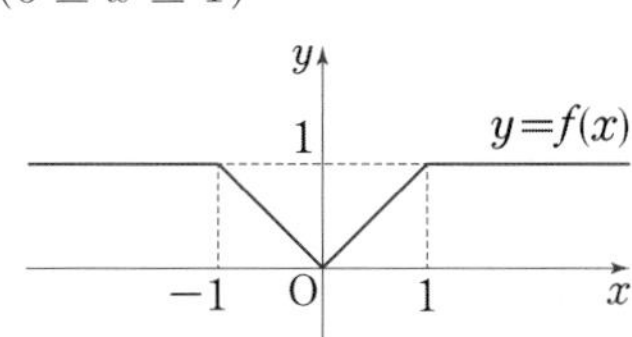

$\therefore\ f\left(-\frac{4}{3}\right) + f(0) + f\left(\frac{1}{2}\right) = 1+0+\frac{1}{2} = \frac{3}{2}$

답 ③

D09-20

함수 $|f(x)|$가 실수 전체의 집합에서 연속이려면

$x=-1$, $x=3$에서 모두 연속이면 된다.

함수 $|f(x)|$가 $x=-1$에서 연속이려면

$\lim_{x\to -1-} |f(x)| = \lim_{x\to -1+} |f(x)| = |f(-1)|$ 너코 037

이어야 한다.

$\lim_{x \to -1-} |f(x)| = |-1+a|$,

$\lim_{x \to -1+} |f(x)| = |-1| = 1$,

$|f(-1)| = 1$이므로

$|-1+a| = 1$에서 너코 032

$-1+a = \pm 1$, $a=2$ 또는 $a=0$

$\therefore a = 2$ ($\because a > 0$)

함수 $|f(x)|$가 $x=3$에서 연속이려면

$\lim_{x \to 3-} |f(x)| = \lim_{x \to 3+} |f(x)| = |f(3)|$이어야 한다.

$\lim_{x \to 3-} |f(x)| = |3| = 3$,

$\lim_{x \to 3+} |f(x)| = |3b-2|$,

$|f(3)| = |3b-2|$이므로

$|3b-2| = 3$에서

$3b-2 = \pm 3$, $b = \frac{5}{3}$ 또는 $b = -\frac{1}{3}$

$\therefore b = \frac{5}{3}$ ($\because b > 0$)

$\therefore a+b = 2 + \frac{5}{3} = \frac{11}{3}$

답 ⑤

D09-21

함수 $(f(x)+a)^2$이 실수 전체의 집합에서 연속이려면

$x=0$에서 연속이면 되므로

$\lim_{x \to 0-} (f(x)+a)^2 = \lim_{x \to 0+} (f(x)+a)^2 = (f(0)+a)^2$ 너코 037

······㉠

이어야 한다.

$\lim_{x \to 0-} (f(x)+a)^2 = \lim_{x \to 0-} \left(x - \frac{1}{2} + a\right)^2 = \left(a - \frac{1}{2}\right)^2$,

$\lim_{x \to 0+} (f(x)+a)^2 = \lim_{x \to 0+} (-x^2+3+a)^2 = (a+3)^2$,

$(f(0)+a)^2 = (a+3)^2$ 너코 032

이므로 ㉠에서

$\left(a - \frac{1}{2}\right)^2 = (a+3)^2$, 즉 $a - \frac{1}{2} = -(a+3)$

에서 $a = -\frac{5}{4}$

답 ③

D09-22

함수 $f(x)$는 모든 실수 x에 대하여 $f(x+2)=f(x)$를 만족시키고,

$$f(x) = \begin{cases} ax+1 & (-1 \le x < 0) \\ 3x^2+2ax+b & (0 \le x < 1) \end{cases}$$

이다. 함수 $f(x)$가 실수 전체의 집합에서 연속일 때, 두 상수 a, b의 합 $a+b$의 값은? [3점]

① -2 ② -1 ③ 0
④ 1 ⑤ 2

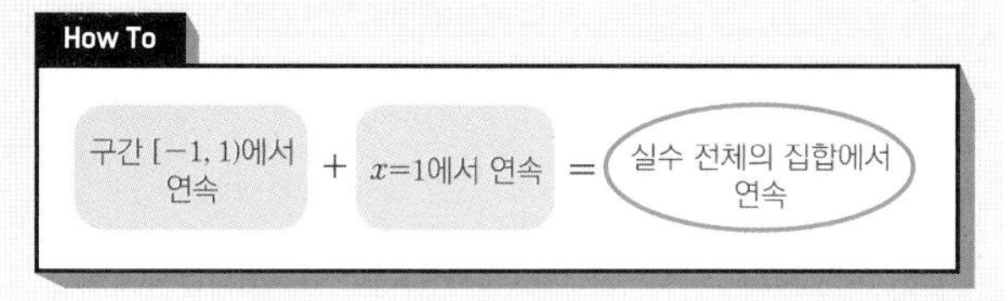

함수 $f(x)$가 모든 실수 x에 대하여

$f(x+2) = f(x)$를 만족시키므로 ······㉠

임의의 실수 a에 대하여

$\cdots = f(a-2) = f(a) = f(a+2) = f(a+4) = \cdots$가 성립한다.

즉, 함수 $f(x)$는 2만큼의 간격으로 함숫값이 반복된다.

따라서 함수 $f(x)$가 실수 전체의 집합에서 연속이려면

우선 함수식이 제시된 구간 $[-1, 1)$에서 연속이어야 하고

······㉡

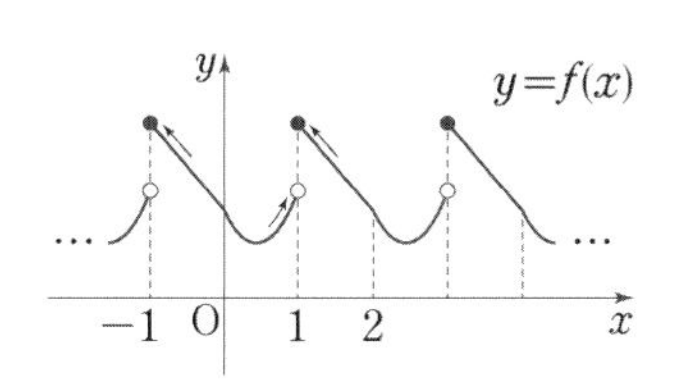

㉠, 즉 함수 $f(x)$가 2만큼의 간격으로

함숫값이 반복된다는 특징에 의하여

위 그림과 같이 구간 $[-1, 1)$에서의 그래프가

일정하게 반복되므로

$x=1$에서 연속이기만 하면 ······㉢

함수 $f(x)$는 실수 전체의 집합에서 연속이 된다. 너코 037

다시 말해,

㉡과 같이 반복되는 구간 안에서의 연속성을 체크하고

㉢과 같이 구간의 끝에서 연속이 되도록 하면 충분하다.

$g(x) = ax+1$, $h(x) = 3x^2+2ax+b$라 하면

두 함수 $g(x)$, $h(x)$는 다항함수이므로 실수 전체의 집합에서 연속이다.

따라서 ㉡을 만족시키기 위해

함수 $f(x)$가 $x=0$에서 연속이려면

$-1 \le x < 0$일 때, $f(x) = g(x)$이고 ······㉣

$0 \le x < 1$일 때, $f(x) = h(x)$이므로

$\lim_{x \to 0-} f(x) = \lim_{x \to 0-} g(x) = g(0) = 1$,

$\lim_{x \to 0+} f(x) = \lim_{x \to 0+} h(x) = h(0) = b$,

$f(0)=h(0)=b$에서 $b=1$이다. 너코032
그리고 ㉢에서 함수 $f(x)$가 $x=1$에서 연속이려면
$0\le x<1$일 때, $f(x)=h(x)$이고
$1\le x<2$일 때, $f(x)=f(x-2)$이며 ($\because$ ㉠)
$-1\le x-2<0$를 만족시켜
$f(x-2)=g(x-2)$가 성립하므로 ($\because$ ㉣)
$\lim_{x\to1-}f(x)=\lim_{x\to1-}h(x)=h(1)=3+2a+b$,
$\lim_{x\to1+}f(x)=\lim_{x\to1+}g(x-2)=g(-1)=1-a$,
$f(1)=g(-1)=1-a$에서
$3+2a+b=1-a$, $3a=-b-2$, 즉 $a=-1$이다.
$\therefore\ a+b=(-1)+1=0$

답 ③

D09-23

함수 $f(x)f(x-a)$가 $x=a$에서 연속이려면
$\lim_{x\to a+}f(x)f(x-a)=\lim_{x\to a-}f(x)f(x-a)=f(a)f(0)$ ……㉠
을 만족시켜야 한다. 너코037
$t=x-a$라 하면
$\lim_{x\to a+}f(x-a)=\lim_{t\to0+}f(t)=7$,
$\lim_{x\to a-}f(x-a)=\lim_{t\to0-}f(t)=1$이고 너코032
$f(0)=1$이므로 이를 ㉠에 대입하면
$7\lim_{x\to a+}f(x)=\lim_{x\to a-}f(x)=f(a)$ 너코033 ……㉡

이때 함수 $f(x)$는 $x=0$에서만 극한값이 존재하지 않아
불연속이므로
$a=0$일 때와 $a\ne0$일 때로 나누어 ㉡을 만족시키는 a의 값을
구한다.

i) $a=0$일 때
$\lim_{x\to0+}f(x)=7$, $\lim_{x\to0-}f(x)=1$, $f(0)=1$이므로
㉡을 만족시키지 않는다.
따라서 함수 $f(x)f(x-a)$는 $x=0$에서 불연속이다.

ii) $a\ne0$일 때
함수 $f(x)$는 $x=a$에서 연속이므로
$\lim_{x\to a+}f(x)=\lim_{x\to a+}f(x)=f(a)$이고
㉡에서 $7f(a)=f(a)$를 만족시켜야 하므로
$f(a)=0$이어야 한다.
$a\le0$일 때 $f(a)=a+1=0$에서 $a=-1$
$a>0$일 때 $f(a)=-\frac{1}{2}a+7=0$에서 $a=14$
즉, $a=-1$ 또는 $a=14$일 때
함수 $f(x)f(x-a)$는 $x=a$에서 연속이다.

i)~ii)에서 조건을 만족시키는 모든 실수 a의 값의 합은
$(-1)+14=13$

답 13

D09-24

t의 값의 범위에 따른 직선 $y=t$와 곡선 $y=|x^2-2x|$의
관계는 다음과 같다.

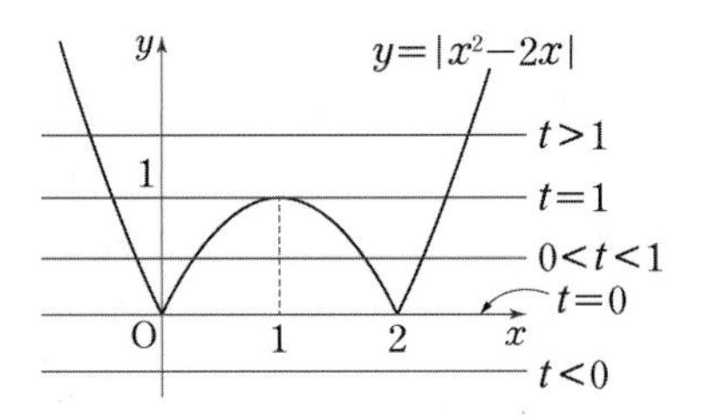

따라서 함수 $y=f(t)$의 그래프는 다음과 같고
함수 $f(t)$는 $t=0$, $t=1$일 때 불연속이다. 너코037

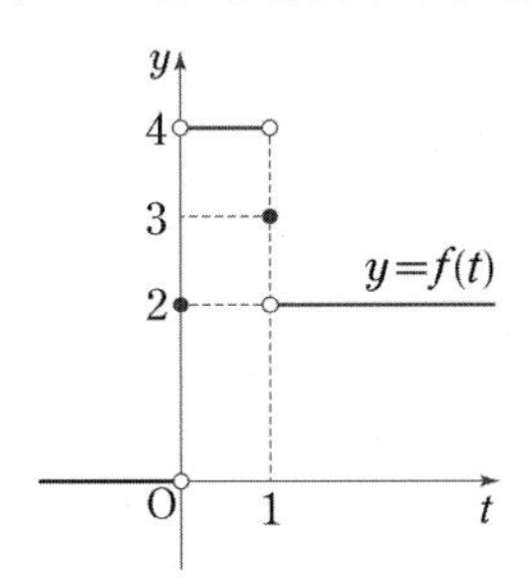

이차함수 $g(t)$는 모든 실수 t에서 연속이므로
함수 $f(t)g(t)$가 모든 실수 t에서 연속이려면
$t=0$, $t=1$일 때 연속이면 된다. 너코039
먼저 $t=0$일 때 연속이려면
$f(0)g(0)=2g(0)$,
$\lim_{t\to0-}f(t)g(t)=0$,
$\lim_{t\to0+}f(t)g(t)=4\lim_{t\to0+}g(t)=4g(0)$ 너코033
이 모두 같아야 하므로 $g(0)=0$이다. 너코032 ……㉠
$t=1$일 때 연속이려면
$f(1)g(1)=3g(1)$,
$\lim_{t\to1-}f(t)g(t)=4\lim_{t\to1-}g(t)=4g(1)$,
$\lim_{t\to1+}f(t)g(t)=2\lim_{t\to1+}g(t)=2g(1)$
이 모두 같아야 하므로 $g(1)=0$이다. ……㉡
㉠, ㉡을 만족시키는 함수 $g(t)$는
최고차항의 계수가 1인 이차함수이므로
$g(t)=t(t-1)$
$\therefore\ f(3)+g(3)=2+6=8$

답 8

D09-25

최고차항의 계수가 1인 삼차함수 $f(x)$에 대하여 실수 전체의 집합에서 연속인 함수 $g(x)$가 다음 조건을 만족시킨다.

> (가) 모든 실수 x에 대하여 $f(x)g(x)=x(x+3)$이다.
> (나) $g(0)=1$

$f(1)$이 자연수일 때, $g(2)$의 최솟값은? [4점]

① $\frac{5}{13}$ ② $\frac{5}{14}$ ③ $\frac{1}{3}$
④ $\frac{5}{16}$ ⑤ $\frac{5}{17}$

How To

❶ $f(x)g(x)=x(x+3)$

$f(x)\neq 0$일 때, $g(x)=\frac{x(x+1)}{f(x)}$이다.

❷ 실수 전체의 집합에서 연속인 함수 $g(x)$

$g(x)=\frac{x(x+1)}{f(x)}$의 분모가 0이 되도록 하는 실수 x는 존재하지 않는다.
즉, 모든 실수 x에 대하여 $f(x)\neq 0$이다.

❶ 모든 실수 x에 대하여 $f(x)g(x)=x(x+3)$이므로
양변에 $x=0$을 대입하면
조건 $g(0)=1$에 의하여 $f(0)g(0)=0$, 즉 $f(0)=0$이다.
따라서 최고차항의 계수가 1인 삼차함수 $f(x)$를
$f(x)=x(x^2+ax+b)$로 둘 수 있고 (단, a, b는 상수)
$x(x^2+ax+b)g(x)=x(x+3)$이므로
$x(x^2+ax+b)\neq 0$인 모든 실수 x에 대하여
$g(x)=\frac{x+3}{x^2+ax+b}$이다.

❷ 이때 $g(x)$가 실수 전체의 집합에서 연속이어야 하므로
모든 실수 x에 대하여 $g(x)=\frac{x+3}{x^2+ax+b}$을 만족시켜야
하고 분모는 0이 될 수 없다. 너코 037 ……㉠
$g(0)=1$이므로 양변에 $x=0$을 대입하면
$1=\frac{3}{b}$, 즉 $b=3$이고
모든 실수 x에 대하여 $x^2+ax+3>0$이어야 하므로 ($\because$ ㉠)
이차방정식 $x^2+ax+3=0$의 판별식을 D라 하면
$D=a^2-12<0$, 즉 $-2\sqrt{3}<a<2\sqrt{3}$이다. ……㉡

한편, $f(1)=a+4$가 자연수이려면
a는 -3 이상의 정수이어야 하므로 ……㉢
㉡, ㉢에 의하여 가능한 a의 값은
-3 이상이고 3 이하인 정수이다.

따라서 $g(2)=\frac{5}{2a+7}$는 $a=3$일 때 최솟값 $\frac{5}{13}$를 갖는다.

답 ①

D09-26

최고차항의 계수가 1인 이차함수 $f(x)$에 대하여
$x<0$일 때 $g(x)=(x+3)f(x)$이므로
$g(-3)=0$, $\lim_{x\to -3} g(x)=0$이다. 너코 032
이때 어떤 실수 t에 대하여 $g(t)=0$이면

$$\lim_{x\to -3}\frac{\sqrt{|g(x)|+\{g(t)\}^2}-|g(t)|}{(x+3)^2}=\lim_{x\to -3}\frac{\sqrt{|g(x)|}}{(x+3)^2}=\lim_{x\to -3}\sqrt{\left|\frac{g(x)}{(x+3)^4}\right|}$$

이고, 절댓값 기호 안의 식에서 (분모의 차수)>(분자의 차수)
이므로 이 극한값은 존재하지 않는다. 너코 034
그런데 극한값이 존재하지 않는 t의 값은 -3, 6뿐이므로
$g(-3)=0$, $g(6)=0$ ……㉠
이고 $t\neq -3$, $t\neq 6$인 모든 실수 t에 대하여 $g(t)\neq 0$이다.
한편, $g(t)\neq 0$이면 주어진 조건에서

$$\lim_{x\to -3}\frac{\sqrt{|g(x)|+\{g(t)\}^2}-|g(t)|}{(x+3)^2}$$
$$=\lim_{x\to -3}\frac{|g(x)|}{(x+3)^2\{\sqrt{|g(x)|+\{g(t)\}^2}+|g(t)|\}}$$ 너코 035
$$=\lim_{x\to -3}\left|\frac{g(x)}{(x+3)^2}\right|\times\frac{1}{\sqrt{|g(x)|+\{g(t)\}^2}+|g(t)|}$$ ……㉡

의 극한값이 존재하고

$$\lim_{x\to -3}\{\sqrt{|g(x)|+\{g(t)\}^2}+|g(t)|\}=2|g(t)|(\neq 0)$$ ……㉢

의 극한값도 존재하므로 ㉡×㉢에서
$\lim_{x\to -3}\left|\frac{g(x)}{(x+3)^2}\right|$의 극한값도 존재한다. 참고 너코 033
따라서 $x<0$에서 함수 $g(x)$는 $(x+3)^2$을 인수로 가져야
하므로 $f(x)$는 $x+3$을 인수로 가진다.
또한 ㉠에서 $g(6)=(6+a)f(6-b)=0$이므로
$f(6-b)=0$ ($\because$ $a>0$)
즉, $f(x)$는 $x-6+b$도 인수로 가지므로
$f(x)=(x+3)(x-6+b)$
라 할 수 있다.

$$\therefore\ g(x)=\begin{cases}(x+3)f(x) & (x<0)\\(x+a)f(x-b) & (x\geq 0)\end{cases}$$
$$=\begin{cases}(x+3)^2(x-6+b) & (x<0)\\(x+a)(x-b+3)(x-6) & (x\geq 0)\end{cases}$$

이때 $a>0$, $b-3>0$이고, $x\geq 0$에서 $g(x)=0$을
만족시키는 x의 값은 $x=6$뿐이어야 하므로
$b-3=6$에서 $b=9$

$$\therefore\ g(x)=\begin{cases}(x+3)^3 & (x<0)\\(x+a)(x-6)^2 & (x\geq 0)\end{cases}$$

또한, 함수 $g(x)$가 실수 전체의 집합에서 연속이므로
$x=0$에서 연속이다.
즉, $\lim_{x\to 0-} g(x)=\lim_{x\to 0+} g(x)=g(0)$이므로
$\lim_{x\to 0-} g(x)=27$, $\lim_{x\to 0+} g(x)=36a$, $g(0)=36a$에서
$36a=27$ 너코 037

$\therefore\ a=\dfrac{3}{4}$

따라서 $x\ge 0$에서 $g(x)=\left(x+\dfrac{3}{4}\right)(x-6)^2$이므로

$g(4)=\left(4+\dfrac{3}{4}\right)\times(4-6)^2=19$

참고

$\lim\limits_{x\to\alpha}h(x)$, $\lim\limits_{x\to\alpha}k(x)$의 극한값이 존재하면

$\lim\limits_{x\to\alpha}h(x)k(x)=\lim\limits_{x\to\alpha}h(x)\times\lim\limits_{x\to\alpha}k(x)$이므로

$\lim\limits_{x\to\alpha}h(x)k(x)$의 극한값도 존재한다.

답 19

D09-27

$$g(x)=\begin{cases}\dfrac{f(x+3)\{f(x)+1\}}{f(x)} & (f(x)\ne 0)\\ 3 & (f(x)=0)\end{cases}$$

이고, 삼차함수 $f(x)$는 모든 실수 x에서 연속이므로

함수 $g(x)$는 $f(x)\ne 0$인 모든 실수 x에서 연속이다.

이때 $\lim\limits_{x\to3}g(x)=g(3)-1$이므로 함수 $g(x)$는 $x=3$에서 불연속이다. 너코 037

$\therefore\ g(3)=3,\ f(3)=0$ ……㉠

한편 $\lim\limits_{x\to3}g(x)=g(3)-1=3-1=2$이므로

$\lim\limits_{x\to3}\dfrac{f(x+3)\{f(x)+1\}}{f(x)}=2$ ……㉡

이때 극한값이 존재하고 $x\to3$일 때 (분모)$\to0$이므로

(분자)$\to0$이다. 너코 034

$\therefore\ \lim\limits_{x\to3}f(x+3)\{f(x)+1\}$

$=f(6)\{f(3)+1\}$ 너코 032 너코 033

$=f(6)=0$ ($\because$ ㉠) ……㉢

따라서 ㉠, ㉢에서

$f(x)=(x-3)(x-6)(x+k)$ (단, k는 상수)

로 놓을 수 있다.

이때 ㉡에서

$\lim\limits_{x\to3}\dfrac{x(x-3)(x+3+k)\{(x-3)(x-6)(x+k)+1\}}{(x-3)(x-6)(x+k)}$

$=\lim\limits_{x\to3}\dfrac{x(x+3+k)\{(x-3)(x-6)(x+k)+1\}}{(x-6)(x+k)}$

$=\dfrac{3(6+k)}{-3(3+k)}=\dfrac{6+k}{-3-k}=2$

이므로 $6+k=-6-2k$ $\quad\therefore\ k=-4$

따라서 $f(x)=(x-3)(x-6)(x-4)$이고

$f(5)=-2\ne0,\ f(8)=40$이므로

$g(5)=\dfrac{f(8)\{f(5)+1\}}{f(5)}=\dfrac{40\times(-1)}{-2}=20$

답 ④

D10-01

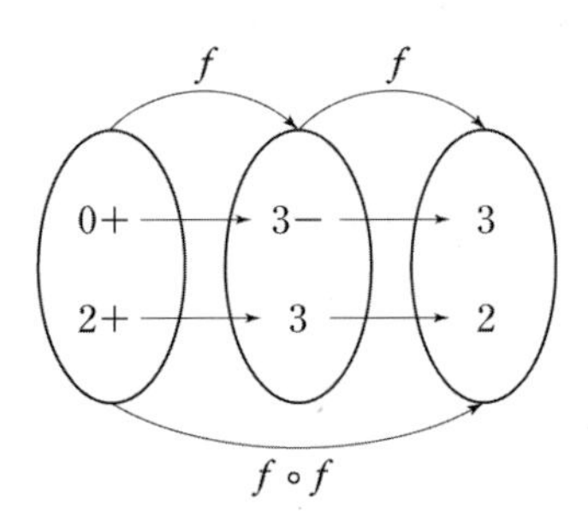

$\therefore\ \lim\limits_{x\to0+}f(f(x))+\lim\limits_{x\to2+}f(f(x))=3+2=5$ 너코 038

답 ⑤

D10-02

합성함수 $(g\circ f)(x)$가 $x=2$에서 연속이므로

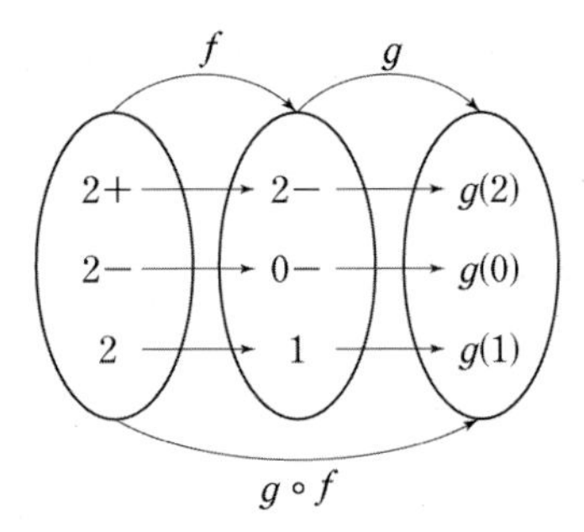

위의 그림에서 $g(0)=g(1)=g(2)$이어야 한다. 너코 038

$g(x)=ax^3+bx^2+cx+10$에서 $g(0)=10$이므로

$\therefore\ g(1)+g(2)=10+10=20$

답 20

D10-03

ㄱ. $\lim\limits_{x\to1-}f(x)=0,\ \lim\limits_{x\to1+}f(x)=1$이므로 너코 032

$\lim\limits_{x\to1-}f(x)<\lim\limits_{x\to1+}f(x)$ (참)

ㄴ. $\dfrac{1}{t}=x$라 하면 t와 x의 관계는 다음과 같다.

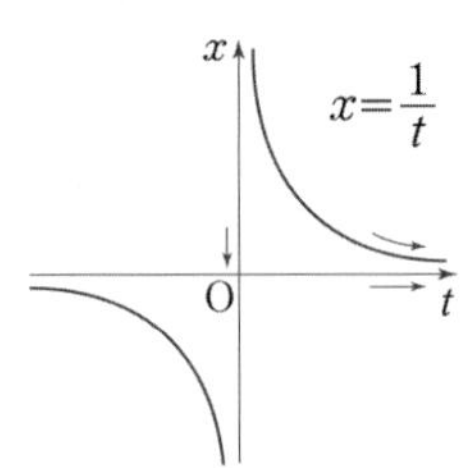

$t\to\infty$일 때 $x\to0+$이므로 너코 032

$\lim\limits_{t\to\infty}f\left(\dfrac{1}{t}\right)=\lim\limits_{x\to0+}f(x)=1$ (참)

ㄷ.

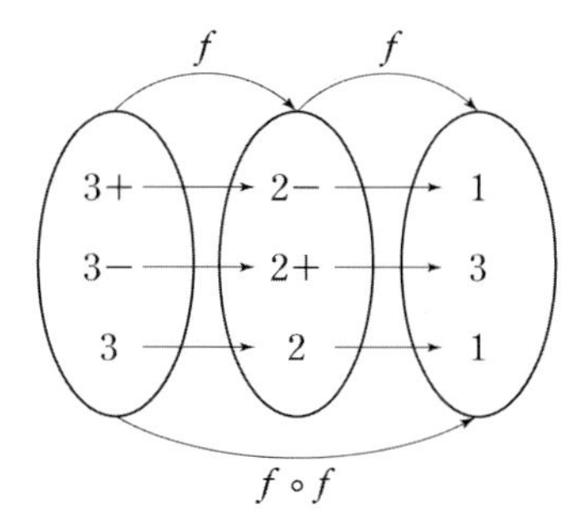

위의 그림에서 $\lim_{x\to3+}f(f(x))\neq\lim_{x\to3-}f(f(x))$이므로

함수 $f(f(x))$는 $x=3$에서 불연속이다. 너코 038 (거짓)

따라서 옳은 것은 ㄱ, ㄴ이다.

답 ③

D 10-04

합성함수 $(g\circ f)(x)$가 $x=1$에서 연속이 되려면

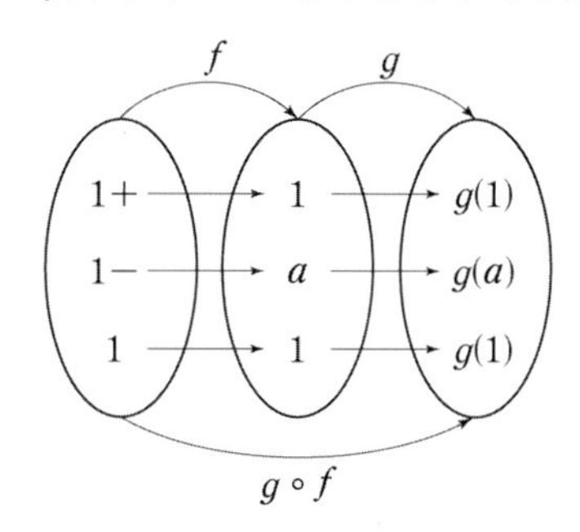

위 그림에서 $g(a)=g(1)$이어야 한다. 너코 038

$g(a)=2^{a}+2^{-a}$, $g(1)=2+2^{-1}$이므로

$2^{a}+2^{-a}=2+2^{-1}$

이때 $g(-x)=2^{-x}+2^{-(-x)}=2^{-x}+2^{x}=g(x)$이므로

너코 009

$g(1)=2+2^{-1}=g(-1)$

$\therefore\ a=1$ 또는 $a=-1$

따라서 모든 실수 a의 값의 곱은 -1이다.

답 ⑤

D 10-05

ㄱ.

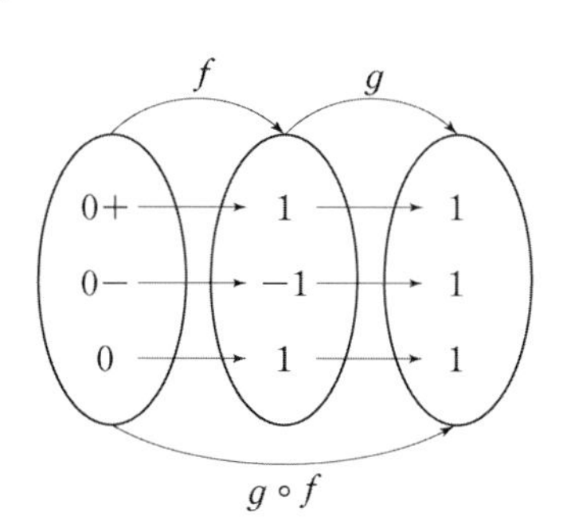

위의 그림에서 $\lim_{x\to0}(g\circ f)(x)=(g\circ f)(0)$이므로

함수 $(g\circ f)(x)$는 $x=0$에서 연속이다. 너코 038 (참)

ㄴ. [반례] $f(x)=\begin{cases}1 & (x=0)\\ 2 & (x\neq0)\end{cases}$, $g(x)=0$이면

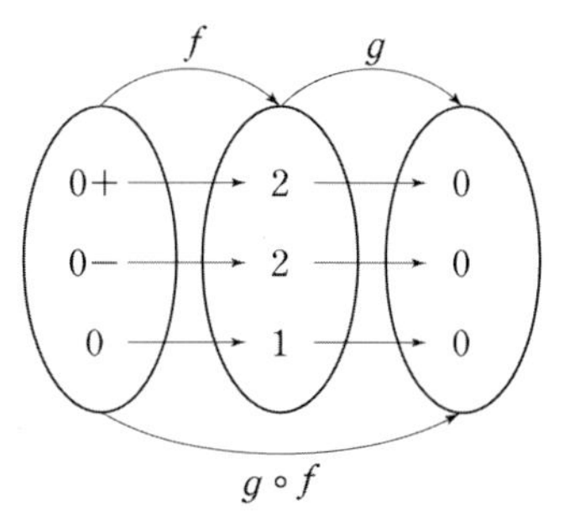

위의 그림에서 $\lim_{x\to0}(g\circ f)(x)=(g\circ f)(0)$이므로

함수 $(g\circ f)(x)$는 $x=0$에서 연속이지만 너코 038

함수 $f(x)$는 $x=0$에서 연속이 아니다. (거짓)

ㄷ. [반례] ㄴ에서 반례로 든 함수 $f(x)$에 대하여

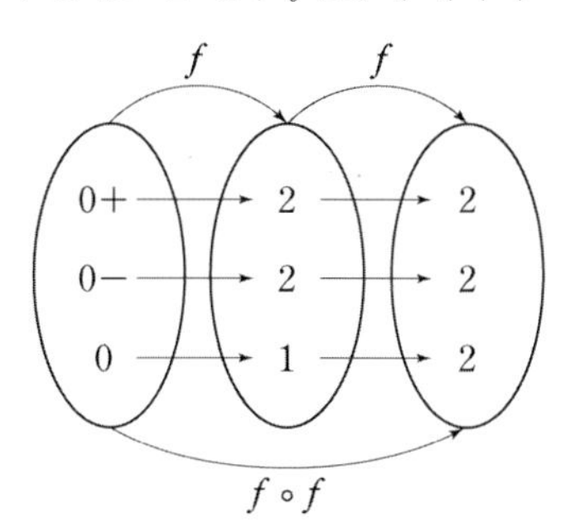

위의 그림에서 $\lim_{x\to0}(f\circ f)(x)=(f\circ f)(0)$이므로

함수 $(f\circ f)(x)$는 $x=0$에서 연속이지만 너코 038

함수 $f(x)$는 $x=0$에서 연속이 아니다. (거짓)

따라서 옳은 것은 ㄱ이다.

답 ①

D 10-06

함수 $(f\circ g)(x)$가 $x=1$에서 연속이므로

$\lim_{x\to1+}(f\circ g)(x)=\lim_{x\to1-}(f\circ g)(x)=(f\circ g)(1)$을

만족시킨다. 너코 037

이때 구간 $(-1,1]$에서 $f(x)=(x-1)(2x-1)(x+1)$이므로

$\lim_{x\to1-}f(x)=f(1)=0$ 너코 032

모든 실수 x에 대하여 $f(x)=f(x+2)$인 조건에 의해 ⋯⋯㉠

$\lim_{x\to1+}f(x)=\lim_{x\to1+}f(x-2)=\lim_{t\to-1+}f(t)$

$=f(-1)=0$

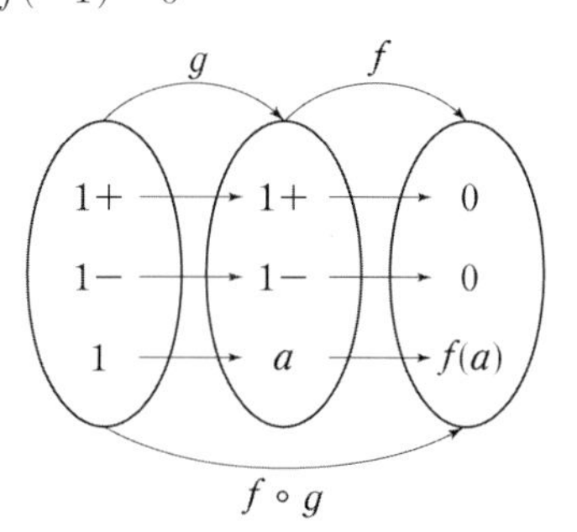

따라서 위의 그림에서 $f(a)=0$이어야 하며 너코 038

이때 $(a-1)(2a-1)(a+1)=0$에서

$a=-1$ 또는 $a=\frac{1}{2}$ 또는 $a=1$이므로

$f(-1)=f\left(\frac{1}{2}\right)=f(1)=f\left(\frac{5}{2}\right)=f(3)=\cdots=0$ ($\because$ ㉠)

따라서 $a>1$인 a의 최솟값은 $a=\frac{5}{2}$이다.

답 ②

D11-01

세 함수 $g(x)+h(x)$, $g(x)h(x)$, $|h(x)|$와 그 그래프는 각각 다음과 같다.

$$g(x)+h(x)=\begin{cases}0 & (x\le 0)\\ 0 & (0<x\le 1)\\ 0 & (1<x\le 2)\\ 2 & (x>2)\end{cases}$$

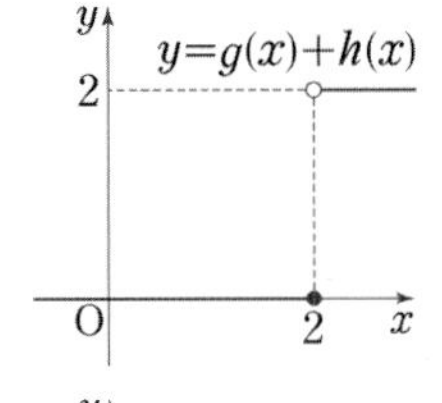

$$g(x)h(x)=\begin{cases}0 & (x\le 0)\\ -1 & (0<x\le 1)\\ 0 & (1<x\le 2)\\ 1 & (x>2)\end{cases}$$

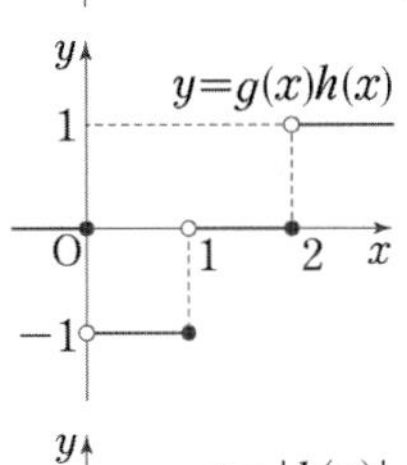

$$|h(x)|=\begin{cases}0 & (x\le 0)\\ 1 & (0<x\le 1)\\ 0 & (1<x\le 2)\\ 1 & (x>2)\end{cases}$$

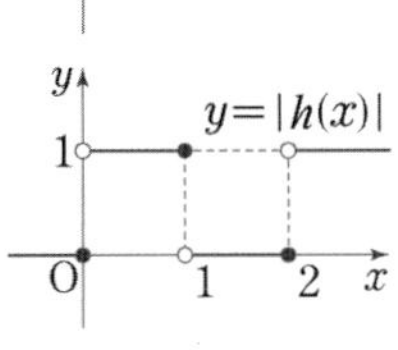

따라서 세 함수 $g(x)+h(x)$, $g(x)h(x)$, $|h(x)|$가 불연속이 되는 x의 값을 각각 찾으면 너코 037

함수 $g(x)+h(x)$는 $x=2$에서만 불연속이므로

$a_1=N(g+h)=1$

함수 $g(x)h(x)$는 $x=0$, $x=1$, $x=2$에서 불연속이므로

$a_2=N(gh)=3$

함수 $|h(x)|$는 $x=0$, $x=1$, $x=2$에서 불연속이므로

$a_3=N(|h|)=3$

$\therefore\ a_1<a_2=a_3$

답 ②

D11-02

$$f(x)=\begin{cases}x & (|x|\ge 1)\\ -x & (|x|<1)\end{cases}=\begin{cases}x & (x\ge 1,\ x\le -1)\\ -x & (-1<x<1)\end{cases}$$

이므로 함수 $y=f(x)$의 그래프는 다음과 같다.

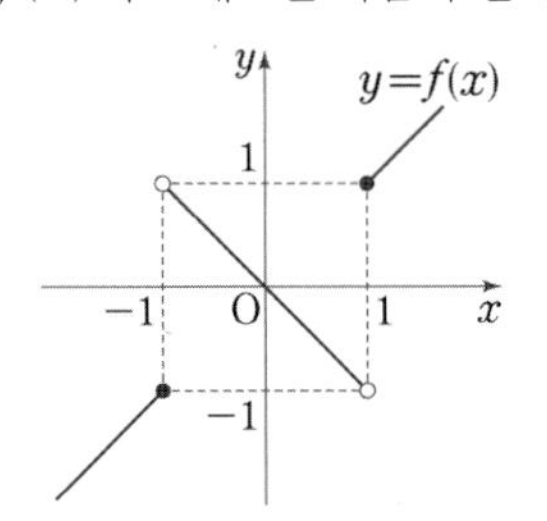

ㄱ. 함수 $f(x)$는 $x=-1$, $x=1$에서 불연속이다. 너코 037 (참)

ㄴ.

x	$x-1$	$f(x)$	$(x-1)f(x)$
$1+$	0	1	0
$1-$	0	-1	0
1	0	1	0

위의 표에서 $\lim_{x\to 1}(x-1)f(x)=(1-1)f(1)$이므로

함수 $(x-1)f(x)$는 $x=1$에서 연속이다. 너코 039 (참)

ㄷ. $\{f(x)\}^2=\begin{cases}x^2 & (x\ge 1,\ x\le -1)\\ (-x)^2 & (-1<x<1)\end{cases}$

즉, 모든 실수 x에 대하여 $\{f(x)\}^2=x^2$이므로

($\because\ (-x)^2=x^2$)

함수 $\{f(x)\}^2$은 실수 전체의 집합에서 연속이다. 너코 037

(참)

따라서 옳은 것은 ㄱ, ㄴ, ㄷ이다.

답 ⑤

D11-03

i) $a=0$일 때 주어진 집합은 $\{x\mid -4x+2=0,\ x\text{는 실수}\}$이고

이때 방정식 $-4x+2=0$의 실근은 $x=\frac{1}{2}$이므로

집합의 원소의 개수는 1, 즉 $f(0)=1$이다.

ii) $a\ne 0$일 때 이차방정식 $ax^2+2(a-2)x-(a-2)=0$의 판별식 D에 대하여

$\frac{D}{4}=(a-2)^2+a(a-2)=2a^2-6a+4=2(a-1)(a-2)$

이때 $a<1$ 또는 $a>2$이면 $\frac{D}{4}>0$이므로 $f(a)=2$,

$a=1$ 또는 $a=2$이면 $\frac{D}{4}=0$이므로 $f(a)=1$,

$1<a<2$이면 $\frac{D}{4}<0$이므로 $f(a)=0$이다.

i), ii)에 의하여 함수 $y=f(a)$의 그래프는 다음과 같다.

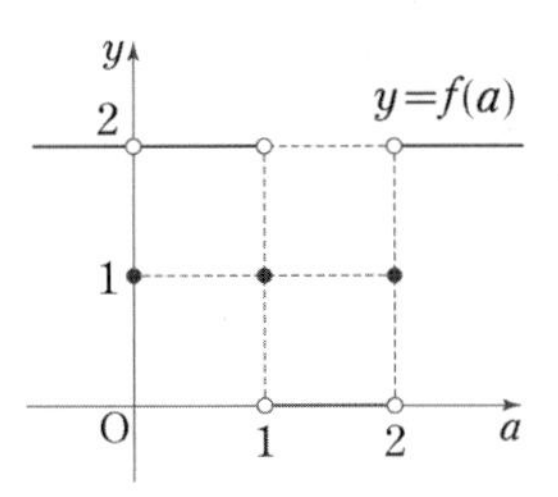

ㄱ. $\lim_{a\to 0}f(a)=2$, $f(0)=1$이므로 너코 032

$\lim_{a\to 0}f(a)\ne f(0)$ (거짓)

ㄴ. $c=1$, $c=2$일 때만 $\lim_{a\to c+}f(a)\ne\lim_{a\to c-}f(a)$이다. 너코 032

(참)

ㄷ. 함수 $f(a)$가 불연속인 점은 $a=0$, $a=1$, $a=2$로 3개이다. 너코 037 (참)

따라서 옳은 것은 ㄴ, ㄷ이다.

답 ④

D 11-04

함수 $y=f(x)$의 그래프는 다음과 같다.

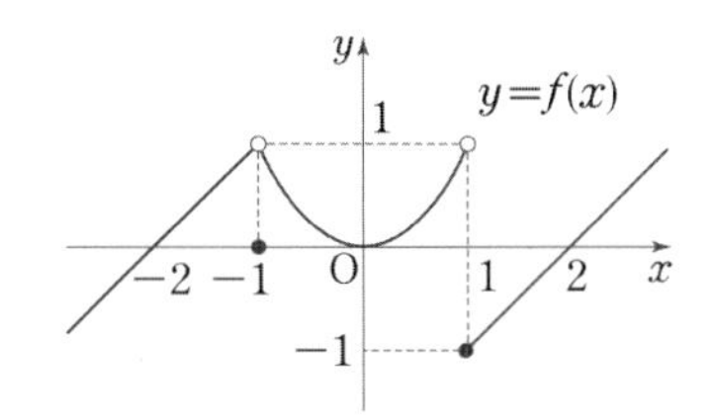

ㄱ. $\lim_{x\to1+}\{f(x)+f(-x)\}$

$=\lim_{x\to1+}f(x)+\lim_{x\to1+}f(-x)$ 너코 033

$=\lim_{x\to1+}f(x)+\lim_{x\to-1-}f(x)$

$=(-1)+1=0$ 너코 032 (참)

ㄴ. $f(x)\ge0$일 때 $f(x)-|f(x)|=0$,

$f(x)<0$일 때 $f(x)-|f(x)|=2f(x)$

이므로 함수 $y=f(x)-|f(x)|$의 그래프는 다음과 같다.

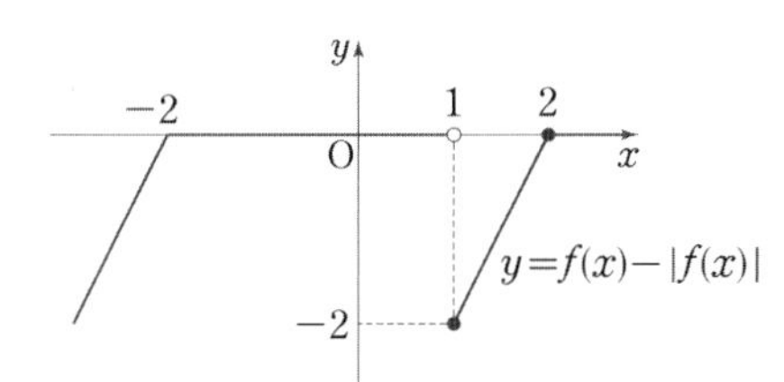

따라서 함수 $f(x)-|f(x)|$는

$x=1$에서만 불연속이므로 불연속인 점은 1개이다.

너코 037 (참)

ㄷ. [반례] 함수 $f(x)$는

$x=1$, $x=-1$에서만 불연속이고 너코 037 ……㉠

$x=-2$, $x=0$, $x=2$에서 연속이며

$f(-2)=f(0)=f(2)=0$이다.

즉, $x=-2$, $x=0$, $x=2$일 때

극한값과 함숫값이 모두 0이다. ……㉡

함수 $f(x)$ 의 그래프를 x축의 양의 방향으로 1만큼

평행이동시킨 그래프를 갖는

함수 $f(x-1)$은 $x=0$, $x=2$에서만 불연속이고 ……㉢

$x=-1$, $x=1$에서 연속이며

이때 극한값과 함숫값이 모두 0이다. ……㉣

따라서 함수 $f(x)f(x-1)$은

㉠, ㉣에 의해 $x=-1$, $x=1$에서

극한값과 함숫값이 모두 0이므로 연속이고 너코 039

㉡, ㉢에 의해 $x=0$, $x=2$에서

극한값과 함숫값이 모두 0이므로 연속이다.

즉, 함수 $f(x)f(x-1)$은 실수 전체의 집합에서 연속이다.

또한 함수 $f(x+1)$은 $x=-2$, $x=0$에서만 불연속이고

$x=-1$, $x=1$에서 연속이며

이때 극한값과 함숫값이 모두 0이므로

위와 마찬가지로 함수 $f(x)f(x+1)$도 실수 전체의

집합에서 연속이다.

따라서 함수 $f(x)f(x-a)$는 $a=1$ 또는 $a=-1$일 때

실수 전체의 집합에서 연속이다. (거짓)

따라서 옳은 것은 ㄱ, ㄴ이다.

답 ②

D 11-05

풀이 1

함수 $f(x)$는 $x=2$에서만 불연속이다. 너코 037

i) $a=2$일 때

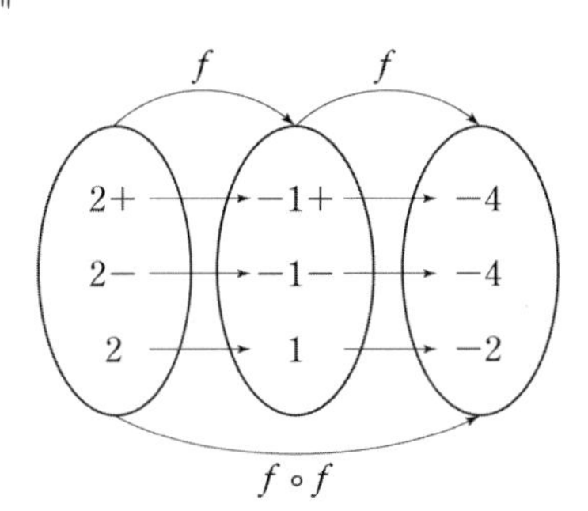

따라서 합성함수 $(f\circ f)(x)$는 $x=2$에서 불연속이다.

너코 038

ii) $a\ne2$일 때

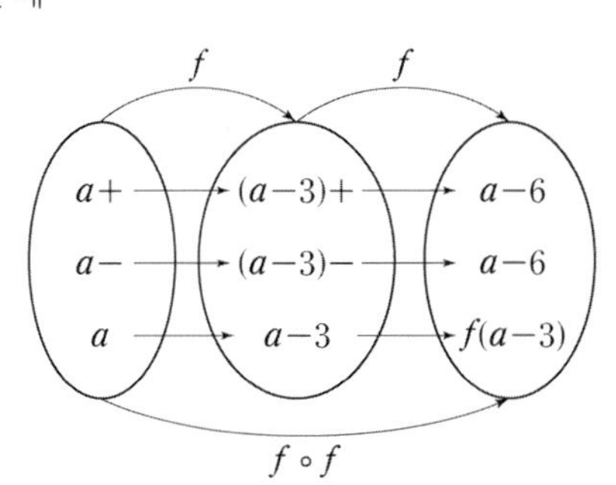

합성함수 $(f\circ f)(x)$가 $x=a$에서 불연속이 되려면

$f(a-3)\ne a-6$이어야 하므로

x좌표가 $a-3$인 함수 $y=f(x)$의 그래프 위의 점이

직선 $y=x-3$ 위의 점은 아니어야 한다.

따라서 $a-3=2$, 즉 $a=5$가 되어야 한다.

i), ii)에서 합성함수 $(f\circ f)(x)$는

$x=2$, $x=5$에서 불연속이므로

$0\le a\le6$에서 불연속이 되는 모든 a의 값의 합은

$2+5=7$이다.

풀이 2

$f(x)=\begin{cases}x-3 & (x\ne2)\\ 1 & (x=2)\end{cases}$에서 $f(5)=2$이므로

$(f\circ f)(x)=\begin{cases}x-6 & (x\ne2,\ x\ne5)\\ -2 & (x=2)\\ 1 & (x=5)\end{cases}$

따라서 함수 $y=(f\circ f)(x)$의

그래프는 오른쪽 그림과 같다.

합성함수 $(f\circ f)(x)$는 $x=2$,

$x=5$에서 불연속이므로

너코 037

$0\le a\le6$에서 불연속이 되는

모든 a의 값의 합은

$2+5=7$이다.

답 ⑤

정답과 풀이

E

미분

1 미분계수

E01-01

풀이 1

$$f'(2)=\lim_{h\to0}\frac{f(2+h)-f(2)}{h}$$ 너코 041

$$=\lim_{h\to0}\frac{h^3+6h^2+14h}{h}$$

$$=\lim_{h\to0}(h^2+6h+14)$$ 너코 034

$$=14$$

풀이 2

$f(x+2)=x^3+6x^2+14x+f(2)$는 삼차함수이다.

$$f(x)=(x-2)^3+6(x-2)^2+14(x-2)+f(2)$$
$$=x^3+2x-12+f(2)$$

$f(x)$를 x에 대하여 미분하면 $f'(x)=3x^2+2$ 너코 044

$\therefore\ f'(2)=3\times2^2+2=14$

답 14

E01-02

$\lim_{x\to2}\frac{f(x+1)-8}{x^2-4}=5$에서

(분모)$\to0$이므로 (분자)$\to0$이다. 너코 034

따라서 $\lim_{x\to2}\{f(x+1)-8\}=0$이고

함수 $f(x)$는 다항함수이므로

$\lim_{x\to2}f(x+1)=8$에서 $f(3)=8$이다. 너코 037

$x+1=t$라 하면 $x\to2$일 때 $t\to3$이므로 너코 032

$$\lim_{x\to2}\frac{f(x+1)-8}{x^2-4}=\lim_{x\to2}\frac{f(x+1)-8}{(x-2)(x+2)}$$
$$=\lim_{t\to3}\frac{f(t)-f(3)}{(t-3)(t+1)}$$
$$=\lim_{t\to3}\left\{\frac{f(t)-f(3)}{t-3}\times\frac{1}{t+1}\right\}$$
$$=f'(3)\times\frac{1}{4}$$ 너코 041
$$=5$$

즉, $f'(3)=5\times4=20$

$\therefore\ f(3)+f'(3)=8+20=28$

답 28

E01-03

$\lim_{x\to1}\frac{f(x)-2}{x^2-1}=3$에서

(분모)$\to0$이므로 (분자)$\to0$이다. 너코 034

따라서 $\lim_{x \to 1}\{f(x)-2\}=0$이고

함수 $f(x)$는 다항함수이므로 $f(1)=2$이다. 너코 037

$$\lim_{x \to 1}\frac{f(x)-2}{x^2-1}=\lim_{x \to 1}\frac{f(x)-f(1)}{(x-1)(x+1)}$$
$$=\lim_{x \to 1}\left\{\frac{f(x)-f(1)}{x-1}\times\frac{1}{x+1}\right\}$$
$$=f'(1)\times\frac{1}{2}=3$$ 너코 041

즉, $f'(1)=3\times2=6$

$\therefore\ \dfrac{f'(1)}{f(1)}=\dfrac{6}{2}=3$

답 ①

E01-04

풀이 1

점 $(0, f(0))$과 점 $(a, f(a))$ 사이의 거리는

$\sqrt{a^2+\{f(a)-f(0)\}^2}=a\sqrt{a^2+2a+2}$ 이다.

따라서 식의 양변을 제곱하면

$a^2+\{f(a)-f(0)\}^2=a^2(a^2+2a+2)$이고

$a>0$이므로 양변을 a^2으로 나누어 정리하면

$$1+\left\{\frac{f(a)-f(0)}{a}\right\}^2=a^2+2a+2$$

이때 함수 $f(x)$는 양의 실수 전체의 집합에서 증가하므로

$a>0$인 모든 실수 a에 대하여 $f(a)>f(0)$이다.

$$\frac{f(a)-f(0)}{a-0}=\sqrt{a^2+2a+1}=a+1$$

$\therefore\ f'(0)=\lim_{a \to 0+}\dfrac{f(a)-f(0)}{a-0}=\lim_{a \to 0+}(a+1)=1$ 너코 042

풀이 2

점 $(0, f(0))$과 점 $(a, f(a))$ 사이의 거리는

$\sqrt{a^2+\{f(a)-f(0)\}^2}=a\sqrt{a^2+2a+2}$ 이다.

따라서 식의 양변을 제곱하여 정리하면

$$a^2+\{f(a)-f(0)\}^2=a^2(a^2+2a+2)$$
$$\{f(a)-f(0)\}^2=a^2(a^2+2a+2)-a^2$$
$$=a^2(a^2+2a+1)$$
$$=a^2(a+1)^2$$

이때 함수 $f(x)$는 양의 실수 전체의 집합에서 증가하므로

$a>0$인 모든 실수 a에 대하여 $f(a)>f(0)$이다.

즉, $f(a)-f(0)=\sqrt{a^2(a+1)^2}=a(a+1)=a^2+a$이므로

$f(a)=a^2+a+f(0)$

$f'(a)=2a+1$ 너코 044

$\therefore\ f'(0)=2\times0+1=1$

답 ②

E01-05

조건 (나)에 의하여 $i=1, 2$일 때

$$f_i'(0)=\lim_{x \to 0}\frac{f_i(x)+2kx}{f_i(x)+kx}$$
$$=\lim_{x \to 0}\frac{\dfrac{f_i(x)-f_i(0)}{x-0}+2k}{\dfrac{f_i(x)-f_i(0)}{x-0}+k}\quad(\because\ 조건\ (가))$$
$$=\frac{f_i'(0)+2k}{f_i'(0)+k}$$ 너코 033 너코 041

가 성립한다.

즉, $f_i'(0)=\dfrac{f_i'(0)+2k}{f_i'(0)+k}$의 양변에 $f_i'(0)+k$를 곱하여

정리하면

$f_i'(0)\{f_i'(0)+k\}=f_i'(0)+2k$,

$\{f_i'(0)\}^2+(k-1)f_i'(0)-2k=0$이고

이 식이 $i=1, 2$일 때 성립하므로

방정식 $\{f_i'(0)\}^2+(k-1)f_i'(0)-2k=0$을 만족시키는

두 근이 $f_1'(0)$과 $f_2'(0)$이다.

이차방정식의 근과 계수의 관계에 의하여

$f_1'(0)f_2'(0)=-2k$이고

조건 (다)에 의하여 $f_1'(0)f_2'(0)=-1$이므로

$-2k=-1$

$\therefore\ k=\dfrac{1}{2}$

답 ①

E01-06

i) $f(x)\geq 2x$에서 $f(x)-f(1)\geq 2x-2$이므로

$x>1$일 때,

$\dfrac{f(x)-f(1)}{x-1}\geq\dfrac{2x-2}{x-1}=2$,

즉 $\lim_{x \to 1+}\dfrac{f(x)-f(1)}{x-1}\geq\lim_{x \to 1+}2=2$ 너코 036 ……㉠

$x<1$일 때,

$\dfrac{f(x)-f(1)}{x-1}\leq\dfrac{2x-2}{x-1}=2$,

즉 $\lim_{x \to 1-}\dfrac{f(x)-f(1)}{x-1}\leq\lim_{x \to 1-}2=2$ ……㉡

이때 함수 $f(x)$가 미분가능하므로

$\lim_{x \to 1+}\dfrac{f(x)-f(1)}{x-1}=\lim_{x \to 1-}\dfrac{f(x)-f(1)}{x-1}=f'(1)$이고

너코 032 너코 042

㉠, ㉡에 의하여 $2\leq f'(1)\leq 2$이므로

$f'(1)=2$

ii) $f(x)\leq 3x$에서 $f(x)-f(2)\leq 3x-6$이므로

$x>2$일 때,

$\dfrac{f(x)-f(2)}{x-2}\leq\dfrac{3x-6}{x-2}=3$,

즉 $\lim_{x \to 2+}\dfrac{f(x)-f(2)}{x-2}\leq\lim_{x \to 2+}3=3$ ……㉢

$x<2$일 때,

$\dfrac{f(x)-f(2)}{x-2} \geq \dfrac{3x-6}{x-2}=3$이므로

$\lim\limits_{x\to 2-}\dfrac{f(x)-f(2)}{x-2} \geq \lim\limits_{x\to 2-}3=3$ ……ⓔ

이때 함수 $f(x)$가 미분가능하므로

$\lim\limits_{x\to 2+}\dfrac{f(x)-f(2)}{x-2}=\lim\limits_{x\to 2-}\dfrac{f(x)-f(2)}{x-2}=f'(2)$이고

ⓒ, ⓔ에 의하여 $3 \leq f'(2) \leq 3$이므로

$f'(2)=3$

$\therefore\ f'(1)+f'(2)=2+3=5$

답 ④

E01-07

조건 (가)에서

$n=1$일 때 $f(1)=f(1)f(2)$ ……ⓐ

$n=2$일 때 $f(1)+f(2)=f(2)f(3)$ ……ⓑ

$n=3$일 때 $f(1)+f(2)+f(3)=f(3)f(4)$ ……ⓒ

$n=4$일 때 $f(1)+f(2)+f(3)+f(4)=f(4)f(5)$ ……ⓔ

$n=5$일 때 $f(1)+f(2)+f(3)+f(4)+f(5)=f(5)f(6)$ ……ⓜ

조건 (나)에서

$\dfrac{f(5)-f(3)}{2} \leq 0$, 즉 $f(5)-f(3) \leq 0$ 너코 041 ……ⓗ

$\dfrac{f(6)-f(4)}{2} \leq 0$, 즉 $f(6)-f(4) \leq 0$ ……ⓢ

ⓒ을 ⓔ에 대입하여 정리하면

$f(3)f(4)+f(4)=f(4)f(5)$에서

$f(4)\{f(3)+1-f(5)\}=0$이다.

이때 $f(5)=f(3)+1$이면 ⓗ을 만족시키지 않으므로

$f(4)=0$이다.

ⓔ을 ⓜ에 대입하여 정리하면

$f(4)f(5)+f(5)=f(5)f(6)$에서

$f(5)\{f(4)+1-f(6)\}=0$이다.

이때 $f(6)=f(4)+1$이면 ⓢ을 만족시키지 않으므로

$f(5)=0$이다.

또한 ⓐ에서 $f(1)=0$ 또는 $f(2)=1$이다.

i) $f(1)=0$일 때

ⓑ에서 $f(2)=0$ 또는 $f(3)=1$이다.

먼저 $f(2)=0$인 경우에는 ⓒ에서 $f(3)=0$이어야 하는데 그러면 서로 다른 실근을 많아야 4개 가질 수 있는 사차방정식 $f(x)=0$이 1, 2, 3, 4, 5를 모두 근으로 가지므로 모순이다.

$f(3)=1$인 경우에는 ⓒ에서 $f(2)=-1$이어야 하므로 사잇값의 정리에 의하여 방정식 $f(x)=0$은 구간 $(2, 3)$에서 적어도 하나의 실근을 갖는다. 너코 040

따라서 사차방정식 $f(x)=0$이 1, α, 4, 5를 근으로 갖는다고 하면 (단, $2<\alpha<3$)

다음 그림과 같이 $f(6)-f(4)>0$이므로 ⓢ을 만족시키지 않는다. 너코 050

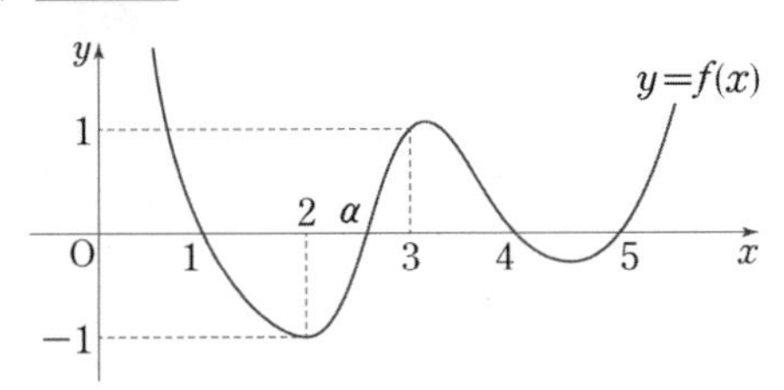

ii) $f(2)=1$일 때

ⓑ에서 $f(1)+1=f(3)$이므로

ⓒ에서 $f(1)+1+\{f(1)+1\}=0$, 즉 $f(1)=-1$이고 $f(3)=0$이다.

따라서 $f(x)=(x-3)(x-4)(x-5)(ax+b)$라 하면 (단, a, b는 상수이고 $a\neq 0$이다.)

$f(1)=-1$에서 $-24(a+b)=-1$

$f(2)=1$에서 $-6(2a+b)=1$

두 식을 연립하면 $a=-\dfrac{5}{24}$, $b=\dfrac{1}{4}$이고 ⓗ, ⓢ도 만족시킨다.

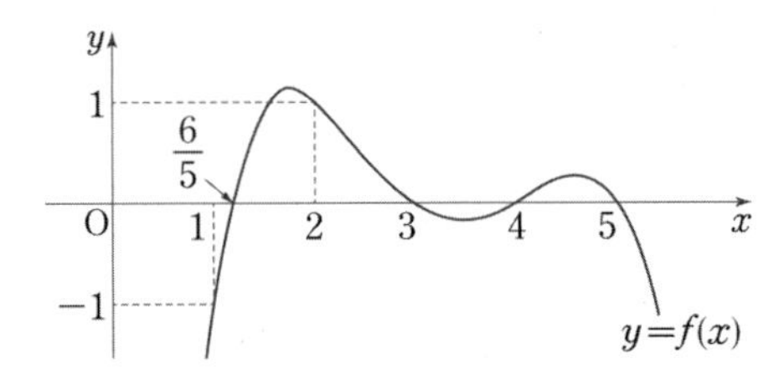

i), ii)에서 $f(x)=-\dfrac{5}{24}(x-3)(x-4)(x-5)\left(x-\dfrac{6}{5}\right)$이다.

$\therefore\ 128\times f\left(\dfrac{5}{2}\right)=128\times\dfrac{65}{128}=65$

답 65

2 도함수

E02-01

$f(x)=x^3-2x^2+4$에서 $f'(x)=3x^2-4x$이므로 너코 044

$f'(3)=3\times 3^2-4\times 3=15$

답 15

E02-02

$f(x)=x^3+5x^2+1$에서 $f'(x)=3x^2+10x$이므로 너코 044

$f'(1)=3\times 1^2+10\times 1=13$

답 13

E 02-03

$f(x)=x^4-3x^2+8$에서 $f'(x)=4x^3-6x$이므로 너코 044

$f'(2)=4\times2^3-6\times2=20$

답 20

E 02-04

$f(x)=x^3+7x+1$에서 $f'(x)=3x^2+7$이므로 너코 044

$f'(0)=7$

답 ④

E 02-05

$f(x)=x^3-3x^2+5x$에서

x의 값이 0에서 a까지 변할 때의 평균변화율은

$\dfrac{f(a)-f(0)}{a-0}=\dfrac{a^3-3a^2+5a}{a}=a^2-3a+5$ 너코 041

한편 $f'(x)=3x^2-6x+5$이므로 $f'(2)=5$ 너코 044

따라서 $\dfrac{f(a)-f(0)}{a-0}=f'(2)$를 만족시키는 a의 값은

$a^2-3a+5=5$

$a(a-3)=0$

$\therefore\ a=3\ (\because\ a>0)$

답 3

E 02-06

$f(x)=x^3-2x-7$에서 $f'(x)=3x^2-2$이므로 너코 044

$f'(1)=3\times1^2-2=1$

답 ①

E 02-07

$f(x)=x^4+3x-2$에서

$f'(x)=4x^3+3$ 너코 044

$\therefore\ f'(2)=4\times2^3+3=35$

답 ①

E 02-08

$f(x)=2x^3+4x+5$에서 $f'(x)=6x^2+4$이므로 너코 044

$f'(1)=6\times1+4=10$

답 ⑤

E 02-09

함수 $f(x)=x^3-6x^2+5x$에서 x의 값이 0에서 4까지 변할 때의 평균변화율은

$\dfrac{f(4)-f(0)}{4-0}=\dfrac{-12}{4}=-3$ 너코 041

$f'(x)=3x^2-12x+5$이므로 너코 044

$f'(a)=-3$, 즉 $3a^2-12a+5=-3$에서

$3a^2-12a+8=0$ ······㉠

이때

$g(a)=3a^2-12a+8$

$\quad=3(a-2)^2-4$

라 하면 $y=g(a)$의 그래프는 그림과 같으므로 ㉠을 만족시키는 모든 실수 a는 $0<a<4$를 만족시킨다.

따라서 구하는 모든 실수 a의 값의 곱은 이차방정식의 근과 계수의 관계에 의하여 $\dfrac{8}{3}$이므로

$p=3,\ q=8$

$\therefore\ p+q=11$

답 11

E 02-10

$f(x)=x^3+3x^2+x-1$에서

$f'(x)=3x^2+6x+1$이므로 너코 044

$f'(1)=3+6+1=10$

답 ⑤

E 02-11

등차수열 $\{x_n\}$의 공차를 d라 하면

$x_n=x_1+(n-1)d$이다. 너코 025

ㄱ. $f'(x)=2ax+b$에서 너코 044

$f'(x_n)=2ax_n+b=2a\{x_1+(n-1)d\}+b$

$\quad=2ax_1+b+(n-1)2ad$

따라서 수열 $\{f'(x_n)\}$은

첫째항이 $2ax_1+b$이고 공차가 $2ad$인 등차수열이다. (참)

ㄴ. $f(x_{n+1})-f(x_n)$

$=f(x_n+d)-f(x_n)$

$=\{a(x_n+d)^2+b(x_n+d)+c\}-\{a(x_n)^2+bx_n+c\}$

$=2adx_n+ad^2+bd$

$=2ad\{x_1+(n-1)d\}+ad^2+bd$

$=2adx_1+ad^2+bd+(n-1)2ad^2$

따라서 수열 $\{f(x_{n+1})-f(x_n)\}$은

첫째항이 $2adx_1+ad^2+bd$이고 공차가 $2ad^2$인

등차수열이다. (참)

ㄷ. ㄴ에서 $x_n=2n-2$로 두면 $d=2$이므로

수열 $\{f(2n)-f(2n-2)\}$은 공차가 $2a\times2^2=8a$인

등차수열이다.

따라서 $f(2)-f(0)$, $f(4)-f(2)$, $f(6)-f(4)$는 이 순서대로 등차수열을 이룬다.

$f(2)-f(0)=2$, $f(4)-f(2)=4$이므로

$f(6)-f(4)=6$이다.

$\therefore\ f(6)=f(4)+6=15$ (참)

따라서 옳은 것은 ㄱ, ㄴ, ㄷ이다.

답 ⑤

E02-12

$f(x)=ax^2+b$, $f'(x)=2ax$이므로 너코 044

$4f(x)=\{f'(x)\}^2+x^2+4$에 대입하면

$4ax^2+4b=(4a^2+1)x^2+4$이고

x에 대한 항등식이므로

$4a=4a^2+1$, $4b=4$에서

$a=\frac{1}{2}$, $b=1$이다.

따라서 $f(x)=\frac{1}{2}x^2+1$이다.

$\therefore\ f(2)=\frac{1}{2}\times 2^2+1=3$

답 ①

E02-13

함수 $f(x)$는 모든 정수 k에 대하여

$2k-8\le\frac{f(k+2)-f(k)}{2}\le 4k^2+14k$ ……㉠

를 만족시키므로

$2k-8=4k^2+14k$에서

$4k^2+12k+8=0$, 즉 $(k+2)(k+1)=0$

$\therefore\ k=-2$ 또는 $k=-1$

따라서 $k=-2$이면 ㉠에서

$-12\le\frac{f(0)-f(-2)}{2}\le-12$이므로

$f(0)-f(-2)=-24$ ……㉡

$k=-1$이면 ㉠에서

$-10\le\frac{f(1)-f(-1)}{2}\le-10$이므로

$f(1)-f(-1)=-20$ ……㉢

함수 $f(x)$는 최고차항의 계수가 1인 삼차함수이므로

상수 a, b, c에 대하여

$f(x)=x^3+ax^2+bx+c$

라 놓으면 ㉡에서

$c-(-8+4a-2b+c)=-24$, 즉 $2a-b=16$ ……㉣

㉢에서

$(1+a+b+c)-(-1+a-b+c)=-20$

$b=-11$이므로 ㉣에서 $a=\frac{5}{2}$

따라서 $f(x)=x^3+\frac{5}{2}x^2-11x+c$이므로

$f'(x)=3x^2+5x-11$ 너코 044

$\therefore\ f'(3)=27+15-11=31$

답 31

E02-14

$\lim_{x\to\infty}\frac{f(x)}{x^m}=1$이므로

$f(x)$는 m차함수이고 최고차항의 계수가 1이다. 너코 035

즉, $f(x)=x^m+\cdots$이고 $f'(x)=mx^{m-1}+\cdots$이므로 너코 044

$\lim_{x\to\infty}\frac{f'(x)}{x^{m-1}}=m=a$이다. ……㉠

ㄱ. m, n의 관계는 조건 $\lim_{x\to 0}\frac{f(x)}{x^n}=b$를 이용하여 확인할 수 있다.

예를 들어 $f(x)=x+1$, 즉 $m=1$이고 $n=2$이면

$$\lim_{x\to 0}\frac{f(x)}{x^n}=\lim_{x\to 0}\frac{x+1}{x^2}=\lim_{x\to 0}\left(\frac{1}{x}+\frac{1}{x^2}\right)=\infty$$ 너코 032

이다.

이처럼 $m<n$이면 항상 $\lim_{x\to 0}\frac{f(x)}{x^n}=\infty$이므로

$\lim_{x\to 0}\frac{f(x)}{x^n}=b$가 실수라는 조건에 모순이다.

따라서 $m\ge n$이다. (참)

ㄴ. $\lim_{x\to 0}\frac{f(x)}{x^n}=b$가 되려면

$f(x)$는 n차 이상의 다항함수이어야 하며

x^n항의 계수가 b이고 $(n-1)$차 이하의 항의 계수는 0이어야 한다. 너코 034

즉, $f(x)$를 x에 관하여 내림차순으로 정리해 보면

$f(x)=x^m+\cdots+bx^n$

이때 $f'(x)=mx^{m-1}+\cdots+bnx^{n-1}$이므로

$\lim_{x\to 0}\frac{f'(x)}{x^{n-1}}=bn=9$에서 $b=\frac{9}{n}$이다. ……㉡

한편 ㉠에서 $a=m\ge 1$이고 ㄱ에서 $m\ge n\ge 1$이므로

$ab=m\times\frac{9}{n}\ge 9$ (참)

ㄷ. $f(x)$가 삼차함수이면 $a=m=3$ ($\because$ ㉠)

$\therefore\ am=bn=9$ ($\because$ ㉡) (참)

따라서 옳은 것은 ㄱ, ㄴ, ㄷ이다.

답 ⑤

E02-15

함수 $f(x)$을 n차함수라 하고 최고차항의 계수를 a $(a\ne 1,\ a\ne 0)$라 하면

$f(x)=ax^n+\cdots$이므로

$\{f(x)\}^2=a^2x^{2n}+\cdots$, $f(x^2)=ax^{2n}+\cdots$,

$x^3f(x)=ax^{n+3}+\cdots$이다.

따라서 조건 (가)의 $\lim_{x\to\infty}\frac{\{f(x)\}^2-f(x^2)}{x^3f(x)}=4$에서

분모 $x^3f(x)$의 차수는 $n+3$,

분자 $\{f(x)\}^2-f(x^2)$의 차수는 $a^2x^{2n}-ax^{2n}\neq 0$에서

$2n$이므로

$n+3=2n$, 즉 $n=3$이고 너코 035

$\lim_{x\to\infty}\frac{\{f(x)\}^2-f(x^2)}{x^3f(x)}=\frac{a^2-a}{a}=a-1=4$이므로 $a=5$이다.

따라서 $f(x)=5x^3+bx^2+cx+d$라 하면 (단, b, c, d는 상수)

$f'(x)=15x^2+2bx+c$이다. 너코 044

조건 (나)의 $\lim_{x\to 0}\frac{15x^2+2bx+c}{x}=4$에서 극한값이 존재하고,

(분모)$\to 0$이므로 (분자)$\to 0$이다. 너코 034

즉, $\lim_{x\to 0}(15x^2+2bx+c)=c=0$이므로

$\lim_{x\to 0}\frac{15x^2+2bx}{x}=\lim_{x\to 0}(15x+2b)=2b=4$에서

$b=2$이다.

따라서 $f'(x)=15x^2+4x$이므로

$f'(1)=15+4=19$

답 19

E03-01

$f(x)=x^2+8x$에서 $f'(x)=2x+8$이므로 너코 044

$$\lim_{h\to 0}\frac{f(1+2h)-f(1)}{h}=\lim_{h\to 0}\left\{\frac{f(1+2h)-f(1)}{2h}\times 2\right\}$$

$=2f'(1)$ 너코 041

$=2(2\times 1+8)=20$

답 ⑤

E03-02

$f(x)=x^3+9$에서 $f'(x)=3x^2$이므로 너코 044

$\lim_{h\to 0}\frac{f(2+h)-f(2)}{h}=f'(2)$ 너코 041

$=3\times 2^2=12$

답 ②

E03-03

$f(x)=2x^2+5$에서 $f'(x)=4x$이므로 너코 044

$\lim_{x\to 2}\frac{f(x)-f(2)}{x-2}=f'(2)$ 너코 041

$=4\times 2=8$

답 ①

E03-04

$f(x)=x^2-2x+3$에서 $f'(x)=2x-2$ 너코 044

$\therefore \lim_{h\to 0}\frac{f(3+h)-f(3)}{h}=f'(3)$ 너코 041

$=6-2=4$

답 ④

E03-05

$f(x)=2x^2-x$에서 $f'(x)=4x-1$ 너코 044

$\therefore \lim_{x\to 1}\frac{f(x)-1}{x-1}=\lim_{x\to 1}\frac{f(x)-f(1)}{x-1}=f'(1)$ 너코 041

$=4-1=3$

답 ③

E03-06

$f(x)=2x^3-5x^2+3$에서 $f'(x)=6x^2-10x$ 너코 044

$\therefore \lim_{h\to 0}\frac{f(2+h)-f(2)}{h}=f'(2)$ 너코 041

$=24-20=4$

답 ④

E03-07

$f(x)=x^2+x+2$에서 $f'(x)=2x+1$이므로 너코 044

$\lim_{h\to 0}\frac{f(2+h)-f(2)}{h}=f'(2)$ 너코 041

$=2\times 2+1=5$

답 ⑤

E03-08

$f(x)=x^3+3x^2-5$에서 $f'(x)=3x^2+6x$이므로 너코 044

$\lim_{h\to 0}\frac{f(1+h)-f(1)}{h}=f'(1)$ 너코 041

$=3+6=9$

답 ⑤

E03-09

$f(x)=x^3-8x+7$에서 $f'(x)=3x^2-8$이므로 너코 044

$\lim_{h\to 0}\frac{f(2+h)-f(2)}{h}=f'(2)$ 너코 041

$=3\times 4-8=4$

답 ④

E03-10

$\lim_{x\to2}\frac{f(x)}{(x-2)\{f'(x)\}^2}=\frac{1}{4}$에서 극한값이 존재하고,

(분모)$\to0$이므로 (분자)$\to0$이다. 너코 034

따라서 $\lim_{x\to2}f(x)=0$, 즉 $f(2)=0$이다. 너코 037

삼차함수 $f(x)$의 최고차항의 계수가 1이고

$f(1)=0$, $f(2)=0$이므로

$f(x)=(x-2)(x-1)(x-a)$라 하면 (단, a는 상수)

$f(x)=x^3-(a+3)x^2+(3a+2)x-2a$이므로

$f'(x)=3x^2-2(a+3)x+3a+2$ 너코 044 ……㉠

이차함수 $f'(x)$는 실수 전체의 집합에서 연속인 함수이므로

$\lim_{x\to2}\frac{f(x)}{(x-2)\{f'(x)\}^2}$

$=\lim_{x\to2}\frac{f(x)-f(2)}{(x-2)\{f'(x)\}^2}$ ($\because f(2)=0$)

$=\lim_{x\to2}\frac{f(x)-f(2)}{x-2}\times\lim_{x\to2}\frac{1}{\{f'(x)\}^2}$ 너코 033

$=f'(2)\times\frac{1}{\{f'(2)\}^2}$ 너코 041

$=\frac{1}{f'(2)}=\frac{1}{4}$

따라서 $f'(2)=4$이므로 ㉠에 대입하면 $2-a=4$,

즉 $a=-2$이고

$f(x)=(x-2)(x-1)(x+2)$이므로 $f(3)=10$이다.

답 ④

E03-11

ㄱ. [반례] $f(x)=x$이면 $f(0)=0$이지만

$f'(x)=1$에서 $f'(0)=1$이다. 너코 044 (거짓)

ㄴ. 다항함수 $g(x)$가 $g(x)=g(-x)$를 만족시키면

$g(x)$의 모든 항은 짝수차항 및 상수항으로만 이루어지므로

$g'(x)$의 모든 항은 홀수차항으로만 이루어진다.

즉, 자연수 n에 대하여

$g(x)=a_0x^{2n}+a_1x^{2(n-1)}+\cdots+a_{n-1}x^2+a_n$이라 하면

$g'(x)=2a_0nx^{2n-1}+2a_1(n-1)x^{2n-3}+\cdots+2a_{n-1}x$

이다. 너코 044

따라서 $g'(0)=0$이다. (참)

ㄷ. 다항함수 $h(x)$가 모든 실수 x에 대하여

$|h(2x)-h(x)|\le x^2$을 만족시키면

$-x^2\le h(2x)-h(x)\le x^2$ ……㉠

이때

$\lim_{x\to0}\frac{h(2x)-h(x)}{x}$

$=\lim_{x\to0}\left\{\frac{h(2x)-h(0)}{2x}\times2-\frac{h(x)-h(0)}{x}\right\}$

$=2h'(0)-h'(0)=h'(0)$ 너코 033 너코 041 ……㉡

i) $x>0$일 때, ㉠의 각 변을 x로 나누면

$-x\le\frac{h(2x)-h(x)}{x}\le x$

이때 $\lim_{x\to0+}(-x)=\lim_{x\to0+}x=0$이므로

$\lim_{x\to0+}\frac{h(2x)-h(x)}{x}=0$ 너코 036

ii) $x<0$일 때, ㉠의 각 변을 x로 나누면

$-x\ge\frac{h(2x)-h(x)}{x}\ge x$

이때 $\lim_{x\to0-}(-x)=\lim_{x\to0-}x=0$이므로

$\lim_{x\to0-}\frac{h(2x)-h(x)}{x}=0$

따라서 $\lim_{x\to0}\frac{h(2x)-h(x)}{x}=h'(0)=0$이 성립한다.

($\because$ ㉡) 너코 032 (참)

따라서 옳은 것은 ㄴ, ㄷ이다.

답 ⑤

E03-12

$\lim_{x\to1}\frac{f(x)-f'(x)}{x^2-1}=14$에서 극한값이 존재하고,

(분모)$\to0$이므로 (분자)$\to0$이다. 너코 034

따라서 $\lim_{x\to1}\{f(x)-f'(x)\}=0$이고

다항함수 $f(x)-f'(x)$는 연속함수이므로

$f(1)-f'(1)=0$, 너코 037

즉 $f(1)=f'(1)$이다. ……㉠

한편 $f(x+y)=f(x)+f(y)+2xy-1$에

$x=0$, $y=0$을 대입하면

$f(0)=f(0)+f(0)-1$에서 $f(0)=1$이다.

따라서 도함수의 정의에 의하여

$f'(x)=\lim_{h\to0}\frac{f(x+h)-f(x)}{h}$ 너코 044

$=\lim_{h\to0}\frac{f(x)+f(h)+2xh-1-f(x)}{h}$

$=\lim_{h\to0}\frac{f(h)+2xh-1}{h}$

$=\lim_{h\to0}\left\{\frac{f(h)-1}{h}+2x\right\}$

$=\lim_{h\to0}\left\{2x+\frac{f(h)-f(0)}{h-0}\right\}$

$=2x+f'(0)$ 너코 033 너코 041

이 식에 $x=1$을 대입하면

$f'(1)=2+f'(0)$, 즉 $f'(0)=f'(1)-2$이므로

$f'(x)=2x+f'(0)=2x+f'(1)-2$ ……㉡

㉠, ㉡에 의하여

$$\lim_{x\to1}\frac{f(x)-f'(x)}{x^2-1}=\lim_{x\to1}\frac{f(x)-2x-f(1)+2}{x^2-1}$$
$$=\lim_{x\to1}\left\{\frac{f(x)-f(1)}{x^2-1}-\frac{2(x-1)}{x^2-1}\right\}$$
$$=\lim_{x\to1}\left\{\frac{f(x)-f(1)}{x-1}\times\frac{1}{x+1}-\frac{2}{x+1}\right\}$$
$$=\frac{1}{2}f'(1)-\frac{2}{2}=14$$

이므로 $f'(1)=30$이다.

$\therefore\ f'(0)=f'(1)-2=28$ ($\because$ ㉡)

답 28

E04-01

$f'(x)=(x^2+1)'(x^2+x-2)+(x^2+1)(x^2+x-2)'$ 너코 045

$=2x(x^2+x-2)+(x^2+1)(2x+1)$ 너코 044

$\therefore\ f'(2)=4\times4+5\times5=41$

답 41

E04-02

$f'(x)=(x^3+5)'(x^2-1)+(x^3+5)(x^2-1)'$ 너코 045

$=3x^2(x^2-1)+2x(x^3+5)$ 너코 044

$\therefore\ f'(1)=0+2\times6=12$

답 12

E04-03

$g(x)=(x+1)f(x)$에서

$g'(x)=(x+1)'\times f(x)+(x+1)\times f'(x)$ 너코 045

$=f(x)+(x+1)f'(x)$ 너코 044

이때 $f(1)=2$, $f'(1)=4$이므로

$g'(1)=2+2\times4=10$이다.

답 10

E04-04

$g(x)=(x^2+3)f(x)$에서

$g'(x)=(x^2+3)'f(x)+(x^2+3)f'(x)$ 너코 045

$=2xf(x)+(x^2+3)f'(x)$ 너코 044

이때 $f(1)=2$, $f'(1)=1$이므로

$g'(1)=2\times2+4\times1=8$

답 ③

E04-05

$g(x)=x^2f(x)$에서

$g'(x)=2xf(x)+x^2f'(x)$이므로 너코 044 너코 045

$g'(2)=4f(2)+4f'(2)=4+12=16$

답 ③

E04-06

$g(x)=(x^3+1)f(x)$에서

$g'(x)=(x^3+1)'f(x)+(x^3+1)f'(x)$ 너코 045

$=3x^2f(x)+(x^3+1)f'(x)$ 너코 044

이때 $f(1)=2$, $f'(1)=3$이므로

$g'(1)=3f(1)+2f'(1)$

$=3\times2+2\times3=12$

답 ①

E04-07

$f(x)=(x^2+1)(x^2+ax+3)$에서

$f'(x)=(x^2+1)'(x^2+ax+3)+(x^2+1)(x^2+ax+3)'$ 너코 045

$=2x(x^2+ax+3)+(x^2+1)(2x+a)$ 너코 044

이때 $f'(1)=32$이므로

$f'(1)=2(1+a+3)+(1+1)(2+a)$

$=4a+12=32$

에서 $4a=20$ $\quad\therefore\ a=5$

답 5

E04-08

$f(x)=(x+1)(x^2+3)$에서

$f'(x)=(x+1)'(x^2+3)+(x+1)(x^2+3)'$ 너코 045

$=(x^2+3)+2x(x+1)$ 너코 044

$\therefore\ f'(1)=(1+3)+2\times(1+1)=8$

답 8

E04-09

$f(x)=(x^2-1)(x^2+2x+2)$

에서

$f'(x)=2x(x^2+2x+2)+(x^2-1)(2x+2)$ 너코 044 너코 045

$\therefore\ f'(1)=2\times5=10$

답 ⑤

E04-10

$f(x)=(x+1)(x^2+x-5)$

에서

$f'(x)=x^2+x-5+(x+1)(2x+1)$ 너코 044 너코 045

$\therefore\ f'(2)=1+3\times5=16$

답 ②

E 미분

E04-11

$f(x)=(x^2+1)(3x^2-x)$에서

$f'(x)=2x(3x^2-x)+(x^2+1)(6x-1)$ 너코 044 너코 045

$\therefore\ f'(1)=2\times2+2\times5=14$

답 ④

E04-12

$\lim_{x\to1}\frac{f(x)-5}{x-1}=9$에서 극한값이 존재하고,

(분모)$\to0$이므로 (분자)$\to0$이다. 너코 034

따라서 $\lim_{x\to1}\{f(x)-5\}=0$, 즉 $f(1)=5$이므로 너코 037

$$\lim_{x\to1}\frac{f(x)-5}{x-1}=\lim_{x\to1}\frac{f(x)-f(1)}{x-1}$$
$$=f'(1)=9$$ 너코 041

한편

$g'(x)=(x)'f(x)+xf'(x)$ 너코 045

$=f(x)+xf'(x)$ 너코 044

$\therefore\ g'(1)=f(1)+f'(1)=5+9=14$

답 14

E04-13

방정식 $f(x)=9$의 서로 다른 세 실근을 $a,\ ar,\ ar^2$이라 하면

$f(x)=(x-a)(x-ar)(x-ar^2)+9$이다. (단, $a\neq0,\ r\neq0$)

이때 $f(0)=1$에 의하여

$-a^3r^3+9=1$

$(ar)^3=2^3$

$ar=2$

이므로

$$f(x)=(x-a)(x-2)\left(x-\frac{4}{a}\right)+9,$$

$$f'(x)=(x-2)\left(x-\frac{4}{a}\right)+(x-a)\left(x-\frac{4}{a}\right)+(x-a)(x-2)$$

너코 045

또한 $f'(2)=-2$에 의하여

$$(2-a)\left(2-\frac{4}{a}\right)=-2$$

$$8-\frac{8}{a}-2a=-2$$

$\frac{4}{a}+a=5$이다.

$$\therefore\ f(3)=(3-a)\left(3-\frac{4}{a}\right)+9$$
$$=22-\frac{12}{a}-3a$$
$$=22-3\left(\frac{4}{a}+a\right)$$
$$=22-3\times5=7$$

답 ②

E04-14

$\lim_{x\to0}\frac{f(x)+g(x)}{x}=3$에서 ……㉠

(분모)$\to0$이므로 (분자)$\to0$이다. 너코 034

따라서 $\lim_{x\to0}\{f(x)+g(x)\}=f(0)+g(0)=0$ 너코 033

에서 $g(0)=-f(0)$이다. ……㉡

이를 다시 ㉠에 대입하면

$$\lim_{x\to0}\frac{f(x)+g(x)}{x}=\lim_{x\to0}\frac{f(x)-f(0)+g(x)-g(0)}{x}$$
$$=\lim_{x\to0}\frac{f(x)-f(0)}{x}+\lim_{x\to0}\frac{g(x)-g(0)}{x}$$
$$=f'(0)+g'(0)=3$$ ……㉢

또한

$\lim_{x\to0}\frac{f(x)+3}{xg(x)}=2$에서 ……㉣

(분모)$\to0$이므로 (분자)$\to0$이다.

따라서 $\lim_{x\to0}\{f(x)+3\}=f(0)+3=0$

에서 $f(0)=-3$이고 $g(0)=3$이다. ($\because$ ㉡)

이를 다시 ㉣에 대입하면

$$\lim_{x\to0}\frac{f(x)-f(0)}{xg(x)}=\lim_{x\to0}\left\{\frac{f(x)-f(0)}{x}\times\frac{1}{g(x)}\right\}$$
$$=f'(0)\times\frac{1}{3}=2$$

에서 $f'(0)=6$이고 $g'(0)=-3$이다. ($\because$ ㉢)

한편 $h(x)=f(x)g(x)$에서

$h'(x)=f'(x)g(x)+f(x)g'(x)$이므로 너코 045

$h'(0)=f'(0)g(0)+f(0)g'(0)$

$=6\times3+(-3)\times(-3)=27$

답 ①

E04-15

$f(x),\ g(x)$가 모두 다항함수이므로

$f(x)g(x)=h(x)$라 하면

함수 $h(x)$도 다항함수이고 실수 전체의 집합에서 미분가능하다.

조건 (가)에서

$h(0)=f(0)g(0)=1\times4=4$이고

조건 (나)에서

$\lim_{x\to0}\frac{h(x)-4}{x}=\lim_{x\to0}\frac{h(x)-h(0)}{x-0}=h'(0)=0$이므로

너코 041

$h'(x)=f'(x)g(x)+f(x)g'(x)$의 양변에 $x=0$을 대입하면

너코 045

$h'(0)=f'(0)g(0)+f(0)g'(0)$

$=(-6)\times4+1\times g'(0)$

$=g'(0)-24=0$

$\therefore\ g'(0)=24$

답 24

E05-01

함수 $f(x)$가 모든 실수 x에서 미분가능하려면
$x=1$에서 미분가능하면 된다. 너코 046

$g(x)=x^3+ax^2+bx$, $h(x)=2x^2+1$이라 하면
함수 $f(x)$가 $x=1$에서 연속이어야 하므로
$\lim_{x\to1+}f(x)=\lim_{x\to1-}f(x)=f(1)$에서 너코 037
$\lim_{x\to1+}g(x)=\lim_{x\to1-}h(x)=g(1)$이어야 한다.
이때 두 함수 $g(x)$, $h(x)$는 $x=1$에서 연속이므로
$\lim_{x\to1+}g(x)=g(1)$, $\lim_{x\to1-}h(x)=h(1)$이다.
따라서 $g(1)=h(1)$을 만족시키면 되므로
$1+a+b=2+1$, 즉 $a+b=2$이다. ……㉠

한편 함수 $f(x)$가 $x=1$에서 미분계수를 가져야 하므로
$\lim_{x\to1+}\frac{f(x)-f(1)}{x-1}=\lim_{x\to1-}\frac{f(x)-f(1)}{x-1}$에서 너코 041
$\lim_{x\to1+}\frac{g(x)-g(1)}{x-1}=\lim_{x\to1-}\frac{h(x)-h(1)}{x-1}$이어야 한다.
이때 두 함수 $g(x)$, $h(x)$는 모두 $x=1$에서 미분가능하므로
$\lim_{x\to1+}\frac{g(x)-g(1)}{x-1}=g'(1)$, 너코 042
$\lim_{x\to1-}\frac{h(x)-h(1)}{x-1}=h'(1)$이다.
따라서 $g'(1)=h'(1)$을 만족시키면 되므로
$g'(x)=3x^2+2ax+b$, $h'(x)=4x$에서 너코 044
$3+2a+b=4$, 즉 $2a+b=1$이다. ……㉡

㉠, ㉡을 연립하면 $a=-1$, $b=3$이다.
$\therefore\ ab=(-1)\times3=-3$

답 ②

E05-02

$g(x)=x^3+ax$, $h(x)=bx^2+x+1$이라 하자.
함수 $f(x)$가 $x=1$에서 연속이므로 너코 046
$\lim_{x\to1-}f(x)=\lim_{x\to1+}f(x)=f(1)$에서 너코 037
$\lim_{x\to1-}g(x)=\lim_{x\to1+}h(x)=h(1)$이다.
이때 두 함수 $g(x)$, $h(x)$가 $x=1$에서 연속이므로
$\lim_{x\to1-}g(x)=g(1)$, $\lim_{x\to1+}h(x)=h(1)$이다.
따라서 $g(1)=h(1)$을 만족시키므로
$1+a=b+2$, 즉 $a-b=1$이다. ……㉠

한편 함수 $f(x)$가 $x=1$에서 미분계수를 가지므로
$\lim_{x\to1-}\frac{f(x)-f(1)}{x-1}=\lim_{x\to1+}\frac{f(x)-f(1)}{x-1}$에서 너코 041
$\lim_{x\to1-}\frac{g(x)-g(1)}{x-1}=\lim_{x\to1+}\frac{h(x)-h(1)}{x-1}$이다.
이때 두 함수 $g(x)$, $h(x)$가 모두 $x=1$에서 미분가능하므로
$g'(1)=\lim_{x\to1-}\frac{g(x)-g(1)}{x-1}$, 너코 042
$h'(1)=\lim_{x\to1+}\frac{h(x)-h(1)}{x-1}$이다.
따라서 $g'(1)=h'(1)$을 만족시키므로
$g'(x)=3x^2+a$, $h'(x)=2bx+1$에서 너코 044
$3+a=2b+1$, 즉 $2b-a=2$이다. ……㉡

㉠, ㉡을 연립하면 $a=4$, $b=3$이다.
$\therefore\ a+b=7$

답 ③

E05-03

$g(x)=ax^2+1$, $h(x)=x^4+a$라 하자.
함수 $f(x)$가 $x=1$에서 연속이므로 너코 046
$\lim_{x\to1-}f(x)=\lim_{x\to1+}f(x)=f(1)$에서 너코 037
$\lim_{x\to1-}g(x)=\lim_{x\to1+}h(x)=h(1)$이다.
이때 두 함수 $g(x)$, $h(x)$가 $x=1$에서 연속이므로
$\lim_{x\to1-}g(x)=g(1)$, $\lim_{x\to1+}h(x)=h(1)$이다.
따라서 $g(1)=h(1)$을 만족시키며
$a+1=1+a$이므로
함수 $f(x)$는 a의 값에 관계없이 $x=1$에서 연속임을 알 수 있다.

한편 함수 $f(x)$가 $x=1$에서 미분계수를 가지므로
$\lim_{x\to1-}\frac{f(x)-f(1)}{x-1}=\lim_{x\to1+}\frac{f(x)-f(1)}{x-1}$에서 너코 041
$\lim_{x\to1-}\frac{g(x)-g(1)}{x-1}=\lim_{x\to1+}\frac{h(x)-h(1)}{x-1}$이다.
이때 두 함수 $g(x)$, $h(x)$가 모두 $x=1$에서 미분가능하므로
$g'(1)=\lim_{x\to1-}\frac{g(x)-g(1)}{x-1}$, 너코 042
$h'(1)=\lim_{x\to1+}\frac{h(x)-h(1)}{x-1}$이다.
따라서 $g'(1)=h'(1)$을 만족시키므로
$g'(x)=2ax$, $h'(x)=4x^3$에서 너코 044
$2a=4$, 즉 $a=2$이다.

답 2

E05-04

함수 $f(x)$가 실수 전체의 집합에서 미분가능하려면
$x=-2$에서 미분가능하면 된다. 너코 046

$g(x)=x^2+ax+b$, $h(x)=2x$라 하면
함수 $f(x)$가 $x=-2$에서 연속이므로
$\lim_{x\to-2-}f(x)=\lim_{x\to-2+}f(x)=f(-2)$에서 너코 037
$\lim_{x\to-2-}g(x)=\lim_{x\to-2+}h(x)=g(-2)$이다.

E 미분

이때 두 함수 $g(x)$, $h(x)$가 $x=-2$에서 연속이므로

$\lim_{x\to-2-} g(x)=g(-2)$, $\lim_{x\to-2+} h(x)=h(-2)$이다.

따라서 $g(-2)=h(-2)$를 만족시키므로

$4-2a+b=-4$, 즉 $2a-b=8$이다. ……㉠

한편 함수 $f(x)$가 $x=-2$에서 미분계수를 가지므로

$\lim_{x\to-2-}\frac{f(x)-f(-2)}{x-(-2)}=\lim_{x\to-2+}\frac{f(x)-f(-2)}{x-(-2)}$에서 너코 041

$\lim_{x\to-2-}\frac{g(x)-g(-2)}{x-(-2)}=\lim_{x\to-2+}\frac{h(x)-h(-2)}{x-(-2)}$이다.

이때 두 함수 $g(x)$, $h(x)$가 모두 $x=-2$에서 미분가능하므로

$g'(-2)=\lim_{x\to-2-}\frac{g(x)-g(-2)}{x-(-2)}$, 너코 042

$h'(-2)=\lim_{x\to-2+}\frac{h(x)-h(-2)}{x-(-2)}$이다.

따라서 $g'(-2)=h'(-2)$를 만족시키므로

$g'(x)=2x+a$, $h'(x)=2$에서 너코 044

$a-4=2$, 즉 $a=6$이다. ……㉡

㉡을 ㉠에 대입하면 $b=4$이다.

$\therefore\ a+b=10$

답 ⑤

E05-05

함수 $f(x)$가 실수 전체의 집합에서 미분가능하려면
$x=1$에서 미분가능하면 된다. 너코 046

$g(x)=x^3+ax+b$, $h(x)=bx+4$라 하면

함수 $f(x)$가 $x=1$에서 연속이므로

$\lim_{x\to1-}f(x)=\lim_{x\to1+}f(x)=f(1)$에서 너코 037

$\lim_{x\to1-}g(x)=\lim_{x\to1+}h(x)=h(1)$이다.

이때 두 함수 $g(x)$, $h(x)$가 $x=1$에서 연속이므로

$\lim_{x\to1-}g(x)=g(1)$, $\lim_{x\to1+}h(x)=h(1)$이다.

따라서 $g(1)=h(1)$을 만족시키므로

$1+a+b=b+4$에서 $a=3$이다. ……㉠

한편 함수 $f(x)$가 $x=1$에서 미분계수를 가지므로

$\lim_{x\to1-}\frac{f(x)-f(1)}{x-1}=\lim_{x\to1+}\frac{f(x)-f(1)}{x-1}$에서 너코 041

$\lim_{x\to1-}\frac{g(x)-g(1)}{x-1}=\lim_{x\to1+}\frac{h(x)-h(1)}{x-1}$이다.

이때 두 함수 $g(x)$, $h(x)$가 모두 $x=1$에서 미분가능하므로

$g'(1)=\lim_{x\to1-}\frac{g(x)-g(1)}{x-1}$, 너코 042

$h'(1)=\lim_{x\to1+}\frac{h(x)-h(1)}{x-1}$이다.

따라서 $g'(1)=h'(1)$을 만족시키므로

$g'(x)=3x^2+a$, $h'(x)=b$에서 너코 044

$3+a=b$, 즉 $b=6$이다. ($\because$ ㉠)

$\therefore\ a+b=3+6=9$

답 ④

E05-06

ㄱ. $f(x)=\begin{cases}x^2-1 & (0\le x<1)\\ \frac{2}{3}(x^3-1) & (x\ge1)\end{cases}$에서

$g_1(x)=x^2-1$, $h_1(x)=\frac{2}{3}(x^3-1)$이라 하면

$g_1(1)=h_1(1)=0$이므로

함수 $f(x)$는 $x=1$에서 연속이고 너코 037

$g_1'(x)=2x$, $h_1'(x)=2x^2$에서 너코 044

$g_1'(1)=h_1'(1)=2$이므로

함수 $f(x)$는 $x=1$에서 미분가능하다. 너코 046 (참)

ㄴ. $f(x)=\begin{cases}1-x & (x<0)\\ x^2-1 & (0\le x<1)\end{cases}$이고

$x<0$에서 $1-x>0$,

$0\le x<1$에서 $x^2-1\le0$이므로

$|f(x)|=\begin{cases}1-x & (x<0)\\ 1-x^2 & (0\le x<1)\end{cases}$이다.

$g_2(x)=1-x$, $h_2(x)=1-x^2$이라 하면

$g_2(0)=h_2(0)=1$이므로

함수 $|f(x)|$는 $x=0$에서 연속이지만 너코 037

$g_2'(x)=-1$, $h_2'(x)=-2x$에서 너코 044

$g_2'(0)=-1$, $h_2'(0)=0$이므로

함수 $|f(x)|$는 $x=0$에서 미분가능하지 않다. 너코 046

(거짓)

ㄷ. $x^kf(x)=\begin{cases}x^k-x^{k+1} & (x<0)\\ x^{k+2}-x^k & (0\le x<1)\end{cases}$에서

$g_3(x)=x^k-x^{k+1}$, $h_3(x)=x^{k+2}-x^k$이라 하면

$g_3(0)=h_3(0)=0$이므로 함수 $x^kf(x)$는

자연수 k의 값에 관계없이 $x=0$에서 연속이다. 너코 037

함수 $x^kf(x)$가 $x=0$에서 미분가능하도록 하는

최소의 자연수 k를 구해야 하므로 $k=1$일 때부터

고려해보자.

i) $k=1$일 때

$g_3'(x)=1-2x$, $h_3'(x)=3x^2-1$에서 너코 044

$g_3'(0)=1$, $h_3'(0)=-1$이므로

함수 $xf(x)$는 $x=0$에서 미분가능하지 않다. 너코 046

ii) $k=2$일 때

$g_3'(x)=2x-3x^2$, $h_3'(x)=4x^3-2x$에서

$g_3'(0)=h_3'(0)=0$이므로

함수 $x^2f(x)$는 $x=0$에서 미분가능하다.

즉, 조건을 만족시키는 최소의 자연수 k는 2이다. (참)

따라서 옳은 것은 ㄱ, ㄷ이다.

답 ③

E05-07

최고차항의 계수가 1인 사차함수 $f(x)$에 대하여 함수 $g(x)$가 다음 조건을 만족시킨다.

> (가) $-1 \le x < 1$일 때, $g(x) = f(x)$이다.
> (나) 모든 실수 x에 대하여 $g(x+2) = g(x)$이다.

〈보기〉에서 옳은 것만을 있는 대로 고른 것은? [4점]

〈보 기〉

ㄱ. $f(-1) = f(1)$이고 $f'(-1) = f'(1)$이면, $g(x)$는 실수 전체의 집합에서 미분가능하다.
ㄴ. $g(x)$가 실수 전체의 집합에서 미분가능하면, $f'(0)f'(1) < 0$이다.
ㄷ. $g(x)$가 실수 전체의 집합에서 미분가능하고 $f'(1) > 0$이면, 구간 $(-\infty, -1)$에 $f'(c) = 0$인 c가 존재한다.

① ㄱ ② ㄴ ③ ㄱ, ㄷ
④ ㄴ, ㄷ ⑤ ㄱ, ㄴ, ㄷ

How To

$-1 \le x < 1$에서의 그래프가 반복되는 주기가 2인 주기함수 $g(x)$가 실수 전체의 집합에서 미분가능하면

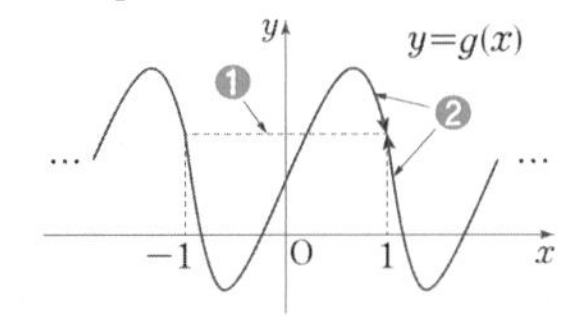

사차함수 $f(x)$에 대하여
❶ $f(-1) = f(1)$
❷ $f'(-1) = f'(1)$

ㄱ. 함수 $f(x)$는 사차함수이므로
조건 (가)에 의하여
함수 $g(x)$는 $-1 < x < 1$에서 미분가능하다. 너코 044
조건 (나)에 의하여 k가 정수일 때
모든 실수 x에 대하여
$g(x+2k) = g(x)$가 성립하고 ……㉠
$f(-1) = f(1)$이므로
함수 $g(x)$는 실수 전체의 집합에서 연속이다. 너코 037
한편

$$\lim_{x \to (1+2k)+} \frac{g(x) - g(1+2k)}{x-(1+2k)}$$
$$= \lim_{t \to -1+} \frac{g(t+2k+2) - g(1+2k)}{t+1} \quad (t = x-2k-2)$$
$$= \lim_{t \to -1+} \frac{g(t) - g(-1)}{t-(-1)} \quad (\because ㉠)$$
$$= f'(-1)$$
$$\lim_{x \to (1+2k)-} \frac{g(x) - g(1+2k)}{x-(1+2k)}$$
$$= \lim_{t \to 1-} \frac{g(t+2k) - g(1+2k)}{t-1} \quad (t = x-2k)$$
$$= \lim_{t \to 1-} \frac{g(t) - g(1)}{t-1} \quad (\because ㉠)$$
$$= f'(1)$$

따라서 $f'(-1) = f'(1)$이면
함수 $g(x)$는 $x = 1+2k$에서 미분가능하므로 너코 042
함수 $g(x)$는 실수 전체의 집합에서 미분가능하다. 너코 046
(참)

ㄴ. [반례] $f(x) = (x-1)^2(x+1)^2$이면
$f(-1) = f(1) = 0$이고
$f'(1) = f'(-1) = f'(0) = 0$이므로 너코 044
ㄱ에 의하여 함수 $g(x)$는 실수 전체의 집합에서 미분가능하지만
$f'(0)f'(1) = 0$이다. (거짓)

ㄷ. 함수 $g(x)$가 실수 전체의 집합에서 미분가능하고
$f'(1) > 0$이므로 $f'(-1) > 0$이다. ($\because$ ㄱ)
이때 함수 $f(x)$는 최고차항의 계수가 1인 사차함수이므로
도함수 $f'(x)$는 최고차항의 계수가 4,
즉 양수인 삼차함수이다. 너코 044
따라서 $\lim_{x \to -\infty} f'(x) = -\infty$이므로 ($\because$ ∽)
$f'(k) < 0$을 만족시키는 $k < -1$인 어떤 실수 k가 반드시 존재한다.
함수 $f'(x)$는 닫힌구간 $[k, -1]$에서 연속이고
$f'(k)f'(-1) < 0$이므로
사잇값의 정리에 의하여 너코 040
열린구간 $(k, -1)$에 $f'(c) = 0$인 실수 c가 존재한다.
즉, 구간 $(-\infty, -1)$에 $f'(c) = 0$인 c가 존재한다. (참)

따라서 옳은 것은 ㄱ, ㄷ이다.

답 ③

E05-08

i) $0 < t < 1$일 때

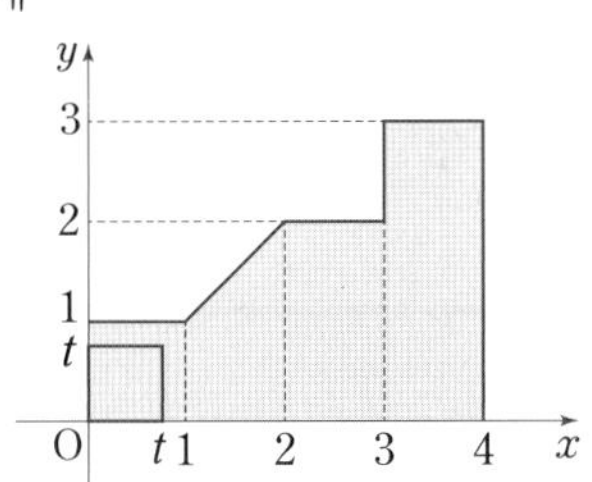

$f(t) = t^2$

ii) $1 \le t < 2$일 때

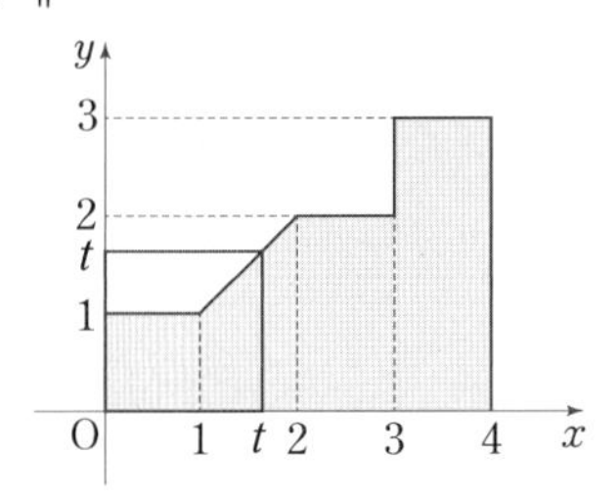

$f(t) = 1 + \frac{1}{2}(t-1)(t+1) = \frac{t^2+1}{2}$

iii) $2 \le t < 3$ 일 때

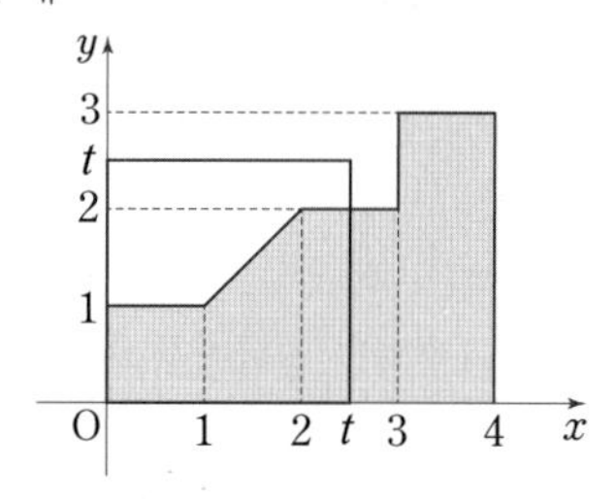

$f(t) = \frac{5}{2} + 2(t-2) = 2t - \frac{3}{2}$

iv) $3 \le t < 4$ 일 때

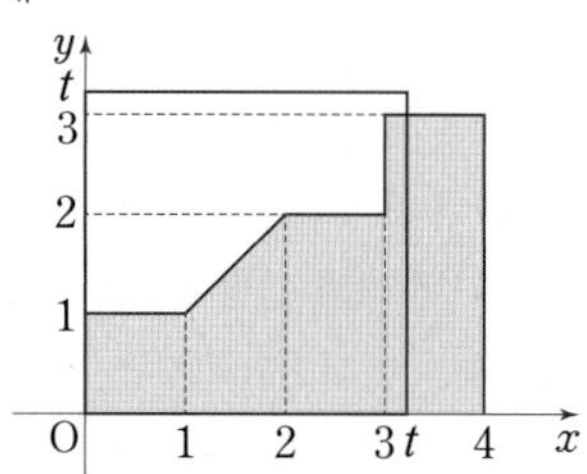

$f(t) = \frac{9}{2} + 3(t-3) = 3t - \frac{9}{2}$

i)~iv)에 의하여

$f(t) = \begin{cases} t^2 & (0 < t < 1) \\ \frac{t^2+1}{2} & (1 \le t < 2) \\ 2t - \frac{3}{2} & (2 \le t < 3) \\ 3t - \frac{9}{2} & (3 \le t < 4) \end{cases}$ 이므로 $f(t)$는 연속함수이고

$f'(t) = \begin{cases} 2t & (0 < t < 1) \\ t & (1 < t < 2) \\ 2 & (2 < t < 3) \\ 3 & (3 < t < 4) \end{cases}$ 이다. 너코 044

$t=2$일 때 $f'(2) = 2$이므로 $f(t)$는 미분가능하나 너코 046

$t=1$, $t=3$일 때 $f'(t)$의 값이 존재하지 않는다.

따라서 열린구간 $(0, 4)$에서 함수 $f(t)$가 미분가능하지 않은 모든 t의 값의 합은

$1+3=4$

답 ③

E05-09

풀이 1

함수 $f(x) = \begin{cases} x+1 & (x < 1) \\ -2x+4 & (x \ge 1) \end{cases}$ 의 그래프 위의 점을

$\mathrm{P}(x, f(x))$라 하면

$\overline{\mathrm{PA}}^2 = (x+1)^2 + \{f(x)+1\}^2$,

$\overline{\mathrm{PB}}^2 = (x-1)^2 + \{f(x)-2\}^2$이다.

i) $x < 1$, 즉 $f(x) = x+1$일 때

먼저 부등식 $\overline{\mathrm{PA}}^2 < \overline{\mathrm{PB}}^2$을 만족시키는 x의 값의 범위를 구하면

$(x+1)^2 + (x+2)^2 < (x-1)^2 + (x-1)^2$

$2x^2 + 6x + 5 < 2x^2 - 4x + 2$

에서 $10x < -3$, $x < -\frac{3}{10}$이다.

따라서 $-\frac{3}{10} \le x < 1$일 때에는 $\overline{\mathrm{PA}}^2 \ge \overline{\mathrm{PB}}^2$을 만족시킨다.

ii) $x \ge 1$, 즉 $f(x) = -2x+4$일 때

먼저 부등식 $\overline{\mathrm{PA}}^2 < \overline{\mathrm{PB}}^2$을 만족시키는 x의 값의 범위는

$(x+1)^2 + (-2x+5)^2 < (x-1)^2 + (-2x+2)^2$

$5x^2 - 18x + 26 < 5x^2 - 10x + 5$

에서 $8x > 21$, 즉 $x > \frac{21}{8}$이다.

따라서 $1 \le x \le \frac{21}{8}$일 때에는 $\overline{\mathrm{PA}}^2 \ge \overline{\mathrm{PB}}^2$을 만족시킨다.

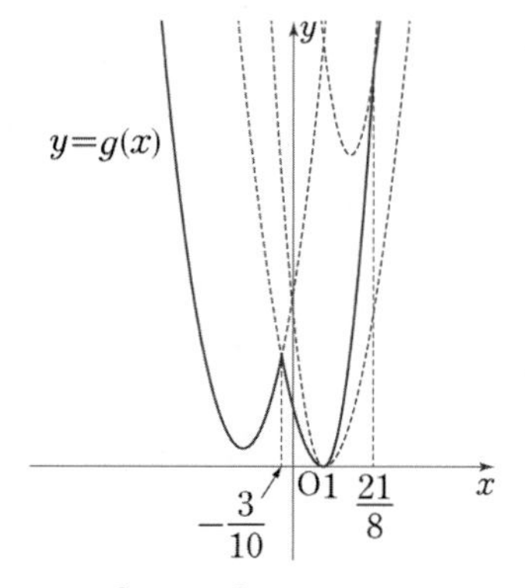

i), ii)에 의하여 $\overline{\mathrm{PA}}^2$과 $\overline{\mathrm{PB}}^2$ 중 크지 않은 값으로 정의되는 함수 $g(x)$는

$g(x) = \begin{cases} 2x^2 + 6x + 5 & (x < -\frac{3}{10}) \\ 2x^2 - 4x + 2 & (-\frac{3}{10} \le x < 1) \\ 5x^2 - 10x + 5 & (1 \le x \le \frac{21}{8}) \\ 5x^2 - 18x + 26 & (x > \frac{21}{8}) \end{cases}$

이므로

$g'(x) = \begin{cases} 4x+6 & (x < -\frac{3}{10}) \\ 4x-4 & (-\frac{3}{10} < x < 1) \\ 10x-10 & (1 < x < \frac{21}{8}) \\ 10x-18 & (x > \frac{21}{8}) \end{cases}$ 너코 044

따라서 $x = -\frac{3}{10}$, $x = \frac{21}{8}$일 때

$g'(x)$의 값이 존재하지 않으므로 너코 046

$p = \left(-\frac{3}{10}\right) + \frac{21}{8} = \frac{93}{40}$

$\therefore\ 80p = 80 \times \frac{93}{40} = 186$

풀이 2

함수 $f(x) = \begin{cases} x+1 & (x < 1) \\ -2x+4 & (x \ge 1) \end{cases}$ 의 그래프 위의 점을

$\mathrm{P}(x, f(x))$라 하고

$i(x) = \overline{\mathrm{PA}}^2 = (x+1)^2 + \{f(x)+1\}^2$,

$j(x) = \overline{\mathrm{PB}}^2 = (x-1)^2 + \{f(x)-2\}^2$이라 하자.

이때 $\overline{PA}^2=\overline{PB}^2$, 즉 $\overline{PA}=\overline{PB}$를 만족시키는 점 P는 선분 AB의 수직이등분선 위의 점이다.

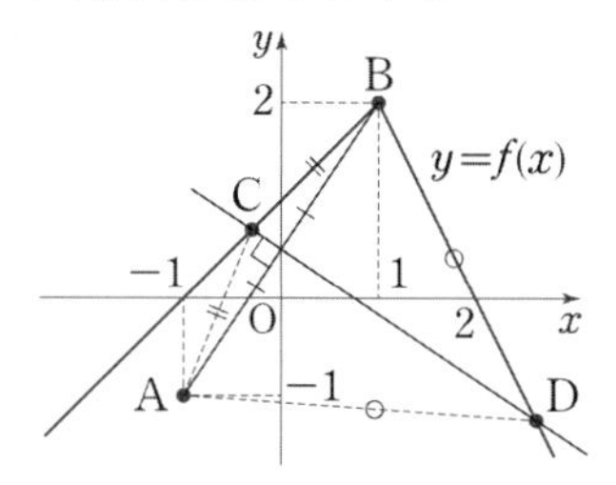

점 P로 가능한 두 점을 각각 C, D라 하면

기울기가 $\frac{3}{2}$인 직선 AB와 수직이고 점 $\left(0, \frac{1}{2}\right)$을 지나는

직선 CD의 방정식은 $y=-\frac{2}{3}x+\frac{1}{2}$이다.

방정식 $x+1=-\frac{2}{3}x+\frac{1}{2}(x<1)$의 해는 $x=-\frac{3}{10}$이고

방정식 $-2x+4=-\frac{2}{3}x+\frac{1}{2}(x\geq 1)$의 해는 $x=\frac{21}{8}$이다.

따라서 함수 $g(x)$는

$$g(x)=\begin{cases} i(x)\ \left(x<-\frac{3}{10}\right) \\ j(x)\ \left(-\frac{3}{10}\leq x<\frac{21}{8}\right), \\ i(x)\ \left(x\geq \frac{21}{8}\right) \end{cases}$$

$$\text{즉 } g(x)=\begin{cases} 2x^2+6x+5 & \left(x<-\frac{3}{10}\right) \\ 2x^2-4x+2 & \left(-\frac{3}{10}\leq x<1\right) \\ 5x^2-10x+5 & \left(1\leq x<\frac{21}{8}\right) \\ 5x^2-18x+26 & \left(x\geq \frac{21}{8}\right) \end{cases}$$

이므로

$$g'(x)=\begin{cases} 4x+6 & \left(x<-\frac{3}{10}\right) \\ 4x-4 & \left(-\frac{3}{10}<x<1\right) \\ 10x-10 & \left(1<x<\frac{21}{8}\right) \\ 10x-18 & \left(x>\frac{21}{8}\right) \end{cases}$$ 너코 044

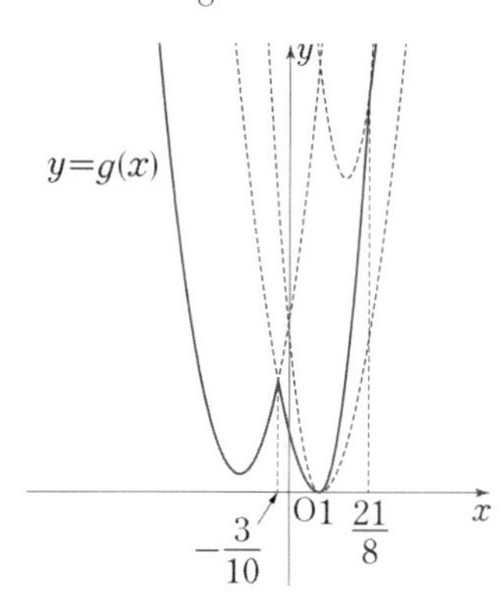

따라서 $x=-\frac{3}{10}$, $x=\frac{21}{8}$일 때

$g'(x)$의 값이 존재하지 않으므로 너코 046

$$p=\left(-\frac{3}{10}\right)+\frac{21}{8}=\frac{93}{40}$$

$$\therefore\ 80p=80\times\frac{93}{40}=186$$

답 186

E05-10

ㄱ. $\lim_{x\to 0-}f(x)=f(0)=0$, $\lim_{x\to 0+}f(x)=-1$이므로

함수 $f(x)$는 $x=0$에서 불연속이고,

$\lim_{x\to 2-}f(x)=f(2)=\lim_{x\to 2+}f(x)=1$이므로

함수 $f(x)$는 $x=2$에서 연속이다. 너코 037

따라서 함수 $f(x)$는 $x=0$에서만 불연속이다.

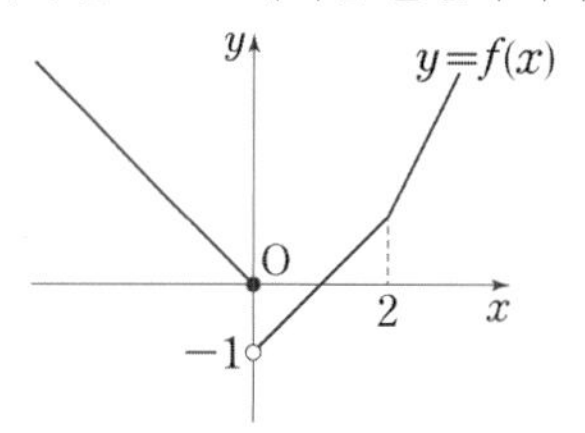

한편 함수 $p(x)f(x)$가 실수 전체의 집합에서 연속이면

$x=0$에서도 연속이다. 너코 046

따라서

$\lim_{x\to 0-}p(x)f(x)=p(0)f(0)=\lim_{x\to 0+}p(x)f(x)$에서

$p(0)\times 0=p(0)\times 0=p(0)\times(-1)$이므로

$p(0)=0$이다. (참)

ㄴ. 함수 $p(x)f(x)$가 실수 전체의 집합에서 미분가능하면

$x=2$에서도 미분가능하다.

$\{p(x)f(x)\}'=p'(x)f(x)+p(x)f'(x)$에 대하여

$\lim_{x\to 2-}\{p'(x)f(x)+p(x)f'(x)\}$

$=\lim_{x\to 2+}\{p'(x)f(x)+p(x)f'(x)\}$에서

$p'(2)\times 1+p(2)\times 1=p'(2)\times 1+p(2)\times 2$이므로

$p(2)=0$이다. (참)

ㄷ. [반례] $p(x)=x^2(x-2)$라 하자. …빈출 QnA

$g(x)=p(x)\{f(x)\}^2$이라 하면

$$g(x)=\begin{cases} x^4(x-2) & (x\leq 0) \\ x^2(x-1)^2(x-2) & (0<x\leq 2) \\ x^2(2x-3)^2(x-2) & (x>2) \end{cases}\text{에서}$$

$$g'(x)=\begin{cases} 5x^4-8x^3 & (x<0) \\ 5x^4-16x^3+15x^2-4x & (0<x<2) \\ 20x^4-80x^3+99x^2-36x & (x>2) \end{cases}\text{이다.}$$

너코 044

$\lim_{x\to 0-}g'(x)=\lim_{x\to 0+}g'(x)=0$이고

$\lim_{x\to 2-}g'(x)=\lim_{x\to 2+}g'(x)=4$이므로

함수 $g(x)$는 실수 전체의 집합에서 미분가능하지만

$p(x)$는 $x^2(x-2)^2$으로 나누어떨어지지 않는다. (거짓)

따라서 옳은 것은 ㄱ, ㄴ이다.

답 ②

빈출 QnA

Q. ㄷ의 [반례]를 찾아내는 방법을 설명해주세요.

A. 함수 $i(x)$와 실수 전체의 집합에서 미분가능한 함수 $j(x)$에 대해서 생각해봅시다.

ⅰ) 함수 $i(x)$가 $x=k$에서 불연속인 경우
(단, $i(x)$의 $x=k$에서의 좌미분계수, 우미분계수는 각각 존재)
함수 $i(x)j(x)$가 $x=k$에서 미분가능하려면
$j(x)$는 $(x-k)^2$을 인수로 가져야 합니다.

ⅱ) 함수 $i(x)$가 $x=k$에서 연속이지만 미분가능하지 않는 경우
(단, $i(x)$의 $x=k$에서의 좌미분계수, 우미분계수는 각각 존재)
함수 $i(x)j(x)$가 $x=k$에서 미분가능하려면
$j(x)$는 $x-k$를 인수로 가져야 합니다.

문제에 적용해보면

$\{f(x)\}^2=\begin{cases} x^2 & (x\le 0) \\ x^2-2x+1 & (0<x\le 2) \\ 4x^2-12x+9 & (x>2)\end{cases}$이고

$[\{f(x)\}^2]'=\begin{cases} 2x & (x<0) \\ 2x-2 & (0<x<2) \\ 8x-12 & (x>2)\end{cases}$이므로

함수 $\{f(x)\}^2$은 $x=0$에서 ⅰ)에 해당하고, $x=2$에서 ⅱ)에 해당합니다.

따라서 함수 $p(x)\{f(x)\}^2$이
$x=0$에서 미분가능하려면 $p(x)$는 x^2을 인수로 가져야 하고,
$x=2$에서 미분가능하려면 $p(x)$는 $x-2$를 인수로 가져야 합니다.

따라서 $p(x)=x^2(x-2)q(x)$라 할 수 있으므로
(단, $q(x)$는 0이 아닌 상수 또는 다항식)
이를 만족시키면서 $x^2(x-2)^2$으로 나누어떨어지지 않는 반례
$p(x)=x^2(x-2)$를 찾아줄 수 있는 것이지요.

E05-11

$$g(x)=\begin{cases} x^3+ax^2+15x+7 & (x\le 0) \\ f(x) & (x>0)\end{cases}$$

조건 (가)에 의해 함수 $g(x)$는 $x=0$에서 미분가능하므로
$x=0$에서 연속이다. 너코 042

따라서

$\lim_{x\to 0-}g(x)=\lim_{x\to 0+}g(x)=g(0)$에서 $f(0)=7$ 너코 037 ……㉠

또한 함수 $g(x)$가 $x=0$에서 미분가능하므로 $x=0$에서의 좌미분계수와 우미분계수가 같아야 한다.

$$g'(x)=\begin{cases} 3x^2+2ax+15 & (x<0) \\ f'(x) & (x>0)\end{cases}$$

이므로 $\lim_{x\to 0-}g'(x)=\lim_{x\to 0+}g'(x)$에서 $f'(0)=15$ ……㉡

함수 $f(x)$는 최고차항의 계수가 음수인 이차함수이므로
㉠, ㉡에 의해
$f(x)=kx^2+15x+7$ $(k<0)$
이라 놓을 수 있고 $f'(x)=2kx+15$이다.

따라서 함수

$$g'(x)=\begin{cases} 3x^2+2ax+15 & (x<0) \\ 2kx+15 & (x\ge 0)\end{cases}$$

이고, 함수 $y=g'(x-4)$의 그래프는 함수 $y=g'(x)$를 x축의 방향으로 4만큼 평행이동한 것이므로 a의 값의 범위에 따라 두 함수 $y=g'(x)$, $y=g'(x-4)$의 그래프의 개형은 다음과 같다.

ⅰ) $a\le 0$일 때

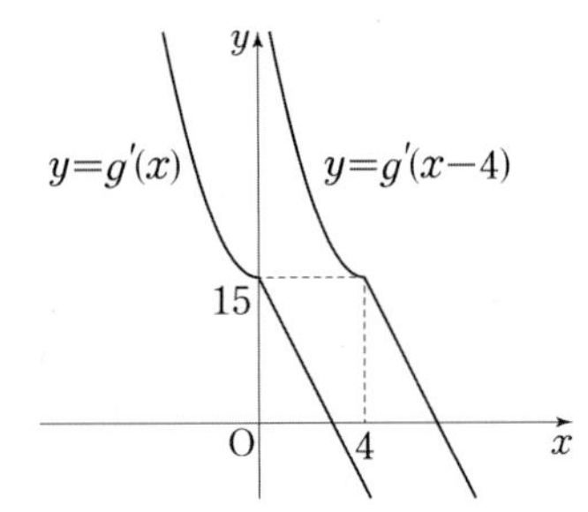

방정식 $g'(x)\times g'(x-4)=0$의 서로 다른 실근의 개수가 2이므로 조건 (나)를 만족시키지 못한다.

ⅱ) $a>0$이고, $x<0$에서 $g'(x)>0$일 때

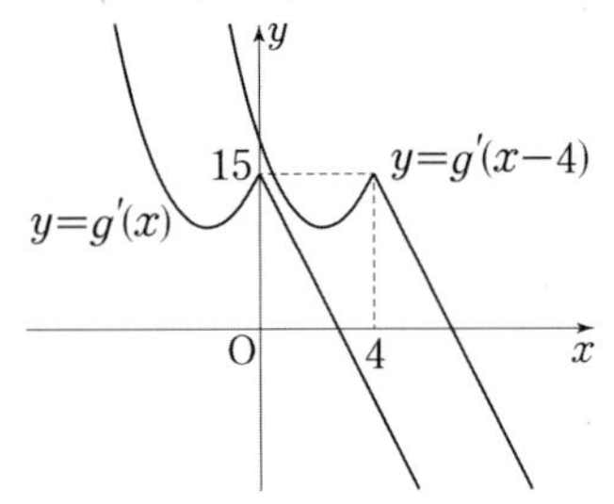

방정식 $g'(x)\times g'(x-4)=0$의 서로 다른 실근의 개수가 2이므로 조건 (나)를 만족시키지 못한다.

ⅲ) $a>0$이고, $x<0$에서 방정식 $g'(x)=0$이 중근을 가질 때
조건 (나)를 만족하려면 두 함수 $y=g'(x)$, $y=g'(x-4)$의 그래프의 개형이 다음과 같다.

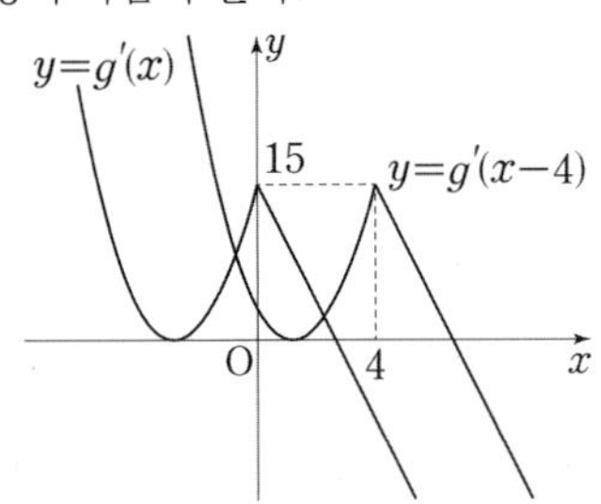

$3x^2+2ax+15=0$의 판별식을 D라 하면

$\frac{D}{4}=a^2-45=0$ $\therefore a=3\sqrt{5}$

한편, $a\ne 3\sqrt{5}$이므로 조건을 만족시키지 못한다.

ⅳ) $a>0$이고, $x<0$에서 방정식 $g'(x)=0$이 서로 다른 두 실근을 가질 때
조건 (나)를 만족시키려면 두 함수 $y=g'(x)$, $y=g'(x-4)$의 그래프의 개형이 다음과 같다.

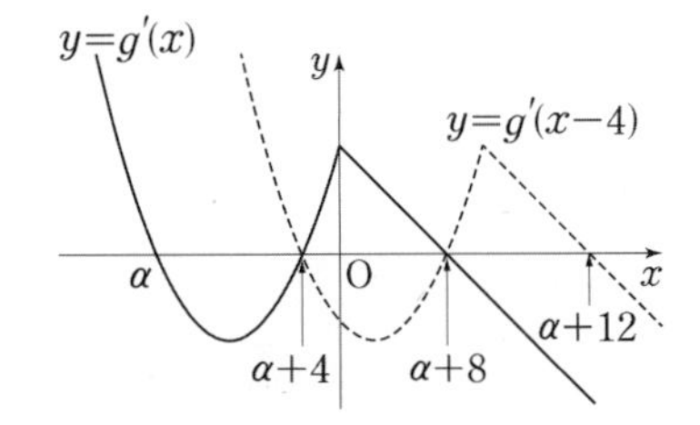

이차방정식 $g'(x)=0$의 가장 작은 실근을 α ($\alpha<0$)라 하면 방정식 $g'(x)\times g'(x-4)=0$의 서로 다른 네 실근은 α, $\alpha+4$, $\alpha+8$, $\alpha+12$이다.
이때 이차방정식 $3x^2+2ax+15=0$의 서로 다른 두 실근은 α, $\alpha+4$이므로 이차방정식의 근과 계수와의 관계에 의해
$\alpha(\alpha+4)=5$에서 $(\alpha+5)(\alpha-1)=0$이므로
$\alpha=-5$ ($\because$ $\alpha<0$)
따라서 방정식 $3x^2+2ax+15=0$의 서로 다른 두 실근은 -5, -1이므로

$(-5)+(-1)=-\frac{2a}{3}$에서 $a=9$

방정식 $f'(x)=0$, 즉 $2kx+15=0$의 실근은 $\alpha+8$, 즉 3이므로

$6k+15=0$에서 $k=-\frac{5}{2}$

따라서

$$g(x)=\begin{cases} x^3+9x^2+15x+7 & (x\le 0) \\ -\frac{5}{2}x^2+15x+7 & (x>0) \end{cases}$$

이므로
$g(-2)=-8+36-30+7=5$
$g(2)=-10+30+7=27$
에서 $g(-2)+g(2)=32$

답 ②

3 도함수의 활용

E06-01

풀이 1

함수 $y=x^3-6x^2+6$의 도함수는 $y'=3x^2-12x$이므로 너코 044
점 $(1, 1)$에서의 접선의 기울기는 -9이고 너코 041
따라서 접선의 방정식은
$y=-9(x-1)+1$, 즉 $y=-9x+10$이다. 너코 047
이 접선이 점 $(0, a)$를 지나므로
$a=-9\times0+10=10$

풀이 2

함수 $y=x^3-6x^2+6$의 도함수는 $y'=3x^2-12x$이므로 너코 044
점 $(1, 1)$에서의 접선의 기울기는 -9이다. 너코 041
이 접선이 점 $(0, a)$를 지나므로
두 점 $(1, 1)$, $(0, a)$를 지나는 직선의 기울기가 -9이다.

$\frac{a-1}{0-1}=-9$

$\therefore$ $a=10$

답 10

E06-02

$f(x)=x^3-3x^2+2x+2$라 하면
$f'(x)=3x^2-6x+2$ 너코 044
즉, 곡선 $y=f(x)$ 위의 점 $\mathrm{A}(0, 2)$에서의 접선의 기울기는 $f'(0)=2$이므로 너코 041

이 접선과 수직인 직선의 기울기는 $-\frac{1}{2}$이다.

따라서 기울기가 $-\frac{1}{2}$이고 점 A를 지나는 직선의 방정식은

$y-2=-\frac{1}{2}x$

$\therefore$ $y=-\frac{1}{2}x+2$

이 직선의 x절편을 구하면 $0=-\frac{1}{2}x+2$에서

$x=4$

답 ①

E06-03

함수 $f(x)$는 실수 전체의 집합에서 미분가능하므로 닫힌구간 $[1, 5]$에서 연속이고 열린구간 $(1, 5)$에서 미분가능하다.
따라서 평균값 정리에 의하여

$\frac{f(5)-f(1)}{5-1}=f'(c)$ 너코 048

를 만족시키는 c $(1<c<5)$가 적어도 하나 존재한다.
이때 조건 (가), (나)에 의하여

$\frac{f(5)-f(1)}{5-1}=\frac{f(5)-3}{4}\ge5$이므로

$f(5)\ge23$
따라서 $f(5)$의 최솟값은 23이다.

답 ③

E06-04

함수 $y=x^3$의 도함수는 $y'=3x^2$이므로 너코 044
점 $\mathrm{P}(t, t^3)$에서의 접선의 기울기는 $3t^2$이고 너코 041
따라서 접선의 방정식은
$y=3t^2(x-t)+t^3$, 즉 $y=3t^2x-2t^3$이다. 너코 047
직선 $3t^2x-y-2t^3=0$과 원점 사이의 거리 $f(t)$는

$f(t)=\frac{|-2t^3|}{\sqrt{(3t^2)^2+(-1)^2}}=\frac{|2t^3|}{\sqrt{9t^4+1}}$이므로

$\alpha=\lim_{t\to\infty}\frac{f(t)}{t}=\lim_{t\to\infty}\frac{2t^3}{t\sqrt{9t^4+1}}=\frac{2}{\sqrt{9}}=\frac{2}{3}$ 너코 035

($\because$ $t\to\infty$이므로 $|2t^3|=2t^3$)

$\therefore$ $30\alpha=30\times\frac{2}{3}=20$

답 20

E06-05

함수 $y=x^2$의 도함수는 $y'=2x$이므로 너코 044
점 $(-2, 4)$에서의 접선의 기울기는 -4이고 너코 041
따라서 접선의 방정식은
$y=-4(x+2)+4$, 즉 $y=-4x-4$이다. 너코 047
이 직선이 곡선 $y=x^3+ax-2$에 접하는 접점의 좌표를
(t, t^3+at-2)라 하면
함수 $y=x^3+ax-2$의 도함수는 $y'=3x^2+a$이므로
점 (t, t^3+at-2)에서의 접선의 기울기는 $3t^2+a$이고
따라서 접선의 방정식은
$y=(3t^2+a)(x-t)+t^3+at-2$,
즉 $y=(3t^2+a)x-2t^3-2$이다.
두 직선 $y=-4x-4$와 $y=(3t^2+a)x-2t^3-2$가 일치해야 하므로
$3t^2+a=-4$, $-2t^3-2=-4$
따라서 $t=1$이므로 $a=-7$이다.

답 ②

E06-06

점 $(0, -4)$에서 곡선 $y=x^3-2$에 그은 접선의 접점의 좌표를 (t, t^3-2)라 하자.
함수 $y=x^3-2$의 도함수는 $y'=3x^2$이므로 너코 044
점 (t, t^3-2)에서의 접선의 기울기는 $3t^2$이고 너코 041
이 값은 두 점 $(0, -4)$와 (t, t^3-2)를 지나는 직선의 기울기와 같으므로

$$3t^2=\frac{t^3-2-(-4)}{t-0},$$ 너코 047

즉 $2t^3=2$, $t=1$이다.
점 $(0, -4)$를 지나고 기울기가 3인 접선의 방정식은
$y=3x-4$이고
이 직선이 x축과 만나는 점이 $(a, 0)$이므로
$0=3a-4$

$$\therefore\ a=\frac{4}{3}$$

답 ②

E06-07

풀이 1

함수 $y=x^3-5x$의 도함수는 $y'=3x^2-5$이므로 너코 044
점 $A(1, -4)$에서의 접선의 기울기는 -2이다. 너코 041
따라서 점 A에서의 접선의 방정식은
$y=-2(x-1)-4$, 즉 $y=-2x-2$이다. 너코 047
곡선 $y=x^3-5x$와 직선 $y=-2x-2$가 만나는 점의 x좌표는
방정식 $x^3-5x=-2x-2$에서
$x^3-3x+2=0$
$(x-1)^2(x+2)=0$
$\therefore\ x=1$ 또는 $x=-2$
따라서 점 A의 x좌표가 $x=1$이므로
점 B의 x좌표는 -2, 즉 $B(-2, 2)$이다.
$\therefore\ \overline{AB}=\sqrt{(-2-1)^2+\{2-(-4)\}^2}=\sqrt{45}=3\sqrt{5}$

풀이 2

곡선 $y=x^3-5x$ 위의 점 $A(1, -4)$에서의 접선의 방정식을
$y=px+q$(단, p, q는 상수)라 하고
점 B의 x좌표를 t라 하면
곡선과 직선은 $x=1$일 때 접하며 $x=t$일 때 만나므로
삼차방정식 $x^3-5x=px+q$는
중근 $x=1$과 또 다른 한 실근 $x=t$를 가진다. 너코 050
따라서 삼차방정식 $x^3-(5+p)x-q=0$에서 근과 계수의 관계에 의하여
$1+1+t=0$
즉, $t=-2$이므로 $B(-2, 2)$이다.
$\therefore\ \overline{AB}=\sqrt{(-2-1)^2+\{2-(-4)\}^2}=\sqrt{45}=3\sqrt{5}$

답 ④

E06-08

$f(x)=x^3-3x^2+x+1$이라 하면
$f'(x)=3x^2-6x+1$이므로 너코 044
x좌표가 3인 곡선 $y=f(x)$ 위의 점 A에서의
접선의 기울기는 $f'(3)=10$이다. 너코 041
따라서 점 B의 x좌표를 $b(b\neq 3)$라 하면
$f'(b)=10$이어야 하므로
$f'(b)=3b^2-6b+1=10$에서
$b^2-2b-3=(b+1)(b-3)=0$
$\therefore\ b=-1$
$f(-1)=-4$에서 $B(-1, -4)$이다.
따라서 곡선 $y=f(x)$ 위의 점 B에서의 접선의 방정식은
$y=10(x+1)-4$, 즉 $y=10x+6$이므로 너코 047
점 B에서의 접선의 y절편의 값은 6이다.

답 ②

E06-09

풀이 1

함수 $y=x^3+2x+7$의 도함수는 $y'=3x^2+2$이므로 너코 044
$x=-1$에서의 접선의 기울기는 5이다. 너코 041
따라서 접선의 방정식은
$y=5(x+1)+4$, 즉 $y=5x+9$이다. 너코 047
곡선 $y=x^3+2x+7$과 직선 $y=5x+9$가 만나는 점의 x좌표는
방정식 $x^3+2x+7=5x+9$에서

$x^3-3x-2=0$
$(x+1)^2(x-2)=0$
$\therefore\ x=-1$ 또는 $x=2$
따라서 점 $\mathrm{P}(-1, 4)$가 아닌 교점의 x좌표와 y좌표는 다음과 같다.
$a=2,\ b=19$
$\therefore\ a+b=2+19=21$

풀이 2

곡선 $y=x^3+2x+7$ 위의 점 $\mathrm{P}(-1, 4)$에서의 접선의 방정식을 $y=px+q$ (단, p, q는 상수)라 하면
곡선과 직선은 $x=-1$일 때 접하며 $x=a$일 때 만나므로
방정식 $x^3+2x+7=px+q$가
중근 $x=-1$과 또 다른 한 실근 $x=a$를 가진다. 너코 050
따라서 삼차방정식 $x^3+(2-p)x+7-q=0$에서
근과 계수의 관계에 의하여
$(-1)+(-1)+a=0$
즉, $a=2$이고 $b=19$이다.
$\therefore\ a+b=21$

답 21

E06-10

$g'(x)=f(x)$이므로
곡선 $y=g(x)$ 위의 점 $(2, g(2))$에서의 접선의 기울기는
$g'(2)=f(2)=1$ 너코 041
이때 접선의 y절편이 -5이므로 접선의 방정식은
$y=x-5$
따라서 접선의 x절편은 5이다.

답 ⑤

E06-11

풀이 1

$f(x)=-x^3-x^2+x$라 하면
$f'(x)=-3x^2-2x+1$이므로 너코 044
곡선 위의 점 $(t, f(t))$에서의 접선의 기울기는
$f'(t)=-3t^2-2t+1$ 너코 041
따라서 점 $(t, -t^3-t^2+t)$에서의 접선의 방정식은
$y=(-3t^2-2t+1)(x-t)-t^3-t^2+t$, 너코 047
즉 $y=(-3t^2-2t+1)x+2t^3+t^2$이다.
이 직선이 원점을 지나면
$0=2t^3+t^2$
$2t^2\left(t+\frac{1}{2}\right)=0$
$t=0$ 또는 $t=-\frac{1}{2}$
즉, 원점을 지나는 접선의 접점의 t좌표는 0 또는 $-\frac{1}{2}$이다.
따라서 구하는 모든 직선의 기울기의 합은
$f'(0)+f'\left(-\frac{1}{2}\right)=1+\frac{5}{4}=\frac{9}{4}$이다.

풀이 2

$f(x)=-x^3-x^2+x$라 하면
$f'(x)=-3x^2-2x+1$이다. 너코 044
원점을 지나는 직선이 곡선 $y=f(x)$에 접할 때 접점의 x좌표를 t라 하자.
i) $t=0$일 때
$f(0)=0$이므로 원점은 곡선 $y=f(x)$ 위에 있다.
곡선 $y=f(x)$ 위의 점 $(0, 0)$에서의 접선의 기울기는
$f'(0)=1$ 너코 041
ii) $t\neq 0$일 때
두 점 $(0, 0)$, $(t, f(t))$를 지나는 직선의 기울기 $\frac{f(t)-0}{t-0}$과
곡선 $y=f(x)$ 위의 점 $(t, f(t))$에서의 접선의 기울기
$f'(t)$가 같으므로
$\frac{f(t)}{t}=f'(t)$에서
$-t^2-t+1=-3t^2-2t+1$
$2t^2+t=0$
$2t\left(t+\frac{1}{2}\right)=0$
$t=-\frac{1}{2}$ ($\because\ t\neq 0$)
$\therefore\ f'\left(-\frac{1}{2}\right)=\frac{5}{4}$
i), ii)에 의하여 구하는 모든 직선의 기울기의 합은
$f'(0)+f'\left(-\frac{1}{2}\right)=1+\frac{5}{4}=\frac{9}{4}$이다.

답 ②

E06-12

삼차함수 $f(x)$에 대하여
점 $(0, 0)$이 곡선 $y=f(x)$ 위의 점이므로
$f(0)=0$이고, ······㉠
점 $(1, 2)$는 곡선 $y=xf(x)$ 위의 점이므로
$f(1)=2$이다. ······㉡
한편 곡선 $y=f(x)$ 위의 점 $(0, 0)$에서의 접선의 방정식은
$y=f'(0)x$이고, 너코 047 ······㉢
$y=xf(x)$에서 $y'=f(x)+xf'(x)$이므로 너코 045
곡선 $y=xf(x)$ 위의 점 $(1, 2)$에서의 접선의 방정식은
$y=\{f(1)+f'(1)\}(x-1)+2$, 즉
$y=\{f'(1)+2\}(x-1)+2$이다. ($\because$ ㉡) ······㉣
이때 ㉢=㉣에서 직선 ㉢은 점 $(1, 2)$를 지나므로
$f'(0)=2$이고, ······㉤
직선 ㉣은 점 $(0, 0)$을 지나므로
$0=-\{f'(1)+2\}+2$에서 $f'(1)=0$이다. ······㉥

㉠, ㉤에 의하여 상수 a, $b\ (a\neq 0)$에 대하여
$f(x)=ax^3+bx^2+2x$, $f'(x)=3ax^2+2bx+2$로 놓으면
㉡에서 $f(1)=a+b+2=2$ $\qquad \therefore a+b=0$
㉥에서 $f'(1)=3a+2b+2=0$ $\qquad \therefore 3a+2b=-2$
두 식을 연립하여 풀면 $a=-2$, $b=2$
따라서 $f(x)=-2x^3+2x^2+2x$,
$f'(x)=-6x^2+4x+2$이므로
$f'(2)=-24+8+2=-14$

답 ⑤

E06-13

$f(x)=x^3-4x+5$라 하면
$f'(x)=3x^2-4$이므로 너코 044
곡선 $y=f(x)$ 위의 점 $(1, 2)$에서의 접선의 기울기는
$f'(1)=-1$이다. 너코 041
따라서 접선의 방정식은
$y-2=-(x-1)$, 즉 $y=-x+3$이다. 너코 047
이때 $g(x)=x^4+3x+a$라 하면 $g'(x)=4x^3+3$이고,
직선 $y=-x+3$이 곡선 $y=g(x)$와 접하는 접점의 x좌표를 t라 하면 $g'(t)=-1$이어야 한다.
$g'(t)=4t^3+3=-1$에서
$t^3=-1$ $\qquad \therefore t=-1$ ($\because$ t는 실수)
따라서 접점의 y좌표는 $y=-(-1)+3=4$이므로
$g(-1)=1-3+a=4$에서
$a=6$

답 ①

E06-14

점 $(0, 4)$에서 곡선 $y=x^3-x+2$에 그은 접선의 접점의 좌표를 (t, t^3-t+2)라 하고 $f(x)=x^3-x+2$라 하자.
$f'(x)=3x^2-1$이므로 너코 044
곡선 $y=f(x)$ 위의 점 (t, t^3-t+2)에서의 접선의 기울기는
$f'(t)=3t^2-1$이다. 너코 041
따라서 접선의 방정식은
$y-(t^3-t+2)=(3t^2-1)(x-t)$이다. 너코 047 $\qquad \cdots\cdots$㉠
이 접선이 점 $(0, 4)$를 지나므로
$4-(t^3-t+2)=(3t^2-1)\times(-t)$
$2t^3=-2$, $t^3=-1$
$\therefore t=-1$ ($\because$ t는 실수)
$t=-1$을 ㉠에 대입하면
$y-2=2(x+1)$ $\qquad \therefore y=2x+4$
따라서 이 접선의 x절편은 $0=2x+4$에서
$x=-2$

답 ④

E06-15

곡선 $y=f(x)$ 위의 점 $(2, 3)$에서의 접선이 점 $(1, 3)$을 지나므로 이 접선의 기울기는 0이다.
즉, $f(2)=3$, $f'(2)=0$이므로
$f(x)=(x-2)^2(x+k)+3$ (단, k는 상수)
$f'(x)=2(x-2)(x+k)+(x-2)^2$ 너코 044 너코 045
이라 할 수 있다.
$f(-2)=16(-2+k)+3=16k-29$
$f'(-2)=-8(-2+k)+16=32-8k$
이므로 곡선 $y=f(x)$ 위의 점 $(-2, f(-2))$에서의 접선의 방정식은
$y=(32-8k)(x+2)+16k-29$ 너코 047
이 직선이 점 $(1, 3)$을 지나므로
$3=3(32-8k)+16k-29$에서
$8k=64$ $\qquad \therefore k=8$
따라서 $f(x)=(x-2)^2(x+8)+3$이므로
$f(0)=32+3=35$

답 ③

E06-16

풀이 1

$f(x)=-x^3+ax^2+2x$에서
$f'(x)=-3x^2+2ax+2$ 너코 044
곡선 $y=f(x)$ 위의 점 $\mathrm{O}(0, 0)$에서의 접선의 기울기는
$f'(0)=2$ 너코 041
이므로 이 접선의 방정식은
$y=2x$ 너코 047
이때 점 A의 x좌표는 방정식 $f(x)=2x$의 0이 아닌 실근이므로 $-x^3+ax^2+2x=2x$에서
$x^3-ax^2=0$, $x^2(x-a)=0$
$x=0$ 또는 $x=a$
$\therefore \mathrm{A}(a, 2a)$

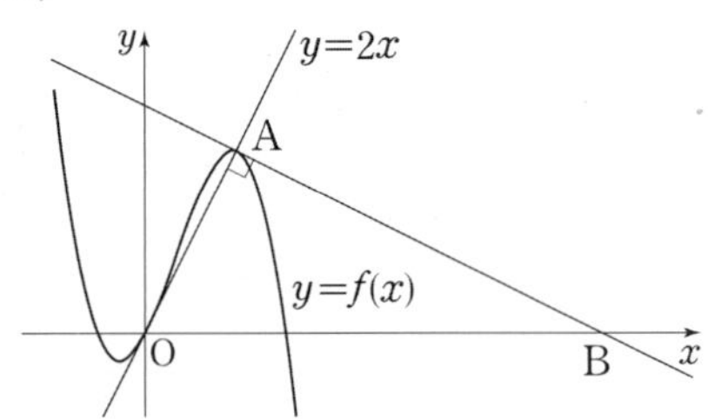

한편 점 A가 선분 OB를 지름으로 하는 원 위의 점이므로
$\angle\mathrm{OAB}=90°$
즉, 곡선 $y=f(x)$ 위의 점 $\mathrm{A}(a, 2a)$에서의 접선의 기울기는
$f'(a)=-\dfrac{1}{2}$이고, 이 접선의 방정식은
$y=-\dfrac{1}{2}(x-a)+2a$
$\therefore y=-\dfrac{1}{2}x+\dfrac{5}{2}a$

이 접선의 x절편이 $5a$이므로

$B(5a,\ 0)$

또한 $f'(a)=2-a^2=-\frac{1}{2}$에서 $a^2=\frac{5}{2}$이다.

따라서 점 A에서 x축에 내린 수선의 발을 H라 할 때

$\overline{OA}\times\overline{AB}=\overline{OB}\times\overline{AH}$ ($\because$ 참고)

$=5a\times2a=10a^2=10\times\frac{5}{2}=25$

풀이 2

$\overline{OA}\times\overline{AB}$의 값을 다음과 같이 구할 수도 있다.

$\overline{OA}=\sqrt{a^2+(2a)^2}=\sqrt{5a^2}=\sqrt{5}a$

$\overline{AB}=\sqrt{(5a-a)^2+(0-2a)^2}=\sqrt{20a^2}=2\sqrt{5}a$

$\therefore\ \overline{OA}\times\overline{AB}=\sqrt{5}a\times2\sqrt{5}a=10a^2=10\times\frac{5}{2}=25$

참고

그림과 같이 직각삼각형에서 높이를 그었을 때, 다음과 같은 길이 관계가 성립한다.

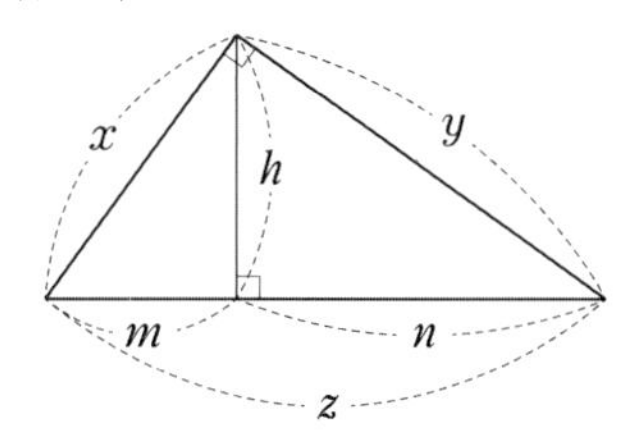

(1) 세 직각삼각형이 닮음이므로

$x^2=mz,\ y^2=nz,\ h^2=mn$

(2) 넓이 관계에 의하여 $xy=zh$

(3) 피타고라스 정리에 의하여 $x^2+y^2=z^2$

답 25

E06-17

조건에서 $\lim_{x\to a}\frac{f(x)-1}{x-a}=3$으로 극한값이 존재하고

(분모)$\to0$이므로 (분자)$\to0$이다. 너코 034

따라서 $\lim_{x\to a}\{f(x)-1\}=0$이고 삼차함수 $f(x)$는

연속함수이므로

$f(a)=1$

즉, $\lim_{x\to a}\frac{f(x)-f(a)}{x-a}=3$에서 $f'(a)=3$ 너코 041

곡선 $y=f(x)$ 위의 점 $(a,\ f(a))$에서의 접선의 방정식은

$y-f(a)=f'(a)(x-a)$, 즉 $y=3(x-a)+1$ 너코 047

이므로 y절편은 $-3a+1=4$에서 $a=-1$

따라서 $f(-1)=1,\ f'(-1)=3$이다.

함수 $f(x)$는 최고차항의 계수가 1이고 $f(0)=0$인

삼차함수이므로

$f(x)=x^3+mx^2+nx$ (단, $m,\ n$은 상수)

라 놓으면

$f(-1)=1$에서 $-1+m-n=1$

즉, $m-n=2$ ……㉠

$f'(x)=3x^2+2mx+n$이므로

$f'(-1)=3$에서 $3-2m+n=3$

즉, $2m-n=0$ ……㉡

㉠, ㉡에서 $m=-2,\ n=-4$이므로

$f(x)=x^3-2x^2-4x$에서 $f(1)=1-2-4=-5$

답 ⑤

E06-18

풀이 1

점 $(a,\ 0)$에서 곡선 $y=3x^3$에 그은 접선의 접점의 좌표를 $(t,\ 3t^3)$이라 하자.

함수 $y=3x^3$의 도함수가 $y'=9x^2$이므로 너코 044 ……㉠

점 $(t,\ 3t^3)$에서의 접선의 기울기는 $9t^2$이고 너코 041

이 값은 두 점 $(a,\ 0)$과 $(t,\ 3t^3)$을 지나는

직선의 기울기와 같으므로

$9t^2=\frac{3t^3-0}{t-a}$, 너코 047

즉 $t^2(2t-3a)=0$이다.

$\therefore\ t=0$ 또는 $t=\frac{3}{2}a$

만약 $t=0$이면 접점이 점 $(0,\ 0)$이고

이 점에서의 미분계수가 0이므로 접선이 x축에 평행하다. ($\because$ ㉠)

하지만 점 $(0,\ a)$에서 점 $(0,\ 0)$을 지나면서

x축에 평행한 접선은 그을 수 없으므로 ($\because\ a>0$)

이는 모순이다.

따라서 $t=\frac{3}{2}a$이다. ……㉡

한편 점 $(0,\ a)$에서 곡선 $y=3x^3$에 그은 접선의 접점의 좌표를 $(s,\ 3s^3)$이라 하면

위에서와 마찬가지로 점 $(s,\ 3s^3)$에서의 접선의 기울기는

$9s^2$이므로 ($\because$ ㉠)

$9s^2=\frac{3s^3-a}{s-0}$, 즉 $6s^3=-a$이다. ……㉢

이때 두 점 $(a,\ 0)$과 $(0,\ a)$에서 각각 그은 접선의 기울기가

서로 같아야 하므로

$9t^2=9s^2,\ t=\pm s$

이때 $t=s$라 하면 ㉢을 ㉡에 대입했을 때

$t=\frac{3}{2}(-6s^3)=-9s^3$에서 $t=-9t^3$, 즉 $t(1+9t^2)=0$이므로

$t\neq0$인 실수 t는 존재하지 않는다.

따라서 $t=-s$이고 ㉢을 ㉡에 대입했을 때

$t=\frac{3}{2}(-6s^3)=-9s^3$에서 $t=-9(-t)^3=9t^3$,

즉 $t(1-9t^2)=0$이므로

$t \neq 0$인 실수 t는 $\pm\frac{1}{3}$이며

$a>0$이므로 $t>0$이고 $t=\frac{1}{3}$이다. ($\because$ ㉡)

$\therefore\ a=\frac{2}{3}t=\frac{2}{3}\times\frac{1}{3}=\frac{2}{9}$

$\therefore\ 90a=90\times\frac{2}{9}=20$

풀이 2

삼차함수 $y=3x^3$의 그래프는 원점에 대하여 대칭이다.
따라서 두 점 $(a, 0)$과 $(-a, 0)$에서 각각 그은 두 접선도 원점에 대하여 대칭이므로 서로 평행하다.

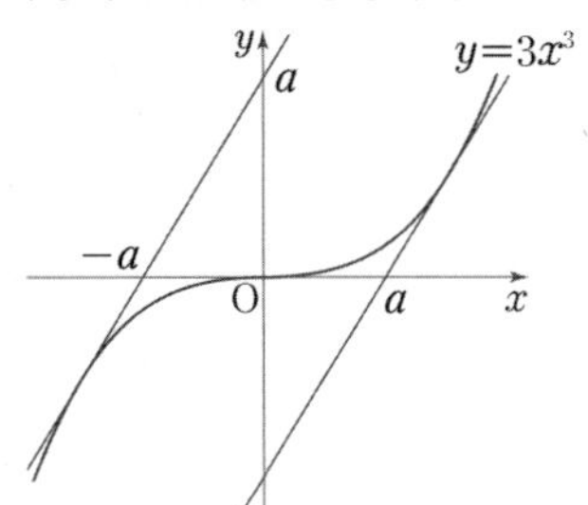

이때 두 점 $(a, 0)$과 $(0, a)$에서 각각 그은 두 접선도 서로 평행하다는 조건에 의하여
점 $(0, a)$에서 그은 접선이
점 $(-a, 0)$에서 그은 접선과 같음을 알 수 있다. … 빈출 QnA

따라서 평행한 두 접선의 기울기는 모두 $\frac{a-0}{0-(-a)}=1$이고

함수 $y=3x^3$의 도함수가 $y'=9x^2$이므로 너코 044

$9x^2=1$ 너코 041

$\therefore\ x=\pm\frac{1}{3}$

즉, 점 $(a, 0)$에서 그은 접선의 접점의 좌표는 $\left(\frac{1}{3}, \frac{1}{9}\right)$이므로

접선의 방정식은 $y=\left(x-\frac{1}{3}\right)+\frac{1}{9}$, 즉 $y=x-\frac{2}{9}$이다.

너코 047

이 접선의 x절편이 a이므로

$0=a-\frac{2}{9}$

$\therefore\ a=\frac{2}{9}$

$\therefore\ 90a=90\times\frac{2}{9}=20$

답 20

빈출 QnA

Q. 왜 점 $(0, a)$에서 그은 접선이 점 $(-a, 0)$에서 그은 접선과 같아야 하는지 모르겠어요.
점 $(0, a)$에서 그은 접선이 기울기만 같은 다른 직선일 수는 없나요?

A. 삼차함수의 도함수는 이차함수이므로
도함수의 함숫값이 같은 서로 다른 실수 x,
즉 삼차함수 $y=3x^3$의 그래프에서 기울기가 같은 접선을 갖는 서로 다른 접점은 두 개만 가능합니다.
따라서 삼차함수의 대칭성에 의해 두 점 $(a, 0)$과 $(-a, 0)$에서 각각 그은 두 접선이 서로 평행임을 알고 있으므로
점 $(0, a)$에서 그은 접선은 반드시 이 두 접선 중 하나와 같아야 합니다.
이때 점 $(a, 0)$에서 그은 접선의 y절편은 음수이므로
점 $(0, a)$를 지날 수 없기 때문에 ($\because\ a>0$)
점 $(-a, 0)$에서 그은 접선이 점 $(0, a)$에서 그은 접선과 일치해야 하지요.

E06-19

조건 (가)에서 $f(1)=a+b+1=2$이므로

$a+b=1$ ……㉠

$f'(x)=3x^2+2ax+b$이므로 너코 044

곡선 $y=f(x)$의 점 $(t, f(t))$에서의 접선의 기울기는

$f'(t)=3t^2+2at+b$ 너코 041

따라서 점 (t, t^3+at^2+bt)에서의 접선의 방정식은

$y=(3t^2+2at+b)(x-t)+t^3+at^2+bt$, 너코 047

즉 $y=(3t^2+2at+b)x-2t^3-at^2$이다.

접선이 y축과 만나는 점의 좌표가 $(0, -2t^3-at^2)$이므로
이 점에서 원점까지의 거리 $g(t)$는 다음과 같다.

$g(t)=|-2t^3-at^2|=|2t^3+at^2|=|t^2(2t+a)|$

따라서 $g\left(-\frac{a}{2}\right)=0$이므로

$$g(t)=\begin{cases}-2t^3-at^2 & \left(t<-\frac{a}{2}\right)\\ 2t^3+at^2 & \left(t\geq-\frac{a}{2}\right)\end{cases}$$ 이다.

한편 조건 (나)에서 함수 $g(t)$가 실수 전체의 집합에서 미분가능하므로

구간의 경계인 $t=-\frac{a}{2}$에서도 미분가능하다. 너코 046

따라서 $h_1(t)=-2t^3-at^2$, $h_2(t)=2t^3+at^2$이라 하면

$g\left(-\frac{a}{2}\right)=h_1\left(-\frac{a}{2}\right)=h_2\left(-\frac{a}{2}\right)=0$이므로

$t=-\frac{a}{2}$에서 연속이고 너코 042

두 함수 $h_1(t)$, $h_2(t)$가 모두 $t=-\frac{a}{2}$에서 미분가능하고

$h_1'(t)=-6t^2-2at$, $h_2'(t)=6t^2+2at=-h_1'(t)$이므로

$h_1'\left(-\frac{a}{2}\right)=h_2'\left(-\frac{a}{2}\right)$, 즉 $h_1'\left(-\frac{a}{2}\right)=-h_1'\left(-\frac{a}{2}\right)$에서

$h_1'\left(-\frac{a}{2}\right)=0$이다.

따라서 $-6\left(-\frac{a}{2}\right)^2-2a\left(-\frac{a}{2}\right)=0$에서

$-\frac{1}{2}a^2=0$, $a=0$이고 ㉠에 의하여 $b=1$이다.

$\therefore\ f(x)=x^3+x$

$\therefore\ f(3)=27+3=30$

답 ④

E06-20

조건 (가)에서 $g(x)=x^3f(x)-7$이므로

$g'(x)=3x^2f(x)+x^3f'(x)$이다. 너코 045

따라서

$g(2)=8f(2)-7$ ……㉠

$g'(2)=12f(2)+8f'(2)$ ……㉡

조건 (나)에서 $\lim_{x\to2}\frac{f(x)-g(x)}{x-2}=2$로 극한값이 존재하고

(분모)$\to0$이므로 (분자)$\to0$이다. 너코 034

따라서 $\lim_{x\to2}\{f(x)-g(x)\}=0$,

즉 $f(2)=g(2)$ 너코 037 ……㉢

㉠, ㉢을 연립하면 $f(2)=g(2)=1$이므로

$\lim_{x\to2}\frac{f(x)-g(x)}{x-2}$

$=\lim_{x\to2}\frac{f(x)-f(2)-g(x)+g(2)}{x-2}$

$=\lim_{x\to2}\frac{f(x)-f(2)}{x-2}-\lim_{x\to2}\frac{g(x)-g(2)}{x-2}$

$=f'(2)-g'(2)=2$ 너코 041 ……㉣

이고 ㉡, ㉣을 연립하면 $f'(2)=-2$, $g'(2)=-4$이다.

따라서 곡선 $y=g(x)$ 위의 점 $(2,\ g(2))$에서의 접선의 방정식은

$y=g'(2)(x-2)+g(2)$, 즉 $y=-4x+9$이다. 너코 047

$\therefore\ a^2+b^2=(-4)^2+9^2=97$

답 97

E06-21

$f(x)=\frac{1}{3}x^3-kx^2+1$에서 $f'(x)=x^2-2kx$이다. 너코 044

함수 $f(x)=\frac{1}{3}x^3-kx^2+1$의 그래프 위의 두 점 A, B에서의

접선 l, m의 기울기가 모두 $3k^2$이므로

방정식 $x^2-2kx=3k^2$, 너코 041

즉 $(x+k)(x-3k)=0$의 해는 $-k$ 또는 $3k$이다.

따라서 일반성을 잃지 않고

점 A의 x좌표가 점 B의 x좌표보다 작다고 하면

두 점 A, B의 x좌표는 각각 $-k$, $3k$이다. ($\because\ k>0$)

즉, 두 점은 각각 $\mathrm{A}\left(-k,\ 1-\frac{4}{3}k^3\right)$, $\mathrm{B}(3k,\ 1)$이므로

접선 l의 방정식은 $y=3k^2(x+k)+1-\frac{4}{3}k^3$, 너코 047

접선 m의 방정식은 $y=3k^2(x-3k)+1$이다.

한편 곡선 $y=f(x)$에 접하고 x축에 평행한 두 직선의 기울기는 모두 0이므로

방정식 $x^2-2kx=0$,

즉 $x(x-2k)=0$의 해는 0 또는 $2k$이다.

따라서 두 접점은 각각 $(0,\ 1)$, $\left(2k,\ 1-\frac{4}{3}k^3\right)$이므로

점 $(0,\ 1)$에서의 접선의 방정식은 $y=1$,

점 $\left(2k,\ 1-\frac{4}{3}k^3\right)$에서의 접선의 방정식은 $y=1-\frac{4}{3}k^3$이다.

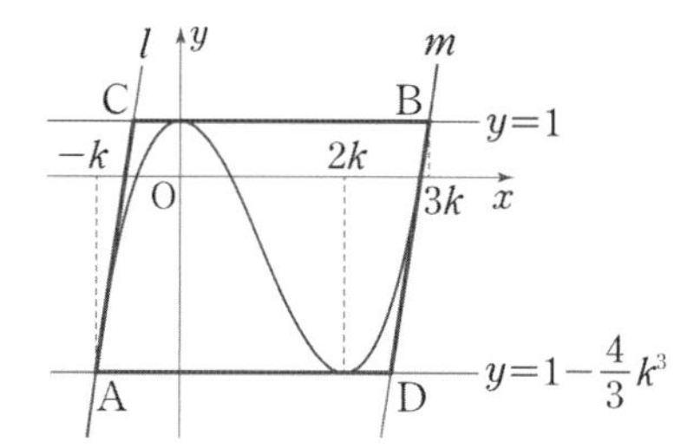

이때 점 A는 직선 $y=1-\frac{4}{3}k^3$ 위의 점이고

점 B는 직선 $y=1$ 위의 점이다.

직선 l과 직선 $y=1$의 교점을 C,

직선 m과 직선 $y=1-\frac{4}{3}k^3$의 교점을 D라 하면

두 직선 $y=1$과 $y=1-\frac{4}{3}k^3$ 사이의 거리는

$1-\left(1-\frac{4}{3}k^3\right)=\frac{4}{3}k^3$이므로

평행사변형 ACBD의 넓이는

$\overline{\mathrm{AD}}\times\frac{4}{3}k^3=24$ ……㉠

이때 직선 m과 $y=1-\frac{4}{3}k^3$이 만나는 점 D의 x좌표는

방정식 $3k^2(x-3k)+1=1-\frac{4}{3}k^3$의 실근인 $\frac{23}{9}k$이므로

$\overline{\mathrm{AD}}=\frac{23}{9}k-(-k)=\frac{32}{9}k$

이를 ㉠에 대입하면

$\frac{32}{9}k\times\frac{4}{3}k^3=24$, $k^4=\frac{81}{16}$

$\therefore\ k=\frac{3}{2}$

답 ③

E06-22

함수 $f(x)=x^3-2ax^2$은 닫힌구간 $\left[k,\ k+\frac{3}{2}\right]$에서 연속이고

열린구간 $\left(k,\ k+\frac{3}{2}\right)$에서 미분가능하므로

이 열린구간에 속하는 세 실수 x_1, x_2, x_3 $(x_1 < x_2 < x_3)$에 대하여

$$\frac{f(x_1)-f(x_2)}{x_1-x_2}=f'(c_1),\ \frac{f(x_2)-f(x_3)}{x_2-x_3}=f'(c_2)$$

를 만족시키는 두 실수 c_1, c_2 $(x_1 < c_1 < x_2 < c_2 < x_3)$가 적어도 하나씩 존재한다. (평균값 정리) 너코 048

이때 $\left\{\frac{f(x_1)-f(x_2)}{x_1-x_2}\right\}\times\left\{\frac{f(x_2)-f(x_3)}{x_2-x_3}\right\}<0$, 즉

$f'(c_1)f'(c_2)<0$이 성립하려면

$f'(c_1)<0$, $f'(c_2)>0$ 또는 $f'(c_1)>0$, $f'(c_2)<0$

이어야 하므로 구간 $\left(k,\ k+\frac{3}{2}\right)$은 방정식 $f'(x)=0$의 실근을 반드시 포함하는 구간이어야 한다.

$f'(x)=3x^2-4ax=x(3x-4a)$이므로 너코 044

방정식 $f'(x)=0$의 실근은 $x=0$ 또는 $x=\frac{4}{3}a$이다.

이제 $a>0$, $a<0$인 경우로 나누어 위의 실근을 포함하는 열린구간을 생각해 보면

i) $a>0$인 경우

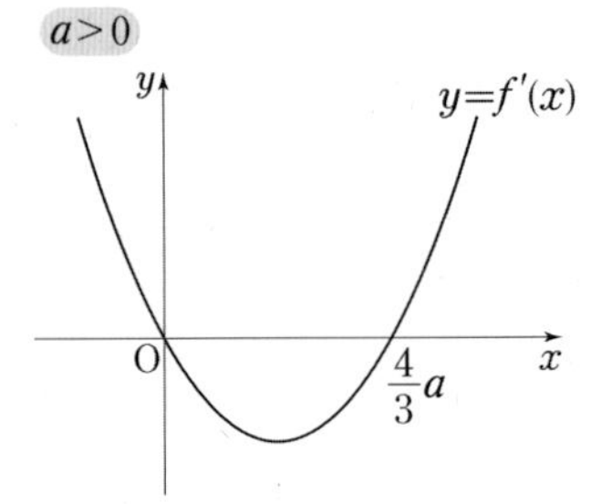

함수 $y=f'(x)$의 그래프의 개형은 위의 그림과 같고, 조건을 만족시키는 구간 $\left(k,\ k+\frac{3}{2}\right)$ (k는 정수)는 0 또는 $\frac{4}{3}a$를 포함하는 구간이다.

먼저 $k<0<k+\frac{3}{2}$에서 $-\frac{3}{2}<k<0$이므로

0을 포함하는 구간이 되도록 하는 정수 k의 값은

$k=-1$

또한 $k<\frac{4}{3}a<k+\frac{3}{2}$에서 $\frac{4}{3}a-\frac{3}{2}<k<\frac{4}{3}a$이므로

$\frac{4}{3}a$를 포함하는 구간이 되도록 하는 정수 k의 값은

$a=3m$ (m은 정수) 꼴이면

$4m-\frac{3}{2}<k<4m$ ➡ $k=4m-1$로 1개 존재

$a=3m+1$ (m은 정수) 꼴이면

$4m-\frac{1}{6}<k<4m+\frac{4}{3}$ ➡ $k=4m$, $4m+1$로 2개 존재

$a=3m+2$ (m은 정수) 꼴이면

$4m+\frac{7}{6}<k<4m+\frac{8}{3}$ ➡ $k=4m+2$로 1개 존재

이때 모든 정수 k의 값의 곱이 -12가 되어야 하므로 -1을 뺀 정수 k의 값이 $k=12$로 1개인 경우 또는 $k=3$, 4로 2개인 경우가 되어야 한다. ($\because$ $a>0$이므로 $k>0$이다.)

① $k=12$로 1개인 경우

12가 $4m-1$ 또는 $4m+2$ 꼴이 아니므로 조건을 만족시키는 정수 a의 값은 존재하지 않는다.

② $k=3$, 4로 2개인 경우

3, 4가 이 순서로 $4m$, $4m+1$ 꼴이 아니므로 조건을 만족시키는 정수 a의 값은 존재하지 않는다.

따라서 $a>0$인 경우는 조건을 만족시키지 않는다.

ii) $a<0$인 경우

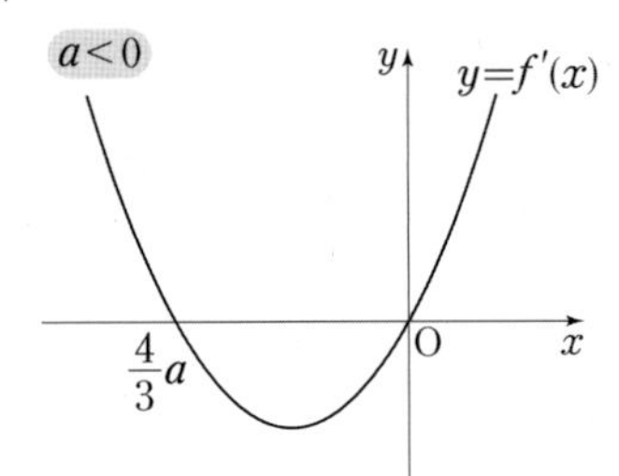

i)과 같은 방법으로 하면 0을 포함하는 구간이 되도록 하는 정수 k의 값은 $k=-1$이고,

$\frac{4}{3}a$를 포함하는 구간이 되도록 하는 정수 k의 값은

$k=-4$, -3으로 2개가 되는 경우뿐이며

-4, -3은 이 순서로 각각 $4m$, $4m+1$ 꼴을 만족한다.

($\because$ $a<0$이므로 $k<0$이다.)

이때 $m=-1$이므로 조건을 만족시키는 정수 a의 값은

$a=3m+1=3\times(-1)+1=-2$

i), ii)에서 $f'(x)=3x^2+8x$이므로

$f'(10)=3\times10^2+8\times10=380$

답 380

E07-01

삼각형 OAP의 넓이가 최대이려면

밑변을 선분 OA라 할 때 $\overline{OA}$가 일정하므로

점 P와 직선 $y=x$ 사이의 거리, 즉 높이가 최대이어야 한다.

따라서 다음 그림과 같이 곡선 $y=f(x)$ 위의 점 P에서의 접선의 기울기가 직선 OA의 기울기인 1과 같아야 한다.

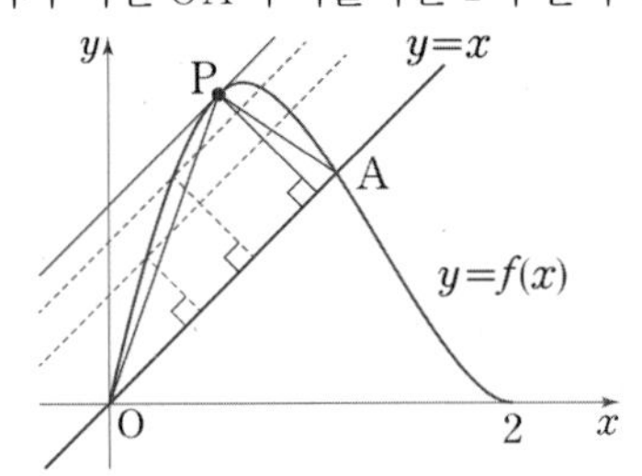

$f(x)=ax(x-2)(x-2)$이므로

$f'(x)=a(x-2)^2+2ax(x-2)$이고 너코 044 너코 045

점 P의 x좌표가 $\frac{1}{2}$이므로

$f'\left(\frac{1}{2}\right)=a\left(-\frac{3}{2}\right)^2+a\left(-\frac{3}{2}\right)=\frac{3}{4}a=1$ 너코 041

$\therefore\ a=\frac{4}{3}$

답 ②

E07-02

곡선 $y=\frac{1}{3}x^3+\frac{11}{3}\ (x>0)$ 위의 점 $\mathrm{P}(a, b)$와

직선 $y=x-10$ 사이의 거리가 최소이려면

그림과 같이 점 P에서의 접선의 기울기가 직선 $y=x-10$의 기울기와 같아야 하므로

점 P에서의 접선의 기울기가 1이 되어야 한다.

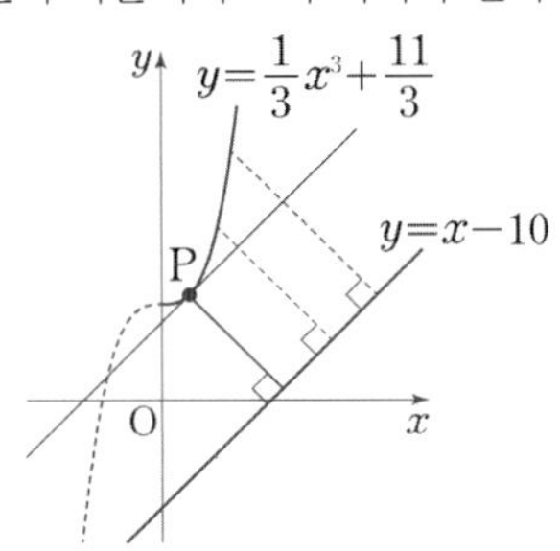

$f(x)=\frac{1}{3}x^3+\frac{11}{3}$이라 하면 $f'(x)=x^2$이므로 너코 044

$f'(a)=a^2=1,\ a=1\ (\because a>0)$ 너코 041

따라서

$b=f(1)=\frac{1}{3}+\frac{11}{3}=4$

$\therefore\ a+b=1+4=5$

답 5

E07-03

풀이 1

직선 $y=5x+k$와 함수 $y=f(x)$의 그래프가

서로 다른 두 점에서 만나려면

그림과 같이 직선 $y=5x+k$가 함수 $y=f(x)$의 그래프의 접선이 되어야 한다.

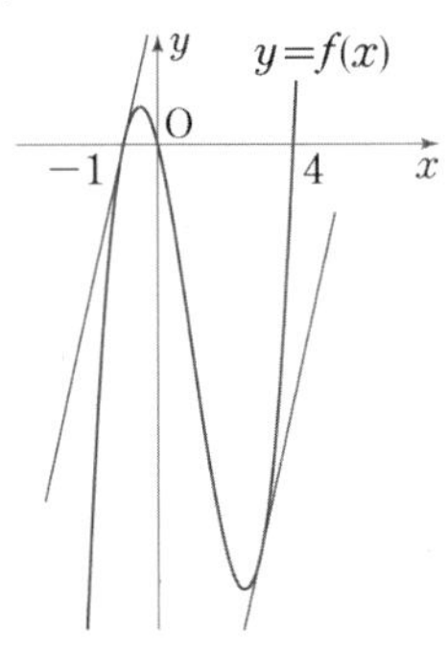

이 접점의 좌표를 $(a, f(a))$라 하면

$f(x)=x(x+1)(x-4)$에서

$f'(x)=(x+1)(x-4)+x(x-4)+x(x+1)$ 너코 044 너코 045

$\quad=3x^2-6x-4$

이므로 $f'(a)=3a^2-6a-4=5$에서 너코 041

$a^2-2a-3=0$

$(a+1)(a-3)=0$

$\therefore\ a=-1$ 또는 $a=3$

즉, 기울기가 5인 접선을 갖는

함수 $y=f(x)$의 그래프 위의 접점의 x좌표가 $-1,\ 3$이므로

두 접점의 좌표는 각각 $(-1, 0),\ (3, -12)$이고

이때의 접선의 방정식은 각각

$y=5(x+1)=5x+5,\ y=5(x-3)-12=5x-27$이다.

너코 047

$\therefore\ k=5\ (\because k>0)$

풀이 2

$x(x+1)(x-4)=5x+k$에서 $x^3-3x^2-9x=k$이므로

$f(x)=x^3-3x^2-9x$라 할 때

주어진 곡선과 직선이 서로 다른 두 점에서만 만난다는 것은

삼차함수 $y=f(x)$의 그래프와 직선 $y=k$가

서로 다른 두 점에서만 만나는 것과 같다. 너코 050 ……㉠

$f'(x)=3x^2-6x-9=3(x+1)(x-3)$이므로 너코 044

$x=-1$ 또는 $x=3$일 때 $f'(x)=0$이다.

이때 함수 $f(x)$의 증가, 감소를 표로 나타내면 다음과 같다.

너코 049

x	$\cdots$	-1	$\cdots$	3	$\cdots$
$f'(x)$	$+$	0	$-$	0	$+$
$f(x)$	↗	5	↘	-27	↗

따라서 함수 $f(x)$는 $x=-1$에서 극댓값 5,

$x=3$에서 극솟값 -27을 갖는다.

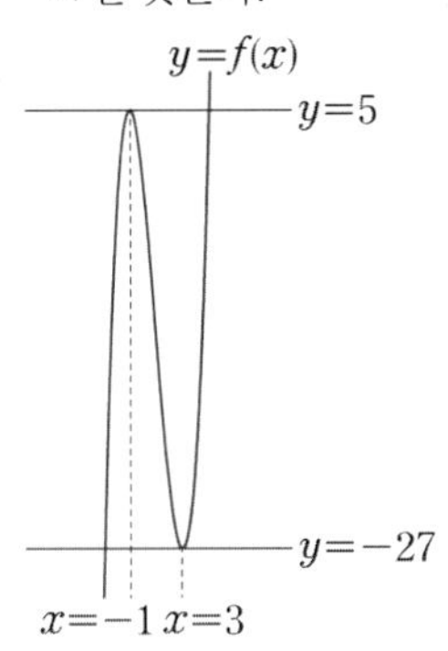

㉠을 만족시키려면 그림과 같이 k의 값이 5 또는 -27이어야 한다.

$\therefore\ k=5\ (\because k>0)$

답 ①

E07-04

풀이 1

$f(x)=x^3-3x^2+2x-3$이라 하자.

함수 $y=f(x)$의 그래프와 직선 $y=2x+k$가

서로 다른 두 점에서만 만나려면

직선 $y=2x+k$가 함수 $y=f(x)$의 그래프의 접선이 되어야 한다.

이 접점의 좌표를 $(a, f(a))$라 하면

$f'(x)=3x^2-6x+2$이므로 너코 044

$f'(a)=3a^2-6a+2=2$에서 너코 041

$3a^2-6a=0$,

$3a(a-2)=0$

$\therefore\ a=0$ 또는 $a=2$

즉, 기울기가 2인 접선을 갖는

함수 $y=f(x)$의 그래프 위의 접점의 x좌표가 각각 0, 2이므로

두 접점의 좌표는 $(0,\ -3)$, $(2,\ -3)$이고

이때의 접선의 방정식은 각각

$y=2(x-0)-3=2x-3$, $y=2(x-2)-3=2x-7$이다.

너코 047

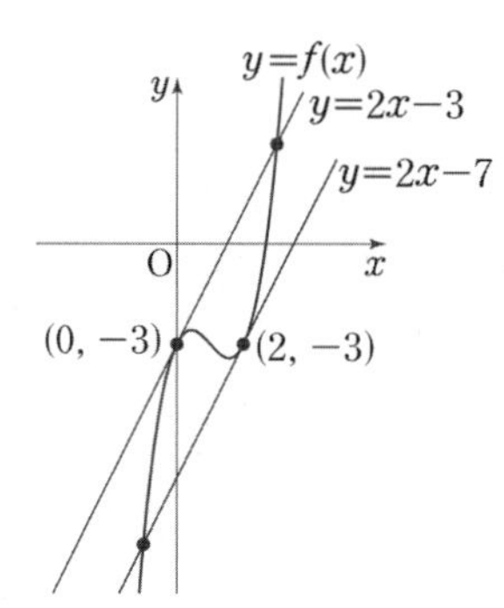

따라서 구하는 모든 실수 k의 값의 곱은

$(-3)\times(-7)=21$이다.

풀이 2

$x^3-3x^2+2x-3=2x+k$에서 $x^3-3x^2-3=k$이므로

$f(x)=x^3-3x^2-3$이라 할 때

주어진 곡선과 직선이 서로 다른 두 점에서만 만난다는 것은

삼차함수 $y=f(x)$의 그래프와 직선 $y=k$가 서로 다른 두

점에서만 만나는 것과 같다. 너코 050 ……㉠

$f'(x)=3x^2-6x=3x(x-2)$이므로 너코 044

$x=0$ 또는 $x=2$일 때 $f'(x)=0$이다.

이때 함수 $f(x)$의 증가, 감소를 표로 나타내면 다음과 같다.

너코 049

x	$\cdots$	0	$\cdots$	2	$\cdots$
$f'(x)$	+	0	−	0	+
$f(x)$	↗	−3	↘	−7	↗

따라서 함수 $f(x)$는 $x=0$에서 극댓값 -3,

$x=2$에서 극솟값 -7을 갖는다.

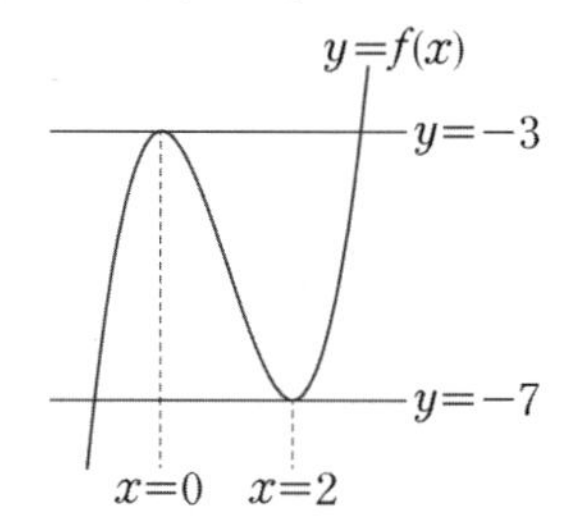

㉠을 만족시키려면 그림과 같이 k의 값이 -3 또는 -7이어야 한다.

따라서 구하는 모든 실수 k의 곱은 $(-3)\times(-7)=21$이다.

답 21

E07-05

실수 m에 대하여 점 $(0,\ 2)$를 지나고 기울기가 m인 직선이 곡선 $y=x^3-3x^2+1$과 만나는 점의 개수를 $f(m)$이라 하자. 함수 $f(m)$이 구간 $(-\infty,\ a)$에서 연속이 되게 하는 실수 a의 최댓값은? [4점]

① -3 ② $-\frac{3}{4}$ ③ $\frac{3}{2}$

④ $\frac{15}{4}$ ⑤ 6

How To

점 $(0,\ 2)$를 지나는 기울기 m인 직선이 곡선 $y=x^3-3x+1$의 접선인 경우는 다음의 두 가지이며 이때의 m의 값을 기준으로 직선과 곡선의 교점의 개수가 바뀔 수 있다.

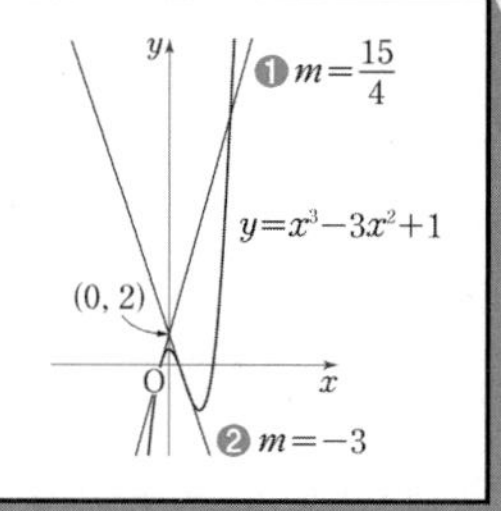

점 $(0,\ 2)$에서 곡선 $y=x^3-3x^2+1$에 그은 접선의 접점의 좌표를 $(t,\ t^3-3t^2+1)$이라 하자.

함수 $y=x^3-3x^2+1$의 도함수가 $y'=3x^2-6x$이므로

너코 044

점 $(t,\ t^3-3t^2+1)$에서의 접선의 방정식은

$y=(3t^2-6t)(x-t)+(t^3-3t^2+1)$ 너코 047

즉, $y=(3t^2-6t)x-2t^3+3t^2+1$

이 직선이 점 $(0,\ 2)$를 지나므로

$2=-2t^3+3t^2+1$에서

$2t^3-3t^2+1=0$

$(2t+1)(t-1)^2=0$

$\therefore\ t=-\frac{1}{2}$ 또는 $t=1$

❶ $t=-\frac{1}{2}$일 때, 접선의 방정식은 $y=\frac{15}{4}x+2$이다.

이때 곡선 $y=x^3-3x^2+1$과 직선 $y=\frac{15}{4}x+2$의 교점의 x좌표를 구하면

$x^3-3x^2+1=\frac{15}{4}x+2$에서

$\left(x+\frac{1}{2}\right)^2(x-4)=0$

$\therefore\ x=-\frac{1}{2}$ (중근) 또는 $x=4$

즉, 곡선과 직선은 $x=-\frac{1}{2}$에서 접하고 $x=4$에서 만난다.

너코 050

❷ $t=1$일 때, 접선의 방정식은 $y=-3x+2$이다.

이때 곡선 $y=x^3-3x^2+1$과 직선 $y=-3x+2$의 교점의 x좌표를 구하면

$x^3-3x^2+1=-3x+2$에서

$(x-1)^3=0$

$\therefore\ x=1$ (삼중근)

즉, 곡선과 직선은 $x=1$에서 접하고 그 이외의 교점을 갖지 않는다.

따라서 그래프를 그려 보면 다음 그림과 같다.

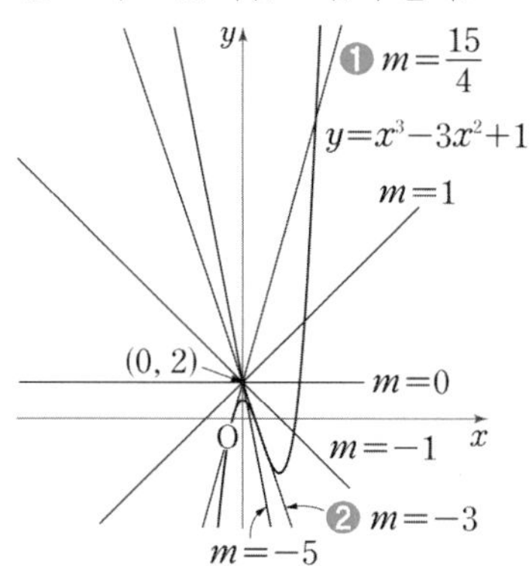

즉, 기울기가 m이고 점 $(0, 2)$를 지나는 직선은

$m<0$일 때 곡선과의 교점의 개수가 1,

$0\le m<\frac{15}{4}$일 때 역시 곡선과의 교점의 개수가 1,

$m=\frac{15}{4}$일 때 곡선과 한 점에서 접하고 다른 한 점에서 만나므로 교점의 개수가 2,

$m>\frac{15}{4}$일 때 곡선과의 교점의 개수는 3이다.

따라서 함수 $y=f(m)$의 그래프는 다음과 같다.

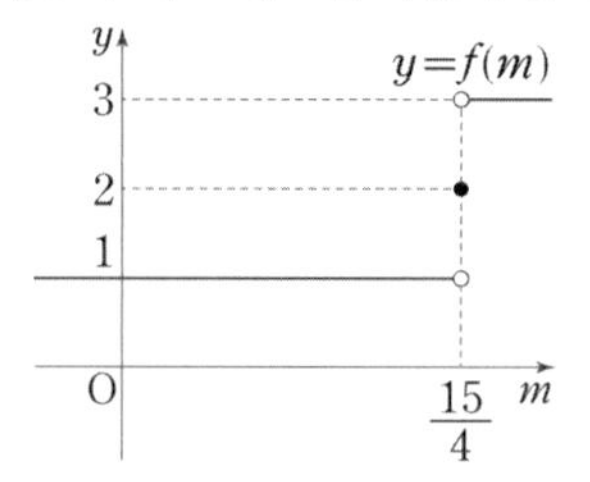

그러므로 구간 $(-\infty, a)$에서 함수 $f(m)$이 연속이 되게 하는 실수 a의 최댓값은 $\frac{15}{4}$이다. 너코 037

답 ④

E07-06

함수 $g(x)=\begin{cases} x-a & (x\ge a) \\ -x+a & (x<a) \end{cases}$이고 ……㉠

함수 $f(x)=6x^3-x$의 그래프의 x절편은 $\pm\frac{1}{\sqrt{6}}$, 0이다. 너코 050

이때 $f'(x)=18x^2-1$이므로 너코 044

$18x^2-1=1$에서 $x^2=\frac{1}{9}$, 즉 $x=\pm\frac{1}{3}$일 때 $f'(x)=1$이고

$18x^2-1=-1$에서 $x=0$일 때 $f'(x)=-1$이다. 너코 041

따라서 다음 그림과 같이 함수 $y=f(x)$의 그래프 위에 있고 y좌표가 0 이상인 점 중

접선의 기울기가 1인 점은 $\left(-\frac{1}{3}, \frac{1}{9}\right)$,

접선의 기울기가 -1인 점은 $(0, 0)$이다.

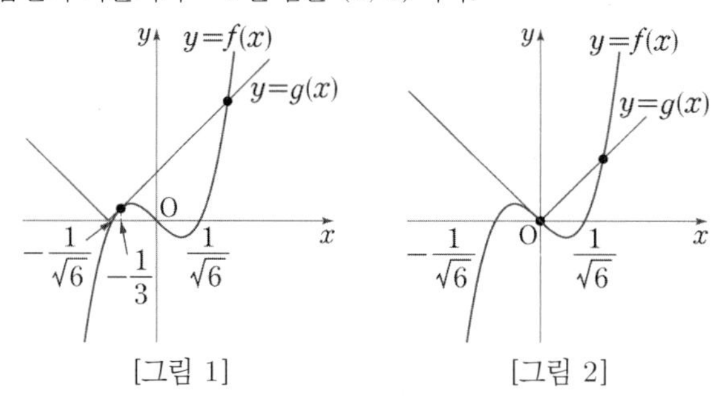

[그림 1]과 같을 때,

$\frac{1}{9}=-\frac{1}{3}-a$에서 $a=-\frac{4}{9}$이고 ($\because$ ㉠)

[그림 2]와 같을 때,

$0=0-a$에서 $a=0$이다.

따라서 두 함수 $y=f(x)$, $y=g(x)$의 그래프가 서로 다른 두 점에서 만나도록 하는 모든 실수 a의 값의 합은

$\left(-\frac{4}{9}\right)+0=-\frac{4}{9}$

답 ④

E07-07

정사각형 ABCD에서 $\overline{OA}=\overline{OB}=\overline{OC}=\overline{OD}$이고

직선 AB와 CD의 기울기는 각각 $\frac{\overline{OA}}{\overline{OB}}$, $\frac{\overline{OC}}{\overline{OD}}$이므로

그 값이 모두 1이다.

함수 $y=x^3-5x$의 도함수가 $y'=3x^2-5$이므로 너코 044

$3x^2-5=1$에서 너코 041

$x^2=2$, $x=\pm\sqrt{2}$

따라서 정사각형 ABCD와 곡선 $y=x^3-5x$의 두 접점의 좌표는

$(\sqrt{2}, -3\sqrt{2})$, $(-\sqrt{2}, 3\sqrt{2})$

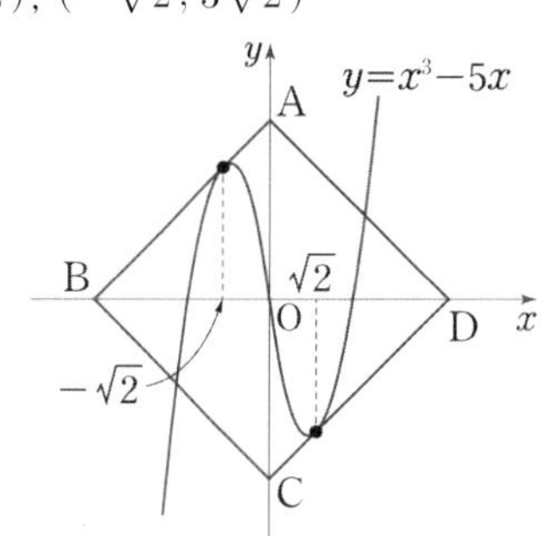

이때 점 $(-\sqrt{2}, 3\sqrt{2})$에서의 기울기 1인 접선,

즉 직선 AB의 방정식을 구하면 $y=x+4\sqrt{2}$이므로 너코 047

이 직선의 x절편은 $-4\sqrt{2}$, y절편은 $4\sqrt{2}$이다.

$\therefore\ \overline{AB}=\sqrt{(4\sqrt{2})^2+(4\sqrt{2})^2}=8$

E 미분

따라서 정사각형 ABCD의 둘레의 길이는

$8\times 4=32$

답 32

E07-08

$f(x)=\begin{cases} 0 & (x\le a) \\ (x-1)^2(2x+1) & (x>a) \end{cases}$ 이고

조건 (가)에서 함수 $f(x)$가 실수 전체의 집합에서 미분가능하다고 하였으므로

함수 $f(x)$는 $x=a$에서도 미분가능하다. 너코 046

$i(x)=0$, $j(x)=(x-1)^2(2x+1)$이라 하면

두 함수 $i(x)$, $j(x)$는 모두 $x=a$에서 미분가능하다.

i) 함수 $f(x)$가 $x=a$에서 연속이므로

$i(a)=j(a)$, 즉 $0=(a-1)^2(2a+1)$에서

$a=1$ 또는 $a=-\frac{1}{2}$ ……㉠

ii) 함수 $f(x)$가 $x=a$에서 미분계수를 가지므로

$i'(a)=j'(a)$

이때 $i'(x)=0$,

$j'(x)=2(x-1)(2x+1)+2(x-1)^2=6x(x-1)$이므로 너코 044 너코 045

$0=6a(a-1)$에서

$a=0$ 또는 $a=1$ ……㉡

㉠, ㉡을 모두 만족시키는 경우,

즉 $a=1$일 때 함수 $f(x)$가 실수 전체의 집합에서 미분가능하다.

따라서 $f(x)=\begin{cases} 0 & (x\le 1) \\ (x-1)^2(2x+1) & (x>1) \end{cases}$ 이고

함수 $y=f(x)$의 그래프는 다음 그림과 같다.

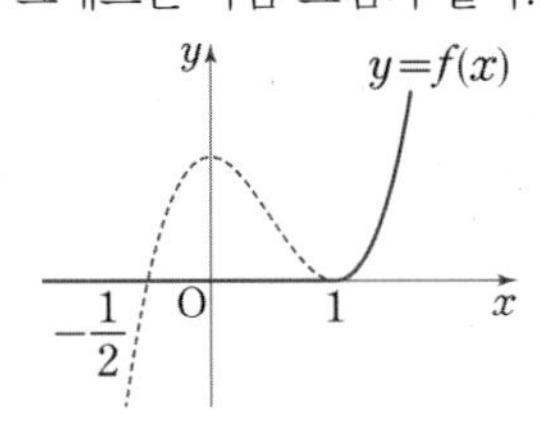

한편 함수 $g(x)=\begin{cases} 0 & (x\le k) \\ 12(x-k) & (x>k) \end{cases}$ 의 그래프는

k의 값이 커질 때 다음과 같이 변한다.

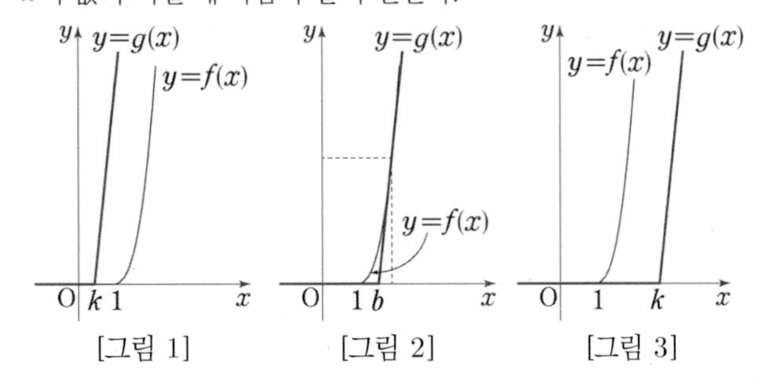

[그림 1] [그림 2] [그림 3]

[그림 2]와 같이 함수 $y=f(x)$의 그래프와 함수 $y=g(x)$의 그래프가 제1사분면에 있는 점에서 접할 때의 k의 값을 $b\,(b>1)$라 하면

[그림 1]과 같이 $k<b$일 때는

$f(x)<g(x)$인 실수 x가 존재하므로 조건 (나)를 만족시키지 않는다.

따라서 [그림 2], [그림 3]과 같이 $k\ge b$일 때

모든 실수 x에 대하여 $f(x)\ge g(x)$이므로

조건 (나)를 만족시킨다.

따라서 모든 조건을 만족시키는 k의 최솟값은 b이다.

곡선 $y=j(x)$와 직선 $y=12(x-b)\ (x>b)$의 접점의 좌표를 $(c, j(c))\ (c>b)$라 하면

접선의 기울기가 12이므로 $j'(c)=12$이다. 너코 041

이때 $j'(x)=6x(x-1)$이므로

$6c^2-6c=12$에서

$c^2-c-2=(c+1)(c-2)=0$

$\therefore\ c=2\ (\because\ c>0)$

따라서 접점의 좌표는 $(2, 5)$이고

이 점은 직선 $y=12(x-b)$ 위의 점이므로

$5=12(2-b)$에서

$\therefore\ b=\frac{19}{12}$

$\therefore\ a+p+q=1+12+19=32$

답 32

E07-09

풀이 1

이차함수 $f(x)$의 최고차항의 계수가 a이고,

함수 $y=f(x)$의 그래프의 대칭축이 직선 $x=1$이므로

직선 $y=f'(x)$의 기울기는 $2a$이고 점 $(1, 0)$을 지난다. 너코 044 ……㉠

한편 $g(x)=4x^2+5$라 할 때

$|f'(x)|\le g(x)$를 만족시키려면

함수 $y=|f'(x)|$의 그래프와 곡선 $y=g(x)$가 만나지 않거나 다음 그림과 같이 한 점에서 접해야 한다. ……㉡

이때 접점의 x좌표를 t라 하자. (단, $t<0$)

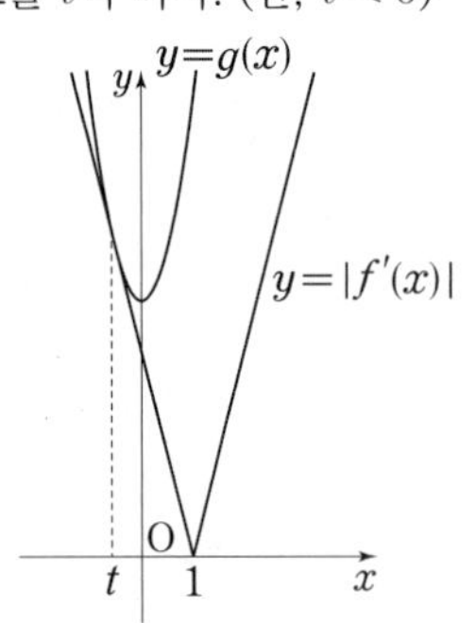

$g'(x)=8x$이므로 곡선 $y=g(x)$ 위의 점 $(t, 4t^2+5)$에서의 접선의 방정식은

$y=8t(x-t)+4t^2+5$이다. 너코 047

이 직선이 점 $(1, 0)$을 지나므로

$0=8t(1-t)+4t^2+5$

$4t^2-8t-5=0$
$(2t+1)(2t-5)=0$
$t=-\frac{1}{2}$ ($\because$ $t<0$)
즉, 접선의 기울기는 $8\times\left(-\frac{1}{2}\right)=-4$이므로
㉡을 만족시키려면 ㉠에 의하여
$-|2a|\geq-4$, 즉 $-2\leq a\leq 2$이어야 한다.
따라서 구하는 실수 a의 최댓값은 2이다.

풀이 2

이차함수 $f(x)$의 최고차항의 계수가 a이고,
함수 $y=f(x)$의 그래프의 대칭축이 직선 $x=1$이므로
$f(x)=a(x-1)^2+b$라 하면 (단, b는 상수)
$f'(x)=2a(x-1)$이다. 너코044
이때 모든 실수 x에 대하여 $|f'(x)|\leq 4x^2+5$, 즉
$-4x^2-5\leq 2ax-2a\leq 4x^2+5$를 만족시켜야 한다.

i) $-4x^2-5\leq 2ax-2a$를 만족시키는 a의 값의 범위
$4x^2+2ax-2a+5\geq 0$에서
이차방정식 $4x^2+2ax-2a+5=0$의 판별식을 D_1이라 할 때
$\frac{D_1}{4}=a^2-4(-2a+5)\leq 0$이어야 하므로
$a^2+8a-20\leq 0$
$(a+10)(a-2)\leq 0$에서
$-10\leq a\leq 2$이다.

ii) $2ax-2a\leq 4x^2+5$를 만족시키는 a의 값의 범위
$4x^2-2ax+2a+5\geq 0$에서
이차방정식 $4x^2-2ax+2a+5=0$의 판별식을 D_2라 할 때
$\frac{D_2}{4}=a^2-4(2a+5)\leq 0$이어야 하므로
$a^2-8a-20\leq 0$
$(a+2)(a-10)\leq 0$에서
$-2\leq a\leq 10$이다.

i), ii)에 의하여 구하는 a의 값의 범위는 $-2\leq a\leq 2$이므로
실수 a의 최댓값은 2이다.

답 ②

E08-01

삼차함수 $f(x)$가 구간 $(-\infty, \infty)$에서 증가하려면
모든 실수 x에 대하여
$f'(x)=3x^2+2ax+2a\geq 0$이어야 한다. 너코044 너코049
이차방정식 $3x^2+2ax+2a=0$의 판별식을 D라 하면
$\frac{D}{4}=a^2-6a=a(a-6)\leq 0$
$\therefore$ $0\leq a\leq 6$
따라서 실수 a의 최댓값은 $M=6$이고 최솟값은 $m=0$이다.
$\therefore$ $M-m=6-0=6$

답 ④

E08-02

열린구간 $(-a, a)$에서 함수 $f(x)$가 감소하려면
열린구간 $(-a, a)$에서 $f'(x)\leq 0$이어야 한다. 너코049
$f(x)=\frac{1}{3}x^3-9x+3$에서 $f'(x)=x^2-9$이므로 너코044
$x^2-9=(x+3)(x-3)\leq 0$
$\therefore$ $-3\leq x\leq 3$
따라서 구하는 양수 a의 최댓값은 3이다.

답 3

E08-03

$f(x)=x^3+ax^2-(a^2-8a)x+3$에서
$f'(x)=3x^2+2ax-a^2+8a$ 너코044
함수 $f(x)$가 실수 전체의 집합에서 증가하려면
모든 실수 x에 대하여 $f'(x)\geq 0$이어야 하므로 너코049
x에 대한 이차방정식 $f'(x)=0$의 판별식을 D라 할 때
$D\leq 0$이어야 한다.
$\frac{D}{4}=a^2-3(-a^2+8a)=4a^2-24a\leq 0$에서
$4a(a-6)\leq 0$
$\therefore$ $0\leq a\leq 6$
따라서 실수 a의 최댓값은 6이다.

답 6

E08-04

함수 $f(x)$의 역함수가 존재하기 위한 필요충분조건은
$f(x)$가 일대일대응인 것이므로
최고차항의 계수가 양수인 삼차함수 $f(x)$는
구간 $(-\infty, \infty)$에서 증가하는 함수가 되어야 한다.
즉, 모든 실수 x에 대하여
$f'(x)=x^2-2ax+3a\geq 0$이어야 하므로 너코044 너코049
이차방정식 $x^2-2ax+3a=0$의 판별식을 D라 하면
$\frac{D}{4}=(-a)^2-3a=a(a-3)\leq 0$
$\therefore$ $0\leq a\leq 3$
따라서 상수 a의 최댓값은 3이다.

답 ①

E08-05

함수 $f(x)=x^3-(a+2)x^2+ax$에 대하여 곡선 $y=f(x)$ 위의 점 $(t, f(t))$에서의 접선의 y절편을 $g(t)$라 하자. 함수 $g(t)$가 열린구간 $(0, 5)$에서 증가할 때, a의 최솟값을 구하시오. [3점]

How To

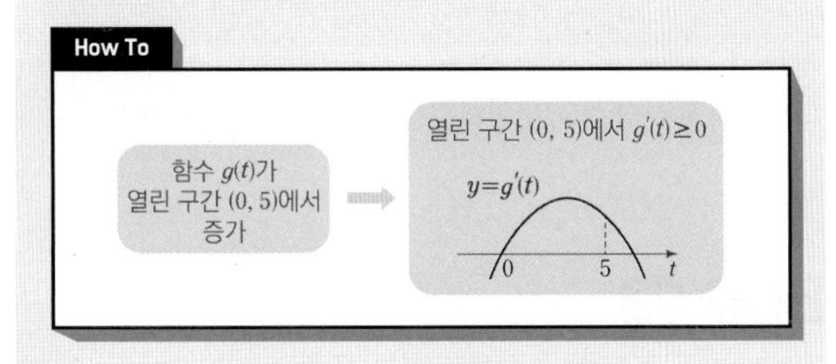

$f(x)=x^3-(a+2)x^2+ax$에서

$f'(x)=3x^2-2(a+2)x+a$이다. 너코 044

따라서 곡선 $y=f(x)$ 위의 점 $(t, f(t))$에서의 접선의 방정식은

$y=\{3t^2-2(a+2)t+a\}(x-t)+t^3-(a+2)t^2+at$

너코 047

이므로 접선의 y절편인 $g(t)$는 다음과 같다.

$g(t)=-t\{3t^2-2(a+2)t+a\}+\{t^3-(a+2)t^2+at\}$

$=-2t^3+(a+2)t^2$

다항함수 $g(t)$가 열린구간 $(0, 5)$에서 증가하므로

이 구간에서

$g'(t)=-6t^2+2(a+2)t=-2t\{3t-(a+2)\}\geq 0$이어야 한다.

너코 049

따라서 이차부등식 $-2t\{3t-(a+2)\}\geq 0$,

즉 $t\{3t-(a+2)\}\leq 0$의 해는

$0\leq t\leq \frac{a+2}{3}$이고 $5\leq \frac{a+2}{3}$를 만족시켜야 한다.

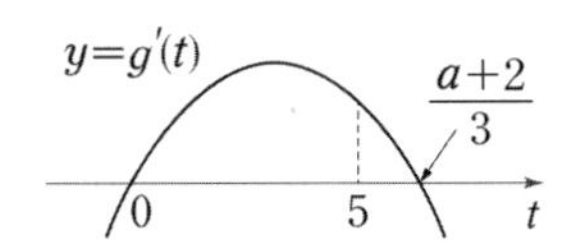

$\therefore\ a\geq 13$

구하는 a의 최솟값은 13이다.

답 13

E08-06

사차함수 $f(x)$의 도함수 $f'(x)$가

$$f'(x)=(x+1)(x^2+ax+b)$$

이다. 함수 $y=f(x)$가 구간 $(-\infty, 0)$에서 감소하고 구간 $(2, \infty)$에서 증가하도록 하는 실수 a, b의 순서쌍 (a, b)에 대하여, a^2+b^2의 최댓값을 M, 최솟값을 m이라 하자. $M+m$의 값은? [4점]

① $\frac{21}{4}$ ② $\frac{43}{8}$ ③ $\frac{11}{2}$ ④ $\frac{45}{8}$ ⑤ $\frac{23}{4}$

How To

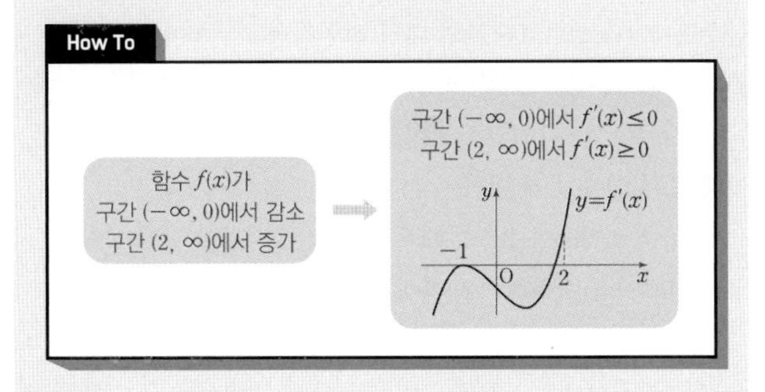

$f'(x)=(x+1)(x^2+ax+b)$이므로 $f'(-1)=0$이다.

이때 함수 $y=f(x)$가 구간 $(-\infty, 0)$에서 감소하려면

$x<0$에서 $f'(x)\leq 0$이어야 하므로 너코 049

삼차함수 $y=f'(x)$의 그래프는 그림과 같이

$x=-1$에서 x축에 접한다.

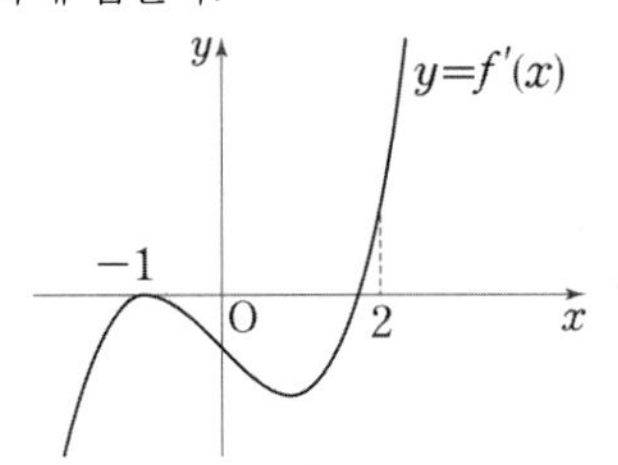

따라서 $f'(x)$는 $(x+1)^2$을 인수로 갖는다. 너코 050

즉, $f'(x)=(x+1)(x^2+ax+b)$이므로

$h(x)=x^2+ax+b$라 하면

$h(x)$가 $x+1$을 인수로 가져야 하므로

$h(-1)=0$, 즉 $1-a+b=0$에서

$b=a-1$ ……㉠

또한 함수 $f'(x)$는 연속함수이므로

$x<0$에서 $f'(x)\leq 0$이려면 $f'(0)\leq 0$이어야 한다. 너코 037

따라서 $b\leq 0$이고 여기에 ㉠을 대입하면

$a-1\leq 0$, 즉 $a\leq 1$이다. ……㉡

이와 마찬가지로 함수 $y=f(x)$가 구간 $(2, \infty)$에서 증가하려면

$x>2$에서 $f'(x)\geq 0$이어야 하므로 $f'(2)\geq 0$이어야 한다.

따라서 $3(4+2a+b)=6a+3b+12\geq 0$이고

㉠을 대입하면

$6a+3(a-1)+12=9a+9\geq 0$, 즉 $a\geq -1$이다. ……㉢

$\therefore\ -1\leq a\leq 1$ ($\because$ ㉡, ㉢)

㉠의 관계에 의하여

$a^2+b^2=a^2+(a-1)^2=2\left(a-\frac{1}{2}\right)^2+\frac{1}{2}$이므로

$-1\le a\le 1$일 때 a^2+b^2의

최댓값은 $a=-1$일 때 5이고,

최솟값은 $a=\frac{1}{2}$일 때 $\frac{1}{2}$이므로

$M=5,\ m=\frac{1}{2}$

$\therefore\ M+m=5+\frac{1}{2}=\frac{11}{2}$

답 ③

E08-07

$f(x)=\begin{cases}-\frac{1}{3}x^3-ax^2-bx & (x<0)\\ \frac{1}{3}x^3+ax^2-bx & (x\ge 0)\end{cases}$에서

$f'(x)=\begin{cases}-x^2-2ax-b & (x<0)\\ x^2+2ax-b & (x>0)\end{cases}$ 너코 044

즉, $f'(x)=\begin{cases}-(x+a)^2+a^2-b & (x<0)\\ (x+a)^2-a^2-b & (x>0)\end{cases}$이다.

주어진 조건에서 함수 $f(x)$는

$x\le -1$에서 감소하므로 이 구간에서 $f'(x)\le 0$이고

$x\ge -1$에서 증가하므로 이 구간에서 $f'(x)\ge 0$이다. 너코 049

이때 $f'(x)$는 $x=-1$에서 연속이므로 이를 만족시키려면

$f'(-1)=0$ 너코 040 ……㉠

이고 $x=-1$의 좌우에서 $f'(x)$의 값의 부호가 음에서 양으로 바뀌어야 한다.

또한 함수 $y=f'(x)$의 그래프는 $x=0$을 경계로 양쪽에 꼭짓점의 x좌표가 $-a$인 두 이차함수의 그래프를 이어 붙인 형태이므로 주어진 조건을 만족시키는 함수 $y=f'(x)$의 그래프의 개형은 a의 값에 따라 다음 그림과 같이 두 가지 경우가 있다.

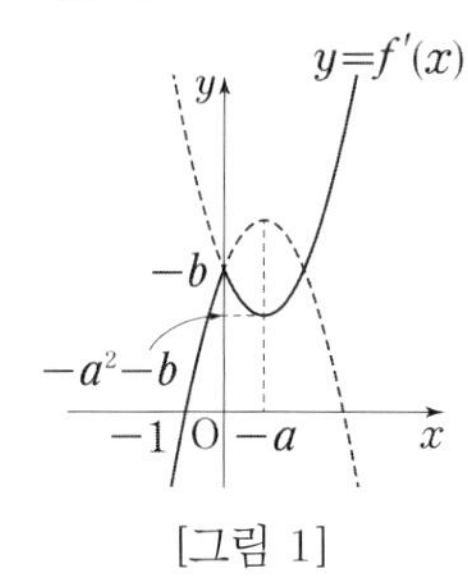

[그림 1]

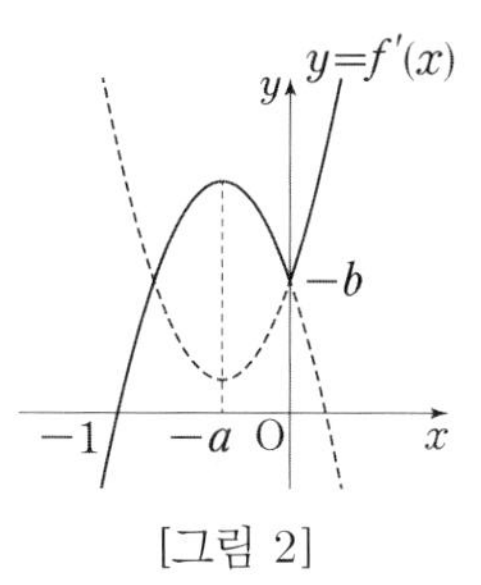

[그림 2]

i) [그림 1]의 경우

$-a\ge 0$, 즉 $a\le 0$이고

이때 $x>0$에서 $f'(x)$의 최솟값

$f'(-a)=-a^2-b\ge 0$이어야 하므로 너코 051

$a^2+b\le 0$

㉠에서 $-1+2a-b=0$, 즉 $b=2a-1$이므로

위의 식에 대입하면

$a^2+2a-1\le 0$

$\therefore\ -1-\sqrt{2}\le a\le -1+\sqrt{2}$

따라서 이 경우 a의 값의 범위는

$-1-\sqrt{2}\le a\le 0$이다.

ii) [그림 2]의 경우

$-1<-a<0$, 즉 $0<a<1$이고

이때 $x>0$에서 $f'(x)\ge 0$이어야 하므로

$-b\ge 0\qquad \therefore\ b\le 0$

㉠에서 $b=2a-1$이므로

$b=2a-1\le 0\qquad \therefore\ a\le\frac{1}{2}$

따라서 이 경우 a의 값의 범위는

$0<a\le\frac{1}{2}$이다.

i), ii)에서 a의 값의 범위는

$-1-\sqrt{2}\le a\le\frac{1}{2}$이다.

이때 $a+b=a+(2a-1)=3a-1$이므로

$a=\frac{1}{2}$일 때 최대이고 $a=-1-\sqrt{2}$일 때 최소이다.

$\therefore\ M=3\times\frac{1}{2}-1=\frac{1}{2}$

$m=3\times(-1-\sqrt{2})-1=-4-3\sqrt{2}$

$\therefore\ M-m=\frac{1}{2}-(-4-3\sqrt{2})=\frac{9}{2}+3\sqrt{2}$

답 ③

E09-01

$f(x)=x^3-ax+6$에서 $f'(x)=3x^2-a$이고 너코 044

함수 $f(x)$가 $x=1$에서 극소이므로

$f'(1)=0$, 즉 $3-a=0$이어야 한다. 너코 049

$\therefore\ a=3$

답 ②

E09-02

$f(x)=x^3-3x+a$에서

$f'(x)=3x^2-3=3(x+1)(x-1)$이므로 너코 044

$x=-1$ 또는 $x=1$일 때 $f'(x)=0$이다.

이때 함수 $f(x)$의 증가와 감소를 표로 나타내면 다음과 같다.

너코 049

x	$\cdots$	-1	$\cdots$	1	$\cdots$
$f'(x)$	$+$	0	$-$	0	$+$
$f(x)$	↗	$2+a$	↘	$-2+a$	↗

따라서 함수 $f(x)$는 $x=-1$에서 극댓값 $2+a$를 가지므로

$2+a=7$

$\therefore\ a=5$

답 ⑤

E09-03

$f(x)=x^4+kx+10$에서

$f'(x)=4x^3+k$이고 너코 044

함수 $f(x)$가 $x=1$에서 극값을 가지므로

$f'(1)=0$, 즉 $4+k=0$에서 $k=-4$이다. 너코 049

따라서 $f(x)=x^4-4x+10$이다.

$\therefore\ f(1)=7$

답 7

E09-04

$f(x)=-\frac{1}{3}x^3+2x^2+mx+1$에서

$f'(x)=-x^2+4x+m$이고 너코 044

함수 $f(x)$가 $x=3$일 때 극대이므로

$f'(3)=0$, 즉 $3+m=0$이어야 한다. 너코 049

$\therefore\ m=-3$

답 ①

E09-05

$f(x)=x^3-3x+12$에서

$f'(x)=3x^2-3=3(x+1)(x-1)$이므로 너코 044

$x=-1$ 또는 $x=1$일 때 $f'(x)=0$이다.

이때 함수 $f(x)$의 증가와 감소를 표로 나타내면 다음과 같다.

너코 049

x	$\cdots$	-1	$\cdots$	1	$\cdots$
$f'(x)$	$+$	0	$-$	0	$+$
$f(x)$	↗	14	↘	10	↗

따라서 함수 $f(x)$는 $x=1$에서 극소이므로

$a+f(a)=1+f(1)=1+10=11$

답 11

E09-06

$f(x)=2x^3+3x^2-12x+1$에서

$f'(x)=6x^2+6x-12=6(x+2)(x-1)$이므로 너코 044

$x=-2$ 또는 $x=1$일 때 $f'(x)=0$이다.

이때 함수 $f(x)$의 증가와 감소를 표로 나타내면 다음과 같다.

너코 049

x	$\cdots$	-2	$\cdots$	1	$\cdots$
$f'(x)$	$+$	0	$-$	0	$+$
$f(x)$	↗	극대	↘	극소	↗

따라서 함수 $f(x)$는 $x=-2$에서 극댓값 $M=21$을 가지고

$x=1$에서 극솟값 $m=-6$을 가지므로

$M+m=21+(-6)=15$

답 ③

E09-07

$f(x)=x^4+ax^2+b$에서

$f'(x)=4x^3+2ax$이고 너코 044

함수 $f(x)$가 $x=1$에서 극소이므로

$f'(1)=4+2a=0\quad \therefore\ a=-2$

$f'(x)=4x^3-4x=4x(x+1)(x-1)$이므로

$x=-1$ 또는 $x=0$ 또는 $x=1$일 때 $f'(x)=0$이다.

이때 함수 $f(x)$의 증가와 감소를 표로 나타내면 다음과 같다.

너코 049

x	$\cdots$	-1	$\cdots$	0	$\cdots$	1	$\cdots$
$f'(x)$	$-$	0	$+$	0	$-$	0	$+$
$f(x)$	↘	극소	↗	극대	↘	극소	↗

함수 $f(x)$는 $x=0$에서 극댓값 4를 가지므로

$f(0)=b=4$

$\therefore\ a+b=(-2)+4=2$

답 2

E09-08

$f(x)=x^3-3x^2+k$에서

$f'(x)=3x^2-6x=3x(x-2)$이므로 너코 044

$x=0$ 또는 $x=2$일 때 $f'(x)=0$이다.

이때 함수 $f(x)$의 증가와 감소를 표로 나타내면 다음과 같다.

너코 049

x	$\cdots$	0	$\cdots$	2	$\cdots$
$f'(x)$	$+$	0	$-$	0	$+$
$f(x)$	↗	극대	↘	극소	↗

함수 $f(x)$는 $x=0$에서 극댓값 9를 가지므로

$f(0)=k=9$

따라서 함수 $f(x)=x^3-3x^2+9$의 극솟값은

$f(2)=8-12+9=5$

답 ⑤

E09-09

$f(x)=2x^3-9x^2+ax+5$에서

$f'(x)=6x^2-18x+a$이고 너코 044

함수 $f(x)$가 $x=1$에서 극대이므로

$f'(1)=-12+a=0\quad \therefore\ a=12$

$f'(x)=6x^2-18x+12=6(x-1)(x-2)$이므로

$x=1$ 또는 $x=2$일 때, $f'(x)=0$이다.

이때 함수 $f(x)$의 증가와 감소를 표로 나타내면 다음과 같다.

너코 049

x	$\cdots$	1	$\cdots$	2	$\cdots$
$f'(x)$	$+$	0	$-$	0	$+$
$f(x)$	↗	극대	↘	극소	↗

함수 $f(x)$는 $x=2$에서 극소이므로 $b=2$

$\therefore\ a+b=12+2=14$

답 ②

E09-10

$f(x)=ax^3+bx+a$에서

$f'(x)=3ax^2+b$ 너코 044

함수 $f(x)$가 $x=1$에서 극솟값 -2를 가지므로

$f'(1)=0,\ f(1)=-2$이다. 너코 049

$f'(1)=3a+b=0\qquad\therefore\ b=-3a$

$f(1)=a+b+a=-2\qquad\therefore\ 2a+b=-2$

두 식을 연립하여 풀면 $a=2,\ b=-6$

이때 $f'(x)=6x^2-6=6(x+1)(x-1)$이므로

$x=-1$ 또는 $x=1$일 때 $f'(x)=0$이다.

즉, 함수 $f(x)=2x^3-6x+2$는 $x=-1$에서 극대이므로

구하는 극댓값은

$f(-1)=-2+6+2=6$

답 6

E09-11

$f(x)=x^3+ax^2+bx+1$에서

$f'(x)=3x^2+2ax+b$ 너코 044 ……㉠

이때 함수 $f(x)$가 $x=-1$에서 극대이고, $x=3$에서

극소이므로

$f'(-1)=f'(3)=0$이다. 너코 049

즉, $f'(x)=3(x+1)(x-3)=3x^2-6x-9$

이므로 ㉠에서

$a=-3,\ b=-9$이다.

$\therefore\ f(x)=x^3-3x^2-9x+1$

따라서 함수 $f(x)$의 극댓값은

$f(-1)=-1-3+9+1=6$

답 ③

E09-12

$f(x)=\frac{1}{3}x^3-2x^2-12x+4$에서

$f'(x)=x^2-4x-12=(x+2)(x-6)$ 너코 044

이므로 $x=-2$ 또는 $x=6$에서 $f'(x)=0$이다.

이때 함수 $f(x)$의 증가와 감소를 표로 나타내면 다음과 같다.

너코 049

x	$\cdots$	-2	$\cdots$	6	$\cdots$
$f'(x)$	$+$	0	$-$	0	$+$
$f(x)$	↗	극대	↘	극소	↗

따라서 $\alpha=-2,\ \beta=6$이므로

$\beta-\alpha=8$

답 ⑤

E09-13

$f(x)=x^3+ax^2-9x+b$에서

$f'(x)=3x^2+2ax-9$ 너코 044

함수 $f(x)$는 $x=1$에서 극소이므로 $f'(1)=0$에서

$3+2a-9=0$

$a=3$이므로

$f(x)=x^3+3x^2-9x+b$

$f'(x)=3x^2+6x-9=3(x+3)(x-1)$

$f'(x)=0$에서 $x=-3$ 또는 $x=1$

이때 $x=-3$ 좌우에서 함수 $f'(x)$의 값의 부호는 양에서

음으로 바뀌므로 함수 $f(x)$는 $x=-3$에서 극대이다. 너코 049

따라서 $f(-3)=28$에서 $27+b=28$

즉, $b=1$이므로

$a+b=3+1=4$

답 4

E09-14

$f(x)=2x^3-3ax^2-12a^2x$에서

$f'(x)=6x^2-6ax-12a^2=6(x-2a)(x+a)$이므로

너코 044

$x=2a$ 또는 $x=-a$일 때, $f'(x)=0$이다.

$a>0$이므로 함수 $f(x)$의 증가와 감소를 표로 나타내면

다음과 같다. 너코 049

x	$\cdots$	$-a$	$\cdots$	$2a$	$\cdots$
$f'(x)$	$+$	0	$-$	0	$+$
$f(x)$	↗	극대	↘	극소	↗

따라서 함수 $f(x)$는 $x=-a$에서 극댓값 $\frac{7}{27}$을 가진다.

$f(-a)=-2a^3-3a^3+12a^3=7a^3$

즉, $7a^3=\frac{7}{27}$에서 $a=\frac{1}{3}$이므로 $f(x)=2x^3-x^2-\frac{4}{3}x$

$\therefore\ f(3)=2\times27-9-\frac{4}{3}\times3$

$=41$

답 41

E09-15

$f(x)=\frac{1}{3}x^3-x^2-3x$에서

$f'(x)=x^2-2x-3=(x+1)(x-3)$이므로 너코 044

$x=-1$ 또는 $x=3$일 때 $f'(x)=0$이다.

이때 함수 $f(x)$의 증가와 감소를 표로 나타내면 다음과 같다.

너코 049

x	$\cdots$	-1	$\cdots$	3	$\cdots$
$f'(x)$	$+$	0	$-$	0	$+$
$f(x)$	↗	$\frac{5}{3}$	↘	-9	↗

따라서 함수 $f(x)$는 $x=3$에서 극솟값 -9를 가지므로
$a=3$, $b=-9$
한편 $f'(2)=-3$, $f(2)=-\frac{22}{3}$이므로
직선 l의 방정식은 $y=-3(x-2)-\frac{22}{3}$, 너코 041 너코 047
즉 $9x+3y+4=0$이다.
따라서 점 $(3, -9)$에서 직선 $9x+3y+4=0$까지의 거리는
$d=\frac{|27-27+4|}{\sqrt{9^2+3^2}}=\frac{4}{\sqrt{90}}$
$\therefore\ 90d^2=90\times\frac{16}{90}=16$

답 16

E09-16

함수 $g(x)$가 $x=1$에서 극솟값 24를 가지므로
$g(1)=24$, $g'(1)=0$ 너코 049
$g(x)=(x^3+2)f(x)$에 $x=1$을 대입하면
$g(1)=(1+2)f(1)=3f(1)=24$
$\therefore\ f(1)=8$
$g'(x)=3x^2f(x)+(x^3+2)f'(x)$에 $x=1$을 대입하면
너코 044 너코 045
$g'(1)=3f(1)+3f'(1)$
$=24+3f'(1)=0$
$\therefore\ f'(1)=-8$
$\therefore\ f(1)-f'(1)=8-(-8)=16$

답 16

E09-17

$g(x)=f(x)-kx$에서
$g'(x)=f'(x)-k=x^2-1-k$이고
함수 $g(x)$가 $x=-3$에서 극값을 가지므로
$g'(-3)=(-3)^2-1-k=8-k=0$ 너코 049
$\therefore\ k=8$

답 ⑤

E09-18

$f(x)=x^3-3ax^2+3(a^2-1)x$에서
$f'(x)=3x^2-6ax+3(a^2-1)$ 너코 044
$=3\{x^2-2ax+(a-1)(a+1)\}$
$=3\{x-(a-1)\}\{x-(a+1)\}$
이므로 $x=a-1$ 또는 $x=a+1$일 때 $f'(x)=0$이다.
이때 함수 $f(x)$의 증가와 감소를 표로 나타내면 다음과 같다.
너코 049

x	$\cdots$	$a-1$	$\cdots$	$a+1$	$\cdots$
$f'(x)$	$+$	0	$-$	0	$+$
$f(x)$	↗	극대	↘	극소	↗

따라서 함수 $f(x)$는 $x=a-1$에서 극댓값을 가지므로
$f(a-1)=4$이다.
즉, $(a-1)^3-3a(a-1)^2+3(a^2-1)(a-1)=4$
$a^3-3a-2=0$,
$(a+1)^2(a-2)=0$,
$a=-1$ 또는 $a=2$이다.
$a=-1$, 즉 $f(x)=x^3+3x^2$인 경우 $f(-2)=4$이고,
$a=2$, 즉 $f(x)=x^3-6x^2+9x$인 경우 $f(-2)=-50$이다.
따라서 $f(-2)>0$이려면
$f(x)=x^3+3x^2$이어야 한다.
$\therefore\ f(-1)=2$

답 ②

E09-19

$f(x)=-x^4+8a^2x^2-1$에서
$f'(x)=-4x^3+16a^2x$ 너코 044
$=-4x(x+2a)(x-2a)$
이므로 $x=-2a$ 또는 $x=0$ 또는 $x=2a$일 때 $f'(x)=0$이다.
이때 함수 $f(x)$의 증가와 감소를 표로 나타내면 다음과 같다.
너코 049

x	$\cdots$	$-2a$	$\cdots$	0	$\cdots$	$2a$	$\cdots$
$f'(x)$	$+$	0	$-$	0	$+$	0	$-$
$f(x)$	↗	극대	↘	극소	↗	극대	↘

따라서 함수 $f(x)$는 $x=-2a$와 $x=2a$에서 극대이다.
조건에서 $x=b$와 $x=2-2b$에서 극대라 주어졌으며
$a>0$, $b>1$에 의하여 $2-2b<b$이므로
$-2a=2-2b$이고 $2a=b$이어야 한다.
즉 $a=1$, $b=2$이다.
$\therefore\ a+b=1+2=3$

답 ①

E09-20

조건 (가)에서 $x=0$, $y=0$일 때
$f(0)=f(0)-f(0)+0=0$
조건 (가)에서 $y=-h\neq 0$일 때
$f(x+h)=f(x)-f(-h)-xh(x+h)$
따라서
$f(x+h)-f(x)=f(0)-f(-h)-xh(x+h)$
$(\because\ f(0)=0)$
$\frac{f(x+h)-f(x)}{h}=\frac{f(-h)-f(0)}{-h}-\frac{xh(x+h)}{h}$
이므로 도함수의 정의에 의해 너코 043
$\lim_{h\to 0}\frac{f(x+h)-f(x)}{h}=\lim_{h\to 0}\left\{\frac{f(-h)-f(0)}{-h}-\frac{xh(x+h)}{h}\right\}$
에서
$f'(x)=f'(0)-x^2=8-x^2$ ($\because$ 조건 (나))이므로
$x=-2\sqrt{2}$ 또는 $x=2\sqrt{2}$일 때 $f'(x)=0$이고

함수 $f(x)$의 증가와 감소를 표로 나타내면 다음과 같다.

너코 049

x	$\cdots$	$-2\sqrt{2}$	$\cdots$	$2\sqrt{2}$	$\cdots$
$f'(x)$	$-$	0	$+$	0	$-$
$f(x)$	↘	$f(-2\sqrt{2})$	↗	$f(2\sqrt{2})$	↘

즉, 함수 $f(x)$는

$x=2\sqrt{2}$에서 극댓값을 갖고

$x=-2\sqrt{2}$에서 극솟값을 가지므로

$a=2\sqrt{2}$, $b=-2\sqrt{2}$

$\therefore\ a^2+b^2=(2\sqrt{2})^2+(-2\sqrt{2})^2=16$

답 16

E09-21

조건 (가)에 의하여 함수 $f(x)$는 홀수차항으로만 이루어진 함수이므로

$f(x)=ax^3+bx$ (단, a, b는 정수, $a\neq 0$)로 놓을 수 있다.

조건 (나)에서 $a+b=5$ ······㉠

$f'(x)=3ax^2+b$이므로 너코 044

조건 (다)에서 $1<3a+b<7$ ······㉡

㉠을 ㉡에 대입하면

$1<2a+5<7$, 즉 $-2<a<1$이고

$f(x)$의 모든 계수가 정수이고 $a\neq 0$이므로

$a=-1$, $b=6$

따라서 $f(x)=-x^3+6x$이므로

$f'(x)=-3x^2+6=-3(x+\sqrt{2})(x-\sqrt{2})$에서

$x=-\sqrt{2}$ 또는 $x=\sqrt{2}$일 때 $f'(x)=0$이다.

이때 함수 $f(x)$의 증가와 감소를 표로 나타내면 다음과 같다.

너코 049

x	$\cdots$	$-\sqrt{2}$	$\cdots$	$\sqrt{2}$	$\cdots$
$f'(x)$	$-$	0	$+$	0	$-$
$f(x)$	↘	$-4\sqrt{2}$	↗	$4\sqrt{2}$	↘

따라서 함수 $y=f(x)$는

$x=\sqrt{2}$일 때 극댓값 $4\sqrt{2}$를 가지므로

$m=4\sqrt{2}$

$\therefore\ m^2=(4\sqrt{2})^2=32$

답 32

E09-22

ㄱ. [반례]

$f(x)=-x^2$일 때

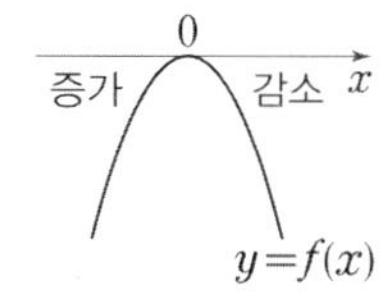

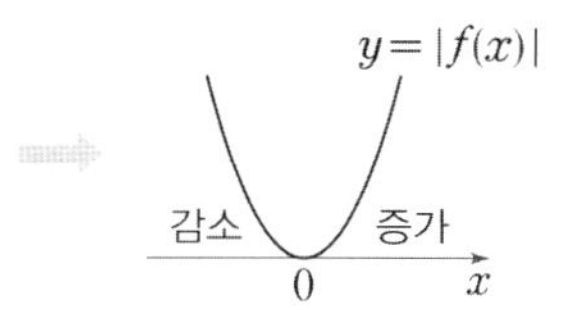

위의 경우와 같이

함수 $f(x)$는 $x=0$에서 극댓값을 가지지만 너코 049

함수 $|f(x)|$는 $x=0$에서 극솟값을 가질 수 있다. (거짓)

ㄴ. 함수 $f(x)$가 $x=0$에서 극댓값을 가지면

어떤 열린구간 $(-h, h)$의 모든 실수 x에 대하여

$f(x)\leq f(0)$이 성립한다. 너코 049

따라서 함수 $f(|x|)$는

반열린구간 $[0, h)$에서 $f(|x|)=f(x)\leq f(0)$이고

반열린구간 $(-h, 0]$에서 $f(|x|)=f(-x)\leq f(0)$이다.

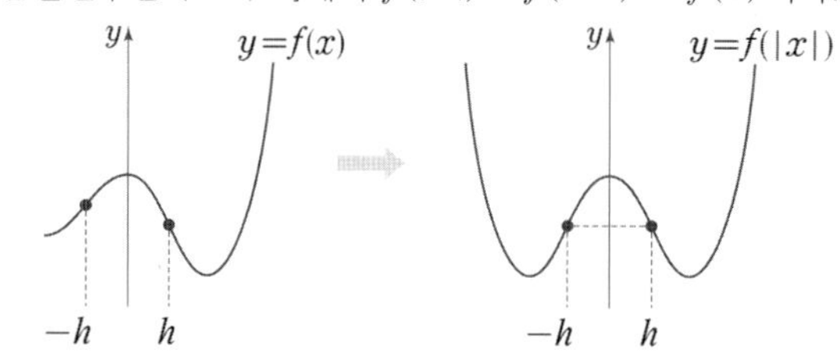

따라서 함수 $f(|x|)$도

어떤 열린구간 $(-h, h)$의 모든 실수 x에 대하여

$f(|x|)\leq f(0)$이므로

함수 $f(|x|)$는 $x=0$에서 극댓값을 갖는다. (참)

ㄷ. $g(x)=f(x)-x^2|x|$라 하면 $g(0)=f(0)$이고

i) $x>0$일 때 $g(x)=f(x)-x^3$이다.

이때 어떤 반열린구간 $[0, h)$에서

$f(x)\leq f(0)$이고 $-x^3\leq 0$이므로

이 구간에서 $g(x)=f(x)-x^3\leq f(0)=g(0)$이다.

ii) $x<0$일 때 $g(x)=f(x)+x^3$이다.

이때 어떤 반열린구간 $(-h, 0]$에서

$f(x)\leq f(0)$이고 $x^3\leq 0$이므로

이 구간에서 $g(x)=f(x)+x^3\leq f(0)=g(0)$이다.

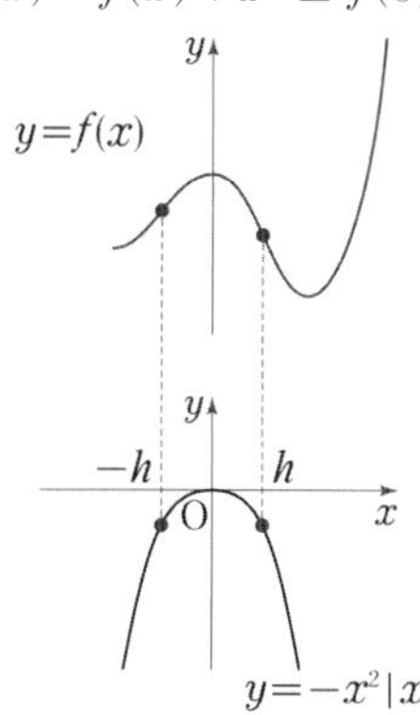

i), ii)에 의하여

어떤 열린구간 $(-h, h)$의 모든 실수 x에 대하여

$g(x)\leq g(0)$이므로

함수 $g(x)=f(x)-x^2|x|$는 $x=0$에서 극댓값을 갖는다.

너코 049 (참)

따라서 옳은 것은 ㄴ, ㄷ이다.

답 ⑤

E09-23

ㄱ. 함수 $h(x)$가 $x=0$에서 연속이고

두 다항함수 $f(x)$, $g(x)$는 연속함수이므로

$\lim_{x\to 0+}h(x)=\lim_{x\to 0+}f(x)=f(0)$,

$\lim_{x\to 0-}h(x)=\lim_{x\to 0-}g(x)=g(0)$에서

$f(0)=g(0)$이다. 너코 037 (참)

ㄴ. $f'(0)=g'(0)$이므로

$$\lim_{x\to0+}\frac{f(x)-f(0)}{x-0}=\lim_{x\to0-}\frac{g(x)-g(0)}{x-0}$$ 이 성립하고

너코 041

ㄱ에서 $f(0)=g(0)=h(0)$이므로

$$\lim_{x\to0+}\frac{h(x)-h(0)}{x-0}=\lim_{x\to0-}\frac{h(x)-h(0)}{x-0},$$

즉 함수 $h(x)$는 $x=0$에서 미분가능하다. 너코 042 (참)

ㄷ. $f'(0)<0$, $g'(0)>0$일 때

$$\lim_{x\to0+}\frac{f(x)-f(0)}{x-0}=\lim_{x\to0+}\frac{h(x)-h(0)}{x-0}<0,$$ 너코 041

$$\lim_{x\to0-}\frac{g(x)-g(0)}{x-0}=\lim_{x\to0-}\frac{h(x)-h(0)}{x-0}>0$$이므로

함수 $h(x)$는 $x=0$의 좌우에서 $h'(x)$의 부호가 양에서 음으로 바뀌므로 극댓값을 갖는다. 너코 049

마찬가지로 $f'(0)>0$, $g'(0)<0$일 때

함수 $h(x)$는 $x=0$의 좌우에서 $h'(x)$의 부호가 음에서 양으로 바뀌므로 극솟값을 갖는다.

따라서 $f'(0)g'(0)<0$이면

$h(x)$는 $x=0$에서 극값을 갖는다. (참)

따라서 옳은 것은 ㄱ, ㄴ, ㄷ이다.

답 ⑤

E09-24

a의 값의 부호에 따라 함수 $f(x)$의 그래프 개형이 달라지므로 다음과 같이 경우를 나누어 생각한다.

i) $a>0$일 때

$f(x)=\begin{cases}ax(\sqrt{3}-x)(\sqrt{3}+x) & (x<0)\\ x(x-\sqrt{a})(x+\sqrt{a}) & (x\ge0)\end{cases}$이므로

$y=f(x)$의 그래프는 다음과 같다. 너코 050

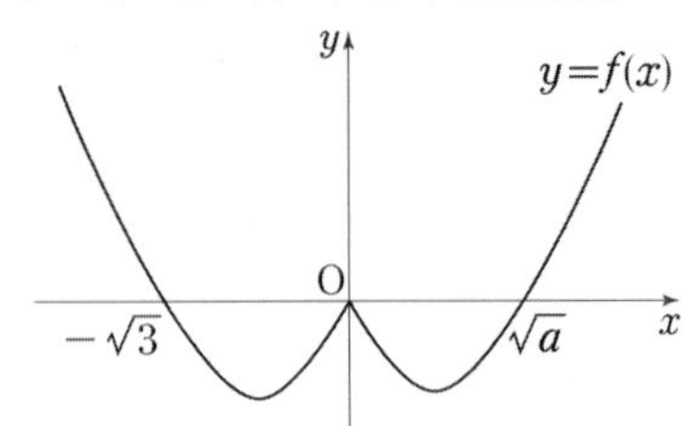

함수 $f(x)$는 $x=0$일 때 극대이고 너코 049

$f(0)=0$이므로 극댓값이 5라는 조건을 만족시키지 않는다.

ii) $a=0$일 때

$f(x)=\begin{cases}0 & (x<0)\\ x^3 & (x\ge0)\end{cases}$이므로 $y=f(x)$의 그래프는

다음과 같다.

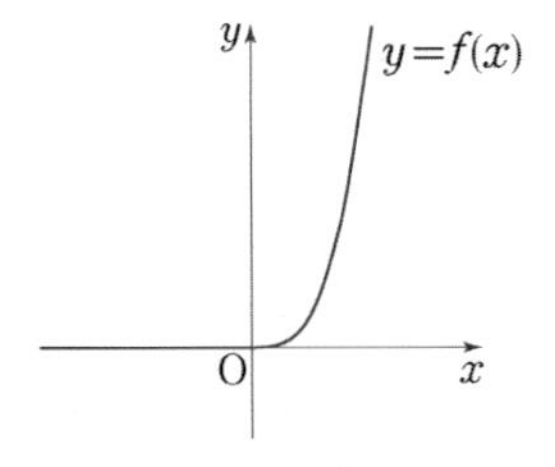

함수 $f(x)$는 $x<0$일 때 상수함수이고

$x\ge0$일 때 증가하는 함수이다.

따라서 $x<0$인 모든 x에서 극대이자 극소이다.

단, 그 값이 0이므로 극댓값이 5라는 조건을 만족시키지 않는다.

iii) $a<0$일 때

$f(x)=\begin{cases}ax(\sqrt{3}-x)(\sqrt{3}+x) & (x<0)\\ x(x^2-a) & (x\ge0)\end{cases}$이므로

$y=f(x)$의 그래프는 다음과 같다.

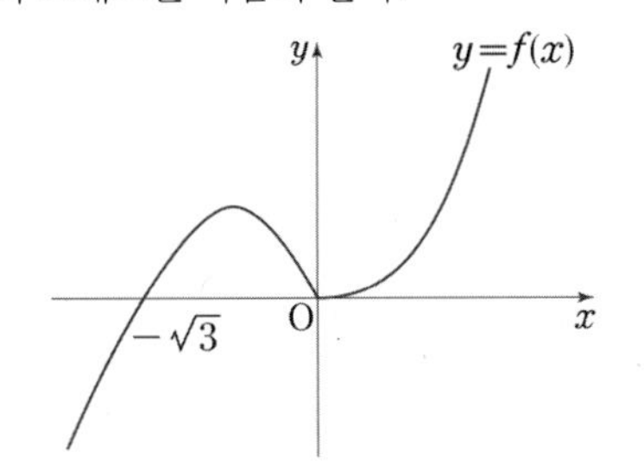

$x<0$일 때 $f(x)=a(3x-x^3)$에서

$f'(x)=a(3-3x^2)$이므로 너코 044

$x=-1$ ($\because$ $x<0$)일 때 $f'(-1)=0$이다.

즉, 함수 $f(x)$는 $x=-1$에서 극댓값을 가지며

이 값이 5이려면

$f(-1)=-2a=5$에서 $a=-\frac{5}{2}$이다.

따라서 $f(x)=\begin{cases}-\frac{5}{2}(3x-x^3) & (x<0)\\ x^3+\frac{5}{2}x & (x\ge0)\end{cases}$이므로

$f(2)=2^3+\frac{5}{2}\times2=13$

답 ⑤

E09-25

풀이 1

점 $(t,\ t^3)$과 직선 $y=x+6$, 즉 $x-y+6=0$ 사이의 거리가 $g(t)$이므로

$$g(t)=\frac{|t-t^3+6|}{\sqrt{1^2+(-1)^2}}=\frac{|-t^3+t+6|}{\sqrt{2}}$$

이때 $h(t)=-t^3+t+6=-(t-2)(t^2+2t+3)$이라 하면

이차방정식 $t^2+2t+3=0$의 판별식을 D라 할 때

$D=2^2-4\times3=-8<0$이므로

모든 실수 t에 대하여 $t^2+2t+3>0$이다.

따라서 $t\ge2$일 때 $h(t)\le0$, $t<2$일 때 $h(t)>0$이므로

$$g(t)=\begin{cases}\dfrac{t^3-t-6}{\sqrt{2}} & (t\ge2)\\ \dfrac{-t^3+t+6}{\sqrt{2}} & (t<2)\end{cases}$$

ㄱ. $\lim_{t\to 2-} g(t) = \lim_{t\to 2+} g(t) = g(2) = 0$이므로

함수 $g(t)$는 $t=2$에서 연속이고

따라서 실수 전체의 집합에서 연속이다. 너코037 (참)

ㄴ. $g'(t) = \begin{cases} \dfrac{3t^2-1}{\sqrt{2}} & (t>2) \\ \dfrac{-3t^2+1}{\sqrt{2}} & (t<2) \end{cases}$ 이다. 너코044

$t>2$에서 $3t^2-1>0$, 즉 $g'(t)>0$이므로

함수 $g(t)$는 극값을 갖지 않고

$t<2$에서 $-3t^2+1=-3\left(t+\dfrac{1}{\sqrt{3}}\right)\left(t-\dfrac{1}{\sqrt{3}}\right)$이므로

$t=\dfrac{1}{\sqrt{3}}$ 또는 $t=-\dfrac{1}{\sqrt{3}}$일 때 $g'(t)=0$,

즉 함수 $g(t)$는 극값을 갖는다. 너코049

이때 $t=-\dfrac{1}{\sqrt{3}}$의 좌우에서

$g'(t)$의 부호가 음에서 양으로 바뀌므로

함수 $g(t)$는 $t=-\dfrac{1}{\sqrt{3}}$에서 극소이고

$g\left(-\dfrac{1}{\sqrt{3}}\right)=-\dfrac{\sqrt{6}}{9}+3\sqrt{2}>0$이므로

0이 아닌 극솟값을 갖는다. (참)

ㄷ. $g_1(t)=\dfrac{t^3-t-6}{\sqrt{2}}$, $g_2(t)=\dfrac{-t^3+t+6}{\sqrt{2}}$이라 할 때,

$g'(t) = \begin{cases} \dfrac{3t^2-1}{\sqrt{2}} & (t>2) \\ \dfrac{-3t^2+1}{\sqrt{2}} & (t<2) \end{cases}$ 에서 너코044

$g_1'(2)=\dfrac{11}{\sqrt{2}}$, $g_2'(2)=-\dfrac{11}{\sqrt{2}}$이므로

$g_1'(2)\neq g_2'(2)$이다.

따라서 함수 $g(t)$는 $t=2$에서 미분가능하지 않다. 너코046

(거짓)

따라서 옳은 것은 ㄱ, ㄴ이다.

풀이 2

점 (t, t^3)과 직선 $y=x+6$, 즉 $x-y+6=0$ 사이의 거리가 $g(t)$이므로

$g(t)=\dfrac{|t-t^3+6|}{\sqrt{1^2+(-1)^2}}=\dfrac{|-t^3+t+6|}{\sqrt{2}}$

이때 $h(t)=\dfrac{-t^3+t+6}{\sqrt{2}}=\dfrac{-(t-2)(t^2+2t+3)}{\sqrt{2}}$이라 하면

$h(2)=0$이고

$h'(t)=\dfrac{-3t^2+1}{\sqrt{2}}$에서 너코044

$t=-\dfrac{1}{\sqrt{3}}$ 또는 $t=\dfrac{1}{\sqrt{3}}$일 때 $h'(t)=0$이다.

따라서 함수 $y=h(t)$의 그래프와 너코050

그 그래프에서 x축 아래쪽에 그려진 부분을 x축을 기준으로 위쪽으로 접어올린

함수 $y=g(t)=|h(t)|$의 그래프는 다음과 같다.

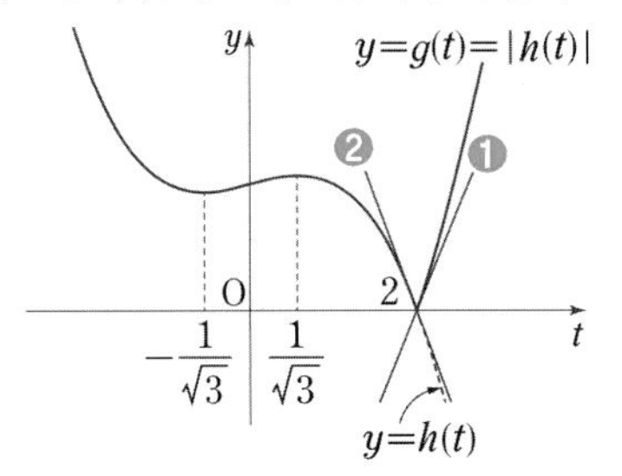

ㄱ. 함수 $g(t)$는 실수 전체의 집합에서 연속이다. 너코037 (참)

ㄴ. $g\left(-\dfrac{1}{\sqrt{3}}\right)=-\dfrac{\sqrt{6}}{9}+3\sqrt{2}>0$ 이므로

함수 $g(t)$는 $t=-\dfrac{1}{\sqrt{3}}$ 에서 0이 아닌 극솟값을 갖는다.

너코049 (참)

ㄷ. ❶ $\lim_{t\to 2+}\dfrac{g(t)-g(2)}{t-2}>0$

❷ $\lim_{t\to 2-}\dfrac{g(t)-g(2)}{t-2}<0$

이므로 함수 $g(t)$는 $t=2$에서 미분가능하지 않다. 너코042

(거짓)

따라서 옳은 것은 ㄱ, ㄴ이다.

답 ③

E09-26

풀이 1

조건 (가)에서 $f(n)=0$이고

조건 (나)에 의하여

$x<-n$일 때 $f(x)\le 0$, $x>-n$일 때 $f(x)\ge 0$이므로

연속함수 $f(x)$는 $f(-n)=0$을 만족시킨다. 너코037

또한 $x>-n$일 때 $f(x)\ge 0$이려면

함수 $f(x)$는 다음 그림과 같이 $x=n$에서 극솟값을 가져야 한다.

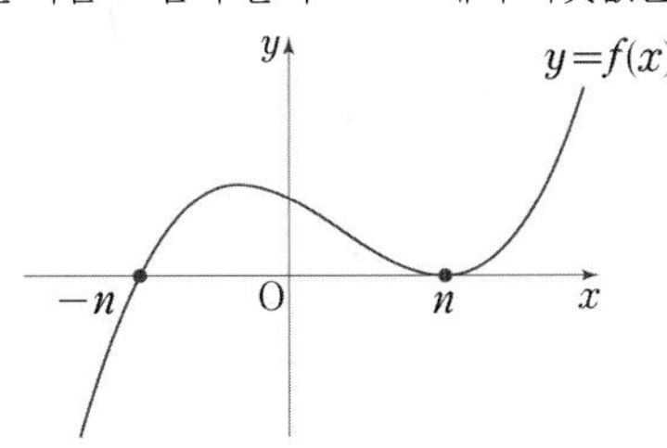

따라서 $f(x)=(x+n)(x-n)^2$이고 너코050

$f'(x)=(x-n)^2+2(x+n)(x-n)$ 너코044 너코045

$=(x-n)(3x+n)$

즉, $x=n$ 또는 $x=-\dfrac{n}{3}$일 때 $f'(x)=0$이다.

이때 함수 $f(x)$의 증가와 감소를 표로 나타내면 다음과 같다.

너코049

x	$\cdots$	$-\dfrac{n}{3}$	$\cdots$	n	$\cdots$
$f'(x)$	+	0	−	0	+
$f(x)$	↗	$f\left(-\dfrac{n}{3}\right)$	↘	$f(n)$	↗

함수 $f(x)$는 $x=-\frac{n}{3}$에서 극댓값을 가지므로

$a_n=f\left(-\frac{n}{3}\right)=\frac{32}{27}n^3$

따라서 a_n이 자연수가 되도록 하는 n의 최솟값은 3이다.

풀이 2

$g(x)=(x+n)f(x)$라 하면

함수 $g(x)$는 최고차항의 계수가 1인 사차함수이다.

조건 (가)에서 $f(n)=0$이고 ……㉠

조건 (나)에서

$x<-n$일 때 $f(x)\le 0$, $x>-n$일 때 $f(x)\ge 0$이므로

연속함수 $f(x)$는 $f(-n)=0$을 만족시킨다. 너코 037 ……㉡

㉠, ㉡에 의하여 $g(-n)=g(n)=0$이고

모든 실수 x에 대하여 $g(x)\ge 0$을 만족시키는 ($\because$ 조건 (나))

함수 $g(x)$의 그래프는 다음과 같다.

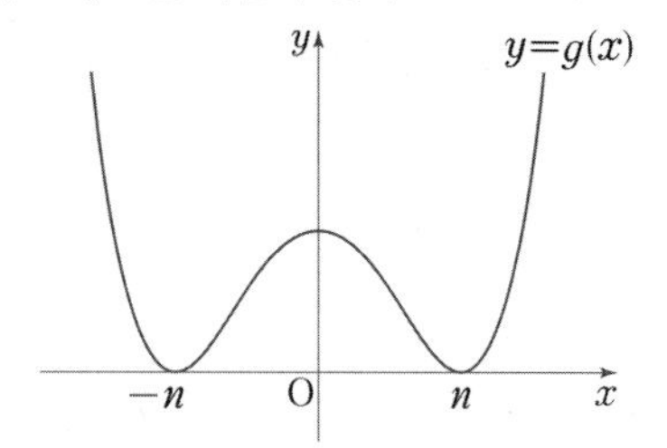

따라서 $g(x)=(x+n)^2(x-n)^2$이고 너코 050

$f(x)=(x+n)(x-n)^2$이므로

$f'(x)=(x-n)^2+2(x+n)(x-n)$ 너코 044 너코 045

$\quad=(x-n)(3x+n)$

즉, $x=n$ 또는 $x=-\frac{n}{3}$일 때 $f'(x)=0$이다.

이때 함수 $f(x)$의 증가와 감소를 표로 나타내면 다음과 같다.

너코 049

x	$\cdots$	$-\frac{n}{3}$	$\cdots$	n	$\cdots$
$f'(x)$	$+$	0	$-$	0	$+$
$f(x)$	↗	$f\left(-\frac{n}{3}\right)$	↘	$f(n)$	↗

함수 $f(x)$는 $x=-\frac{n}{3}$에서 극댓값을 가지므로

$a_n=f\left(-\frac{n}{3}\right)=\frac{32}{27}n^3$

따라서 a_n이 자연수가 되도록 하는 n의 최솟값은 3이다.

답 ③

E09-27

$A(t,\ t^4-4t^3+10t-30)$, $B(t,\ 2t+2)$에서

$f(t)=|(t^4-4t^3+10t-30)-(2t+2)|=|t^4-4t^3+8t-32|$

이때 $g(t)=t^4-4t^3+8t-32=(t-4)(t+2)(t^2-2t+4)$라 하면

$g(-2)=g(4)=0$이고

$g'(t)=4t^3-12t^2+8=4(t-1)(t^2-2t-2)$에서 너코 044

$t=1$ 또는 $t=1-\sqrt{3}$ 또는 $t=1+\sqrt{3}$일 때 $g'(t)=0$이다.

……㉠

따라서 함수 $y=g(t)$의 그래프와 너코 049 너코 050

그 그래프에서 x축 아래쪽에 그려진 부분을 x축을 기준으로 위쪽으로 접어올린

함수 $y=f(t)=|g(t)|$의 그래프는 다음과 같다.

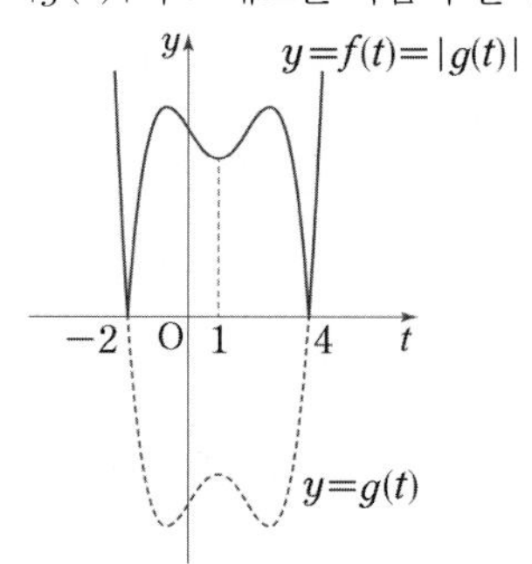

i) 함수 $y=f(x)$가 $x=t$에서 미분가능할 때

$\lim_{h\to 0+}\frac{f(t+h)-f(t)}{h}=\lim_{h\to 0-}\frac{f(t+h)-f(t)}{h}=f'(t)$

이므로 너코 041

$\lim_{h\to 0+}\frac{f(t+h)-f(t)}{h}\times\lim_{h\to 0-}\frac{f(t+h)-f(t)}{h}=\{f'(t)\}^2$

의 값은 항상 0 이상이다.

주어진 부등식을 만족시키기 위해서는 $f'(t)=0$이어야 하므로

방정식 $f'(t)=0$, 즉 $g'(t)=0$을 만족시키는 실수 t의 값의 합은

$1+(1-\sqrt{3})+(1+\sqrt{3})=3$ ($\because$ ㉠)

ii) 함수 $y=f(x)$가 $x=t$에서 미분가능하지 않을 때

즉, t의 값이 -2 또는 4인 경우, 너코 042

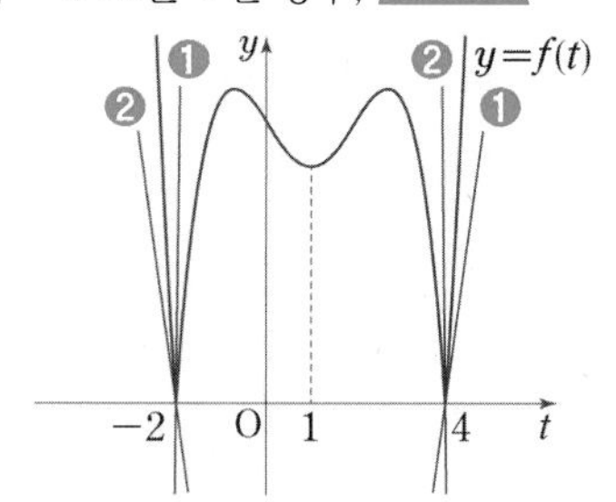

❶ $\lim_{h\to 0+}\frac{f(t+h)-f(t)}{h}>0$

❷ $\lim_{h\to 0-}\frac{f(t+h)-f(t)}{h}<0$

이므로 항상

$\lim_{h\to 0+}\frac{f(t+h)-f(t)}{h}\times\lim_{h\to 0-}\frac{f(t+h)-f(t)}{h}<0$을

만족시킨다.

따라서 만족시키는 실수 t의 값의 합은

$(-2)+4=2$

i), ii)에서 주어진 부등식을 만족시키는 모든 실수 t의 값의 합은

$3+2=5$

답 ④

E09-28

$h(x) = f(x)g(x)$라 하자.
사차함수 $h(x)$는 $x = p$와 $x = q$에서 극소이므로
$h'(p) = 0$, $h'(q) = 0$이고
함수 $h'(x)$의 부호는 $x = p$와 $x = q$의 좌우에서
각각 모두 음에서 양으로 바뀐다. 너코 049

한편 주어진 두 함수 $y = f(x)$, $y = g(x)$의 그래프로 파악할 수 있는
$h'(x) = f'(x)g(x) + f(x)g'(x)$의 부호의 변화를 너코 045
표로 나타내면 다음과 같다.

x	$\cdots$	a	$\cdots$	b	$\cdots$	c	$\cdots$	d	$\cdots$	e	$\cdots$
$f(x)$	$-$	0	$+$	$+$	$+$	0	$-$	$-$	$-$	0	$+$
$f'(x)$	$+$	$+$	$+$	0	$-$	$-$	$-$	0	$+$	$+$	$+$
$g(x)$	$-$	$-$	$-$	$-$	$-$	0	$+$	$+$	$+$	$+$	$+$
$g'(x)$	$+$	$+$	$+$	$+$	$+$	$+$	$+$	$+$	$+$	$+$	$+$
$f'(x)g(x)$	$-$	$-$	$-$	0	$+$	0	$-$	0	$+$	$+$	$+$
$f(x)g'(x)$	$-$	0	$+$	$+$	$+$	0	$-$	$-$	$-$	0	$+$
$h'(x)$	$-$	$-$		$+$	$+$	0	$-$	$-$		$+$	$+$

함수 $h'(x)$는 실수 전체의 집합에서 연속이며 너코 039
위의 표에서 $h'(a) < 0$, $h'(b) > 0$이고 $h'(d) < 0$,
$h'(e) > 0$이다.
따라서 사잇값의 정리에 의하여 방정식 $h'(x) = 0$은
열린구간 (a, b)에서 하나의 실근을 가지며
그 실근을 α라 하면
함수 $h(x)$는 $x = \alpha$에서 극소이고
열린구간 (d, e)에서 하나의 실근을 가지며
그 실근을 β라 하면
함수 $h(x)$는 $x = \beta$에서 극소이다. 너코 040
$p = \alpha$, $q = \beta$ ($\because$ $p < q$)이므로 참인 것은
② $a < p < b$이고 $d < q < e$이다.

답 ②

E10-01

$f(x) = x^3 - 3x^2 - 9x + 8$에서
$f'(x) = 3x^2 - 6x - 9 = 3(x+1)(x-3)$이므로 너코 044
$x = -1$ 또는 $x = 3$일 때 $f'(x) = 0$이다.
닫힌구간 $[-2, 0]$에서 함수 $f(x)$의 증가와 감소를 표로 나타내면 다음과 같다. 너코 049

x	-2	$\cdots$	-1	$\cdots$	0
$f'(x)$		$+$	0	$-$	
$f(x)$	6	↗	13	↘	8

따라서 닫힌구간 $[-2, 0]$에서 함수 $f(x)$는
$x = -1$일 때 최댓값 13을 갖는다. 너코 051

답 13

E10-02

$f(x) = x^3 - 3x^2 + a$에서
$f'(x) = 3x^2 - 6x = 3x(x-2)$이므로 너코 044
$x = 0$ 또는 $x = 2$에서 $f'(x) = 0$이다.
닫힌구간 $[1, 4]$에서 함수 $f(x)$의 증가와 감소를 표로 나타내면
다음과 같다. 너코 049

x	1	$\cdots$	2	$\cdots$	4
$f'(x)$		$-$	0	$+$	
$f(x)$	$a-2$	↘	$a-4$	↗	$a+16$

따라서 닫힌구간 $[1, 4]$에서 함수 $f(x)$는
$x = 2$일 때 최솟값 $m = a - 4$를 갖고
$x = 4$일 때 최댓값 $M = a + 16$을 갖는다. 너코 051
$M + m = (a+16) + (a-4) = 2a + 12 = 20$
$\therefore$ $a = 4$

답 ④

E10-03

$f(x) = x^3 - 3x + 5$에서
$f'(x) = 3x^2 - 3 = 3(x+1)(x-1)$이므로 너코 044
$x = -1$ 또는 $x = 1$일 때 $f'(x) = 0$이다.
닫힌구간 $[-1, 3]$에서 함수 $f(x)$의 증가와 감소를 표로
나타내면 다음과 같다. 너코 049

x	-1	$\cdots$	1	$\cdots$	3
$f'(x)$		$-$	0	$+$	
$f(x)$	7	↘	3	↗	23

따라서 닫힌구간 $[-1, 3]$에서 함수 $f(x)$는
$x = 1$일 때 최솟값 3을 갖는다. 너코 051

답 ③

E10-04

주어진 조건에 의하여 $f(a) = g(a)$, $f(b) = g(b)$이므로
$h(x) = f(x) - g(x)$라 하면
$x = c$일 때 두 함숫값의 차 $|h(c)|$의 값이 최대이므로
함수 $h(x)$는 $x = c$일 때 극대 또는 극소이다. 너코 051

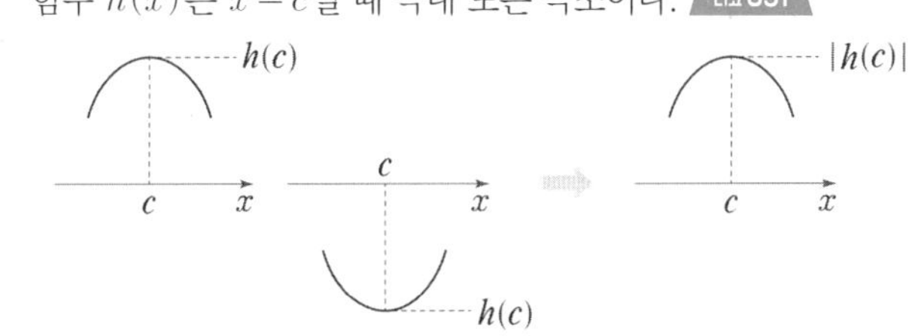

$h'(x) = f'(x) - g'(x)$이므로 너코 044
$h'(c) = 0$에서 $f'(c) - g'(c) = 0$ 너코 049
$\therefore$ $f'(c) = g'(c)$

답 ②

E10-05

풀이 1

$f(x)=x^3+ax^2-a^2x+2$에서

$f'(x)=3x^2+2ax-a^2=(x+a)(3x-a)$이므로 너코 044

$x=-a$ 또는 $x=\frac{a}{3}$일 때 $f'(x)=0$이다.

닫힌구간 $[-a, a]$에서 함수 $f(x)$의 증가와 감소를 표로 나타내면 다음과 같다. 너코 049

x	$-a$	$\cdots$	$\frac{a}{3}$	$\cdots$	a
$f'(x)$		$-$	0	$+$	
$f(x)$	a^3+2	↘	$-\frac{5}{27}a^3+2$	↗	a^3+2

따라서 닫힌구간 $[-a, a]$에서 함수 $f(x)$는

$x=\frac{a}{3}$일 때 최솟값 $\frac{14}{27}$,

$x=-a$ 또는 $x=a$일 때 최댓값 a^3+2를 가진다. 너코 051

따라서 $f\left(\frac{a}{3}\right)=-\frac{5}{27}a^3+2=\frac{14}{27}$에서

$a^3=8$, 즉 $a=2$이고

$M=a^3+2=2^3+2=10$이다.

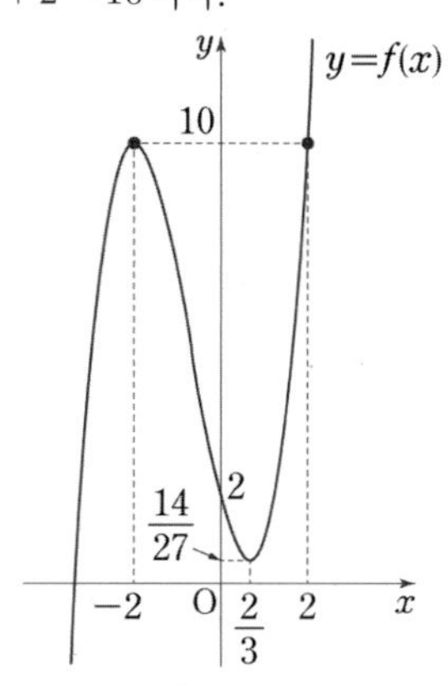

$\therefore\ a+M=2+10=12$

풀이 2

$f(x)=x^3+ax^2-a^2x+2$에서

$f'(x)=3x^2+2ax-a^2=(x+a)(3x-a)$이므로 너코 044

$x=-a$ 또는 $x=\frac{a}{3}$일 때 $f'(x)=0$이다.

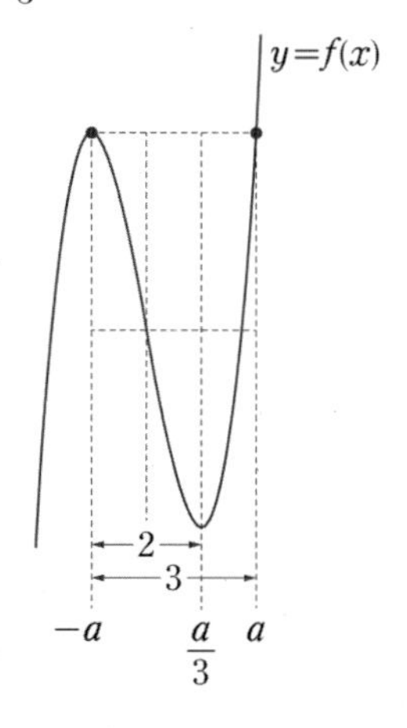

그림에 표시된 두 부분의 길이비가 2 : 3이므로 너코 049

닫힌구간 $[-a, a]$에서 함수 $f(x)$는

$x=\frac{a}{3}$일 때 최솟값 $\frac{14}{27}$,

$x=-a$ 또는 $x=a$일 때 최댓값 a^3+2를 가진다. 너코 051

따라서 $f\left(\frac{a}{3}\right)=-\frac{5}{27}a^3+2=\frac{14}{27}$에서

$a^3=8$, 즉 $a=2$이고

$M=a^3+2=2^3+2=10$이다.

$\therefore\ a+M=2+10=12$

답 12

E10-06

점 P의 좌표를 $(t,\ -t^2+5t)$라 하면

$-t^2+5t=-t(t-5)>0$, 즉 $0<t<5$일 때

다음과 같이 두 정사각형이 겹쳐지게 된다.

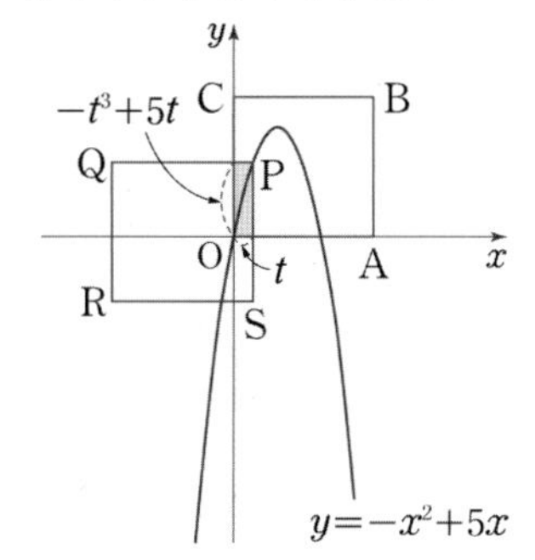

이때 겹쳐진 직사각형은 가로의 길이가 t,

세로의 길이가 $-t^2+5t$이므로

이 넓이를 $S(t)$라 하면

$S(t)=t(-t^2+5t)=-t^3+5t^2$이고

$S'(t)=-3t^2+10t=-3t\left(t-\frac{10}{3}\right)$이므로 너코 044

$t=0$ 또는 $t=\frac{10}{3}$일 때 $S'(t)=0$이다.

$0<t<5$에서 함수 $S(t)$의 증가와 감소를 표로 나타내면 다음과 같다. 너코 049

t	0	$\cdots$	$\frac{10}{3}$	$\cdots$	5
$S'(t)$		$+$	0	$-$	
$S(t)$		↗	$S\left(\frac{10}{3}\right)$	↘	

따라서 $0<t<5$에서 함수 $S(t)$는

$t=\frac{10}{3}$일 때 극댓값이자 최댓값을 가지므로 너코 051

구하는 넓이의 최댓값은

$S\left(\frac{10}{3}\right)=-\frac{1000}{27}+\frac{500}{9}=\frac{500}{27}$이다.

$\therefore\ p+q=27+500=527$

답 527

E 10-07

직선 OP의 기울기는 $\frac{2}{t}$이고 선분 OP의 중점은 $\left(\frac{t}{2}, 1\right)$이므로

선분 OP의 수직이등분선의 방정식은

$y=-\frac{t}{2}\left(x-\frac{t}{2}\right)+1$

따라서 이 직선과 y축의 교점은 $\mathrm{B}\left(0, \frac{t^2}{4}+1\right)$이다.

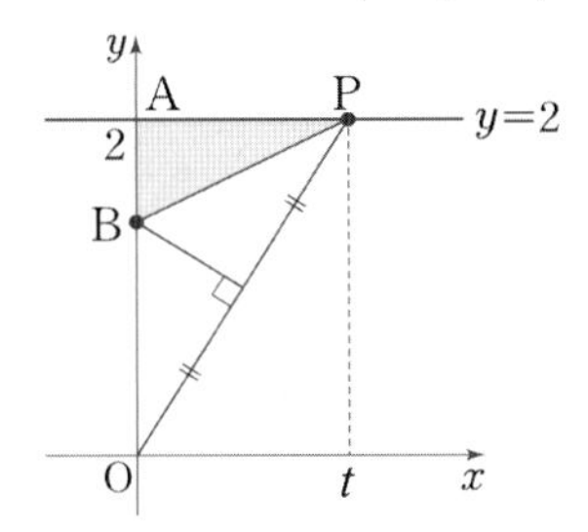

직각삼각형 ABP의 밑변의 길이가

$\overline{\mathrm{AB}}=2-\left(\frac{t^2}{4}+1\right)=1-\frac{t^2}{4}$,

높이가 $\overline{\mathrm{AP}}=t$이므로

넓이는 $f(t)=\frac{1}{2}\left(1-\frac{t^2}{4}\right)t=\frac{1}{8}(4t-t^3)$이고

$f'(t)=\frac{1}{8}(4-3t^2)$이므로 너코 044

$t^2=\frac{4}{3}$, 즉 $t=\frac{2}{\sqrt{3}}$ $(\because\ 0<t<2)$일 때 $f'(t)=0$이다.

$0<t<2$에서 함수 $f(t)$의 증가와 감소를 표로 나타내면 다음과 같다. 너코 049

t	0	$\cdots$	$\frac{2}{\sqrt{3}}$	$\cdots$	2
$f'(t)$		+	0	−	
$f(t)$		↗	$f\left(\frac{2}{\sqrt{3}}\right)$	↘	

따라서 $0<t<2$에서 함수 $f(t)$는

$t=\frac{2}{\sqrt{3}}$일 때 극댓값이자 최댓값을 가지므로 너코 051

$f(t)$의 최댓값은 $f\left(\frac{2}{\sqrt{3}}\right)=\frac{1}{8}\left(\frac{8}{\sqrt{3}}-\frac{8}{3\sqrt{3}}\right)=\frac{2}{9}\sqrt{3}$이다.

$\therefore\ a+b=9+2=11$

답 11

E 10-08

정사각형 EFGH의 두 대각선의 교점을 (t, t^2)이라 하자.

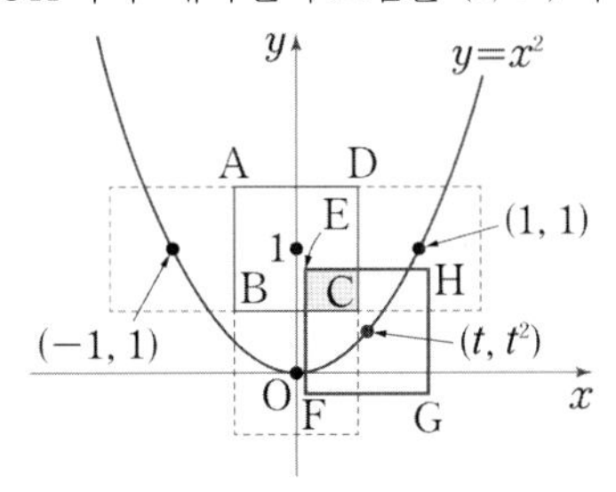

위의 그림과 같이 두 정사각형의 내부의 공통부분이 존재하려면 $-1<t<0$ 또는 $0<t<1$이어야 하나

정사각형 ABCD와 곡선 $y=x^2$은 모두 y축에 대하여 대칭이므로

$0<t<1$일 때만 고려하여도 된다.

$\mathrm{C}\left(\frac{1}{2}, \frac{1}{2}\right)$, $\mathrm{E}\left(t-\frac{1}{2}, t^2+\frac{1}{2}\right)$이므로

두 정사각형의 내부의 공통부분인 직사각형의

가로의 길이는 $\frac{1}{2}-\left(t-\frac{1}{2}\right)=1-t$,

세로의 길이는 $\left(t^2+\frac{1}{2}\right)-\frac{1}{2}=t^2$이다.

이 직사각형의 넓이를 $S(t)$라 하면

$S(t)=(1-t)t^2=t^2-t^3$이고

$S'(t)=2t-3t^2=t(2-3t)$이므로 너코 044

$t=\frac{2}{3}$ $(\because\ 0<t<1)$일 때 $S'(t)=0$이다.

열린구간 $(0, 1)$에서 함수 $S(t)$의 증가와 감소를 표로 나타내면 다음과 같다. 너코 049

t	0	$\cdots$	$\frac{2}{3}$	$\cdots$	1
$S'(t)$		+		−	
$S(t)$		↗	$S\left(\frac{2}{3}\right)$	↘	

따라서 열린구간 $(0, 1)$에서 함수 $S(t)$는

$t=\frac{2}{3}$일 때 극댓값이자 최댓값을 가지므로 너코 051

구간 $(0, 1)$에서 두 정사각형의 내부의 공통부분의 넓이의 최댓값은

$S\left(\frac{2}{3}\right)=\frac{4}{9}-\frac{8}{27}=\frac{4}{27}$

답 ①

E 10-09

ㄱ. $g(x)=\begin{cases}\frac{1}{2} & (x<0)\\ f(x) & (x\geq 0)\end{cases}$에서

$g'(x)=\begin{cases}0 & (x<0)\\ f'(x) & (x>0)\end{cases}$이고 너코 044

함수 $g(x)$가 실수 전체의 집합에서 미분가능하므로

$x=0$에서도 미분가능하다. 너코 046

따라서

$\lim_{x\to 0-}g(x)=\lim_{x\to 0+}g(x)=g(0)$에서

$\frac{1}{2}=f(0)$이고, ……㉠

$\lim_{x\to 0-}\frac{g(x)-g(0)}{x}=\lim_{x\to 0+}\frac{g(x)-g(0)}{x}$에서

$0=f'(0)$이다. 너코 041 ……㉡

$\therefore\ g(0)+g'(0)=f(0)+f'(0)=\frac{1}{2}+0=\frac{1}{2}$ (참)

ㄴ. ㉠에 의하여

$f(x)=x^3+ax^2+bx+\frac{1}{2}$이라 할 수 있으므로

(단, a, b는 상수)

$f'(x)=3x^2+2ax+b$이고 ㉡에 의하여 $b=0$이다.

따라서 $f(x)=x^3+ax^2+\frac{1}{2}$, $f'(x)=3x^2+2ax$이다.

이때 함수 $g(x)$의 최솟값이 $\frac{1}{2}$보다 작다는 조건을

만족시키는지 살펴보면 다음과 같다. ……㉢

$a \ge 0$이면 $x>0$에서 함수 $f(x)$는 증가하므로

함수 $g(x)$의 최솟값은 $\frac{1}{2}$이다.

$a<0$이면 $x \ge 0$에서 함수 $f(x)$는 $x=-\frac{2}{3}a$일 때

극솟값이면서 최솟값인 $\frac{4}{27}a^3+\frac{1}{2}$을 갖고,

이 값은 $\frac{1}{2}$보다 작다. 너코 049 너코 051

따라서 ㉢을 만족시키려면 $a<0$이어야 한다.

$\therefore\ g(1)=f(1)=\frac{3}{2}+a<\frac{3}{2}$ (참)

ㄷ. 함수 $g(x)$의 최솟값이 0이면 ㄴ에서 $\frac{4}{27}a^3+\frac{1}{2}=0$이다.

$\frac{4}{27}a^3=-\frac{1}{2}$,

$a^3=-\frac{27}{8}$,

$a=-\frac{3}{2}$

$\therefore\ f(x)=x^3-\frac{3}{2}x^2+\frac{1}{2}$

따라서 $g(2)=f(2)=\frac{5}{2}$이다. (참)

따라서 옳은 것은 ㄱ, ㄴ, ㄷ이다.

답 ⑤

E11-01

조건 (가)에 의하여 사차함수 $f(x)$는 짝수차항으로만 이루어져 있으므로

$a=c=0$, 즉 $f(x)=x^4+bx^2+6$이고

양변을 x에 대하여 미분하면

$f'(x)=4x^3+2bx=2x(2x^2+b)$이다. 너코 044

이때 $b \ge 0$이면 모든 실수 x에 대하여

$f(x)=x^4+bx^2+6 \ge 6$이므로 조건 (나)에 모순이다.

($\because\ x^4 \ge 0,\ bx^2 \ge 0$)

따라서 $b<0$이어야 한다.

즉, $x=0$ 또는 $x=\pm\sqrt{-\frac{b}{2}}$일 때 $f'(x)=0$이다.

조건 (가)에 의해 그래프가 y축에 대하여 대칭임을 고려하여 함수 $f(x)$의 증가와 감소를 표로 나타내면 다음과 같다. 너코 049

x	$\cdots$	$-\sqrt{-\frac{b}{2}}$	$\cdots$	0	$\cdots$	$\sqrt{-\frac{b}{2}}$	$\cdots$
$f'(x)$	$-$	0	$+$	0	$-$	0	$+$
$f(x)$	↘	$-\frac{b^2}{4}+6$	↗	6	↘	$-\frac{b^2}{4}+6$	↗

따라서 함수 $f(x)$는

$x=\pm\sqrt{-\frac{b}{2}}$에서 극솟값 $-\frac{b^2}{4}+6$을 가지므로

조건 (나)에 의하여

$-\frac{b^2}{4}+6=-10$에서 $b^2=64$

$\therefore\ b=-8$ ($\because\ b<0$)

따라서 $f(x)=x^4-8x^2+6$이므로

$f(3)=81-72+6=15$

답 15

E11-02

모든 실수 x에 대하여

$f(x)g(x)=(x-1)^2(x-2)^2(x-3)^2$을 만족시키므로

삼차항의 계수가 3인 삼차식 $g(x)$는

$(x-1)^2(x-2)^2(x-3)^2$의 인수이다.

즉, 삼차방정식 $g(x)=0$은

서로 다른 세 실근 1, 2, 3을 갖거나,

1, 2, 3 중 하나가 중근이고 남은 둘 중 하나를 또 다른 실근으로 가져야 한다. ……㉠

이에 따라 함수 $y=g(x)$의 그래프의 개형으로 가능한 것은 다음 그림과 같다. 너코 050

(단, ㉠에 의하여 [그림 2]에서 함수 $y=g(x)$의 그래프와 x축이 만나는 점의 x좌표는 1, 2, 3 중에서만 가능하다.)

……㉡

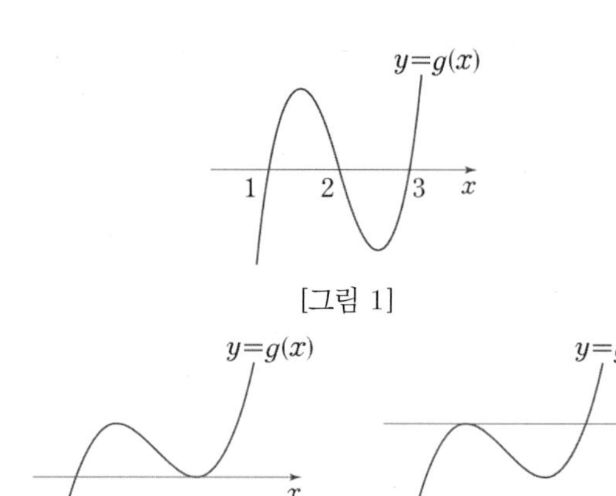

[그림 1]

[그림 2]

이때 함수 $g(x)$는 $x=2$에서 극댓값을 가져야 하므로 너코 049

……㉢

[그림 1]을 제외한 [그림 2]의 두 가지 경우에 대해 살펴보자.

i) [그림 2]에서 $g(2)>0$인 경우

㉡에 의하여 $g(x)=3(x-1)(x-3)^2$이다.

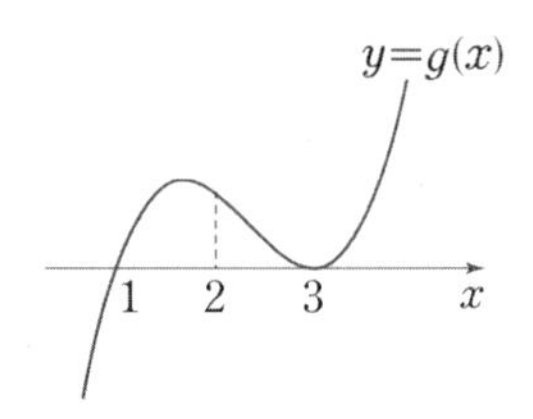

$g'(x)=3(x-3)(3x-5)$에서 너코 044 너코 045

$g'(2)\neq 0$이므로 ㉢을 만족시키지 않는다.

ii) [그림 2]에서 $g(2)=0$인 경우

㉡에 의하여 $g(x)=3(x-2)^2(x-3)$이다.

이때 ㉢도 만족시킨다.

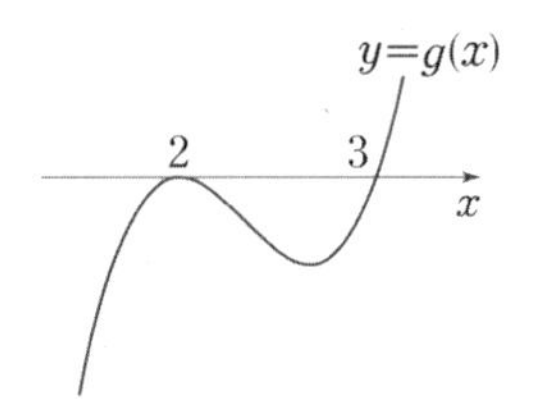

i), ii)에 의하여 $g(x)=3(x-2)^2(x-3)$이므로

$f(x)=\frac{1}{3}(x-1)^2(x-3)$이다.

따라서 $f'(x)=\frac{1}{3}(x-1)(3x-7)$이므로 $f'(0)=\frac{7}{3}$이다.

$\therefore\ p+q=3+7=10$

답 10

E 11-03

$f'(x)=\begin{cases}x^2 & (|x|<1)\\-1 & (|x|>1)\end{cases}=\begin{cases}x^2 & (-1<x<1)\\-1 & (x<-1,\ x>1)\end{cases}$이므로

연속함수 $f(x)$의 도함수 $y=f'(x)$의 그래프는 다음과 같다.

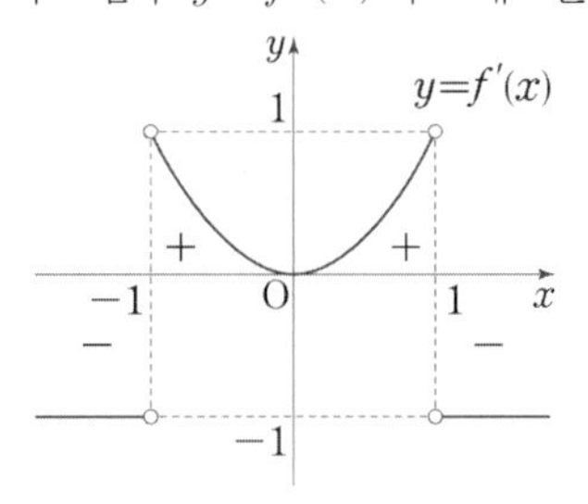

ㄱ. $x<-1$일 때 $f'(x)<0$이므로

함수 $f(x)$는 구간 $(-\infty,\ -1)$에서 감소하고 너코 049

$-1<x<1$일 때 $f'(x)>0$이므로

함수 $f(x)$는 구간 $(-1,\ 1)$에서 증가한다.

이때 $f(x)$는 연속함수이므로

-1을 포함하는 어떤 열린구간에 속하는 모든 x에 대하여

$f(x)\geq f(-1)$이다.

따라서 함수 $f(x)$는 $x=-1$에서 극솟값을 갖는다. (참)

ㄴ. 열린구간 $(-1,\ 0)$과 열린구간 $(0,\ 1)$에서

$f'(x)>0$이므로

두 구간 모두에서 함수 $f(x)$가 증가하므로 y축 대칭이 아니다. 너코 049

따라서 어떤 실수 x에 대하여 $f(x)\neq f(-x)$이다. (거짓)

ㄷ. 연속함수 $f(x)$는 열린구간 $(0,\ 1)$에서 증가하므로 ($\because$ ㄴ)

$f(1)>f(0)=0$ (참)

따라서 옳은 것은 ㄱ, ㄷ이다.

답 ④

E 11-04

풀이 1

ㄱ. $g(x)=f(a)+(b-a)f'(x)$이므로

방정식 $g(x)=f(a)$는 방정식 $(b-a)f'(x)=0$와 같고

$b-a\neq 0$이므로 $f'(x)=0$이다. ($\because\ a<0<\alpha<b<\beta$)

주어진 함수 $f(x)$의 그래프에 의하여

방정식 $f'(x)=0$의 실근은

열린구간 $(0,\ \alpha)$, $(\alpha,\ \beta)$에 각각 한 개씩 존재하므로

너코 049

방정식 $(b-a)f'(x)=0$은 두 개의 실근을 갖는다. (참)

ㄴ. $g(b)-f(a)=(b-a)f'(b)$에서 $b-a>0$이지만

($\because\ a<0<\alpha<b<\beta$)

주어진 함수 $f(x)$의 그래프에 의하여

$f'(b)$의 값이 항상 양수인 것은 아니다. 너코 049

즉, $g(b)-f(a)<0$인 $x=b$도 존재하므로

$g(b)>f(a)$가 항상 참인 것은 아니다. (거짓)

ㄷ. 곡선 $y=f(x)$ 위의 점 $(a,\ f(a))$에서의 접선의 방정식을

$h(x)=f'(a)(x-a)+f(a)$라 하자. 너코 047

주어진 조건 $g(x)=f(a)+(b-a)f'(x)$에

$x=a$를 대입하면 $g(a)=f(a)+(b-a)f'(a)$이므로

$g(a)=h(b)$이다. ……㉠

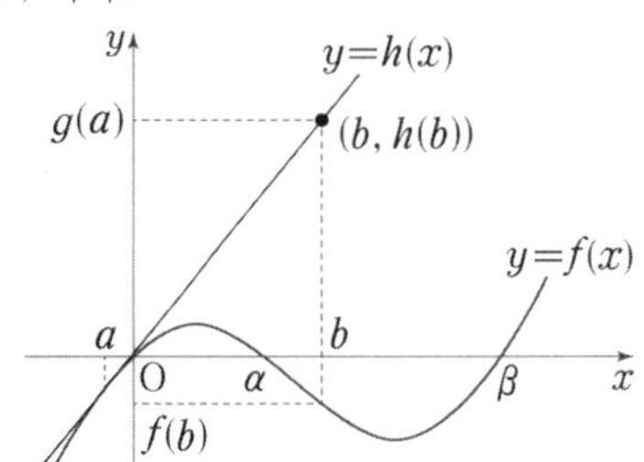

따라서 그림과 같이 $\alpha<b<\beta$인 b에 대하여

$h(b)>0>f(b)$이므로 $g(a)>f(b)$이다. ($\because$ ㉠) (참)

따라서 옳은 것은 ㄱ, ㄷ이다.

풀이 2

ㄱ. $g(x)=f(a)+(b-a)f'(x)$이므로

방정식 $g(x)=f(a)$는 방정식 $(b-a)f'(x)=0$와 같고

$b-a\neq 0$이므로 $f'(x)=0$이다. ($\because\ a<0<\alpha<b<\beta$)

주어진 함수 $f(x)$의 그래프에 의하여

방정식 $f'(x)=0$의 실근은

열린구간 $(0,\ \alpha)$, $(\alpha,\ \beta)$에 각각 한 개씩 존재하므로

너코 049

방정식 $(b-a)f'(x)=0$은 두 개의 실근을 갖는다. (참)

ㄴ. $g(b)-f(a)=(b-a)f'(b)$에서 $b-a>0$이지만

($\because\ a<0<\alpha<b<\beta$)

주어진 함수 $f(x)$의 그래프에 의하여

$f'(b)$의 값이 항상 양수인 것은 아니다. 너코 049

즉, $g(b)-f(a)<0$인 $x=b$도 존재하므로
$g(b)>f(a)$가 항상 참인 것은 아니다. (거짓)

ㄷ. $g(a)-f(b)=f(a)-f(b)+(b-a)f'(a)$에서
양변을 $b-a$로 나누면

$$\frac{g(a)-f(b)}{b-a}=-\frac{f(b)-f(a)}{b-a}+f'(a)$$

이때 두 점 $(a, f(a))$와 $(b, f(b))$를 연결한 선분의 기울기가

❶ $\dfrac{f(b)-f(a)}{b-a}$이고

점 $(a, f(a))$에서의 곡선 $y=f(x)$의 접선의 기울기가

❷ $f'(a)$이므로 너코 041

$\dfrac{f(b)-f(a)}{b-a}<f'(a)$가 성립한다.

$(\because\ a<0<\alpha<b<\beta)$

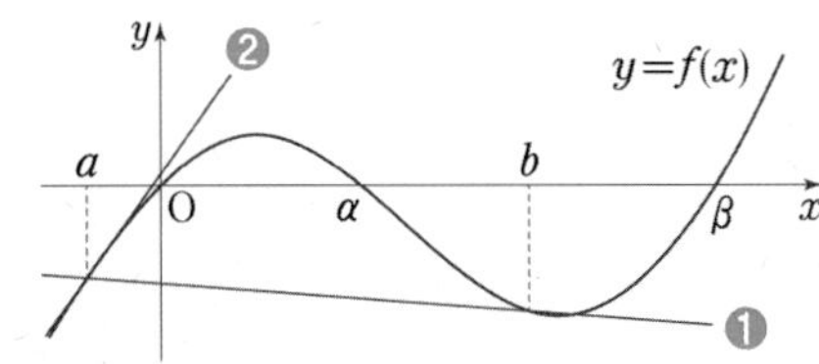

따라서 $-\dfrac{f(b)-f(a)}{b-a}+f'(a)>0$이므로

$\dfrac{g(a)-f(b)}{b-a}>0$이다.

이때 $b-a>0$이므로
$g(a)-f(b)>0$, 즉 $g(a)>f(b)$이다. (참)

따라서 옳은 것은 ㄱ, ㄷ이다.

답 ④

E11-05

양수 a에 대하여

$$f'(x)=-12x^3+12(a-1)x^2+12ax$$ 너코 044
$$=-12x(x+1)(x-a)$$

이므로
$x=-1$ 또는 $x=0$ 또는 $x=a$에서 $f'(x)=0$이다.
이때 함수 $f(x)$의 증가와 감소를 표로 나타내면 다음과 같다. 너코 049

x	$\cdots$	-1	$\cdots$	0	$\cdots$	a	$\cdots$
$f'(x)$	$+$	0	$-$	0	$+$	0	$-$
$f(x)$	↗	$2a+1$	↘	0	↗	a^4+2a^3	↘

i) $f(-1)\ge f(a)$일 때

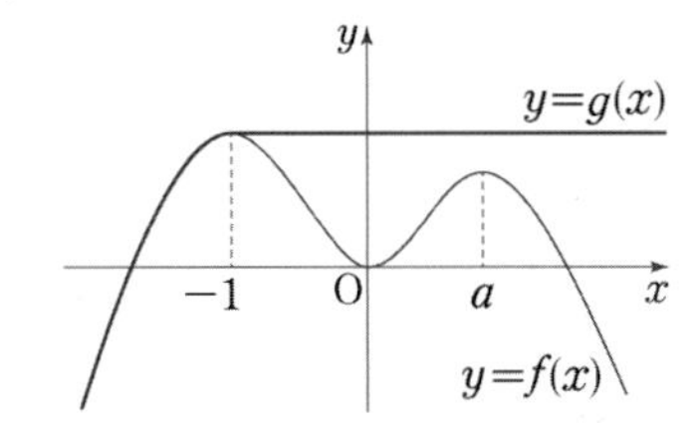

$2a+1\ge a^4+2a^3$에서
$a^4+2a^3-2a-1=(a+1)^3(a-1)\le 0$,
즉 $a-1\le 0$이므로 $0<a\le 1$이다. $(\because\ a>0)$
이때 $x\le t$에서의 $f(x)$의 최댓값은

$g(t)=\begin{cases} f(t) & (t\le -1) \\ f(-1) & (t>-1) \end{cases}$이므로

$$\lim_{t\to -1-}\frac{g(t)-g(-1)}{t-(-1)}=\lim_{t\to -1-}\frac{f(t)-f(-1)}{t-(-1)}$$
$$=f'(-1)=0,$$ 너코 041

$\displaystyle\lim_{t\to -1+}\frac{g(t)-g(-1)}{t-(-1)}=\lim_{t\to -1+}\frac{f(-1)-f(-1)}{t-(-1)}=0$이다.

따라서 함수 $g(t)$는 $t=-1$에서 미분가능하므로 너코 042
$0<a\le 1$일 때 함수 $g(t)$는 실수 전체의 집합에서 미분가능하다. 너코 046

ii) $f(-1)<f(a)$일 때

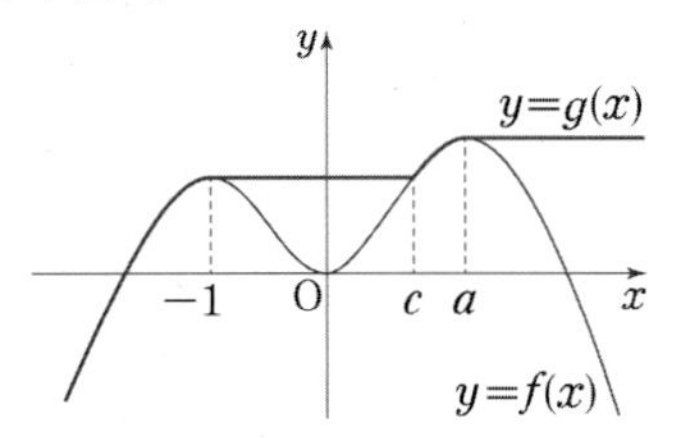

$2a+1<a^4+2a^3$에서
$a^4+2a^3-2a-1=(a+1)^3(a-1)>0$,
즉 $a-1>0$이므로 $a>1$이다. $(\because\ a>0)$
$f(c)=f(-1)$인 실수 $c\ (0<c<a)$에 대하여
$x\le t$에서의 $f(x)$의 최댓값은

$g(t)=\begin{cases} f(t) & (t\le -1) \\ f(-1) & (-1<t\le c) \\ f(t) & (c<t\le a) \\ f(a) & (t>a) \end{cases}$이므로

$\displaystyle\lim_{t\to c-}\frac{g(t)-g(c)}{t-c}=\lim_{t\to c-}\frac{f(-1)-f(-1)}{t-c}=0,$

$\displaystyle\lim_{t\to c+}\frac{g(t)-g(c)}{t-c}=\lim_{t\to c+}\frac{f(t)-f(c)}{t-c}=f'(c)\neq 0$이다.

따라서 함수 $g(t)$는 $t=c$에서 미분가능하지 않다.

i), ii)에서 함수 $g(t)$는 $0<a\le 1$일 때만
실수 전체의 집합에서 미분가능하므로
a의 최댓값은 1이다.

답 ①

E11-06

함수 $g(x)$는 실수 전체의 집합에서 미분가능하므로
$f(t)=mt$를 만족시키는 $x=t$에서도 미분가능하다. 너코 046
$g(x)$가 $x=t$에서 연속이므로
$f(t)=mt$에서 $t^3-3t^2-9t-1=mt$ ······㉠
$g(x)$가 $x=t$에서 미분가능하므로
$f'(t)=m$에서 $3t^2-6t-9=m$ 너코 044 ······㉡
㉠, ㉡에서 $t^3-3t^2-9t-1=3t^3-6t^2-9t$이므로
이를 정리하면
$2t^3-3t^2+1=0$, 즉 $(2t+1)(t-1)^2=0$이므로
$t=-\dfrac{1}{2}$ 또는 $t=1$이다.

i) $t=-\frac{1}{2}$일 때,

㉡에 대입하면 $m=-\frac{21}{4}$이므로

방정식 $f(x)=mx$,

즉 방정식 $x^3-3x^2-9x-1=-\frac{21}{4}x$에서

$4x^3-12x^2-15x-4=0$

$4\left(x+\frac{1}{2}\right)^2(x-4)=0$

$\therefore\ x=-\frac{1}{2}$(중근) 또는 $x=4$

따라서 곡선 $y=f(x)$와 직선 $y=mx$는

$x=-\frac{1}{2}$일 때 접하며 $x=4$일 때 한 점에서 만나므로

함수 $g(x)$의 그래프는 다음과 같다. 너코 050

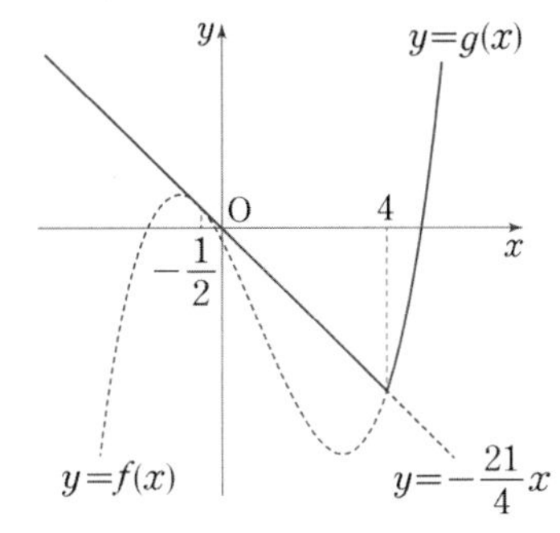

이때 함수 $g(x)$는 $x=4$에서 미분가능하지 않다. 너코 042

ii) $t=1$일 때,

㉡에 대입하면 $m=-12$이므로

방정식 $f(x)=mx$,

즉 방정식 $x^3-3x^2-9x-1=-12x$에서

$x^3-3x^2+3x-1=0$

$(x-1)^3=0$

$\therefore\ x=1$(삼중근)

따라서 곡선 $y=f(x)$와 직선 $y=mx$는

$x=1$일 때 접하므로

함수 $g(x)$의 그래프는 다음과 같다.

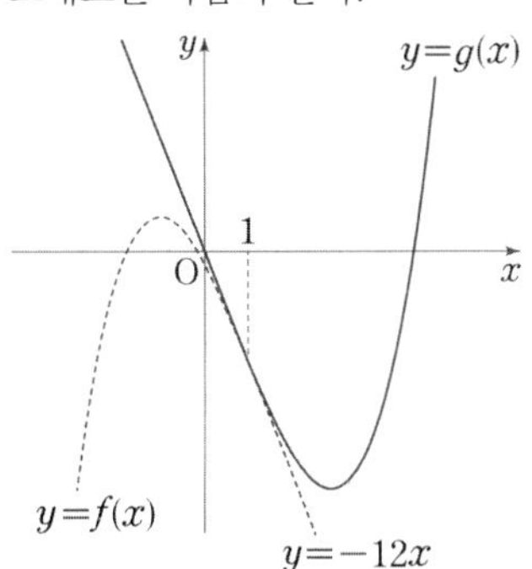

이때 함수 $g(x)$는 모든 실수 x에 대하여 미분가능하다.

따라서 조건을 만족시키는 m의 값은 -12이다.

답 ②

E11-07

$f(x)=x^3-3px^2+q$에서

$f'(x)=3x^2-6px=3x(x-2p)$이므로 너코 044

함수 $f(x)$는 극댓값 $f(0)=q$, 극솟값 $f(2p)=q-4p^3$을 갖는다. 너코 049

삼차함수 $f(x)$가 극대, 극소를 가지므로

함수 $|f(x)|$가 $x=a$에서 극대 또는 극소가 되도록 하는 모든 실수 a의 개수는

[그림 1]과 같이 $f(0)\le 0$이거나 [그림 2]와 같이

$f(2p)\ge 0$이면 3이고,

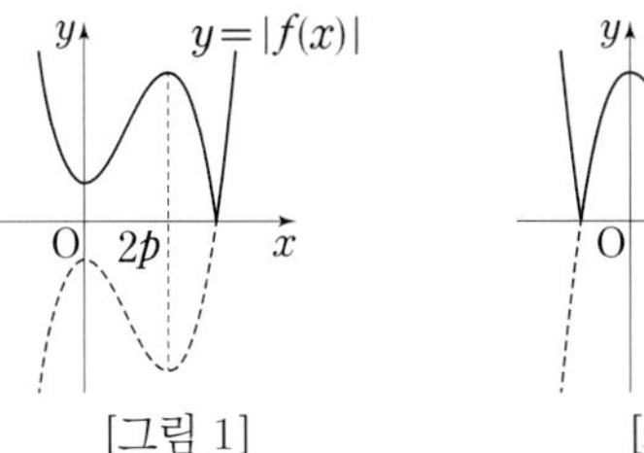

[그림 1]

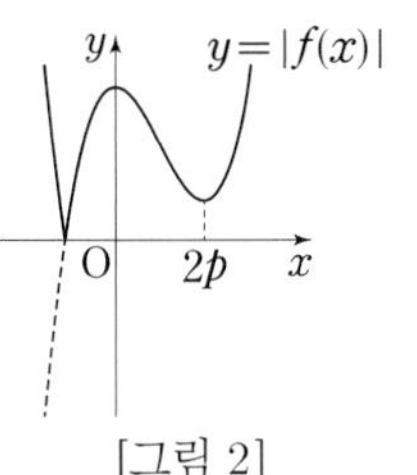

[그림 2]

[그림 3]과 같이 $f(2p)<0<f(0)$이면 5이다.

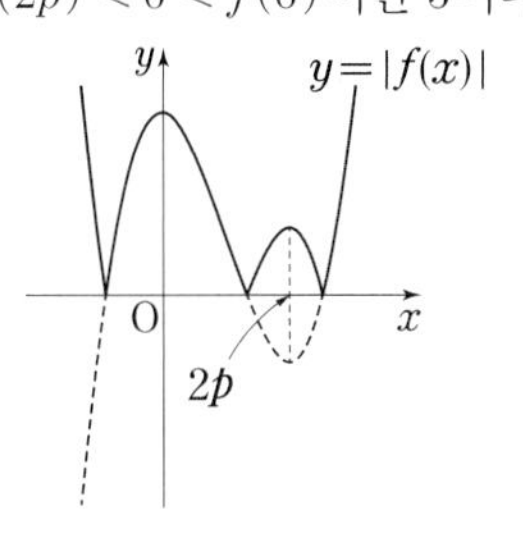

[그림 3]

따라서 조건 (가)를 만족시키려면

$q-4p^3<0<q$, 즉 $0<q<4p^3$이어야 한다. ……㉠

한편 조건 (나)를 만족시키려면

닫힌구간 $[-1, 1]$에서 함수 $|f(x)|$의 최댓값과

닫힌구간 $[-2, 2]$에서 함수 $|f(x)|$의 최댓값이 $f(0)$으로 같아야 하고,

모든 자연수 p에 대하여 $2\le 2p$이므로

$|f(-2)|\le f(0)$이고 $|f(2)|\le f(0)$이어야 한다.

$-q\le -8-12p+q\le q$에서 $4+6p\le q$, $p\ge -\frac{2}{3}$이고

$-q\le 8-12p+q\le q$에서 $-4+6p\le q$, $p\ge \frac{2}{3}$이므로

$4+6p\le q$이다. ……㉡

㉠, ㉡에 의하여 구하는 순서쌍 (p, q)의 개수는

$4+6p\le q<4p^3$을 만족시키는 25 이하의 두 자연수 p, q의 모든 순서쌍 (p, q)의 개수이다.

p의 값에 따른 25 이하의 자연수 q는

$p=1$일 때 존재하지 않는다.

$p=2$일 때 $16\le q\le 25$에서 10개이다.

$p=3$일 때 $22\le q\le 25$에서 4개이다.

$p\ge 4$일 때 존재하지 않는다.

따라서 구하는 순서쌍의 개수는 $10+4=14$이다.

답 14

E 미분

E11-08

$f(x)=x^3-3x^2-9x-12$에서

$f'(x)=3x^2-6x-9=3(x+1)(x-3)$이므로 너코 044

$x=-1$ 또는 $x=3$일 때 $f'(x)=0$이다.

또한 $f(-1)=-7$, $f(3)=-39$이므로 함수 $f(x)$의 증가와 감소를 표로 나타내고, 그 그래프를 그리면 다음과 같다.

너코 049

x	$\cdots$	-1	$\cdots$	3	$\cdots$
$f'(x)$	$+$	0	$-$	0	$+$
$f(x)$	↗	-7	↘	-39	↗

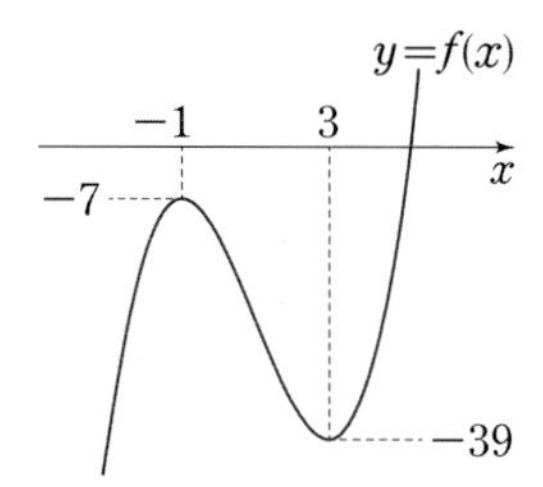

이때 조건 (가)에서 모든 실수 x에 대하여

$xg(x)=|xf(x-p)+qx|=|x||f(x-p)+q|$이므로

$x>0$일 때 $g(x)=|f(x-p)+q|$

$x<0$일 때 $g(x)=-|f(x-p)+q|$

이고, 함수 $g(x)$는 $x=0$에서 연속이므로

$g(0)=\lim_{x\to0-}g(x)=\lim_{x\to0+}g(x)$에서 너코 037

$-|f(0-p)+q|=|f(0-p)+q|$

$|f(-p)+q|=0$

즉, $g(0)=0$이고, $f(-p)=-q$이다.

따라서 함수 $y=g(x)$의 그래프는

① 함수 $y=f(x)$의 그래프를 원점을 지나도록 x축의 방향으로 p만큼, y축의 방향으로 q만큼 평행이동시킨 후
(단, p, q가 양수이므로 →, ↑ 방향으로만 평행이동시킨다.)

② $x>0$인 쪽에서는 x축 아래 부분을 x축 위쪽으로, $x<0$인 쪽에서는 x축 윗 부분을 x축 아래쪽으로 대칭이동시킨 형태이다.

이때 조건 (나)를 만족시키려면 그래프가 꺾인 점이 단 1개 존재해야 하므로 너코 042

함수 $y=g(x)$의 그래프는 다음 그림과 같아야 한다.

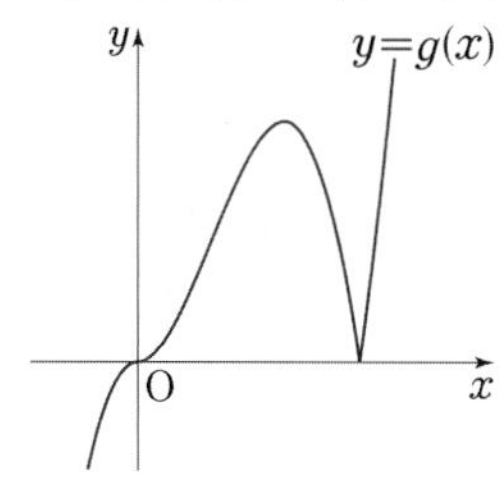

즉, $g'(0)=0$이어야 한다.

이는 함수 $y=f(x)$의 그래프의 극소인 점 $(-1,\ -7)$이 원점 $(0,\ 0)$으로 평행이동한 것을 의미하므로

$p=1$, $q=7$

$\therefore\ p+q=1+7=8$

답 ③

E11-09

$x\le2$에서 $f_1(x)=2x^3-6x+1$,

$x>2$에서 $f_2(x)=a(x-2)(x-b)+9$라 하고,

실수 t에 대하여 함수 $y=f_1(x)$, $y=f_2(x)$의 그래프와 직선 $y=t$의 교점의 개수를 각각 $g_1(t)$, $g_2(t)$라 하면

$g(t)=g_1(t)+g_2(t)$이다.

먼저 $f_1'(x)=6x^2-6=6(x+1)(x-1)$ 너코 044

이므로 $x=-1$ 또는 $x=1$에서 $f_1'(x)=0$이다.

이때 $x\le2$에서 함수 $f_1(x)$의 증가와 감소를 표로 나타내면 다음과 같다. 너코 049

x	$\cdots$	-1	$\cdots$	1	$\cdots$	2
$f_1'(x)$	$+$	0	$-$	0	$+$	
$f_1(x)$	↗	5	↘	-3	↗	5

즉, $x\le2$에서 함수 $y=f_1(x)$의 그래프는 그림과 같으므로

$t>5$일 때 $g_1(t)=0$,

$t=5$일 때 $g_1(t)=2$,

$-3<t<5$일 때 $g_1(t)=3$,

$t=-3$일 때 $g_1(t)=2$,

$t<-3$일 때 $g_1(t)=1$

이다.

한편 $x>2$에서 함수 $y=f_2(x)$의 그래프는 점 $(2,\ 9)$를 지나는 아래로 볼록한 포물선의 일부이므로

$g(t)=g_1(t)+g_2(t)$에 대하여

$g(k)+\lim_{t\to k-}g(t)+\lim_{t\to k+}g(t)=9$ 너코 032

를 만족시키는 실수 k가 1개 존재할 때는 그림과 같이 포물선의 꼭짓점이 직선 $y=-3$ 위에 있을 때이다. (∵ 참고)

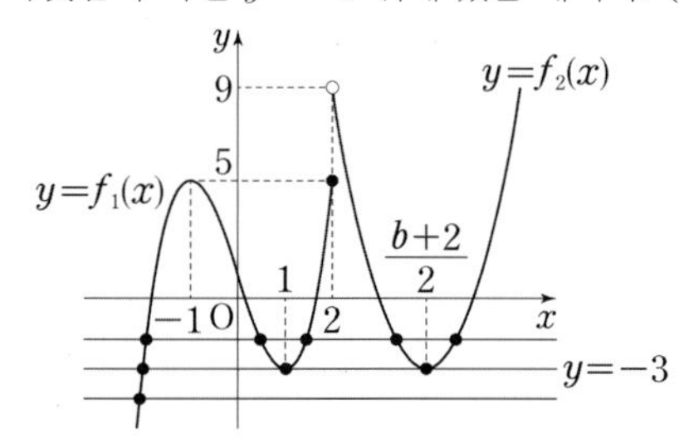

꼭짓점의 x좌표가 $\frac{b+2}{2}$이므로 꼭짓점의 y좌표는

$$f_2\left(\frac{b+2}{2}\right)=a\left(\frac{b+2}{2}-2\right)\left(\frac{b+2}{2}-b\right)+9$$

$$=a\times\frac{b-2}{2}\times\frac{-b+2}{2}+9$$

$$=-a\left(\frac{b-2}{2}\right)^2+9$$

이고, $-a\left(\frac{b-2}{2}\right)^2+9=-3$에서

$a\left(\frac{b-2}{2}\right)^2=12\qquad\therefore\ a(b-2)^2=48$

a, b는 자연수이므로 위의 식을 만족시키는 순서쌍 $(a,\ b)$는
$(3,\ 6)$, $(12,\ 4)$, $(48,\ 3)$
따라서 $a+b$의 최댓값은
$48+3=51$

참고

포물선 $y=f_2(x)$의 꼭짓점이 직선 $y=-3$보다 위쪽 또는 아래쪽에 있으면 그림과 같이 어두운 영역에
$g_1(t)=3$ 또는 $g_1(t)+g_2(t)=3$이 되어

$$g(k)+\lim_{t\to k-}g(t)+\lim_{t\to k+}g(t)=9 \quad \cdots\cdots ㉠$$

를 만족시키는 직선 $y=k$를 무수히 많이 그릴 수 있다.

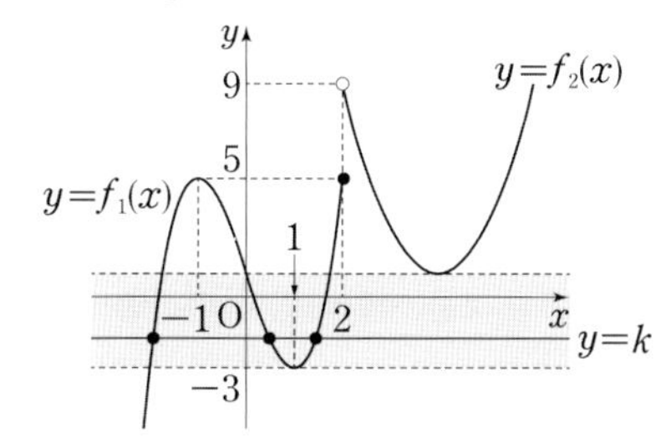

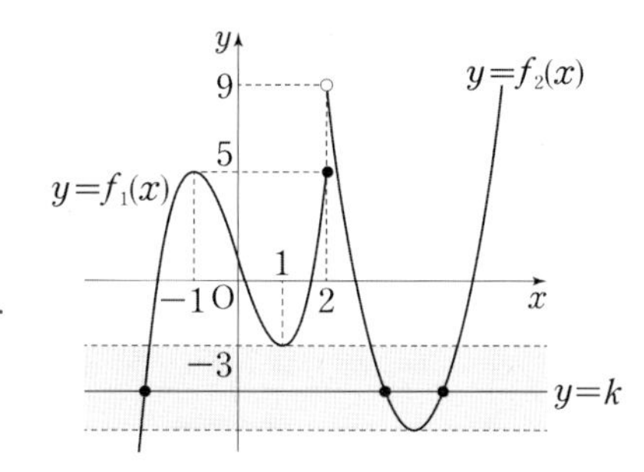

한편 $x>2$에서 포물선 $y=f_2(x)$의 꼭짓점이 직선 $y=-3$ 위에 있으면

$$g(-3)=3,\ \lim_{t\to -3-}g(t)=1,\ \lim_{t\to -3+}g(t)=5$$

가 되어 ㉠을 만족시키는 k의 값은 -3 하나이다.

답 ①

E 12-01

우선 조건 (나)에서 함수 $y=|f(x)-f(1)|$의 그래프는
사차함수 $y=f(x)$의 그래프에서 직선 $y=f(1)$의 아래쪽에 놓인 부분을 위쪽으로 접어올린 개형과 같다.

예를 들어 다음의 사차함수 $y=f(x)$의 그래프로부터
오른쪽 그림과 같은 함수 $y=|f(x)-f(1)|$의 그래프가 얻어지며,

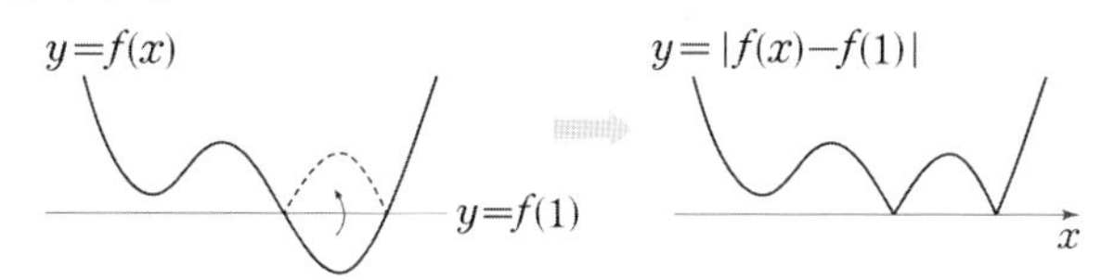

이는 함수 $y=f(x)$의 그래프와 직선 $y=f(1)$이 만나는 서로 다른 두 점의 x좌표를 각각 1, t라 할 때,
함수 $|f(x)-f(1)|$이 $x=1$, $x=t$에서 모두 미분가능하지 않은 경우이다. 너코 046

위의 예를 참고로 하면
조건 (가)에 의하여
$x=2$에서 극값을 갖는 사차함수 $f(x)$이면서
함수 $|f(x)-f(1)|$이 오직 $x=a\,(a>2)$에서만 미분이 가능하지 않으려면
함수 $y=f(x)$의 그래프는 직선 $y=f(1)$과
$x=1$에서 접하고,
$x=a$에서는 접하지 않으면서 만나야 한다.
그리고 $x=1$ 또는 $x=a$가 아닌 점에서는
두 그래프가 서로 만나지 않아야 한다.

즉, 조건을 모두 만족시키는
함수 $y=f(x)$의 그래프와 함수 $y=|f(x)-f(1)|$의 그래프는 $f(x)$의 최고차항의 계수가 양수라고 가정할 때 다음과 같다.
(단, $f(x)$의 최고차항의 계수가 음수여도 답에는 영향이 없다.)

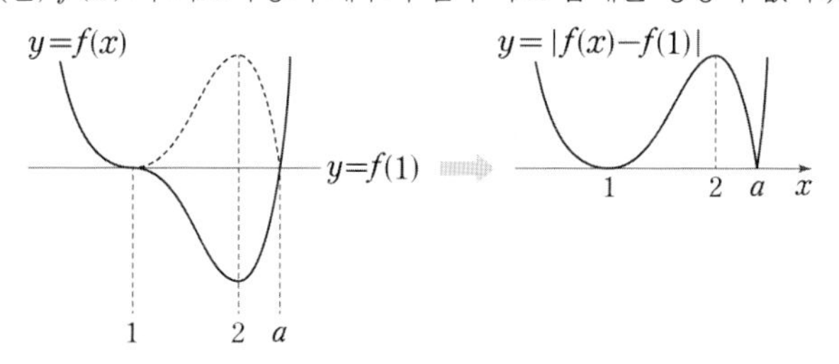

$f(x)-f(1)=k(x-1)^3(x-a)$라 하면 (단, $k>0$) 너코 050
$f'(x)=k(x-1)^2(4x-3a-1)$이므로 너코 044 너코 045
$f'(2)=0$에서 $k(7-3a)=0$, 즉 $a=\dfrac{7}{3}$이다. 너코 049
따라서 $f'(x)=k(x-1)^2(4x-8)$이므로

$$\therefore\ \frac{f'(5)}{f'(3)}=\frac{k\times 4^2\times 12}{k\times 2^2\times 4}=12$$

답 12

E 12-02

함수 $|f(x)-t|$의 그래프의 개형은
함수 $y=f(x)$의 그래프에서 직선 $y=t$의 아래쪽에 놓인 부분을 위쪽으로 접어올린 것과 같다.
따라서 함수 $y=f(x)$의 그래프와 직선 $y=t$가 만나는 점의 x좌표를 k라 할 때,
[그림 1]과 같이 $f'(k)\neq 0$이면
함수 $|f(x)-t|$는 $x=k$에서 미분가능하지 않으며
[그림 2]와 같이 $f'(k)=0$이면
함수 $|f(x)-t|$는 $x=k$에서 미분가능하다. 너코 046

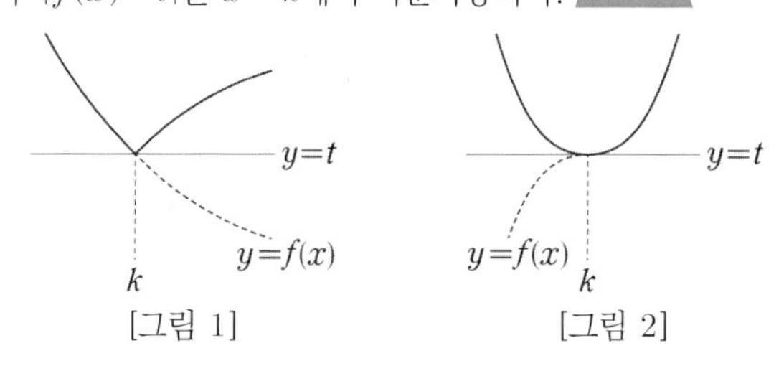

[그림 1] [그림 2]

따라서 함수 $|f(x)-t|$의 미분가능하지 않은 점의 개수인 $g(t)$는

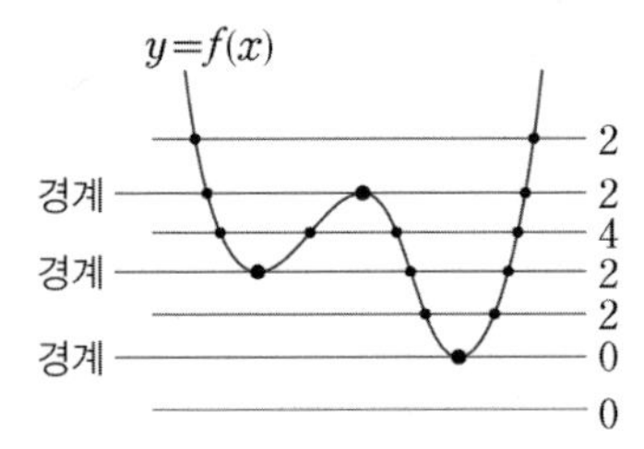

위 그림과 같이 함수 $y=f(x)$의 그래프와

직선 $y=t$가 접할 때의 t의 값을 경계로 함숫값이 바뀐다.

즉 $f'(k)=0$일 때 $t=f(k)$인 점에서

함수 $g(t)$는 불연속이다. 너코 037 ……㉠

함수 $g(t)$는 $t=3$과 $t=19$에서만 불연속이라고 하였으므로

$3=f(0)$에서 $f'(0)=0$이고 $19=f(\alpha)$라 하면

$f'(\alpha)=0$이다. ($\because$ ㉠) ……㉡

이때 $t=3$에서 처음으로 함수 $g(t)$의 값이 바뀌므로

$t<3$일 때에는 $g(t)=0$,

즉 곡선 $y=f(x)$와 직선 $y=t$가 만나지 않아야 한다. ……㉢

주어진 조건 $f'(3)<0$과 ㉡, ㉢을 모두 만족시키는

함수 $y=f(x)$의 그래프와 너코 049

그에 따른 함수 $y=g(t)$의 그래프를 그리면 다음과 같다.

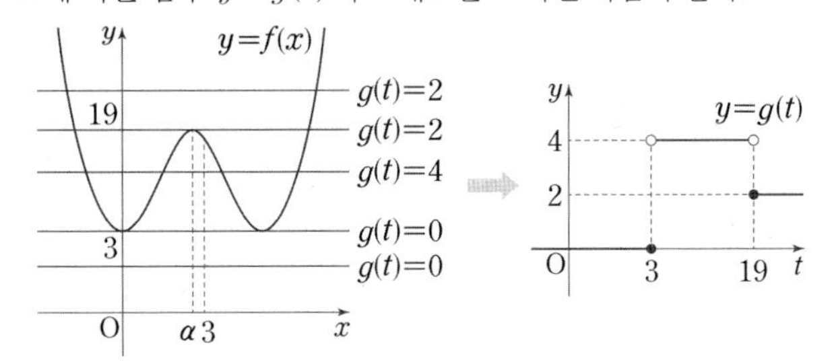

함수 $f(x)$의

극소인 두 점 중 x좌표가 작은 점의 좌표는 $(0, 3)$이고

극대인 점의 좌표는 $(\alpha, 19)$이다.

이때 사차함수 $f(x)$의 두 극솟값이 같으므로

곡선 $y=f(x)$는 극대인 점을 지나는 직선 $x=\alpha$에 대하여 대칭이다.

따라서 극소인 두 점 중 x좌표가 큰 점의 좌표는 $(2\alpha, 3)$이므로

방정식 $f(x)=3$은 두 개의 서로 다른 중근 $x=0$과 $x=2\alpha$를 가진다. 너코 050

즉, $f(x)=x^2(x-2\alpha)^2+3$이고

이 식에 곡선 $y=f(x)$ 위의 점 $(\alpha, 19)$의 좌표를 대입하면

$f(\alpha)=\alpha^2(\alpha-2\alpha)^2+3=\alpha^4+3=19$에서

$\alpha^4=16$, 즉 $\alpha>0$이므로 $\alpha=2$이다.

따라서 $f(x)=x^2(x-4)^2+3$이다.

$\therefore\ f(-2)=4\times36+3=147$

답 147

E 12-03

모든 양의 실수 x에 대하여 $6x-6\le f(x)\le 2x^3-2$이므로

함수 $f(x)$는 3차 이하의 다항함수이고

$x>0$에서 직선 $y=6x-6$과 곡선 $y=2x^3-2$가 만나는 점은

함수 $y=f(x)$의 그래프도 반드시 지난다.

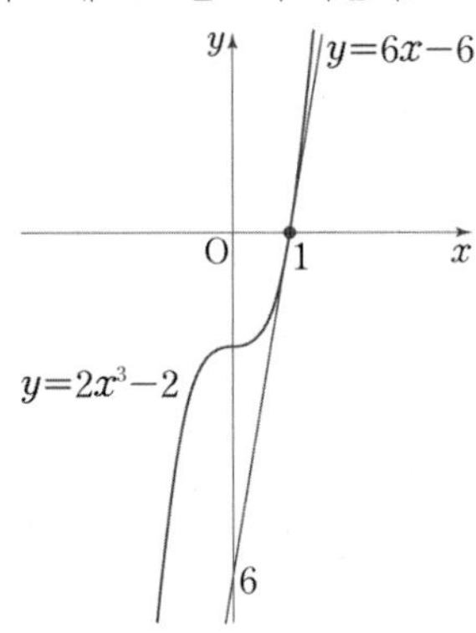

방정식 $6x-6=2x^3-2$을 이항하여 정리하면

$(x-1)^2(x+2)=0$

따라서 직선 $y=6x-6$과 곡선 $y=2x^3-2$는

$x>0$일 때 점 $(1, 0)$에서 접하므로 너코 050

함수 $y=f(x)$의 그래프도 점 $(1, 0)$을 지난다.

$\therefore\ f(1)=0$ ……㉠

$6x-6\le f(x)\le 2x^3-2$를

$6x-6\le f(x)-f(1)\le 2x^3-2$로 나타낼 수 있고 ($\because$ ㉠)

함수의 극한의 대소 관계에 의하여 너코 036

$\lim_{x\to1}\frac{6x-6}{x-1}=6$이고

$\lim_{x\to1}\frac{2x^3-2}{x-1}=\lim_{x\to1}\frac{2(x-1)(x^2+x+1)}{x-1}=6$이므로

$\therefore\ \lim_{x\to1}\frac{f(x)-f(1)}{x-1}=f'(1)=6$ 너코 041 ……㉡

i) $f(x)$가 일차함수라면

조건 (가)에서 $f(0)=-3$이므로

직선 $y=f(x)$가 두 점 $(1, 0)$, $(0, -3)$을 지나면

기울기가 3인데 ($\because$ ㉠)

이는 ㉡과 모순이다.

ii) $f(x)$가 이차함수라면

최고차항의 계수가 1이고 조건 (가)에서 $f(0)=-3$이므로

$f(x)=x^2+ax-3$ (단, a는 상수)이고

$f(1)=1+a-3=0$에서 $a=2$이다. ($\because$ ㉠)

단, $f'(x)=2x+a$에서 너코 044

$f'(1)=2+a=4\ne6$이므로

㉡을 만족시키지 못한다.

따라서 함수 $f(x)$는 이차함수가 아니다.

iii) $f(x)$가 삼차함수라면

최고차항의 계수가 1이고 조건 (가)에서 $f(0)=-3$이므로

$f(x)=x^3+ax^2+bx-3$ (단, a, b는 상수)에서

$f(1)=a+b-2=0$이므로
$a+b=2$이고 ($\because$ ㉠) ……㉢
$f'(x)=3x^2+2ax+b$에서
$f'(1)=2a+b+3=6$이므로
$2a+b=3$이다. ($\because$ ㉡) ……㉣
㉢, ㉣을 연립하면 $a=1,\ b=1$이므로
$f(x)=x^3+x^2+x-3$
$\therefore\ f(3)=27+9+3-3=36$

답 ①

E12-04

조건 (가)에서 삼차함수 $f(x)$의 최고차항의 계수가 1이므로
$f(x)=x^3+ax^2+bx+c$ (단, $a,\ b,\ c$는 상수)
이때 조건 (나)에 의하여 $c=b$이므로
$f(x)=x^3+ax^2+bx+b$
$f'(x)=3x^2+2ax+b$ 너코 044

조건 (다)에서 $x\geq-1$인 모든 실수 x에 대하여
$f(x)\geq f'(x)$, 즉 $f(x)-f'(x)\geq 0$이므로
$g(x)=f(x)-f'(x)$라 하면
$g(x)=(x^3+ax^2+bx+b)-(3x^2+2ax+b)$
$\quad=x^3+(a-3)x^2+(b-2a)x$
이고 $g(x)\geq 0$이다.
따라서 $x\geq-1$에서 삼차함수 $y=g(x)$의 그래프 위의
모든 점의 y좌표가 0 이상이어야 한다.
이때 $g(0)=0$이므로 다음 그림과 같이 너코 049 너코 050
$g'(0)=0$, 즉 $b-2a=0$이고 ……㉠
$g(-1)\geq 0$, 즉 $3a-b-4\geq 0$이어야 한다. ……㉡

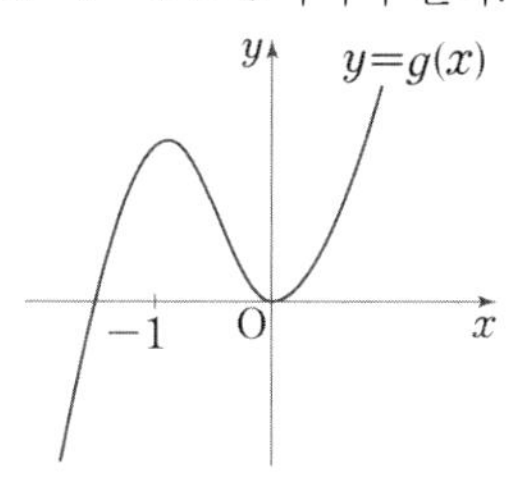

㉠을 ㉡에 대입하면
$3a-2a-4\geq 0$, 즉 $a\geq 4$이다.

따라서 $f(2)=8+4a+4a+2a=10a+8$의 값이 최소가
되려면 a의 값이 최소이면 되므로
구하는 $f(2)$의 최솟값은 $a=4$일 때
$10\times4+8=48$이다.

답 ⑤

E12-05

다음 조건을 만족시키며 최고차항의 계수가 음수인 모든 사차함수 $f(x)$에 대하여 $f(1)$의 최댓값은? [4점]

(가) 방정식 $f(x)=0$의 실근은 0, 2, 3뿐이다.
(나) 실수 x에 대하여 $f(x)$와 $|x(x-2)(x-3)|$ 중 크지 않은 값을 $g(x)$라 할 때, 함수 $g(x)$는 실수 전체의 집합에서 미분가능하다.

① $\dfrac{7}{6}$ ② $\dfrac{4}{3}$ ③ $\dfrac{3}{2}$
④ $\dfrac{5}{3}$ ⑤ $\dfrac{11}{6}$

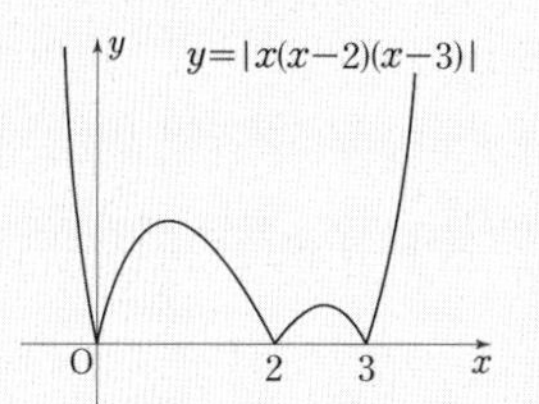

How To

❶ 방정식 $f(x)=0$의 실근은 0, 2, 3뿐이다.
곡선 $y=f(x)$는 세 점 $(0,0)$, $(2,0)$, $(3,0)$을 지나며
그 중 한 점에서 반드시 x축에 접한다.

❷ $f(x)$와 $|x(x-2)(x-3)|$ 중 크지 않은 값을 $g(x)$라 할 때,
함수 $g(x)$의 그래프는
두 함수 $y=f(x)$와 $y=|x(x-2)(x-3)|$의 그래프를
좌표평면에 함께 나타내었을 때,
두 그래프가 만나는 점과 두 그래프 중 더 아래쪽에 그려지는 부분만
나타낸 것과 같다.

❶ 조건 (가)에서 사차방정식 $f(x)=0$의 실근이
0, 2, 3뿐이므로 그 중 하나는 반드시 중근이다.
따라서 사차함수 $f(x)$의 최고차항의 계수를
$k\ (k<0)$라 하고,
중근이 0일 때, 2일 때, 3일 때를 순서대로 나타내면
가능한 함수 $y=f(x)$의 그래프는 다음과 같다. 너코 050
……㉠

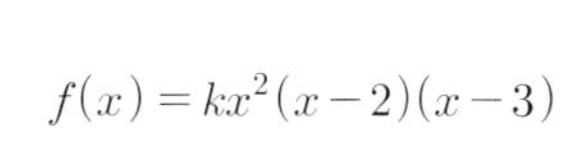
$f(x)=kx^2(x-2)(x-3)$

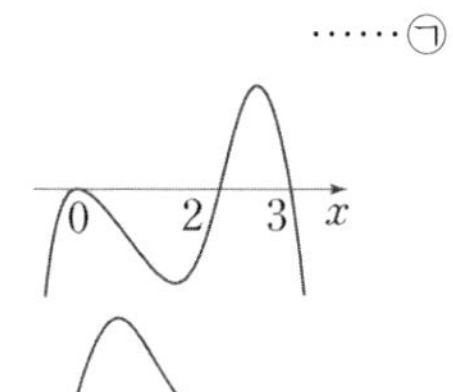

$f(x)=kx(x-2)^2(x-3)$

$f(x)=kx(x-2)(x-3)^2$

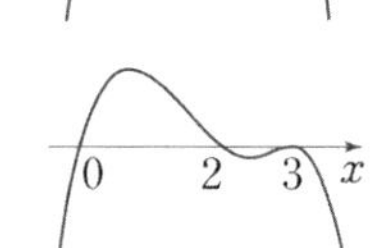

❷ $f(x)$와 $|x(x-2)(x-3)|$ 중 크지 않은 값을
$g(x)$로 정의하였으므로 위의 세 경우 모두
$x\leq 0$일 때 $g(x)=f(x)$이다. ……㉡
($\because\ f(x)\leq|x(x-2)(x-3)|$)

E 미분

또한 조건 (나)에 의하여 함수 $g(x)$는
$x=0$에서 미분가능해야 하므로
함수 $h(x)=x(x-2)(x-3)$이라 하면
$f'(0) \le h'(0)$이어야 한다.

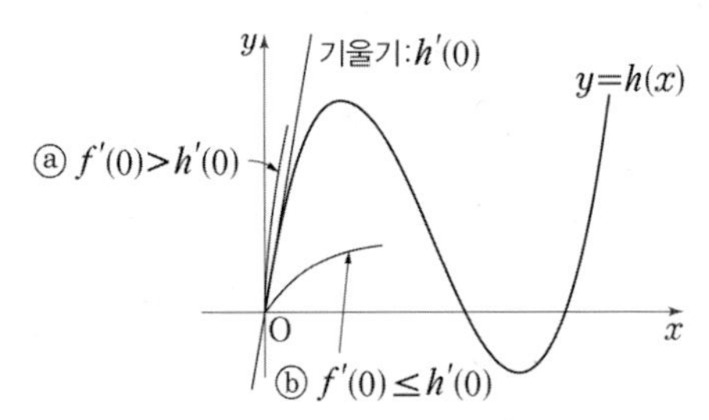

만약 ⓐ와 같이 $f'(0) > h'(0)$인 경우 너코 041
$x=0$의 근방에서 $x>0$일 때, $h(x)<f(x)$이 되므로
$g(x)=h(x)$이다.
따라서 함수 $g(x)$의 $x=0$에서의 우미분계수는
$\lim_{x\to0+}\frac{g(x)-g(0)}{x-0}=\lim_{x\to0+}\frac{h(x)-h(0)}{x-0}=h'(0)$이고
$x\le0$일 때, $g(x)=f(x)$이므로 (∵ ㉡)
함수 $g(x)$의 $x=0$에서의 좌미분계수는
$\lim_{x\to0-}\frac{g(x)-g(0)}{x-0}=\lim_{x\to0-}\frac{f(x)-f(0)}{x-0}=f'(0)$이다.
결국 우미분계수 $h'(0)$과 좌미분계수 $f'(0)$이 같지 않으므로
함수 $g(x)$는 $x=0$에서 미분가능하지 않다. 너코 046

반면에 ⓑ와 같이 $f'(0)\le h'(0)$인 경우
$x=0$의 근방에서 $x>0$일 때, $h(x)>f(x)$이 되므로
$g(x)=f(x)$이다.
따라서 함수 $g(x)$의 $x=0$에서의 우미분계수는
$\lim_{x\to0+}\frac{g(x)-g(0)}{x-0}=\lim_{x\to0+}\frac{f(x)-f(0)}{x-0}=f'(0)$이고
$x\le0$일 때, $g(x)=f(x)$이므로 (∵ ㉡)
함수 $g(x)$의 $x=0$에서의 좌미분계수도
$\lim_{x\to0-}\frac{g(x)-g(0)}{x-0}=\lim_{x\to0-}\frac{f(x)-f(0)}{x-0}=f'(0)$이다.
결국 좌미분계수와 우미분계수가 같으므로
이 경우 함수 $g(x)$는 $x=0$에서 미분가능하다.

따라서 $f'(0)\le h'(0)$을 만족시키는 ㉠의 세 경우에 대하여
$f(1)$의 최댓값을 구하면
i) $f(x)=kx^2(x-2)(x-3)$일 때

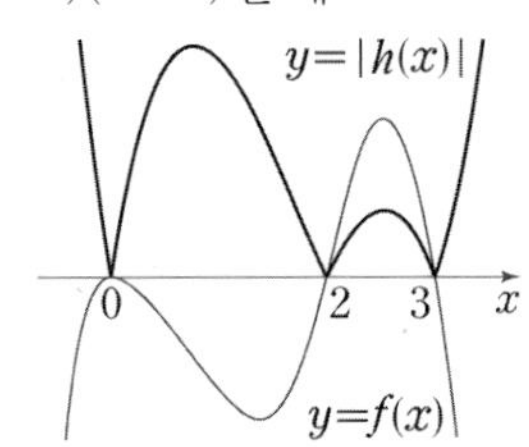

k의 값에 관계없이 $f'(0)\le h'(0)$은 항상 만족하지만
$f(1)$의 값이 음수이다.
선지에 음수는 없으므로 이 경우는 일단 제외시킨다.

ii) $f(x)=kx(x-2)^2(x-3)$일 때

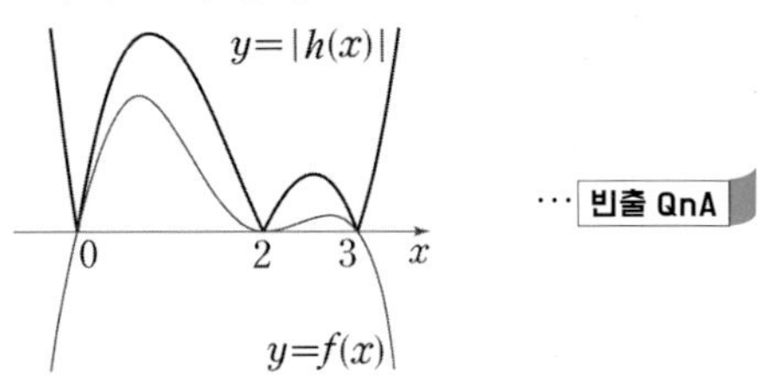

⋯ 빈출 QnA

$f'(0)\le h'(0)$을 만족시켜야 하므로
$f'(x)=k(x-2)^2(x-3)+2kx(x-2)(x-3)+kx(x-2)^2$ 너코 044 너코 045
에서
$f'(0)=-12k$이고
$h'(x)=(x-2)(x-3)+x(x-3)+x(x-2)$에서
$h'(0)=6$이므로
$-12k\le6$, 즉 $-\frac{1}{2}\le k<0$이다. (∵ $k<0$)
이때 $f(1)=-2k$이므로
$0<-2k\le1$에서 $f(1)$의 최댓값은 1이다.

iii) $f(x)=kx(x-2)(x-3)^2$일 때

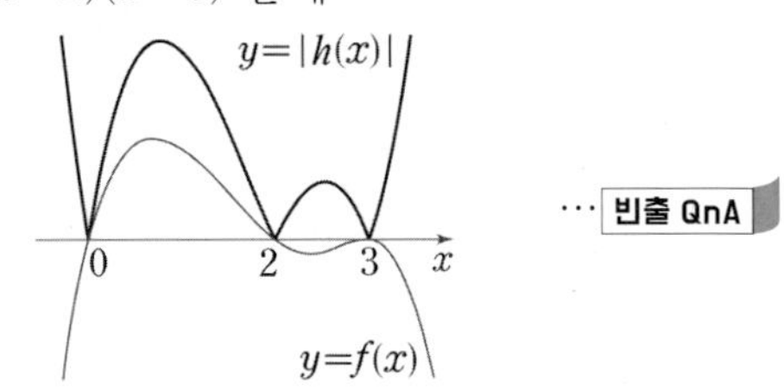

⋯ 빈출 QnA

$f'(0)\le h'(0)$을 만족시켜야 하므로
$f'(x)=k(x-2)(x-3)^2+kx(x-3)^2+2kx(x-2)(x-3)$
에서
$f'(0)=-18k$이고
$h'(x)=(x-2)(x-3)+x(x-3)+x(x-2)$에서
$h'(0)=6$이므로
$-18k\le6$, 즉 $-\frac{1}{3}\le k<0$이다. (∵ $k<0$)
$f(1)=-4k$이므로
$0<-4k\le\frac{4}{3}$에서 $f(1)$의 최댓값은 $\frac{4}{3}$이다.

i)~iii)에 의해 $f(1)$의 최댓값은 $\frac{4}{3}$이다.

답 ②

빈출 QnA

Q. ii), iii)에서 사차함수 $y=f(x)$의 그래프가
$f'(0)=h'(0)$을 만족시키며
아래와 같은 점선처럼 그려질 수는 없나요?

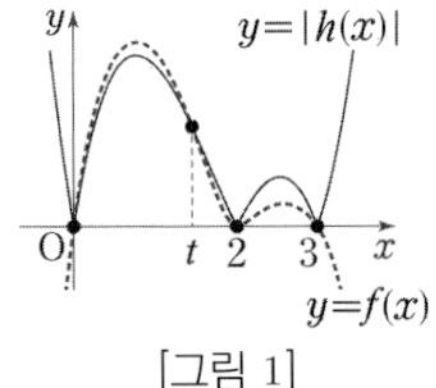

[그림 1]

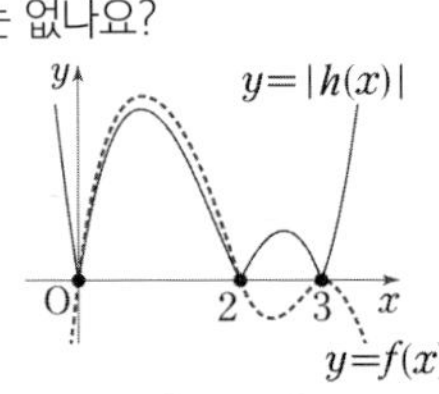

[그림 2]

A. 네, 사차함수 $y=f(x)$의 그래프는 [그림 1], [그림 2]의 점선과 같은 형태가 될 수 없습니다.
사차방정식의 실근은 4개이어야 한다는 것 때문인데요.
(단, 중근은 2개로 센다.)

[그림 1]에서 두 그래프가 $0<x<2$에서 만나는 점의 좌표를 t라 할 때,
함수 $g(x)$가 $x=t$ $(0<t<2)$에서도 미분가능하려면
$f(t)=h(t)$, $f'(t)=h'(t)$이어야 합니다.
하지만 이미 $f(0)=h(0)$, $f'(0)=h'(0)$이고
$f(2)=h(2)$, $f(3)=h(3)$이므로
사차방정식 $f(x)=h(x)$는 실근으로 0(중근), 2, 3을 가집니다.
따라서 t까지 실근으로 가질 수 없기 때문에 모순이 발생합니다.

또한 [그림 2]에서도 함수 $g(x)$가 $x=2$에서 미분가능하려면
$f(2)=h(2)$, $f'(2)=h'(2)$이어야 합니다.
하지만 위와 마찬가지로
이미 $f(0)=h(0)$, $f'(0)=h'(0)$이고 $f(3)=h(3)$이므로
사차방정식 $f(x)=h(x)$는 실근으로 0(중근), 3을 가집니다.
따라서 2를 중근으로는 가질 수 없기 때문에 모순이 발생합니다.

E12-06

최고차항의 계수가 1인 삼차함수 $f(x)$와
최고차항의 계수가 2인 이차함수 $g(x)$에 대하여
함수 $h(x)$를 $h(x)=f(x)-g(x)$라 하면
함수 $h(x)$는 최고차항의 계수가 1인 삼차함수이다.
$h'(x)=f'(x)-g'(x)$이므로 너코 044
조건 (가)에 의하여
$h(\alpha)=0$이고 $h'(\alpha)=0$인 실수 α가 존재한다. ……㉠
조건 (나)에 의하여
$h'(\beta)=0$인 실수 β가 존재한다. ……㉡
단, 일차항의 계수가 4인 일차함수 $g'(x)$에 대하여
$g'(\alpha)<g'(\beta)$이므로 $\alpha<\beta$이다.

우선 ㉠에 의하여 $h(x)$는 $(x-\alpha)^2$을 인수로 가지므로
$h(x)=(x-\alpha)^2(x-\gamma)$라 하자. (단, γ는 상수) 너코 050

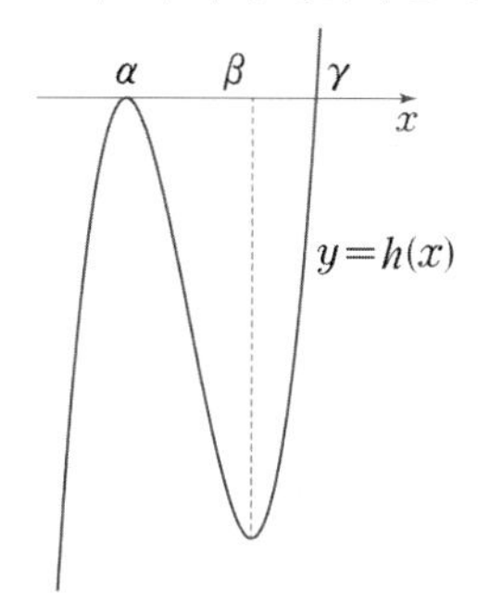

$$h'(x)=2(x-\alpha)(x-\gamma)+(x-\alpha)^2$$ 너코 045
$$=(x-\alpha)(3x-\alpha-2\gamma)$$

에서 $x=\alpha$ 또는 $x=\dfrac{\alpha+2\gamma}{3}$일 때 $h'(x)=0$이다.

㉡에 의하여 $\beta=\dfrac{\alpha+2\gamma}{3}$이므로 $\gamma=\dfrac{3\beta-\alpha}{2}$이다.

즉, $h(x)=(x-\alpha)^2\left(x-\dfrac{3\beta-\alpha}{2}\right)$이므로

$$g(\beta+1)-f(\beta+1)=-h(\beta+1)$$
$$=\frac{(\beta-\alpha+1)^2(\beta-\alpha-2)}{2} \quad \cdots\cdots ㉢$$

이고 이 값을 구하려면 α와 β의 관계식을 찾아야 한다.

조건 (가), (나)에서 $g'(\alpha)=-g'(\beta)$이므로
직선 $y=g'(x)$는 다음 그림과 같이 점 $\left(\dfrac{\alpha+\beta}{2},\ 0\right)$을 지난다.

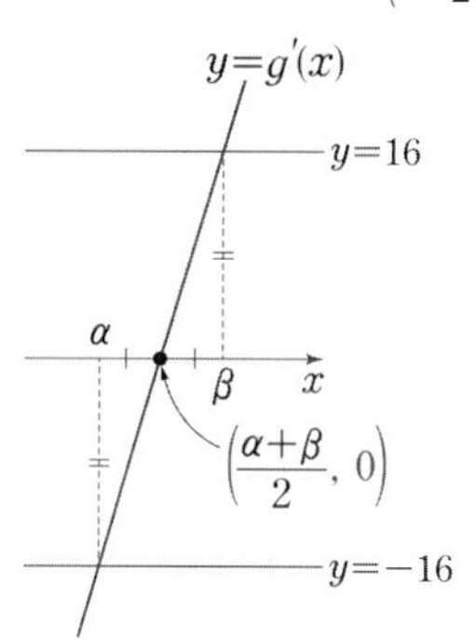

따라서 $g'(x)=4\left(x-\dfrac{\alpha+\beta}{2}\right)$이므로
조건 (가)에 의하여

$$g'(\alpha)=4\left(\alpha-\frac{\alpha+\beta}{2}\right)=4\times\frac{\alpha-\beta}{2}=-16,$$

즉 $\beta-\alpha=8$이다.
이를 ㉢에 대입하면

$$g(\beta+1)-f(\beta+1)=\frac{(8+1)^2(8-2)}{2}=243$$

답 243

E12-07

곡선 $y=f(x)$와 직선 $y=-x+t$의 교점의 개수 $g(t)$는
방정식 $f(x)=-x+t$,
즉 $f(x)+x=t$의 서로 다른 실근의 개수이므로
곡선 $y=f(x)+x$와 직선 $y=t$의 교점의 개수와 같다. ……㉠

ㄱ. $f(x)=x^3$이면 ㉠에 의하여
곡선 $y=x^3+x$와 직선 $y=t$의 교점의 개수가 $g(t)$이다.
$y=x^3+x$에서 $y'=3x^2+1$이고 너코 044
모든 실수 x에 대하여 $3x^2+1\geq 0$이므로
함수 x^3+x는 실수 전체의 집합에서 증가한다. 너코 049
따라서 모든 실수 t에 대하여 곡선 $y=x^3+x$와 직선 $y=t$는 한 점에서만 만난다.

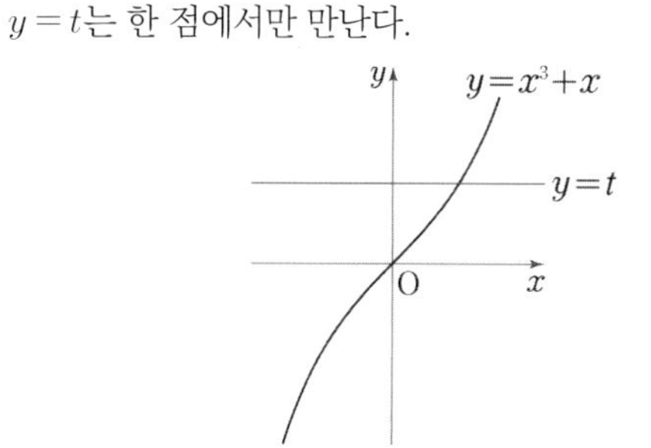

즉, $g(t)=1$이므로 함수 $g(t)$는 상수함수이다. (참)

ㄴ. 삼차함수의 그래프 $y=f(x)+x$의 개형으로 가능한 것은 다음의 두 가지이다. 너코049

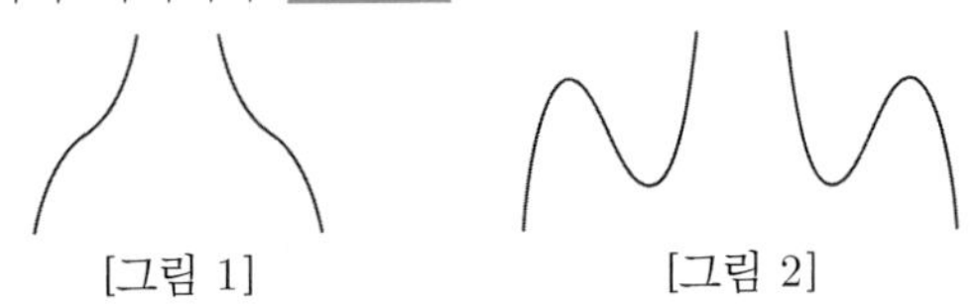

[그림 1]　　[그림 2]

$g(1)=2$이면 ㉠에 의하여
삼차함수 $y=f(x)+x$의 그래프와 직선 $y=1$의
교점이 2개이어야 한다. ……㉡
하지만 [그림 1]과 같이
함수 $f(x)+x$의 극값이 존재하지 않으면
곡선 $y=f(x)+x$와 직선 $y=1$의 교점이 1개이므로
㉡을 만족시키지 않는다.
따라서 ㉡을 만족시키려면 [그림 2]와 같아야 하며
함수 $f(x)+x$의 극값 중 하나가 1이어야 한다.
함수 $f(x)+x$의 극솟값이 1인 경우 극댓값을 a라 하면
$1<t<a$일 때 $g(t)=3$이고
함수 $f(x)+x$의 극댓값이 1인 경우 극솟값을 b라 하면
$b<t<1$일 때 $g(t)=3$이다. (참)

ㄷ. [반례] $f(x)=x^3-x$이면
$y=f(x)+x$는 $y=x^3$이고 $y'=3x^2$이다. 너코044
모든 실수 x에 대하여 $3x^2 \geq 0$이므로
함수 $f(x)+x$는 실수 전체의 집합에서 증가한다. 너코049
따라서 모든 실수 t에 대하여
곡선 $y=f(x)+x$와 직선 $y=t$는 한 점에서만 만난다.

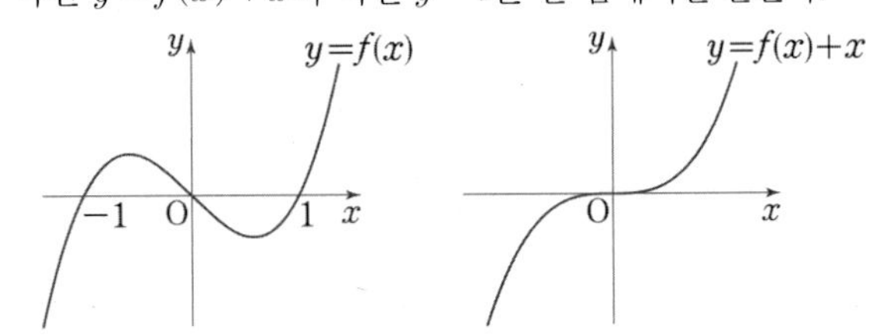

㉠에 의해 모든 실수 t에 대하여 $g(t)=1$이므로
함수 $g(t)$는 상수함수이지만
함수 $f(x)$는 극값을 갖는다. (거짓)
따라서 옳은 것은 ㄱ, ㄴ이다.

답 ③

E12-08

$\dfrac{ax-9}{x-1}=a+\dfrac{a-9}{x-1}$이므로 a의 값의 범위에 따라
$x<1$에서 가능한 함수 $y=g(x)$의 그래프는 다음과 같다.

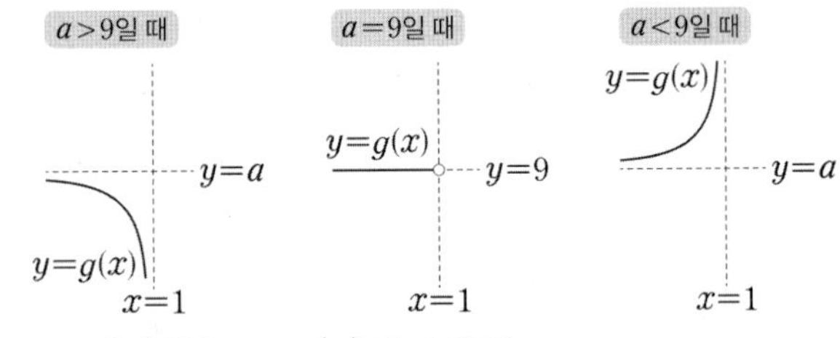

$x \geq 1$에서 함수 $y=g(x)$의 그래프는
$x \to \infty$일 때 $f(x) \to \infty$인 삼차함수 $y=f(x)$의 그래프의 일부이다. 너코032

$a \geq 9$인 경우
함수 $y=g(x)$의 그래프와 직선 $y=t$가 한 점에서만 만나도록
하는 실수 t가 $t \geq 3$에서 반드시 존재하므로
조건을 만족시키지 않는다.
따라서 $a<9$이어야 한다.

$t=-1$ 또는 $t \geq 3$인 모든 실수 t에 대하여
함수 $y=g(x)$의 그래프와 직선 $y=t$가 서로 다른 두 점에서
만나려면
다음 그림과 같이 $a=3$이고 함수 $y=f(x)$의 그래프가 두 직선
$y=-1$, $y=3$에 접하며 $f(1) \leq -1$이어야 한다. ……㉠

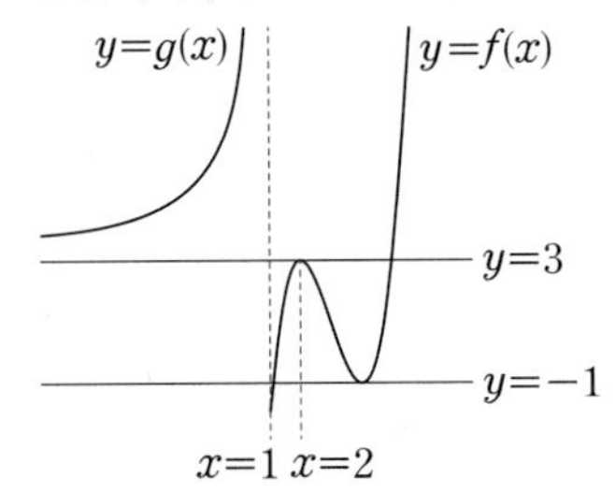

주어진 조건에서 $f(2)=3$이고, $f'(2)=0$이므로 ($\because$ ㉠)
$f(x)-3=(x-2)^2(x-k)$라 하면 (단, $k>2$) 너코050
……㉡

$f'(x)=(x-2)(x-k)+(x-2)(x-k)+(x-2)^2$ 너코044 너코045

$=2(x-2)(x-k)+(x-2)^2$
$=(x-2)(3x-2k-2)$

이때 $x=\dfrac{2k+2}{3}$의 좌우에서 $f'(x)$의 부호가 음에서 양으로
바뀌므로 함수 $f(x)$는 $x=\dfrac{2k+2}{3}$에서 극솟값을 갖는다.

함수 $f(x)$의 극솟값이 -1이어야 하므로 $f\left(\dfrac{2k+2}{3}\right)=-1$이고 너코049

이를 ㉡에 대입하면
$-1-3=\left(\dfrac{2k+2}{3}-2\right)^2\left(\dfrac{2k+2}{3}-k\right)$,
$-108=4(2-k)^3$
$\therefore\ k=5$
따라서 $f(x)=(x-2)^2(x-5)+3$이고
$f(1)=-1$이므로 ㉠을 만족시킨다.

$$g(x)=\begin{cases} \dfrac{3x-9}{x-1} & (x<1) \\ (x-2)^2(x-5)+3 & (x \geq 1) \end{cases}$$

$\therefore\ (g \circ g)(-1)=g(6)=19$

답 19

E12-09

네 개의 수 $f(-1)$, $f(0)$, $f(1)$, $f(2)$가 이 순서대로
등차수열을 이루므로
$f(2)-f(1)=f(1)-f(0)=f(0)-f(-1)$이다. 너코025

따라서 $\frac{f(2)-f(1)}{2-1}=\frac{f(1)-f(0)}{1-0}=\frac{f(0)-f(-1)}{0-(-1)}$ 이므로
최고차항의 계수가 1인 사차함수 $y=f(x)$의 그래프 위의
네 점 $(-1, f(-1))$, $(0, f(0))$, $(1, f(1))$, $(2, f(2))$는
한 직선 위에 있다. 너코 041
이 직선의 방정식을 $y=ax+b$라 하면 (단, a, b는 상수)
$f(x)-(ax+b)=(x+1)x(x-1)(x-2)$이다. 너코 050
즉, $f(x)=(x+1)x(x-1)(x-2)+ax+b$이다.

$$f'(x)=x(x-1)(x-2)+(x+1)(x-1)(x-2)+(x+1)x(x-2)+(x+1)x(x-1)+a$$

너코 044 너코 045

이므로 곡선 $y=f(x)$ 위의
점 $(-1, -a+b)$에서의 접선의 방정식은
$y=f'(-1)(x+1)-a+b$, 즉
$y=(a-6)(x+1)-a+b$에서 $y=(a-6)x+b-6$이고
점 $(2, 2a+b)$에서의 접선의 방정식은
$y=f'(2)(x-2)+2a+b$, 즉
$y=(a+6)(x-2)+2a+b$에서 $y=(a+6)x+b-12$이다.

너코 047

두 직선이 모두 점 $(k, 0)$을 지나므로
$(a-6)k+b-6=0$이고 ……㉠
$(a+6)k+b-12=0$이다. ……㉡
㉠−㉡에 의하여
$-12k+6=0$에서 $k=\frac{1}{2}$이고,
이를 ㉠에 대입하면
$\frac{1}{2}a-3+b-6=0$에서 $a+2b=18$이다. ……㉢
또한 $f(2k)=20$이라 주어졌으므로 ……㉣
$f(1)=a+b=20$이다.
따라서 ㉢, ㉣에 의하여 $a=22$, $b=-2$이므로
$f(x)=(x+1)x(x-1)(x-2)+22x-2$이다.
$\therefore\ f(4k)=f(2)=42$

답 42

E 12-10

집합 $\{x \mid x \geq 1$이고 $f'(x)=0\}$의 원소의 개수는
곡선 $y=f(x)$ 위의 점 중 x좌표가 1 이상이고 접선의 기울기가
0인 점의 개수와 같다. 너코 041 ……㉠
한편 조건 (가)에 의하여
방정식 $f(x)=0$이 두 실근 1, 3만을 가질 때와 세 실근 1, 3,
b를 가질 때의 가능한 삼차함수 $y=f(x)$의 그래프와 ㉠을
만족시키는 점을 나타내면 다음과 같다.

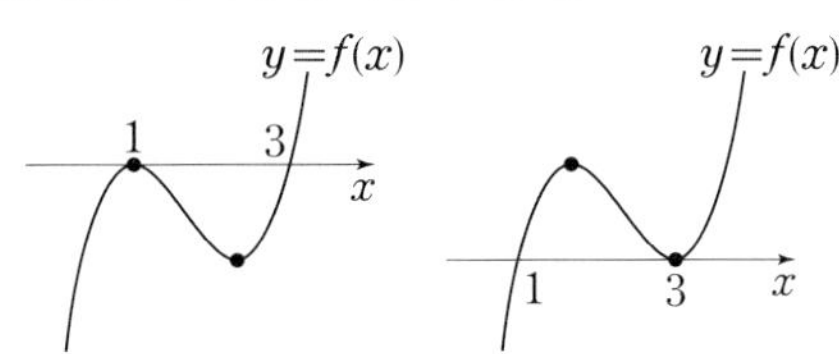

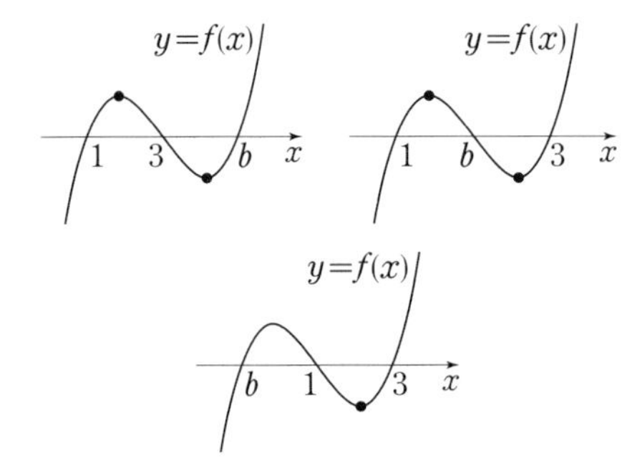

(삼차함수 $f(x)$의 최고차항의 계수가 음수인 경우는 위의
그림에서 x축에 대하여 대칭이동시키면 되므로 마찬가지로
생각할 수 있다.)
이때 ㉠을 만족시키는 점의 개수가 1이려면
마지막 그림과 같이
$f(x)=k(x-b)(x-1)(x-3)$이고 $b<1$이어야 한다.
(단, $k \neq 0$)

한편 함수 $g(x)=|f(x)f(a-x)|$에서
$h(x)=f(x)f(a-x)$라 하자.
함수 $h(x)$가 실수 전체의 집합에서 미분가능하므로
$h(x) \neq 0$인 모든 실수 x에 대하여 함수 $g(x)$도 미분가능하다.
따라서 함수 $g(x)$가 $x=b$, $x=1$, $x=3$에서 미분가능하도록
하는 a, b의 값을 구하면 된다. 너코 046
먼저 함수 $g(x)$가 $x=1$에서 미분가능하려면
$x=1$에서의 좌미분계수와 우미분계수가 같아야 하므로
$-|h'(1)|=|h'(1)|$에서 $h'(1)=0$이다.
마찬가지 방법으로 $h'(b)=0$, $h'(3)=0$이므로
$h(x)$는 $(x-b)^2$, $(x-1)^2$, $(x-3)^2$을 인수로 갖는다.
따라서 $h(x)=-k^2(x-b)^2(x-1)^2(x-3)^2$이므로
$f(a-x)=-k(x-b)(x-1)(x-3)$이다. ……㉡
또한 $f(x)=k(x-b)(x-1)(x-3)$의 양변에
x대신 $a-x$를 대입하면
$f(a-x)=k(-x+a-b)(-x+a-1)(-x+a-3)$이고
……㉢
모든 실수 x에 대하여 ㉡=㉢이어야 한다.
$b<1$이므로 $a-3<a-1<a-b$에 의하여
$b=a-3$, $1=a-1$, $3=a-b$이다.
즉, $a=2$이고 $b=-1$이다.
따라서 $f(x)=k(x+1)(x-1)(x-3)$이고
$g(x)=|f(x)f(2-x)|$이다.

$$\begin{aligned}\therefore\ \frac{g(4a)}{f(0)\times f(4a)}&=\frac{g(8)}{f(0)\times f(8)}\\&=\frac{|f(8)\times f(-6)|}{f(0)\times f(8)}\\&=\frac{-f(-6)}{f(0)}\quad(\because\ f(8)\times f(-6)<0)\\&=\frac{315k}{3k}=105\end{aligned}$$

답 105

빈출 QnA

Q. 두 함수 $f(x)$, $f(a-x)$는 무슨 관계인가요?

A. 모든 실수 x에 대하여 $x+(a-x)=a$이므로
두 함수 $y=f(x)$, $y=f(a-x)$의 그래프는 직선 $x=\frac{a}{2}$에 대하여 대칭입니다.
이를 이용해서 문제를 해결할 수도 있습니다.
$f(x)=k(x-b)(x-1)(x-3)$이고 $b<1$이어야 한다는 것까지 알아낸 후에 b, 1, 3, $\frac{a}{2}$의 관계에 주목해봅시다.
함수 $g(x)=|f(x)f(a-x)|$가 실수 전체의 집합에서 미분가능하려면 방정식 $f(x)f(a-x)=0$은 b, 1, 3을 각각 중근으로 가져야 하므로 $1=\frac{a}{2}$이고 b, 1, 3은 이 순서대로 등차수열을 이뤄야 합니다.
즉, $a=2$이고 $b=-1$임을 알 수 있습니다.

E12-11

함수 $h(x)$가 $x=1$에서 연속이므로
$\lim_{x\to1-}h(x)=h(1)=\lim_{x\to1+}h(x)$, 즉 너코 037
$|f(1)-g(1)|=f(1)+g(1)$이어야 하므로
$f(1)=0$ 또는 $g(1)=0$이어야 한다. ……㉠
함수 $h(x)$가 $x=1$에서 미분가능해야 하므로
$\lim_{x\to1-}\frac{h(x)-h(1)}{x-1}=\lim_{x\to1+}\frac{h(x)-h(1)}{x-1}$, 즉
$|f'(1)-g'(1)|=f'(1)+g'(1)$이어야 한다.
너코 044 너코 046
이때 $g'(1)\neq0$이므로 $f'(1)=0$이다.
($\because$ $g(x)$가 일차함수이므로 모든 실수 x에 대하여 $g'(x)\neq0$이다.)
$f(x)=x^3+ax^2+bx+c$라 하면 (단, a, b, c는 상수)
$f'(x)=3x^2+2ax+b$이므로
$f'(1)=3+2a+b=0$에서 $b=-2a-3$이다.
즉,
$f(x)=x^3+ax^2-(2a+3)x+c$
$f'(x)=3x^2+2ax-2a-3$이다.
한편 $h(0)=0$에 의하여
$|f(0)-g(0)|=0$, 즉 $f(0)=g(0)$이다.
이때 함수 $h(x)$가 $x=0$에서 미분가능하려면
직선 $y=g(x)$는 곡선 $y=f(x)$ 위의 점 $(0, f(0))$에서의 접선이어야 한다. … 빈출 QnA

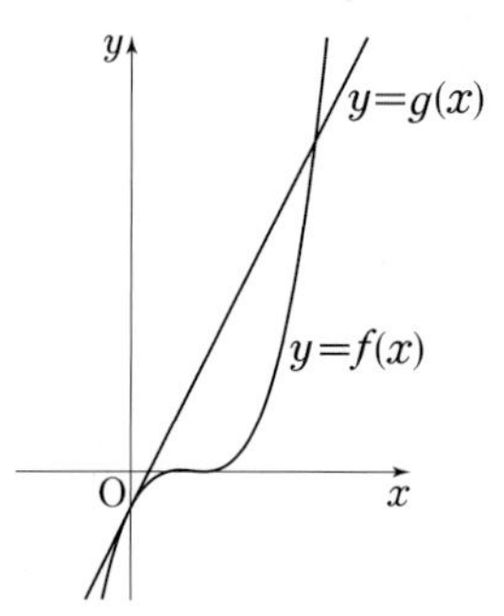

따라서 $g(1)>f(1)$이다.
또한 $\lim_{x\to1-}h(x)>0$에 의하여
$h(1)=f(1)+g(1)>0$이므로
㉠에서 $f(1)=0$, 즉 $c-a=2$이다. ……㉡
한편
곡선 위의 점 $(0, c)$에서의 접선의 방정식은
$g(x)=(-2a-3)x+c$이므로 너코 047
$x\geq1$에서
$h(x)=f(x)+g(x)=x^3+ax^2-(4a+6)x+2c$이다.
즉, $h(2)=5$에서 $2c-4a=9$이다. ……㉢
㉡, ㉢에서 $a=-\frac{5}{2}$, $c=-\frac{1}{2}$이므로
$x\geq1$에서 $h(x)=x^3-\frac{5}{2}x^2+4x-1$이다.
$\therefore$ $h(4)=39$

답 39

빈출 QnA

Q. $f(0)=g(0)$일 때 직선 $y=g(x)$가 곡선 $y=f(x)$ 위의 점 $(0, f(0))$에서의 접선인 것에 대해서 설명해주세요.

A. $h_1(x)=f(x)-g(x)$라 해봅시다.
함수 $y=|h_1(x)|$의 그래프는 함수 $y=h_1(x)$의 그래프에서 x축의 위에 그려진 부분은 그대로 두고,
x축의 아래에 그려진 부분을 x축에 대하여 대칭이동시킨 것입니다.
이때 $h_1(0)=0$이고 ($\because$ $f(0)=g(0)$)
함수 $x<1$에서 $h(x)=|h_1(x)|$이므로
함수 $|h_1(x)|$도 $x=0$에서 미분가능해야 합니다.
따라서 다음 그림과 같이
$h_1'(0)=0$, 즉 $f'(0)=g'(0)$이어야 합니다.

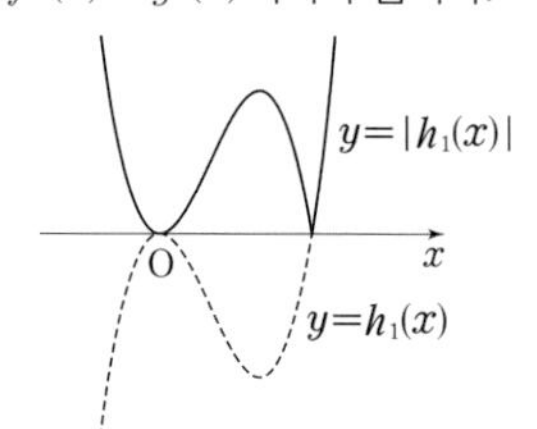

즉, 일차함수 $g(x)$는 점 $(0, f(0))$을 지나고 기울기가 $f'(0)$인 직선임을 알 수 있고,
이는 곡선 $y=f(x)$ 위의 점 $(0, f(0))$에서의 접선을 의미합니다.

E 12-12

$i(x)=\lim_{h\to0+}\frac{|f(x+h)|-|f(x-h)|}{h}$ 라 할 때,

$$\begin{aligned}i(x)&=\lim_{h\to0+}\frac{|f(x+h)|-|f(x-h)|}{h}\\&=\lim_{h\to0+}\frac{|f(x+h)|-|f(x)|-|f(x-h)|+|f(x)|}{h}\\&=\lim_{h\to0+}\left\{\frac{|f(x+h)|-|f(x)|}{h}+\frac{|f(x-h)|-|f(x)|}{-h}\right\}\\&=\lim_{h\to0+}\frac{|f(x+h)|-|f(x)|}{h}\\&\qquad+\lim_{s\to0-}\frac{|f(x+s)|-|f(x)|}{s}\end{aligned}$$

즉, $i(x)$는 각각의 실수 x에 대하여 함수 $|f(x)|$의 우미분계수와 좌미분계수의 합이다. 너코 041

이때 함수 $f(x)$는 삼차함수, 즉 다항함수이므로

함수 $|f(x)|$는 $|f(x)|\neq0$인 모든 x에서 미분가능하다.

즉, $f(x)>0$인 구간에서

$$\begin{aligned}i(x)&=\{|f(x)|\}'+\{|f(x)|\}'=\{f(x)\}'+\{f(x)\}'\\&=f'(x)+f'(x)=2f'(x)\end{aligned}$$

$f(x)<0$인 구간에서

$$\begin{aligned}i(x)&=\{|f(x)|\}'+\{|f(x)|\}'=\{-f(x)\}'+\{-f(x)\}'\\&=-f'(x)-f'(x)=-2f'(x)\end{aligned}$$

한편 $|f(x)|=0$, 즉 $f(x)=0$을 만족시키는 x의 값에서는 함수 $y=|f(x)|$의 그래프가 (미분가능한) 극소 또는 (미분불가능한) 꺾인 점이 될 수 있다. 너코 042

삼차방정식 $f(x)=0$의 서로 다른 실근의 개수가 1 또는 2 또는 3이 될 수 있으므로 이를 기준으로 다음과 같이 나누어 생각해 보면

i) 삼차방정식 $f(x)=0$의 서로 다른 실근의 개수가 1인 경우

$f(x)=0$이 하나의 실근 α와 두 허근을 갖는다고 하면 함수 $y=|f(x)|$의 그래프는 $x=\alpha$에서 꺾인 점이 된다.

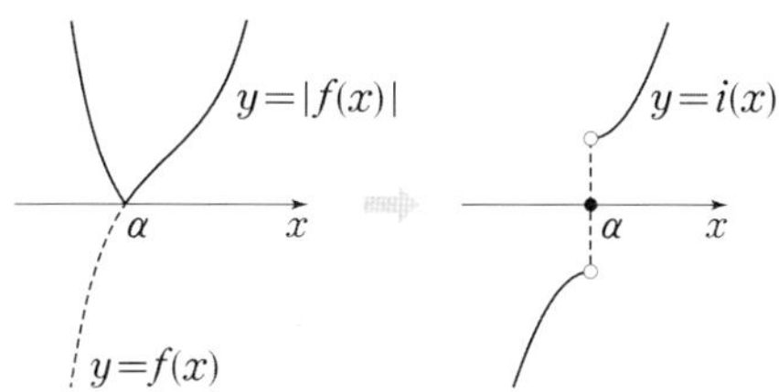

따라서 $i(x)=\begin{cases}-2f'(x) & (x<\alpha)\\ 0 & (x=\alpha)\\ 2f'(x) & (x>\alpha)\end{cases}$ 이고,

$x=\alpha$에서만 불연속이다.

이때 조건 (가)에 의하여 함수 $g(x)=f(x-3)\times i(x)$는 실수 전체의 집합에서 연속이어야 하므로

$\lim_{x\to\alpha+}g(x)=\lim_{x\to\alpha-}g(x)=g(\alpha)$에서 너코 037

$f(\alpha-3)=0$이어야 한다.

그런데 $f(x)=0$의 실근은 α뿐이므로 $f(\alpha-3)\neq0$이다.

즉, 조건 (가)를 만족시키지 않는다.

한편 $f(x)=0$이 삼중근 α을 갖는다고 하면

$f'(\alpha)=0$이므로 함수 $|f(x)|$는 모든 실수 x에서 미분가능하다.

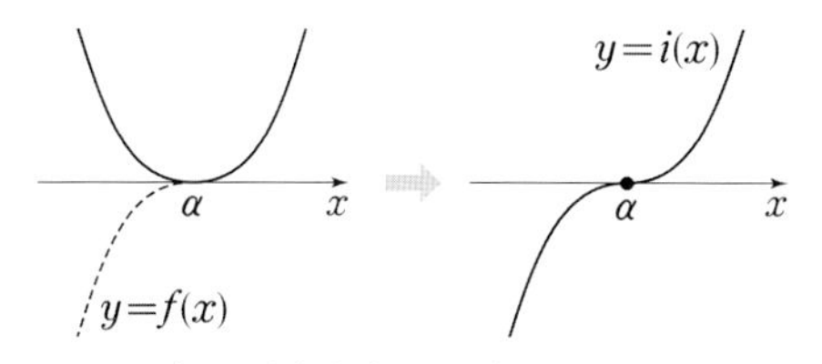

따라서 $i(x)=\begin{cases}-2f'(x) & (x<\alpha)\\ 2f'(x) & (x\geq\alpha)\end{cases}$ 이고, 실수 전체의 집합에서 연속이므로 조건 (가)를 만족시킨다.

그런데 방정식 $g(x)=0$, 즉 $f(x-3)\times i(x)=0$은 $\alpha+3$, α의 서로 다른 두 실근을 가지므로 조건 (나)를 만족시키지 않는다.

ii) 삼차방정식 $f(x)=0$의 서로 다른 실근의 개수가 2인 경우

$f(x)=0$이 하나의 실근 α와 중근 β를 갖는다고 하면 $f'(\beta)=0$이므로 함수 $y=|f(x)|$의 그래프는 $x=\alpha$에서 꺾인 점이 된다.

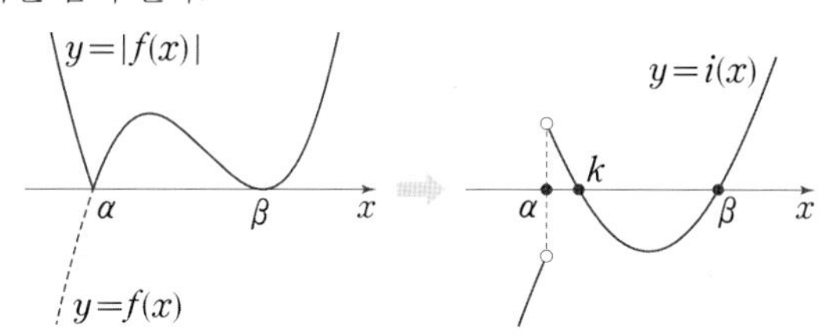

[그림 1] $\alpha<\beta$인 경우

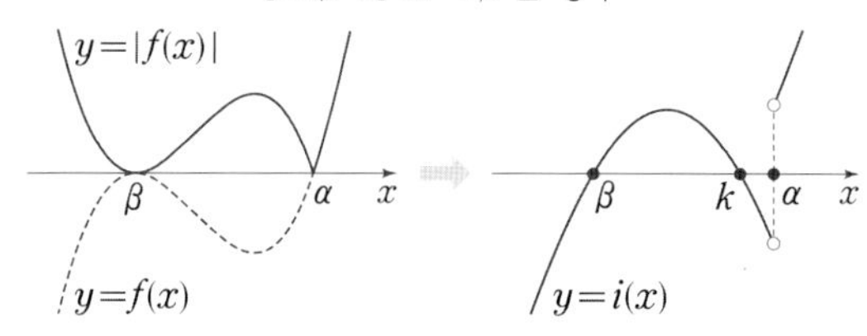

[그림 2] $\alpha>\beta$인 경우

따라서 $i(x)=\begin{cases}-2f'(x) & (x<\alpha)\\ 0 & (x=\alpha)\\ 2f'(x) & (x>\alpha)\end{cases}$ 이고,

$x=\alpha$에서만 불연속이다.

이때 조건 (가)에 의하여 함수 $g(x)=f(x-3)\times i(x)$는 실수 전체의 집합에서 연속이어야 하므로

$\lim_{x\to\alpha+}g(x)=\lim_{x\to\alpha-}g(x)=g(\alpha)$에서

$f(\alpha-3)=0$이어야 한다.

$f(\alpha)=f(\beta)=0$이므로 이를 만족시키려면 [그림 2]와 같이 $\alpha>\beta$이고 $\beta=\alpha-3$이어야 한다. ……㉠

이 경우 구간 (β,α)에서 $f'(k)=0$을 만족시키는 k의 값이 반드시 존재한다.

즉, 방정식 $g(x)=0$, 즉 $f(x-3)\times i(x)=0$은 $\alpha+3$, $\beta+3(=\alpha)$, β, k의 서로 다른 네 실근을 가지므로 조건 (나)에 의하여

$\alpha+3+\beta+3+\beta+k=7$

$\therefore\ k=1-\alpha-2\beta$ ……㉡

또한 $f(x)=(x-\alpha)(x-\beta)^2$이므로

$$\begin{aligned}f'(x)&=(x-\beta)^2+2(x-\alpha)(x-\beta)\ \text{너코 045}\\&=(x-\beta)(3x-2\alpha-\beta)\end{aligned}$$

에서 $k=\frac{2\alpha+\beta}{3}$이다. ……㉢

ⓛ, ⓒ에서 $1-\alpha-2\beta=\dfrac{2\alpha+\beta}{3}$이므로

$5\alpha+7\beta=3$ $\cdots\cdots$ ⓔ

ⓖ, ⓔ을 연립하여 풀면 $\alpha=2$, $\beta=-1$

따라서 함수 $f(x)=(x-2)(x+1)^2$은 조건 (가), (나)를 모두 만족시킨다.

iii) 삼차방정식 $f(x)=0$의 서로 다른 실근의 개수가 3인 경우

$f(x)=0$이 서로 다른 세 실근 α, β, γ $(\alpha<\beta<\gamma)$를 갖는다고 하면 함수 $y=|f(x)|$의 그래프는 $x=\alpha$, β, γ에서 모두 꺾인 점이 된다.

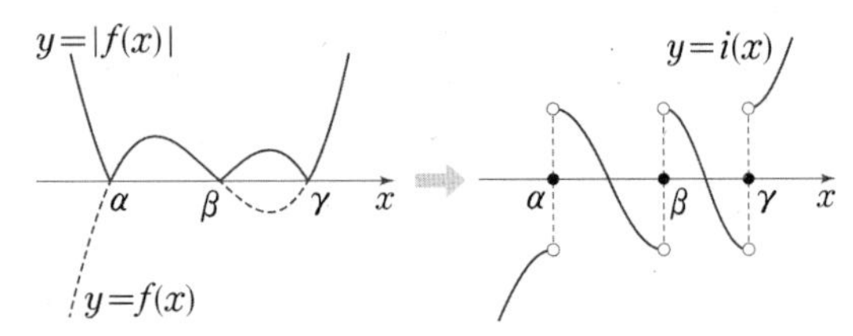

따라서 $i(x)=\begin{cases}-2f'(x) & (x<\alpha,\ \beta<x<\gamma)\\ 0 & (x=\alpha,\ \beta,\ \gamma)\\ 2f'(x) & (\alpha<x<\beta,\ x>\gamma)\end{cases}$ 이고,

$x=\alpha$, β, γ에서 모두 불연속이다.

이때 조건 (가)에 의하여 함수 $g(x)=f(x-3)\times i(x)$가 실수 전체의 집합에서 연속이어야 하므로

$\lim\limits_{x\to\alpha+}g(x)=\lim\limits_{x\to\alpha-}g(x)=g(\alpha)$,

$\lim\limits_{x\to\beta+}g(x)=\lim\limits_{x\to\beta-}g(x)=g(\beta)$,

$\lim\limits_{x\to\gamma+}g(x)=\lim\limits_{x\to\gamma-}g(x)=g(\gamma)$에서

$f(\alpha-3)=f(\beta-3)=f(\gamma-3)=0$이어야 한다.

그런데 $f(x)=0$의 가장 작은 실근이 α이므로

$f(\alpha-3)\neq 0$이다.

즉, 조건 (가)를 만족시키지 않는다.

i), ii), iii)에 의하여 $f(x)=(x-2)(x+1)^2$이므로

$f(5)=3\times 6^2=108$

답 108

E12-13

조건 (가)에서 모든 실수 x에 대하여

$f(x)=f(1)+(x-1)f'(g(x))$이므로

$x\neq 1$일 때 $f'(g(x))=\dfrac{f(x)-f(1)}{x-1}$이다. $\cdots\cdots$ ⓖ

이는 서로 다른 두 점 $(1,\ f(1))$, $(x,\ f(x))$를 지나는 직선의 기울기와 곡선 $y=f(x)$ 위의 점 $(g(x),\ f(g(x)))$에서의 접선의 기울기가 서로 같음을 의미한다. 너코 041

이때 조건 (나)에서 함수 $g(x)$의 최솟값이 $\dfrac{5}{2}$이므로

$\dfrac{f(x)-f(1)}{x-1}$의 값은 $f'\left(\dfrac{5}{2}\right)$까지만 가질 수 있다. $\cdots\cdots$ ⓛ

즉, $f(x)$는 최고차항의 계수가 1인 삼차함수이므로 그림과 같이 점 $(1,\ f(1))$을 임의로 고정시킨 후 점 $(x,\ f(x))$를 잇는 직선을 그어 보면 ⓛ을 만족시키는 점 $(g(x),\ f(g(x)))$는 굵은 실선 부분에 위치하고 점 $\left(\dfrac{5}{2},\ f\left(\dfrac{5}{2}\right)\right)$에서의 접선 l이 점 $(1,\ f(1))$을 지남을 알 수 있다. 너코 049

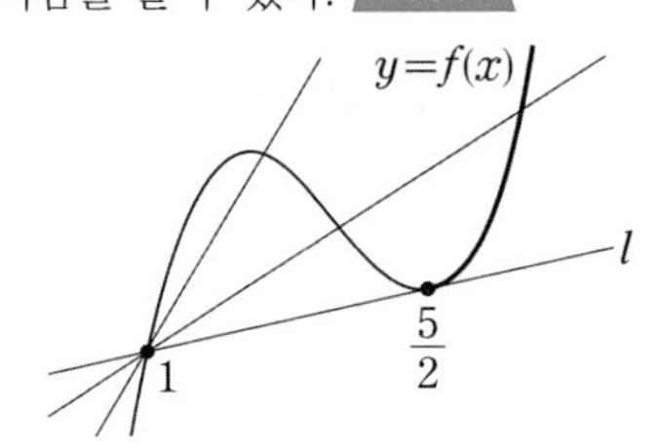

따라서 접선 l의 방정식을 $y=ax+b$ (a, b는 상수)라 하면

$f(x)-(ax+b)=(x-1)\left(x-\dfrac{5}{2}\right)^2$이라 할 수 있으므로

$f(x)=(x-1)\left(x-\dfrac{5}{2}\right)^2+ax+b$ $\cdots\cdots$ ⓒ

이고, 조건 (다)에서 $f(0)=-3$이므로

$f(0)=-1\times\dfrac{25}{4}+b=-3$에서 $b=\dfrac{13}{4}$이다.

한편 실수 전체의 집합에서 $f(x)$는 미분가능하고 $g(x)$는 연속이므로 ⓖ에서

$f'(1)=\lim\limits_{x\to 1}\dfrac{f(x)-f(1)}{x-1}=f'(g(1))$ $\cdots\cdots$ ⓔ

이고, ⓒ에서

$f'(x)=\left(x-\dfrac{5}{2}\right)^2+2(x-1)\left(x-\dfrac{5}{2}\right)+a$ 너코 044 너코 045

$=\left(3x-\dfrac{9}{2}\right)\left(x-\dfrac{5}{2}\right)+a$

$=3\left(x-\dfrac{3}{2}\right)\left(x-\dfrac{5}{2}\right)+a$

이므로 이차함수 $y=f'(x)$의 그래프는 직선 $x=2$에 대하여 대칭이다.

따라서 ⓔ에서 $g(1)=1$ 또는 $g(1)=3$이 가능하다.

그런데 함수 $g(x)$는 $x=1$에서 연속이어야 하므로

$g(1)=3$이다. ($\because$ 조건 (나)에서 $g(x)\geq\dfrac{5}{2}$)

이를 조건 (다)의 $f(g(1))=6$에 대입하면 $f(3)=6$이므로

ⓒ에서 $f(3)=2\times\left(\dfrac{1}{2}\right)^2+3a+\dfrac{13}{4}=6$

$3a=\dfrac{9}{4}$ $\quad\therefore\ a=\dfrac{3}{4}$

따라서 $f(x)=(x-1)\left(x-\dfrac{5}{2}\right)^2+\dfrac{3}{4}x+\dfrac{13}{4}$이므로

$f(4)=3\times\left(\dfrac{3}{2}\right)^2+3+\dfrac{13}{4}=13$

답 13

E 12-14

함수 $f(x)$에 대하여 $f(k-1)f(k+1)<0$을 만족시키는 정수 k가 존재하지 않으므로 모든 정수 k에 대하여
$f(k-1)f(k+1)\geq 0$이어야 한다. ……㉠

삼차함수 $f(x)$는 최고차항의 계수가 1이고 $f'(x)<0$인 x가 존재하므로 함수 $y=f(x)$의 그래프는 극대와 극소를 모두 갖는 개형이다. 너코 049

또한 $f'\left(-\frac{1}{4}\right)<0$, $f'\left(\frac{1}{4}\right)<0$에서 $f'(0)<0$이므로
함수 $f(x)$가 극대, 극소가 되는 x의 값은 $x=0$을 기준으로 양쪽에 하나씩 존재한다. ……㉡
이때 $f(0)>0$이면 ㉠에 의하여 $f(-2)\geq 0$이어야 하므로
함수 $y=f(x)$의 그래프는 x축과 x좌표가 $x\leq -2$인 한 점 P에서 반드시 만난다.
그런데 이 점을 포함하는 어떤 구간
$[n-1,\ n+1]$ (n은 $n\leq -2$인 정수)
에 대하여 $f(n-1)f(n+1)<0$이므로 ㉠에 모순이다.
같은 방법으로 하면 $f(0)<0$인 경우에도 ㉠에 모순이다.

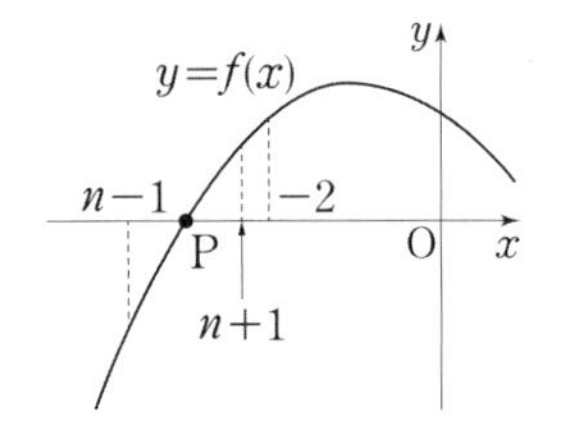

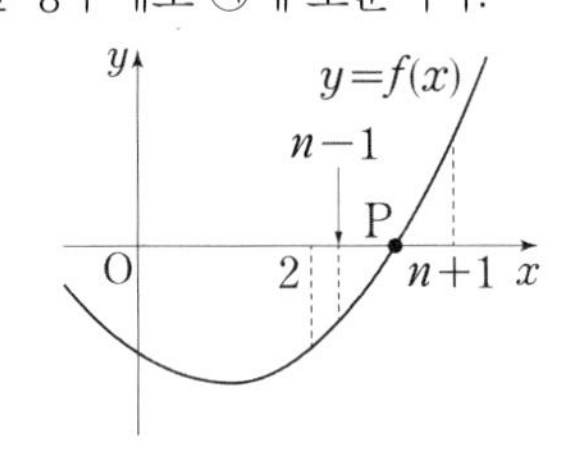

따라서 ㉠을 만족시키려면 $f(0)=0$이다.

한편 ㉡에 의하여 함수 $y=f(x)$의 그래프는 x축과 세 점에서 만나므로 세 점의 x좌표를 $\alpha,\ 0,\ \beta\ (\alpha<0<\beta)$라 하자.
이때 $\alpha<-1$ 또는 $\beta>1$이면 α 또는 β를 포함하는 어떤 구간
$[n-1,\ n+1]$ (n은 $n\leq -2$ 또는 $n\geq 2$인 정수)
에 대하여 $f(n-1)f(n+1)<0$이므로 ㉠에 모순이다.

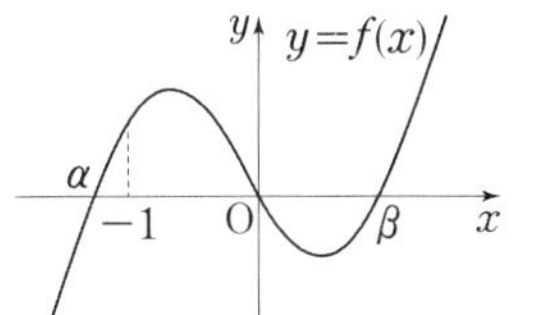

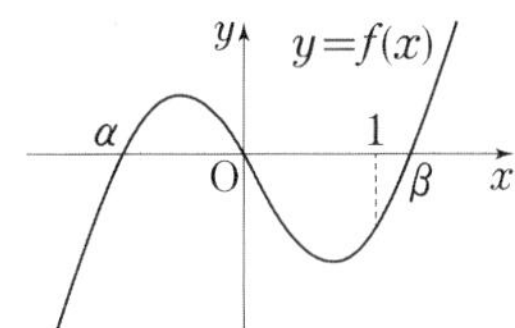

따라서 ㉠을 만족시키려면 $-1\leq\alpha<0<\beta\leq 1$이다.
또한 $-1<\alpha<0<\beta<1$이면 $f(-1)<0<f(1)$이 되어 ㉠에 모순이므로
$\alpha=-1,\ 0<\beta<1$ 또는 $\beta=1,\ -1<\alpha<0$이다.

i) $\alpha=-1,\ 0<\beta<1$일 때

$f(x)=x(x+1)(x-\beta)=x^3+(1-\beta)x^2-\beta x$

$f'(x)=3x^2+2(1-\beta)x-\beta$이므로 너코 044

$f'\left(-\frac{1}{4}\right)=\frac{3}{16}-\frac{1}{2}(1-\beta)-\beta=-\frac{5}{16}-\frac{1}{2}\beta=-\frac{1}{4}$

에서 $\beta=-\frac{1}{8}$이다.

그런데 $\beta>0$이어야 하므로 조건을 만족하지 않는다.

ii) $\beta=1,\ -1<\alpha<0$일 때

$f(x)=x(x-\alpha)(x-1)=x^3-(\alpha+1)x^2+\alpha x$

$f'(x)=3x^2-2(1+\alpha)x+\alpha$이므로

$f'\left(-\frac{1}{4}\right)=\frac{3}{16}+\frac{1}{2}(1+\alpha)+\alpha=\frac{11}{16}+\frac{3}{2}\alpha=-\frac{1}{4}$

에서 $\alpha=-\frac{5}{8}$이다.

또한 $f'(x)=3x^2-\frac{3}{4}x-\frac{5}{8}$이므로

$f'\left(\frac{1}{4}\right)=\frac{3}{16}-\frac{3}{16}-\frac{5}{8}=-\frac{5}{8}<0$을 만족시킨다.

i), ii)에 의하여 $f(x)=x\left(x+\frac{5}{8}\right)(x-1)$이므로

$f(8)=8\times\frac{69}{8}\times 7=483$

답 483

E 13-01

$f(x)=4x^3-12x+7$이라 하면
$f'(x)=12x^2-12=12(x+1)(x-1)$ 너코 044
$f'(x)=0$에서 $x=-1$ 또는 $x=1$
이때 함수 $f(x)$의 증가와 감소를 표로 나타내면 다음과 같다. 너코 049

x	$\cdots$	-1	$\cdots$	1	$\cdots$
$f'(x)$	$+$	0	$-$	0	$+$
$f(x)$	↗	극대	↘	극소	↗

곡선 $y=f(x)$와 직선 $y=k$가 만나는 점의 개수가 2가 되려면
k의 값이 함수 $f(x)$의 극댓값 또는 극솟값과 같아야 한다.
함수 $f(x)$의 극댓값은
$f(-1)=-4+12+7=15$이고,
함수 $f(x)$의 극솟값은
$f(1)=4-12+7=-1$이므로
$k=15$ 또는 $k=-1$
이때 k는 양수이므로 $k=15$이다.

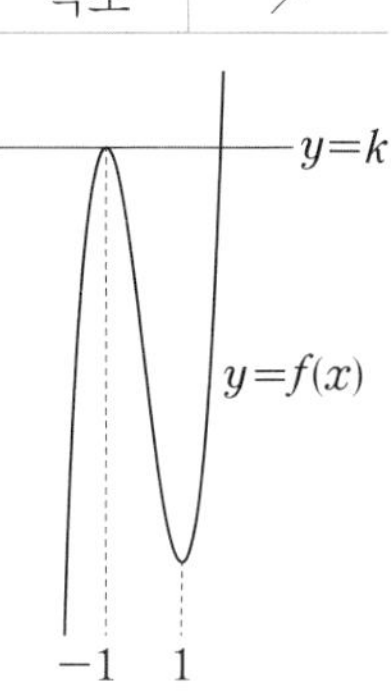

답 15

E 13-02

이차함수 $f(x)$에 대하여
곡선 $y=f(x)$ 위의 점 $(a,\ f(a))$에서의
접선의 방정식은 $y=f'(a)(x-a)+f(a)$이므로 너코 047
$g(x)=f'(a)(x-a)+f(a)$
$\quad=f'(a)x-af'(a)+f(a)$
따라서 $h(x)=f(x)-\{f'(a)x-af'(a)+f(a)\}$이고
함수 $h(x)$의 그래프는 다음과 같다.

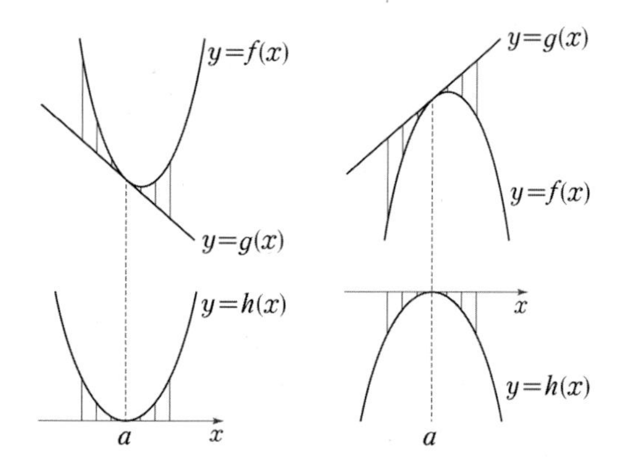

ㄱ. 함수 $h(x)$는 이차함수이므로 $h(x_1)=h(x_2)$를 만족시키는 서로 다른 두 실수 x_1, x_2가 반드시 존재한다. (참)

ㄴ. $h(x)=f(x)-\{f'(a)x-af'(a)+f(a)\}$이므로
$h'(x)=f'(x)-f'(a)$이다. 너코 044
따라서 $h'(a)=0$이며
함수 $f(x)$의 최고차항의 계수가 양수이면
$h(x)$는 $x=a$에서 극솟값을 갖고, 너코 049
함수 $f(x)$의 최고차항의 계수가 음수이면
$h(x)$는 $x=a$에서 극댓값을 갖는다. (거짓)

ㄷ. $h(a)=0$이므로 $|h(a)|=0$이다.
따라서 $x=a$가 이미
부등식 $|h(x)|<\frac{1}{100}$을 만족시키므로
부등식 $|h(x)|<\frac{1}{100}$의 해는 항상 존재한다. (참)

따라서 옳은 것은 ㄱ, ㄷ이다.

답 ⑤

E13-03

ㄱ. $a=b=c$이면 $f'(x)=(x-a)^3$이므로
$x=a$일 때 $f'(a)=0$이다.
이때 함수 $f(x)$의 증가와 감소를 표로 나타내면 다음과 같다. 너코 049

x	$\cdots$	a	$\cdots$
$f'(x)$	$-$	0	$+$
$f(x)$	↘	$f(a)$	↗

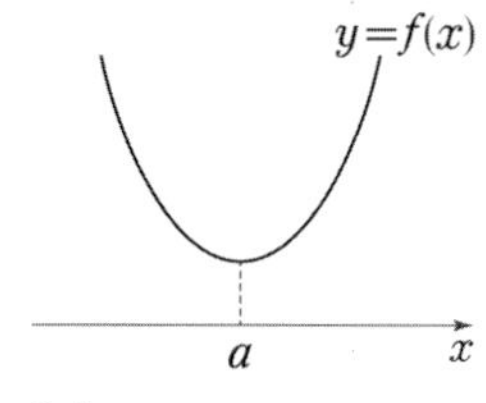

따라서 $f(a)>0$이면
방정식 $f(x)=0$은 실근을 가지지 않는다. (거짓)

ㄴ. $a=b<c$일 때와 $a=b>c$일 때
$f(a)<0$을 만족시키는 함수 $f(x)$의 그래프의 개형은 각각 다음과 같다. 너코 049

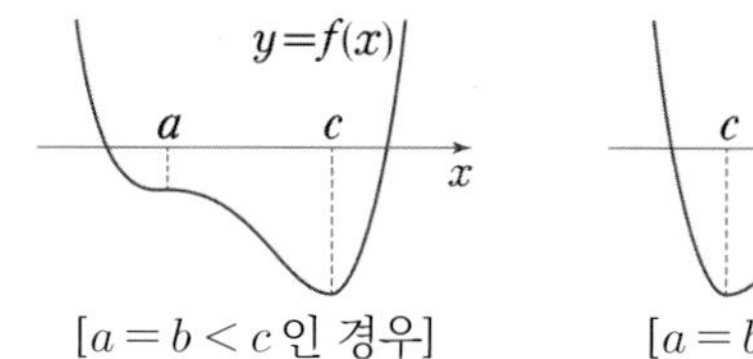

[$a=b<c$인 경우]

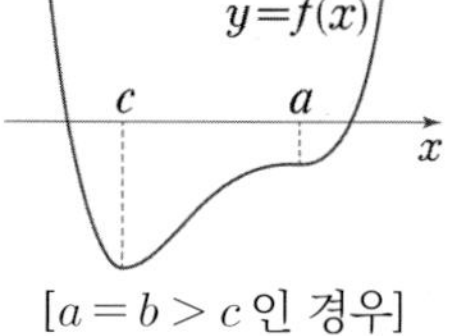

[$a=b>c$인 경우]

따라서 $a=b\neq c$일 때 $f(a)<0$이면
방정식 $f(x)=0$은 항상 서로 다른 두 실근을 갖는다. (참)

ㄷ. $x=a$ 또는 $x=b$ 또는 $x=c$일 때 $f'(x)=0$이므로
$a<b<c$일 때 함수 $f(x)$의 증가와 감소를 표로 나타내면 다음과 같다. 너코 049

x	$\cdots$	a	$\cdots$	b	$\cdots$	c	$\cdots$
$f'(x)$	$-$	0	$+$	0	$-$	0	$+$
$f(x)$	↘	$f(a)$	↗	$f(b)$	↘	$f(c)$	↗

이때 함수 $f(x)$는 $x=b$에서 극댓값을 가지므로
$f(b)<0$이면 함수 $f(x)$의 그래프의 개형은 다음과 같다.

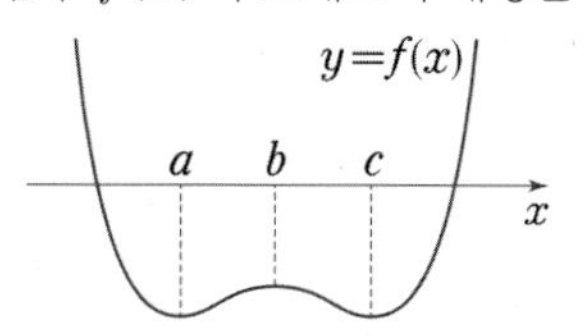

따라서 방정식 $f(x)=0$은 서로 다른 두 실근을 갖는다. (참)

따라서 옳은 것은 ㄴ, ㄷ이다.

답 ⑤

E13-04

$g(x)=f(x)+a$이므로 방정식 $g(x)=0$의 실근은
$f(x)+a=0$, 즉 방정식 $f(x)=-a$의 실근과 같다.
방정식 $f(x)=-a$이 서로 다른 두 실근만을 가지려면
곡선 $y=f(x)$와 직선 $y=-a$의 교점의 개수가 2이어야 한다.

$f(x)=2x^3-3x^2-12x-10$에서
$f'(x)=6x^2-6x-12=6(x+1)(x-2)$이므로 너코 044
$x=-1$ 또는 $x=2$일 때 $f'(x)=0$이다.
이때 함수 $f(x)$의 증가와 감소를 표로 나타내면 다음과 같다.

너코 049

x	$\cdots$	-1	$\cdots$	2	$\cdots$
$f'(x)$	$+$	0	$-$	0	$+$
$f(x)$	↗	-3	↘	-30	↗

따라서 함수 $f(x)$는 $x=-1$에서 극댓값을 가지고
$x=2$에서 극솟값을 가진다.

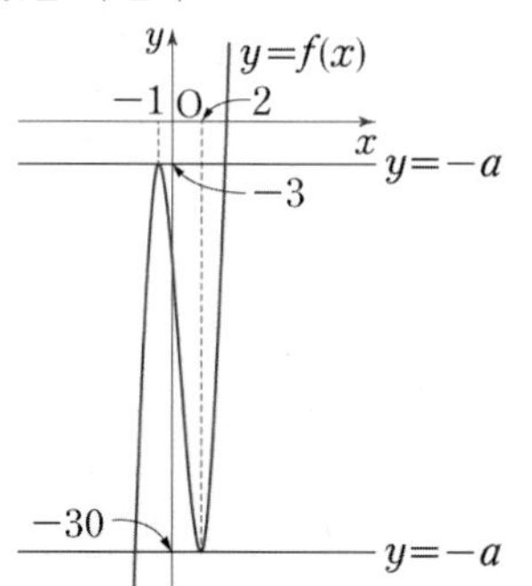

곡선 $y=f(x)$와 직선 $y=-a$의 교점의 개수가 2이려면
직선 $y=-a$와 곡선 $y=f(x)$가
$x=-1$ 또는 $x=2$에서 접해야 하므로
$-a=f(-1)=-3$ 또는 $-a=f(2)=-30$
즉, $a=3$ 또는 $a=30$이어야 한다.
따라서 구하는 모든 a의 값의 합은 33이다.

답 33

E13-05

$h(x)=f(x)-g(x)$라 하면
$h(x)=5x^3-10x^2+k-(5x^2+2)=5x^3-15x^2+k-2$
따라서 $0<x<3$에서 부등식 $f(x)\geq g(x)$,
즉 $h(x)\geq 0$이 성립해야 한다.

$h'(x)=15x^2-30x=15x(x-2)$이므로 너코 044
$x=0$ 또는 $x=2$일 때 $h'(x)=0$이다.
$0<x<3$에서 함수 $h(x)$의 증가와 감소를 표로 나타내면
다음과 같다. 너코 049

x	0	$\cdots$	2	$\cdots$	3
$h'(x)$		$-$	0	$+$	
$h(x)$		↘	$k-22$	↗	

따라서 $0<x<3$에서 함수 $h(x)$는
$x=2$일 때 극솟값이자 최솟값 $k-22$를 가지며
$h(x)\geq 0$이 성립해야 하므로
$k-22\geq 0$ 너코 051
$\therefore\ k\geq 22$
따라서 k의 최솟값은 22이다.

답 22

E13-06

$h(x)=f(x)-g(x)$라 하면
$h(x)=x^4-4x+a-(-x^2+2x-a)$
$\quad=x^4+x^2-6x+2a$
두 함수 $f(x)$, $g(x)$의 그래프가 오직 한 점에서 만나므로
방정식 $f(x)=g(x)$, 즉 $h(x)=0$의
서로 다른 실근이 한 개이다.

$h'(x)=4x^3+2x-6=(x-1)(4x^2+4x+6)$에서 너코 044
이차방정식 $4x^2+4x+6=0$의 판별식을 D라 하면
$\frac{D}{4}=2^2-4\times 6<0$
따라서 모든 실수 x에 대하여 $4x^2+4x+6>0$이고
$x=1$의 좌우에서만 $h'(x)$의 부호가 바뀌므로
함수 $h(x)$의 증가와 감소를 표로 나타내면 다음과 같다.
너코 049

x	$\cdots$	1	$\cdots$
$h'(x)$	$-$	0	$+$
$h(x)$	↘	$2a-4$	↗

함수 $h(x)$는 $x=1$일 때 극솟값이자 최솟값 $2a-4$를 가지므로
방정식 $h(x)=0$의 서로 다른 실근이 한 개이려면
그림과 같이 $h(1)=2a-4=0$이어야 한다.

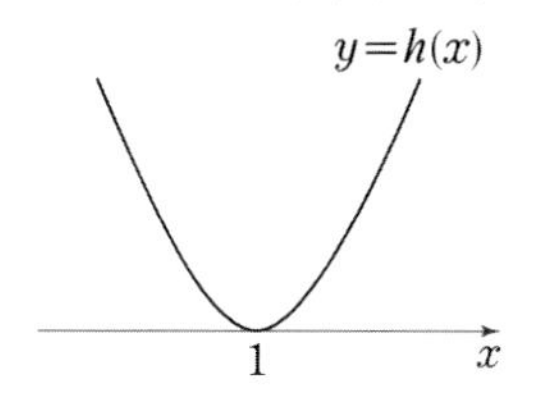

$\therefore\ a=2$

답 ②

E13-07

$f(x)=x^3+(a+1)x^2+2ax+a$
$\quad=(x+1)(x^2+ax+a)$
라 하면
주어진 조건에 의해 부등식 $f(x)<0$의 해가 $x<-1$이므로
삼차함수 $y=f(x)$의 그래프는
[그림 1] 또는 [그림 2]와 같아야 한다.

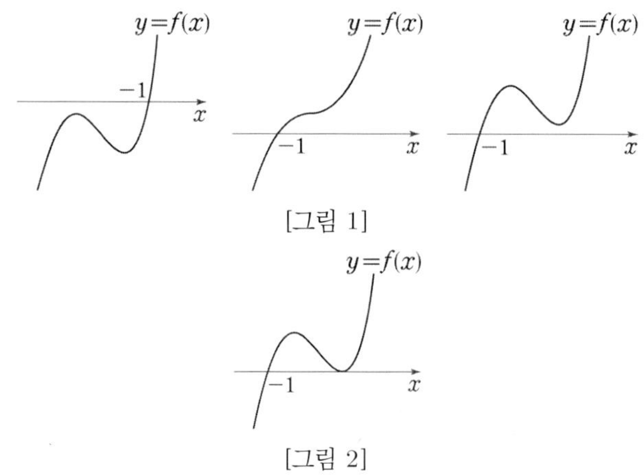

[그림 1]

y=f(x)
−1
x

[그림 2]

즉, 삼차방정식 $(x+1)(x^2+ax+a)=0$은
[그림 1]과 같이 실근 $x=-1$과 두 개의 허근
또는 [그림 2]와 같이 실근 $x=-1$과 -1보다 큰 중근을
가져야 한다. 너코 050
다시 말해 이차방정식 $x^2+ax+a=0$이
두 개의 허근 또는 -1보다 큰 중근을 가져야 하므로
이차방정식 $x^2+ax+a=0$의 판별식을 D라고 하면

i) 두 개의 허근을 가질 때
$D=a^2-4a<0$이므로
$a(a-4)<0$
$\therefore\ 0<a<4$

ii) -1보다 큰 중근을 가질 때
$D=a^2-4a=0$이므로
$a(a-4)=0$에서 $a=0$ 또는 $a=4$이다.

$a=0$일 때 이차방정식 $x^2=0$의 중근은 $x=0$

$a=4$일 때 이차방정식 $x^2+4x+4=0$의 중근은 $x=-2$

이때 중근은 -1보다 커야 하므로

$\therefore\ a=0$

ⅰ), ⅱ)에서 $0\le a<4$이므로 a의 최솟값은 0이다.

답 ④

E 13-08

ㄱ. $f'(x)=0$의 서로 다른 세 실근이 α, β, γ이고

$\alpha<\beta<\gamma$이므로

최고차항이 양수인 사차함수 $f(x)$의 증가와 감소를 표로 나타내면 다음과 같다. 너코 049

x	$\cdots$	α	$\cdots$	β	$\cdots$	γ	$\cdots$
$f'(x)$	$-$	0	$+$	0	$-$	0	$+$
$f(x)$	↘	$f(\alpha)$	↗	$f(\beta)$	↘	$f(\gamma)$	↗

따라서 함수 $f(x)$는 $x=\beta$에서 극댓값을 갖는다. (참)

ㄴ. 조건 $f(\alpha)f(\beta)f(\gamma)<0$에 의하여

$f(\alpha)$, $f(\beta)$, $f(\gamma)$ 중 하나만 음수이거나

셋 모두 음수이므로

ㄱ의 표를 참고하면 함수 $y=f(x)$의 그래프로

가능한 것은 다음의 세 가지이다. 너코 049

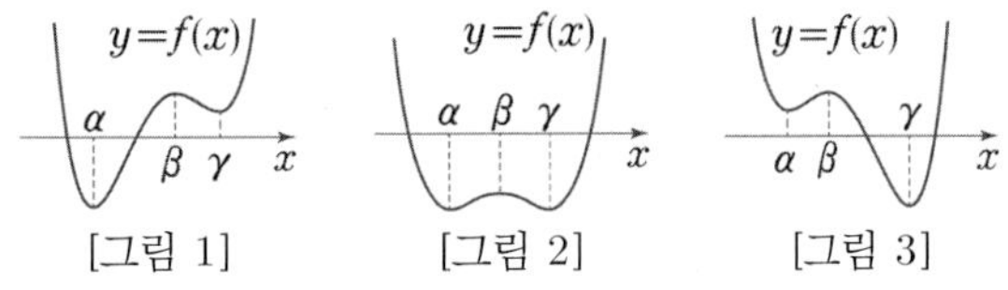

[그림 1] [그림 2] [그림 3]

이때 [그림 1], [그림 2], [그림 3] 모두에서

방정식 $f(x)=0$은 서로 다른 두 실근을 갖는다. (참)

ㄷ. $f(\alpha)>0$이면 함수 $y=f(x)$의 그래프는

ㄴ의 [그림 3]과 같으므로

방정식 $f(x)=0$은 β보다 작은 실근은 갖지 않는다. (거짓)

따라서 옳은 것은 ㄱ, ㄴ이다.

답 ③

E 13-09

$h(x)=f(x)-g(x)$를 x에 대하여 미분하면

$h'(x)=f'(x)-g'(x)$ 너코 044

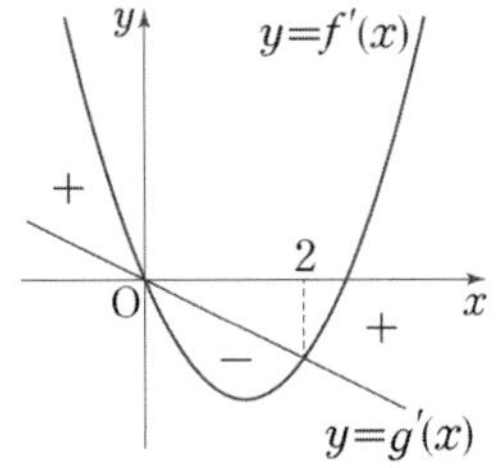

따라서 $h'(x)$의 부호는 위의 그림과 같고

$h(0)=f(0)-g(0)=0$이므로 ($\because$ $f(0)=g(0)$)

함수 $y=h(x)$의 그래프는 다음과 같다. 너코 049

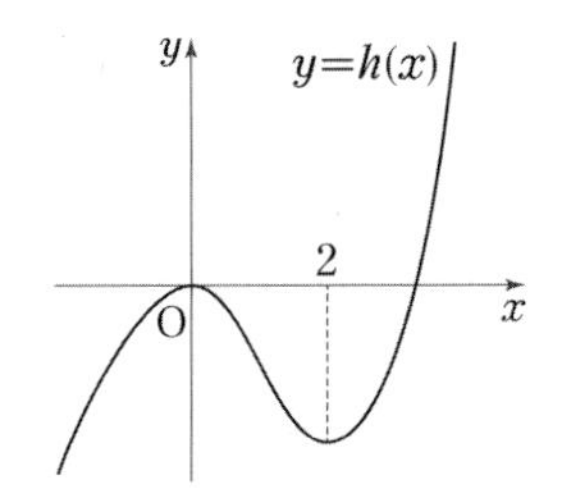

ㄱ. $0<x<2$에서 $h'(x)<0$이므로 $h(x)$는 감소한다.

너코 049 (참)

ㄴ. $h'(2)=f'(2)-g'(2)=0$이고

$x=2$의 좌우에서 $h'(x)$의 부호가

음에서 양으로 바뀌므로

함수 $h(x)$는 $x=2$에서 극솟값을 갖는다. 너코 049 (참)

ㄷ. 방정식 $h(x)=0$은 중근 $x=0$을 갖고,

$x>2$에서 또 다른 한 개의 실근을 가지므로

서로 다른 두 실근을 갖는다. 너코 050 (거짓)

따라서 옳은 것은 ㄱ, ㄴ이다.

답 ③

E 13-10

$f(x)=3x^3-x^2-3x$, $g(x)=x^3-4x^2+9x+a$이므로

방정식 $f(x)=g(x)$은

$3x^3-x^2-3x=x^3-4x^2+9x+a$,

즉 $2x^3+3x^2-12x=a$

이때 $h(x)=2x^3+3x^2-12x$라 하면

방정식 $h(x)=a$가 서로 다른 두 개의 양의 실근과

한 개의 음의 실근을 가져야 하므로

곡선 $y=h(x)$와 직선 $y=a$의 교점이 3개이고,

그 중 x좌표가 양수인 것이 2개이고 음수인 것이 1개이어야

한다. 너코 050 ⋯⋯㉠

$h'(x)=6x^2+6x-12=6(x+2)(x-1)$이므로 너코 044

$x=-2$ 또는 $x=1$일 때 $h'(x)=0$이다.

이때 함수 $h(x)$의 증가와 감소를 표로 나타내면 다음과 같다.

너코 049

x	$\cdots$	-2	$\cdots$	1	$\cdots$
$h'(x)$	$+$	0	$-$	0	$+$
$h(x)$	↗	20	↘	-7	↗

따라서 함수 $h(x)$는 $x=-2$에서 극댓값 20,

$x=1$에서 극솟값 -7을 갖는다.

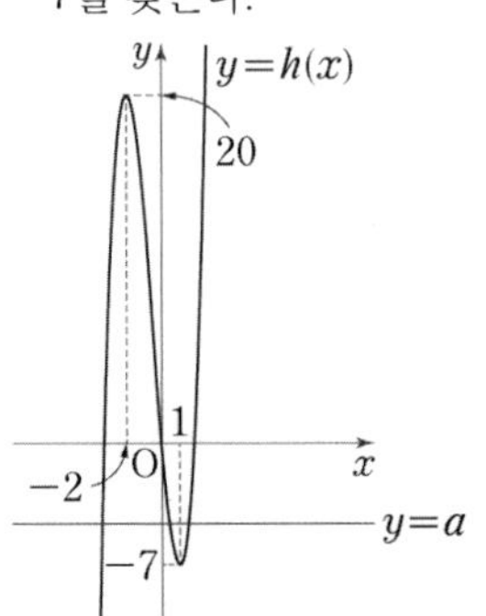

㉠을 만족시키려면 그림과 같이 $-7 < a < 0$이어야 하므로 구하는 정수 a의 개수는 6이다.

답 ①

E13-11

$f(x)=x^3-3x^2-9x$라 하면
방정식 $x^3-3x^2-9x-k=0$, 즉 방정식 $f(x)=k$의 서로 다른 실근의 개수가 3이 되려면
삼차함수 $y=f(x)$의 그래프와 직선 $y=k$의 서로 다른 교점의 개수가 3이어야 한다. 너코 050 ……㉠

$f'(x)=3x^2-6x-9=3(x+1)(x-3)$이므로 너코 044
$x=-1$ 또는 $x=3$일 때 $f'(x)=0$이다.
이때 함수 $f(x)$의 증가와 감소를 표로 나타내면 다음과 같다.

너코 049

x	$\cdots$	-1	$\cdots$	3	$\cdots$
$f'(x)$	$+$	0	$-$	0	$+$
$f(x)$	↗	5	↘	-27	↗

따라서 함수 $f(x)$는 $x=-1$에서 극댓값 5,
$x=3$에서 극솟값 -27을 가지므로

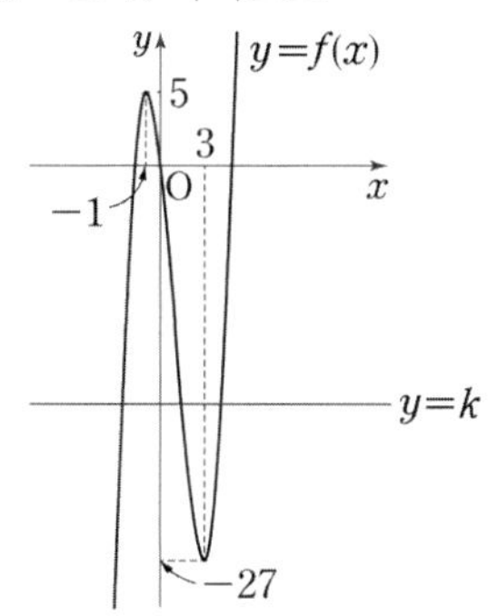

㉠을 만족시키려면 그림과 같이 $-27 < k < 5$이어야 하므로 정수 k의 최댓값은 4이다.

답 ②

E13-12

$h(x)=f(x)-3g(x)$라 하면

$h(x)=x^3+3x^2-k-3(2x^2+3x-10)$
$\quad =x^3-3x^2-9x+30-k$

이때 닫힌구간 $[-1, 4]$에서 부등식 $f(x) \geq 3g(x)$,
즉 $h(x) \geq 0$이 항상 성립하도록 하는 실수 k를 구하면 다음과 같다.

$h'(x)=3x^2-6x-9=3(x+1)(x-3)$이므로 너코 044
$x=-1$ 또는 $x=3$일 때 $h'(x)=0$이다.
닫힌구간 $[-1, 4]$에서 함수 $h(x)$의 증가와 감소를 표로 나타내면 다음과 같다. 너코 049

x	-1	$\cdots$	3	$\cdots$	4
$h'(x)$		$-$	0	$+$	
$h(x)$		↘	$3-k$	↗	

따라서 닫힌구간 $[-1, 4]$에서 함수 $h(x)$는
$x=3$일 때 극솟값이자 최솟값 $3-k$를 가지며
$h(x) \geq 0$이 항상 성립하려면
$3-k \geq 0$ 너코 051
$\therefore\ k \leq 3$
따라서 k의 최댓값은 3이다.

답 3

E13-13

$f(x)=2x^3+6x^2$이라 하면
방정식 $2x^3+6x^2+a=0$,
즉 방정식 $f(x)=-a$가 서로 다른 두 실근을 가지려면
삼차함수 $y=f(x)$의 그래프와 직선 $y=-a$의 서로 다른 교점의 개수가 2이어야 한다. 너코 050 …… ㉠

$f'(x)=6x^2+12x=6x(x+2)$이므로 너코 044
$x=-2$ 또는 $x=0$일 때 $f'(x)=0$이다.
함수 $f(x)$의 증가, 감소를 표로 나타내면 다음과 같다. 너코 049

x	-2	$\cdots$	0	$\cdots$	2
$f'(x)$	0	$-$	0	$+$	
$f(x)$	8	↘	0	↗	40

따라서 함수 $f(x)$는 $x=-2$에서 극댓값 8, $x=0$에서 극솟값 0을 가지고
$f(-2) < f(2)$이므로
㉠을 만족시키려면 그림과 같이
$0 < -a \leq 8$, 즉
$-8 \leq a < 0$이어야 한다.
따라서 구하는 정수 a의 개수는 8이다.

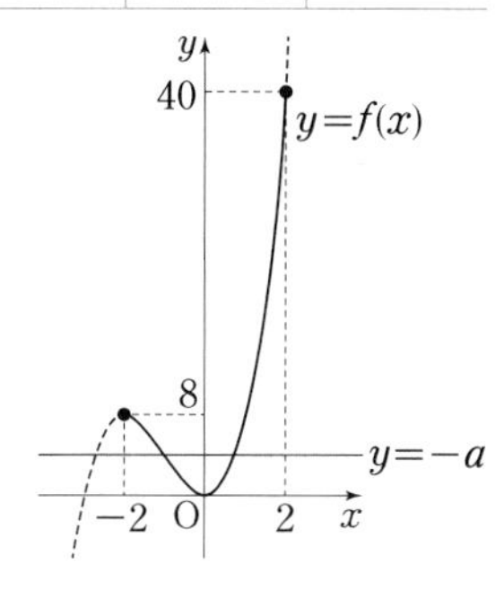

답 ③

E13-14

$f(x)=x^3-x^2-8x+k$라 하자.
방정식 $f(x)=0$의 서로 다른 실근의 개수가 2이려면
곡선 $y=f(x)$와 x축이 서로 다른 두 점에서 만나야 한다.
너코 050 ……㉠
$f'(x)=3x^2-2x-8=(3x+4)(x-2)$이므로 너코 044
$x=-\dfrac{4}{3}$ 또는 $x=2$일 때 $f'(x)=0$이다.
이때 함수 $f(x)$의 증가와 감소를 표로 나타내면 다음과 같다.
너코 049

x	$\cdots$	$-\frac{4}{3}$	$\cdots$	2	$\cdots$
$f'(x)$	$+$	0	$-$	0	$+$
$f(x)$	↗	극대	↘	극소	↗

㉠을 만족시키려면 극댓값 또는 극솟값이 0이어야 하는데 k의 값이 양수이므로 극솟값이 0이어야 한다.
즉, $f(2)=0$이므로
$8-4-16+k=0$에서 $k=12$이다.

답 12

E13-15

$f(x)=2x^3-3x^2-12x$라 하자.
방정식 $2x^3-3x^2-12x+k=0$, 즉 방정식 $f(x)=-k$가 서로 다른 세 실근을 가지려면
삼차함수 $y=f(x)$의 그래프와 직선 $y=-k$의
서로 다른 교점의 개수가 3이어야 한다. 너코 050 ……㉠

$f'(x)=6x^2-6x-12=6(x+1)(x-2)$이므로 너코 044
$x=-1$ 또는 $x=2$일 때 $f'(x)=0$이다.
이때 함수 $f(x)$의 증가와 감소를 표로 나타내면 다음과 같다.
너코 049

x	$\cdots$	-1	$\cdots$	2	$\cdots$
$f'(x)$	$+$	0	$-$	0	$+$
$f(x)$	↗	7	↘	-20	↗

따라서 함수 $f(x)$는
$x=-1$에서 극댓값 7,
$x=2$에서 극솟값 -20을
갖는다.

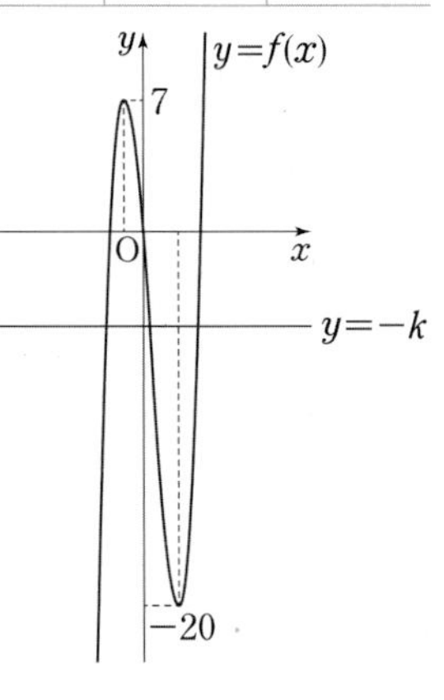

㉠을 만족시키려면 그림과 같이
$-20<-k<7$, 즉
$-7<k<20$이어야 하므로
정수 k의 값은 -6, -5, $\cdots$, 19이다.
따라서 구하는 정수 k의 개수는 26이다.

답 ③

E13-16

$x \geq 0$인 모든 실수 x에 대하여 부등식 $f(x) \geq g(x)$, 즉 $f(x)-g(x) \geq 0$이 성립하려면
$h(x)=f(x)-g(x)=x^3-x^2-x+6-a$
라 할 때, $x \geq 0$에서
(함수 $h(x)$의 최솟값)≥ 0이어야 한다. 너코 050 ……㉠
$h'(x)=3x^2-2x-1=(3x+1)(x-1)$이므로 너코 044
$x=1$일 때 $h'(x)=0$이다. ($\because x \geq 0$)

이때 $x \geq 0$에서 함수 $h(x)$의 증가와 감소를 표로 나타내면 다음과 같다. 너코 049

x	0	$\cdots$	1	$\cdots$
$h'(x)$		$-$	0	$+$
$h(x)$		↘	극소	↗

$x \geq 0$에서 함수 $h(x)$는 $x=1$일 때 극소이자 최소이므로
㉠을 만족시키려면 $h(1)=5-a \geq 0$에서
$a \leq 5$
따라서 실수 a의 최댓값은 5이다.

답 ⑤

E13-17

$f(x)=3x^4-4x^3-12x^2$이라 하자.
방정식 $3x^4-4x^3-12x^2+k=0$, 즉 방정식 $f(x)=-k$가
서로 다른 네 실근을 가지려면
사차함수 $y=f(x)$의 그래프와 직선 $y=-k$의
서로 다른 교점의 개수가 4이어야 한다. 너코 050 ……㉠
$f'(x)=12x^3-12x^2-24x=12x(x+1)(x-2)$ 너코 044
이므로 $x=-1$ 또는 $x=0$ 또는 $x=2$일 때 $f'(x)=0$이다.
이때 함수 $f(x)$의 증가와 감소를 표로 나타내면 다음과 같다.
너코 049

x	$\cdots$	-1	$\cdots$	0	$\cdots$	2	$\cdots$
$f'(x)$	$-$	0	$+$	0	$-$	0	$+$
$f(x)$	↘	극소	↗	극대	↘	극소	↗

즉, 함수 $f(x)$는 $x=0$에서 극댓값 $f(0)=0$을 갖고,
$x=-1$, $x=2$에서 각각 극솟값 $f(-1)=-5$, $f(2)=-32$를
갖는다.

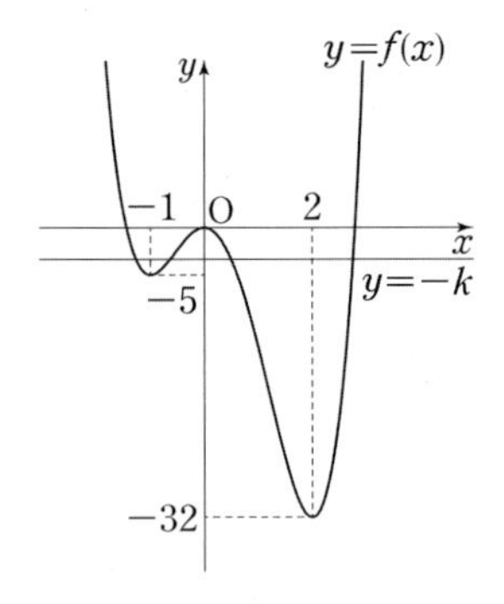

㉠을 만족시키려면 그림과 같이 $-5<-k<0$이어야 하므로
$0<k<5$이다.
따라서 자연수 k는 1, 2, 3, 4로 그 개수는 4이다.

답 4

E13-18

$f(x)=2x^3-6x^2$이라 하자.
방정식 $2x^3-6x^2+k=0$, 즉 방정식 $f(x)=-k$의 서로 다른 양의 실근의 개수가 2가 되려면

삼차함수 $y=f(x)$의 그래프와 직선 $y=-k$가 $x>0$에서 서로 다른 두 점에서 만나야 한다. 너코 050 ……㉠

$f'(x)=6x^2-12x=6x(x-2)$ 너코 044

이므로 $x=0$ 또는 $x=2$일 때 $f'(x)=0$이다.

이때 함수 $f(x)$의 증가와 감소를 표로 나타내면 다음과 같다.

너코 049

x	$\cdots$	0	$\cdots$	2	$\cdots$
$f'(x)$	$+$	0	$-$	0	$+$
$f(x)$	↗	극대	↘	극소	↗

즉, 함수 $f(x)$는 $x=0$에서 극댓값 $f(0)=0$을 갖고, $x=2$에서 극솟값 $f(2)=-8$을 갖는다.

㉠을 만족시키려면 그림과 같이 $-8<-k<0$이어야 하므로 $0<k<8$이다.

따라서 정수 k는 $1,\ 2,\ 3,\ \cdots,\ 7$로 그 개수는 7이다.

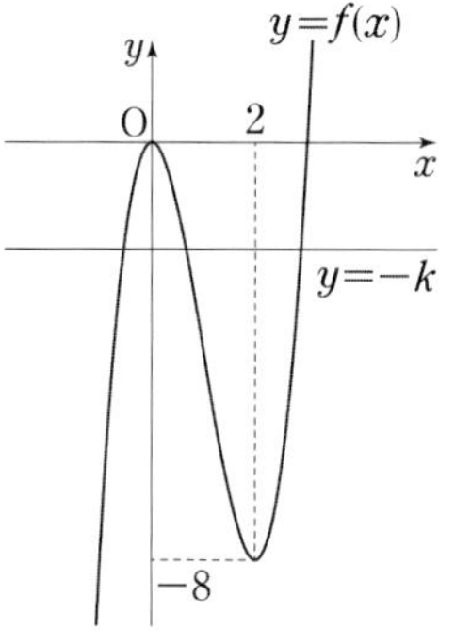

답 7

E13-19

두 곡선 $y=2x^2-1$, $y=x^3-x^2+k$가 만나는 점의 개수는 방정식 $2x^2-1=x^3-x^2+k$, 즉 $-x^3+3x^2-1=k$의 실근의 개수와 같고, 이는 곡선 $y=-x^3+3x^2-1$과 직선 $y=k$가 만나는 점의 개수와 같다.

따라서 곡선 $y=-x^3+3x^2-1$과 직선 $y=k$가 서로 다른 두 점에서 만나야 한다. 너코 050 ……㉠

$f(x)=-x^3+3x^2-1$이라 하면

$f'(x)=-3x^2+6x=-3x(x-2)$ 너코 044

이므로 $x=0$ 또는 $x=2$에서 $f'(x)=0$이다.

이때 함수 $f(x)$의 증가와 감소를 표로 나타내면 다음과 같다.

너코 049

x	$\cdots$	0	$\cdots$	2	$\cdots$
$f'(x)$	$-$	0	$+$	0	$-$
$f(x)$	↘	극소	↗	극대	↘

즉, 함수 $f(x)$는 $x=0$에서 극솟값 $f(0)=-1$을 갖고, $x=2$에서 극댓값 $f(2)=3$을 갖는다.

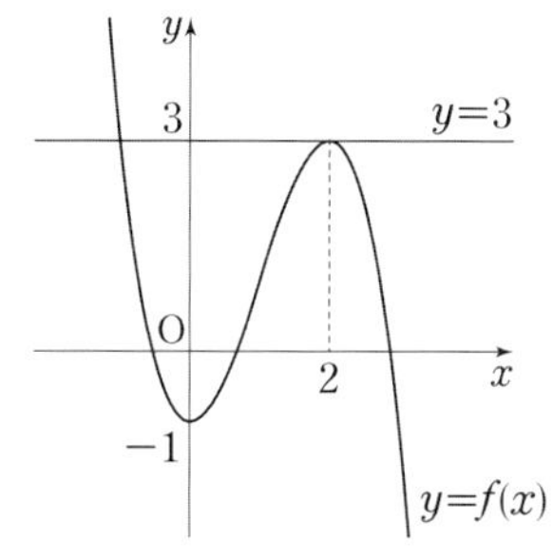

㉠을 만족시키려면 그림과 같이 양수 k의 값은 3이다.

답 ③

E13-20

$f(x)=x^3-3x^2-9x+k$라 하자.

방정식 $f(x)=0$의 서로 다른 실근의 개수가 2가 되려면 함수 $y=f(x)$의 그래프가 x축과 접해야 한다. 너코 050 ……㉠

$f'(x)=3x^2-6x-9=3(x+1)(x-3)$ 너코 044

이므로 $x=-1$ 또는 $x=3$일 때 $f'(x)=0$이다.

이때 함수 $f(x)$의 증가와 감소를 표로 나타내면 다음과 같다.

너코 049

x	$\cdots$	-1	$\cdots$	3	$\cdots$
$f'(x)$	$+$	0	$-$	0	$+$
$f(x)$	↗	$k+5$	↘	$k-27$	↗

따라서 함수 $f(x)$는 $x=-1$에서 극댓값 $f(-1)=k+5$, $x=3$에서 극솟값 $f(3)=k-27$을 갖는다.

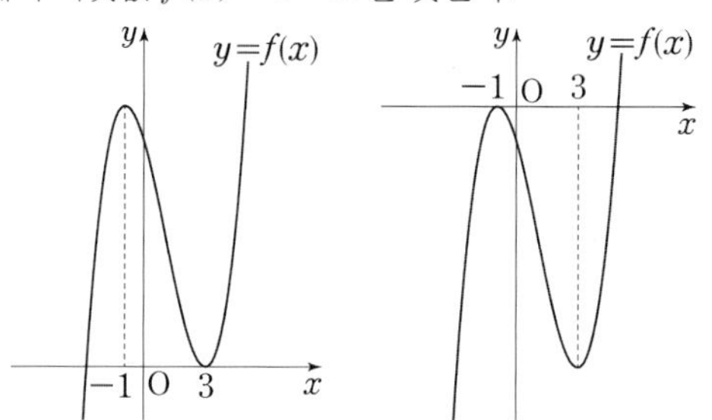

㉠을 만족시키려면 그림과 같이 $f(-1)=0$에서 $k=-5$ 또는 $f(3)=0$에서 $k=27$

따라서 모든 실수 k의 값의 합은

$-5+27=22$

답 ④

E13-21

삼차방정식 $\frac{1}{3}x^3-x=k$가 서로 다른 세 실근 $\alpha,\ \beta,\ \gamma\,(\alpha<\beta<\gamma)$를 갖는다고 하면

$\frac{1}{3}x^3-x-k=\frac{1}{3}(x-\alpha)(x-\beta)(x-\gamma)$

이때 좌변의 x^2의 계수가 0이므로

우변의 x^2의 계수도 $-\frac{1}{3}(\alpha+\beta+\gamma)=0$,

즉 $\alpha+\beta+\gamma=0$이어야 한다. ……㉠

또한 주어진 방정식이 서로 다른 세 실근을 가지려면 곡선 $y=\frac{1}{3}x^3-x$와 직선 $y=k$의 서로 다른 교점의 개수가 3이어야 한다. 너코 050 ……㉡

$f(x)=\frac{1}{3}x^3-x=\frac{1}{3}x(x-\sqrt{3})(x+\sqrt{3})$라 하면

$x=-\sqrt{3}$ 또는 $x=0$ 또는 $x=\sqrt{3}$일 때 $f(x)=0$이고

$f'(x)=x^2-1=(x+1)(x-1)$이므로 너코 044

$x=-1$ 또는 $x=1$일 때 $f'(x)=0$이다.

이때 함수 $f(x)$의 증가와 감소를 표로 나타내면 다음과 같다.

너코 049

x	$\cdots$	-1	$\cdots$	1	$\cdots$
$f'(x)$	$+$	0	$-$	0	$+$
$f(x)$	↗	$\frac{2}{3}$	↘	$-\frac{2}{3}$	↗

따라서 함수 $f(x)$는 $x=-1$에서 극댓값 $\frac{2}{3}$를 갖고,

$x=1$에서 극솟값 $-\frac{2}{3}$를 가지므로

㉡이 성립하려면 $-\frac{2}{3}<k<\frac{2}{3}$이어야 한다.

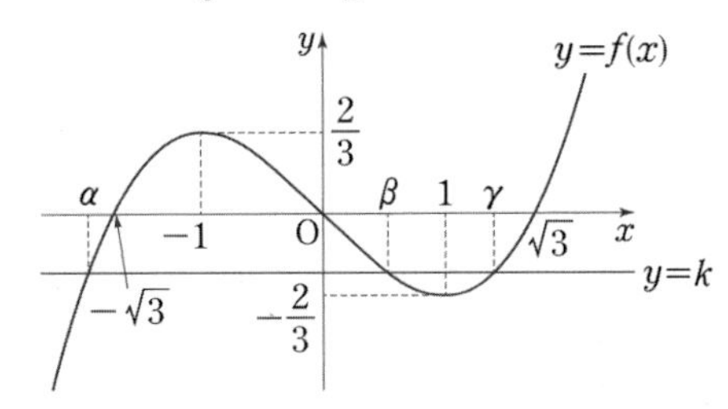

i) $-\frac{2}{3}<k<0$일 때

$\alpha<-\sqrt{3}$이고 $0<\beta<\gamma$이며

㉠에 의하여 $\beta+\gamma=-\alpha$이므로

$|\alpha|+|\beta|+|\gamma|=-\alpha+\beta+\gamma$

$=-2\alpha>2\sqrt{3}$

ii) $k=0$일 때

$\alpha=-\sqrt{3},\ \beta=0,\ \gamma=\sqrt{3}$이므로

$|\alpha|+|\beta|+|\gamma|=2\sqrt{3}$

iii) $0<k<\frac{2}{3}$일 때

$\alpha<\beta<0$이고 $\gamma>\sqrt{3}$이며

㉠에 의하여 $\alpha+\beta=-\gamma$이므로

$|\alpha|+|\beta|+|\gamma|=-\alpha-\beta+\gamma$

$=2\gamma>2\sqrt{3}$

i)~iii)에 의하여 $|\alpha|+|\beta|+|\gamma|$의 최솟값은 $m=2\sqrt{3}$이다.

$\therefore\ m^2=12$

답 12

E 13-22

서로 다른 두 실수 $\alpha,\ \beta$가 사차방정식 $f(x)=0$의 근이므로

$f(\alpha)=0,\ f(\beta)=0$이고

이에 따라 다항식 $f(x)$는 $x-\alpha$와 $x-\beta$를 인수로 가진다. ……㉠

ㄱ. ㉠에서 다항식 $f(x)$는 $x-\alpha$를 인수로 가지므로

삼차식 $g(x)$에 대하여 $f(x)=(x-\alpha)g(x)$라 할 수 있다.

$f'(x)=(x-\alpha)'g(x)+(x-\alpha)g'(x)$ 너코 045

$=g(x)+(x-\alpha)g'(x)$ 너코 044

이때 $f'(\alpha)=0$이면 위 식의 양변에 $x=\alpha$를 대입했을 때

$g(\alpha)+(\alpha-\alpha)g'(\alpha)=0$, 즉 $g(\alpha)=0$이므로

$g(x)$는 $x-\alpha$를 인수로 가진다.

따라서 이차식 $h(x)$에 대하여

$g(x)=(x-\alpha)h(x)$라 하면

$f(x)=(x-\alpha)g(x)=(x-\alpha)^2h(x)$이므로

다항식 $f(x)$는 $(x-\alpha)^2$으로 나누어떨어진다. (참)

ㄴ. $f'(\alpha)f'(\beta)=0$에서 $f'(\alpha)=0$ 또는 $f'(\beta)=0$이다.

일반성을 잃지 않고 $f'(\alpha)=0$이라 하면

ㄱ에 의하여 다항식 $f(x)$는 $(x-\alpha)^2$을 인수로 가지고

너코 050

㉠에서 다항식 $f(x)$는 $x-\beta$ 또한 인수로 가진다.

따라서 일차식 $q(x)$에 대하여

$f(x)=(x-\alpha)^2(x-\beta)q(x)$이므로

방정식 $f(x)=0$은 허근을 갖지 않는다. (참)

ㄷ. 이차식 $p(x)$에 대하여

$f(x)=(x-\alpha)(x-\beta)p(x)$라 하면 ($\because$ ㉠) ……㉡

$f'(x)=(x-\alpha)'(x-\beta)p(x)+(x-\alpha)(x-\beta)'p(x)$

$+(x-\alpha)(x-\beta)p'(x)$ 너코 045

$=(x-\beta)p(x)+(x-\alpha)p(x)$

$+(x-\alpha)(x-\beta)p'(x)$ 너코 044

따라서

$f'(\alpha)=(\alpha-\beta)p(\alpha),\ f'(\beta)=(\beta-\alpha)p(\beta)$이므로

$f'(\alpha)f'(\beta)=-(\alpha-\beta)^2p(\alpha)p(\beta)>0$이면

$p(\alpha)p(\beta)<0$ ($\because\ -(\alpha-\beta)^2<0$)

이때 일반성을 잃지 않고 $\alpha<\beta$라 하면

이차함수 $y=p(x)$는 실수 전체의 집합에서 연속이므로

사잇값의 정리에 의하여 열린구간 $(\alpha,\ \beta)$에서

방정식 $p(x)=0$을 만족시키는 실근이 하나 존재한다.

너코 040

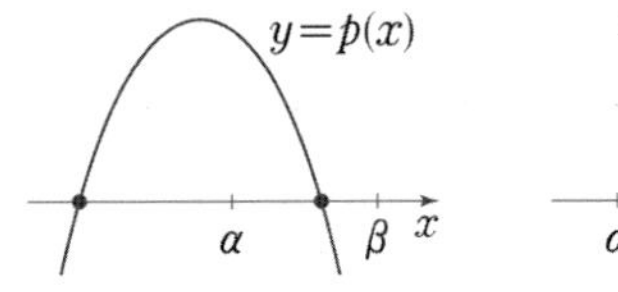

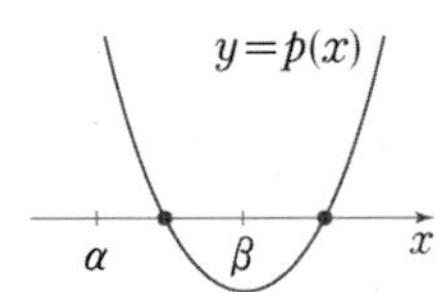

또한 방정식 $p(x)=0$은 위의 경우와 같이

구간 $(-\infty,\ \alpha)$ 또는 구간 $(\beta,\ \infty)$에서

한 개의 실근을 더 가지므로

이차방정식 $p(x)=0$은 서로 다른 두 실근을 갖는다.

방정식 $p(x)=0$의 실근은 방정식 $f(x)=0$의 실근이며

($\because$ ㉡)

α와 β도 이미 방정식 $f(x)=0$의 실근이므로

사차방정식 $f(x)=0$은 서로 다른 4개의 실근을 가진다. (참)

따라서 옳은 것은 ㄱ, ㄴ, ㄷ이다.

답 ⑤

E 13-23

함수 $|f(x)|$의 그래프의 개형은

삼차함수 $y=f(x)$의 그래프에서 x축($y=0$)의 아래쪽에 놓인 부분을 위쪽으로 접어올린 것과 같다.

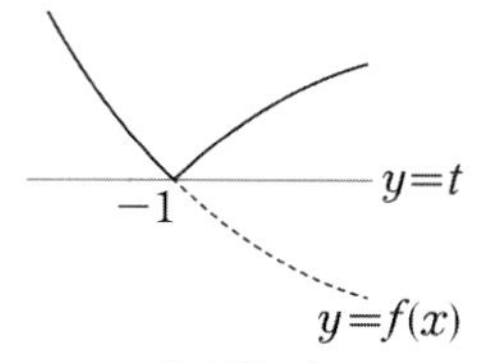

[그림 1]　　　　[그림 2]

따라서 조건 (가)에서 함수 $|f(x)|$가 $x=-1$에서만
미분가능하지 않으려면
삼차함수 $y=f(x)$의 그래프가
[그림 1]과 같이 점 $(-1, 0)$을 지나고
$f'(-1) \neq 0$ 이어야 하며 ……㉠
[그림 2]와 같이 $p \neq -1$인 점 $(p, 0)$을 지나게 되면
$f'(p)=0$ 이어야 한다. 너코 046 ……㉡

이때 조건 (나)의 닫힌구간 $[3, 5]$에서
삼차방정식 $f(x)=0$의 한 실근을 k라 하면
$f(k)=0$, 즉 삼차함수 $y=f(x)$의 그래프가
$k \neq -1$인 점 $(k, 0)$을 지나므로 $f'(k)=0$이어야 한다. ($\because$ ㉡)

따라서 $f(x)=a(x+1)(x-k)^2$ (단, a는 0이 아닌 상수)라
하면 ($\because$ ㉠) 너코 050
$f'(x)=a(x-k)^2+2a(x+1)(x-k)$이고 너코 044 너코 045
$f(0)=ak^2$, $f'(0)=ak^2-2ak$이므로

$$\frac{f'(0)}{f(0)}=\frac{ak^2-2ak}{ak^2}=1-\frac{2}{k}$$

$3 \leq k \leq 5$이므로 $\dfrac{f'(0)}{f(0)}$은

$k=5$일 때

최댓값 $M=1-\dfrac{2}{5}=\dfrac{3}{5}$,

$k=3$일 때

최솟값 $m=1-\dfrac{2}{3}=\dfrac{1}{3}$을 갖는다.

$$\therefore\ Mm=\frac{3}{5}\times\frac{1}{3}=\frac{1}{5}$$

답 ⑤

E 13-24

주어진 그래프에 의해
이차함수 $f'(x)$의 최고차항의 계수는 양수이고
이차방정식 $f'(x)=0$은 두 실근 0, 2를 갖는다.
이때 삼차함수 $f(x)$의 증가와 감소를 표로 나타내면 다음과
같다. 너코 049

x	$\cdots$	0	$\cdots$	2	$\cdots$
$f'(x)$	+	0	−	0	+
$f(x)$	↗	$f(0)$	↘	$f(2)$	↗

함수 $f(x)$는 극댓값 $f(0)$, 극솟값 $f(2)$를 가지므로
$f(2)<f(0)$이다.

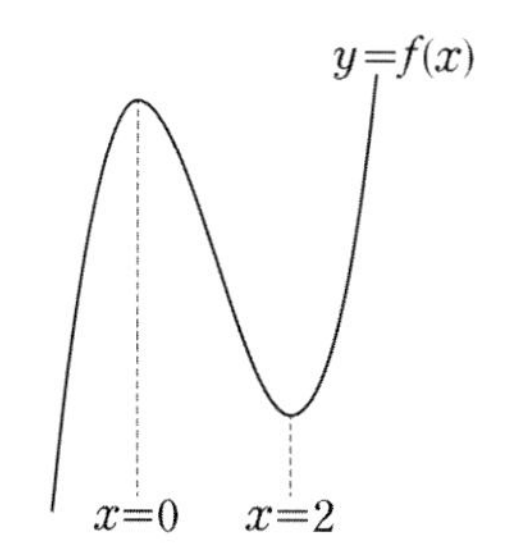

ㄱ. $f(0)<0$이면 $f(2)<f(0)<0$이므로
$|f(2)|=-f(2)>-f(0)=|f(0)|$이다.
즉, $|f(0)|<|f(2)|$이다. (참)

ㄴ. $f(0)f(2) \geq 0$인 다음의 모든 경우에 대하여
함수 $|f(x)|$가 $x=a$에서 극소인 a의 값의 개수는 2이다.
(참)

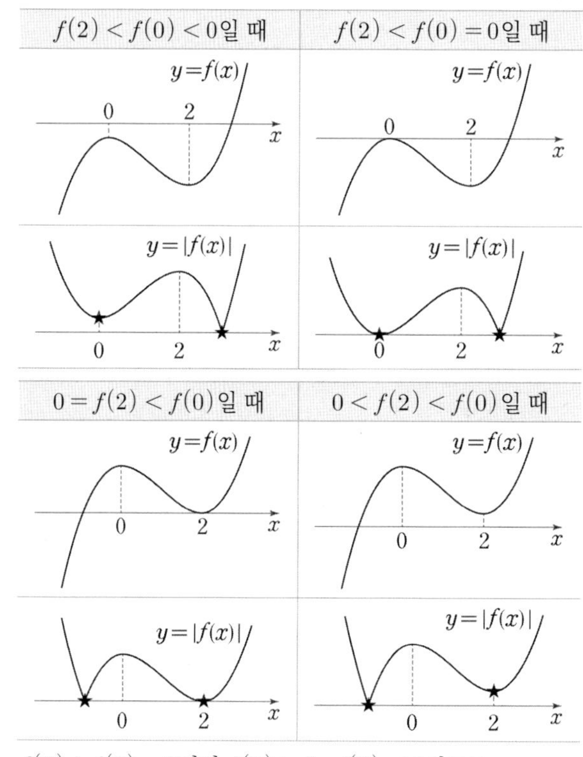

ㄷ. $f(0)+f(2)=0$이면 $f(0)>0$, $f(2)<0$이므로
$|f(0)|=|f(2)|$이다.

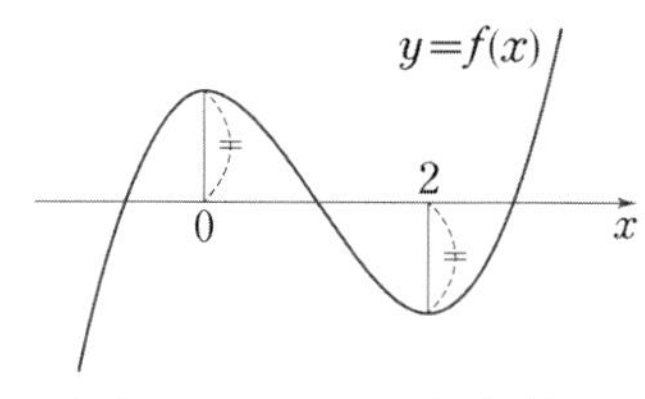

따라서 다음 그림과 같이 함수 $y=|f(x)|$의 그래프와
직선 $y=f(0)$이 만나는 서로 다른 점의 개수는 4이다.

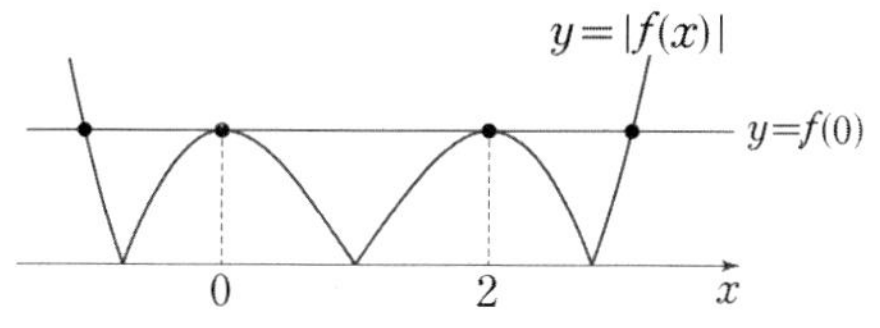

즉, 방정식 $|f(x)|=f(0)$의 서로 다른 실근의 개수는
4이다. (참)
따라서 옳은 것은 ㄱ, ㄴ, ㄷ이다.

답 ⑤

E13-25

ㄱ. 삼차함수 $f(x)$가 $x=-2$에서 극댓값을 가지므로
$f'(-2)=0$이다. 너코 049
이때 도함수 $f'(x)$는 이차함수이고 너코 044
$f'(-3)=f'(3)$이므로
함수 $y=f'(x)$의 그래프는 y축에 대하여 대칭이다.
따라서 삼차함수 $y=f(x)$의 그래프로 가능한 것은
$f(x)$의 최고차항의 계수를 $a(a\neq 0)$라 하면
다음 그림과 같이 두 가지이다.

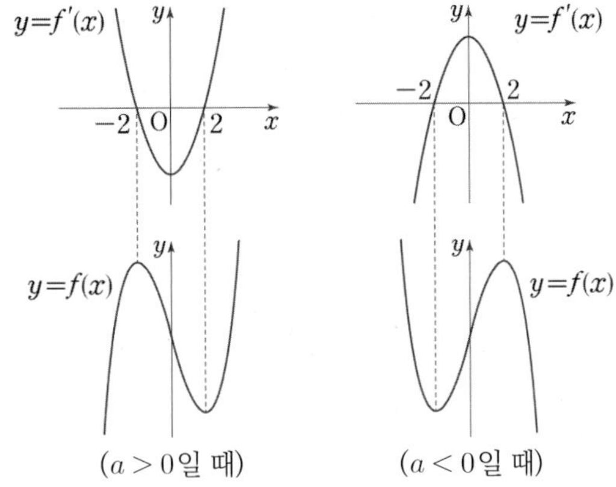

($a>0$일 때) ($a<0$일 때)

$a>0$일 때 함수 $f(x)$는 $x=-2$에서 극댓값을 가지고,
$a<0$일 때 함수 $f(x)$는 $x=-2$에서 극솟값을 가지므로
조건 (가)를 만족시키려면 $a>0$이어야 한다.
따라서 도함수 $f'(x)$는 $x=0$에서 최솟값을 갖는다. (참)

ㄴ. ㄱ에 의하여 함수 $f(x)$는 $x=2$에서 극솟값을 가지므로
곡선 $y=f(x)$와 직선 $y=f(2)$는 서로 다른 두 점에서
만난다.

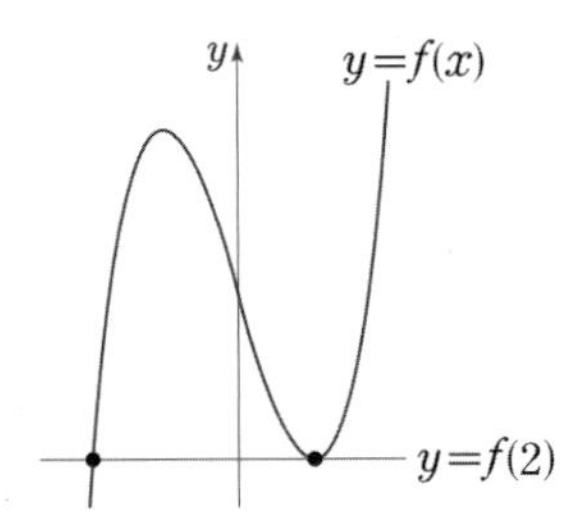

따라서 방정식 $f(x)=f(2)$는 서로 다른 두 실근을 갖는다.
너코 050 (참)

ㄷ. 곡선 $y=f(x)$ 위의 점 $(-1, f(-1))$에서의 접선이
점 $(2, f(2))$를 지나려면
점 $(-1, f(-1))$에서의 접선과
두 점 $(-1, f(-1))$, $(2, f(2))$을 지나는 직선이 같아야
한다. 너코 047
즉, 두 직선의 기울기가 같으면 된다.
$f(x)=ax^3+bx^2+cx+d\,(a>0)$라 하면
ㄱ에서 $f'(-2)=f'(2)=0$이므로
$f'(x)=3ax^2+2bx+c=3a(x-2)(x+2)$에서 너코 044
$b=0,\ c=-12a$
즉, $f'(x)=3ax^2-12a$이고 $f(x)=ax^3-12ax+d$이다.
따라서 두 점 $(-1, f(-1))$, $(2, f(2))$를 지나는 직선의
기울기는

$\dfrac{(-16a+d)-(11a+d)}{2-(-1)}=-9a$이고
이는 점 $(-1, f(-1))$에서의 접선의 기울기
$f'(-1)=-9a$와 같다. 너코 041
따라서 곡선 $y=f(x)$ 위의 점 $(-1, f(-1))$에서의 접선은
점 $(2, f(2))$를 지난다. (참)

따라서 옳은 것은 ㄱ, ㄴ, ㄷ이다.

답 ⑤

E13-26

삼차함수 $f(x)=x^3-3x^2+6x+k$의 도함수는
$f'(x)=3x^2-6x+6$이므로 너코 044
모든 실수 x에 대하여 $f'(x)=3(x-1)^2+3>0$이다.
따라서 함수 $f(x)$는 실수 전체의 집합에서 증가하고 너코 049
그 역함수 $g(x)$가 존재한다.
이때 두 곡선 $y=f(x)$, $y=g(x)$는
서로 직선 $y=x$에 대하여 대칭이므로
함수 $g(x)$도 실수 전체의 집합에서 증가한다.

한편, 방정식 $4f'(x)+12x-18=(f'\circ g)(x)$의 실근은
$4(3x^2-6x+6)+12x-18=3\{g(x)\}^2-6g(x)+6$에서
$12x^2-12x+6=3\{g(x)-1\}^2+3$,
즉 $(2x-1)^2=\{g(x)-1\}^2$이므로
두 방정식 $2x-1=g(x)-1$ 또는 $2x-1=-\{g(x)-1\}$의
실근과 같다.

따라서 방정식 $4f'(x)+12x-18=(f'\circ g)(x)$가
닫힌구간 $[0, 1]$에서 실근을 가지려면
방정식 $2x-1=g(x)-1$, 즉 $g(x)=2x$가
닫힌구간 $[0, 1]$에서 실근을 가지거나
또는 방정식 $2x-1=-\{g(x)-1\}$, 즉 $g(x)=-2x+2$가
닫힌구간 $[0, 1]$에서 실근을 가져야 한다.

i) 방정식 $g(x)=2x$가 닫힌구간 $[0, 1]$에서 실근을 가지는
경우
그 때의 실근을 a라 하면 $0\leq a\leq 1$이고
$g(a)=2a$를 만족시키므로
곡선 $y=g(x)$는 점 $(a, 2a)$를 지나며
직선 $y=x$에 대하여 대칭인 곡선 $y=f(x)$는
점 $(2a, a)$를 지난다.
따라서 $f(2a)=a$를 만족시키는
$0\leq a\leq 1$인 실수 a가 존재하며
이는 $b=2a$라 할 때, $f(b)=\dfrac{b}{2}$를 만족시키는
$0\leq b\leq 2$인 실수 b가 존재하는 것과 같다.
즉, 곡선 $y=f(x)$와 직선 $y=\dfrac{x}{2}$의 교점이
닫힌구간 $[0, 2]$에 존재하려면

$p(x)=\frac{x}{2}$라 할 때,

$f(0) \le p(0)$이고 $f(2) \ge p(2)$이어야 한다.

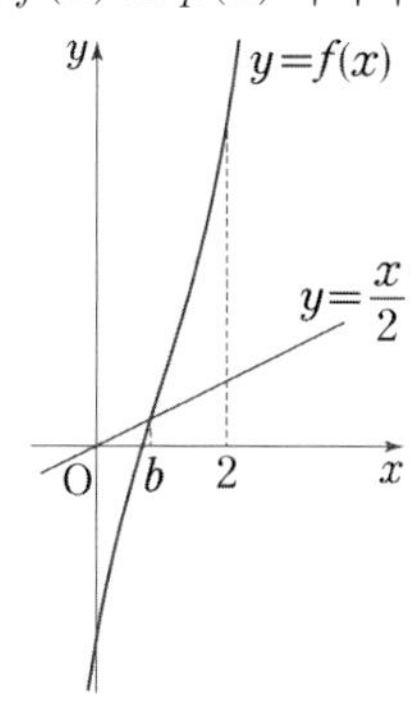

$f(0) \le p(0)$에서 $k \le 0$

$f(2) \ge p(2)$에서 $k+8 \ge 1$, 즉 $k \ge -7$

$\therefore\ -7 \le k \le 0$

ii) 방정식 $g(x)=-2x+2$가 닫힌구간 $[0, 1]$에서 실근을 가지는 경우

그 때의 실근을 c라 하면 $0 \le c \le 1$이고

$g(c)=-2c+2$를 만족시키므로

곡선 $y=g(x)$는 점 $(c, -2c+2)$를 지나며

직선 $y=x$에 대하여 대칭인 곡선 $y=f(x)$는

점 $(-2c+2, c)$를 지난다.

따라서 $f(-2c+2)=c$를 만족시키는

$0 \le c \le 1$인 실수 c가 존재하며

이는 $d=-2c+2$라 할 때, $f(d)=-\frac{d}{2}+1$을 만족시키는

$0 \le d \le 2$인 실수 d가 존재하는 것과 같다.

즉, 곡선 $y=f(x)$와 직선 $y=-\frac{x}{2}+1$의 교점이

닫힌구간 $[0, 2]$에 존재하려면

$q(x)=-\frac{x}{2}+1$이라 할 때,

$f(0) \le q(0)$이고 $f(2) \ge q(2)$이어야 한다.

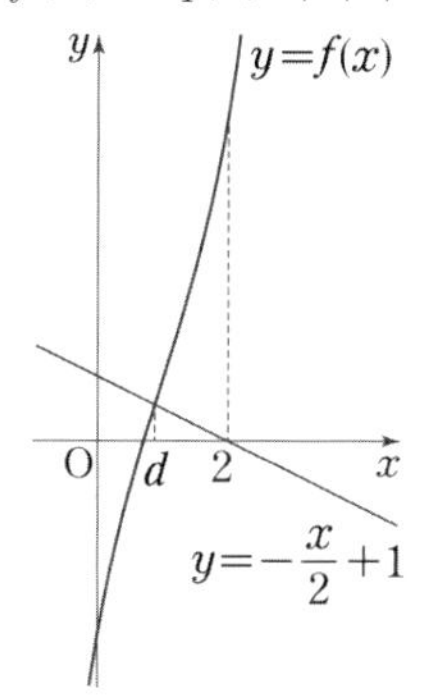

$f(0) \le q(0)$에서 $k \le 1$

$f(2) \ge q(2)$에서 $k+8 \ge 0$, 즉 $k \ge -8$

$\therefore\ -8 \le k \le 1$

i) 또는 ii)를 만족시키는 k의 값의 범위는

$-8 \le k \le 1$이므로

$M=1$, $m=-8$

$\therefore\ m^2+M^2=(-8)^2+1^2=65$

답 65

E 13-27

사차함수 $f(x)$의 최고차항의 계수가 1이므로

도함수 $f'(x)$는 최고차항의 계수가 4인 삼차함수이다. 너코 044

조건 (가), (나)에서

$f'(0)=0$이고

어떤 양수 k에 대하여 두 열린구간 $(-\infty, 0)$, $(0, k)$에서

$f'(x)<0$이므로

함수 $f'(x)$는 $x=0$의 좌우에서 부호가 바뀌지 않으며

대신 $x=a\,(a \ge k)$의 좌우에서 부호가 바뀐다고 하면

$f'(x)=4x^2(x-a)$로 둘 수 있다. 너코 050 ……㉠

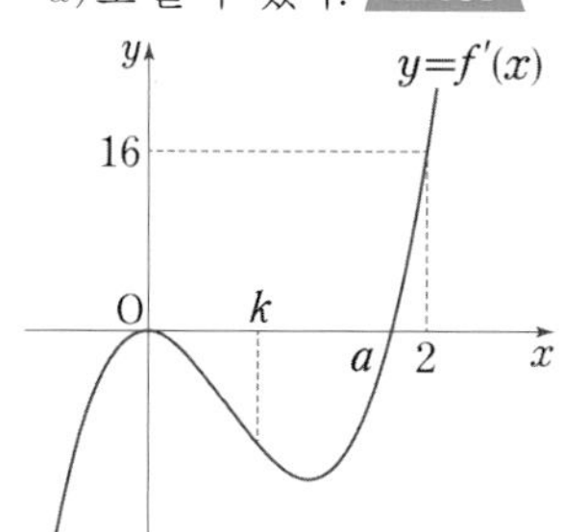

이때 조건 (가)에서 $f'(2)=16(2-a)=16$이므로

$a=1$이다. ……㉡

따라서 사차함수 $f(x)$의 증가와 감소를 표로 나타내면 다음과 같다. 너코 049

x	$\cdots$	0	$\cdots$	1	$\cdots$
$f'(x)$	$-$	0	$-$	0	$+$
$f(x)$	↘	$f(0)$	↘	$f(1)$	↗

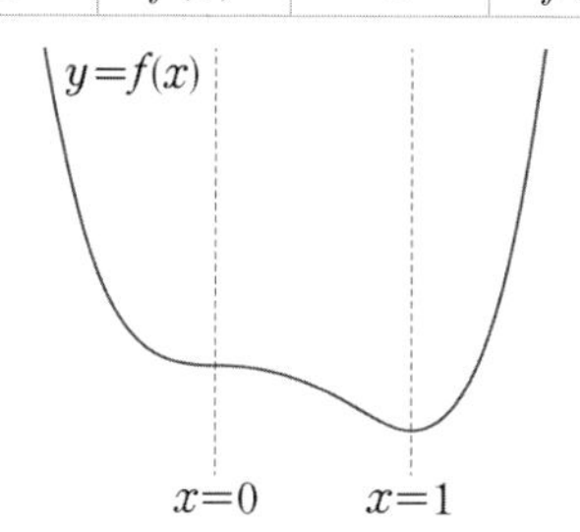

ㄱ. 방정식 $f'(x)=0$, 즉 $4x^2(x-1)=0$은 ($\because$ ㉠, ㉡)
열린구간 $(0, 2)$에서 한 개의 실근 $x=1$을 갖는다. (참)

ㄴ. 함수 $f(x)$는 구간 $(-\infty, 1)$에서 감소하고
구간 $(1, \infty)$에서 증가한다.
따라서 함수 $f(x)$는 극댓값을 갖지 않는다. (거짓)

ㄷ. $f'(x)=4x^3-4x^2$이므로

$f(x)=x^4-\frac{4}{3}x^3+C$이다. (단, C는 적분상수) 너코 054

이때 $f(0)=0$이면 $C=0$이므로

함수 $f(x)=x^4-\frac{4}{3}x^3$의 그래프는 다음 그림과 같다.

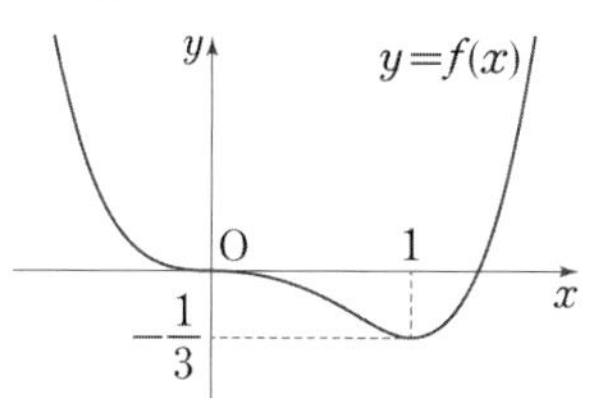

ㄴ에 의하여 함수 $f(x)$는 $x=1$에서

극솟값이자 최솟값 $f(1)=-\frac{1}{3}$을 가지므로 너코 051

모든 실수 x에 대하여 $f(x)\geq-\frac{1}{3}$이다. (참)

따라서 옳은 것은 ㄱ, ㄷ이다.

답 ③

E 13-28

삼차함수 $f(x)=x^3+ax^2+bx$가

조건 (가)를 만족시키므로 $-1+a-b>-1$에서 $a>b$이고

조건 (나)를 만족시키므로 $(1+a+b)-(-1+a-b)>8$에서

$b>3$이다.

따라서 $a>b>3$이다. ……㉠

ㄱ. $f'(x)=3x^2+2ax+b$에 대하여 너코 044

이차방정식 $f'(x)=0$의 판별식을 D라 하면

$\frac{D}{4}=a^2-3b$이다.

이때 ㉠에 의하여 $a^2>ab>3a$이고 $3a>3b$이므로

$a^2>3b$, 즉 $a^2-3b>0$이 성립하므로 $\frac{D}{4}>0$이다.

따라서 이차방정식 $f'(x)=0$은 서로 다른 두 실근을 갖는다. (참)

ㄴ. $f'(x)=3x^2+2ax+b=3\left(x+\frac{a}{3}\right)^2+b-\frac{a^2}{3}$이고

너코 044

㉠에 의하여 $a>3$이므로 $-\frac{a}{3}<-1$이다.

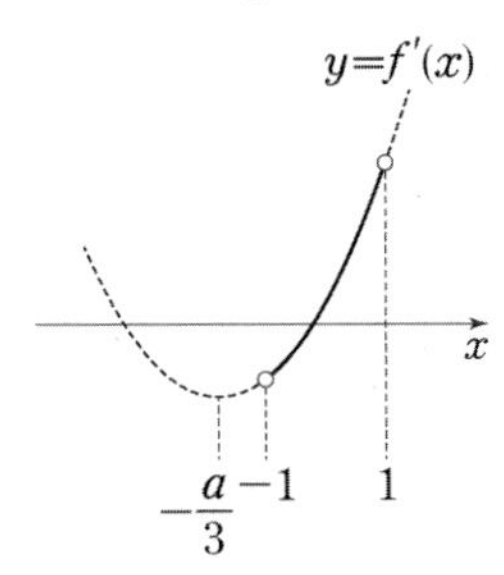

이때 $f'(-1)=3-2a+b$이고

㉠에 의하여 $a>b$에서 $3-2a+b<3-2b+b=3-b$이고

$b>3$에서 $3-b<0$이므로

$f'(-1)<0$이다.

따라서 $-1<x<1$일 때

$f'(x)<0$인 실수 x가 존재한다. (거짓)

ㄷ. 삼차방정식 $f(x)-f'(k)x=0$의

서로 다른 실근의 개수가 2이려면

삼차함수 $y=f(x)$의 그래프와 직선 $y=f'(k)x$가

접해야 한다. 너코 050

ㄴ에서 $f'(-1)<0$이고

㉠에 의하여 $f'(0)=b>0$이므로

방정식 $f'(x)=0$을 만족시키는 실수 x는 모두 음수이다.

따라서 함수 $f(x)$의 극댓값과 극솟값의 x좌표는

모두 음수이므로 너코 049

$f(0)=0$, 즉 원점을 지나는 삼차함수 $y=f(x)$의 그래프는

극댓값의 부호를 기준으로 다음의 세 가지만 가능하다.

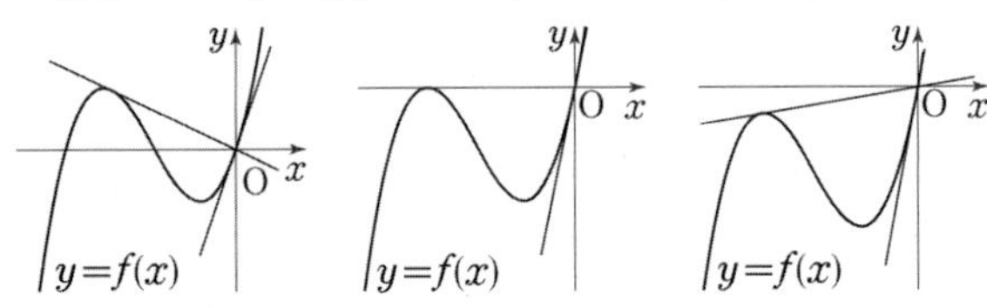

함수 $y=f(x)$의 그래프에 접하면서 원점을 지나는 직선은

세 경우 모두 2개씩 있으므로

그 두 직선의 기울기를 각각 m_1, $m_2\,(m_1<m_2)$라 하면

구하는 실수 k의 개수는

$f'(k)=m_1$을 만족시키는 실수 k의 개수와 너코 041

$f'(k)=m_2$를 만족시키는 실수 k의 개수를 모두 더한 것과

같다.

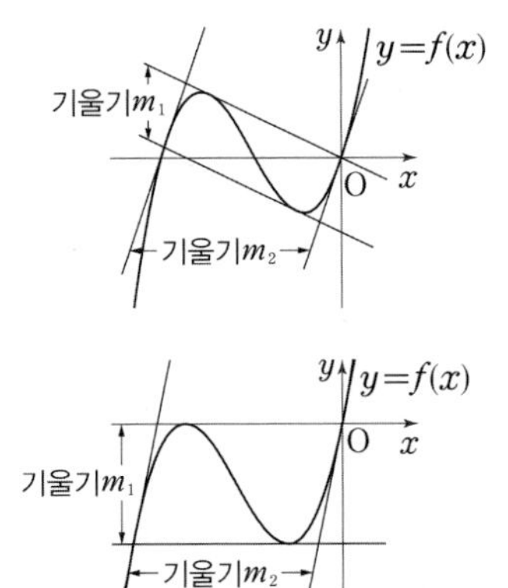

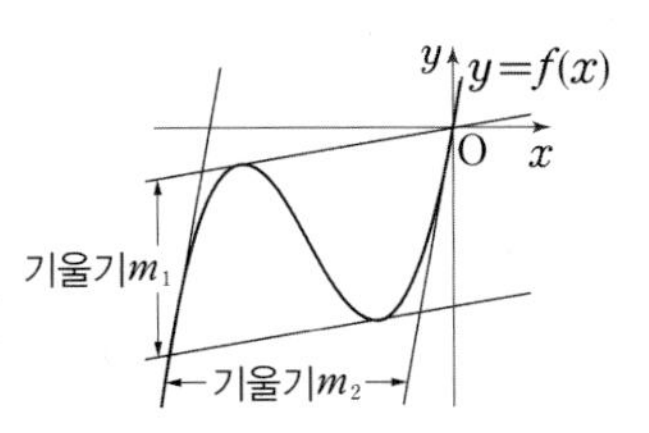

y
y=f(x)
O x
기울기 m_1
기울기 m_2

따라서 어떠한 경우라도 구하는 모든 실수 k의 개수는

$2+2=4$이다. (참)

따라서 옳은 것은 ㄱ, ㄷ이다.

답 ③

E 13-29

풀이 1

방정식 $(f\circ f)(x)=x$의 모든 실근의 집합을

$X=\{0,\,1,\,a,\,2,\,b\}$라 하자. (단, $1<a<2<b$) ……㉠

$p\in X$인 실수 p에 대하여 $f(f(p))=p$가 성립하므로

$f(p)=q$라 하면 $f(f(p))=f(q)=p$에서

$f(f(q))=f(p)=q$도 성립하므로 $q\in X$이다.

$p=q$이면 점 $(p,\,q)$는 직선 $y=x$ 위의 점이고

$p\neq q$이면 두 점 $(p,\,q)$, $(q,\,p)$는

직선 $y=x$에 대하여 대칭이므로

삼차함수 $y=f(x)$의 그래프 위의 5개의 점
$(0, f(0))$, $(1, f(1))$, $(a, f(a))$, $(2, f(2))$, $(b, f(b))$는
다음 두 가지 중 한 경우를 만족시킨다. (∵ ㉠)

i) 직선 $y=x$ 위에 있는 점은 1개이고
직선 $y=x$ 위에 있지 않은 4개의 점은 2개씩 짝을 이루어
직선 $y=x$에 대하여 대칭이다.

ii) 직선 $y=x$ 위에 있는 점은 3개이고
직선 $y=x$ 위에 있지 않은 2개의 점은 직선 $y=x$에
대하여 대칭이다.

i), ii)의 경우 모두 직선 $y=x$에 대하여 대칭인 점이 적어도
2개가 존재하므로
이 두 점의 좌표를 (α, β), (β, α)라 하자. (단, $\alpha<\beta$)
함수 $f(x)$가 최고차항의 계수가 양수인 삼차함수이므로
$\lim_{x\to-\infty}\{f(x)-x\}=-\infty<0$, 너코 032
$f(\alpha)-\alpha=\beta-\alpha>0$,
$f(\beta)-\beta=\alpha-\beta<0$,
$\lim_{x\to\infty}\{f(x)-x\}=\infty>0$을 만족시킨다.
따라서 사잇값의 정리에 의하여 방정식 $f(x)-x=0$,
즉 $f(x)=x$는 세 구간 $(-\infty, \alpha)$, (α, β), (β, ∞)에서 각각
적어도 1개의 실근을 갖는다. 너코 040

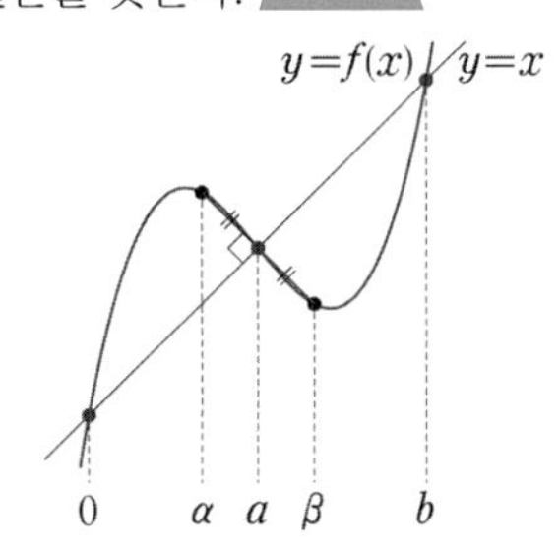

따라서 위의 그림과 같이 ii)의 경우만 가능하다. … 빈출 QnA
㉠에 의하여 함수 $y=f(x)$의 그래프는
직선 $y=x$와 만나는 세 점의 x좌표가 작은 것부터 순서대로
0, a, b이므로
세 점 $(0, 0)$, (a, a), (b, b)를 지나고
곡선 $y=f(x)$ 위의 점 중 직선 $y=x$에 대하여 대칭인
두 점의 x좌표가 $\alpha=1$, $\beta=2$이므로
두 점 $(1, 2)$, $(2, 1)$을 지난다. ……㉡

이때 두 점 $(1, 2)$, $(2, 1)$은 직선 $y=-x+3$ 위에 있으므로
$f(x)-(-x+3)=(x-1)(x-2)(cx-d)$ (단, c, d는 상수)
라 하면 너코 050

$$f'(x)=(x-2)(cx-d)+(x-1)(cx-d)+c(x-1)(x-2)-1$$

이다. 너코 044 너코 045
$f(0)=0$이므로 $-2d+3=0$에서 $d=\dfrac{3}{2}$이고
주어진 조건에 의하여 $f'(0)-f'(1)=6$이므로
$\left(\dfrac{7}{2}+2c\right)-\left(\dfrac{1}{2}-c\right)=6$에서 $c=1$이다.

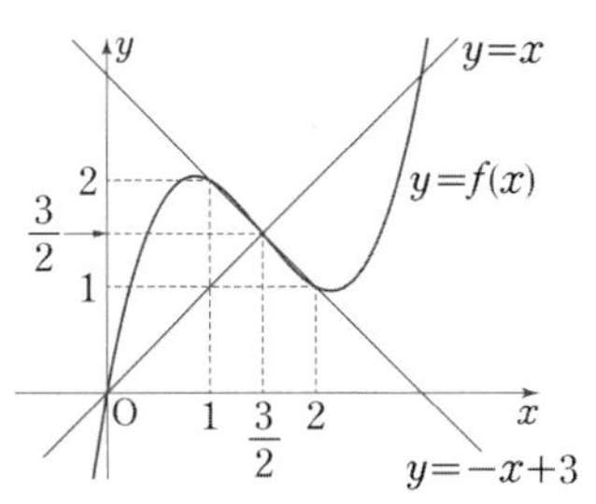

따라서 $f(x)=(x-1)(x-2)\left(x-\dfrac{3}{2}\right)-x+3$이다.
$\therefore\ f(5)=40$

풀이 2

최고차항의 계수가 양수인 삼차함수 $f(x)$에 대하여
조건 $f'(1)<0$, $f'(2)<0$에서
이차함수인 $f'(x)$가 음수인 구간이 있으므로
방정식 $f'(x)=0$의 서로 다른 실근은 2개이다.
따라서 함수 $f(x)$는 극대와 극소를 갖는다. 너코 049
$x=t_1$에서 극대, $x=t_2$에서 극소라 하고
$g(x)=f(x)\ (x\le t_1)$,
$h(x)=f(x)\ (t_1<x<t_2)$,
$i(x)=f(x)\ (x\ge t_2)$라 하면
각 구간에서
두 함수 $g(x)$, $i(x)$는 증가하고
함수 $h(x)$는 감소하므로
모두 역함수가 존재한다.

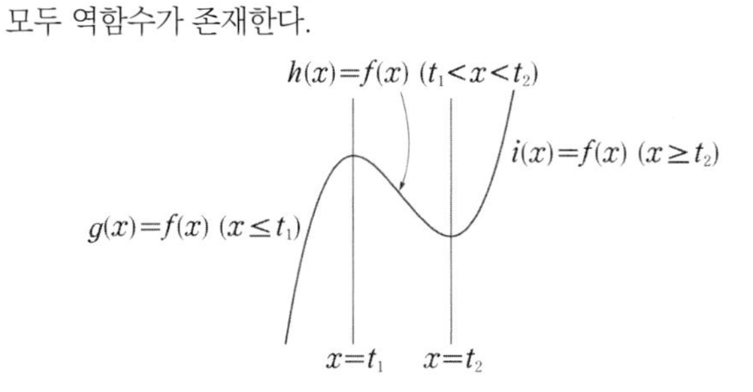

증가하는 함수 $g(x)$, $g^{-1}(x)$와 $i(x)$, $i^{-1}(x)$에 대하여
방정식 $g(x)=g^{-1}(x)$과 $i(x)=i^{-1}(x)$의 실근은
각각 방정식 $g(x)=x$, $i(x)=x$의 실근과 같다.
또한 감소하는 함수 $h(x)$, $h^{-1}(x)$에 대하여
방정식 $h(x)=h^{-1}(x)$의 실근의 개수가
홀수이면 그 중 한 개의 교점은 직선 $y=x$ 위에 있고
나머지 교점은 2개씩 쌍을 이루어 직선 $y=x$에 대하여
대칭이며
짝수이면 모든 교점이 2개씩 쌍을 이루어 직선 $y=x$에 대하여
대칭이다.

이때 방정식 $(f\circ f)(x)=x$의
모든 실근이 0, 1, a, 2, b이므로
세 방정식 $g(x)=x$, $h(x)=h^{-1}(x)$, $i(x)=x$의
모든 실근의 집합을 각각 A, B, C라 하면
$A\cup B\cup C=\{0, 1, a, 2, b\}$이 되어야 한다. (단, $1<a<2<b$)

한편, $f'(1)<0$, $f'(2)<0$이므로 $\{1, a, 2\}\subset B$가 되어
곡선 $y=f(x)$ 위의 점 중 직선 $y=x$에 대하여 대칭인 두 점이 적어도 한 쌍은 존재하므로
그 한 쌍의 점을 (α, β), (β, α)라 하자. (단, $\alpha<\beta$)

$\lim_{x\to-\infty}\{f(x)-x\}=-\infty$, 너코 032

$f(\alpha)-\alpha=\beta-\alpha>0$,

$f(\beta)-\beta=\alpha-\beta<0$,

$\lim_{x\to\infty}\{f(x)-x\}=\infty$이므로

사잇값의 정리에 의하여 방정식 $f(x)-x=0$,
즉 $f(x)=x$는 세 구간 $(-\infty, \alpha)$, (α, β), (β, ∞)에서 각각 적어도 1개의 실근을 갖는다. 너코 040

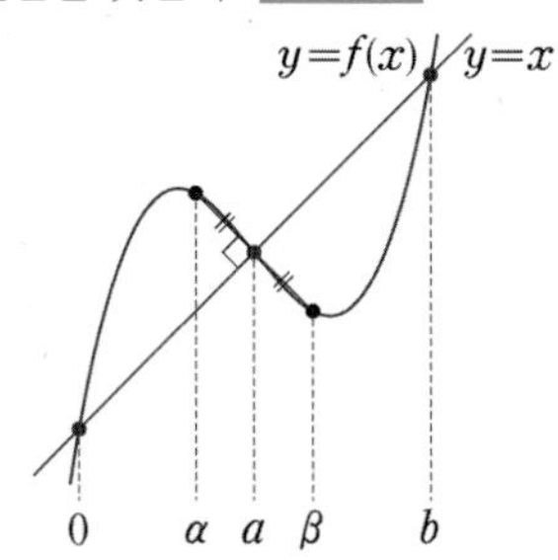

따라서 $A=\{0\}$, $B=\{1, a, 2\}$, $C=\{b\}$이므로
$f(0)=0$, $f(a)=a$, $f(b)=b$이고
곡선 $y=f(x)$ 위의 점 중 직선 $y=x$에 대하여 대칭인
두 점 (α, β), (β, α)가
$f(1)=2$, $f(2)=1$이므로 $(1, 2)$, $(2, 1)$이다.

이때 두 점 $(1, 2)$, $(2, 1)$은 직선 $y=-x+3$ 위에 있으므로
$f(x)-(-x+3)=(x-1)(x-2)(cx-d)$ (단, c, d는 상수)
라 하면 너코 050

$$f'(x)=(x-2)(cx-d)+(x-1)(cx-d)+c(x-1)(x-2)-1$$

이다. 너코 044 너코 045

$f(0)=0$이므로 $-2d+3=0$에서 $d=\frac{3}{2}$이고
주어진 조건에 의하여 $f'(0)-f'(1)=6$이므로
$\left(\frac{7}{2}+2c\right)-\left(\frac{1}{2}-c\right)=6$에서 $c=1$이다.

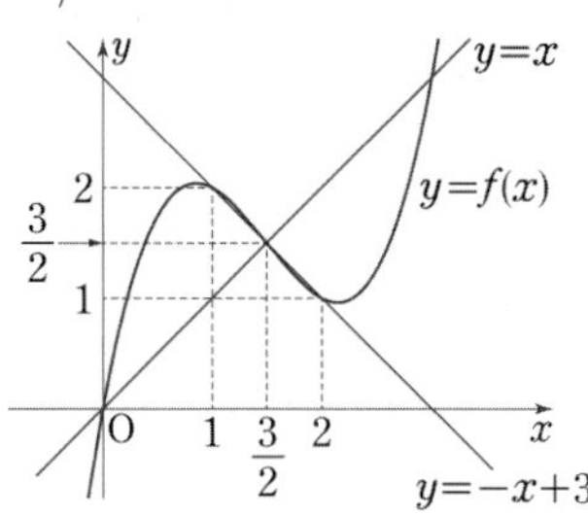

따라서 $f(x)=(x-1)(x-2)\left(x-\frac{3}{2}\right)-x+3$이다.

$\therefore\ f(5)=40$

답 40

빈출 QnA

Q. 삼차함수는 점대칭성을 가지므로 점 $(a, f(a))$에 대하여
두 점 $(1, f(1))$, $(2, f(2))$가 서로 대칭이고
두 점 $(0, f(0))$과 $(b, f(b))$가 서로 대칭이라고 생각하여
$a=\frac{1+2}{2}=\frac{0+b}{2}$로 a, b의 값을 찾아 더 간단하게
$f(x)$를 구할 수도 있지 않나요?

A. '방정식 $f(f(x))=x$의 모든 실근이 0, 1, a, 2, b'라는 조건만으로 ……㉠
삼차함수 $y=f(x)$의 그래프가 점 (a, a)에 대하여 대칭이라고 추측하여 $a=\frac{1+2}{2}=\frac{0+b}{2}$라고 구하는 풀이는 잘못된 것입니다.
이 문제에선 우연히 그렇게 가정하여 풀어도 답이 같게 나오지만 그렇게 풀었을 때 틀리는 경우도 있습니다.
예를 들어 $g(x)=\frac{3}{2}x^3-6x^2+\frac{13}{2}x$라 하면
방정식 $g(g(x))=x$의 모든 실근은
0, 1, $\frac{6-\sqrt{3}}{3}$, 2, $\frac{6+\sqrt{3}}{3}$으로 ㉠과 같은 형태입니다.
이때 잘못된 추측에 의하면 함수 $y=g(x)$의 그래프가
점 $\left(\frac{6-\sqrt{3}}{3}, \frac{6-\sqrt{3}}{3}\right)$에 대하여 대칭이어야 하지만
실제로는 다음 그림에서 별 표시된 점 $\left(\frac{4}{3}, \frac{14}{9}\right)$에 대하여 대칭이죠.

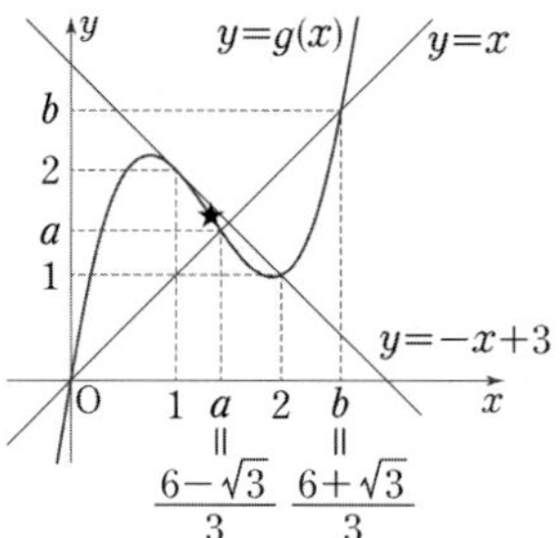

따라서 추가로 주어진 조건
$f'(1)<0$, $f'(2)<0$, $f'(0)-f'(1)=6$
등을 활용하여 $f(x)$를 구해야 합니다.

E13-30

최고차항의 계수가 1인 삼차함수 $f(x)$와
최고차항의 계수가 -1인 이차함수 $g(x)$에 대하여
조건 (가)에서
$f(0)=0$, $f'(0)=0$이고
$g(2)=0$, $g'(2)=0$이므로 너코 041
$f(x)$는 x^2을, $g(x)$는 $(x-2)^2$을 인수로 가진다. 너코 050
따라서 $f(x)=x^2(x-t)$, $g(x)=-(x-2)^2$으로 둘 수 있다.
(단, t는 실수)

이때 $f(x)$의 x절편인 t의 값에 따른 함수 $y=f(x)$의 그래프는 다음과 같다.

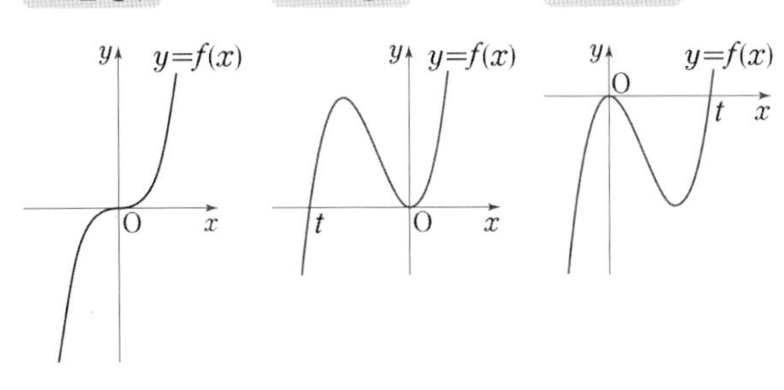

i) $t=0$인 경우
점 $(2, 0)$에서 곡선 $y=f(x)$에 그은 접선은
다음 그림과 같이 $y=0$, l_1으로 2개이므로
조건 (나)를 만족시킨다.
또한 방정식 $f(x)=g(x)$는 오직 하나의 실근을 가지므로
조건 (다)를 만족시킨다.

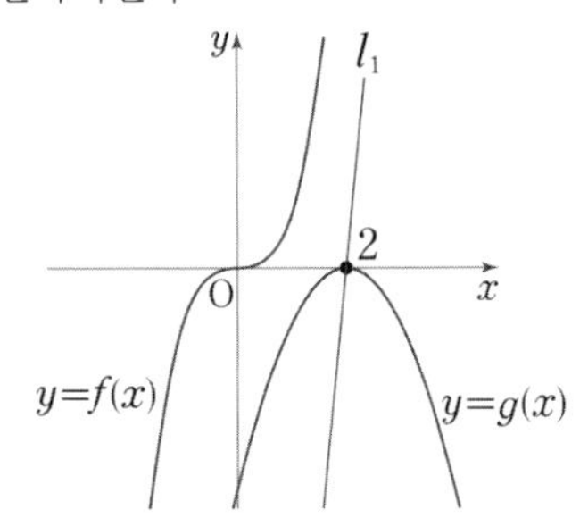

ii) $t<0$인 경우
점 $(2, 0)$에서 곡선 $y=f(x)$에 그은 접선은
다음 그림과 같이 $y=0$, l_2, l_3으로 3개이므로
조건 (나)를 만족시키지 않는다.

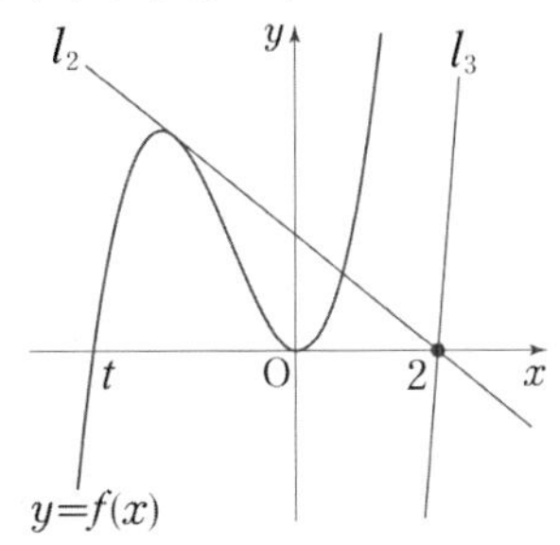

iii) $t>0$인 경우
곡선 $y=f(x)$가 점 A에 대하여 대칭이라고 할 때
점 A에서의 접선을 l_4라 하자.
점 $(2, 0)$에서 곡선 $y=f(x)$에 그은 접선의 개수가
2이려면
다음 그림과 같이 직선 l_4가 점 $(2, 0)$을 지나야 한다.
그러나 이 경우 방정식 $f(x)=g(x)$는
서로 다른 세 개의 실근을 가지므로
조건 (다)를 만족시키지 않는다.

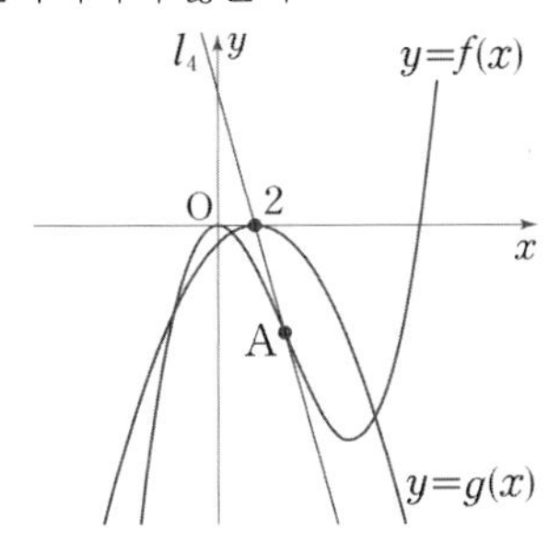

i)~iii)에 의하여 $f(x)=x^3$, $g(x)=-(x-2)^2$이다.
$x>0$인 모든 실수 x에 대하여 $g(x) \le kx-2 \le f(x)$를
만족시키는 실수 k에 대해
점 $(0, -2)$를 지나는 직선 $y=kx-2$의 기울기 k는
곡선 $y=f(x)$와 접할 때 최댓값 α를 갖고,
곡선 $y=g(x)$와 접할 때 최솟값 β를 갖는다.

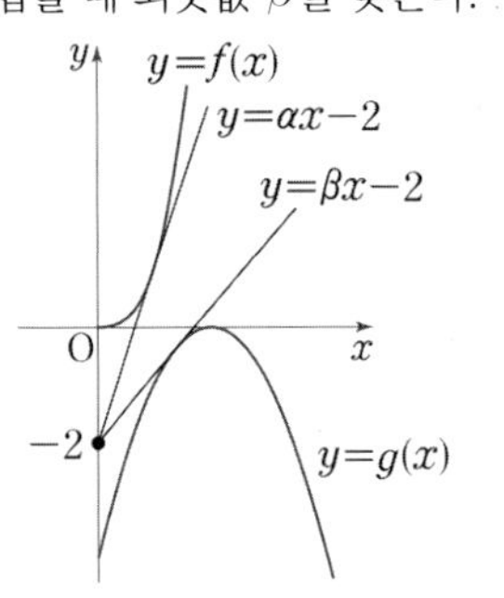

곡선 $y=f(x)$가 직선 $y=\alpha x-2$와 접할 때의
접점의 좌표를 (p, p^3)이라 하자. (단, $p>0$인 상수)
$f'(x)=3x^2$이므로 너코 044
접선의 방정식은 $y=3p^2(x-p)+p^3$이고 너코 047
이 직선이 점 $(0, -2)$를 지나야 하므로
$-2=-2p^3$에서 $p=1$이다.
따라서 $\alpha=3p^2=3$이다. ……㉠
곡선 $y=g(x)$가 직선 $y=\beta x-2$와 접할 때의
접점의 좌표를 $(q, -q^2+4q-4)$라 하자. (단, $q>0$인 상수)
$g'(x)=-2x+4$이므로
접선의 방정식은 $y=(4-2q)(x-q)+(-q^2+4q-4)$이고
이 직선이 점 $(0, -2)$를 지나야 하므로
$-2=q^2-4$에서 $q=\sqrt{2}$이다.
따라서 $\beta=4-2q=4-2\sqrt{2}$이다. ……㉡
㉠, ㉡에 의하여 $\alpha-\beta=-1+2\sqrt{2}$이다.
$\therefore\ a^2+b^2=(-1)^2+2^2=5$

답 5

E13-31

조건 (가)에 의하여
곡선 $y=f(x)$와 직선 $y=x$는 서로 다른 두 점에서 만나고,
조건 (나)에 의하여
곡선 $y=f(x)$와 직선 $y=-x$는 서로 다른 두 점에서 만난다.
즉, 두 직선 $y=x$, $y=-x$는 모두 곡선 $y=f(x)$에 접한다.
또한 곡선 $y=f(x)$와 두 직선 $y=x$, $y=-x$는 점 $(0, 0)$을
교점으로 가지므로 가능한 개형은 다음과 같다.

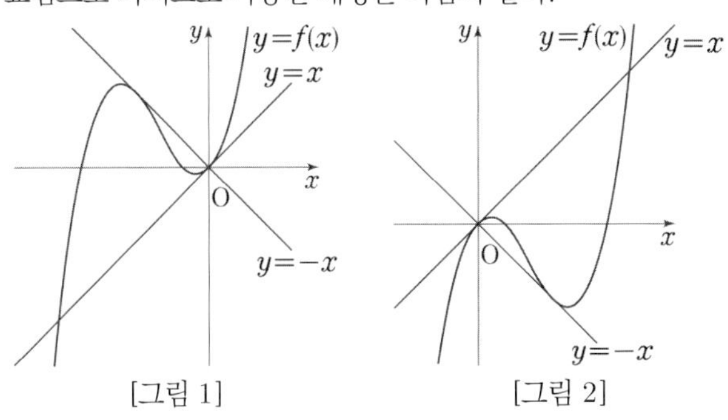

[그림 1] [그림 2]

삼차함수 $f(x)$의 최고차항의 계수를 a라 하고,
곡선 $y=f(x)$와 직선 $y=x$가 점 $(0, 0)$에서 접하고 또 다른 점 (b, b)에서 만난다고 하면
$f(x)-x=ax^2(x-b)$라 할 수 있다. 너코 050
(단, a, b는 상수이고 $a>0$이다.)

한편 조건 (나)에 의하여
방정식 $\{ax^2(x-b)+x\}+x=0$의 서로 다른 실근의 개수가 2이므로
$x(ax^2-abx+2)=0$에서
이차방정식 $ax^2-abx+2=0$이 중근을 가져야 한다.
이때 이차방정식의 판별식을 D라 하면
$D=a^2b^2-8a=0$이다. ……㉠
또한 $f(x)=ax^3-abx^2+x$에서
$f'(x)=3ax^2-2abx+1$이고 너코 044
$f'(1)=1$이라 주어졌으므로
$3a-2ab+1=1$, 즉 $b=\frac{3}{2}$이다. ($\because$ $a>0$)
이를 ㉠에 대입하면
$\frac{9}{4}a^2-8a=0$,
$\frac{9}{4}a\left(a-\frac{32}{9}\right)=0$,
$a=\frac{32}{9}$이다. ($\because$ $a>0$)
따라서 함수 $y=f(x)$의 그래프는 [그림 2]와 같고
$f(x)=\frac{32}{9}x^3-\frac{16}{3}x^2+x$이다.
$\therefore$ $f(3)=96-48+3=51$

답 51

E13-32

이차함수 $f(x)$가 $x=-1$에서 극대이므로
$f(x)=a(x+1)^2+b$라 하면 (단, a, b는 상수, a는 음수)
$f'(x)=2ax+2a$이고,
이차항의 계수가 0인 삼차함수 $g(x)$를
$g(x)=cx^3+dx+e$라 하면 (단, c, d, e는 상수, $c\neq 0$)
$g'(x)=3cx^2+d$이다. 너코 044
함수 $h(x)=\begin{cases}f(x) & (x\leq 0)\\ g(x) & (x>0)\end{cases}$이 실수 전체의 집합에서 미분가능하므로
$f(0)=g(0)$이고 $f'(0)=g'(0)$이어야 한다. 너코 046
즉,
$f(0)=g(0)$에서 $a+b=e$,
$f'(0)=g'(0)$에서 $2a=d$이므로
$g(x)=cx^3+2ax+a+b$이고
$g'(x)=3cx^2+2a$이다.
한편 조건 (가)를 만족시키려면
$x\leq 0$에서 방정식 $f(x)=f(0)$의 모든 실근의 합과 $x>0$에서 방정식 $g(x)=f(0)$의 모든 실근의 합을 더한 값이 1이어야 한다.
이때 $x\leq 0$에서 방정식 $f(x)=f(0)$의 모든 실근의 합이 $(-2)+0=-2$이므로
$x>0$에서 방정식 $g(x)=f(0)$, 즉
$cx^3+2ax+a+b=a+b$의 모든 실근의 합은 3이어야 한다.
너코 050
정리하면 $x(cx^2+2a)=0$에서 $cx^2+2a=0$은 실근을 가져야 하고 $a<0$이므로 $c>0$이어야 한다.
즉, $x=\sqrt{\frac{-2a}{c}}=3$이어야 하므로 $c=-\frac{2}{9}a$이다.
따라서
$g(x)=-\frac{2}{9}ax^3+2ax+a+b$,
$g'(x)=-\frac{2}{3}ax^2+2a=-\frac{2}{3}a(x^2-3)$이고
함수 $g(x)$가 $x=\sqrt{3}$에서 극솟값 $\frac{3+4\sqrt{3}}{3}a+b$를 가지므로
$y=h(x)$의 그래프는 다음 그림과 같다.

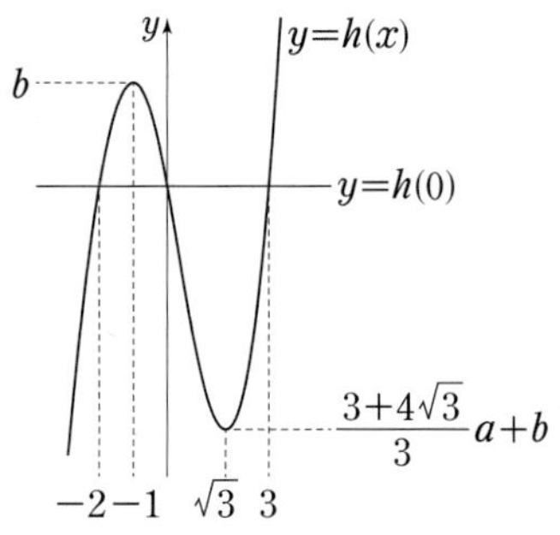

닫힌구간 $[-2, 3]$에서 함수 $h(x)$의 최댓값과 최솟값의 차는
$h(-1)-h(\sqrt{3})=f(-1)-g(\sqrt{3})$
$=b-\left(\frac{3+4\sqrt{3}}{3}a+b\right)$
$=-\frac{3+4\sqrt{3}}{3}a$
이므로 조건 (나)에 의하여 $a=-3$이다.
즉, $f'(x)=-6x-6$, $g'(x)=2x^2-6$이다.
$\therefore$ $h'(-3)+h'(4)=f'(-3)+g'(4)$
$=12+26=38$

답 38

E13-33

조건 (가)에 의하여
방정식 $f(x)=0$의 서로 다른 두 실근을 α, β $(\alpha\neq\beta)$라 하면
$f(x)=k(x-\alpha)^2(x-\beta)$라 할 수 있다. (단, $k\neq 0$) 너코 050
이때 조건 (나)에 의하여
두 방정식 $x-f(x)=\alpha$, $x-f(x)=\beta$,
즉 $f(x)=x-\alpha$, $f(x)=x-\beta$의 모든 실근 중 서로 다른 것의 개수는 3이다.
이는 곡선 $y=f(x)$가 두 직선 $y=x-\alpha$, $y=x-\beta$와 서로 다른 세 점에서 만나야 함을 의미한다. ……㉠

$k>0$이면 곡선 $y=f(x)$가 직선 $y=x-\alpha$와 이미 서로 다른 세 점에서 만나므로 ㉠을 만족시킬 수 없다.
따라서 $k<0$이어야 하고, 이때 ㉠을 만족시키는 경우는 곡선 $y=f(x)$가 직선 $y=x-\alpha$와 두 점에서 만나고 직선 $y=x-\beta$와는 한 점에서 만나는 다음 두 경우이다.

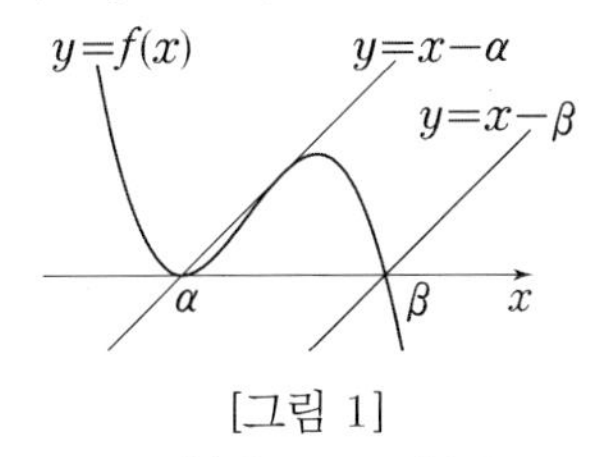

[그림 1]

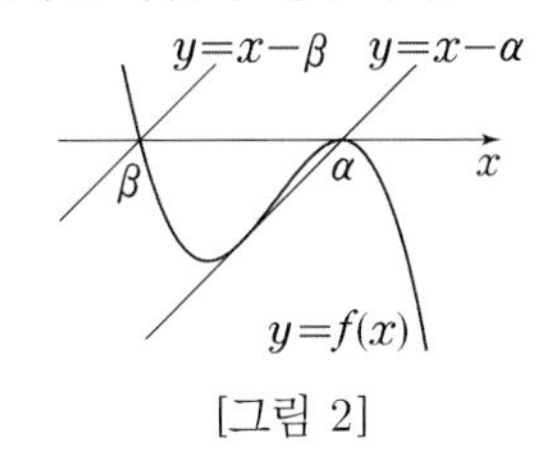

[그림 2]

그런데 $f'(0)>1$, $f'(1)=1$, $f(1)=4$이어야 하므로 [그림 1]과 같이 $f'(x)$의 값이 양수인 부분은 x축 위쪽에 있어야 하고, 직선 $y=x-\alpha$의 기울기가 1이므로 곡선 $y=f(x)$와 직선 $y=x-\alpha$의 접점의 좌표가 $(1, 4)$임을 알 수 있다.

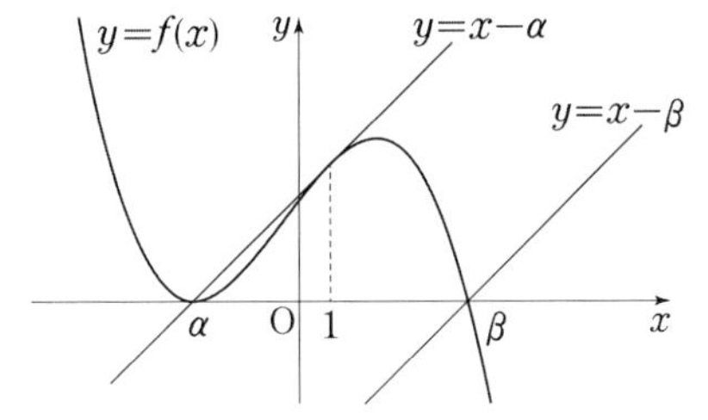

곡선 $y=f(x)$ 위의 점 $(1, 4)$에서의 접선의 방정식은
$y=f'(1)(x-1)+f(1)$, 즉 $y=x+3$이고,
두 직선 $y=x-\alpha$, $y=x+3$이 일치하므로
$\alpha=-3$
또한 $f(1)=4$, $f'(1)=1$이므로
$f(x)=k(x+3)^2(x-\beta)$에서
$f(1)=16k(1-\beta)=4$ ⋯⋯ ㉡
$f'(x)=2k(x+3)(x-\beta)+k(x+3)^2$에서 너코 044
$f'(1)=8k(1-\beta)+16k=1$ ⋯⋯ ㉢
㉡을 ㉢에 대입하면

$2+16k=1 \quad \therefore k=-\frac{1}{16}$

이를 ㉡에 대입하면 $\beta=5$

따라서 $f(x)=-\frac{1}{16}(x+3)^2(x-5)$이므로

$f(0)=-\frac{1}{16}\times 9\times(-5)=\frac{45}{16}$

$\therefore p+q=16+45=61$

답 61

E 13-34

풀이 1

방정식 $f(x)+|f(x)+x|=6x+k$,
즉 $f(x)+|f(x)+x|-6x=k$에서 $g(x)$를
$g(x)=f(x)+|f(x)+x|-6x$
라 하면 주어진 방정식은 $g(x)=k$와 같고, 이 방정식의 서로 다른 실근의 개수는 곡선 $y=g(x)$와 직선 $y=k$의 교점의 개수와 같다. 너코 050

$g(x)=\begin{cases}-7x & (f(x)<-x)\\ 2f(x)-5x & (f(x)\ge -x)\end{cases}$이고,

$f(x)=-x$에서 $\frac{1}{2}x^3-\frac{9}{2}x^2+10x=-x$

$x(x^2-9x+22)=0$
이때 모든 실수 x에 대하여

$x^2-9x+22=\left(x-\frac{9}{2}\right)^2+\frac{7}{4}>0$

이므로 곡선 $y=f(x)$와 직선 $y=-x$는 원점 O에서만 만난다.
즉, $x<0$에서 $f(x)<-x$, $x\ge 0$에서 $f(x)\ge -x$이므로
$h(x)=2f(x)-5x=x^3-9x^2+15x$라 하면

$g(x)=\begin{cases}-7x & (x<0)\\ h(x) & (x\ge 0)\end{cases}$이다.

$h'(x)=3x^2-18x+15=3(x-1)(x-5)$이므로
$x=1$ 또는 $x=5$에서 $h'(x)=0$이고, 너코 044
함수 $h(x)$의 증가와 감소를 표로 나타내면 다음과 같다.

너코 049

x	⋯	1	⋯	5	⋯
$h'(x)$	+	0	−	0	+
$h(x)$	↗	극대	↘	극소	↗

함수 $h(x)$는 $x=1$에서 극댓값 $h(1)=1-9+15=7$,
$x=5$에서 극솟값 $h(5)=125-225+75=-25$를 가지므로
곡선 $y=g(x)$는 그림과 같다.

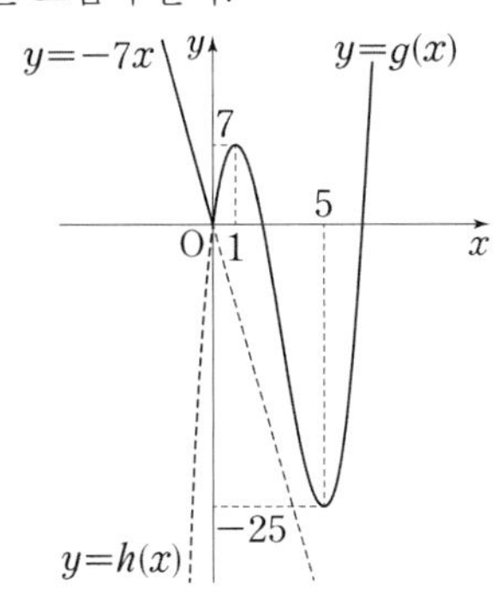

이때 주어진 방정식의 서로 다른 실근의 개수가 4이려면
곡선 $y=g(x)$와 직선 $y=k$의 교점의 개수가 4이어야 하므로
실수 k의 값의 범위는
$0<k<7$
따라서 모든 정수 k의 값의 합은

$1+2+3+\cdots+6=\frac{6}{2}\times(1+6)=21$

풀이 2

$g(x)=f(x)+x=\frac{1}{2}x^3-\frac{9}{2}x^2+11x$라 하면

주어진 방정식은
$g(x)+|g(x)|=7x+k$
와 같고, 이 방정식의 서로 다른 실근의 개수는
곡선 $y=g(x)+|g(x)|$와 직선 $y=7x+k$의 교점의 개수와 같다. 너코 050

$g'(x)=\frac{3}{2}x^2-9x+11$이고 너코 044

$g'(x)=0$을 만족시키는 x의 값을 구하면

$$x=\frac{9\pm\sqrt{9^2-4\times\frac{3}{2}\times 11}}{2\times\frac{3}{2}}=3\pm\frac{\sqrt{15}}{3}$$

또한 $g(x)=0$을 만족시키는 x의 값을 구하면

$\frac{1}{2}x^3-\frac{9}{2}x^2+11x=0$에서

$\frac{1}{2}x(x^2-9x+22)=0$

$\therefore\ x=0$ ($\because$ 모든 실수 x에 대하여 $x^2-9x+22>0$)

$0<3-\frac{\sqrt{15}}{3}<3+\frac{\sqrt{15}}{3}$이므로 함수 $g(x)$의 증가와 감소를 표로 나타내고, 그 그래프를 그리면 다음과 같다. 너코 049

x	$\cdots$	0	$\cdots$	$3-\frac{\sqrt{15}}{3}$	$\cdots$	$3+\frac{\sqrt{15}}{3}$	$\cdots$
$g'(x)$	+	+	+	0	−	0	+
$g(x)$	↗	0	↗	극대	↘	극소	↗

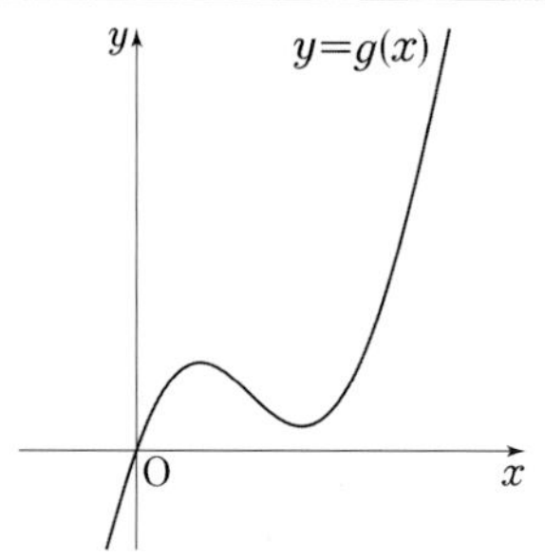

$g(x)+|g(x)|=\begin{cases}2g(x) & (g(x)\geq 0)\\ 0 & (g(x)<0)\end{cases}$이므로 위의 그래프를 이용하여 곡선 $y=g(x)+|g(x)|$를 그리면 다음과 같고,

이때 직선 $y=7x+k$가

i) 기울기가 7이고 원점을 지나는 직선과

ii) 기울기가 7이고 곡선에 접하는 직선 사이에 위치해야만

곡선 $y=g(x)+|g(x)|$와 직선 $y=7x+k$의 교점의 개수가 4가 된다.

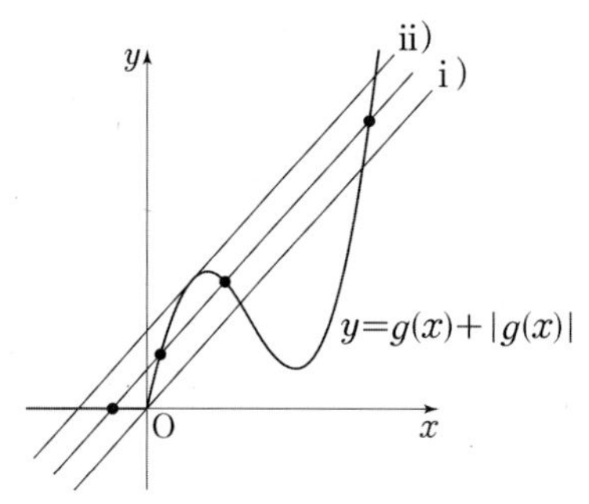

i) 기울기가 7이고 원점을 지나는 직선의 방정식은

$y=7x$

ii) 기울기가 7인 직선과 곡선 $y=2g(x)$의 접점의 x좌표를 α라 하면 $2g'(\alpha)=7$, 즉 $3\alpha^2-18\alpha+22=7$에서

$\alpha^2-6\alpha+5=0$, $(\alpha-1)(\alpha-5)=0$

$\therefore\ \alpha=1$ ($\because$ 직선 $y=7x$보다 위쪽에 있으므로)

$2g(1)=14$이므로 기울기가 7이고 곡선에 접하는 직선의 방정식은

$y=7(x-1)+14$

$\therefore\ y=7x+7$ 너코 047

i), ii)에 의하여 $0<k<7$이므로 모든 정수 k의 값의 합은

$1+2+3+4+5+6=21$

답 21

E13-35

실수 t가 하나로 정해졌을 때

$g(x)=\begin{cases}f(x) & (x\geq t)\\ -f(x)+2f(t) & (x<t)\end{cases}$에서

$\lim_{x\to t-}g(x)=\lim_{x\to t+}g(x)=g(t)=f(t)$이므로 너코 037

함수 $g(x)$는 모든 실수 x에서 연속이고,

$x\geq t$에서 함수 $y=g(x)$의 그래프는

함수 $y=f(x)$의 그래프와 같고

$x<t$에서 함수 $y=g(x)$의 그래프는

함수 $y=f(x)$의 그래프를 직선 $y=f(t)$에 대하여

대칭이동시킨 그래프와 같다. ($\because$ 참고) ……㉠

이때 각각의 t에 대하여 방정식 $g(x)=0$의 서로 다른 실근의 개수는 함수 $y=g(x)$의 그래프가 x축과 만나는 점의 개수와 같으므로 너코 050

$h(t)$가 불연속이 생기는 경우는 ㉠에 의하여

대칭이동된 부분이 x축과 추가로 만나거나

대칭이동에 의하여 x축과 만나던 점이 없어지는 경우이다.

먼저 삼차함수 $f(x)$는 최고차항의 계수가 1이고 $x=3$에서 극댓값 8을 가지므로 $x\leq 3$인 범위에서 $y=f(x)$의 그래프는 x축과 반드시 한 점에서만 만난다. 너코 049

이 점의 x좌표를 α라 하면

$t<\alpha$일 때 대칭이동된 부분이 x축과 추가로 만나고

$\alpha<t\leq 3$일 때 x축과 만나던 점이 없어진다.

즉, 함수 $h(t)$는 $t=\alpha$에서 불연속이 된다. ……㉡

한편, 함수 $f(x)$는 $x>3$인 범위에서 극솟값을 가지므로

$x=p$에서 극솟값 q를 가진다고 하면

$3<t\leq p$일 때 $y=g(x)$의 그래프는 $x=3$에서 극소가 되고

$t=p$일 때 가장 아래쪽에 그려진다.

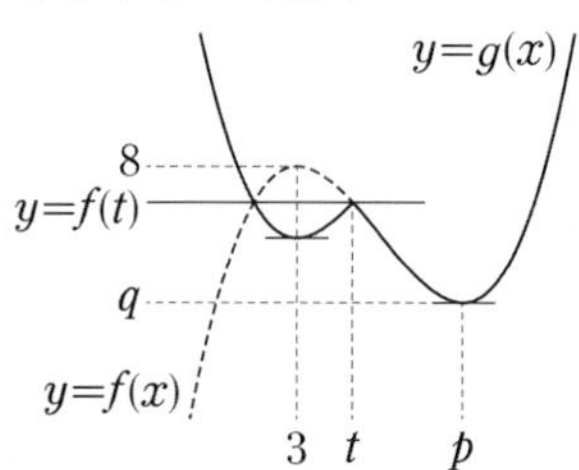

이때 $t=p$일 때의 함수 $g(x)$의 극솟값

$g(3)=-f(3)+2f(p)=-8+2q$에 대하여

ⅰ) $-8+2q>0$이면

$t>\alpha$일 때 대칭이동된 부분이 x축과 추가로 만나거나 대칭이동에 의하여 x축과 만나던 부분이 없어지는 경우는 없다.

즉, $t>\alpha$일 때 함수 $h(t)$는 불연속이 되는 경우는 없다.

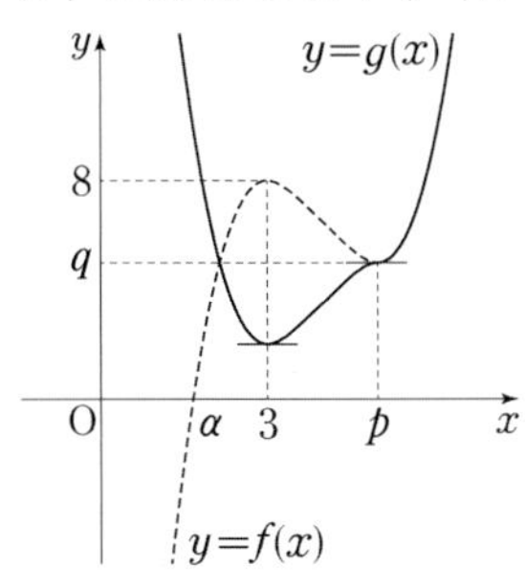

ⅱ) $-8+2q=0$이면

$t=p$일 때 대칭이동된 극소 부분이 x축과 추가로 접하고 $3<t<p$, $t>p$일 때는 x축과 만나는 경우는 없다.

즉, $t>\alpha$일 때 함수 $h(t)$는 $t=p$에서 불연속이 된다.

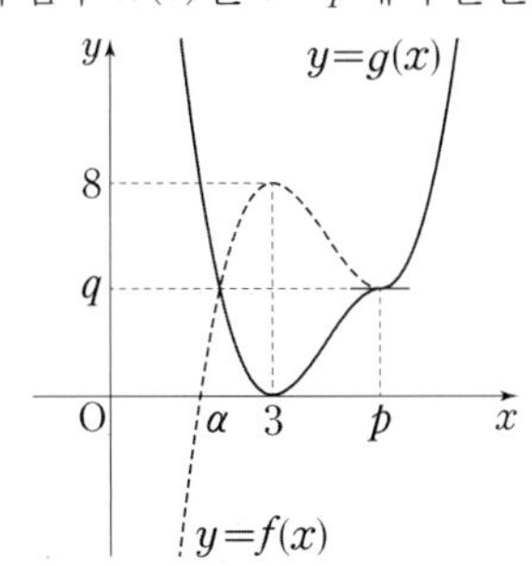

ⅲ) $-8+2q<0$이면

$t=p$일 때 대칭이동된 부분이 x축과 추가로 두 점에서 만난다.

이는 $3<t<p$일 때 대칭이동된 부분과 x축의 교점이 0, 1, 2로 변하는 경우가 있음을 의미하고

동시에 $t>p$일 때 대칭이동된 부분과 x축의 교점이 2, 1, 0으로 변하는 경우가 생김을 의미한다.

즉, $t>\alpha$일 때 함수 $h(t)$는 불연속이 되는 점이 두 개 이상이다.

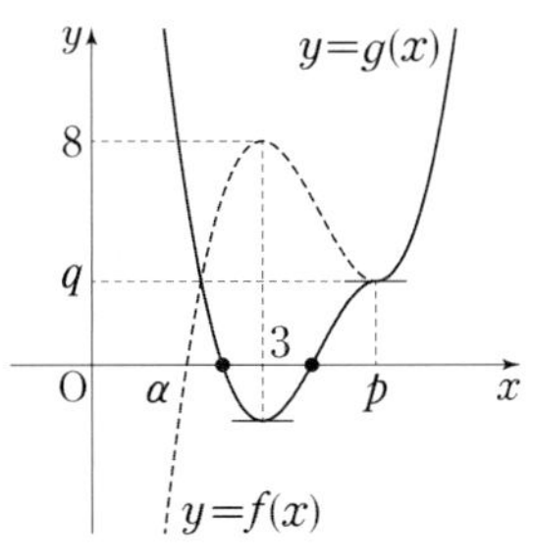

ⅰ)~ⅲ)과 ㉡에 의하여 함수 $h(t)$가 두 점에서만 불연속이 되려면 $-8+2q=0$, 즉 극솟값 $q=4$이어야 한다.

$f'(3)=0$, $f(3)=8$이므로

$f(x)=(x-3)^2(x-k)+8$이라 하면

$f'(x)=2(x-3)(x-k)+(x-3)^2$ 너코 045

$\quad\;\;\;=(x-3)(3x-2k-3)$

이므로 $x=3$, $x=\dfrac{2k+3}{3}$일 때 $f'(x)=0$이다.

따라서 함수 $f(x)$는 $x=\dfrac{2k+3}{3}$에서 극솟값 4를 가지므로

$f\left(\dfrac{2k+3}{3}\right)=-4\left(\dfrac{k-3}{3}\right)^3+8=4$에서

$\left(\dfrac{k-3}{3}\right)^3=1$, $\dfrac{k-3}{3}=1$ ($\because$ k는 실수)

$\therefore\ k=6$

따라서 $f(x)=(x-3)^2(x-6)+8$이므로

$f(8)=25\times2+8=58$

참고

실수 t가 하나로 정해졌을 때

함수 $y=-f(x)+2f(t)$의 그래프는 함수 $y=f(x)$의 그래프를 x축에 대하여 대칭이동시킨 후 y축의 방향으로 $2f(t)$만큼 평행이동시킨 그래프이다.

이때 $\dfrac{f(x)+\{-f(x)+2f(t)\}}{2}=f(t)$이므로

각각의 x에 대하여 y좌표가 $f(x)$, $-f(x)+2f(t)$인 두 점은 직선 $y=f(t)$에서 같은 거리만큼 떨어져 있다.

따라서 함수 $y=f(x)$의 그래프와 함수 $y=-f(x)+2f(t)$의 그래프는 직선 $y=f(t)$에 대하여 대칭임을 알 수 있다.

답 58

E14-01

점 P의 시각 t에서의 속도를 v라 하면

위치 x가 $x=-t^2+4t$이므로

$v=\dfrac{dx}{dt}=-2t+4$ 너코 044 너코 052

$t=a$에서의 속도가 0이므로

$-2a+4=0$

$\therefore\ a=2$

답 ②

E14-02

점 P의 시각 $t\ (t\geq0)$에서의 위치 x가

$x=-\dfrac{1}{3}t^3+3t^2+k$이므로

속도 v는 $v=-t^2+6t$이고, 가속도 a는 $a=-2t+6$이다.

너코 044 너코 052

점 P의 가속도가 0일 때, 즉 $-2t+6=0$에서 $t=3$일 때 점 P의 위치가 40이므로

$-9+27+k=40$

$\therefore\ k=22$

답 22

E14-03

점 P의 시각 $t\ (t>0)$에서의 위치 x가

$x=t^3-5t^2+6t$이므로

속도 v는 $v=3t^2-10t+6$이고, 가속도 a는 $a=6t-10$이다. 너코 044 너코 052

따라서 $t=3$에서 점 P의 가속도는

$6\times3-10=8$

답 8

E14-04

$\mathrm{P}(t)=\frac{1}{3}t^3+4t-\frac{2}{3}$, $\mathrm{Q}(t)=2t^2-10$에서

두 점 P, Q의 시각 t일 때의 속도를 각각 v_{P}, v_{Q}라 하면

$v_{\mathrm{P}}=\mathrm{P}'(t)=t^2+4$, $v_{\mathrm{Q}}=\mathrm{Q}'(t)=4t$ 너코 044 너코 052

두 점의 속도가 같아지는 순간의 시각 t를 구하면

$t^2+4=4t$에서 $(t-2)^2=0$

$\therefore\ t=2$

이때 $\mathrm{P}(2)=\frac{8}{3}+8-\frac{2}{3}=10$, $\mathrm{Q}(2)=8-10=-2$이므로

두 점 P, Q 사이의 거리는

$10-(-2)=12$

답 12

E14-05

수직선 위를 움직이는 점의 시각 t에서의 속도가 양수이면
그 점이 시각 t에서 수직선의 양의 방향으로 움직이고 있음을 뜻하고
수직선 위를 움직이는 점의 시각 t에서의 속도가 음수이면
그 점이 시각 t에서 수직선의 음의 방향으로 움직이고 있음을 뜻한다. 너코 052

따라서 시각 t에서 수직선 위를 움직이는 두 점 P와 Q가 서로 반대방향으로 움직인다는 것은
그때 두 점의 속도 $f'(t)$와 $g'(t)$의 부호가 서로 반대임을 의미하므로

$f'(t)=4t-2$, $g'(t)=2t-8$에서 너코 044

$f'(t)g'(t)<0$, 즉

$(4t-2)(2t-8)=4(2t-1)(t-4)<0$에서 $\frac{1}{2}<t<4$

답 ①

E14-06

수직선 위를 움직이는 점의 운동 방향이 바뀌려면 속도의 부호가 바뀌어야 한다. 너코 052

점 P의 시각 $t\,(t>0)$에서의 위치 x가 $x=t^3-12t+k$이므로

시각 t에서의 속도를 v라 하면

$v=\frac{dx}{dt}=3t^2-12=3(t+2)(t-2)$이다. 너코 044

따라서 속도 v의 부호는 $t>0$일 때

$t=2$의 좌우에서만 바뀌므로

점 P의 운동 방향은 $t=2$일 때 바뀌며

이때 점 P가 원점에 있어야 하므로 위치 x의 값은 0이다.

$2^3-12\times2+k=0\qquad\therefore\ k=16$

답 ④

E14-07

점 P의 시각 $t\,(t\geq0)$에서의 위치 x가

$x=t^3+at^2+bt$이므로

속도 v는 $v=3t^2+2at+b$이고, 가속도 a는 $a=6t+2a$이다. 너코 044 너코 052

$t=1$에서 점 P의 운동 방향이 바뀌므로

$t=1$의 좌우에서 속도의 부호가 바뀌어야 한다.

따라서 $t=1$일 때 속도는 0, 즉 $3+2a+b=0$이고

$t=2$에서 가속도가 0이므로 $12+2a=0$이다.

두 식을 연립하면

$a=-6$, $b=9$

$\therefore\ a+b=3$

답 ①

E14-08

점 P의 시각 $t\,(t\geq0)$에서의 위치 x가

$x=t^3-5t^2+at+5$이므로

속도 v는 $v=3t^2-10t+a$이다. 너코 044 너코 052

점 P가 움직이는 방향이 바뀌지 않으려면 속도의 부호가 바뀌지 않아야 하므로

0 이상의 모든 실수 t에 대하여 $v=3t^2-10t+a\geq0$이어야 한다.

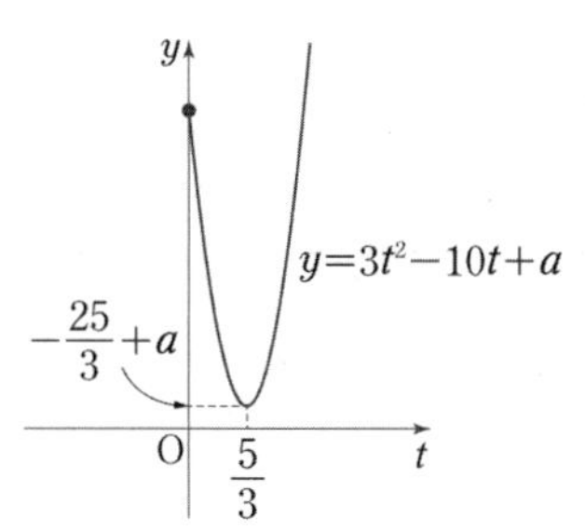

즉, 이차함수 $y=3t^2-10t+a=3\left(t-\frac{5}{3}\right)^2-\frac{25}{3}+a$의

$t\geq0$에서의 최솟값이 0 이상이어야 하므로 너코 051

$-\frac{25}{3}+a\geq0$에서 $a\geq\frac{25}{3}$이다.

따라서 구하는 자연수 a의 최솟값은 9이다.

답 ①

E14-09

두 점 P, Q의 시각 $t\,(t\geq0)$에서의 위치가 각각

$x_1=t^3-2t^2+3t$, $x_2=t^2+12t$이므로 ……㉠

각각의 속도를 v_1, v_2라 하면

$v_1 = \dfrac{dx}{dt} = 3t^2 - 4t + 3$,

$v_2 = 2t + 12$이다. 너코 044 너코 052

두 점 P, Q의 속도가 같아지는 순간의 시각 t를 구하면

$3t^2 - 4t + 3 = 2t + 12$에서 $3t^2 - 6t - 9 = 0$

$3(t^2 - 2t - 3) = 0$, $3(t+1)(t-3) = 0$

$\therefore\ t = 3\ (\because\ t \geq 0)$

㉠에 의하여 $t = 3$일 때의

점 P의 위치는 18, 점 Q의 위치는 45이다.

따라서 이 순간의 두 점 P, Q 사이의 거리는 27이다.

답 27

E 14-10

두 점 P, Q의 시각 $t\,(t \geq 0)$에서의 위치가 각각

$x_1 = t^2 + t - 6$, $x_2 = -t^3 + 7t^2$이므로

두 점 P, Q의 위치가 같아지는 순간의 시각 t를 구하면

$t^2 + t - 6 = -t^3 + 7t^2$, 즉 $t^3 - 6t^2 + t - 6 = 0$

$t^2(t-6) + t - 6 = 0$에서 $(t^2+1)(t-6) = 0$

$\therefore\ t = 6$

두 점 P, Q의 시각 t에서의 속도를 각각 v_1, v_2라 하고

가속도를 각각 a_1, a_2라 하면

$v_1 = \dfrac{dx_1}{dt} = 2t + 1$

$v_2 = \dfrac{dx_2}{dt} = -3t^2 + 14t$

이므로

$a_1 = \dfrac{dv_1}{dt} = 2$

$a_2 = \dfrac{dv_2}{dt} = -6t + 14$ 너코 044 너코 052

따라서 시각 $t = 6$에서

점 P의 가속도는 $p = 2$,

점 Q의 가속도는 $q = -36 + 14 = -22$

이므로

$p - q = 2 - (-22) = 24$

답 ①

E 14-11

점 P의 시각 t에서의 속도와 가속도를 각각 $v(t)$, $a(t)$라 하면

$x = t^3 - \dfrac{3}{2}t^2 - 6t$에서

$v(t) = \dfrac{dx}{dt} = 3t^2 - 3t - 6$

$a(t) = \dfrac{dv}{dt} = 6t - 3$ 너코 044

점 P의 운동방향이 바뀌는 시각 t에서 $v(t) = 0$이므로 너코 052

$3t^2 - 3t - 6 = 0$에서 $3(t-2)(t+1) = 0$

$t = 2\ (\because\ t \geq 0)$이므로

$a(2) = 6 \times 2 - 3 = 9$

답 ②

E 14-12

주어진 $v(t)$의 그래프에서

❶ $\dfrac{v(1) - v(0)}{1 - 0} = k$, ❷ $\lim\limits_{t \to 0+} v'(t) < k$, ❸ $\lim\limits_{t \to 1-} v'(t) < k$

너코 041

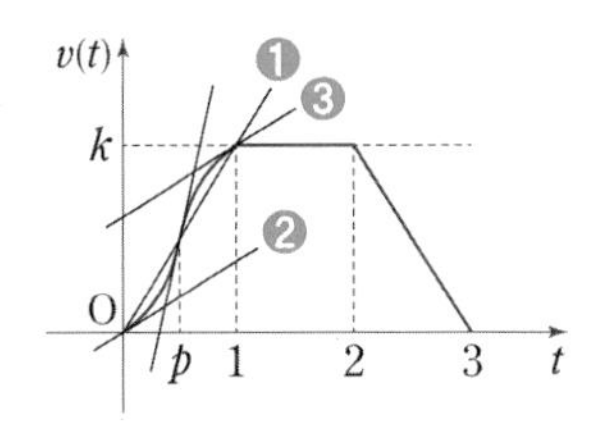

따라서 위의 그림과 같이

$v'(p) = a(p) > k$를 만족시키는 실수 p가 구간 $(0, 1)$에

반드시 존재한다.

또한 구간 $(1, 2)$에서 함수 $v(t)$는 상수함수이므로

$a(t) = v'(t) = 0$이고 너코 044 너코 052

구간 $(2, 3)$에서 $v(t) = -kt + 3k$이므로

$a(t) = v'(t) = -k$이다.

한편 $t = 2$일 때 함수 $v(t)$는 미분가능하지 않으므로 너코 042

이때 함수 $a(t)$의 함숫값은 존재하지 않는다.

따라서 함수 $a(t)$의 그래프로 옳은 것은 ②이다.

답 ②

E 14-13

공이 경사면과 충돌할 때의 공의 중심과 바닥 사이의 거리를

h_0이라 하면 그림에서

$h_0 \sin 30° = 0.5$이므로

$\dfrac{1}{2}h_0 = 0.5 \qquad \therefore\ h_0 = 1$ 너코 018

0.5

30°

60°

h_0

따라서 구와 경사면이 만나는 시각을

t라 하면 $h(t) = 1$이므로

$21 - 5t^2 = 1 \qquad \therefore\ t = 2\ (\because\ t > 0)$

즉, $t = 2$일 때 공이 경사면과 처음으로 충돌한다.

$h'(t) = -10t$이므로 너코 044

공이 경사면과 처음으로 충돌하는 순간,

공의 속도는 $h'(2) = -20$(m/초) 너코 052

답 ①

정답과 풀이

F

적분

1 부정적분

F01-01

$f(x)=\int f'(x)dx=\int(3x^2-kx+1)dx$

$=x^3-\frac{k}{2}x^2+x+C$ (단, C는 적분상수) 너코 054

$f(0)=1$에 의하여 $C=1$ ······㉠

$f(2)=1$에 의하여 $8-2k+2+C=1$ ······㉡

㉠을 ㉡에 대입하면 $k=5$이다.

답 ①

F01-02

$f(x)=\int(x^3+x)dx$

$=\frac{1}{4}x^4+\frac{1}{2}x^2+C$ (단, C는 적분상수) 너코 054

이때 $f(0)=3$이므로 $C=3$이다.

따라서 $f(x)=\frac{1}{4}x^4+\frac{1}{2}x^2+3$이므로

$f(2)=9$

답 9

F01-03

$f(x)=\int f'(x)dx$

$=\int(-x^3+3)dx$

$=-\frac{1}{4}x^4+3x+C$ (단, C는 적분상수) 너코 054

이때 $f(2)=10$이므로 $2+C=10$에서 $C=8$이다.

따라서 $f(x)=-\frac{1}{4}x^4+3x+8$이므로 $f(0)=8$이다.

답 8

F01-04

$f(x)=\int f'(x)dx$

$=\int(3x^2+4x+5)dx$

$=x^3+2x^2+5x+C$ (단, C는 적분상수) 너코 054

이때 $f(0)=4$이므로 $C=4$이다.

따라서 $f(x)=x^3+2x^2+5x+4$이므로

$f(1)=1+2+5+4=12$

답 12

F01-05

$f(x)=\int f'(x)dx$

$=\int (3x^2-2x)dx$

$=x^3-x^2+C$ (단, C는 적분상수) 너코 054

이때 $f(1)=1$이므로 $1-1+C=1$에서 $C=1$이다.

따라서 $f(x)=x^3-x^2+1$이므로

$f(2)=5$

답 ⑤

F01-06

$f(x)=\int f'(x)dx$

$=\int (8x^3-12x^2+7)dx$

$=2x^4-4x^3+7x+C$ (단, C는 적분상수) 너코 054

이때 $f(0)=3$이므로 $C=3$이다.

따라서 $f(x)=2x^4-4x^3+7x+3$이므로

$f(1)=8$

답 8

F01-07

$f(x)=\int f'(x)dx$

$=\int (3x^2+2x)dx$

$=x^3+x^2+C$ (단, C는 적분상수) 너코 054

이때 $f(0)=2$이므로 $C=2$이다.

따라서 $f(x)=x^3+x^2+2$이므로

$f(1)=4$

답 4

F01-08

$f(x)=\int f'(x)dx$

$=\int (8x^3+6x^2)dx$

$=2x^4+2x^3+C$ (단, C는 적분상수) 너코 054

이때 $f(0)=-1$이므로 $C=-1$이다.

따라서 $f(x)=2x^4+2x^3-1$이므로

$f(-2)=15$

답 15

F01-09

$f(x)=\int f'(x)dx$

$=\int (6x^2-4x+3)dx$

$=2x^3-2x^2+3x+C$ (단, C는 적분상수) 너코 054

이때 $f(1)=5$이므로 $2-2+3+C=5$에서 $C=2$이다.

따라서 $f(x)=2x^3-2x^2+3x+2$이므로

$f(2)=16$

답 16

F01-10

$f(x)=\int f'(x)dx$

$=\int (4x^3-2x)dx$

$=x^4-x^2+C$ (단, C는 적분상수) 너코 054

이때 $f(0)=3$이므로 $C=3$이다.

따라서 $f(x)=x^4-x^2+3$이므로

$f(2)=16-4+3=15$

답 15

F01-11

$f(x)=\int f'(x)dx$

$=\int (8x^3-1)dx$

$=2x^4-x+C$ (단, C는 적분상수) 너코 054

이때 $f(0)=3$이므로 $C=3$이다.

따라서 $f(x)=2x^4-x+3$이므로

$f(2)=32-2+3=33$

답 33

F01-12

$f(x)=\int f'(x)dx$

$=\int \{6x^2-2f(1)x\}dx$

$=2x^3-f(1)x^2+C$ (단, C는 적분상수) 너코 054

이때 $f(0)=4$이므로 $C=4$

또한 $f(x)=2x^3-f(1)x^2+4$에서 $x=1$을 대입하면

$f(1)=2-f(1)+4 \quad \therefore f(1)=3$

따라서 $f(x)=2x^3-3x^2+4$이므로

$f(2)=16-12+4=8$

답 ④

F01-13

$f(x)=\int f'(x)dx$

$=\int (3x^2-6x)dx$

$=x^3-3x^2+C$ (단, C는 적분상수) 너코 054

이때 $f(1)=6$이므로 $1-3+C=6$에서 $C=8$이다.

따라서 $f(x)=x^3-3x^2+8$이므로

$f(2)=8-12+8=4$

답 ④

F01-14

$f(x)=\int f'(x)dx$

$=\int (6x^2+2)dx$

$=2x^3+2x+C$ (단, C는 적분상수) 너코 054

이때 $f(0)=3$이므로 $C=3$이다.

따라서 $f(x)=2x^3+2x+3$이므로

$f(2)=16+4+3=23$

답 23

F01-15

$f'(x)=6x^2+2x+1$에서

$f(x)=\int f'(x)dx$

$=\int (6x^2+2x+1)dx$

$=2x^3+x^2+x+C$ (단, C는 적분상수) 너코 054

이때 $f(0)=1$이므로 $C=1$

따라서 $f(x)=2x^3+x^2+x+1$이므로

$f(1)=2+1+1+1=5$

답 5

F01-16

$f'(x)=9x^2+4x$에서

$f(x)=\int f'(x)dx$

$=\int (9x^2+4x)dx$

$=3x^3+2x^2+C$ (단, C는 적분상수) 너코 054

이때 $f(1)=6$이므로

$3+2+C=6$에서 $C=1$

$f(x)=3x^3+2x^2+1$에서

$f(2)=24+8+1=33$

답 33

F01-17

풀이 1

다항함수 $x^2+f(x)$의 부정적분인

함수 $g(x)$도 역시 다항함수이고

$f(x)g(x)=-2x^4+8x^3$에서 $f(x)$가 이차함수이므로

다항함수 $g(x)$도 이차함수이다.

따라서 $g'(x)$는 일차함수이고 너코 044

$g'(x)=x^2+f(x)$이므로 너코 053

$f(x)$의 이차항의 계수는 -1이다.

$f(x)g(x)=-2x^4+8x^3=-2x^3(x-4)$이므로

가능한 $f(x)$, $g(x)$는 다음과 같다.

i) $f(x)=-x^2$, $g(x)=2x(x-4)$인 경우

$g(x)=\int \{x^2+f(x)\}dx$

$=\int 0\,dx=C_1$ (단, C_1은 적분상수)

이므로 함수 $g(x)$가 이차함수라는 조건을 만족시키지 않는다.

ii) $f(x)=-x(x-4)$, $g(x)=2x^2$인 경우

$g(x)=\int \{x^2+f(x)\}dx$

$=\int 4x\,dx=2x^2+C_2$ (단, C_2는 적분상수)

이므로 $C_2=0$이며 조건을 만족시킨다.

따라서 $g(x)=2x^2$이다.

$\therefore\ g(1)=2$

풀이 2

다항함수 $x^2+f(x)$의 부정적분인

함수 $g(x)$도 역시 다항함수이고

$f(x)g(x)=-2x^4+8x^3$에서 $f(x)$가 이차함수이므로

다항함수 $g(x)$도 이차함수이다.

따라서 도함수 $g'(x)$는 일차함수이고 너코 044

$g'(x)=x^2+f(x)$이므로 너코 053

$f(x)$의 이차항의 계수는 -1,

즉 $f(x)=-x^2+ax+b$로 둘 수 있다. (단, a, b는 상수)

$g(x)=\int \{x^2+f(x)\}dx$

$=\int (ax+b)dx$

$=\frac{a}{2}x^2+bx+C$ (단, C는 적분상수) 너코 054

$$f(x)g(x)=(-x^2+ax+b)\left(\frac{a}{2}x^2+bx+C\right)$$

$$=-\frac{a}{2}x^4+\left(-b+\frac{a^2}{2}\right)x^3+\left(-C+\frac{3ab}{2}\right)x^2+(aC+b^2)x+bC$$

$$=-2x^4+8x^3$$

이므로 $a=4$, $b=0$, $C=0$이다.

따라서 $g(x)=2x^2$이므로

$\therefore\ g(1)=2$

답 ②

F01-18

$f(x)=\int xg(x)dx$이므로

$f'(x)=xg(x)$ 너코 053 ……㉠

$\frac{d}{dx}\{f(x)-g(x)\}=4x^3+2x$에서

$f'(x)-g'(x)=4x^3+2x$ 너코 044 ……㉡

㉠을 ㉡에 대입하면

$xg(x)-g'(x)=4x^3+2x$ ……㉢

따라서 $xg(x)$는 최고차항의 계수가 4인 삼차함수이므로
$g(x)$는 최고차항의 계수가 4인 이차함수이다.
$g(x)=4x^2+ax+b$ (단, a, b는 상수)라 하고
㉢에 대입하여 정리하면
$x(4x^2+ax+b)-(8x+a)=4x^3+2x$
$4x^3+ax^2+(b-8)x-a=4x^3+2x$
$a=0$, $b=10$
따라서 $g(x)=4x^2+10$이므로
$g(1)=14$

답 ⑤

F02-01

$f(x)=\int f'(x)dx$ 너크 053
$=2x^3+4x+C$ (단, C는 적분상수) 너크 054
이때 $f(0)=6$이므로 $C=6$이다.
따라서 $f(x)=2x^3+4x+6$이므로
$f(1)=12$

답 12

F02-02

주어진 그래프에 의하여 $f'(2)=f'(-2)=0$이므로
이차함수 $f'(x)$를
$f'(x)=a(x-2)(x+2)=a(x^2-4)$ $(a<0)$로 둘 수 있다.
이때 $f'(0)=3$이므로 $-4a=3$, 즉 $a=-\frac{3}{4}$이다.
따라서
$f(x)=\int\left\{-\frac{3}{4}(x^2-4)\right\}dx$ 너크 053
$=\int\left(-\frac{3}{4}x^2+3\right)dx$
$=-\frac{1}{4}x^3+3x+C$ (단, C는 적분상수) 너크 054
이때 $f(0)=0$이므로 $C=0$이다.
$\therefore\ f(x)=-\frac{1}{4}x^3+3x$
방정식 $-\frac{1}{4}x^3+3x=kx$를 양변에 4를 곱하여 정리하면
$x^3+4(k-3)x=0$, $x\{x^2+4(k-3)\}=0$이므로
이 방정식이 서로 다른 세 실근을 갖기 위해서는
이차방정식 $x^2+4(k-3)=0$, 즉 $x^2=4(3-k)$가
0이 아닌 서로 다른 두 실근을 가지면 되므로
$3-k>0$이면 된다.
$\therefore\ k<3$

답 ③

F02-03

삼차함수 $f(x)$의 도함수 $f'(x)$는 이차함수이고 너크 044
주어진 그래프에 의하여 $f'(1)=f'(-1)=0$이므로
$f'(x)=k(x-1)(x+1)$ $(k>0)$로 둘 수 있다.
이때 함수 $f(x)$는
$x=-1$일 때 극대, $x=1$일 때 극소이고 너크 049
$f'(x)=k(x+1)(x-1)=k(x^2-1)$에서
$f(x)=k\left(\frac{1}{3}x^3-x\right)+C$ (단, C는 적분상수)이므로 너크 054
$f(-1)=\frac{2}{3}k+C=4$이고 $f(1)=-\frac{2}{3}k+C=0$이다.
두 식을 연립하면 $k=3$, $C=2$이므로
$f(x)=x^3-3x+2$
$\therefore\ f(3)=20$

답 ④

F02-04

주어진 조건에서 $f'(x)=3x^2-12$이므로 너크 041
$f(x)=x^3-12x+C$ (단, C는 적분상수) 너크 054
한편 $f'(x)=3x^2-12=3(x^2-4)=3(x+2)(x-2)$이므로
$x=-2$ 또는 $x=2$일 때 $f'(x)=0$이다.
이때 함수 $f(x)$의 증가와 감소를 표로 나타내면 다음과 같다.
너크 049

x	$\cdots$	-2	$\cdots$	2	$\cdots$
$f'(x)$	$+$	0	$-$	0	$+$
$f(x)$	↗	$16+C$	↘	$-16+C$	↗

함수 $f(x)$는 $x=2$에서 극소를 갖고 그 값이 3이므로
$-16+C=3$, 즉 $C=19$이다.
따라서 함수 $f(x)$의 극댓값은
$f(-2)=16+19=35$

답 35

F02-05

주어진 그래프에 의하여 삼차방정식 $f(x)=0$은
$x=\alpha$(중근) 또는 $x=0$을 실근으로 가지므로 너크 050
$f(x)=x(x-\alpha)^2$
이때 조건 (가)에 의하여
$\int g'(x)dx=\int\{f(x)+xf'(x)\}dx$가 성립하고
함수 $g(x)$의 도함수가 $g'(x)$,
함수 $xf(x)$의 도함수가 $f(x)+xf'(x)$이므로 너크 045
$g(x)=xf(x)+C=x^2(x-\alpha)^2+C$ (단, C는 적분상수)
너크 053
따라서
$g'(x)=2x(x-\alpha)^2+2x^2(x-\alpha)$ 너크 044
$=2x(x-\alpha)(2x-\alpha)$
이고 $x=0$ 또는 $x=\frac{\alpha}{2}$ 또는 $x=\alpha$일 때 $g'(x)=0$이다.
이때 함수 $g(x)$의 증가와 감소를 표로 나타내면 다음과 같다.
너크 049

F 적분

x	$\cdots$	0	$\cdots$	$\frac{\alpha}{2}$	$\cdots$	α	$\cdots$
$g'(x)$	$-$	0	$+$	0	$-$	0	$+$
$g(x)$	↘	C	↗	$\frac{\alpha^4}{16}+C$	↘	C	↗

따라서 함수 $g(x)$는 극솟값을 C, 극댓값을 $\frac{\alpha^4}{16}+C$로 갖는다.

조건 (나)에서 극솟값이 0이고 극댓값이 81이므로

$C=0$이고 $\frac{\alpha^4}{16}=81$에서 $\alpha=6$이다. ($\because$ $\alpha>0$)

따라서 $g(x)=x^2(x-6)^2$이므로

$g\left(\frac{\alpha}{3}\right)=g(2)=64$

답 ⑤

F02-06

사차함수 $f(x)$의 도함수 $f'(x)$는 삼차함수이고 너코 044

주어진 그래프에서

$x=-\sqrt{2}$ 또는 $x=0$ 또는 $x=\sqrt{2}$일 때 $f'(x)=0$이다.

이때 함수 $f(x)$의 증가와 감소를 표로 나타내면 다음과 같다.

너코 049

x	$\cdots$	$-\sqrt{2}$	$\cdots$	0	$\cdots$	$\sqrt{2}$	$\cdots$
$f'(x)$	$-$	0	$+$	0	$-$	0	$+$
$f(x)$	↘	$f(-\sqrt{2})$	↗	$f(0)$	↘	$f(\sqrt{2})$	↗

한편 $f'(x)=kx(x-\sqrt{2})(x+\sqrt{2})=k(x^3-2x)$ $(k>0)$라 하면

$f(x)=k\left(\frac{1}{4}x^4-x^2\right)+C$ (단, C는 적분상수)이고 너코 054

$f(0)=1$, $f(\sqrt{2})=-3$이므로

$C=1$, $k=4$

$\therefore$ $f(x)=x^4-4x^2+1$

모든 실수 x에 대하여 $f(x)=f(-x)$가 성립하므로

함수 $y=f(x)$의 그래프는 y축에 대하여 대칭이며

$f(0)=1>0$이고

$f(-1)=f(1)=-2<0$,

$f(-2)=f(2)=1>0$이므로

$m\geq3$일 때에도 $f(m)=f(-m)>0$이다.

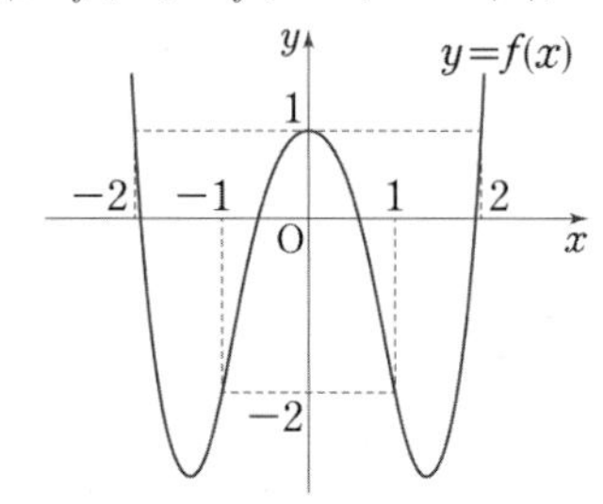

따라서 정수 m에 대하여 $f(m)f(m+1)$의 부호를 따져보면

$\cdots$, $f(-3)f(-2)>0$,

$f(-2)f(-1)<0$, $f(-1)f(0)<0$,

$f(0)f(1)<0$, $f(1)f(2)<0$,

$f(2)f(3)>0$, $\cdots$

즉, -2, -1, 0, 1이 아닌 모든 정수 m에 대하여

$f(m)f(m+1)>0$이므로

구하는 모든 정수 m의 값의 합은

$(-2)+(-1)+0+1=-2$

답 ①

F02-07

함수 $g(t)$가 조건 (나)를 만족시키려면

함수 $g(t)$의 함숫값 중에는 2가 반드시 존재해야 한다.

따라서 먼저 이차방정식 $f'(x)=0$이 서로 다른 두 실근을 갖는 경우, 다시 말해 삼차함수 $f(x)$가 극댓값과 극솟값을 갖는 경우만을 고려하면 되므로 극대인 점과 극소인 점의 x좌표를 각각 α, β $(\alpha<\beta)$라 하자. 너코 049

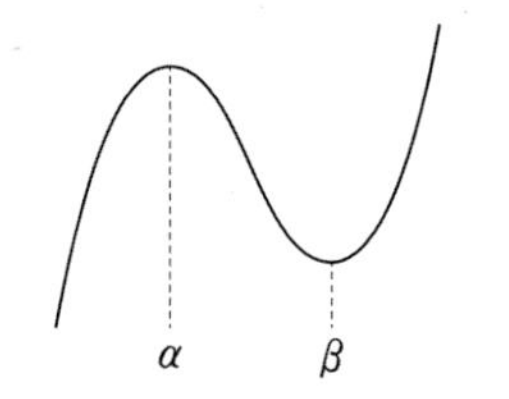

이때 함수 $g(t)$를 유추해보면

i) $\beta-\alpha>2$, 즉 $\beta>\alpha+2$일 때

모든 t에 대하여 α, β를 동시에 포함하는 닫힌구간 $[t, t+2]$가 존재하지 않으므로 함수 $g(t)$의 함숫값 중에는 2가 존재하지 않는다.

ii) $\beta-\alpha<2$, 즉 $\beta<\alpha+2$일 때

$\beta-2<t<\alpha$인 t에 대하여 닫힌구간 $[t, t+2]$가 α, β를 동시에 포함하므로 이 범위에서 $g(t)=2$이지만

$\beta-2<a<\alpha$인 어떤 실수 a에 대하여

$\lim_{t\to a+}g(t)+\lim_{t\to a-}g(t)=4$ 너코 032

이므로 조건 (가)를 만족시키지 않는다.

iii) $\beta-\alpha=2$, 즉 $\beta=\alpha+2$이면

$t=\alpha$일 때만 닫힌구간 $[t, t+2]$가 α, β를 동시에 포함하므로 $g(\alpha)=2$이고, $\cdots\cdots$ ㉠

이는 조건 (가)를 만족시킨다.

i), ii), iii)에 의하여

$$f'(x)=\frac{3}{2}(x-\alpha)(x-\alpha-2)$$
$$=\frac{3}{2}x^2-3(\alpha+1)x+\frac{3}{2}(\alpha^2+2\alpha)$$

$f(x)=\int f'(x)\,dx$ 너코 054

$$=\frac{1}{2}x^3-\frac{3}{2}(\alpha+1)x^2+\frac{3}{2}(\alpha^2+2\alpha)x+C$$

(단, C는 적분상수)

라 할 수 있고, $g(t)$가 조건 (나)의 $g(f(1))=g(f(4))=2$를 만족시키려면 ㉠에 의하여 $f(1)=f(4)=\alpha$이어야 한다.

$$f(1)=\frac{1}{2}-\frac{3}{2}(\alpha+1)+\frac{3}{2}(\alpha^2+2\alpha)+C$$
$$=\frac{3}{2}\alpha^2+\frac{3}{2}\alpha-1+C$$

$f(4)=32-24(\alpha+1)+6(\alpha^2+2\alpha)+C$
$\quad=6\alpha^2-12\alpha+8+C$
이므로 $f(1)=f(4)$에서

$\frac{3}{2}\alpha^2+\frac{3}{2}\alpha-1+C=6\alpha^2-12\alpha+8+C$

$9\alpha^2-27\alpha+18=0,\ 9(\alpha-1)(\alpha-2)=0$

$\therefore\ \alpha=1$ 또는 $\alpha=2$

❶ $\alpha=1$인 경우

$f(x)=\frac{1}{2}x^3-3x^2+\frac{9}{2}x+C$이고 $f(1)=\alpha=1$이므로

$\frac{1}{2}-3+\frac{9}{2}+C=1 \qquad \therefore\ C=-1$

이때 $f(0)=-1$이므로 $g(f(0))=g(-1)$이고,
닫힌구간 $[-1, 1]$이 $\alpha=1$ 하나만 포함하므로
$g(-1)=1$이다.
따라서 조건 (나)의 $g(f(0))=1$을 만족시킨다.

❷ $\alpha=2$인 경우

$f(x)=\frac{1}{2}x^3-\frac{9}{2}x^2+12x+C$이고 $f(1)=\alpha=2$이므로

$\frac{1}{2}-\frac{9}{2}+12+C=2 \qquad \therefore\ C=-6$

이때 $f(0)=-6$이므로 $g(f(0))=g(-6)$이고,
닫힌구간 $[-6,\ -4]$는 $\alpha=2,\ \beta=4$를 모두 포함하지 않으므로 $g(-6)=0$이다.
따라서 조건 (나)의 $g(f(0))=1$을 만족시키지 못한다.

❶, ❷에 의하여

$f(x)=\frac{1}{2}x^3-3x^2+\frac{9}{2}x-1$이므로

$f(5)=\frac{125}{2}-75+\frac{45}{2}-1=9$

답 9

F02-08

조건 (나)에서 방정식 $f(x)=k$의 서로 다른 실근의 개수가 3 이상인 실수 k의 값이 존재하므로 삼차방정식 $f'(x)=0$은 서로 다른 세 실근을 갖는다.
조건 (가)에서 $f'(a)\le 0$인 실수 a의 최댓값은 2이므로 $f'(2)=0$이고 $x=2$는 함수 $f(x)$가 감소하는 구간의 오른쪽 끝이다.
조건 (나)에서 집합 $\{x\,|\,f(x)=k\}$의 원소의 개수가 3 이상이 되도록 하는 실수 k의 최솟값은 $\frac{8}{3}$이므로 함수 $f(x)$의 극솟값은 $\frac{8}{3}$이다.

따라서 두 조건 (가), (나)를 모두 만족시키는 최고차항의 계수가 1인 사차함수 $y=f(x)$의 그래프의 개형은 다음과 같이 두 가지의 경우가 가능하다. 너코 049

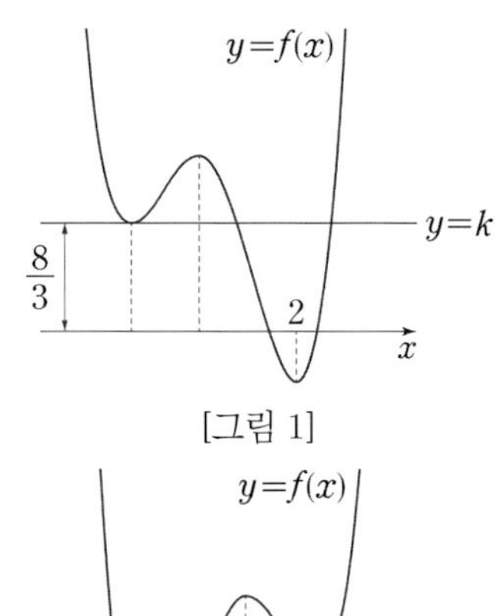

[그림 1]

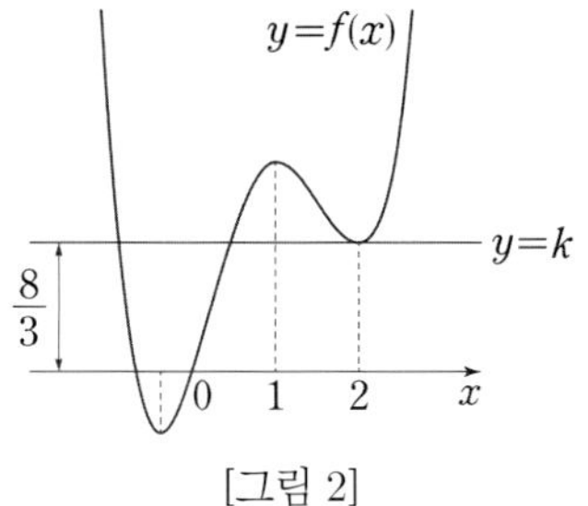

[그림 2]

이때 $f'(1)=0$이므로 $x=1$에서 함수 $f(x)$는 극값을 갖고 $f(0)=0$이므로 함수 $y=f(x)$는 $x=0$에서 x축과 만난다.
따라서 [그림 1]의 경우 $f(0)=0,\ f'(1)=0$을 만족시키지 않는다.

따라서 [그림 2]에서

$f(0)=0,\ f(2)=\frac{8}{3},\ f'(1)=0,\ f'(2)=0$이므로

$f'(x)=4(x-1)(x-2)(x-k)$ (단, k는 상수)
라 놓으면

$f'(x)=4x^3-4(k+3)x^2+4(3k+2)x-8k$ 너코 044 너코 045
에서

$f(x)=x^4-\frac{4}{3}(k+3)x^3+2(3k+2)x^2-8kx+C$ 너코 054

(단, C는 적분상수)

$f(0)=0$에서 $C=0$

$f(2)=\frac{8}{3}$에서 $16-\frac{32}{3}(k+3)+8(3k+2)-16k=\frac{8}{3}$

$-\frac{8}{3}k=\frac{8}{3}$에서 $k=-1$

$f(x)=x^4-\frac{8}{3}x^3-2x^2+8x$

이므로
$f(3)=81-72-18+24=15$

답 15

2 정적분

F03-01

$$\int_0^2 f'(x)dx = \Big[f(x)\Big]_0^2 = f(2)-f(0) = 0-2 = -2$$ 너코 055

답 ①

F03-02

$$\int_0^1 (2x+a)dx = \Big[x^2+ax\Big]_0^1 = 1+a = 4$$ 너코 055

$\therefore\ a=3$

답 ③

F03-03

$f(x)=4x^3-12x^2+k$이므로

$$\int_0^3 f(x)dx = \int_0^3 (4x^3-12x^2+k)dx$$
$$= \Big[x^4-4x^3+kx\Big]_0^3$$
$$= 3k-27=0$$ 너코 055

$\therefore\ k=9$

답 9

F03-04

$$\int_0^2 (6x^2-x)dx = \Big[2x^3-\frac{1}{2}x^2\Big]_0^2 = 16-2 = 14$$ 너코 055

답 ②

F03-05

$$\int_0^a (3x^2-4)dx = \Big[x^3-4x\Big]_0^a$$
$$= a^3-4a$$ 너코 055
$$= a(a-2)(a+2) = 0$$

따라서 구하는 양수 a의 값은 2이다.

답 ①

F03-06

$$\int_0^2 (3x^2+2x)dx = \Big[x^3+x^2\Big]_0^2 = 12$$ 너코 055

답 ④

F03-07

$$\int_0^2 (3x^2+6x)dx = \Big[x^3+3x^2\Big]_0^2 = 20$$ 너코 055

답 ①

F03-08

$\int_0^1 f(t)\,dt = k$ (단, k는 상수)라 두어 식을 간단히 하면

$f(x)=4x^3+kx$이므로

$$\int_0^1 (4t^3+kt)dt = \Big[t^4+\frac{k}{2}t^2\Big]_0^1$$
$$= 1+\frac{k}{2} = k$$ 너코 055

$\therefore\ k=2$

따라서 $f(x)=4x^3+2x$이므로 $f(1)=6$

답 ①

F03-09

$\int_1^2 f(t)\,dt = k$ (단, k는 상수)로 두어 식을 간단히 하면

$f(x)=\frac{12}{7}x^2-2kx+k^2$이므로

$$\int_1^2 f(t)\,dt = \int_1^2\left(\frac{12}{7}t^2-2kt+k^2\right)dt$$
$$= \left[\frac{4}{7}t^3-kt^2+k^2t\right]_1^2$$
$$= \left(\frac{32}{7}-4k+2k^2\right)-\left(\frac{4}{7}-k+k^2\right)$$
$$= 4-3k+k^2 = k$$ 너코 055

즉, $k^2-4k+4=0$ 이므로

$(k-2)^2=0,\ k=2$

$\therefore\ 10\int_1^2 f(x)dx = 10k = 20$

답 20

F03-10

$\int_0^1 tf(t)dt = k$ (단, k는 상수)로 두어 식을 간단히 하면

$f(x)=x^2-2x+k$이므로

$$\int_0^1 tf(t)dt = \int_0^1 t(t^2-2t+k)dt$$
$$= \int_0^1 (t^3-2t^2+kt)dt$$
$$= \left[\frac{1}{4}t^4-\frac{2}{3}t^3+\frac{k}{2}t^2\right]_0^1$$
$$= \frac{6k-5}{12} = k$$ 너코 055

$\therefore\ k=-\frac{5}{6}$

따라서 $f(x)=x^2-2x-\frac{5}{6}$ 이므로

$f(3)=9-6-\frac{5}{6}=\frac{13}{6}$

답 ①

F03-11

모든 실수 x에 대하여

$\int_{12}^{x}f(t)dt=-x^3+x^2+\int_{0}^{1}xf(t)dt$를 만족시키므로

$\int_{12}^{x}f(t)dt+x^3-x^2=x\int_{0}^{1}f(t)dt$

$\int_{0}^{1}f(t)dt=\frac{1}{x}\int_{12}^{x}f(t)dt+x^2-x$ (단, $x\neq 0$)

따라서 $x=12$를 대입하여도 등식은 성립한다.

$\int_{0}^{1}f(t)dt=0+144-12=132$ 너코 055

$\therefore\ \int_{0}^{1}f(x)dx=132$

답 132

F03-12

조건 (나)에서 방정식 $f(x)-p=0$, 즉 $f(x)=p$이므로
함수 $y=f(x)$의 그래프와 직선 $y=p$의 교점의 개수가 2가 되게 하는 실수 p의 최댓값이 $f(2)$이다.
따라서 원점을 지나며 두 조건 (가), (나)를 모두 만족시키는 삼차함수 $y=f(x)$의 그래프는 다음과 같다.

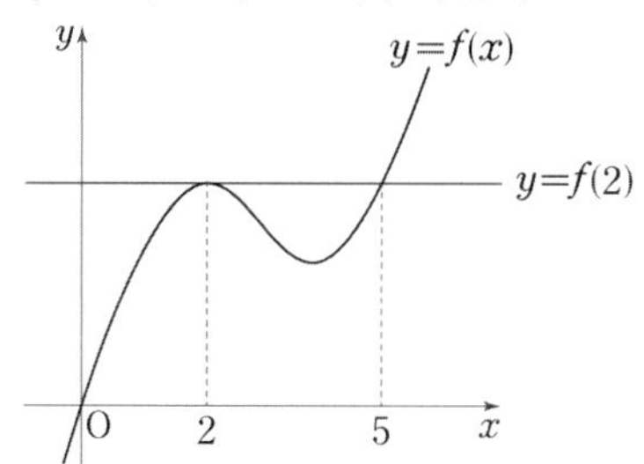

삼차함수 $f(x)$의 최고차항의 계수는 1이고
방정식 $f(x)=f(2)$, 즉 $f(x)-f(2)=0$의 실근이
$x=2$(중근) 또는 $x=5$이므로 너코 050

$f(x)-f(2)=(x-2)^2(x-5)$

이때 $f(0)=0$이므로 $f(2)=20$이다.

따라서

$f(x)=(x-2)^2(x-5)+20$

$=x^3-9x^2+24x$

$\therefore\ \int_{0}^{2}f(x)dx=\int_{0}^{2}(x^3-9x^2+24x)dx$

$=\left[\frac{1}{4}x^4-3x^3+12x^2\right]_0^2$

$=4-24+48=28$ 너코 055

답 ②

F03-13

조건 (나)의 $f(x+1)-xf(x)=ax+b$의 양변에 $x=0$을 대입하면 $f(1)=b$이고
조건 (가)에서 $f(1)=1$이므로
$b=1$
한편 조건 (가)에서 $0\le x\le 1$일 때 $f(x)=x$이므로
조건 (나)에 의하여

$f(x+1)=xf(x)+ax+1$

$=x^2+ax+1$ (단, $0\le x\le 1$)

이때 $x+1=t$로 놓으면

$f(t)=(t-1)^2+a(t-1)+1$

$=t^2+(a-2)t-a+2$ (단, $1\le t\le 2$)

즉, $0\le x\le 2$에서 함수 $f(x)$는

$f(x)=\begin{cases} x & (0\le x\le 1) \\ x^2+(a-2)x-a+2 & (1<x\le 2)\end{cases}$

이고 $x=1$에서 연속임을 알 수 있다. 너코 037

또한 $f'(x)=\begin{cases} 1 & (0<x<1) \\ 2x+a-2 & (1<x<2)\end{cases}$ 이고 너코 044

함수 $f(x)$가 $x=1$에서 미분가능하므로
$1=2+a-2$에서 $a=1$ 너코 046

따라서 $1\le x\le 2$일 때 $f(x)=x^2-x+1$이므로

$60\times\int_{1}^{2}f(x)dx=60\times\int_{1}^{2}(x^2-x+1)dx$

$=60\times\left[\frac{1}{3}x^3-\frac{1}{2}x^2+x\right]_1^2$ 너코 055

$=60\times\frac{11}{6}=110$

답 110

F03-14

함수 $f(x)$가 최고차항의 계수가 1인 삼차함수이므로
도함수 $f'(x)$는 최고차항의 계수가 3인 이차함수이다. 너코 044
또한 조건 (나)에서 $f'(2-x)=f'(2+x)$이므로
이차함수 $y=f'(x)$의 그래프는 직선 $x=2$에 대하여 대칭이고 꼭짓점의 x좌표는 2이다.

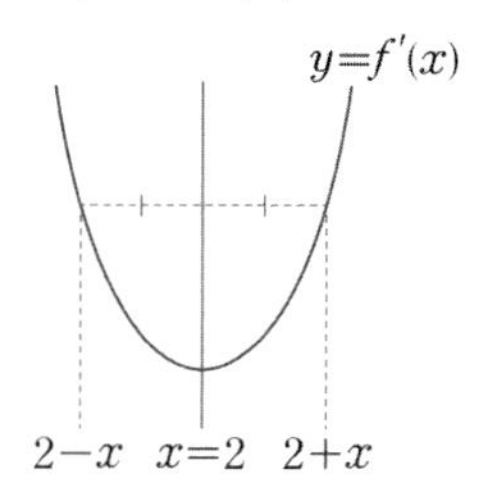

따라서 $f'(x)=3(x-2)^2+a$ (단, a는 상수)라 하면
이차함수 $f'(x)$는 $x=2$일 때 최솟값이 a이므로
조건 (다)에 의하여 $a\ge -3$이다. 너코 051 ……㉠

$f'(x)=3x^2-12x+12+a$이고

$f(x)=x^3-6x^2+(12+a)x+C$ (단, C는 적분상수)이므로 너코 054

조건 (가)에서 $f(0)=0$, 즉 $C=0$이다.
따라서

$$\int_0^3 f(x)\,dx=\int_0^3\{x^3-6x^2+(12+a)x\}dx$$
$$=\left[\frac{1}{4}x^4-2x^3+\frac{12+a}{2}x^2\right]_0^3$$
$$=\frac{9}{2}a+\frac{81}{4}$$ 너코 055

$\int_0^3 f(x)dx$는 $a=-3$일 때

최솟값 $m=-\frac{27}{2}+\frac{81}{4}=\frac{27}{4}$을 갖는다. ($\because$ ㉠)

$\therefore\ 4m=27$

답 27

F03-15

ㄱ. $h(x)=(x-1)f(x)$이면
$h'(x)=f(x)+(x-1)f'(x)$이므로 너코 044 너코 045
$h'(x)=g(x)$이다. (참)

ㄴ. 함수 $f(x)$가 $x=-1$에서 극값 0을 가지면
$f(-1)=0,\ f'(-1)=0$이다. 너코 049
$f(-1)=-1+1-a+b=0$에서
$a-b=0$, ······㉠
$f'(x)=3x^2+2x+a$이므로
$f'(-1)=3-2+a=0$에서
$a=-1$
이를 ㉠에 대입하면 $b=-1$이다.
$\therefore\ f(x)=x^3+x^2-x-1$
이때 ㄱ에 의하여 $h(x)=(x-1)f(x)$이면
$h'(x)=g(x)$이므로

$$\int_0^1 g(x)dx=\Big[h(x)\Big]_0^1=h(1)-h(0)$$ 너코 055
$$=f(0)=-1\text{이다. (참)}$$

ㄷ. $f(0)=0$일 때 $h(x)=(x-1)f(x)$이면
함수 $h(x)$는 다항함수이고 $h(0)=h(1)=0$이므로 롤의 정리에 의하여
열린구간 $(0, 1)$에서 방정식 $h'(x)=0$은 적어도 하나의 실근을 갖는다. 너코 048
이때 ㄱ에 의하여 방정식 $g(x)=0$은 적어도 하나의 실근을 갖는다. (참)

따라서 옳은 것은 ㄱ, ㄴ, ㄷ이다.

답 ⑤

F04-01

$$\int_{-2}^2 x(3x+1)dx=\int_{-2}^2(3x^2+x)dx$$
$$=\int_{-2}^2 3x^2dx+\int_{-2}^2 x\,dx$$ 너코 056
$$=2\int_0^2 3x^2dx+0$$
$$=2\Big[x^3\Big]_0^2$$
$$=2\times 8=16$$ 너코 055

답 16

F04-02

$\int_{-1}^1\{f(x)\}^2dx=k\left(\int_{-1}^1 f(x)dx\right)^2$에서

좌변은

$$\int_{-1}^1\{f(x)\}^2dx=\int_{-1}^1(x+1)^2dx$$
$$=\int_{-1}^1(x^2+2x+1)dx$$
$$=\int_{-1}^1(x^2+1)dx+2\int_{-1}^1 x\,dx$$ 너코 056
$$=2\int_0^1(x^2+1)dx+0$$
$$=2\left[\frac{1}{3}x^3+x\right]_0^1=2\times\frac{4}{3}=\frac{8}{3}$$ 너코 055

우변은

$$k\left(\int_{-1}^1 f(x)dx\right)^2=k\left\{\int_{-1}^1(x+1)dx\right\}^2$$
$$=k\left\{\int_{-1}^1 x\,dx+\int_{-1}^1 1\,dx\right\}^2$$
$$=k\left(0+2\int_0^1 1dx\right)^2$$
$$=k\left(2\Big[x\Big]_0^1\right)^2=k\times 2^2=4k$$

따라서 주어진 등식은 $\frac{8}{3}=4k$이다.

$\therefore\ k=\frac{2}{3}$

답 ④

F04-03

$$\int_{-1}^1(x^3+3x^2+5)dx$$
$$=\int_{-1}^1 x^3dx+\int_{-1}^1(3x^2+5)dx$$ 너코 056
$$=0+2\int_0^1(3x^2+5)dx$$
$$=2\Big[x^3+5x\Big]_0^1$$
$$=2\times 6=12$$ 너코 055

답 ②

F04-04

$$\int_{-a}^{a}(3x^2+2x)dx=\int_{-a}^{a}3x^2dx+2\int_{-a}^{a}x\,dx$$ 너코 056

$$=2\int_{0}^{a}3x^2dx+0$$

$$=2\Big[x^3\Big]_0^a=2a^3=\frac{1}{4}$$ 너코 055

따라서 $a^3=\frac{1}{8}$, 즉 $a=\frac{1}{2}$이다.

$\therefore\ 50a=50\times\frac{1}{2}=25$

답 25

F04-05

$$\int_{-1}^{1}(x^3+a)dx=\int_{-1}^{1}x^3dx+\int_{-1}^{1}a\,dx$$ 너코 056

$$=0+2\int_{0}^{1}a\,dx$$

$$=2\Big[ax\Big]_0^1=2a=4$$ 너코 055

$\therefore\ a=2$

답 ②

F04-06

$xf(x)-f(x)=3x^4-3x$에서

$(x-1)f(x)=3x(x-1)(x^2+x+1)$

위의 등식은 x에 대한 항등식이므로

$f(x)=3x(x^2+x+1)=3x^3+3x^2+3x$

$$\therefore\ \int_{-2}^{2}f(x)dx=\int_{-2}^{2}(3x^3+3x^2+3x)dx$$

$$=3\int_{-2}^{2}x^3dx+3\int_{-2}^{2}x^2dx+3\int_{-2}^{2}x\,dx$$ 너코 055

$$=0+6\int_{0}^{2}x^2dx+0=6\int_{0}^{2}x^2dx$$

$$=6\Big[\frac{1}{3}x^3\Big]_0^2=6\times\frac{8}{3}=16$$ 너코 056

답 ②

F04-07

$$5\int_{0}^{1}f(x)dx-\int_{0}^{1}(5x+f(x))dx$$

$$=\int_{0}^{1}\{5f(x)-(5x+f(x))\}dx$$ 너코 056

$$=\int_{0}^{1}(4f(x)-5x)dx$$

$$=\int_{0}^{1}\{4(x^2+x)-5x\}dx$$

$$=\int_{0}^{1}(4x^2-x)dx$$

$$=\Big[\frac{4}{3}x^3-\frac{1}{2}x^2\Big]_0^1$$

$$=\frac{4}{3}-\frac{1}{2}=\frac{5}{6}$$ 너코 055

답 ⑤

F04-08

$\int_{-2}^{a}f(x)dx=\int_{-2}^{0}f(x)dx+\int_{0}^{a}f(x)dx$이므로 너코 056

$\int_{-2}^{a}f(x)dx=\int_{-2}^{0}f(x)dx$에서

$$\int_{-2}^{0}f(x)dx+\int_{0}^{a}f(x)dx=\int_{-2}^{0}f(x)dx$$

따라서 $\int_{0}^{a}f(x)dx=0$이다.

$$\int_{0}^{a}f(x)dx=\int_{0}^{a}(3x^2-16x-20)dx$$

$$=\Big[x^3-8x^2-20x\Big]_0^a$$

$$=a^3-8a^2-20a$$

$$=a(a-10)(a+2)=0$$ 너코 055

따라서 양수 a는 10이다.

답 ④

F04-09

다항함수 $f(x)$가 n차함수라 하면

조건 (가)의 좌변과 우변의 최고차항의 차수는

각각 $n+1$, $2n$이므로 너코 054

$n+1=2n$, 즉 $n=1$이다.

따라서 $f(x)=ax+b$ (단, a, b는 상수이고 $a\neq0$)로 둘 수 있다.

조건 (가)에 의하여

$f(x)=\frac{d}{dx}\{f(x)\}^2=2f'(x)f(x)$ 너코 045

이므로 $f'(x)=\frac{1}{2}$, 즉 $a=\frac{1}{2}$이다. 너코 044

따라서 $f(x)=\frac{1}{2}x+b$이고

조건 (나)에 의하여

$$\int_{-1}^{1}\left(\frac{1}{2}x+b\right)dx=\frac{1}{2}\int_{-1}^{1}x\,dx+\int_{-1}^{1}b\,dx$$ 너코 056

$$=0+2\int_{0}^{1}b\,dx$$

$$=2\Big[bx\Big]_0^1=2b=50$$ 너코 055

에서 $b=25$이므로 $f(x)=\frac{1}{2}x+25$이다.

$\therefore\ f(0)=b=25$

답 ⑤

F04-10

ㄱ. [반례] $f(x)=x$이면

$\int_0^3 xdx=\left[\frac{1}{2}x^2\right]_0^3=\frac{9}{2}$, $\int_0^1 xdx=\left[\frac{1}{2}x^2\right]_0^1=\frac{1}{2}$ 이므로 너코 055

$\int_0^3 f(x)dx \neq 3\int_0^1 f(x)dx$ (거짓)

ㄴ. 정적분의 성질에 의하여

$\int_0^2 f(x)dx+\int_2^1 f(x)dx=\int_0^1 f(x)dx$ 너코 056 (참)

ㄷ. [반례] $f(x)=x$이면

$\int_0^1 x^2dx=\left[\frac{1}{3}x^3\right]_0^1=\frac{1}{3}$, 너코 055

$\left\{\int_0^1 xdx\right\}^2=\left(\left[\frac{1}{2}x^2\right]_0^1\right)^2=\left(\frac{1}{2}\right)^2=\frac{1}{4}$이므로

$\int_0^1 \{f(x)\}^2dx \neq \left\{\int_0^1 f(x)dx\right\}^2$ (거짓)

따라서 옳은 것은 ㄴ이다.

답 ①

F04-11

$\int_{-1}^1 f(x)dx=\int_0^1 f(x)dx=\int_{-1}^0 f(x)dx=k$라 하면

정적분의 성질에 의하여

$\int_{-1}^1 f(x)dx=\int_{-1}^0 f(x)dx+\int_0^1 f(x)dx$이므로 너코 056

$k=k+k$에서 $k=0$이다.

이차함수 $f(x)$에 대하여 $f(0)=-1$이므로

$f(x)=ax^2+bx-1$ (단, a, b는 상수)이라 두면

$$\int_{-1}^1 f(x)dx=\int_{-1}^1 (ax^2+bx-1)dx$$
$$=\int_{-1}^1 (ax^2-1)dx+b\int_{-1}^1 x\,dx$$
$$=2\int_0^1 (ax^2-1)dx+0$$
$$=2\left[\frac{a}{3}x^3-x\right]_0^1=2\left(\frac{a}{3}-1\right)=0$$ 너코 055

에서 $a=3$이고

$f(x)=3x^2+bx-1$이므로

$$\int_0^1 f(x)dx=\int_0^1 (3x^2+bx-1)dx$$
$$=\left[x^3+\frac{b}{2}x^2-x\right]_0^1$$
$$=\frac{b}{2}=0$$

에서 $b=0$이다.

즉, $f(x)=3x^2-1$이다.

$\therefore$ $f(2)=12-1=11$

답 ①

F04-12

조건 (가)에 의하여

다항함수 $f(x)$의 모든 항은

짝수차항 또는 상수항으로만 이루어지므로 너코 056 ……㉠

$a=c=0$

따라서 $f(x)=x^4+bx^2+10$이고

$f'(x)=4x^3+2bx$이므로 너코 044

조건 (나)에서

$-6<4+2b<-2$

$-10<2b<-6$

$-5<b<-3$

이때 b는 정수이므로 $b=-4$이다.

즉, $f'(x)=4x^3-8x=4x(x+\sqrt{2})(x-\sqrt{2})$이므로

$x=-\sqrt{2}$ 또는 $x=0$ 또는 $x=\sqrt{2}$일 때 $f'(x)=0$이다.

이때 ㉠에 의해 그래프가 y축에 대하여 대칭인

함수 $f(x)=x^4-4x^2+10$의 증가와 감소를

표로 나타내면 다음과 같다. 너코 049

x	$\cdots$	$-\sqrt{2}$	$\cdots$	0	$\cdots$	$\sqrt{2}$	$\cdots$
$f'(x)$	$-$	0	$+$	0	$-$	0	$+$
$f(x)$	↘	6	↗	10	↘	6	↗

따라서 함수 $f(x)$는 극솟값 $f(-\sqrt{2})=f(\sqrt{2})=6$을 갖는다.

답 ②

F04-13

두 함수 $f(x)$와 $g(x)$가 다항함수이므로

함수 $h(x)=f(x)g(x)$도 다항함수이고

모든 실수 x에 대하여

$h(-x)=f(-x)g(-x)=-f(x)g(x)=-h(x)$가

성립하므로

함수 $h(x)$의 모든 항은 홀수차항으로만 이루어진다. ……㉠

따라서 함수 $h'(x)$의 모든 항은 상수항을 포함하여

짝수차항으로만 이루어진다. 너코 044 ……㉡

$$\int_{-3}^3 (x+5)h'(x)dx=\int_{-3}^3 \{xh'(x)+5h'(x)\}dx$$
$$=\int_{-3}^3 xh'(x)dx+5\int_{-3}^3 h'(x)dx$$

너코 056

$$=0+10\int_0^3 h'(x)dx \ (\because ㉠, ㉡)$$
$$=10\{h(3)-h(0)\}=10$$ 너코 055

이때 $f(0)=-f(0)$, 즉 $f(0)=0$이므로

$h(0)=f(0)g(0)=0$이다.

따라서 $10h(3)=10$에서 $h(3)=1$이다.

답 ①

F04-14

$g(a)=\int_a^{a+4} f(x)dx$라 하면 $0 \le a \le 4$이므로

$g(a)=\int_a^4 f(x)dx+\int_4^{a+4} f(x)dx$ 너코 056

$=\int_a^4 \{-x(x-4)\}dx+\int_4^{a+4}(x-4)dx$

$=\left[-\frac{1}{3}x^3+2x^2\right]_a^4+\left[\frac{1}{2}x^2-4x\right]_4^{a+4}$

$=\frac{a^3}{3}-\frac{3}{2}a^2+\frac{32}{3}$ 너코 055

따라서 $g'(a)=a^2-3a=a(a-3)$이므로 너코 044

$a=3$일 때 $g'(a)=0$이고

$a=3$의 좌우에서 함수 $g'(a)$의 부호가 음에서 양으로 바뀌므로

$0 \le a \le 4$일 때 $g(a)$의 극솟값이자 최솟값은

$g(3)=9-\frac{27}{2}+\frac{32}{3}=\frac{37}{6}$ 너코 049 너코 051

$\therefore\ p+q=6+37=43$

답 43

F04-15

$f(x)=\begin{cases} 2x+2 & (x<0) \\ -x^2+2x+2 & (x \ge 0) \end{cases}$

따라서 양의 실수 a에 대하여

$-a \le x \le 0$일 때 $f(x)=2x+2$

$0 \le x \le a$일 때 $f(x)=-x^2+2x+2$

$\int_{-a}^a f(x)dx=\int_{-a}^0 (2x+2)dx+\int_0^a(-x^2+2x+2)dx$

너코 056

$=\left[x^2+2x\right]_{-a}^0+\left[-\frac{x^3}{3}+x^2+2x\right]_0^a$

$=(-a^2+2a)+\left(-\frac{a^3}{3}+a^2+2a\right)$

$=-\frac{a^3}{3}+4a$ 너코 055

이때 $F(a)=\int_{-a}^a f(x)dx\ (a>0)$라 하면

$F'(a)=-a^2+4=-(a+2)(a-2)\ (a>0)$이므로 너코 044

$a=2$에서 $F'(a)=0$이고

$a=2$의 좌우에서 $F'(a)$의 부호가 양에서 음으로 바뀐다.

따라서 함수 $F(a)\ (a>0)$의 극댓값이자 최댓값은

$F(2)=-\frac{8}{3}+8=\frac{16}{3}$ 너코 049 너코 051

답 ②

F04-16

$f(x)=x^3-3x-1$에서

$f'(x)=3x^2-3=3(x-1)(x+1)$이므로 너코 044

$x=1$ 또는 $x=-1$일 때 $f'(x)=0$이다.

이때 함수 $f(x)$의 증가와 감소를 표로 나타내면 다음과 같다.

너코 049

x	$\cdots$	-1	$\cdots$	1	$\cdots$
$f'(x)$	$+$	0	$-$	0	$+$
$f(x)$	↗	1	↘	-3	↗

따라서 삼차함수 $y=f(x)$의 그래프와

그로부터 얻어지는 함수 $y=|f(x)|$의 그래프는 그림과 같다.

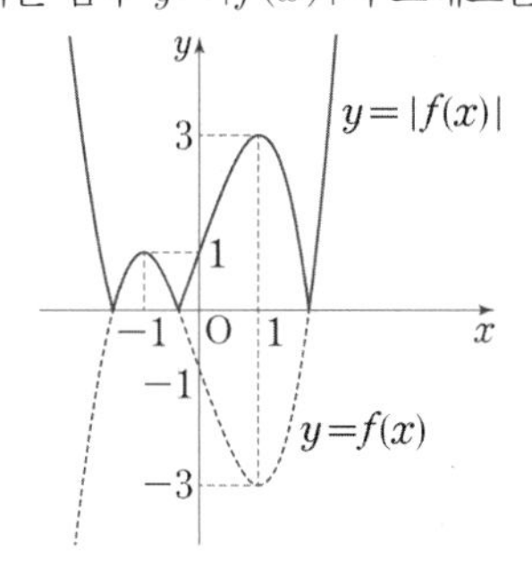

$\int_{-1}^1 g(t)dt$의 값을 구하기 위해

구간 $[-1, 1]$에서의 $g(t)$만 구하면 되므로

i) $-1 \le t \le 0$일 때

$-1 \le x \le t$에서의 함수 $|f(x)|$의 최댓값은

$f(-1)=1$이므로

$g(t)=1$이다.

ii) $0<t \le 1$일 때

$-1 \le x \le t$에서의 함수 $|f(x)|$의 최댓값은

$|f(t)|=-f(t)$이므로

$g(t)=-f(t)$이다.

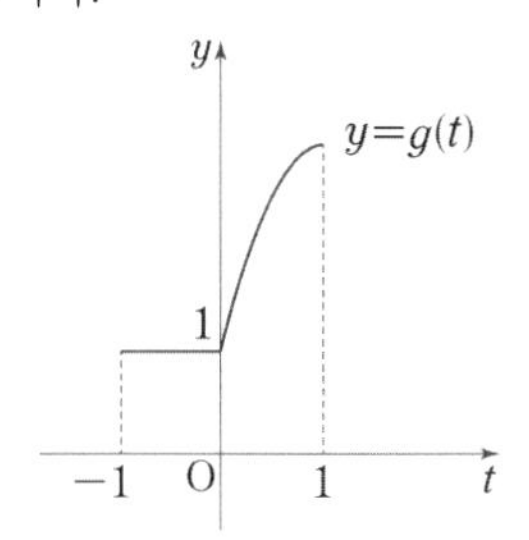

i), ii)에 의하여

$\int_{-1}^1 g(t)dt=\int_{-1}^0 g(t)dt+\int_0^1 g(t)dt$ 너코 056

$=\int_{-1}^0 1dt+\int_0^1-(t^3-3t-1)dt$

$=\left[t\right]_{-1}^0-\left[\frac{1}{4}t^4-\frac{3}{2}t^2-t\right]_0^1$

$=1-\left(-\frac{9}{4}\right)=\frac{13}{4}$ 너코 055

$\therefore\ p+q=4+13=17$

답 17

F 적분

F04-17

실수 전체의 집합에서 미분가능한 함수 $f(x)$가 다음 조건을 만족시킨다.

> (가) 모든 실수 x에 대하여 $1 \le f'(x) \le 3$이다.
> (나) 모든 정수 n에 대하여 함수 $y=f(x)$의 그래프는 점 $(4n, 8n)$, 점 $(4n+1, 8n+2)$, 점 $(4n+2, 8n+5)$, 점 $(4n+3, 8n+7)$을 모두 지난다.
> (다) 모든 정수 k에 대하여 닫힌구간 $[2k, 2k+1]$에서 함수 $y=f(x)$의 그래프는 각각 이차함수의 그래프의 일부이다.

$\int_3^6 f(x)dx = a$라 할 때, $6a$의 값을 구하시오. [4점]

How To

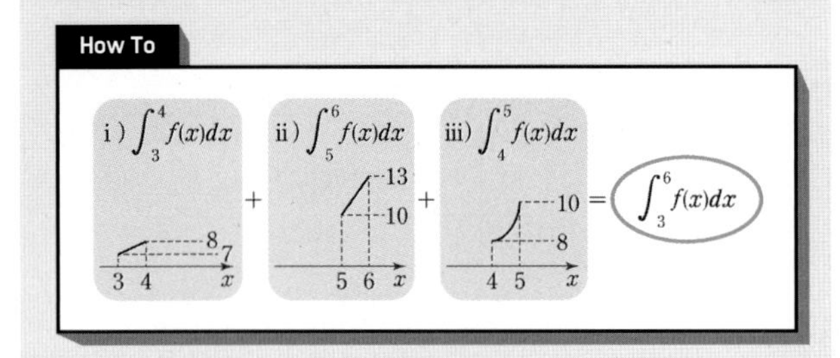

$\int_3^6 f(x)dx = a$의 값을 구하려면 조건 (가)~(다)를 이용하여 크기가 1인 세 구간 $[3, 4]$, $[4, 5]$, $[5, 6]$ 각각에서의 함수 $f(x)$를 구해야 한다.

i) 구간 $[3, 4]$일 때

조건 (나)에 의하여 $f(3)=7$, $f(4)=8$이므로

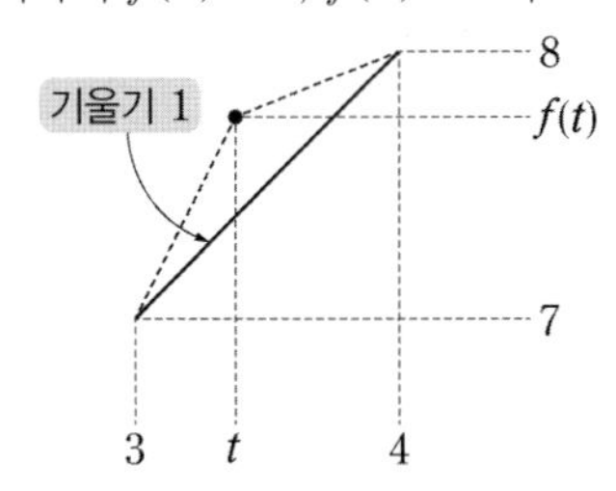

구간 $(3, 4)$의 임의의 실수 t에 대하여

$\frac{f(t)-7}{t-3} = f'(a)$를 만족시키는 실수 a가 구간 $(3, t)$에 존재한다. 너코 048

이때 조건 (가)에 의하여 $f'(a) \ge 1$이므로

$\frac{f(t)-7}{t-3} \ge 1$, 즉 $f(t) \ge t+4$ ······㉠

또한 구간 $(3, 4)$의 임의의 실수 t에 대하여

$\frac{8-f(t)}{4-t} = f'(b)$를 만족시키는 실수 b가 구간 $(t, 4)$에 존재한다.

이때 역시 조건 (가)에 의하여 $f'(b) \ge 1$이므로

$\frac{8-f(t)}{4-t} \ge 1$, 즉 $f(t) \le t+4$ ······㉡

㉠, ㉡을 모두 만족시켜야 하므로 구간 $[3, 4]$에서 $f(x)=x+4$이다.

ii) 구간 $[5, 6]$일 때

조건 (나)에 의하여 $f(5)=10$, $f(6)=13$이므로

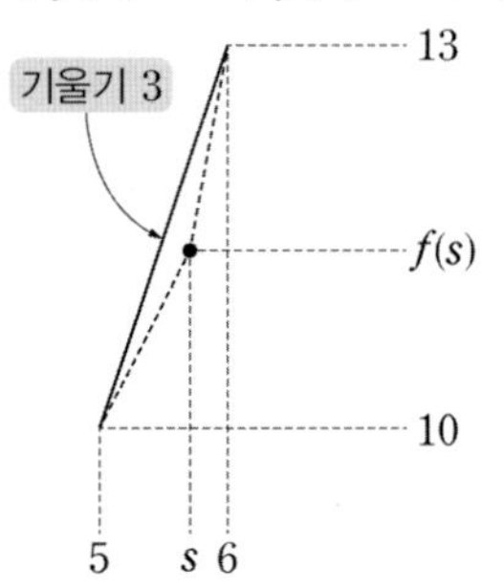

구간 $(5, 6)$의 임의의 실수 s에 대하여

$\frac{f(s)-10}{s-5} = f'(c)$를 만족시키는 실수 c가 구간 $(5, s)$에 존재한다.

이때 조건 (가)에 의하여 $f'(c) \le 3$이므로

$\frac{f(s)-10}{s-5} \le 3$, 즉 $f(s) \le 3s-5$ ······㉢

또한 구간 $(s, 6)$의 임의의 실수 s에 대하여

$\frac{13-f(s)}{6-s} = f'(d)$를 만족시키는 실수 d가 구간 $(s, 6)$에 존재한다.

이때 역시 조건 (나)에 의하여 $f'(d) \le 3$이므로

$\frac{13-f(s)}{6-s} \le 3$, 즉 $f(s) \ge 3s-5$ ······㉣

㉢, ㉣을 모두 만족시켜야 하므로 구간 $[5, 6]$에서 $f(x)=3x-5$이다.

iii) 구간 $[4, 5]$일 때

조건 (다)에 의하여 함수 $f(x)=ax^2+bx+c$, $f'(x)=2ax+b$라 하자. (단, a, b, c는 상수) 너코 044

실수 전체의 집합에서 함수 $f(x)$가 미분가능하므로 $x=4$, $x=5$에서도 미분가능하다.

따라서 i), ii) 각각에서 구한 함수 $f(x)$에 의하여

$f(4)=16a+4b+c=8$, $f'(4)=8a+b=1$이고

$f(5)=25a+5b+c=10$, $f'(5)=10a+b=3$이다.

너코 046

연립하면 $a=1$, $b=-7$, $c=20$이므로

구간 $[4, 5]$에서 $f(x)=x^2-7x+20$이다.

i)~iii)에서

$\int_3^6 f(x)dx$

$= \int_3^4 (x+4)dx + \int_5^6 (3x-5)dx + \int_4^5 (x^2-7x+20)dx$ 너코 056

$= \left[\frac{1}{2}x^2+4x\right]_3^4 + \left[\frac{3}{2}x^2-5x\right]_5^6 + \left[\frac{1}{3}x^3-\frac{7}{2}x^2+20x\right]_4^5$

$= \frac{15}{2} + \frac{23}{2} + \frac{53}{6} = \frac{167}{6} = a$ 너코 055

$\therefore 6a = 167$

답 167

F04-18

두 조건 (나), (다)에 의하여 두 함수 x^2+1, $3x-1$의 합이 x^2+3x이고, 곱이 $(x^2+1)(3x-1)$이다.

이때 $x^2+1 \geq 3x-1$에서

$x^2-3x+2 \geq 0$

$(x-1)(x-2) \geq 0$

$x \leq 1$ 또는 $x \geq 2$이므로

$0 \leq x \leq 1$일 때 $x^2+1 \geq 3x-1$이고,

$1 \leq x \leq 2$일 때 $x^2+1 \leq 3x-1$이다.

따라서 조건 (가)를 만족시키려면

$f(x)=\begin{cases} x^2+1 & (0 \leq x \leq 1) \\ 3x-1 & (1 \leq x \leq 2) \end{cases}$이어야 한다.

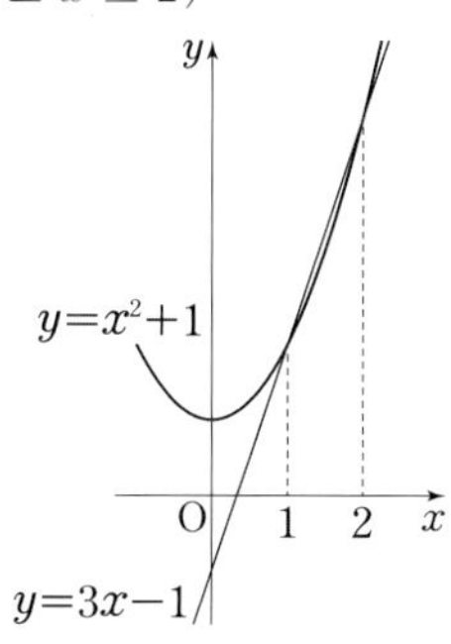

$\therefore \int_0^2 f(x)\,dx = \int_0^1 f(x)\,dx + \int_1^2 f(x)\,dx$ 너코 056

$= \int_0^1 (x^2+1)\,dx + \int_1^2 (3x-1)\,dx$

$= \left[\frac{1}{3}x^3+x\right]_0^1 + \left[\frac{3}{2}x^2-x\right]_1^2$

$= \frac{4}{3}+\frac{7}{2}=\frac{29}{6}$ 너코 055

답 ③

F04-19

풀이 1

삼차함수 $f(x)$는 최고차항의 계수가 1이고

$f'(0)=f'(2)=0$이므로

$f'(x)=3x(x-2)=3x^2-6x$

$f(x)=\int f'(x)dx=\int (3x^2-6x)dx$

$=x^3-3x^2+C$ (단, C는 적분상수) 너코 054

$\therefore f(x)-f(0)=x^3-3x^2$

$f(x+p)-f(p)$

$=(x+p)^3-3(x+p)^2+C-(p^3-3p^2+C)$

$=x^3+(3p-3)x^2+(3p^2-6p)x$

$\therefore g(x)=\begin{cases} x^3-3x^2 & (x \leq 0) \\ x^3+(3p-3)x^2+(3p^2-6p)x & (x>0) \end{cases}$

$g'(x)=\begin{cases} 3x^2-6x & (x<0) \\ 3x^2+2(3p-3)x+3p^2-6p & (x>0) \end{cases}$ 너코 044

ㄱ. $p=1$일 때

$g'(x)=\begin{cases} 3x^2-6x & (x<0) \\ 3x^2-3 & (x>0) \end{cases}$이므로

$g'(1)=3-3=0$ (참)

ㄴ. $\lim_{x\to 0-} g(x)=\lim_{x\to 0+} g(x)=g(0)=0$이므로 함수 $g(x)$는 $x=0$에서 연속이다.

이때

$\lim_{x\to 0-} g'(x)=\lim_{x\to 0-}(3x^2-6x)=0$

$\lim_{x\to 0+} g'(x)=\lim_{x\to 0+}\{3x^2+2(3p-3)x+3p^2-6p\}$

$=3p^2-6p$

이므로 $g(x)$가 실수 전체의 집합에서 미분가능하려면

$3p^2-6p=0$이어야 한다. 너코 046

$3p(p-2)=0$에서 $p=0$ 또는 $p=2$이므로

양수 p의 개수는 1이다. (참)

ㄷ. $\int_{-1}^1 g(x)dx=\int_{-1}^0 g(x)dx+\int_0^1 g(x)dx$에서 너코 056

$\int_{-1}^0 g(x)dx=\int_{-1}^0 (x^3-3x^2)dx=\left[\frac{1}{4}x^4-x^3\right]_{-1}^0$

$=0-\left(\frac{1}{4}+1\right)=-\frac{5}{4}$ 너코 055

$\int_0^1 g(x)dx=\int_0^1 \{x^3+(3p-3)x^2+(3p^2-6p)x\}dx$

$=\left[\frac{1}{4}x^4+(p-1)x^3+\frac{3p^2-6p}{2}x^2\right]_0^1$

$=\frac{1}{4}+(p-1)+\frac{3p^2-6p}{2}$

$=\frac{3}{2}p^2-2p-\frac{3}{4}$

$\therefore \int_{-1}^1 g(x)dx=\left(-\frac{5}{4}\right)+\frac{3}{2}p^2-2p-\frac{3}{4}$

$=\frac{3}{2}p^2-2p-2=\frac{1}{2}(3p+2)(p-2)$

따라서 $p \geq 2$일 때 $\int_{-1}^1 g(x)dx \geq 0$이다. (참)

따라서 옳은 것은 ㄱ, ㄴ, ㄷ이다.

풀이 2

ㄱ. $f'(0)=f'(2)=0$이므로

삼차함수 $f(x)$는 $x=0$에서 극대, $x=2$에서 극소이다.

너코 049

$g(x)=\begin{cases} f(x)-f(0) & (x \leq 0) \\ f(x+p)-f(p) & (x>0) \end{cases}$이므로

$x \leq 0$에서 함수 $y=g(x)$의 그래프는

곡선 $y=f(x)$를 y축의 방향으로 $-f(0)$만큼

평행이동시킨 후 $x \leq 0$인 부분만 남긴 것이고, ……㉠

$x>0$에서 함수 $y=g(x)$의 그래프는

곡선 $y=f(x)$를 x축의 방향으로 $-p$만큼, y축의 방향으로 $-f(p)$만큼 평행이동시킨 후 $x>0$인 부분만 남긴 것이다.

(단, $p>0$) ……㉡

F 적분

이때 ㉠에 의하여 끝점 $(0, f(0))$이 원점으로 평행이동하고 ㉡에 의하여 끝점 $(p, f(p))$가 원점으로 평행이동하므로 $p=1$일 때, 함수 $y=g(x)$의 그래프는 그림과 같이 곡선 $y=f(x)$에서 두 점 $(0, f(0))$, $(1, f(1))$을 원점에서 이어 붙인 형태이다.

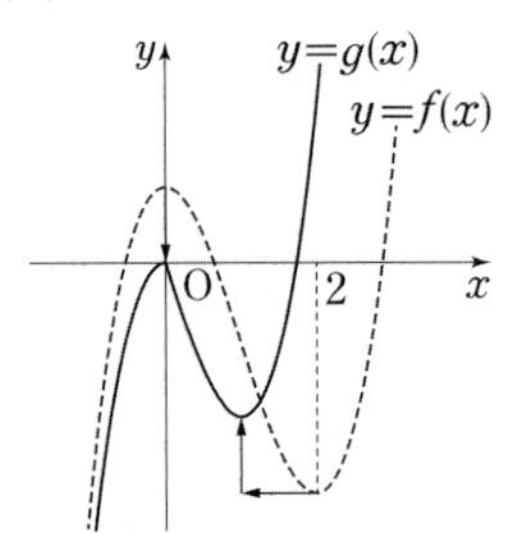

따라서 $f'(2)=0$이므로 $g'(1)=0$이다. (참)

ㄴ. $x>0$, $x<0$에서 함수 $g(x)$는 미분가능하므로 $g(x)$가 실수 전체의 집합에서 미분가능하려면 $x=0$에서 미분가능해야 한다.
이때 함수 $f(x)$가 $x=0$에서 극대, $x=2$에서 극소이므로 극대와 극소인 두 점이 원점에서 만나는 $g(x)$만 실수 전체의 집합에서 미분가능하다. 너코 046
즉, $p=2$일 때의 $g(x)$만 해당하므로 양수 p의 개수는 1이다. (참)

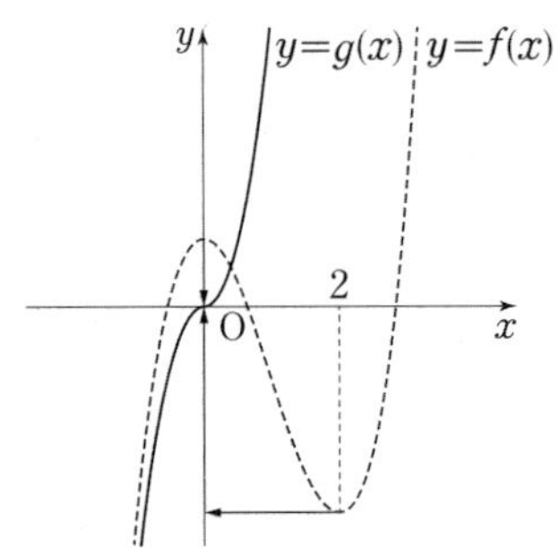

ㄷ. $p=2$일 때, 삼차함수의 대칭성에 따라 함수 $y=g(x)$의 그래프는 원점에 대하여 대칭이므로

$\int_{-1}^{1} g(x)dx=0$ 너코 059

$p>2$일 때 $x>0$인 모든 실수 x에 대하여
$f(x+p)-f(p)>f(x+2)-f(2)$이므로

$\int_{-1}^{1} g(x)dx>0$

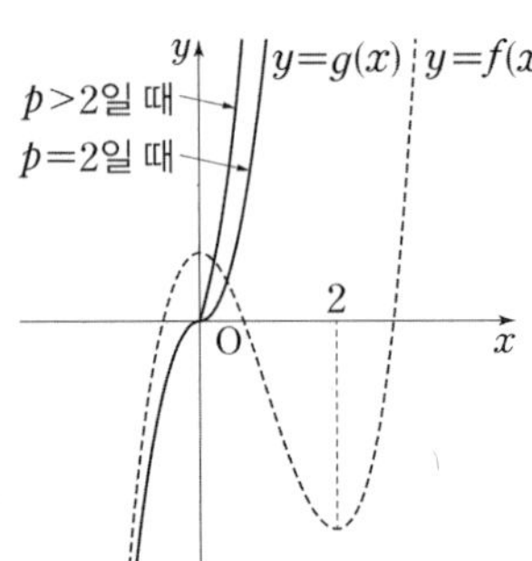

따라서 $p \geq 2$일 때 $\int_{-1}^{1} g(x)dx \geq 0$이다. (참)

따라서 옳은 것은 ㄱ, ㄴ, ㄷ이다.

답 ⑤

F05-01

$0 \leq x \leq 2$일 때 $|2x-4|=-(2x-4)$
$2 \leq x \leq 6$일 때 $|2x-4|=2x-4$

$$\int_{0}^{6}|2x-4|dx=\int_{0}^{2}-(2x-4)dx+\int_{2}^{6}(2x-4)dx$$ 너코 056

$$=-\left[x^2-4x\right]_0^2+\left[x^2-4x\right]_2^6$$

$$=4+16=20$$ 너코 055

답 20

F05-02

$1 \leq x \leq 3$일 때 $|x-3|=-(x-3)$
$3 \leq x \leq 4$일 때 $|x-3|=x-3$

$$\therefore \int_{1}^{4}(x+|x-3|)dx$$

$$=\int_{1}^{3}\{x-(x-3)\}dx+\int_{3}^{4}\{x+(x-3)\}dx$$ 너코 056

$$=\left[3x\right]_1^3+\left[x^2-3x\right]_3^4$$

$$=6+4=10$$ 너코 055

답 10

F05-03

함수 $y=x^2(x-1)$의 그래프로부터 얻어지는 너코 050
함수 $y=|x^2(x-1)|$의 그래프는 다음과 같다.

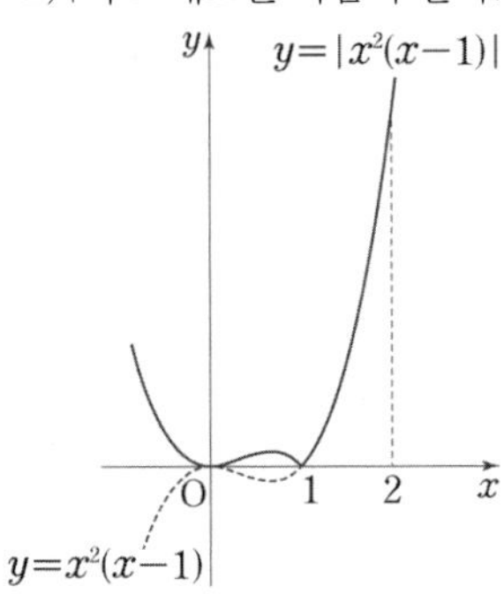

$0 \leq x \leq 1$일 때 $|x^2(x-1)|=-x^2(x-1)$
$1 \leq x \leq 2$일 때 $|x^2(x-1)|=x^2(x-1)$

$$\therefore \int_{0}^{2}|x^2(x-1)|dx$$

$$=\int_{0}^{1}-(x^3-x^2)dx+\int_{1}^{2}(x^3-x^2)dx$$ 너코 056

$$=-\left[\frac{x^4}{4}-\frac{x^3}{3}\right]_0^1+\left[\frac{x^4}{4}-\frac{x^3}{3}\right]_1^2$$

$$=\frac{1}{12}+\left(\frac{16}{12}+\frac{1}{12}\right)=\frac{3}{2}$$ 너코 055

답 ①

F05-04

$f(x)=|x-1|$이라 하면 $f(x)=\begin{cases}-x+1 & (x<1)\\ x-1 & (x\geq 1)\end{cases}$이다.

i) $x<1$일 때

$$\int_0^x |t-1|dt=\int_0^x (-t+1)\,dt$$
$$=\left[-\frac{1}{2}t^2+t\right]_0^x$$
$$=-\frac{1}{2}x^2+x$$ 너코 055

방정식 $-\frac{1}{2}x^2+x=x$의 실근은 $x=0$이다.

ii) $x\geq 1$일 때

$$\int_0^x |t-1|dt=\int_0^1 (-t+1)\,dt+\int_1^x (t-1)\,dt$$ 너코 056
$$=\left[-\frac{1}{2}t^2+t\right]_0^1+\left[\frac{1}{2}t^2-t\right]_1^x$$
$$=\frac{1}{2}x^2-x+1$$

방정식 $\frac{1}{2}x^2-x+1=x$,

즉 $x^2-4x+2=0$의 실근은 $x=2\pm\sqrt{2}$이고

$x\geq 1$이므로 $x=2+\sqrt{2}$이다.

i), ii)에서 구하는 방정식의 양의 실근은 $2+\sqrt{2}$이므로

$m^3+n^3=2^3+1^3=9$

답 9

F05-05

조건 (가)에서 $\int_0^2 |f(x)|dx=-\int_0^2 f(x)dx$이므로 너코 056

구간 $[0, 2]$에서 $f(x)\leq 0$이고 ……㉠

조건 (나)에서 $\int_2^3 |f(x)|dx=\int_2^3 f(x)dx$이므로

구간 $[2, 3]$에서 $f(x)\geq 0$이다.

즉, $x=2$의 좌우에서 이차함수 $f(x)$의 부호가 바뀌므로

$f(2)=0$이고

주어진 조건에 의하여 $f(0)=0$이므로

이차함수의 최고차항의 계수를 a라 하면

$f(x)=ax(x-2)$이다.

따라서

$$\int_0^2 |f(x)|dx=-\int_0^2 ax(x-2)dx\ (\because ㉠)$$
$$=-\left[\frac{a}{3}x^3-ax^2\right]_0^2$$
$$=\frac{4}{3}a=4$$ 너코 055

에서 $a=3$이므로 $f(x)=3x(x-2)$이다.

$\therefore\ f(5)=45$

답 45

F06-01

$f(x)=\int_1^x (t-2)(t-3)dt$의 양변을 x에 대하여 미분하면

$f'(x)=(x-2)(x-3)$ 너코 057

$\therefore\ f'(4)=2$

답 ②

F06-02

$\int_1^x \left\{\frac{d}{dt}f(t)\right\}dt=x^3+ax^2-2$에 $x=1$을 대입하면

$0=1+a-2$, 즉 $a=1$이다. 너코 055

$\int_1^x \left\{\frac{d}{dt}f(t)\right\}dt=x^3+x^2-2$의 양변을 x에 대하여 미분하면

$f'(x)=3x^2+2x$ 너코 044 너코 057

$\therefore\ f'(1)=5$

답 ⑤

F06-03

$\int_0^x f(t)dt=3x^3+2x$의 양변을 x에 대하여 미분하면

$f(x)=9x^2+2$ 너코 057

$\therefore\ f(1)=9\times 1+2=11$

답 ③

F06-04

조건 (가)에서

$\int_1^x f(t)dt=\frac{x-1}{2}\{f(x)+f(1)\}$의 양변을 x에 대하여

미분하면

$f(x)=\frac{1}{2}\{f(x)+f(1)\}+\frac{x-1}{2}f'(x)$이므로 정리하면

너코 057

$2f(x)=f(x)+f(1)+(x-1)f'(x)$,

$f(x)=(x-1)f'(x)+f(1)$이다. ……㉠

다항함수 $f(x)$의 최고차항을 ax^n이라 하면

(단, a는 0이 아닌 상수)

함수 $(x-1)f'(x)+f(1)$의 최고차항은

$x\times nax^{n-1}=nax^n$이다.

이때 ㉠의 양변의 최고차항의 계수가 같아야 하므로

$a=na$, 즉 $n=1$이어야 한다.

또한 $f(0)=1$이므로 $f(x)=ax+1$이다.

조건 (나)에 이를 대입하면

$\int_0^2 (ax+1)dx=5\int_{-1}^1 (ax^2+x)dx$, 너코 055

$\left[\frac{a}{2}x^2+x\right]_0^2=10\int_0^1 ax^2dx$, 너코 056

F 적분

$2a+2=10\left[\frac{a}{3}x^3\right]_0^1$,

$2a+2=\frac{10}{3}a$,

$a=\frac{3}{2}$이므로 $f(x)=\frac{3}{2}x+1$이다.

$\therefore\ f(4)=7$

답 7

F06-05

$g(x)=\int_0^x f(t)\,dt$의 양변을 x에 대하여 미분하면

$g'(x)=f(x)$이다. 너코 057

따라서 함수 $g(x)$가 닫힌구간 $[0, 1]$에서 증가하려면

$0\le x\le 1$에서 $f(x)\ge 0$이어야 한다. 너코 049

즉, $0\le x\le 1$에서 함수 $f(x)$의 최솟값이 0 이상이면 된다.

너코 051

이때 $f(x)=-x^2-4x+a=-(x+2)^2+a+4$에 의하여

곡선 $y=f(x)$가 다음 그림과 같이 $x=-2$의 좌우에서

증가하다 감소하므로

$0\le x\le 1$에서 함수 $f(x)$의 최솟값은 $f(1)$이고,

$f(1)=-5+a\ge 0$이어야 한다.

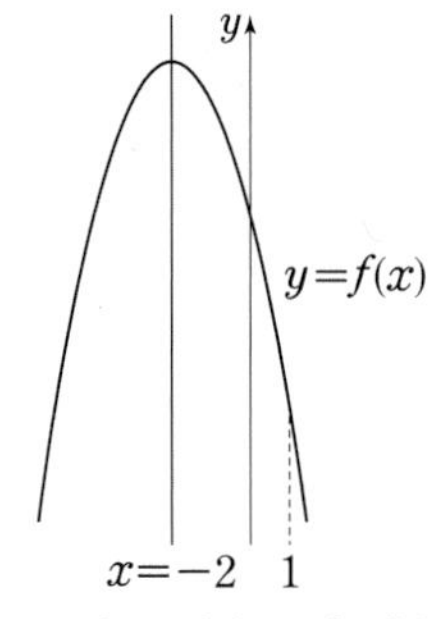

따라서 $a\ge 5$이므로 구하는 실수 a의 최솟값은 5이다.

답 5

F06-06

$xf(x)=2x^3+ax^2+3a+\int_1^x f(t)dt$ ……㉠

㉠의 양변을 x에 대하여 미분하면

$f(x)+xf'(x)=6x^2+2ax+f(x)$ 너코 045 너코 057

$xf'(x)=6x^2+2ax$

이때 $f(x)$는 다항함수이므로

$f'(x)=6x+2a$

$\therefore\ f(x)=\int f'(x)dx=\int(6x+2a)dx$

$=3x^2+2ax+C$ (단, C는 적분상수) 너코 054 ……㉡

한편 ㉠의 양변에 $x=1$을 대입하면

$f(1)=2+4a$이고,

㉠의 양변에 $x=0$을 대입하면

$0=3a+\int_1^0 f(t)dt$, 즉 $\int_0^1 f(t)dt=3a$이므로 너코 055

$f(1)=\int_0^1 f(t)dt$에서

$2+4a=3a\qquad\therefore\ a=-2$

따라서 $f(x)=3x^2-4x+C$이고 $f(1)=-6$이므로

$f(1)=-1+C=-6\qquad\therefore\ C=-5$

$\therefore\ f(x)=3x^2-4x-5$

$\therefore\ a+f(3)=-2+(27-12-5)=8$

답 ④

F06-07

조건 (가)에서 $\int_1^x f(t)dt=xf(x)-2x^2-1$ ……㉠

㉠의 양변에 $x=1$을 대입하면

$0=f(1)-3$에서 $f(1)=3$

또한 ㉠의 양변을 x에 대하여 미분하면

$f(x)=f(x)+xf'(x)-4x$ 너코 045 너코 057

$xf'(x)=4x$

$f'(x)=4$ ($\because$ 함수 $f(x)$는 다항함수)

$\therefore\ f(x)=\int f'(x)dx=\int 4dx$

$=4x-1$ ($\because\ f(1)=3$) 너코 054

$F(x)=\int f(x)dx=\int(4x-1)dx$

$=2x^2-x+C$ (단, C는 적분상수)

한편 조건 (나)에서

$f(x)G(x)+F(x)g(x)=8x^3+3x^2+1$이므로

$\{F(x)G(x)\}'=8x^3+3x^2+1$

$\therefore\ F(x)G(x)=\int(8x^3+3x^2+1)dx$

$=2x^4+x^3+x+D$ (단, D는 적분상수) ……㉡

이때 $F(x)$가 최고차항의 계수가 2인 이차함수이므로

㉡을 만족시키려면 $G(x)$는 최고차항의 계수가 1인

이차함수이어야 한다.

따라서 $G(x)=x^2+ax+b$ (a, b는 상수)라 하면 ㉡에서

$(2x^2-x+C)(x^2+ax+b)=2x^4+x^3+x+D$

위의 등식은 x에 대한 항등식이므로

양변의 x^3의 계수를 비교하면 $2a-1=1$에서 $a=1$

따라서 $G(x)=x^2+x+b$이므로

$\int_1^3 g(x)dx=\Big[G(x)\Big]_1^3$

$=G(3)-G(1)$ 너코 055

$=(9+3+b)-(1+1+b)=10$

참고

$(2x^2-x+C)(x^2+x+b)=2x^4+x^3+x+D$, 즉

$2x^4+x^3+(2b-1+C)x^2+(C-b)x+bC$

$=2x^4+x^3+x+D$

에서 양변의 x^2과 x의 계수, 상수항도 비교하면 b, C, D의 값을 모두 구할 수 있다.

x^2의 계수를 비교하면 $2b-1+C=0$
x의 계수를 비교하면 $C-b=1$
두 식을 연립하여 풀면 $b=0$, $C=1$
이때 상수항을 비교하면 $bC=D$이므로 $D=0$

답 10

F06-08

조건 (가)에서

$$\int_1^x tf(t)\,dt+\int_{-1}^x tg(t)\,dt=3x^4+8x^3-3x^2 \quad \cdots\cdots ㉠$$

㉠의 양변을 미분하면

$xf(x)+xg(x)=12x^3+24x^2-6x$ 너코 057 $\cdots\cdots$ ㉡

이때 조건 (나)에서 $f(x)=xg'(x)$이므로 ㉡에서

$x^2g'(x)+xg(x)=12x^3+24x^2-6x$

즉, $xg'(x)+g(x)=12x^2+24x-6$에서

$\{xg(x)\}'=12x^2+24x-6$이므로

$xg(x)=4x^3+12x^2-6x$

따라서 $g(x)=4x^2+12x-6$이므로

$$\int_0^3 g(x)dx=\int_0^3(4x^2+12x-6)dx$$

$$=\left[\frac{4}{3}x^3+6x^2-6x\right]_0^3$$

$$=36+54-18$$

$=72$ 너코 055

참고

$xg'(x)+g(x)=12x^2+24x-6 \quad \cdots\cdots ㉢$

한편 다항함수 $g(x)$는 이차함수이므로

$g(x)=ax^2+bx+c$ (단, a, b, c는 상수)라 두면

$g'(x)=2ax+b$

㉢에서 $x(2ax+b)+(ax^2+bx+c)=12x^2+24x-6$

$3ax^2+2bx+c=12x^2+24x-6$이므로 계수를 비교하면

$a=4$, $b=12$, $c=-6$

$\therefore\ g(x)=4x^2+12x-6$

답 ①

F06-09

ㄱ. $h(x)=\int_0^x f(t)dt$라 하면 $\cdots\cdots$ ㉠

$g(x)=|h(x)|$이고 주어진 그림으로부터

$g(0)=0$, $g(2)=0$, $g(5)=0$, $g(8)=0$이므로

$h(0)=0$, $h(2)=0$, $h(5)=0$, $h(8)=0$이다. $\cdots\cdots$ ㉡

또한 ㉠의 양변을 x에 대하여 미분하면

$h'(x)=f(x)$이므로 너코 057

롤의 정리에 의하여 너코 048

$h'(\alpha)=f(\alpha)=0$을 만족시키는 실수 α가

열린구간 $(0, 2)$에 적어도 한 개 존재하고

$h'(\beta)=f(\beta)=0$을 만족시키는 실수 β가

열린구간 $(2, 5)$에 적어도 한 개 존재하고

$h'(\gamma)=f(\gamma)=0$을 만족시키는 실수 γ가

열린구간 $(5, 8)$에 적어도 한 개 존재한다.

따라서 삼차방정식 $f(x)=0$은 서로 다른 3개의 실근을 갖는다. (참)

ㄴ. 삼차함수 $f(x)$의 최고차항의 계수를 k라 하면

ㄱ에 의하여 방정식 $f(x)=0$이 서로 다른 3개의 양의 실근 α, β, γ를 가지므로

$f(x)=k(x-\alpha)(x-\beta)(x-\gamma)$로 둘 수 있다.

이때 $f(0)=-k\alpha\beta\gamma>0$이어야 하므로 $k<0$이다.

$(\because\ \alpha\beta\gamma>0)$

따라서 아래 오른쪽 그림과 같이

$k<0$일 때, $f'(0)<0$이다. 너코 041 (참)

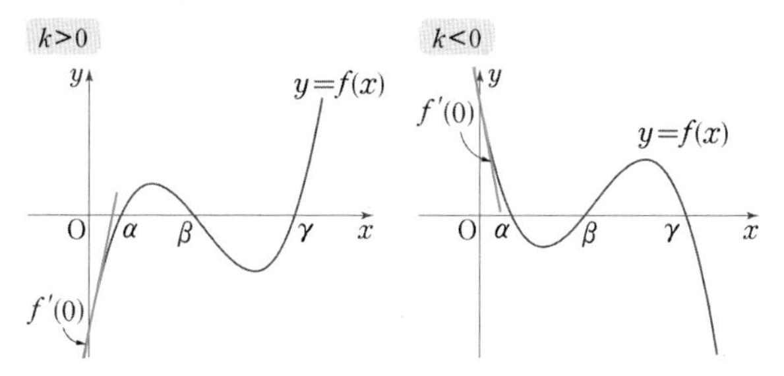

ㄷ. ㄴ에 의하여 $k<0$이므로 함수 $f(x)$의 부정적분인 사차함수 $h(x)$의 최고차항의 계수도 음수이므로 너코 054

함수 $y=h(x)$의 그래프는 다음과 같다. $(\because$ ㉡$)$

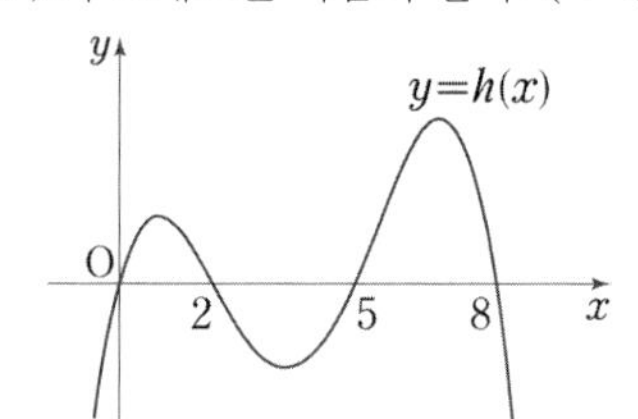

$\int_m^{m+2} f(x)dx=h(m+2)-h(m)$이고 $(\because$ ㉠$)$ 너코 055

자연수 m에 대하여

$m=1$, 2 또는 $m=6$, 7, 8, $\cdots$일 때, $h(m)>h(m+2)$,

$m=3$, 4, 5일 때, $h(m)<h(m+2)$이므로

$\int_m^{m+2} f(x)dx>0$, 즉 $h(m+2)-h(m)>0$을

만족시키는 자연수 m은 3, 4, 5로 3개이다. (참)

따라서 옳은 것은 ㄱ, ㄴ, ㄷ이다.

답 ⑤

F06-10

ㄱ. 조건 (가)에서 최고차항의 계수가 양수인 삼차함수 $f(x)$가 $x=0$에서 극댓값, $x=k$에서 극솟값을 가지므로

$f(k)<f(0)$이다. 너코 049

$\therefore\ \int_0^k f'(x)dx=f(k)-f(0)<0$ 너코 055 (참)

ㄴ. 조건 (나)에서 $\int_0^t |f'(x)|dx = f(t)+f(0)$의

양변을 t에 대하여 미분하면

$|f'(t)| = f'(t)$이므로 $t>1$일 때 이를 만족시킨다.

너코 057

조건 (가)에서 $|f'(x)| = f'(x)$를 만족시키는 실수 x의 값의 범위는

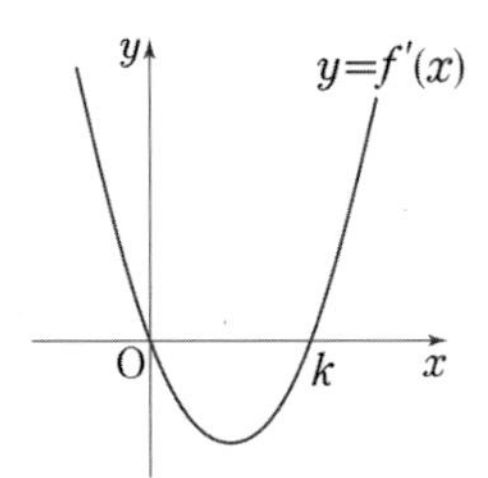

$x \le 0$ 또는 $x \ge k$이므로 (단, $k>0$) 너코 049

$x>1$일 때 $|f'(x)| = f'(x)$,

즉 $t>1$일 때 $|f'(t)| = f'(t)$를 만족시키려면

$0<k\le 1$이어야 한다. (참)

ㄷ. ㄴ에서 $0<k\le 1$이므로 1보다 큰 모든 실수 t에 대하여

닫힌구간 $[0, k]$에서 $|f'(x)| = -f'(x)$

닫힌구간 $[k, t]$에서 $|f'(x)| = f'(x)$

$$\int_0^t |f'(x)|dx = \int_0^k \{-f'(x)\}dx + \int_k^t f'(x)dx$$

너코 056

$$= \{-f(k)+f(0)\} + \{f(t)-f(k)\}$$

$$= f(t)+f(0)-2f(k) \quad \cdots\cdots ㉠$$ 너코 055

그리고 조건 (나)에서 1보다 큰 모든 실수 t에 대하여

$$\int_0^t |f'(x)|dx = f(t)+f(0) \quad \cdots\cdots ㉡$$

㉠, ㉡의 값이 서로 같으므로 $f(k)=0$이고

조건 (가)에 의하여 함수 $f(x)$의 극솟값은 $f(k)=0$이다. (참)

따라서 옳은 것은 ㄱ, ㄴ, ㄷ이다.

답 ⑤

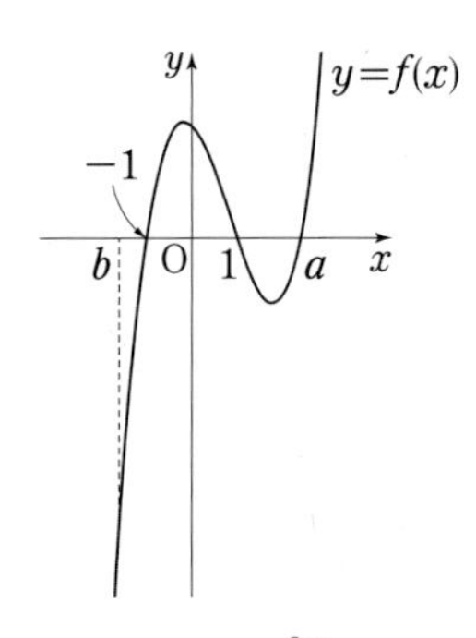

x의 값에 따른 함수 $2x$와 함수 $\int_0^x f(t)dt$의 값의 부호는 다음과 같다.

x	$\cdots$	b	$\cdots$	0	$\cdots$
$2x$	$-$	$-$	$-$	0	$+$
$\int_0^x f(t)dt$	$+$	0	$-$	0	
$2x\int_0^x f(t)dt$	$-$	0	$+$	0	

$x=b$의 좌우에서 함수 $g'(x)$의 부호가 바뀌므로

함수 $g(x)$는 $x=b$에서 극값을 갖는다. 너코 049

㉠에 의하여 $g'(x)$는 $x=b$에서만 부호가 바뀌어야 하므로

$x>b$에서 $2x\int_0^x f(t)dt \ge 0$이려면

모든 양수 x에 대하여 $\int_0^x f(t)dt \ge 0$이어야 한다.

즉, 구간 $(0, \infty)$에서 $\int_0^x f(t)dt$의 최솟값인 $\int_0^a f(t)dt$가 0 이상이면 된다.

$$\int_0^a f(t)dt = \int_0^a (t^3-at^2-t+a)dt$$

$$= \left[\frac{1}{4}t^4 - \frac{a}{3}t^3 - \frac{1}{2}t^2 + at\right]_0^a$$ 너코 055

$$= -\frac{1}{12}a^4 + \frac{1}{2}a^2 \ge 0$$

따라서 $a^2(a^2-6) \le 0$이어야 하므로

구하는 a의 최댓값은 $\sqrt{6}$이다.

답 ④

F06-11

$g(x) = x^2\int_0^x f(t)dt - \int_0^x t^2 f(t)dt$에서

$$g'(x) = 2x\int_0^x f(t)dt + x^2 f(x) - x^2 f(x)$$

너코 044 너코 045 너코 057

$$= 2x\int_0^x f(t)dt$$

함수 $g(x)$가 오직 하나의 극값을 가지려면

$g'(x)$의 부호가 단 한 번만 바뀌어야 한다. $\cdots\cdots$㉠

이때 음수 b가 $\int_0^b f(t)dt = 0$을 만족시킨다고 하면

F06-12

$$g(x) = \int_a^x \{f(x)-f(t)\} \times \{f(t)\}^4 dt$$

$$= f(x)\int_a^x \{f(t)\}^4 dt - \int_a^x \{f(t)\}^5 dt$$

이므로 양변을 x에 대하여 미분하면

$$g'(x) = f'(x)\int_a^x \{f(t)\}^4 dt + f(x)\times\{f(x)\}^4 - \{f(x)\}^5$$

너코 045 너코 057

$$= f'(x)\int_a^x \{f(t)\}^4 dt$$

즉, $f'(x)=0$ 또는 $\int_a^x \{f(t)\}^4 dt=0$일 때 $g'(x)=0$이다.

따라서 함수 $g(x)$가 오직 하나의 극값을 가지려면
$g'(k)=0$이면서 $x=k$의 좌우에서 $g'(x)$의 부호가 바뀌는
k의 값이 오직 하나이어야 한다. 너코 049 ……㉠

$f(x)=x^3-12x^2+45x+3$에서
$f'(x)=3x^2-24x+45=3(x-3)(x-5)$ 너코 044
이므로 $x=3$ 또는 $x=5$일 때 $f'(x)=0$이고
$f'(x)$의 부호는 $x=3$의 좌우에서 양 → 음으로,
$x=5$의 좌우에서 음 → 양으로 바뀐다.

또한 $F(x)=\int_a^x \{f(t)\}^4 dt$라 할 때

모든 실수 t에 대하여 $\{f(t)\}^4 \ge 0$이므로
함수 $F(x)$는 실수 전체의 집합에서 증가하는 함수이고,
$x=a$에서만 $F(x)=0$이므로 함수 $F(x)$의 부호는 $x=a$의 좌우에서 음 → 양으로 바뀐다.
따라서 ㉠을 만족시키려면 다음 표에서와 같이
$a=3$ 또는 $a=5$이어야 하고, 이때 함수 $g(x)$는 오직 하나의 극솟값을 갖는다.

[$a=3$일 때]

x	$\cdots$	3	$\cdots$	5	$\cdots$
$f'(x)$	+	0	−	0	+
$F(x)$	−	0	+	+	+
$g'(x)$	−	0	−	0	+
$g(x)$	↘		↘	극소	↗

[$a=5$일 때]

x	$\cdots$	3	$\cdots$	5	$\cdots$
$f'(x)$	+	0	−	0	+
$F(x)$	−	−	−	0	+
$g'(x)$	−	0	+	0	+
$g(x)$	↘	극소	↗		↗

따라서 구하는 모든 a의 값의 합은
$3+5=8$

답 8

F06-13

ㄱ. $g(x)=\begin{cases} -\int_0^x f(t)dt & (x<0) \\ \int_0^x f(t)dt & (x \ge 0) \end{cases}$에서

$g'(x)=\begin{cases} -f(x) & (x<0) \\ f(x) & (x>0) \end{cases}$ 너코 057

$\therefore f(x)=\begin{cases} -g'(x) & (x<0) \\ g'(x) & (x>0) \end{cases}$

$g(x)$가 최고차항의 계수가 1인 삼차함수이므로 $g'(x)$는 최고차항의 계수가 3인 이차함수이고, 함수 $f(x)$가 실수 전체의 집합에서 연속이므로 $f(x)$는 $x=0$에서도 연속이다.

즉, $f(0)=\lim_{x\to 0-}\{-g'(x)\}=\lim_{x\to 0+}g'(x)$이므로 너코 037
$f(0)=-g'(0)=g'(0)$ ($\because g'(x)$가 연속함수) 너코 032
이때 $-g'(0)=g'(0)$에서 $g'(0)=0$이므로
$f(0)=0$ (참)

ㄴ. ㄱ이 참이므로 $g'(x)=3x^2+ax$ (a는 상수)라 하면
$f(x)=\begin{cases} -3x^2-ax & (x<0) \\ 3x^2+ax & (x \ge 0) \end{cases}$
이때 $a>0$, $a=0$, $a<0$인 경우로 나누어 함수
$y=f(x)$의 그래프의 개형을 그려 보면 다음과 같다.

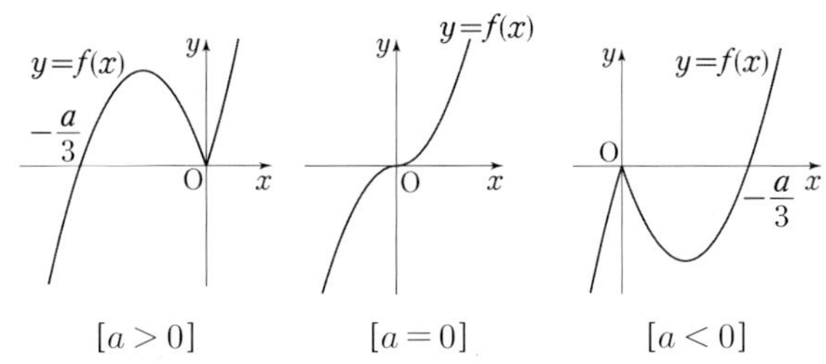

$a>0$, $a<0$일 때는 $f(x)$의 극댓값이 존재하지만
$a=0$일 때는 $f(x)$의 극댓값이 존재하지 않는다. (거짓)

ㄷ. $f(x)=\begin{cases} -3x^2-ax & (x<0) \\ 3x^2+ax & (x \ge 0) \end{cases}$에서 $f(1)=3+a$이고
$2<f(1)<4$이므로
$2<3+a<4$ $\quad\therefore -1<a<1$ ……㉠
이제 방정식 $f(x)=x$의 실근을 구해 보자.
$f(0)=0$이므로 $x=0$은 방정식 $f(x)=x$의 실근이다.
$x<0$일 때 $f(x)=x$, 즉 $-3x^2-ax=x$에서
$-3x-a=1$ ($\because x\neq 0$) $\quad\therefore x=-\frac{1+a}{3}$
㉠의 범위에서 $-\frac{1+a}{3}<0$이므로 $x=-\frac{1+a}{3}$는 방정식
$f(x)=x$의 실근이다.
$x>0$일 때 $f(x)=x$, 즉 $3x^2+ax=x$에서
$3x+a=1$ ($\because x\neq 0$) $\quad\therefore x=\frac{1-a}{3}$
㉠의 범위에서 $\frac{1-a}{3}>0$이므로 $x=\frac{1-a}{3}$는 방정식
$f(x)=x$의 실근이다.
따라서 $2<f(1)<4$일 때 방정식 $f(x)=x$의 서로 다른 실근의 개수는 3이다. (참)

따라서 옳은 것은 ㄱ, ㄷ이다.

답 ④

F06-14

풀이 1

$g(x)=\int_0^x f(t)dt$에서

양변에 $x=0$을 대입하면 $g(0)=0$ ……㉠
양변을 x에 대하여 미분하면 $g'(x)=f(x)$ 너코 057
이때 $f(x)$는 최고차항의 계수가 1인 이차함수이므로
$g'(x)=f(x)=0$을 만족시키는 실수 x의 값은
0개 또는 1개 또는 2개 존재할 수 있다.

따라서 다음과 같이 경우를 나누어 함수 $y=g(x)$의 그래프의 개형을 생각해 보면

i) $f(x)=0$을 만족시키는 실수 x가 0개 또는 1개인 경우
이차방정식 $f(x)=0$이 허근 또는 중근을 갖는 경우로, 삼차함수 $g(x)$는 극값을 갖지 않으므로 그 그래프의 개형은 다음 그림과 같다. (㉠에 의해 그래프는 원점을 지난다.)

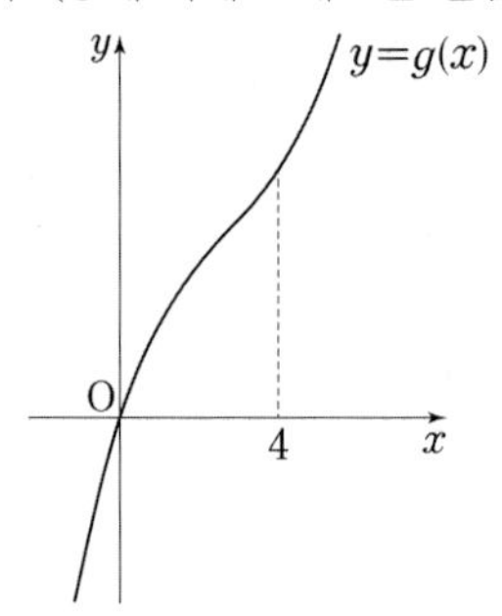

그런데 이는 주어진 조건을 만족시키지 않는다.

ii) $f(x)=0$을 만족시키는 실수 x가 2개인 경우
이차방정식 $f(x)=0$이 서로 다른 두 실근을 갖는 경우로, 함수 $g(x)$는 극대, 극소를 모두 갖는 최고차항의 계수가 $\frac{1}{3}$인 삼차함수이다. 너코 054
이때 $x \geq 1$인 모든 실수 x에 대하여 $g(x) \geq g(4)$이므로 $x \geq 1$에서 함수 $g(x)$의 최솟값은 $g(4)$이다.
즉, 함수 $g(x)$는 $x=4$에서 극소이므로
$g'(4)=0$ ……㉡
또한 $x \geq 1$인 모든 실수 x에 대하여 $|g(x)| \geq |g(3)|$이므로 $x \geq 1$에서 함수 $|g(x)|$의 최솟값은 $|g(3)|$이다.
이는 $g(4)<0$이고 함수 $y=g(x)$의 그래프가 점 $(3,\ 0)$에서 x축과 만남을 의미하므로
$g(3)=0$ ……㉢
따라서 주어진 조건을 만족시키는 함수 $y=g(x)$의 그래프의 개형은 다음과 같다. (㉠에 의해 그래프는 원점을 지난다.)

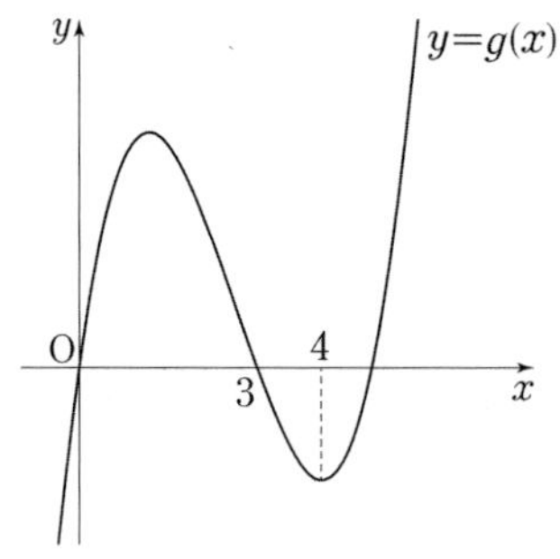

i), ii)에서 함수 $g(x)$는 ㉠, ㉡, ㉢을 모두 만족해야 하므로

$g(x)=\frac{1}{3}x^3+ax^2+bx$ (a, b는 상수)라 하면

$g'(x)=x^2+2ax+b$

$g(3)=9+9a+3b=0$이므로 $3a+b=-3$

$g'(4)=16+8a+b=0$이므로 $8a+b=-16$

두 식을 연립하여 풀면 $a=-\frac{13}{5}$, $b=\frac{24}{5}$

따라서 $f(x)=g'(x)=x^2-\frac{26}{5}x+\frac{24}{5}$이므로

$f(9)=81-\frac{234}{5}+\frac{24}{5}=39$

풀이 2

함수 $y=g(x)$의 그래프가 x축과 만나는 또 다른 한 점의 x좌표를 α라 하면

$g(x)=\frac{1}{3}x(x-3)(x-\alpha)=\frac{1}{3}x^3-\frac{1}{3}(\alpha+3)x^2+\alpha x$

$g'(x)=x^2-\frac{2}{3}(\alpha+3)x+\alpha$

이때 $g'(4)=16-\frac{8}{3}(\alpha+3)+\alpha=0$에서

$5\alpha=24 \qquad \therefore\ \alpha=\frac{24}{5}$

따라서 $f(x)=g'(x)=x^2-\frac{26}{5}x+\frac{24}{5}$이므로

$f(9)=81-\frac{234}{5}+\frac{24}{5}=39$

답 39

F06-15

$g(x)=\begin{cases}2x-k & (x \leq k) \\ f(x) & (x>k)\end{cases}$

조건 (가)에 의해 함수 $g(x)$는 $x=k$에서 미분가능하므로 함수 $g(x)$는 $x=k$에서 연속이다. 너코 042

따라서 $f(k)=k$, $f'(k)=2$이고 조건 (가)에서 함수 $g(x)$는 실수 전체의 집합에서 증가하므로 함수 $y=g(x)$의 그래프는 다음과 같다.

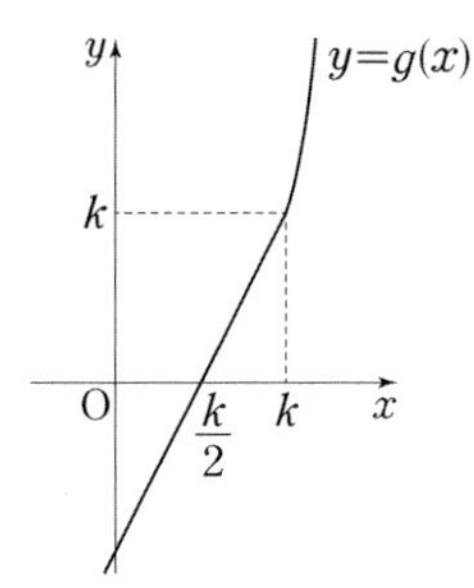

$p(x)=|x(x-1)|+x(x-1)$

이라 하면

$p(x)=\begin{cases}2x(x-1) & (x \leq 0 \text{ 또는 } x \geq 1) \\ 0 & (0<x<1)\end{cases}$

이므로 함수 $y=p(x)$의 그래프는 다음과 같다.

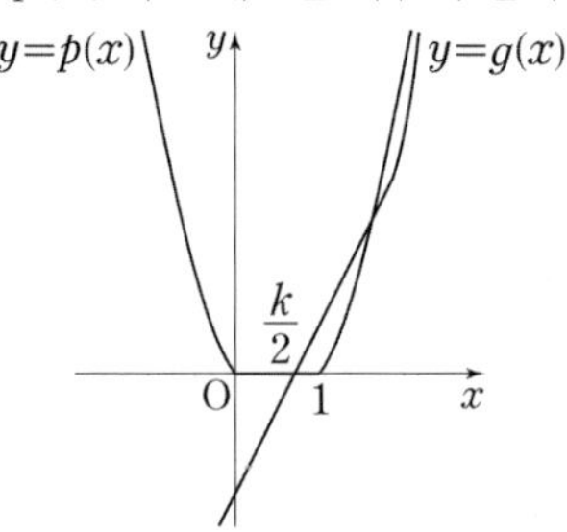

모든 실수 x에 대하여 $p(x) \geq 0$이고 조건 (나)에 의해 모든 실수 x에 대하여

$\int_0^x g(t)p(t)\,dt \geq 0$ ……㉠

조건 (가)에 의해 함수 $g(x)$는 증가함수이므로 ㉠을 만족시키려면

$x \geq 0$일 때 $g(x)p(x) \geq 0$이고 $x \leq 0$일 때 $g(x)p(x) \leq 0$이어야 한다.

따라서 $0 \leq \frac{k}{2} \leq 1$, 즉 $0 \leq k \leq 2$이다. ······ⓛ

같은 방법으로

$q(x) = |(x-1)(x+2)| - (x-1)(x+2)$

라 하면

$$q(x) = \begin{cases} -2(x-1)(x+2) & (-2 \leq x \leq 1) \\ 0 & (x < -2 \text{ 또는 } x > 1) \end{cases}$$

이므로 함수 $y = q(x)$의 그래프는 다음과 같다.

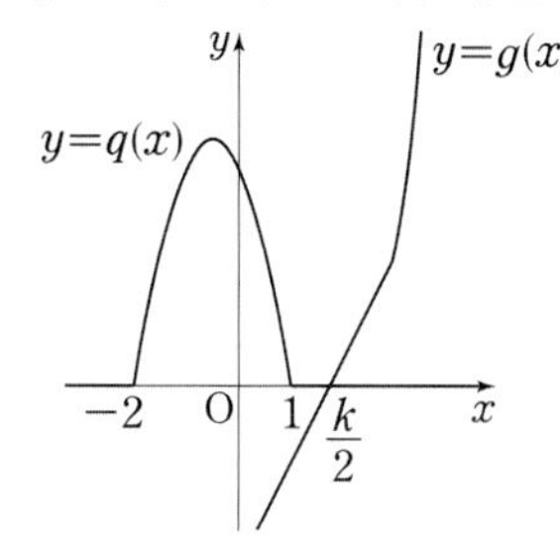

모든 실수 x에 대하여 $q(x) \geq 0$이고 조건 (나)에 의해 모든 실수 x에 대하여

$\int_3^x g(t)q(t)\,dt \geq 0$ ······ⓒ

조건 (가)에 의해 함수 $g(x)$는 증가함수이므로 ⓒ을 만족시키려면

$x \geq 3$일 때 $g(x)q(x) \geq 0$이고 $x \leq 3$일 때 $g(x)q(x) \leq 0$이어야 한다. 이때 $x \geq 1$이면 $g(x)q(x) = 0$이므로 $x \leq 1$일 때 $g(x)q(x) \leq 0$이다.

따라서 $\frac{k}{2} \geq 1$, 즉 $k \geq 2$이다. ······ⓓ

따라서 ⓛ, ⓓ에 의해 $k = 2$이고

$$g(x) = \begin{cases} 2x-2 & (x \leq 2) \\ f(x) & (x > 2) \end{cases}$$

$f(x) = x^3 + ax^2 + bx + c$ (단, a, b, c는 상수)라 하면

$f(2) = 2$에서 $8 + 4a + 2b + c = 2$이므로

$c = -4a - 2b - 6$ ······ⓜ

$f'(x) = 3x^2 + 2ax + b$에서 너코 041

$f'(2) = 2$이므로

$12 + 4a + b = 2$

$\therefore\ b = -4a - 10$

따라서 ⓜ에서 $c = 4a + 14$이므로

$f(x) = x^3 + ax^2 - (4a+10)x + 4a + 14$

$f'(x) = 3x^2 + 2ax - (4a+10)$

$\quad = 3\left(x + \frac{a}{3}\right)^2 - \left(\frac{a^2}{3} + 4a + 10\right)$

함수 $f(x)$는 $x \geq 2$에서 증가함수이므로 $x \geq 2$에서 $f'(x) \geq 0$이어야 한다.

따라서 다음과 같이 나누어 생각할 수 있다.

i) $-\frac{a}{3} \leq 2$, 즉 $a \geq -6$인 경우

$f'(2) = 2 \geq 0$이므로 항상 성립한다.

ii) $-\frac{a}{3} > 2$, 즉 $a < -6$인 경우

$-\left(\frac{a^2}{3} + 4a + 10\right) \geq 0$

즉, $a^2 + 12a + 30 \leq 0$에서

$-6 - \sqrt{6} \leq a \leq -6 + \sqrt{6}$이므로

$-6 - \sqrt{6} \leq a < -6$

이상에서 a의 값의 범위는 $a \geq -6 - \sqrt{6}$이므로

$g(k+1) = g(3)$

$\quad = f(3)$

$\quad = 27 + 9a - 3(4a+10) + 4a + 14$

$\quad = a + 11$

$\quad \geq (-6 - \sqrt{6}) + 11 = 5 - \sqrt{6}$

에서 $g(k+1)$의 최솟값은 $5 - \sqrt{6}$이다.

답 ②

3 정적분의 활용

F07-01

풀이 1

$f(x) = x^2 - 2x$에 대하여

$-f(x-1) - 1 = -\{(x-1)^2 - 2(x-1)\} - 1$

$\quad = -x^2 + 4x - 4$

이다.

$x^2 - 2x = -x^2 + 4x - 4$에서

$2x^2 - 6x + 4 = 0$,

$2(x-1)(x-2) = 0$

$x = 1$ 또는 $x = 2$

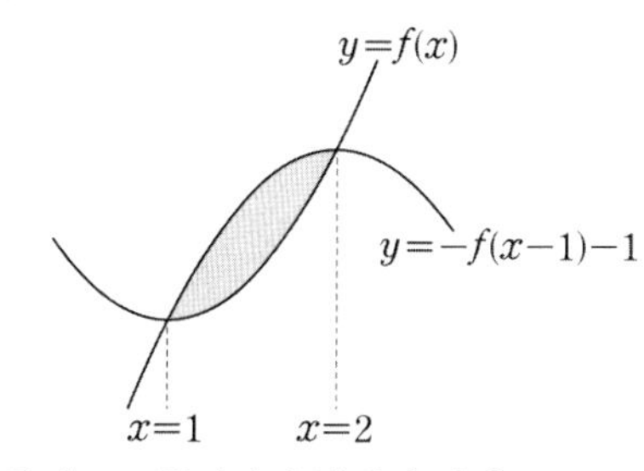

따라서 두 곡선으로 둘러싸인 부분의 넓이는

$\int_1^2 \{(-x^2 + 4x - 4) - (x^2 - 2x)\}dx$

$= \int_1^2 (-2x^2 + 6x - 4)dx$

$= \left[-\frac{2}{3}x^3 + 3x^2 - 4x\right]_1^2 = \frac{1}{3}$ 너코 058

풀이 2

$f(x)=x^2-2x$에 대하여

$$-f(x-1)-1=-\{(x-1)^2-2(x-1)\}-1$$
$$=-x^2+4x-4$$

이다.

$x^2-2x=-x^2+4x-4$에서

$2x^2-6x+4=0,$

$2(x-1)(x-2)=0$

$x=1$ 또는 $x=2$

따라서 최고차항의 계수가 각각 $1, -1$인

두 이차함수의 그래프의 교점의 x좌표가 $1, 2$일 때

두 이차함수의 그래프로 둘러싸인 부분의 넓이는

$\frac{2}{6}(2-1)^3=\frac{1}{3}$ 너코 059

답 ③

F07-02

$x^3-2x^2=0$에서

$x^2(x-2)=0$이므로

$x=0$(중근) 또는 $x=2$

즉, 곡선 $y=x^3-2x^2$의 그래프는 다음 그림과 같다.

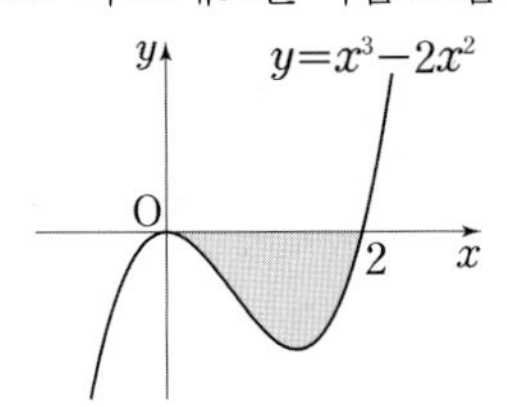

따라서 $0\le x\le 2$에서 $x^3-2x^2\le 0$이므로

곡선과 x축으로 둘러싸인 부분의 넓이는

$$\int_0^2\{-(x^3-2x^2)\}dx=\left[-\frac{1}{4}x^4+\frac{2}{3}x^3\right]_0^2=\frac{4}{3}$$ 너코 058

답 ②

F07-03

풀이 1

$x^2-7x+10=-x+10$에서

$x(x-6)=0$이므로

$x=0$ 또는 $x=6$

따라서 곡선과 직선의 교점의 x좌표는 0과 6이므로

곡선과 직선으로 둘러싸인 부분의 넓이는

$$\int_0^6\{-x+10-(x^2-7x+10)\}dx=\int_0^6(6x-x^2)dx$$
$$=\left[3x^2-\frac{1}{3}x^3\right]_0^6$$
$$=36$$ 너코 058

풀이 2

$x^2-7x+10=-x+10$에서

$x(x-6)=0$이므로

$x=0$ 또는 $x=6$

따라서 최고차항의 계수가 1인 이차함수의 그래프와 직선

$y=-x+10$의 두 교점의 x좌표가 $0, 6$이므로

곡선과 직선으로 둘러싸인 부분의 넓이는

$\frac{1}{6}(6-0)^3=36$ 너코 059

답 36

F07-04

풀이 1

$3x^2-x=5x$에서

$3x^2-6x=0,\ 3x(x-2)=0$

$x=0$ 또는 $x=2$

따라서 곡선과 직선의 교점의

x좌표는

0과 2이므로

곡선과 직선으로 둘러싸인 부분의 넓이는

y=3x²−x
y=5x
0
2

$$\int_0^2\{5x-(3x^2-x)\}dx=\int_0^2(-3x^2+6x)dx$$
$$=\left[-x^3+3x^2\right]_0^2=4$$ 너코 058

풀이 2

$3x^2-x=5x$에서

$3x^2-6x=0,\ 3x(x-2)=0$

$x=0$ 또는 $x=2$

따라서 최고차항의 계수가 3인 이차함수의 그래프와 직선의

두 교점의 x좌표가 0과 2이므로

곡선과 직선으로 둘러싸인 부분의 넓이는

$\frac{|3|}{6}(2-0)^3=4$ 너코 059

답 ④

F07-05

$x^2-5x=x$에서 $x(x-6)=0$

$\therefore\ x=0$ 또는 $x=6$

닫힌구간 $0\le x\le 6$에서 $x\ge x^2-5x$이므로

곡선 $y=x^2-5x$와 직선 $y=x$로 둘러싸인 부분의 넓이는

$$\int_0^6\{x-(x^2-5x)\}dx=\int_0^6(-x^2+6x)dx$$ 너코 058

이고, 이는 곡선 $y=x^2-6x$와 x축으로 둘러싸인 부분의

넓이와 같다.

이 넓이를 직선 $x=k$가 이등분하므로 등식

$$\int_0^k(-x^2+6x)dx=\int_k^6(-x^2+6x)dx \quad\cdots\cdots ㉠$$

가 성립한다.

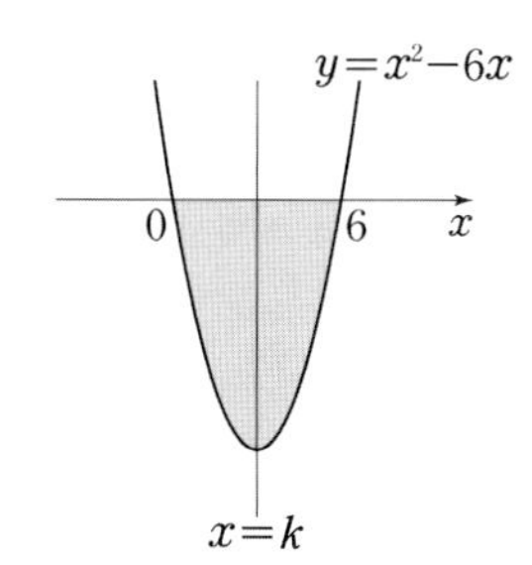

이때 곡선 $y=x^2-6x$가 직선 $x=3$에 대하여 대칭이므로 ㉠을 만족시키는 k의 값은 $k=3$이다.

답 ①

F07-06

$3x^3-7x^2=-x^2$에서

$3x^3-6x^2=0$, $3x^2(x-2)=0$

$x=0$ 또는 $x=2$

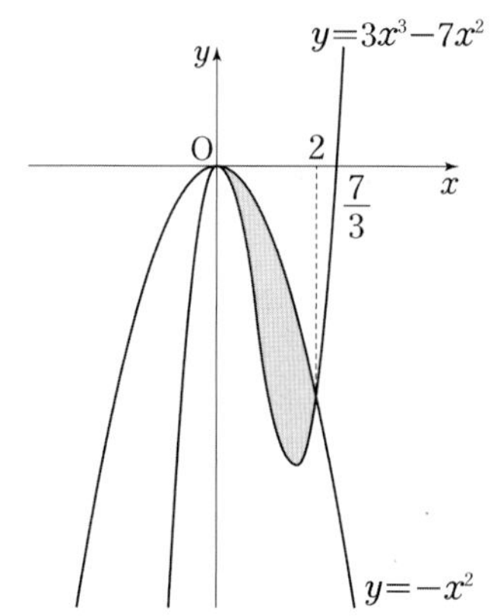

따라서 두 곡선이 만나는 교점의 x좌표는 0과 2이므로 두 곡선으로 둘러싸인 부분의 넓이는

$$\int_0^2\{-x^2-(3x^3-7x^2)\}dx=\int_0^2(-3x^3+6x^2)dx$$

$$=\left[-\frac{3}{4}x^4+2x^3\right]_0^2$$

$$=-12+16=4$$ 너코 058

답 4

F07-07

함수 $f(x)=ax^2+b$의 그래프가 직선 $y=x$ 위의 두 점 $(1, 1)$, $(2, 2)$를 지나므로

연립방정식 $\begin{cases}a+b=1\\4a+b=2\end{cases}$을 풀면

$a=\frac{1}{3}$, $b=\frac{2}{3}$

$\therefore\ f(x)=\frac{1}{3}x^2+\frac{2}{3}$

한편, 두 곡선 $y=f(x)$, $y=g(x)$는

$g(x)$가 $f(x)$의 역함수이므로

직선 $y=x$에 대하여 대칭이다.

따라서 A는 y축과 직선 $y=x$ 및 곡선 $y=f(x)$로 둘러싸인 부분의 넓이의 2배이고

B는 직선 $y=x$와 곡선 $y=f(x)$로 둘러싸인 부분의 넓이의 2배이므로

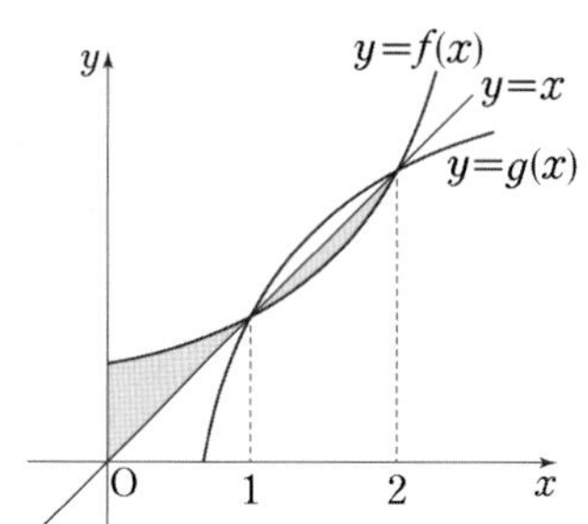

$\therefore\ A-B$

$$=2\int_0^1\{f(x)-x\}dx-2\int_1^2\{x-f(x)\}dx$$ 너코 058

$$=2\int_0^1\{f(x)-x\}dx+2\int_1^2\{f(x)-x\}dx$$

$$=2\int_0^2\{f(x)-x\}dx$$ 너코 056

$$=2\int_0^2\left(\frac{1}{3}x^2-x+\frac{2}{3}\right)dx$$

$$=2\left[\frac{1}{9}x^3-\frac{1}{2}x^2+\frac{2}{3}x\right]_0^2$$

$$=2\left(\frac{8}{9}-2+\frac{4}{3}\right)$$

$$=\frac{4}{9}$$

답 ④

F07-08

삼차함수 $f(x)=-(x+1)^3+8$의 그래프가 x축과 만나는 점은 $-(x+1)^3+8=0$, 즉 $(x+1)^3=8$에서 $x=1$이므로 A$(1, 0)$이다.

이때 주어진 조건에서 $S_1=S_2$이므로

$$\int_0^1\{f(x)-k\}dx=\int_0^1\{-(x+1)^3+8-k\}dx$$

$$=\int_0^1(-x^3-3x^2-3x+7-k)dx$$

$$=\left[-\frac{1}{4}x^4-x^3-\frac{3}{2}x^2+(7-k)x\right]_0^1$$

$$=\frac{17}{4}-k=0$$ 너코 058

$\therefore\ 4k=4\times\frac{17}{4}=17$

답 17

F07-09

S_1, S_2, S_3이 이 순서대로 등차수열을 이루므로

$S_1+S_3=2S_2$, 즉 $S_1+S_2+S_3=3S_2$이다. 너코 025

이때 $S_1+S_2+S_3=\int_{-1}^2 f(x)dx$이므로 너코 058

F 적분

$$\int_{-1}^{2} f(x)dx = \int_{-1}^{2}(-x^2+x+2)dx$$
$$= \left[-\frac{1}{3}x^3+\frac{1}{2}x^2+2x\right]_{-1}^{2}$$
$$= \frac{9}{2}$$

에서 $3S_2 = \frac{9}{2}$이다.

$\therefore\ S_2 = \frac{3}{2}$

답 ④

F07-10

풀이 1

$4x^3-12x^2+8x=0$에서

$4x(x-1)(x-2)=0$이므로

$x=0$ 또는 $x=1$ 또는 $x=2$

따라서 곡선 $y=4x^3-12x^2+8x$가 x축과 만나는 점의 x좌표는 0, 1, 2이고 그 그래프는 다음과 같다. 너코 050

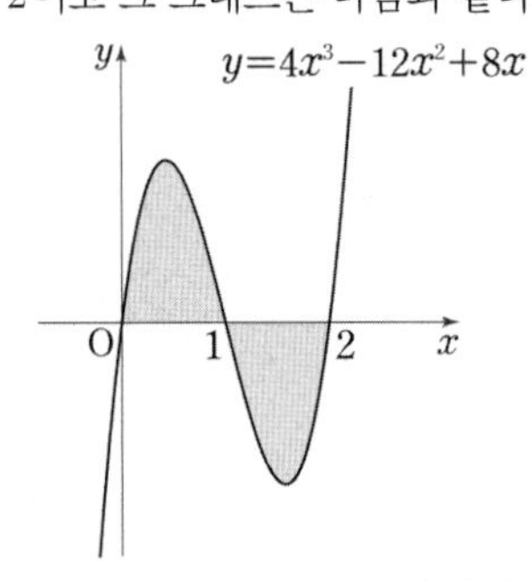

따라서 곡선과 x축으로 둘러싸인 부분의 넓이는

$$\int_0^1(4x^3-12x^2+8x)dx+\int_1^2-(4x^3-12x^2+8x)dx$$

너코 058

$$=\left[x^4-4x^3+4x^2\right]_0^1-\left[x^4-4x^3+4x^2\right]_1^2$$

$$=1-(-1)=2$$

풀이 2

$4x^3-12x^2+8x=0$에서

$4x(x-1)(x-2)=0$이므로

$x=0$ 또는 $x=1$ 또는 $x=2$

따라서 곡선 $y=4x^3-12x^2+8x$가 x축과 만나는 점의 x좌표는 0, 1, 2이고 그 그래프는 다음과 같다. 너코 050

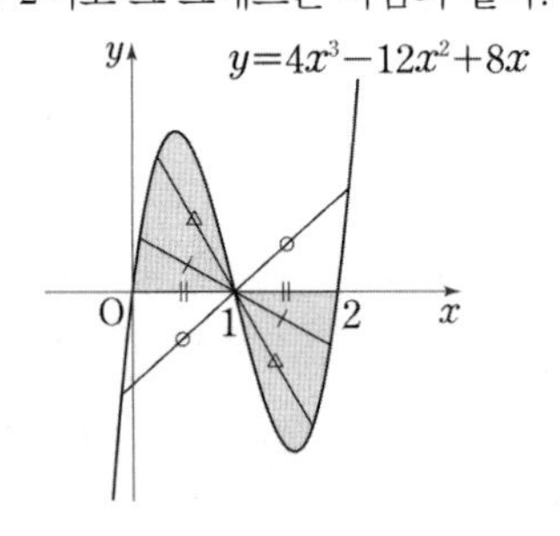

이때 삼차함수 $y=4x^3-12x^2+8x$의 그래프는 점 $(1, 0)$에 대하여 대칭이다. 너코 049

따라서 구간 $[0, 1]$에서 곡선과 x축으로 둘러싸인 부분의 넓이와 구간 $[1, 2]$에서 곡선과 x축으로 둘러싸인 부분의 넓이가 같으므로 구하는 넓이는

$$2\int_0^1(4x^3-12x^2+8x)dx=2\left[x^4-4x^3+4x^2\right]_0^1=2$$ 너코 058

답 2

F07-11

조건 (가)에 의하여

$$f(x)=\int f'(x)dx$$
$$=\int(3x^2-4x-4)dx$$
$$=x^3-2x^2-4x+C$$ (단, C는 적분상수) 너코 054

조건 (나)에 의하여 $f(2)=0$이므로

$-8+C=0$, 즉 $C=8$이다.

$\therefore\ f(x)=x^3-2x^2-4x+8$

방정식 $f(x)=0$은

$x^3-2x^2-4x+8=(x-2)^2(x+2)=0$이므로

$x=-2$ 또는 $x=2$(중근)을 갖는다.

따라서 함수 $y=f(x)$의 그래프는 다음과 같다. 너코 050

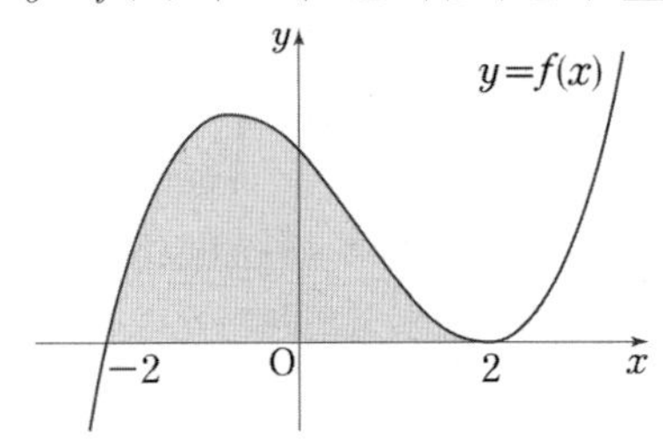

함수 $y=f(x)$의 그래프와 x축으로 둘러싸인 도형의 넓이는

$$\int_{-2}^{2}f(x)dx$$
$$=\int_{-2}^{2}(x^3-2x^2-4x+8)dx$$ 너코 058
$$=\int_{-2}^{2}(-2x^2+8)dx+\int_{-2}^{2}(x^3-4x)dx$$ 너코 056
$$=2\int_0^2(-2x^2+8)dx+0$$ 너코 059
$$=2\left[-\frac{2}{3}x^3+8x\right]_0^2=\frac{64}{3}$$

답 ⑤

F07-12

풀이 1

$$f(x)=\int f'(x)dx$$ 너코 053
$$=\int(x^2-1)dx$$
$$=\frac{1}{3}x^3-x+C$$ (단, C는 적분상수) 너코 054

이때 $f(0)=0$에서 $C=0$이므로

$f(x)=\frac{1}{3}x^3-x$

방정식 $\frac{1}{3}x^3-x=0$에서

$\frac{1}{3}x(x-\sqrt{3})(x+\sqrt{3})=0$이므로

$x=-\sqrt{3}$ 또는 $x=0$ 또는 $x=\sqrt{3}$이다.
따라서 곡선 $y=f(x)$가 x축과 만나는 점의 x좌표가
$-\sqrt{3}$, 0, $\sqrt{3}$이므로 그 그래프는 다음과 같다. 너코 050

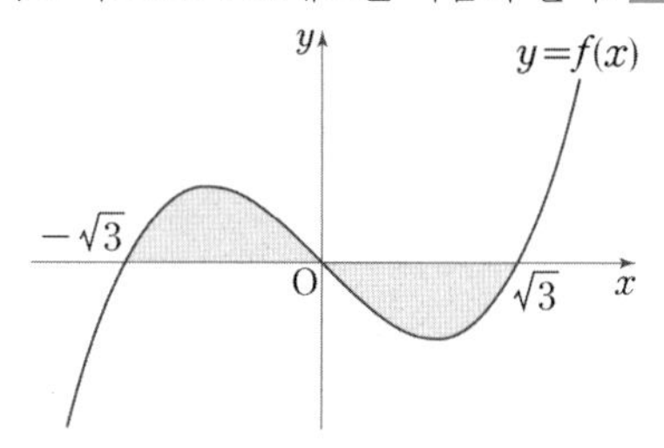

따라서 이 곡선과 x축으로 둘러싸인 두 부분의 넓이의 합은

$\int_{-\sqrt{3}}^{0}\left(\frac{1}{3}x^3-x\right)dx+\int_{0}^{\sqrt{3}}-\left(\frac{1}{3}x^3-x\right)dx$ 너코 058

$=\left[\frac{1}{12}x^4-\frac{1}{2}x^2\right]_{-\sqrt{3}}^{0}-\left[\frac{1}{12}x^4-\frac{1}{2}x^2\right]_{0}^{\sqrt{3}}$

$=\frac{3}{4}-\left(-\frac{3}{4}\right)=\frac{3}{2}$

풀이 2

$f(x)=\int f'(x)dx$ 너코 053

$=\int(x^2-1)dx$

$=\frac{1}{3}x^3-x+C$ (단, C는 적분상수) 너코 054

이때 $f(0)=0$에서 $C=0$이므로

$f(x)=\frac{1}{3}x^3-x$

방정식 $\frac{1}{3}x^3-x=0$에서

$\frac{1}{3}x(x-\sqrt{3})(x+\sqrt{3})=0$이므로

$x=-\sqrt{3}$ 또는 $x=0$ 또는 $x=\sqrt{3}$이다.
따라서 함수 $y=f(x)$가 x축과 만나는 점의 x좌표가
$-\sqrt{3}$, 0, $\sqrt{3}$이므로 그 그래프는 다음과 같다. 너코 050

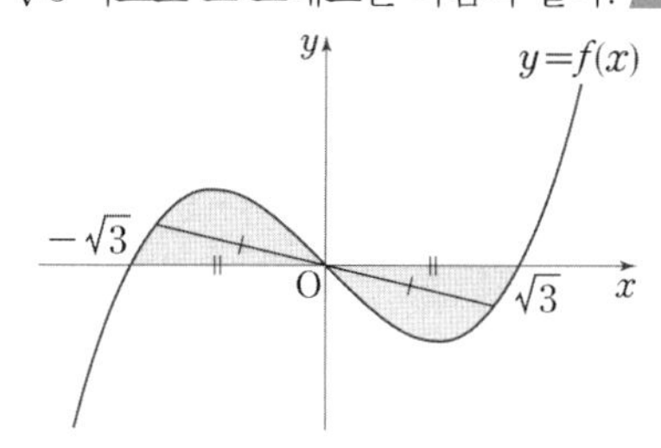

이때 삼차함수 $y=f(x)$의 그래프는
점 $(0, 0)$에 대하여 대칭이다. 너코 049
따라서 닫힌구간 $[-\sqrt{3}, 0]$에서 이 곡선과 x축으로 둘러싸인 부분의 넓이와
닫힌구간 $[0, \sqrt{3}]$에서 이 곡선과 x축으로 둘러싸인 부분의 넓이가 같으므로 구하는 넓이는

$2\int_{-\sqrt{3}}^{0}\left(\frac{1}{3}x^3-x\right)dx=2\left[\frac{1}{12}x^4-\frac{1}{2}x^2\right]_{-\sqrt{3}}^{0}=\frac{3}{2}$ 너코 058

답 ④

F07-13

풀이 1

두 함수 $f(x)=\frac{1}{3}x(4-x)$, $g(x)=\begin{cases}-x & (x<1)\\ x-2 & (x\geq 1)\end{cases}$에 대하여

$x<1$일 때

$\frac{1}{3}x(4-x)=-x$, $4x-x^2=-3x$, $x(x-7)=0$

$x=0$ ($\because$ $x<1$)이고

$x\geq 1$일 때

$\frac{1}{3}x(4-x)=x-2$, $4x-x^2=3x-6$, $(x+2)(x-3)=0$,

$x=3$ ($\because$ $x\geq 1$)이다.

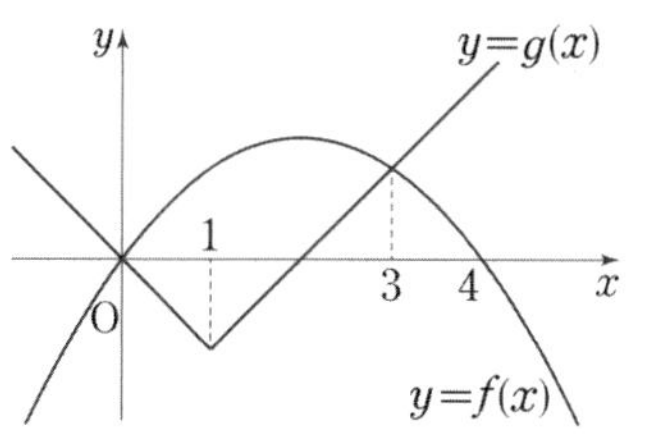

따라서 두 함수 $y=f(x)$, $y=g(x)$의 그래프로 둘러싸인 부분의 넓이는

$S=\int_{0}^{3}|f(x)-g(x)|dx=\int_{0}^{3}\{f(x)-g(x)\}dx$ 너코 058

$=\int_{0}^{1}\left\{\left(\frac{4}{3}x-\frac{x^2}{3}\right)-(-x)\right\}dx$

$+\int_{1}^{3}\left\{\left(\frac{4}{3}x-\frac{x^2}{3}\right)-(x-2)\right\}dx$

$=\int_{0}^{1}\left(\frac{7}{3}x-\frac{x^2}{3}\right)dx+\int_{1}^{3}\left(2+\frac{x}{3}-\frac{x^2}{3}\right)dx$

$=\left[\frac{7}{6}x^2-\frac{x^3}{9}\right]_{0}^{1}+\left[2x+\frac{x^2}{6}-\frac{x^3}{9}\right]_{1}^{3}$

$=\frac{19}{18}+\frac{22}{9}=\frac{7}{2}$

$\therefore$ $4S=4\times\frac{7}{2}=14$

풀이 2

두 함수 $f(x)=\frac{1}{3}x(4-x)$, $g(x)=\begin{cases}-x & (x<1)\\ x-2 & (x\geq 1)\end{cases}$에 대하여

$x<1$일 때

$\frac{1}{3}x(4-x)=-x$,

$4x-x^2=-3x$,

$x(x-7)=0$

$x=0$ ($\because$ $x<1$)이고

F 적분

$x \geq 1$일 때

$\frac{1}{3}x(4-x)=x-2$,

$4x-x^2=3x-6$,

$(x+2)(x-3)=0$,

$x=3(\because\ x \geq 1)$이다.

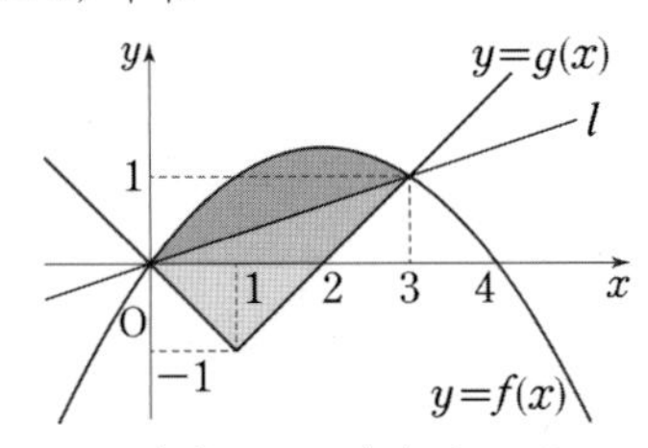

따라서 두 함수 $y=f(x)$, $y=g(x)$의 그래프로 둘러싸인 부분의 넓이는

두 점 $(0, 0)$, $(3, 1)$을 지나는 직선을 l이라 할 때,

함수 $y=f(x)$의 그래프와 직선 l로 둘러싸인 부분의 넓이

$\frac{\left|-\frac{1}{3}\right|}{6}\times(3-0)^3=\frac{3}{2}$과

함수 $y=g(x)$의 그래프와 직선 l로 둘러싸인 부분의 넓이

$\frac{1}{2}\times2\times1+\frac{1}{2}\times2\times1=2$의 합과 같다. 너코 059

따라서 $S=\frac{3}{2}+2=\frac{7}{2}$이므로 $4S=14$이다.

답 14

F07-14

$f(x)=x^3+x^2$, $g(x)=-x^2+k$라 할 때 주어진 조건에서 $A=B$이므로

$$\int_0^2\{f(x)-g(x)\}dx=\int_0^2\{x^3+x^2-(-x^2+k)\}dx$$
$$=\int_0^2(x^3+2x^2-k)dx$$
$$=\left[\frac{1}{4}x^4+\frac{2}{3}x^3-kx\right]_0^2$$
$$=4+\frac{16}{3}-2k=0$$ 너코 058

$2k=\frac{28}{3}\qquad\therefore\ k=\frac{14}{3}$

답 ④

F07-15

$\mathrm{P}(2, 0)$, $\mathrm{Q}(3, 0)$이고

$0 \leq x \leq 2$에서 $f(x) \geq 0$, $2 \leq x \leq 3$에서 $f(x) \leq 0$이므로

$(A$의 넓이$)-(B$의 넓이$)$

$$=\int_0^2 f(x)dx-\int_2^3\{-f(x)\}dx$$ 너코 058

$$=\int_0^2 f(x)dx+\int_2^3 f(x)dx=\int_0^3 f(x)dx$$ 너코 056

이다.

$$\int_0^3 f(x)dx=\int_0^3 kx(x-2)(x-3)dx$$
$$=k\int_0^3(x^3-5x^2+6x)dx$$
$$=k\left[\frac{1}{4}x^4-\frac{5}{3}x^3+3x^2\right]_0^3=\frac{9}{4}k$$

이므로 $\frac{9}{4}k=3$에서

$k=\frac{4}{3}$이다.

답 ②

F07-16

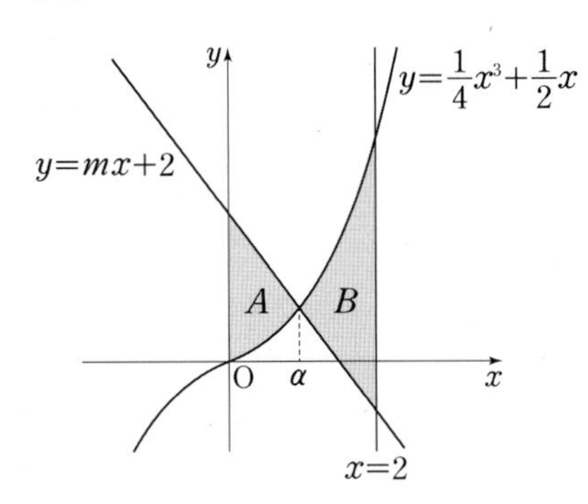

$f(x)=\frac{1}{4}x^3+\frac{1}{2}x$, $g(x)=mx+2$라 할 때

곡선 $y=f(x)$와 직선 $y=g(x)$의 교점의 x좌표를 α라 하면

$B=\int_\alpha^2\{f(x)-g(x)\}\,dx$

$A=\int_0^\alpha\{g(x)-f(x)\}\,dx$ 너코 058

이므로

$$B-A=\int_\alpha^2\{f(x)-g(x)\}\,dx-\int_0^\alpha\{g(x)-f(x)\}\,dx$$
$$=\int_\alpha^2\{f(x)-g(x)\}\,dx+\int_0^\alpha\{f(x)-g(x)\}\,dx$$
$$=\int_0^2\{f(x)-g(x)\}\,dx$$
$$=\int_0^2\left\{\frac{1}{4}x^3+\left(\frac{1}{2}-m\right)x-2\right\}dx$$
$$=\left[\frac{1}{16}x^4+\frac{1}{2}\left(\frac{1}{2}-m\right)x^2-2x\right]_0^2$$
$$=1+2\left(\frac{1}{2}-m\right)-4$$
$$=-2m-2$$

이때 $B-A=\frac{2}{3}$에서

$-2m-2=\frac{2}{3}$이므로 $m=-\frac{4}{3}$이다.

답 ③

F07-17

$$f(x)=\begin{cases}-x^2-2x+6 & (x<0)\\ -x^2+2x+6 & (x\geq 0)\end{cases}$$

에서

$f(-x)=f(x)$

이므로 함수 $y=f(x)$의 그래프는 y축에 대하여 대칭이고 그 그래프는 다음과 같다.

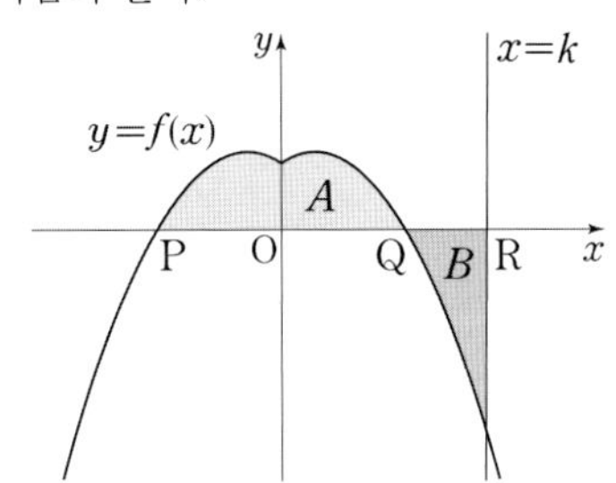

이때 $A=2B$에서 $\frac{A}{2}=B$이므로 함수 $f(x)$는

$\int_0^k f(x)\,dx=0$을 만족시킨다. 너코 058

$$\int_0^k f(x)\,dx=\int_0^k(-x^2+2x+6)\,dx$$
$$=\left[-\frac{1}{3}x^3+x^2+6x\right]_0^k$$
$$=-\frac{1}{3}k^3+k^2+6k$$
$$=-\frac{k}{3}(k^2-3k-18)$$
$$=-\frac{k}{3}(k+3)(k-6)$$

이므로 $\int_0^k f(x)\,dx=0$에서

$k=6$ ($\because$ $k>4$)

답 ④

F07-18

최고차항의 계수가 1인 삼차함수 $f(x)$가

$f(1)=f(2)=0$, $f'(0)=-7$

을 만족시키므로

$f(x)=(x-1)(x-2)(x-\alpha)$ (단, α는 상수)라 할 수 있다.

$f'(x)=(x-2)(x-\alpha)+(x-1)(x-\alpha)+(x-1)(x-2)$

$f'(0)=2\alpha+\alpha+2=3\alpha+2$

이므로 $f'(0)=-7$에서 $3\alpha+2=-7$

$\therefore \alpha=-3$

$\therefore$ $f(x)=(x-1)(x-2)(x+3)=x^3-7x+6$

한편 $f(3)=12$이므로 점 P의 좌표는 $(3, 12)$이다. 즉, 직선 OP의 방정식은 $y=4x$이고

점 Q의 x좌표를 q라 하면 $A=\int_0^q\{f(x)-4x\}dx$,

$B=\int_q^3\{4x-f(x)\}dx$이므로 너코 058

$$B-A=\int_q^3\{4x-f(x)\}dx-\int_0^q\{f(x)-4x\}dx$$
$$=\int_q^3\{4x-f(x)\}dx+\int_0^q\{4x-f(x)\}dx$$
$$=\int_0^3\{4x-f(x)\}dx$$
$$=\int_0^3\{4x-(x^3-7x+6)\}\,dx$$
$$=\int_0^3(-x^3+11x-6)dx$$
$$=\left[-\frac{1}{4}x^4+\frac{11}{2}x^2-6x\right]_0^3$$
$$=-\frac{81}{4}+\frac{99}{2}-18=\frac{45}{4}$$

답 ⑤

F07-19

점 A와 점 B의 x좌표가 같으므로 직선 AB는 x축에 수직이다. 즉, $\angle OAB=90°$이므로 원주각의 성질에 의해 선분 OB는 원의 지름이다.

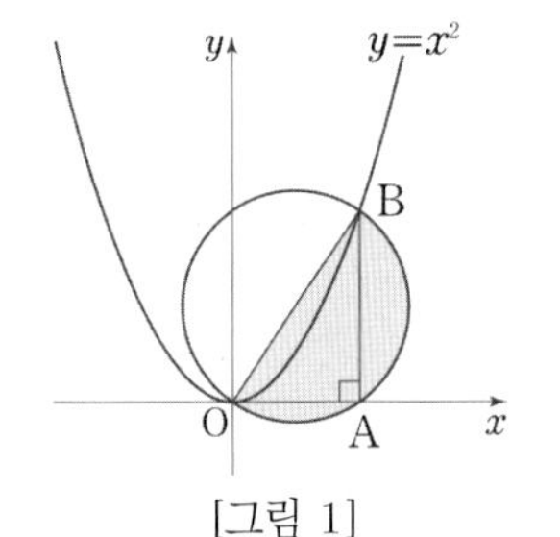

[그림 1]

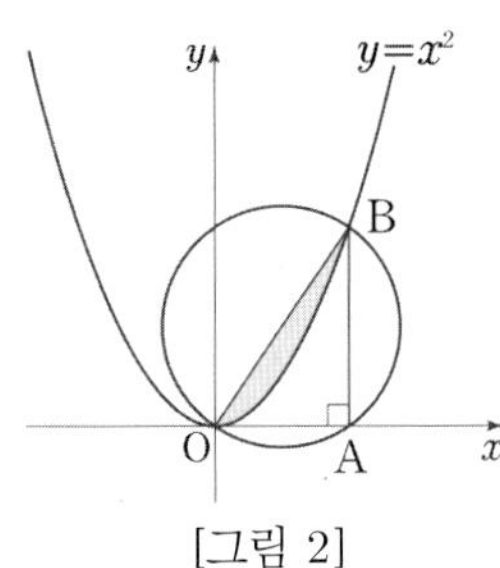

[그림 2]

따라서 [그림 1]의 반원의 넓이에서

[그림 2]의 직선 OB와 곡선 $y=x^2$으로 둘러싸인 부분의 넓이를 빼면 $S(t)$와 같다.

반원의 지름의 길이가 $\overline{OB}=\sqrt{t^4+t^2}$이므로

$$S(t)=\frac{1}{2}\left(\frac{\sqrt{t^4+t^2}}{2}\right)^2\pi-\frac{1}{6}(t-0)^3$$ 너코 059

$$=\frac{\pi}{8}(t^4+t^2)-\frac{t^3}{6}$$

양변을 t에 대하여 미분하면

$$S'(t)=\frac{\pi}{4}(2t^3+t)-\frac{t^2}{2}$$ 너코 044

$$\therefore\ S'(1)=\frac{3\pi}{4}-\frac{1}{2}=\frac{3\pi-2}{4}$$

따라서 $p=3$, $q=-2$이므로

$p^2+q^2=13$

답 13

F07-20

$\int_0^{2013}f(x)dx=\int_3^{2013}f(x)dx$에서

$\int_0^{2013} f(x)dx - \int_3^{2013} f(x)dx = \int_0^3 f(x)dx = 0$이다.

너코 056

$f(3)=0$이므로

$f(x)=(x-3)(x-a)=x^2-(a+3)x+3a$ (단, a는 상수)

라 하면

$$\int_0^3 f(x)dx = \int_0^3 \{x^2-(a+3)x+3a\}dx$$
$$= \left[\frac{1}{3}x^3 - \frac{a+3}{2}x^2 + 3ax\right]_0^3$$
$$= 9 - \frac{9(a+3)}{2} + 9a$$
$$= \frac{9}{2}a - \frac{9}{2} = 0$$ 너코 055

따라서 $a=1$이다.

즉, $f(x)=(x-3)(x-1)$이고

곡선 $y=f(x)$가 x축과 만나는 점의 x좌표가 1, 3이므로

$S = \frac{1}{6}(3-1)^3 = \frac{4}{3}$ 너코 059

$\therefore\ 30S = 30 \times \frac{4}{3} = 40$

답 40

F07-21

삼각형 OAB의 넓이는 $\frac{1}{2}\times 2\times 3 = 3$이므로

$S_1+S_2=3$이고 $S_1 : S_2 = 13 : 3$이므로

$S_1 = 13p,\ S_2 = 3p$에서 $16p=3,\ p=\frac{3}{16}$

따라서 $S_1 = 13\times\frac{3}{16} = \frac{39}{16}$이다.

한편, 두 점 A, B를 지나는 직선의 방정식은 $y=-\frac{3}{2}x+3$이고

직선 AB와 곡선 $y=ax^2$의 교점 중

제1사분면에 있는 점의 x좌표를 $t\ (0<t<2)$라 하면

$-\frac{3}{2}t+3 = at^2$ ……㉠

따라서

$$S_1 = \int_0^t \left\{\left(-\frac{3}{2}x+3\right) - ax^2\right\}dx$$ 너코 058
$$= \left[-\frac{3}{4}x^2 + 3x - \frac{a}{3}x^3\right]_0^t$$
$$= -\frac{3}{4}t^2 + 3t - \frac{a}{3}t^3 = \frac{39}{16}$$

에 ㉠을 대입하여 정리하면

$-\frac{3}{4}t^2 + 3t - \frac{1}{3}t\left(-\frac{3}{2}t+3\right) = \frac{39}{16}$,

$4t^2 - 32t + 39 = 0$,

$(2t-13)(2t-3)=0$에서 $t=\frac{3}{2}\ \ (\because\ 0<t<2)$

이를 ㉠에 대입하면

$-\frac{9}{4}+3 = \frac{9}{4}a$

$\therefore\ a = \frac{1}{3}$

답 ②

F07-22

조건 (가)에서

모든 실수 x에 대하여 $f(x)=f(x-3)+4$이므로 ……㉠

조건 (나)에서

$$\int_0^6 f(x)dx = \int_0^3 f(x)dx + \int_3^6 f(x)dx$$ 너코 056
$$= \int_0^3 f(x)dx + \int_3^6 \{f(x-3)+4\}dx\ (\because\ ㉠)$$
$$= \int_0^3 f(x)dx + \left\{\int_3^6 f(x-3)dx + \int_3^6 4\,dx\right\}$$
$$= \int_0^3 f(x)dx + \left\{\int_0^3 f(x)dx + \Big[4x\Big]_3^6\right\}$$

너코 055 너코 059

$$= 2\int_0^3 f(x)dx + 12 = 0$$

$\therefore\ \int_0^3 f(x)dx = -6,\ \int_3^6 f(x)dx = 6$ ……㉡

한편 함수 $f(x)$가 실수 전체의 집합에서 증가하는

연속함수이므로

$\int_3^6 f(x)dx > 0$에서 $f(6)>0$이다. 너코 058

따라서 닫힌구간 $[6, 9]$에서도 $f(x)>0$이므로

함수 $y=f(x)$의 그래프와 x축 및 두 직선 $x=6$, $x=9$로

둘러싸인 부분의 넓이는

$$\int_6^9 |f(x)|dx = \int_6^9 f(x)dx$$
$$= \int_6^9 \{f(x-3)+4\}dx\ (\because\ ㉠)$$
$$= \int_6^9 f(x-3)dx + \int_6^9 4\,dx$$
$$= \int_3^6 f(x)dx + \Big[4x\Big]_6^9$$
$$= 6 + 12 = 18\ (\because\ ㉡)$$

답 ④

F07-23

함수 $f(x)$는 최고차항의 계수가 1인 삼차함수이고

방정식 $f(x)=x^3+x^2-x=x(x^2+x-1)=0$에서

$x^2+x-1=0$이 부호가 서로 다른 두 실근을 가지므로

삼차함수 $y=f(x)$의 그래프의 개형은 다음 그림과 같다. 참고

이때 $g(x)=4|x|+k=\begin{cases}-4x+k & (x<0)\\ 4x+k & (x\ge 0)\end{cases}$이므로

두 함수 $y=f(x)$, $y=g(x)$의 그래프가 만나는 점의 개수가 2이려면 그림과 같이 $x>0$인 부분에서

함수 $y=f(x)$의 그래프와 직선 $y=4x+k$가 접해야 한다.

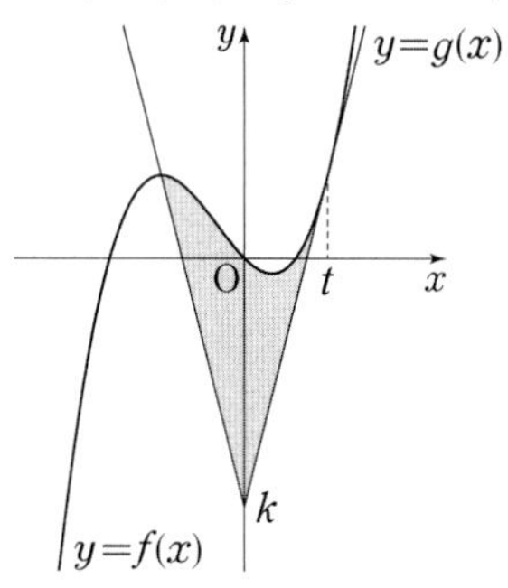

접점의 x좌표를 t $(t>0)$라 하면

$f'(t)=3t^2+2t-1=4$에서 너코 041

$3t^2+2t-5=(3t+5)(t-1)=0$

$\therefore\ t=1\ (\because\ t>0)$

이때 접점의 y좌표는 $f(1)=1$이므로

$4+k=1$에서 $k=-3$

또한, $x<0$에서 함수 $y=f(x)$의 그래프와 직선 $y=-4x-3$의 교점의 x좌표는

$x^3+x^2-x=-4x-3$에서

$x^3+x^2+3x+3=0$

$(x+1)(x^2+3)=0$

$\therefore\ x=-1\ (\because\ x<0)$

따라서 두 함수 $y=f(x)$, $y=g(x)$의 그래프의 두 교점의 x좌표는 -1, 1이고, $-1\le x\le 1$에서 $f(x)\ge g(x)$이므로

두 함수의 그래프로 둘러싸인 부분의 넓이 S는

$$S=\int_{-1}^{1}\{f(x)-g(x)\}dx$$ 너코 058

$$=\int_{-1}^{0}(x^3+x^2-x+4x+3)dx+\int_{0}^{1}(x^3+x^2-x-4x+3)dx$$

$$=\int_{-1}^{0}(x^3+x^2+3x+3)dx+\int_{0}^{1}(x^3+x^2-5x+3)dx$$

$$=\left[\frac{x^4}{4}+\frac{x^3}{3}+\frac{3}{2}x^2+3x\right]_{-1}^{0}+\left[\frac{x^4}{4}+\frac{x^3}{3}-\frac{5}{2}x^2+3x\right]_{0}^{1}$$

$$=\frac{19}{12}+\frac{13}{12}=\frac{8}{3}$$

$\therefore\ 30S=80$

참고

미분을 활용하면 다음과 같이 삼차함수 $y=f(x)$의 그래프의 개형을 보다 정확하게 그릴 수 있다.

$f(x)=x^3+x^2-x$에서

$f'(x)=3x^2+2x-1=(x+1)(3x-1)$이므로 너코 044

$x=-1$ 또는 $x=\frac{1}{3}$일 때 $f'(x)=0$이다.

이때 함수 $f(x)$의 증가와 감소를 표로 나타내면 다음과 같다. 너코 049

x	$\cdots$	-1	$\cdots$	$\frac{1}{3}$	$\cdots$
$f'(x)$	$+$	0	$-$	0	$+$
$f(x)$	↗	극대	↘	극소	↗

즉, 함수 $f(x)$는 $x=-1$에서 극댓값 $f(-1)=1$을 갖고,

$x=\frac{1}{3}$에서 극솟값 $f\left(\frac{1}{3}\right)=-\frac{5}{27}$를 갖는다.

답 80

F07-24

$y=-(x-t)+f(t)$ ⋯⋯ ㉠

는 기울기가 -1이고 점 $(t,\ f(t))$를 지나는 직선이다.

이때 실수 t $(0<t<6)$에 대하여 함수 $y=g(x)$의 그래프는

$x<t$인 범위에서는 곡선 $y=f(x)$와 같고

$x\ge t$인 범위에서는 직선 ㉠과 같다.

즉, 함수 $y=g(x)$의 그래프는 그림과 같이 점 $(t,\ f(t))$에서 곡선과 직선을 이어 붙인 형태이다.

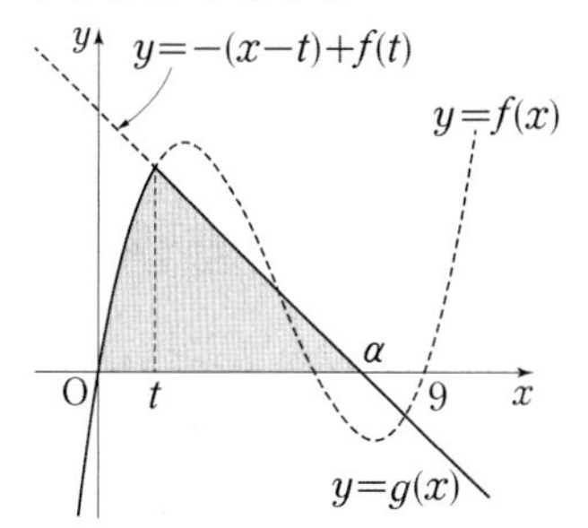

이때 직선 ㉠의 x절편을 α라 하면 $0\le x\le\alpha$일 때

$g(x)\ge 0$이므로 함수 $y=g(x)$의 그래프와 x축으로

둘러싸인 영역의 넓이는 $\int_{0}^{\alpha}g(x)dx$ 너코 058 ⋯⋯ ㉡

이고, $0<t<6$인 범위에서 점 $(t,\ f(t))$를 움직여 보면

직선 ㉠이 곡선 $y=f(x)$의 접선일 때 영역의 넓이가 최대이다.

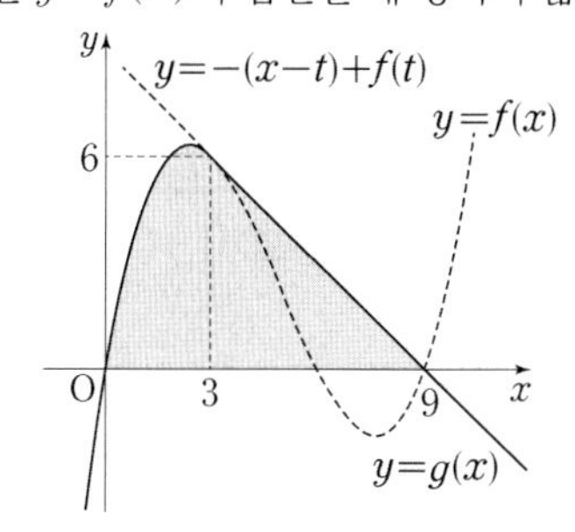

즉, $f'(t)=-1$을 만족시키는 t의 값에서 ㉡은 최대이다.

$f(x)=\frac{1}{9}x(x-6)(x-9)=\frac{1}{9}x^3-\frac{5}{3}x^2+6x$에서

$f'(x)=\frac{1}{3}x^2-\frac{10}{3}x+6$ 너코 044

$f'(t)=\frac{1}{3}t^2-\frac{10}{3}t+6=-1$에서 $\frac{1}{3}t^2-\frac{10}{3}t+7=0$

$t^2-10t+21=0$, $(t-3)(t-7)=0$

$\therefore\ t=3\ (\because\ 0<t<6)$

F 적분

$f(3)=6$이므로 직선 ㉠은 $y=-x+9$이고 이 직선의 x절편은 9이다.
따라서 ㉡의 최댓값은

$$\int_0^9 g(x)dx=\int_0^3 g(x)dx+\int_3^6 g(x)dx$$ 너코 056

$$=\int_0^3\left(\frac{1}{9}x^3-\frac{5}{3}x^2+6x\right)dx+\frac{1}{2}\times6\times6$$

$$=\left[\frac{1}{36}x^4-\frac{5}{9}x^3+3x^2\right]_0^3+18$$

$$=\left(\frac{9}{4}-15+27\right)+18=\frac{129}{4}$$ 너코 055

답 ③

F08-01

ㄱ. 구간 $[a, b]$에서 함수 $F(x)$의 도함수 $f(x)$가 $f(x)>0$를 만족시킨다.
따라서 함수 $F(x)$는 구간 $[a, b]$에서 증가한다. 너코 049
(참)

ㄴ. $\frac{F(b)-F(a)}{b-a}=\frac{1}{b-a}\times\int_a^b f(x)dx>0$이고 너코 058
직선 PQ의 기울기는 $\frac{f(b)-f(a)}{b-a}<0$이므로
$\frac{F(b)-F(a)}{b-a}$는 직선 PQ의 기울기와 같지 않다. (거짓)

ㄷ. $\int_a^b\{f(x)-f(b)\}dx$의 값은 [그림 1]의 색칠된 부분의 넓이와 같으며 너코 058
$\frac{(b-a)\{f(a)-f(b)\}}{2}$의 값은 [그림 2]의 색칠된 직각삼각형의 넓이와 같다.

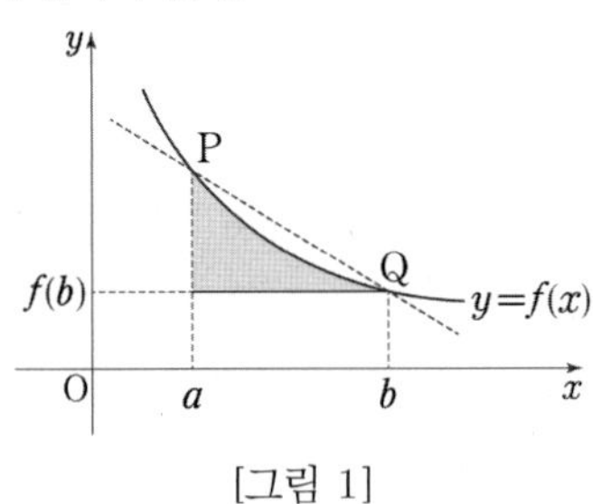

[그림 1]

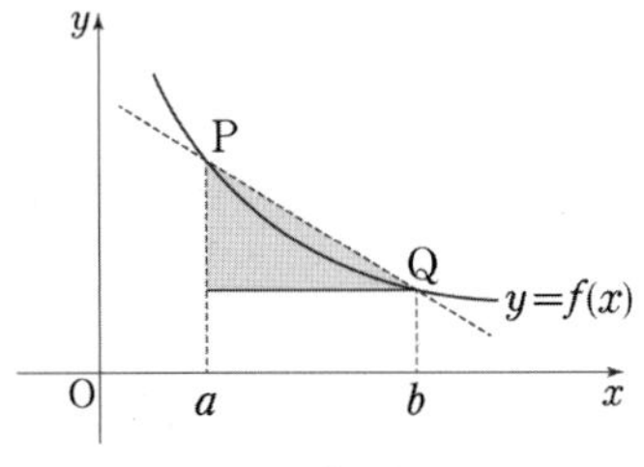

[그림 2]

즉, $\int_a^b\{f(x)-f(b)\}dx\le\frac{(b-a)\{f(a)-f(b)\}}{2}$가 성립한다. (참)
따라서 옳은 것은 ㄱ, ㄷ이다.

답 ③

F08-02

두 조건 (가)와 (나)에 의하여 곡선 $y=f(x)$는 다음과 같다.

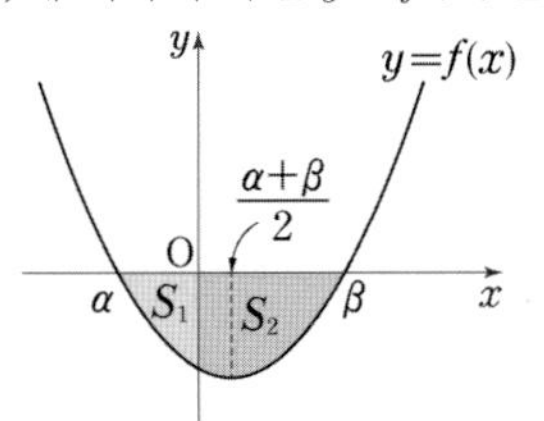

$A=\int_\alpha^0 f(x)dx$, $B=\int_0^\beta f(x)dx$, $C=\int_\alpha^\beta f(x)dx$에서
곡선 $y=f(x)$와 x축 및 두 직선 $x=\alpha$, $x=0$으로 둘러싸인 부분의 넓이를 S_1이라 하고
곡선 $y=f(x)$와 x축 및 두 직선 $x=0$, $x=\beta$로 둘러싸인 부분의 넓이를 S_2라 하면
$0<S_1<S_2$이고
$A=-S_1$, $B=-S_2$, $C=-(S_1+S_2)$이므로 너코 058
$C<B<A$이다.

답 ⑤

F08-03

$f(x)=\begin{cases}(x-1)(x-a) & (x\ge a)\\ -(x-1)(x-a) & (x<a)\end{cases}$이므로
함수 $y=f(x)$의 그래프는 a의 값의 범위에 따라 다음과 같이 그려진다.

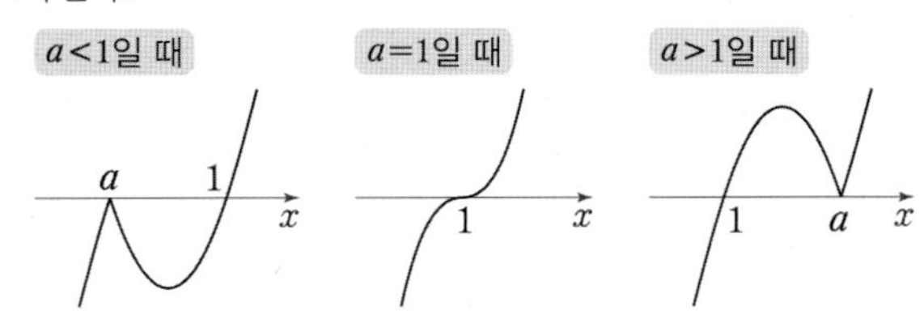

이때 함수 $f(x)$의 극댓값이 1이므로 $a>1$이고 너코 049
함수 $f(x)$는 $x=\frac{1+a}{2}$에서 극댓값을 가지므로

$f\left(\frac{1+a}{2}\right)=-\left(\frac{1+a}{2}-1\right)\left(\frac{1+a}{2}-a\right)=1$,

즉 $\frac{(a-1)^2}{4}=1$, $(a-1)^2=4$에서 $a=3$이다. ($\because a>1$)

이때 다음 그림과 같이 두 영역 S_1과 S_2의 넓이가 서로 같으므로

$$\int_0^1\{-f(x)\}dx=\int_3^4 f(x)dx \quad \cdots\cdots ㉠$$ 너코 058

따라서

$$\int_0^4 f(x)dx = \int_0^1 f(x)dx + \int_1^3 f(x)dx + \int_3^4 f(x)dx$$

너코 056

$$= \int_1^3 f(x)dx \ (\because ㉠)$$

$$= \int_1^3 \{-(x-1)(x-3)\}dx$$

$$= \left[-\frac{1}{3}x^3 + 2x^2 - 3x\right]_1^3 = \frac{4}{3}$$

답 ①

F08-04

$f(x) = x^3 - 3x + k$라 하자.
$0 < a < b$인 모든 실수 a, b에 대하여
$\int_a^b f(x)\,dx > 0$이려면 다음 그림과 같아야 하므로
$x \geq 0$에서 $f(x) \geq 0$이어야 한다. 너코 058

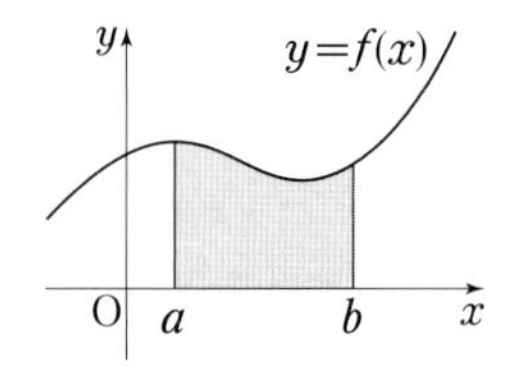

즉, $x \geq 0$에서의 함수 $f(x)$의 최솟값이 0 이상이어야 한다. ······㉠

$f'(x) = 3x^2 - 3 = 3(x+1)(x-1)$ 너코 044
이므로 $x = -1$ 또는 $x = 1$일 때 $f'(x) = 0$이다.
이때 함수 $f(x)$의 증가와 감소를 표로 나타내면 다음과 같다.

너코 049

x	$\cdots$	-1	$\cdots$	1	$\cdots$
$f'(x)$	$+$	0	$-$	0	$+$
$f(x)$	↗	극대	↘	극소	↗

따라서 함수 $f(x)$는
극댓값 $f(-1) = 2 + k$,
극솟값 $f(1) = -2 + k$를
갖는다.
즉, ㉠을 만족시키려면
$f(1) = -2 + k \geq 0$에서
$k \geq 2$이다.

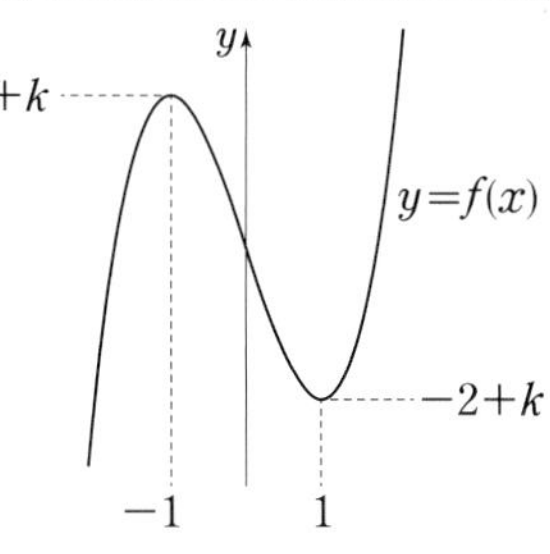

따라서 구하는 실수 k의 최솟값은 2이다.

답 ②

F08-05

조건 (나)에서 $0 < xf(y) < yf(x)$의 각 변을
$xy(>0)$로 나누면

$0 < \frac{f(y)}{y} < \frac{f(x)}{x}$,

즉 $0 < \frac{f(y) - f(0)}{y - 0} < \frac{f(x) - f(0)}{x - 0}$이다. ($\because f(0) = 0$)

$0 < x < y < 1$인 모든 x, y에 대하여
원점과 점 $(y, f(y))$를 지나는 직선의 기울기가
원점과 점 $(x, f(x))$를 지나는 직선의 기울기보다
항상 작으므로
곡선 $y = f(t)$는 다음과 같이 그려진다.

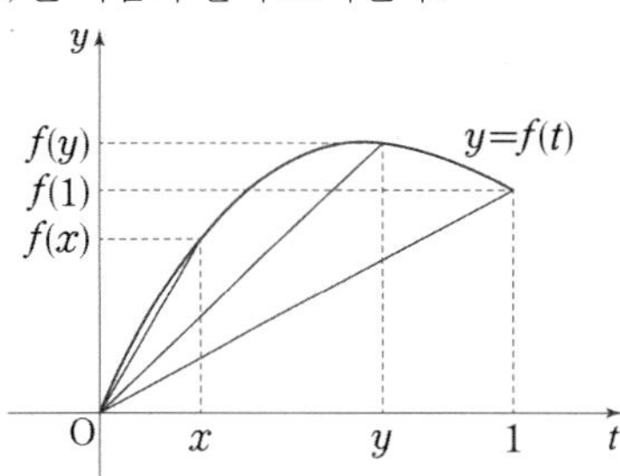

이때 세 수 $A = f'(0)$, $B = f(1)$, $C = 2\int_0^1 f(x)dx$의
의미를 파악해보면 다음과 같다.

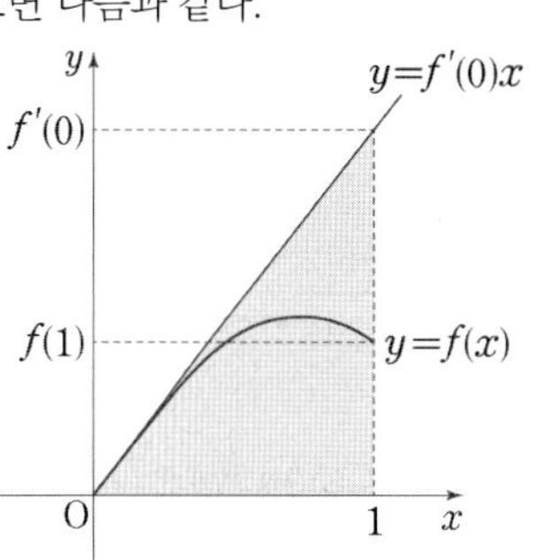

[그림 1]

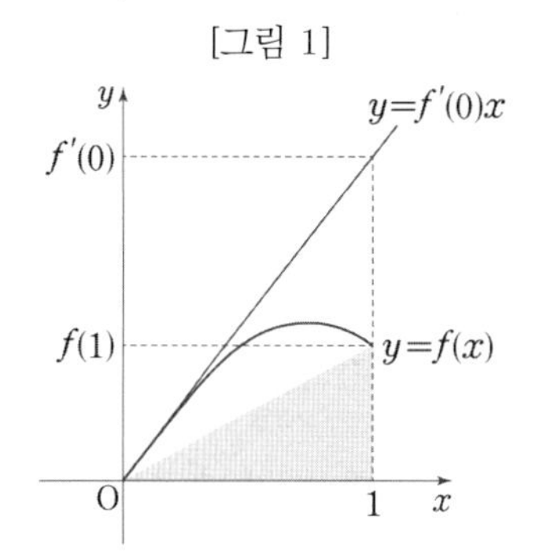

[그림 2]

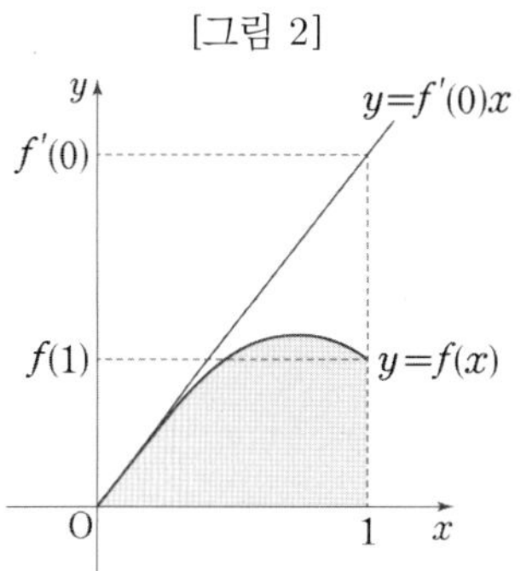

[그림 3]

[그림 1]에서 함수 $f(x)$의 원점에서의 접선의 방정식이
$y = f'(0)x$이고
이 직선의 $x = 1$일 때의 y좌표가 $f'(0)$이므로
색칠한 직각삼각형의 넓이는
$\frac{f'(0)}{2} = \frac{A}{2}$를 나타낸다.
또한 [그림 2]에서 색칠한 직각삼각형의 넓이는

F 적분

$\dfrac{f(1)}{2}=\dfrac{B}{2}$를 나타내며

[그림 3]에서 색칠한 부분의 넓이는

$\displaystyle\int_0^1 f(x)dx=\frac{C}{2}$를 나타낸다. 너코 058

즉, $\dfrac{B}{2}<\dfrac{C}{2}<\dfrac{A}{2}$이므로 $B<C<A$이다.

답 ④

F08-06

$f(x)=\begin{cases}0 & (x\le 0)\\ x & (x>0)\end{cases}$로부터

$f(x-a)=\begin{cases}0 & (x-a\le 0)\\ x-a & (x-a>0)\end{cases}=\begin{cases}0 & (x\le a)\\ x-a & (x>a)\end{cases}$

$f(x-b)=\begin{cases}0 & (x-b\le 0)\\ x-b & (x-b>0)\end{cases}=\begin{cases}0 & (x\le b)\\ x-b & (x>b)\end{cases}$

$f(x-2)=\begin{cases}0 & (x-2\le 0)\\ x-2 & (x-2>0)\end{cases}=\begin{cases}0 & (x\le 2)\\ x-2 & (x>2)\end{cases}$

따라서 함수

$h(x)=k\{f(x)-f(x-a)-f(x-b)+f(x-2)\}$는

$x\le 0$일 때 $h(x)=k(0-0-0+0)$

$0<x\le a$일 때 $h(x)=k(x-0-0+0)$

$a<x\le b$일 때 $h(x)=k\{x-(x-a)-0+0\}$

$b<x\le 2$일 때 $h(x)=k\{x-(x-a)-(x-b)+0\}$

$x>2$일 때 $h(x)=k\{x-(x-a)-(x-b)+(x-2)\}$

$\therefore\ h(x)=\begin{cases}0 & (x\le 0)\\ kx & (0<x\le a)\\ ka & (a<x\le b)\\ k(-x+a+b) & (b<x\le 2)\\ k(a+b-2) & (x>2)\end{cases}$

이때

$g(x)=\begin{cases}x(2-x) & (|x-1|\le 1)\\ 0 & (|x-1|>1)\end{cases}=\begin{cases}x(2-x) & (0\le x\le 2)\\ 0 & (x<0,\ x>2)\end{cases}$

이고 모든 실수 x에 대하여 $0\le h(x)\le g(x)$이므로 ……㉠

$g(2)=0$에서 $0\le h(2)\le g(2)$, $0\le h(2)\le 0$,

즉 $h(2)=0$이다.

$k(-2+a+b)=0$에서 $a+b=2$이므로 ……㉡

$\therefore\ h(x)=\begin{cases}0 & (x\le 0)\\ kx & (0<x\le a)\\ ka & (a<x\le b)\\ k(2-x) & (b<x\le 2)\\ 0 & (x>2)\end{cases}$

따라서 함수 $y=h(x)$의 그래프는 다음 그림과 같고

직선 $x=1$에 대하여 대칭이다.

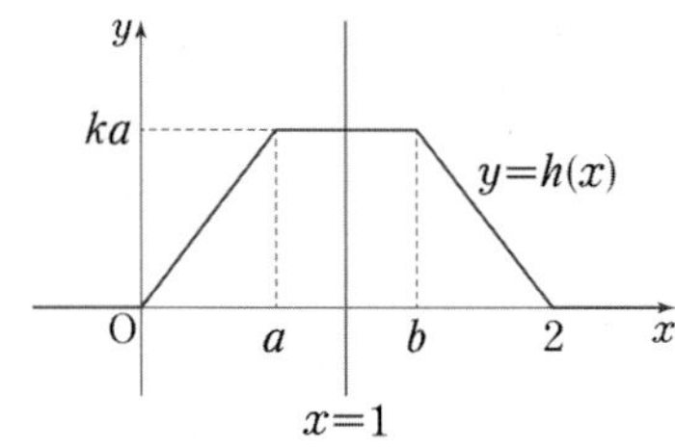

k의 값이 커질수록 $h(a)=h(b)=ka$의 값도 커지므로

㉠을 만족시키는 k의 값의 범위 내에서

함수 $y=h(x)$의 그래프는 다음과 같이 변한다.

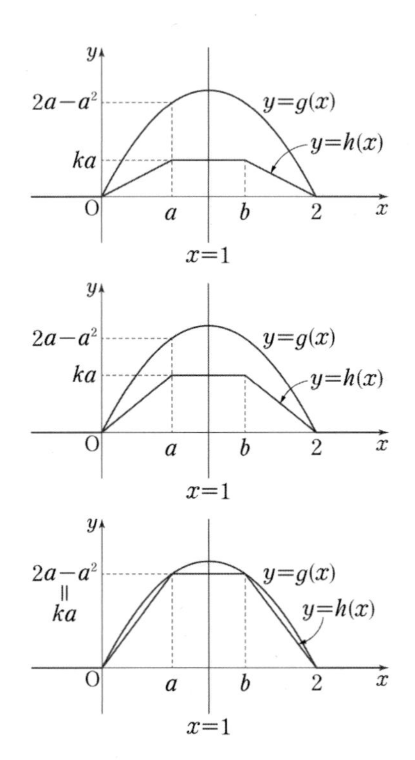

$\displaystyle\int_0^2\{g(x)-h(x)\}dx$의 값이 최소,

즉 $0\le x\le 2$에서 함수 $y=g(x)$의 그래프와

함수 $y=h(x)$의 그래프로 둘러싸인 영역의 넓이가 최소일 때는

너코 058

세 번째 그림과 같이 $h(a)=g(a)$일 때이므로

$ka=2a-a^2$에서 $k=2-a$이다. ……㉢

$k=2-a\,(0<a<1)$일 때,

$\displaystyle\int_0^2\{g(x)-h(x)\}dx$의 값을 $i(a)\ (0<a<1)$라 하면

$i(a)$는 함수 $y=g(x)$의 그래프와 x축으로 둘러싸인 부분의 넓이에서

밑변과 윗변의 길이가 각각 2, $2(1-a)$이고 높이가 $2a-a^2$인 사다리꼴의 넓이를 뺀 것과 같다.

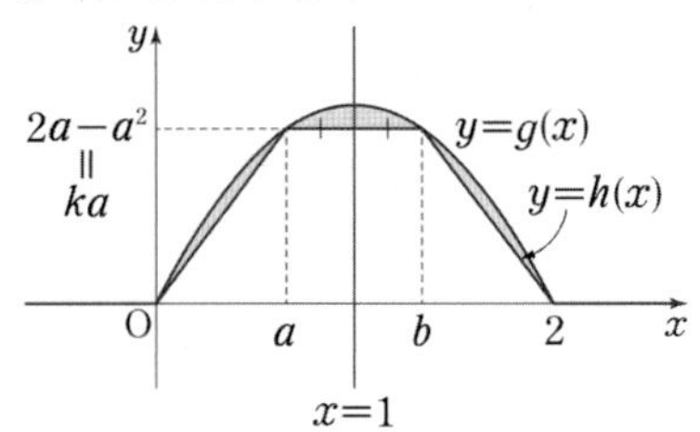

$\displaystyle i(a)=\int_0^2 x(2-x)dx-\frac{1}{2}\{2+(2-2a)\}(2a-a^2)$

$\displaystyle =\left[x^2-\frac{x^3}{3}\right]_0^2-a(a-2)^2$

$\displaystyle =\frac{4}{3}-(a^3-4a^2+4a)\ (0<a<1)$ 너코 055

이고

$i'(a)=-(3a^2-8a+4)=-(a-2)(3a-2)\ (0<a<1)$

이므로 $a=\dfrac{2}{3}$의 좌우에서 $i'(a)$는 음에서 양으로 바뀐다.

너코 044

따라서 함수 $i(a)$는 $a=\frac{2}{3}$에서 극소이자 최소이다. 너코 049

……㉣

㉡, ㉢, ㉣에 의하여

$\int_0^2 \{g(x)-h(x)\}dx$의 값이 최소가 되게 하는 k, a, b의 값은

$k=\frac{4}{3}$, $a=\frac{2}{3}$, $b=\frac{4}{3}$

$\therefore\ 60(k+a+b)=200$

답 200

F08-07

풀이 1

함수 $f(x)=x^4+ax^2+b$는

모든 실수 x에 대하여 $f(-x)=f(x)$를 만족시키므로

함수 $y=f(x)$의 그래프는 y축에 대하여 대칭이다.

또한 $h(t)=f(t)-|f(t)|$라 하면

$h(t)=\begin{cases}2f(t) & (f(t)<0)\\ 0 & (f(t)\geq 0)\end{cases}$이므로 ……㉠

함수 $y=h(t)$의 그래프도 y축에 대하여 대칭이다. ……㉡

함수 $g(x)=\int_{-x}^{2x} h(t)dt$는 $g(0)=0$이고

모든 실수 x에 대하여 연속함수이므로 너코 037

조건 (가), (나), (다)에 의하여

$0\leq x\leq 1$에서 $g(x)=0$, ……㉢

$1<x<5$에서 $g(x)$는 감소, ……㉣

$x\geq 5$에서 $g(x)=g(5)$이다. ……㉤

이때 ㉠에 의해 모든 실수 t에 대하여 $h(t)\leq 0$이므로

$a\leq b$일 때 $\int_a^b h(t)dt\leq 0$임을 참고하여 너코 058 ……㉥

㉢, ㉤을 해석하면 다음과 같다.

㉢에 의하여 $g(1)=\int_{-1}^{2} h(t)dt=0$이므로

$-1\leq t\leq 2$에서 $h(t)=0$이다. ($\because$ ㉥)

㉤에 의하여

$$\begin{aligned}g(x)&=\int_{-x}^{2x} h(t)dt\\&=\int_{-x}^{-5} h(t)dt+\int_{-5}^{10} h(t)dt+\int_{10}^{2x} h(t)dt\\&=\int_{-x}^{-5} h(t)dt+g(5)+\int_{10}^{2x} h(t)dt\\&=g(5)\end{aligned}$$

너코 056

이 성립해야 하므로

$\int_{-x}^{-5} h(t)dt=0$이고 $\int_{10}^{2x} h(t)dt=0$이다. ($\because$ ㉥)

즉, $t\leq -5$에서 $h(t)=0$이고 $t\geq 10$에서 $h(t)=0$이다.

㉢, ㉤을 통해 구한 세 조건

$-1\leq t\leq 2$에서 $h(t)=0$,

$t\leq -5$에서 $h(t)=0$,

$t\geq 10$에서 $h(t)=0$과 ㉡에 의하여

$|t|\leq 2$와 $|t|\geq 5$에서 함수 $y=h(t)$의 그래프를 그려보면

[그림 1]과 같다.

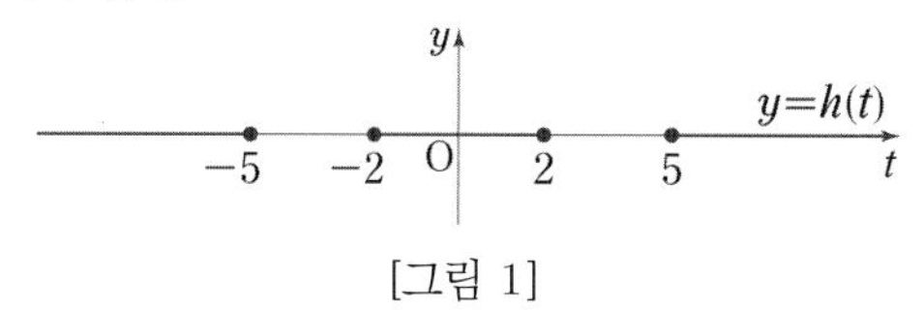

[그림 1]

㉣에서 x의 값이 1보다 커지는 순간 $g(x)$의 값이 음수가 되므로

t의 값이 2보다 커지는 순간의 함수 $y=h(t)$의 그래프는

[그림 2]의 어두운 부분에 그려져야 한다.

따라서 $f(2)=0$이므로 $16+4a+b=0$이다.

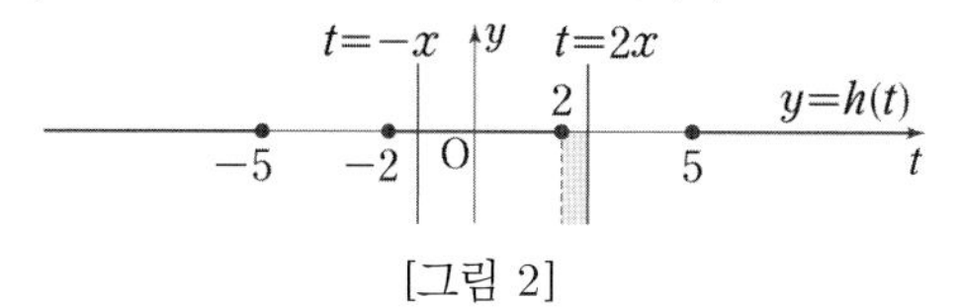

[그림 2]

또한 x의 값이 5가 되는 순간까지 $g(x)$의 값이 감소하므로

t의 값이 -5보다 커지는 순간의 함수 $y=h(t)$의 그래프는

[그림 3]의 어두운 부분에 그려져야 한다.

따라서 $f(-5)=0$이므로 $625+25a+b=0$이다.

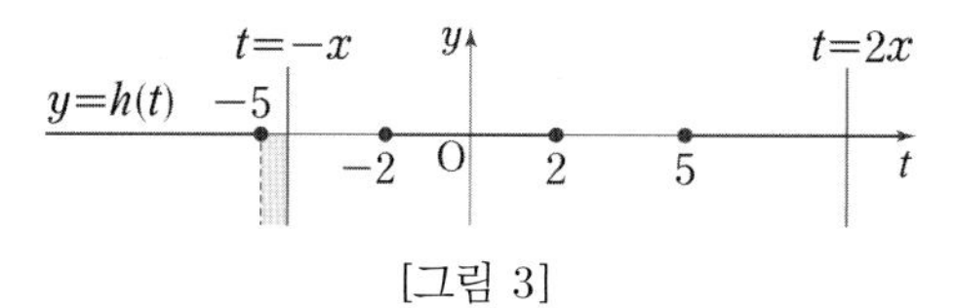

[그림 3]

결국, ㉠을 참고하면 함수 $y=f(x)$의 그래프는

[그림 4]의 어두운 부분에 그려지며

$a=-29$, $b=100$이다.

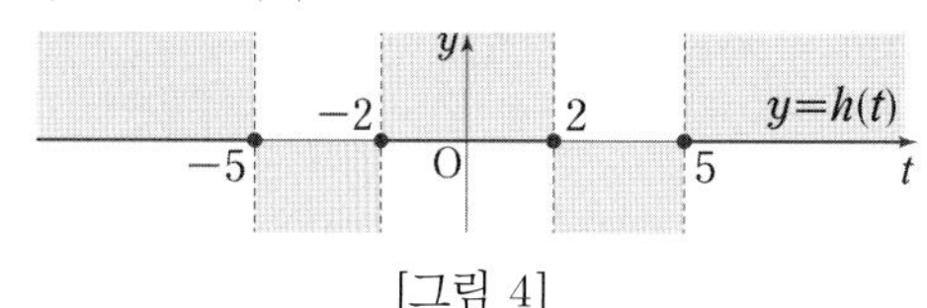

[그림 4]

따라서 $f(x)=x^4-29x^2+100$이므로 $f(\sqrt{2})=46$이다.

풀이 2

함수 $f(x)=x^4+ax^2+b$는

모든 실수 x에 대하여 $f(-x)=f(x)$를 만족시키므로

함수 $y=f(x)$의 그래프는 y축에 대하여 대칭이다.

또한 $h(t)=f(t)-|f(t)|$라 하면

$h(t)=\begin{cases}2f(t) & (f(t)<0)\\ 0 & (f(t)\geq 0)\end{cases}$이므로

함수 $y=h(t)$의 그래프도 y축에 대하여 대칭이다.

따라서

$$\begin{aligned}g(x)&=\int_{-x}^{0} h(t)dt+\int_{0}^{2x} h(t)dt\\&=\int_{0}^{x} h(t)dt+\int_{0}^{2x} h(t)dt\end{aligned}$$

너코 056 너코 059

F 적분

이때 그래프가 y축에 대하여 대칭인
사차함수 $f(x)$의 극솟값이 0 이상이면
모든 실수 x에 대하여 $f(x) \geq 0$이므로
모든 양의 실수 x에 대하여

$g(x) = \int_0^x 0dt + \int_0^{2x} 0dt = 0$이 되어 너코 055

조건 (나)를 만족시키지 않는다.
따라서 조건 (나)를 만족시키려면
함수 $f(x)$의 극솟값이 0보다 작아야 한다.

ⅰ) 함수 $y=f(x)$의 그래프와 x축의 교점이 2개인 경우
교점의 x좌표를 각각 $-\alpha$, α라 하자. (단, $\alpha > 0$)

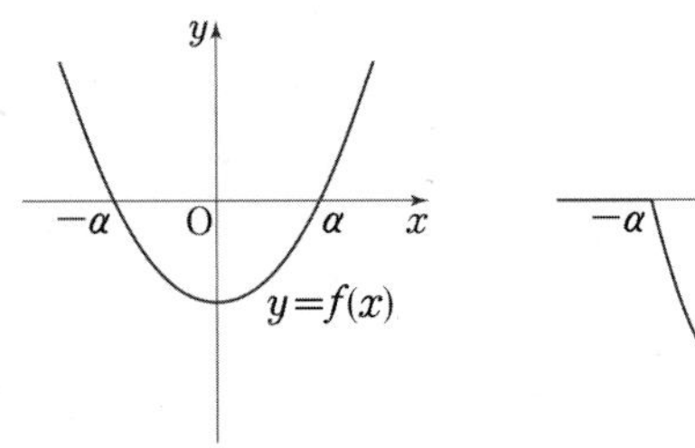

$0 < x < \alpha$에서 $h(x) = 2f(x) < 0$이므로

$0 < x < \dfrac{\alpha}{2}$에서 두 함수 $\int_0^x h(t)dt$, $\int_0^{2x} h(t)dt$는

모두 감소한다. 너코 058

따라서 $0 < x < \dfrac{\alpha}{2}$에서

함수 $g(x) = \int_0^x h(t)dt + \int_0^{2x} h(t)dt$는 감소하므로

조건 (가)를 만족시키지 않는다.

ⅱ) 함수 $y=f(x)$의 그래프와 x축의 교점이 4개인 경우
$f(x) = (x^2-\beta^2)(x^2-\gamma^2)$라 하자. (단, $0 < \beta < \gamma$)

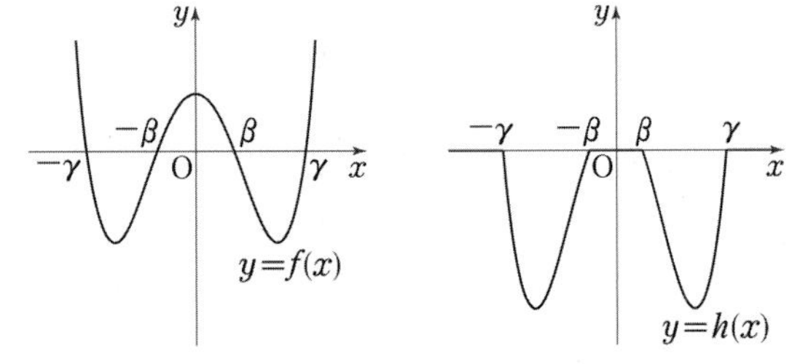

$0 < x \leq \beta$ 또는 $x \geq \gamma$에서 $h(x) = 0$이고
$\beta < x < \gamma$에서 $h(x) = 2f(x) < 0$이다.

이때 $\int_\beta^\gamma h(x) = k$라 하면 (단, k는 상수)

$$\int_0^x h(t)dt = \begin{cases} 0 & (0 < x \leq \beta) \\ \int_\beta^x h(t)dt & (\beta < x < \gamma) \\ k & (x \geq \gamma) \end{cases},$$

$$\int_0^{2x} h(t)dt = \begin{cases} 0 & \left(0 < x \leq \dfrac{\beta}{2}\right) \\ \int_\beta^{2x} h(t)dt & \left(\dfrac{\beta}{2} < x < \dfrac{\gamma}{2}\right) \\ k & \left(x \geq \dfrac{\gamma}{2}\right) \end{cases}\text{이다.}$$

$x > 0$에서 함수 $\int_0^x h(t)dt$가 감소하는 범위는

$\beta < x < \gamma$이고

$x > 0$에서 함수 $\int_0^{2x} h(t)dt$가 감소하는 범위는

$\dfrac{\beta}{2} < x < \dfrac{\gamma}{2}$이다.

따라서 함수 $g(x) = \int_0^x h(t)dt + \int_0^{2x} h(t)dt$가 감소하는

범위가 $1 < x < 5$이려면

$\dfrac{\beta}{2} = 1$, $\gamma = 5$, $\beta \leq \dfrac{\gamma}{2}$이어야 하므로 $\beta = 2$, $\gamma = 5$이다.

ⅰ), ⅱ)에 의하여 $f(x) = (x^2-2^2)(x^2-5^2)$이다.
$\therefore\ f(\sqrt{2}) = 46$

답 ④

F08-08

풀이 1

함수 $f(t)$는 최고차항의 계수가 2인 이차함수이므로
$y=f(t)$의 그래프는 아래로 볼록하고 축에 대하여 대칭이다.

함수 $g(x) = \int_x^{x+1} |f(t)|dt$는 이차함수 $y=f(t)$의 그래프와

t축 및 두 직선 $t=x$, $t=x+1$로 둘러싸인 부분의 넓이를
의미한다. 너코 058
이때 이차함수 $y=f(t)$의 그래프가 t축과 만나지 않거나
한 점에서 만나면 그림과 같이 $y=f(t)$의 그래프의 꼭짓점의

t좌표를 $t=x_1$이라 할 때 $g(x)$는 $x = x_1 - \dfrac{1}{2}$에서만

극소(최소)이다. 즉, 극솟값은 1개뿐이다.

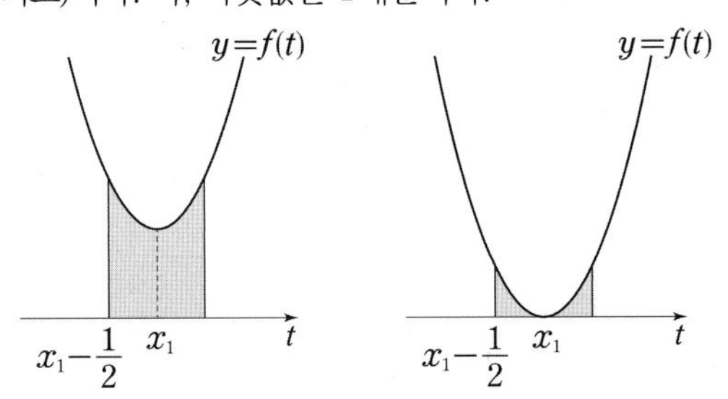

따라서 $g(x)$가 $x=1$, $x=4$에서 극소이려면 그림과 같이
이차함수 $y=f(t)$의 그래프와 t축은 구간 $(1, 2)$, $(4, 5)$에서
만나야 한다.

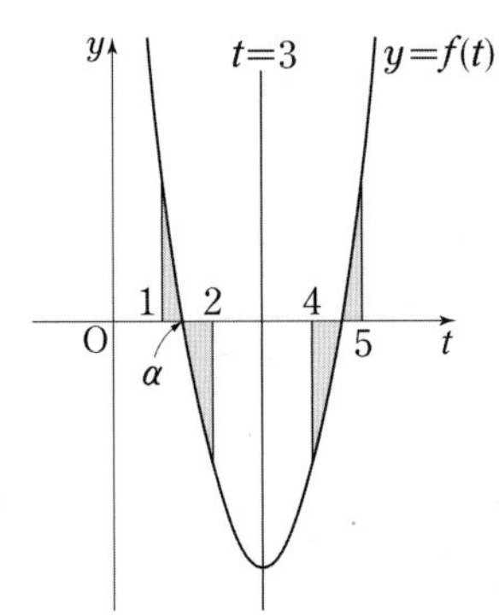

이차함수의 그래프의 대칭성에 의하여 $y=f(t)$의 그래프의

축의 방정식은 $t = \dfrac{1+5}{2} = 3$이므로

$f(t) = 2(t-3)^2 + k = 2t^2 - 12t + k + 18$ (k는 음수) ……㉠
로 놓을 수 있다.

이때 이차함수 $y=f(t)$의 그래프와 t축이 구간 $(1, 2)$에서 만나는 점의 t좌표를 α라 하고 $f(t)$의 한 부정적분을

$F(t)=\frac{2}{3}t^3-6t^2+(k+18)t$라 하면

$\alpha-1<x<\alpha$인 x에 대하여

$$\begin{aligned} g(x)&=\int_x^{x+1}|f(t)|dt \\ &=\int_x^{\alpha}f(t)\,dt-\int_{\alpha}^{x+1}f(t)\,dt \\ &=\Big[F(t)\Big]_x^{\alpha}-\Big[F(t)\Big]_{\alpha}^{x+1} \\ &=F(\alpha)-F(x)-\{F(x+1)-F(\alpha)\} \\ &=2F(\alpha)-\frac{2}{3}x^3+6x^2-(k+18)x \\ &\quad -\frac{2}{3}(x+1)^3+6(x+1)^2-(k+18)(x+1) \end{aligned}$$

이므로 이 구간에서 $g'(x)$는

$g'(x)=-2x^2+12x-2(x+1)^2+12(x+1)-2(k+18)$

너코 044 너코 045

이다. 주어진 조건에서 $g'(1)=0$이므로 너코 049

$g'(1)=-2+12-8+24-2k-36=0$

$-2k=10$ $\quad\therefore\ k=-5$

따라서 ㉠에서 $f(x)=2x^2-12x+13$이므로

$f(0)=13$

풀이 2

미적분 과목에서 배우는 합성함수 미분법을 이용하면 다음과 같이 좀 더 쉽게 풀 수 있다.

$g(x)=\int_x^{x+1}|f(t)|dt$에서

$g'(x)=|f(x+1)|-|f(x)|$ 너코 057 너코 103

함수 $g(x)$가 $x=1$, $x=4$에서 극소이므로

$g'(1)=0$, $g'(4)=0$에서 너코 049

$|f(2)|=|f(1)|$, $|f(5)|=|f(4)|$이다. ……㉠

이때 함수 $f(x)$가 최고차항의 계수가 2인 이차함수이므로 아래로 볼록하고 축에 대하여 대칭이다.

즉, ㉠을 만족시키는 $y=f(x)$의 그래프의 개형은 다음 그림과 같이 x축과 두 점에서 만나고,

$-f(2)=f(1)=f(5)=-f(4)$를 만족시킨다.

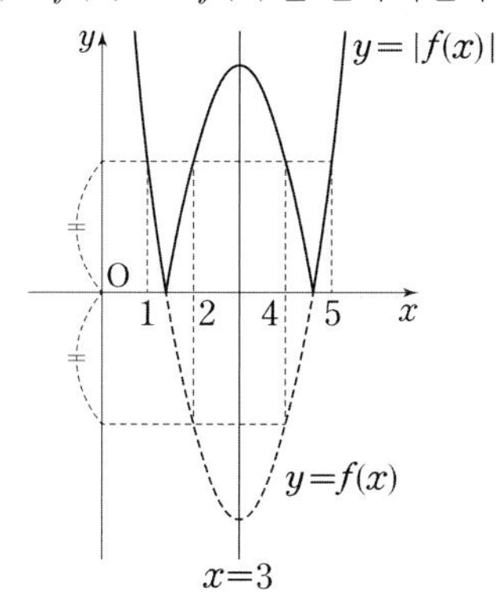

이차함수의 그래프의 대칭성에 의하여 $y=f(x)$의 그래프의 축의 방정식은 $x=\frac{1+5}{2}=3$이므로

$f(x)=2(x-3)^2+k$ (k는 음수)라 하면

$-f(2)=f(1)$에서 $-(k+2)=k+8$

$\therefore\ k=-5$

따라서 $f(x)=2(x-3)^2-5$이므로

$f(0)=18-5=13$

답 13

F08-09

$g(t)=\int_t^{t+1}f(x)dx-\int_0^1|f(x)|dx$

ㄱ. $g(0)=0$이면

$g(0)=\int_0^1 f(x)dx-\int_0^1|f(x)|dx=0$에서

$\int_0^1 f(x)dx=\int_0^1|f(x)|dx$이므로

곡선 $y=f(x)$와 x축 사이의 넓이로 해석하면

$0\le x\le 1$에서 $f(x)\ge 0$이다. 너코 058 ……㉠

$f(x)$는 최고차항의 계수가 1이고 $f(0)=0$, $f(1)=0$인 삼차함수이므로 ㉠을 만족시키는 곡선 $y=f(x)$의 개형은 다음 두 경우 중 하나이다.

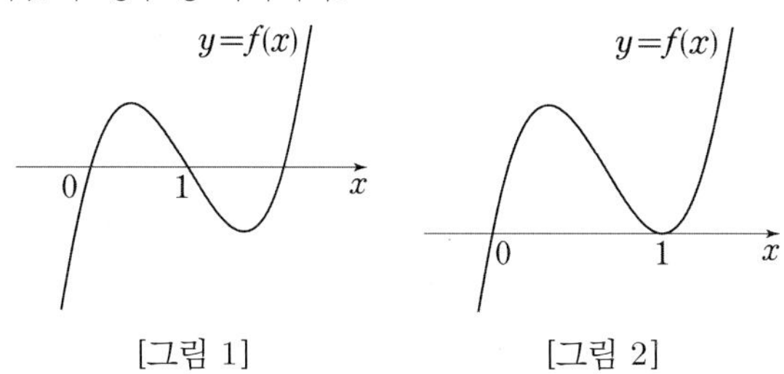

[그림 1] [그림 2]

두 경우 모두 $\int_{-1}^0 f(x)dx<0$, $\int_0^1|f(x)|dx>0$이므로

$g(-1)=\int_{-1}^0 f(x)dx-\int_0^1|f(x)|dx<0$ (참)

ㄴ. $g(-1)>0$이면

$g(-1)=\int_{-1}^0 f(x)\,dx-\int_0^1|f(x)|dx>0$에서

$\int_{-1}^0 f(x)dx>\int_0^1|f(x)|dx$이므로

곡선 $y=f(x)$와 x축 사이의 넓이로 해석하면

$0\le x\le 1$에서 $f(x)\le 0$이고

곡선 $y=f(x)$의 개형은 다음과 같다.

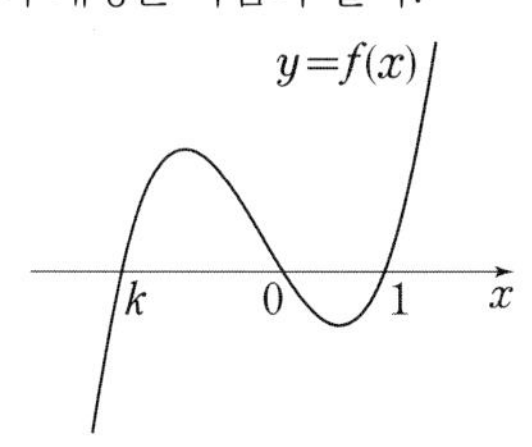

즉, $f(k)=0$을 만족시키는 음수 k가 존재하므로

$f(x)=x(x-1)(x-k)$라 하면

$$g(-1)=\int_{-1}^{0}f(x)dx-\int_{0}^{1}|f(x)|dx$$
$$=\int_{-1}^{0}f(x)dx+\int_{0}^{1}f(x)dx$$
$$=\int_{-1}^{1}f(x)dx$$ 너코 056
$$=\int_{-1}^{1}\{x^3-(k+1)x^2+kx\}dx$$
$$=-2(k+1)\int_{0}^{1}x^2dx$$
$$=-2(k+1)\left[\frac{1}{3}x^3\right]_0^1$$
$$=-\frac{2k+2}{3}$$ 너코 055

이때 $g(-1)=-\frac{2k+2}{3}>0$에서 $k<-1$이다.

즉, $f(k)=0$을 만족시키는 $k<-1$인 실수 k가 존재한다. (참)

ㄷ. $g(-1)>1$이면 $g(-1)>0$이므로
ㄴ에 의하여 $f(x)=x(x-1)(x-k)$ $(k<-1)$이고,
$g(-1)=-\frac{2k+2}{3}>1$에서 $k<-\frac{5}{2}$이다.

이때

$$g(0)=\int_{0}^{1}f(x)dx-\int_{0}^{1}|f(x)|dx$$
$$=\int_{0}^{1}f(x)dx+\int_{0}^{1}f(x)dx$$
$$=2\int_{0}^{1}f(x)dx$$
$$=2\int_{0}^{1}\{x^3-(k+1)x^2+kx\}dx$$
$$=2\left[\frac{1}{4}x^4-\frac{k+1}{3}x^3+\frac{k}{2}x^2\right]_0^1$$
$$=2\left(\frac{1}{4}-\frac{k+1}{3}+\frac{k}{2}\right)$$
$$=\frac{2k-1}{6}$$

$k<-\frac{5}{2}$일 때 $\frac{2k-1}{6}<-1$이므로

$g(0)<-1$이다. (참)

따라서 옳은 것은 ㄱ, ㄴ, ㄷ이다.

답 ⑤

F09-01

조건 (가)에서 $-2\le x\le 2$일 때
$f(x)=x(x-2)(x+2)$이다.
따라서 닫힌구간 $[-2, 2]$에서 함수 $f(x)$의 그래프는
다음과 같다. 너코 049

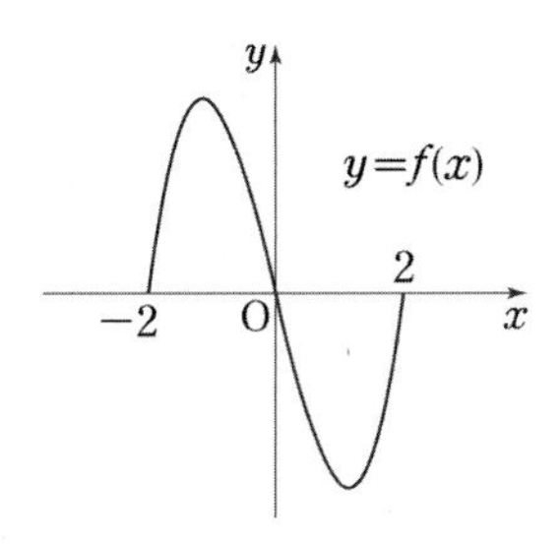

한편 조건 (나)에 의하여 함수 $f(x)$의 그래프는
닫힌구간 $[-2, 2]$에서의 그래프가 반복되는 것과 같다.

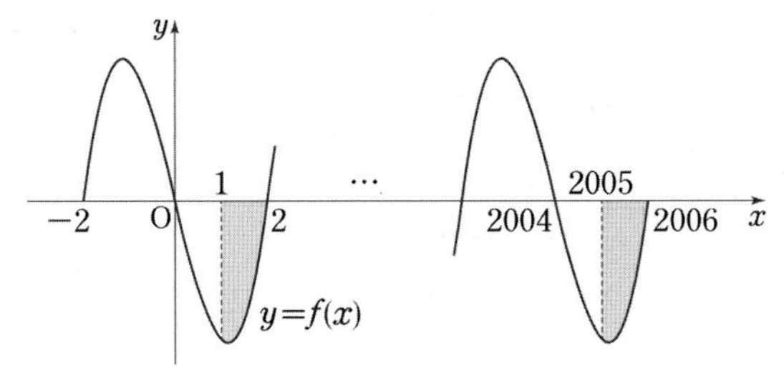

$2005=4\times501+1$, $2006=4\times501+2$이므로

$$\int_{1}^{2}f(x)dx=\int_{2005}^{2006}f(x)dx$$ 너코 059

답 ③

F09-02

함수 $y=x^3$의 그래프를 x축 방향으로 a만큼,
y축 방향으로 b만큼 평행이동시키면
$y-b=(x-a)^3$ 즉, $g(x)=(x-a)^3+b$이다.
이때 $g(0)=(-a)^3+b=0$이므로 $a^3=b$이다. ……㉠
한편 다음 그림과 같이

$$\int_{a}^{3a}g(x)dx=\int_{0}^{2a}f(x)dx+2ab$$이므로 너코 058

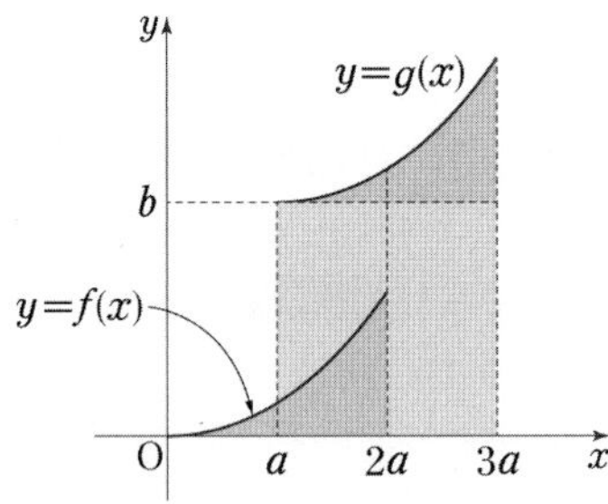

$$\int_{a}^{3a}g(x)dx-\int_{0}^{2a}f(x)dx$$
$$=\left(\int_{0}^{2a}f(x)dx+2ab\right)-\int_{0}^{2a}f(x)dx$$
$=2ab=32$ ……㉡

㉠, ㉡에서

$a^4=a\times a^3=ab=16$

답 16

F09-03

함수 $f(x)$는 연속함수이므로 $x=2$에서 연속이다.
따라서 $(-4)\times2+2=2^2-2\times2+a$, 너코 037

즉 $a=-6$이다.

$$\therefore\ f(x)=\begin{cases}-4x+2 & (0\le x<2)\\ x^2-2x-6 & (2\le x\le 4)\end{cases}$$

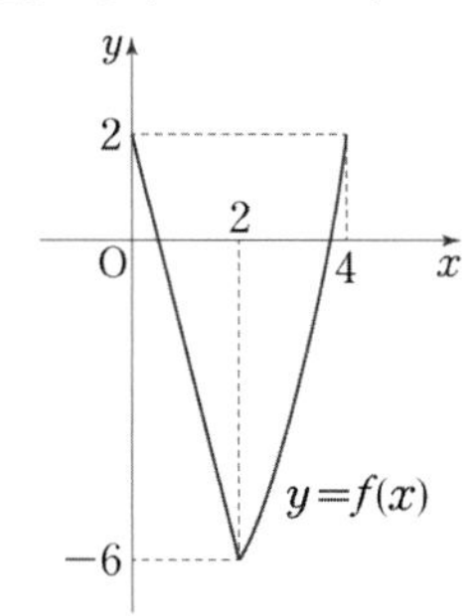

모든 실수 x에 대하여 $f(x)=f(x+4)$이므로
함수 $y=f(x)$의 그래프는 다음 그림과 같이
닫힌구간 $[0, 4]$에서의 그래프가 반복되는 것과 같다.

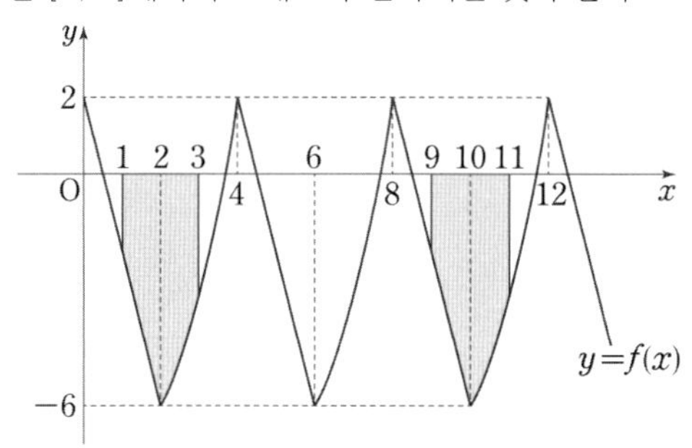

$9=4\times2+1,\ 11=4\times2+3$이므로

$$\int_9^{11}f(x)dx=\int_1^3 f(x)dx$$ 너코 059

$$=\int_1^2(-4x+2)dx+\int_2^3(x^2-2x-6)dx$$ 너코 056

$$=\left[-2x^2+2x\right]_1^2+\left[\frac{1}{3}x^3-x^2-6x\right]_2^3$$

$$=(-4)+\left(-\frac{14}{3}\right)$$

$$=-\frac{26}{3}$$

답 ②

F09-04

$g(x)=\int_{-2}^{x}f(t)dt$이므로

$$g(a+4)-g(a)=\int_{-2}^{a+4}f(t)dt-\int_{-2}^{a}f(t)dt$$

$$=\int_{-2}^{a+4}f(t)dt+\int_{a}^{-2}f(t)dt$$ 너코 055

$$=\int_{a}^{a+4}f(t)dt$$ 너코 056

이때 $\int_a^{a+4}f(t)dt$의 값은
다음 그림의 어두운 부분의 넓이와 같다. 너코 058

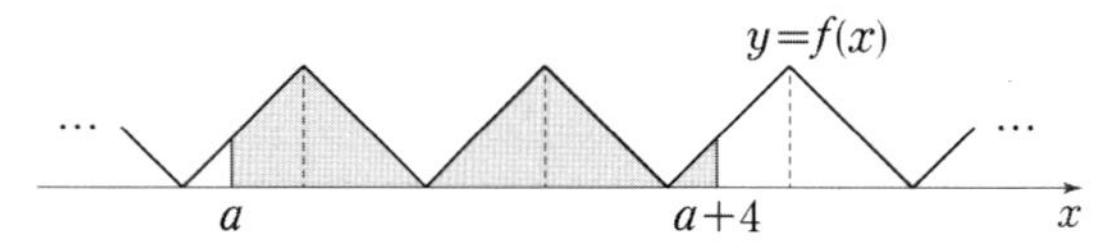

조건 (가), (나)에 의하여 함수 $f(x)$의 그래프는
닫힌구간 $[-1, 1]$에서의 함수 $y=|x|$의 그래프가
반복되는 것과 같으므로
다음 그림과 같이 임의의 실수 a에 대하여
$\int_a^{a+4}f(t)dt=\int_0^4 f(t)dt$가 성립한다. 너코 059

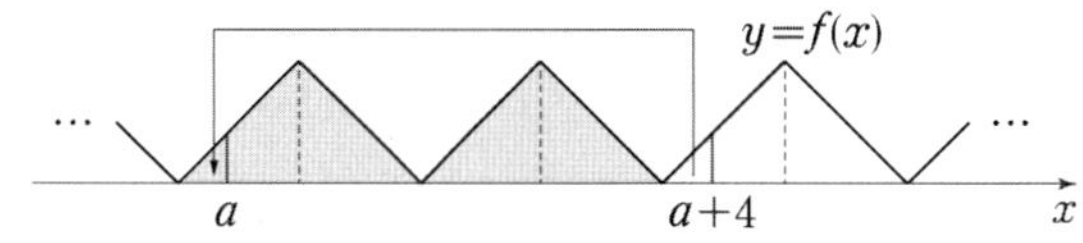

다음 그림의 어두운 부분의 넓이가
$\int_0^4 f(t)dt=4\int_0^1 f(x)dx=4\times\frac{1}{2}=2$이므로

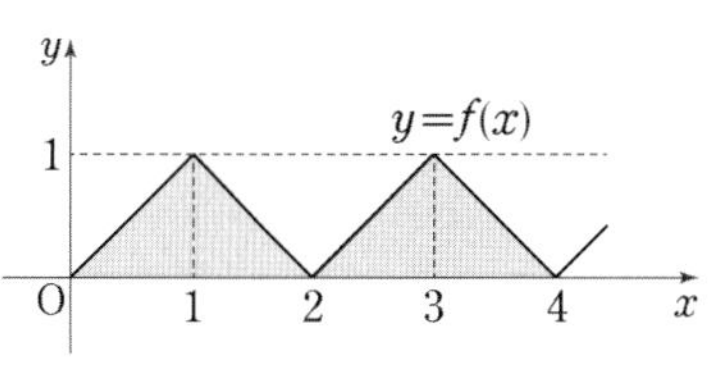

$$\therefore\ g(a+4)-g(a)=\int_a^{a+4}f(t)dt=2$$

답 ②

F09-05

다음 그림에서 색칠한 부분의 넓이는
$\int_0^3 f(x)dx=\frac{1}{2}\times1\times(3+1)=2$이다. 너코 058

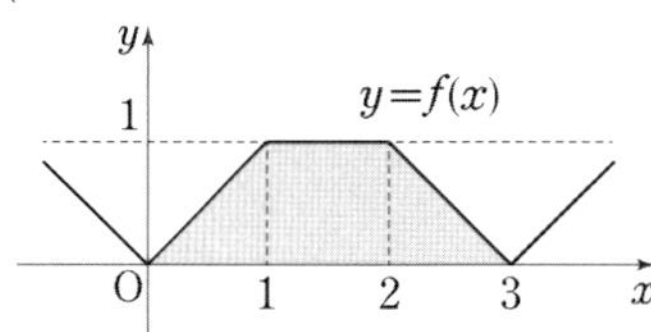

모든 실수 x에 대하여 $f(x+3)=f(x)$를 만족시키므로 ……㉠

함수 $f(x)$의 그래프는 $0\le x<3$에서의 그래프가
반복되는 것과 같다.
따라서

$\int_{-3}^{3}f(x)dx=2\int_0^3 f(x)dx=4,$ 너코 059

$\int_{-6}^{6}f(x)dx=4\int_0^3 f(x)dx=8,$

$\int_{-9}^{9}f(x)dx=6\int_0^3 f(x)dx=12$이고

$\int_{-1}^{0}f(x)dx=\int_0^1 f(x)dx=\frac{1}{2}$이므로

$$\int_{-10}^{10} f(x)dx = \int_{-10}^{-9} f(x)dx + \int_{-9}^{9} f(x)dx + \int_{9}^{10} f(x)dx$$

너코 056

$$= \int_{-1}^{0} f(x)dx + 12 + \int_{0}^{1} f(x)dx \ (\because ㉠)$$

$$= \frac{1}{2} + 12 + \frac{1}{2} = 13$$

$\therefore \ a = 10$

답 ①

F09-06

조건 (가)에 의하여

$-1 \le x \le 0$에서 함수 $y = g(x)$의 그래프는

$0 \le x \le 1$에서의 함수 $y = f(x)$의 그래프를 x축에 대하여 대칭이동한 후 x축, y축의 방향으로 각각 -1, 1만큼 평행이동한 것과 같다.

또한 조건 (나)에 의하여 함수 $g(x)$의 주기는 2이므로

함수 $y = g(x)$의 그래프는 $-1 \le x \le 1$에서의 그래프가 반복되는 것과 같다.

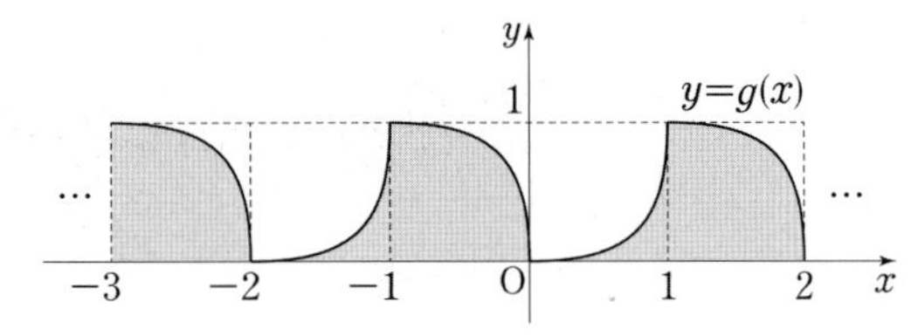

$\int_{0}^{1} f(x)dx = \frac{1}{6}$은 $0 \le x \le 1$에서 곡선 $y = f(x)$와 x축 사이의 넓이와 같고, 평행이동과 대칭이동으로부터

$$\int_{-1}^{0} g(x)dx = 1 - \int_{0}^{1} f(x)dx = 1 - \frac{1}{6} = \frac{5}{6}$$ 너코 059

$$\int_{-1}^{1} g(x)dx = \frac{5}{6} + \frac{1}{6} = 1$$

$$\therefore \int_{-3}^{2} g(x)dx = \int_{-3}^{-1} g(x)dx + \int_{-1}^{1} g(x)dx + \int_{1}^{2} g(x)dx$$

너코 056

$$= 2\int_{-1}^{1} g(x)dx + \int_{-1}^{0} g(x)dx$$

$$= 2 \times 1 + \frac{5}{6} = \frac{17}{6}$$

답 ②

F09-07

조건 (가)에 의하여 곡선 $y = f(x)$가 x축과

$x = 0$, $x = a$, $x = 6$일 때 만난다고 하면 ……㉠

곡선 $y = f(x)$를 x축에 대하여 대칭시키고,

x축의 방향으로 k만큼 평행이동시킨

곡선 $y = -f(x-k)$는 x축과

$x = k$, $x = a+k$, $x = 6+k$일 때 만난다.

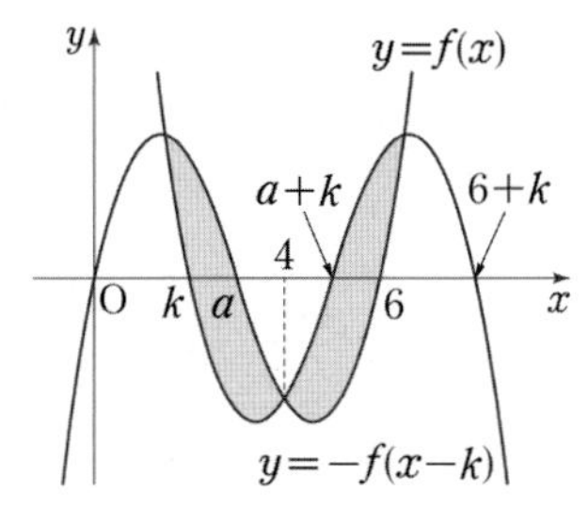

한편 제시된 상황은 조건 (나)에서 $\beta = 4$일 때이며 ……㉡

$$\int_{\alpha}^{\gamma} \{f(x) + f(x-k)\}dx = 0,$$

즉 $\int_{\alpha}^{4} \{f(x) + f(x-k)\}dx + \int_{4}^{\gamma} \{f(x) + f(x-k)\}dx = 0,$

너코 056

$$\int_{\alpha}^{4} [f(x) - \{-f(x-k)\}]dx = \int_{4}^{\gamma} \{-f(x-k) - f(x)\}dx$$

라는 것은 k의 값에 관계없이

위의 그래프의 색칠된 두 부분의 넓이가 서로 같다는 의미이므로

너코 058

두 곡선 $y = f(x)$와 $y = -f(x-k)$가 직선 $x = 4$에 대하여 서로 대칭이다.

따라서 $\frac{6+k}{2} = 4$에서 $k = 2$임을 알 수 있다.

방정식 $f(x) = -f(x-2)$는 $x = 4$를 실근으로 가지므로 ($\because$ ㉡)

$f(4) = -f(2)$이고

$f(x) = x(x-6)(x-a)$이므로 ($\because$ ㉠)

$-32 + 8a = 16 - 8a$에서 $a = 3$이다.

$$\therefore \int_{0}^{2} f(x)dx = \int_{0}^{2} x(x-6)(x-3)dx$$

$$= \int_{0}^{2} (x^3 - 9x^2 + 18x)dx$$

$$= \left[\frac{1}{4}x^4 - 3x^3 + 9x^2\right]_{0}^{2} = 16$$ 너코 055

답 16

F09-08

함수 $y = f(x-b)$의 그래프는

원점에 대하여 대칭인 삼차함수 $y = f(x)$의 그래프를 ……㉠

x축의 방향으로 b만큼 평행이동시킨 그래프이므로

두 함수 $y = f(x)$, $y = f(x-b)$의 그래프는 각각 다음과 같다.

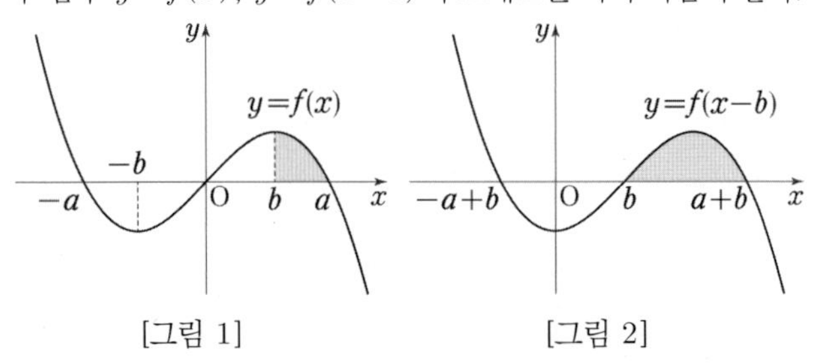

[그림 1] [그림 2]

이때 $\int_{-b}^{b} f(x)dx = 0$이므로 ($\because$ ㉠) 너코 059

$\int_{-b}^{a} f(x)dx = \int_{-b}^{b} f(x)dx + \int_{b}^{a} f(x)dx = A$에서 너코 056

$\int_{b}^{a} f(x)dx = A$이다.

따라서 [그림 1]과 [그림 2]에서 색칠한 영역의 넓이가 각각 A, B이다. 너코 058

한편, $\int_{-b}^{a} |f(x)|dx$는 다음 그림에서 색칠한 부분의 넓이와 같다.

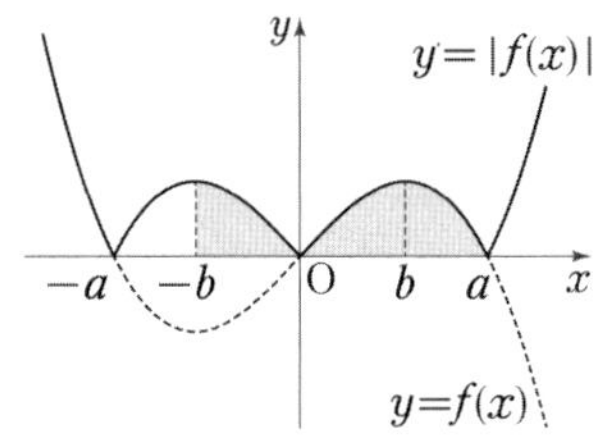

$\int_{-b}^{0} |f(x)|dx = \int_{0}^{b} f(x)dx = B - A$이고

$\int_{b}^{a} |f(x)|dx = \int_{b}^{a} f(x)dx = A$이므로

$\therefore \int_{-b}^{a} |f(x)|dx = 2(B-A)+A = -A+2B$

답 ①

F09-09

ㄱ. 구간 $[-1, 1]$에서 함수 $y=f(x)$의 그래프는 원점에 대하여 대칭이므로

$g(x) = \int_{x}^{x+2} f(t)dt$에서

$g(-1) = \int_{-1}^{1} f(t)dt = 0$ 너코 059 (참)

ㄴ. $\int_{x}^{x+2} f(t)dt$의 적분구간의 길이는 2이므로

열린구간 $(-2, 2)$에서 함수 $g(x)$는

$x=1$일 때 음수인 최솟값을 갖는다. 너코 058

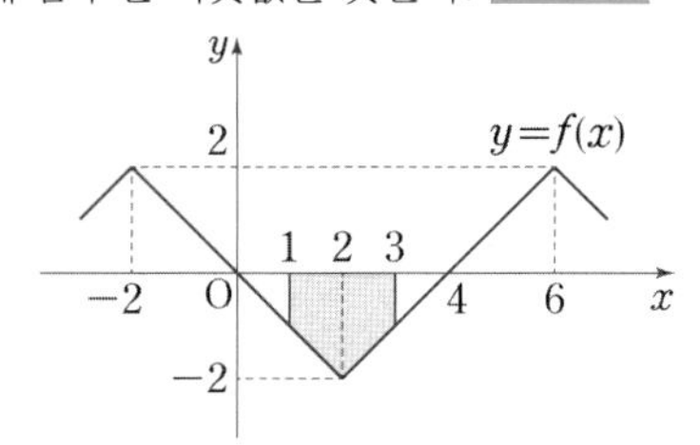

따라서 열린구간 $(-2, 1)$에서 함수 $g(x)$는 감소하지만 열린구간 $(1, 2)$에서 함수 $g(x)$는 증가한다. (거짓)

ㄷ. 주어진 그래프에서

$\int_{-4}^{-2} f(x)dx = \int_{-2}^{0} f(x)dx = 2$이고 너코 058

함수 $y=f(x)$의 그래프는

직선 $x=2$에 대하여 대칭이므로

$-4 \le x \le 6$에서 방정식 $g(x)=2$의 실근,

즉 $\int_{x}^{x+2} f(t)dt = 2$를 만족시키는 x의 값은

$-4, -2, 4, 6$이다.

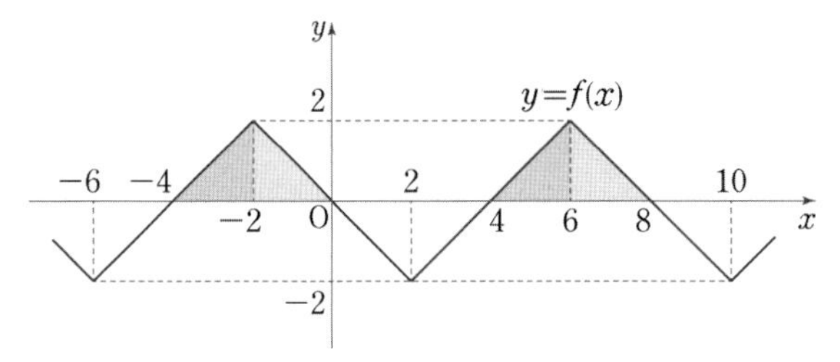

따라서 모든 실근의 합은 $(-4)+(-2)+4+6=4$이다.

(참)

따라서 옳은 것은 ㄱ, ㄷ이다.

답 ④

F09-10

함수 $f(x)=x^3+x-1$이므로

$f(a)=1$에서 $a^3+a-1=1$, $(a-1)(a^2+a+2)=0$

$\therefore a=1$

$f(b)=9$에서 $b^3+b-1=9$, $(b-2)(b^2+2b+5)=0$

$\therefore b=2$

따라서 $f(1)=1$, $f(2)=9$이고

함수 $g(x)$는 $f(x)$의 역함수이므로 $g(1)=1$, $g(9)=2$이다.

두 함수 $y=f(x)$, $y=g(x)$의 그래프는 직선 $y=x$에 대하여 서로 대칭이므로

다음 그림에서 색칠된 두 부분의 넓이는 서로 같다.

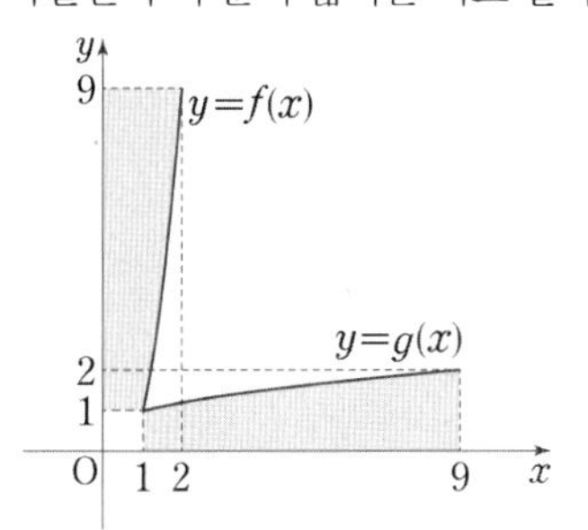

$\int_{1}^{9} g(x)dx = 2\times 9 - 1\times 1 - \int_{1}^{2} f(x)dx$ 너코 058

$= 17 - \int_{1}^{2} (x^3+x-1)dx$

$= 17 - \left[\frac{1}{4}x^4 + \frac{1}{2}x^2 - x\right]_{1}^{2}$

$= 17 - \frac{17}{4} = \frac{51}{4}$

답 ③

F09-11

자연수 n에 대하여 $n-1 \le x < n$일 때

$|f(x)| = |6(x-n+1)(x-n)|$이므로 이 구간에서

$f(x) = 6(x-n+1)(x-n)$

또는 $f(x) = -6(x-n+1)(x-n)$이다.

이때 각각의 구간에서 함수 $y=f(x)$의 그래프와 x축으로 둘러싸인 부분의 넓이는 모두 같다. ⋯⋯㉠

한편 $g(x)=\int_0^x f(t)\,dt-\int_x^4 f(t)\,dt$는 열린구간 $(0,\ 4)$에서 정의된 연속함수이므로 $g(x)$가 $x=2$에서 최소이면 $g(x)$는 반드시 $x=2$에서 극소이다. 너코 049

즉, 함수 $g(x)$는 $x=2$에서 극솟값 0을 가지므로

$g'(x)=f(x)-\{-f(x)\}=2f(x)$의 값의 부호는 $x=2$의 좌우에서 음(−) → 양(+)으로 바뀌고, ⋯⋯㉡

$g(2)=\int_0^2 f(t)\,dt-\int_2^4 f(t)\,dt=0$에서

$\int_0^2 f(t)\,dt=\int_2^4 f(t)\,dt$,

$\int_0^1 f(t)\,dt+\int_1^2 f(t)\,dt=\int_2^3 f(t)\,dt+\int_3^4 f(t)\,dt$, 너코 056

$\int_0^1 f(t)\,dt-\int_2^3 f(t)\,dt=\int_2^3 f(t)\,dt+\int_3^4 f(t)\,dt$ ($\because$ ㉠),

$\int_0^1 f(t)\,dt-\int_3^4 f(t)\,dt=2\int_2^3 f(t)\,dt$ ⋯⋯㉢

이어야 한다.

따라서 ㉠, ㉡, ㉢을 만족시키는 함수 $y=f(x)$의 그래프의 개형은 다음과 같다.

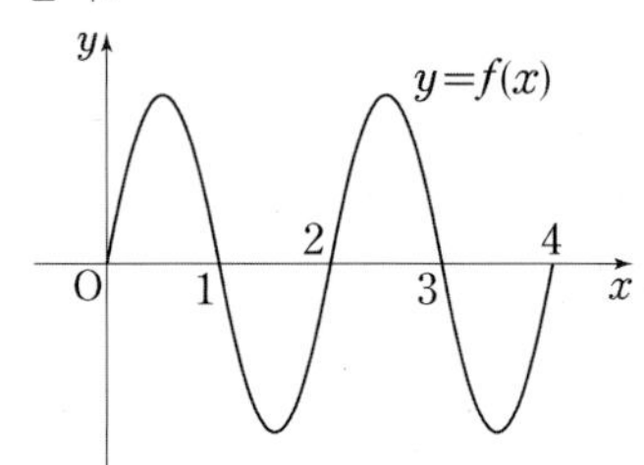

$\therefore \int_{\frac{1}{2}}^4 f(x)\,dx$

$=\int_0^4 f(x)\,dx-\int_0^{\frac{1}{2}} f(x)\,dx$

$=-\int_0^{\frac{1}{2}} f(x)\,dx$ ($\because \int_0^4 f(x)\,dx=0$) 너코 059

$=-\int_0^{\frac{1}{2}} (-6x^2+6x)\,dx$

$=-\left[-2x^3+3x^2\right]_0^{\frac{1}{2}}=-\frac{1}{2}$ 너코 054

답 ②

F10-01

ㄱ. '가' 지점에서 '나' 지점까지의 거리를 s라 하면
A와 C의 평균속도는 모두 $\frac{s}{40}$으로 같다. (참)

ㄴ. 시간 t에서의 B와 C의 속도를 각각 $v_B(t)$, $v_C(t)$라 하면
평균값 정리에 의하여
$v_B{}'(b)=0$, $v_C{}'(c)=0$인 실수 b, c가
각각 열린구간 $(0,\ 30)$, $(0,\ 40)$에 존재한다. 너코 048 (참)

ㄷ. 각 속도 그래프와 t축으로 둘러싸인 영역의 넓이는
A, B, C가 '가' 지점에서 출발하여 '나' 지점에 도착할 때까지 이동한 거리와 같다. 너코 060
A, B, C는 모두 '가' 지점에서 '나' 지점까지의 직선 경로를 따라 이동하였으므로 이동한 거리는 모두 같다. (참)

따라서 옳은 것은 ㄱ, ㄴ, ㄷ이다.

답 ⑤

F10-02

점 P가 시각 $t=0$에서 시각 $t=6$까지 움직인 거리는
점 P의 속도 $v(t)$의 그래프와 t축 및 직선 $t=0$, $t=6$으로 둘러싸인 두 부분의 넓이의 합과 같다. 너코 060

따라서 구하는 거리는

$\frac{1}{2}+3+1+1=\frac{11}{2}$

답 ⑤

F10-03

점 P가 시각 $t=0$에서 시각 $t=4$까지 움직인 거리는
점 P의 속도 $v(t)$의 그래프와 t축 및 두 직선 $t=0$, $t=4$로 둘러싸인 두 부분의 넓이의 합과 같다. 너코 060

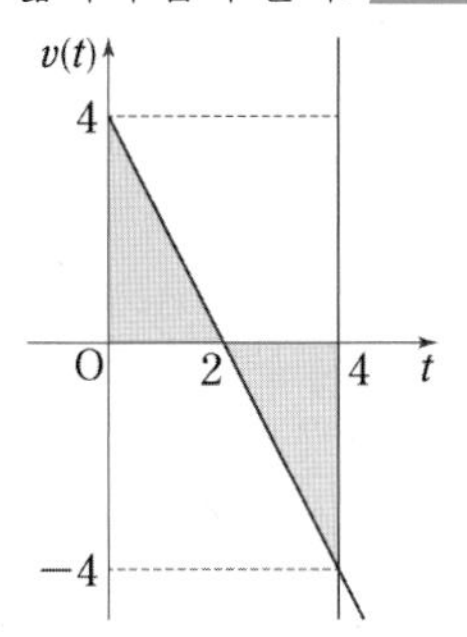

따라서 구하는 거리는

$\left(\frac{1}{2}\times2\times4\right)\times2=8$

답 ①

F10-04

점 P의 시각 $t\,(t\geq0)$에서의 속도가 $v(t)=-4t+5$이고,
시각 $t=3$에서 점 P의 위치가 11이므로
시각 $t=0$에서 점 P의 위치를 a라 하면

$11=a+\int_0^3(-4t+5)dt$ 너코 060

$=a+\left[-2t^2+5t\right]_0^3$

$=a+(-3)$ 너코 055

$\therefore\ a=14$

답 ④

F10-05

점 P의 시각 $t(t \geq 0)$에서의 속도가 $v(t)=2t-6$이므로
점 P가 시각 $t=3$에서 시각 $t=k\,(k>3)$까지 움직인 거리는

$$\int_3^k |v(t)|\,dt=\int_3^k (2t-6)\,dt \quad \text{너코 060}$$
$$=\left[t^2-6t\right]_3^k$$
$$=k^2-6k+9 \quad \text{너코 055}$$

이때 이 거리가 $k^2-6k+9=25$이므로
$k^2-6k-16=0$
$(k+2)(k-8)=0$
$\therefore\ k=8\,(\because\ k>3)$

답 ③

F10-06

점 P의 시각 $t\ (t \geq 0)$에서의 위치를 $x(t)$라 하면

$$x(t)=0+\int_0^t (3t^2-4t+k)\,dt \quad \text{너코 060}$$
$$=\left[t^3-2t^2+kt\right]_0^t$$
$$=t^3-2t^2+kt \quad \text{너코 055}$$

이때 $x(1)=-3$이므로
$1-2+k=-3$에서 $k=-2$이다.
$\therefore\ x(t)=t^3-2t^2-2t$
따라서 시각 $t=1$에서 $t=3$까지 점 P의 위치의 변화량은
$|x(3)-x(1)|=|3-(-3)|=6$

답 6

F10-07

점 P의 시각 $t\ (t>0)$에서의 가속도를 $a(t)$라 하면
$v(t)=-4t^3+12t^2$에서
$a(t)=v'(t)=-12t^2+24t$ 너코 044 너코 052
시각 $t=k$에서 점 P의 가속도가 12이므로
$a(k)=-12k^2+24k=12$에서
$k^2-2k+1=0,\ (k-1)^2=0$
$\therefore\ k=1$
닫힌구간 $[3, 4]$에서 $v(t)=-4t^2(t-3) \leq 0$이므로
시각 $t=3k=3$에서 $t=4k=4$까지 점 P가 움직인 거리는

$$\int_3^4 \{-v(t)\}\,dt=\int_3^4 (4t^3-12t^2)\,dt \quad \text{너코 060}$$
$$=\left[t^4-4t^3\right]_3^4$$
$$=4^4-4^4-(3^4-4\times 3^3) \quad \text{너코 055}$$
$$=27$$

답 ③

F10-08

시각 $t\ (t \geq 0)$에서의 점 P의 위치를 $x(t)$라 하면
$x(0)=0$이므로

$$x(t)=0+\int_0^t (3t^2+at)\,dt \quad \text{너코 060}$$
$$=\left[t^3+\frac{a}{2}t^2\right]_0^t=t^3+\frac{a}{2}t^2 \quad \text{너코 055}$$

이때 시각 $t=2$에서 점 P와 점 A 사이의 거리가 10이므로
$|x(2)-6|=|2a+2|=10$에서
$2a+2=10$ 또는 $2a+2=-10$
$\therefore\ a=4$ 또는 $a=-6$
$a>0$이므로 $a=4$

답 ④

F10-09

시각 $t=0$일 때 원점을 출발한 두 점 P, Q의
시각 $t\,(t \geq 0)$에서의
속도가 각각 $v_1(t)=3t^2+t,\ v_2(t)=2t^2+3t$이므로
위치를 각각 $x_1(t),\ x_2(t)$라 하면

$$x_1(t)=\int (3t^2+t)\,dt=t^3+\frac{t^2}{2}\ \ (\because\ x_1(0)=0)$$

너코 054 너코 060

$$x_2(t)=\int (2t^2+3t)=\frac{2}{3}t^3+\frac{3}{2}t^2\ \ (\because\ x_2(0)=0)$$

한편 출발한 후 두 점 P, Q의 속도가 같아지는 순간은
$3t^2+t=2t^2+3t$,
즉 $t(t-2)=0$에서 $t=2$이므로 $(\because\ t>0)$
이때 두 점 P, Q 사이의 거리는

$$a=|x_1(2)-x_2(2)|=\left|10-\frac{34}{3}\right|=\frac{4}{3}$$

$\therefore\ 9a=12$

답 12

F10-10

$v(t)=t^2-at$에서
$v(t)=0$일 때 $t=0,\ t=a$이므로
점 P는 $t=a$일 때 움직이는 방향이 바뀐다.
따라서 점 P가 시각 $t=0$에서 시각 $t=a$까지 움직인 거리는

$$\int_0^a |v(t)|\,dt=\int_0^a (at-t^2)\,dt \quad \text{너코 060}$$
$$=\left[\frac{a}{2}t^2-\frac{1}{3}t^3\right]_0^a$$
$$=\frac{1}{2}a^3-\frac{1}{3}a^3=\frac{1}{6}a^3 \quad \text{너코 055}$$

따라서 $\frac{1}{6}a^3=\frac{9}{2}$에서 $a^3=27$이다.
$\therefore\ a=3\,(\because\ a>0)$

답 ③

F10-11

시각 t $(t \ge 0)$에서의 점 P의 위치를 $x(t)$라 하면
$x(0)=0$이므로

$$x(t)=0+\int_0^t v_1(t)dt \quad \text{너코 060}$$
$$=\int_0^t (2-t)\,dt=\left[2t-\frac{1}{2}t^2\right]_0^t$$
$$=-\frac{1}{2}t^2+2t \quad \text{너코 055}$$

이때 점 P가 원점으로 돌아오는 시각은
$x(t)=-\frac{1}{2}t^2+2t=0$에서
$t^2-4t=0,\ t(t-4)=0 \qquad \therefore\ t=4$
따라서 $t=0$에서 $t=4$까지 점 Q가 움직인 거리는

$$\int_0^4 |v_2(t)|dt=\int_0^4 v_2(t)\,dt \ (\because\ 0 \le t \le 4\text{에서 } v_2(t) \ge 0)$$
$$=\int_0^4 3t\,dt=\left[\frac{3}{2}t^2\right]_0^4$$
$$=\frac{3}{2}\times 4^2=24$$

답 ⑤

F10-12

$t \ge 2$에서의 점 P의 속도를 $u(t)$라 하면
$u(2)=v(2)=0$이므로

$$u(t)=\int_2^t (6t+4)dt \quad \text{너코 060}$$
$$=\left[3t^2+4t\right]_2^t=3t^2+4t-20 \quad \text{너코 055}$$

즉, $v(t)=\begin{cases} 2t^3-8t & (0 \le t \le 2) \\ 3t^2+4t-20 & (t \ge 2) \end{cases}$이고
$0 \le t \le 2$일 때 $v(t)=2t^3-8t=2t(t+2)(t-2) \le 0$,
$t \ge 2$일 때 $v(t)=3t^2+4t-20=(3t+10)(t-2) \ge 0$이다.
따라서 시각 $t=0$에서 $t=3$까지 점 P가 움직인 거리는

$$\int_0^3 |v(t)|dt=\int_0^2 \{-v(t)\}dt+\int_2^3 v(t)\,dt$$
$$=\int_0^2 \{8t-2t^3\}dt+\int_2^3 (3t^2+4t-20)\,dt$$
$$=\left[4t^2-\frac{1}{2}t^4\right]_0^2+\left[t^3+2t^2-20t\right]_2^3$$
$$=8+9=17$$

답 17

F10-13

두 점 P, Q의 시각 t $(t \ge 0)$에서의 위치를 각각
$x_1(t)$, $x_2(t)$라 하면

$$x_1(t)=1+\int_0^t v_1(t)dt \ (\because\ x_1(0)=1) \quad \text{너코 060}$$
$$=1+\int_0^t (3t^2+4t-7)\,dt=1+\left[t^3+2t^2-7t\right]_0^t$$
$$=t^3+2t^2-7t+1 \quad \text{너코 055}$$
$$x_2(t)=8+\int_0^t v_2(t)dt \ (\because\ x_2(0)=8)$$
$$=8+\int_0^t (2t+4)\,dt=8+\left[t^2+4t\right]_0^t$$
$$=t^2+4t+8$$

출발 전 두 점 P, Q 사이의 거리는 7이고,
점 Q가 점 P보다 오른쪽에 있는 위치에서 출발하므로
두 점 P, Q 사이의 거리가 처음으로 4가 되는 시각 t는
$x_2(t)-x_1(t)=-t^3-t^2+11t+7=4$ ($\because$ 참고)
를 만족시키는 가장 작은 양수 t의 값이다.
$t^3+t^2-11t-3=0,\ (t-3)(t^2+4t+1)=0$
$t=3$ 또는 $t^2+4t+1=0$
이때 $t^2+4t+1=0$에서 $t=-2\pm\sqrt{3}$이고
두 값은 모두 음수이다.
$\therefore\ t=3$
한편 $v_1(t)=(3t+7)(t-1)$이므로
$0 \le t \le 1$일 때 $v_1(t) \le 0$, $t \ge 1$일 때 $v_1(t) \ge 0$이다.
따라서 출발한 시각부터 $t=3$까지 점 P가 움직인 거리는

$$\int_0^3 |v_1(t)|\,dt=-\int_0^1 v_1(t)dt+\int_1^3 v_1(t)dt$$
$$=-\{x_1(1)-x_1(0)\}+\{x_1(3)-x_1(1)\}$$
$$=-(-3-1)+\{25-(-3)\}=32$$

참고

두 점 P, Q 중 어느 점이 오른쪽 위치에 있는지 미리 고려하지
않으면 두 점 P, Q 사이의 거리가 처음으로 4가 되는 시각 t는
$|x_1(t)-x_2(t)|=|t^3+t^2-11t-7|=4$
즉, $t^3+t^2-11t-7=4$ 또는 $t^3+t^2-11t-7=-4$를
만족시키는 가장 작은 양수 t의 값을 구해야 한다.
다음에서 확인할 수 있듯이 필요 없는 값을 구하는 불필요한
계산을 해야 하므로 이와 같은 유형을 접근할 때에는 시간
절약을 위해 점의 위치를 미리 고려하도록 하자.
$t^3+t^2-11t-7=4$인 경우
$t^3+t^2-11t-11=0$에서 $(t+1)(t^2-11)=0$
즉, $t=\sqrt{11}$ ($\because\ t \ge 0$)
$t^3+t^2-11t-7=-4$인 경우
$t^3+t^2-11t-3=0$에서 $(t-3)(t^2+4t+1)=0$
즉, $t=3$ ($\because\ t \ge 0$)
$\sqrt{11}>3$이므로 처음으로 4가 되는 시각은 $t=3$이다.

답 ⑤

F10-14

$v(t)=\begin{cases}-t^2+t+2 & (0\le t\le 3)\\ k(t-3)-4 & (t>3)\end{cases}$

$0\le t\le 3$에서 $v(t)=0$이 되는 t의 값은

$-t^2+t+2=0$에서 $t^2-t-2=0$

$(t+1)(t-2)=0$에서 $t=2$

이므로 점 P의 운동방향이 두 번째로 바뀌는 시각은

$t>3$에서 $k(t-3)-4=0$, 즉 $t=3+\dfrac{4}{k}$이다.

시각 $t=0$에서 점 P의 위치가 0이고 원점을 출발한 점 P의

시각 $t=3+\dfrac{4}{k}$에서의 위치가 1이므로

$\displaystyle\int_0^{3+\frac{4}{k}} v(t)dt=1$에서 너코 060

$\displaystyle\int_0^3 v(t)dt+\int_3^{3+\frac{4}{k}} v(t)dt$

$\displaystyle=\int_0^3(-t^2+t+2)dt+\int_3^{3+\frac{4}{k}}(kt-3k-4)dt$

이때

$\displaystyle\int_0^3(-t^2+t+2)dt=\left[-\frac{1}{3}t^3+\frac{1}{2}t^2+2t\right]_0^3$

$\displaystyle=-9+\frac{9}{2}+6=\frac{3}{2}$

$\displaystyle\int_3^{3+\frac{4}{k}}(kt-3k-4)dt=\left[\frac{1}{2}kt^2-(3k+4)t\right]_3^{3+\frac{4}{k}}$

$\displaystyle=-\frac{8}{k}$ 너코 055

따라서 $\displaystyle\int_0^3 v(t)\,dt+\int_3^{3+\frac{4}{k}} v(t)\,dt=\frac{3}{2}+\left(-\frac{8}{k}\right)=1$에서

$k=16$

참고

$\displaystyle\int_3^{3+\frac{4}{k}}(kt-3k-4)dt$의 값을 다음과 같이 삼각형의 넓이를 이용하여 구할 수 있다.

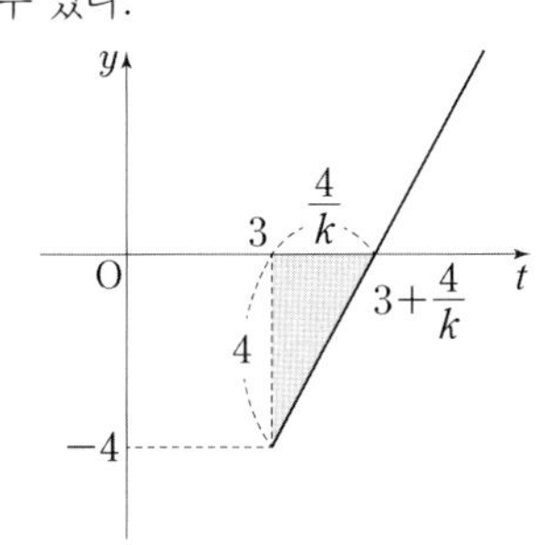

삼각형의 넓이는

$\dfrac{1}{2}\times 4\times\dfrac{4}{k}=\dfrac{8}{k}$이므로

$\displaystyle\int_3^{3+\frac{4}{k}}(kt-3k-4)dt=-\frac{8}{k}$

답 16

F10-15

$\displaystyle\int_0^a |v(t)|dt=\int_a^d |v(t)|dt$이므로

세 양수 A, B, C에 대하여

$\displaystyle\int_0^a |v(t)|dt=\int_0^a v(t)dt=A$,

$\displaystyle\int_a^c |v(t)|dt=B$,

$\displaystyle\int_c^d |v(t)|dt=\int_c^d v(t)dt=C$라 하면

$A=B+C$이다. 너코 056 ……㉠

ㄱ. 점 P가 출발하고 나서 원점을 다시 지나려면

x초 후의 위치가 0,

즉 $\displaystyle\int_0^x v(t)dt=0$이 되도록 하는 실수 x가 너코 060

구간 $(0,\ d]$에 존재해야 한다.

하지만 ㉠에 의하여 $A>B$이므로

$\displaystyle A-B=\int_0^c v(t)dt>0$이다. 너코 058

따라서 점 P는 출발하고 나서 절대 원점을 지날 수 없다.

(거짓)

ㄴ. $\displaystyle\int_0^c v(t)dt=\int_0^a v(t)dt+\int_a^c v(t)dt=A-B$, 너코 056

$\displaystyle\int_c^d v(t)dt=C$이고

㉠에서 $A-B-C=0$,

즉 $A-B=C$가 성립하므로

$\displaystyle\int_0^c v(t)dt=\int_c^d v(t)dt$ (참)

ㄷ. $\displaystyle\int_b^d |v(t)|dt=\int_b^c\{-v(t)\}dt+\int_c^d v(t)dt$ 너코 056

$\displaystyle=-\int_b^c v(t)dt+\int_0^c v(t)dt$ ($\because$ ㄴ)

$\displaystyle=\int_c^b v(t)dt+\int_0^c v(t)dt$ 너코 055

$\displaystyle=\int_0^b v(t)dt$ (참)

따라서 옳은 것은 ㄴ, ㄷ이다.

답 ④

F 적분

F10-16

함수 $v(t)$의 그래프는 다음과 같다.

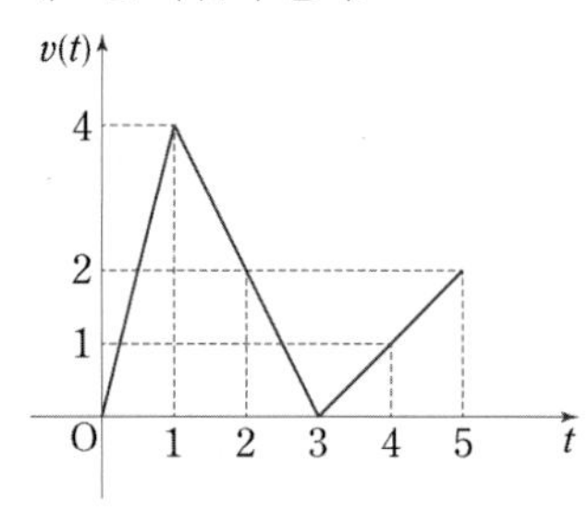

$0<x<3$인 실수 x에 대하여

$\int_{0}^{x} v(t)dt$, $\int_{x}^{x+2} v(t)dt$, $\int_{x+2}^{5} v(t)dt$ 중 최솟값을 $f(x)$라

하였으므로 너코 060

$0<x\leq 1$일 때와 $1<x<3$일 때로 나누어

각 구간 $[0, x]$, $[x, x+2]$, $[x+2, 5]$에서 함수 $v(t)$의

그래프와 t축 사이의 넓이를 비교하자. 너코 058

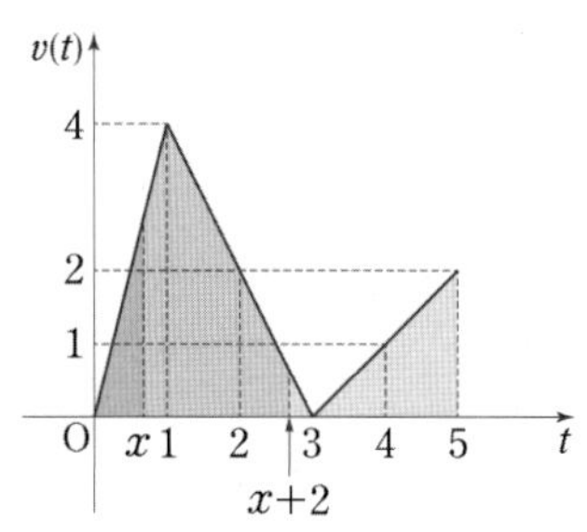

$0<x\leq 1$일 때

$$\int_{0}^{x} v(t)dt=\frac{1}{2}\times x\times 4x=2x^2$$

$$\begin{aligned}\int_{x}^{x+2} v(t)dt&=\frac{1}{2}(1-x)(4x+4)+\frac{1}{2}(x+1)(6-2x)\\&=-3x^2+2x+5\end{aligned}$$

$$\begin{aligned}\int_{x+2}^{5} v(t)dt&=\frac{1}{2}(1-x)(2-2x)+\frac{1}{2}\times 2\times 2\\&=x^2-2x+3\end{aligned}$$

따라서 세 함수의 그래프를 좌표평면에 그리면 다음과 같고

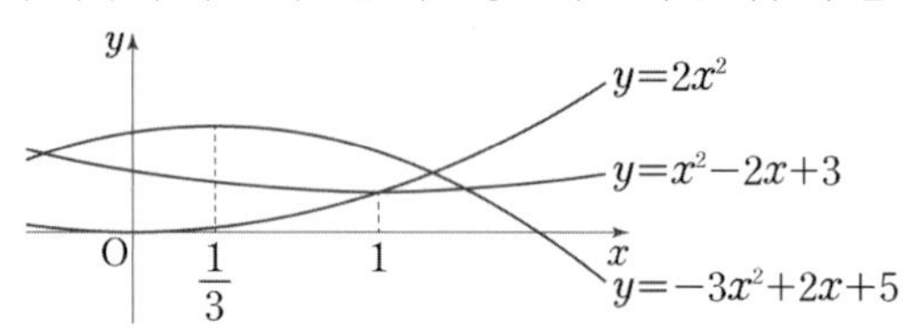

$0<x\leq 1$일 때 $f(x)=2x^2$이다. ……㉠

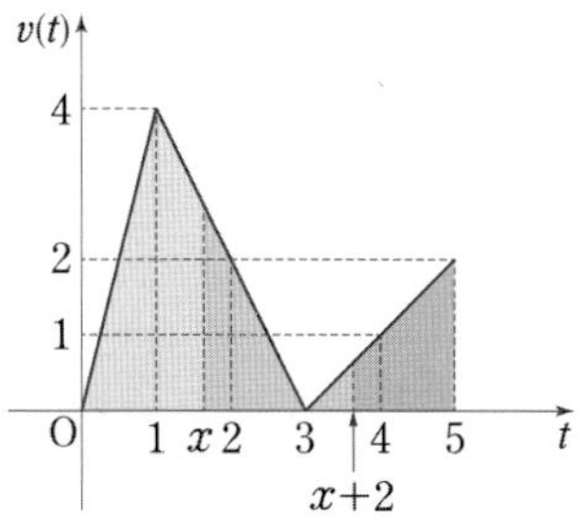

$1<x<3$일 때

$$\begin{aligned}\int_{0}^{x} v(t)dt&=\frac{1}{2}\times 1\times 4+\frac{1}{2}(x-1)(10-2x)\\&=-x^2+6x-3\end{aligned}$$

$$\begin{aligned}\int_{x}^{x+2} v(t)dt&=\frac{1}{2}(3-x)(6-2x)+\frac{1}{2}(x-1)^2\\&=\frac{3}{2}x^2-7x+\frac{19}{2}\end{aligned}$$

$$\int_{x+2}^{5} v(t)dt=\frac{1}{2}(3-x)(x+1)=-\frac{1}{2}x^2+x+\frac{3}{2}$$

따라서 세 함수의 그래프를 좌표평면에 그리면 다음과 같고

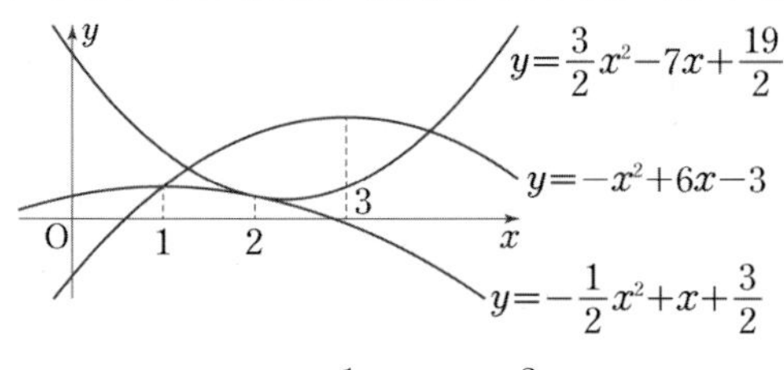

$1<x<3$일 때 $f(x)=-\frac{1}{2}x^2+x+\frac{3}{2}$이다. ……㉡

㉠, ㉡에 의하여

$$f(x)=\begin{cases}2x^2 & (0<x\leq 1)\\ -\frac{1}{2}x^2+x+\frac{3}{2} & (1<x<3)\end{cases}$$ ……㉢

ㄱ. $f(1)=2$이다. (참)

ㄴ. $f(2)=\frac{3}{2}$이므로 $f(2)-f(1)=-\frac{1}{2}$이지만

$\int_{1}^{2} v(t)dt>0$이므로 너코 058

$f(2)-f(1)\neq\int_{1}^{2} v(t)dt$ (거짓)

ㄷ. ㉢에서 $g(x)=2x^2$, $h(x)=-\frac{1}{2}x^2+x+\frac{3}{2}$이라 하면

$g'(x)=4x$, $h'(x)=-x+1$이다. 너코 044

이때 $g(1)=h(1)=2$이므로

함수 $f(x)$는 $x=1$에서 연속이나

$g'(1)=4$, $h'(1)=0$이므로

함수 $f(x)$는 $x=1$에서 미분가능하지 않다. 너코 046 (거짓)

따라서 옳은 것은 ㄱ이다.

답 ①

F10-17

ㄱ. $t=a$일 때, 물체 A와 물체 B의 높이는 각각

$\int_{0}^{a} f(t)dt$, $\int_{0}^{a} g(t)dt$이다. 너코 060

$\int_{0}^{a} f(t)dt>\int_{0}^{a} g(t)dt$이므로 물체 A는 물체 B보다

높은 위치에 있다. (참)

ㄴ. $t=x$일 때, 물체 A와 물체 B의 높이의 차를 $h(x)$라 하면

$$h(x)=\int_{0}^{x} f(t)dt-\int_{0}^{x} g(t)dt=\int_{0}^{x}\{f(t)-g(t)\}dt$$

이때 양변을 x에 대하여 미분하면

$h'(x)=f(x)-g(x)$이므로 너코 057
함수 $h(x)$의 증가와 감소를 표로 나타내면 다음과 같다.
너코 049

x	$\cdots$	b	$\cdots$
$h'(x)$	$+$	0	$-$
$h(x)$	↗	극대	↘

따라서 $t=b$일 때, 물체 A와 물체 B의 높이의 차가 최대이다. (참)

ㄷ. $t=c$일 때, 물체 A와 물체 B의 높이는 각각 $\int_0^c f(t)dt$, $\int_0^c g(t)dt$이다. 너코 060

주어진 조건에 의해 $\int_0^c f(t)dt=\int_0^c g(t)dt$이므로

물체 A와 물체 B는 같은 높이에 있다. (참)

따라서 옳은 것은 ㄱ, ㄴ, ㄷ이다.

답 ⑤

F10-18

시각 $t=a\,(a\ge 0)$에서의 점 P의 위치를 $x_{\rm P}$,
점 Q의 위치를 $x_{\rm Q}$라 하면

$$x_{\rm P}=5+\int_0^a(3t^2-2)dt=5+\Big[t^3-2t\Big]_0^a=a^3-2a+5$$

너코 060

$$x_{\rm Q}=k+\int_0^a 1dt=k+a$$

두 점 P, Q가 동시에 출발한 후 2번 만나려면
점 P와 점 Q의 위치가 같아야 하므로
a에 대한 방정식 $a^3-2a+5=k+a$, 즉 $a^3-3a+5=k$의 서로 다른 양의 실근의 개수가 2이어야 한다.

$f(a)=a^3-3a+5$라 하면
$f'(a)=3a^2-3=3(a+1)(a-1)$이므로 너코 044
$a=1$일 때 $f'(a)=0$이다. ($\because\ a\ge 0$)
이때 구간 $[0,\infty)$에서 함수 $f(a)$의 증가와 감소를 표로 나타내고 그 그래프를 그리면 다음과 같다. 너코 049

a	0	$\cdots$	1	$\cdots$
$f'(a)$		$-$	0	$+$
$f(a)$	5	↘	3	↗

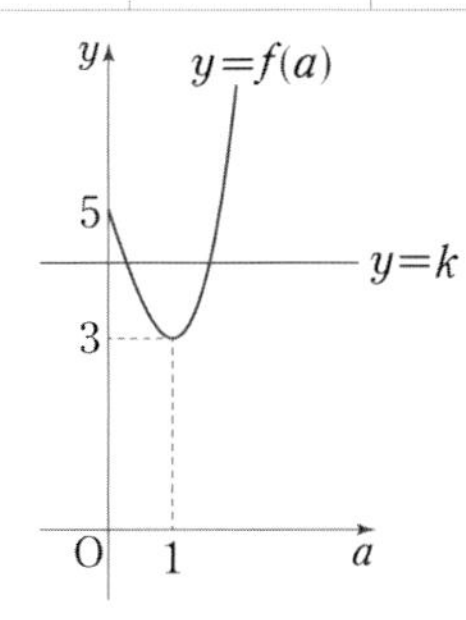

따라서 $3<k<5$일 때,
a에 대한 방정식 $f(a)=k$의
서로 다른 양의 실근의 개수가 2이므로
구하는 정수 k의 값은 4이다.

답 ②

F10-19

시각 $t=a\,(0\le a\le 8)$에서의 점 P의 위치를 $x_{\rm P}$,
점 Q의 위치를 $x_{\rm Q}$라 하면

$$x_{\rm P}=\int_0^a(2t^2-8t)dt=\left[\frac{2}{3}t^3-4t^2\right]_0^a=\frac{2}{3}a^3-4a^2$$ 너코 060

$$x_{\rm Q}=\int_0^a(t^3-10t^2+24t)dt$$
$$=\left[\frac{1}{4}t^4-\frac{10}{3}t^3+12t^2\right]_0^a$$
$$=\frac{a^4}{4}-\frac{10}{3}a^3+12a^2$$

따라서 두 점 P, Q 사이의 거리는 다음과 같다.

$$\overline{\rm PQ}=|x_{\rm P}-x_{\rm Q}|$$
$$=\left|\left(\frac{2}{3}a^3-4a^2\right)-\left(\frac{a^4}{4}-\frac{10}{3}a^3+12a^2\right)\right|$$
$$=\left|-\frac{a^4}{4}+4a^3-16a^2\right|$$

이때 $f(a)=-\frac{1}{4}a^4+4a^3-16a^2$이라 하면
$f'(a)=-a^3+12a^2-32a=-a(a-4)(a-8)$이므로
너코 044

구간 $[0,8]$에서 함수 $f(a)$의 증가와 감소를 표로 나타내고 그 그래프를 그리면 다음과 같다. 너코 049

a	0	$\cdots$	4	$\cdots$	8
$f'(a)$		$-$	0	$+$	
$f(a)$	0	↘	-64	↗	0

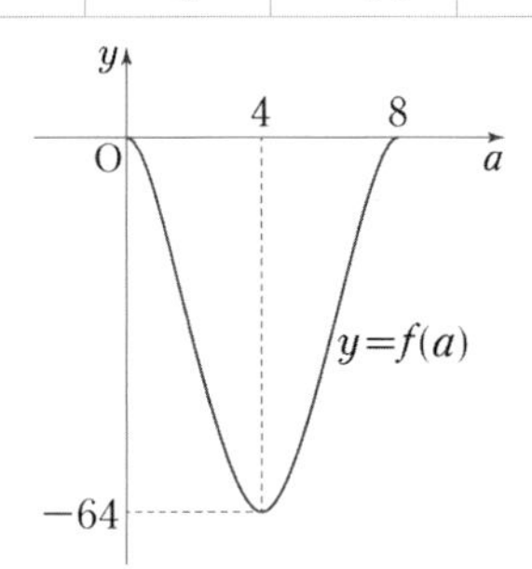

$0\le a\le 8$일 때,
$f(a)$의 최댓값과 최솟값은 각각 0, -64이므로
$\overline{\rm PQ}$, 즉 $|f(a)|$의 최댓값은 64이다.

답 64

F10-20

ㄱ. 점 P의 시각 t에서의 속도를 $v(t)$라 하면
$v'(t)=a(t)=3t^2-12t+9=3(t-1)(t-3)$이다.
너코 052

F 적분

이때 구간 $(3, \infty)$에서 $v'(t) > 0$이므로 점 P의 속도는 증가한다. (참)

ㄴ. $v(0) = k$이므로

$v(t) = \int (3t^2 - 12t + 9)dt$

$= t^3 - 6t^2 + 9t + k$ 너코 060

이때 $k = -4$이면

$v(t) = t^3 - 6t^2 + 9t - 4$

$= (t-1)^2(t-4)$

이다.

구간 $(0, 4)$에서 $v(t) \le 0$,

구간 $(4, \infty)$에서 $v(t) > 0$이므로

구간 $(0, \infty)$에서 점 P의 운동 방향은 $t = 4$에서만 바뀐다. (거짓)

ㄷ. ㄱ, ㄴ에 의하여

$v(0) = v(3) = k$이므로 $t \ge 0$에서 함수 $v(t)$의 최솟값은 k이고 함수 $y = v(t)$의 그래프는 다음 그림과 같다.

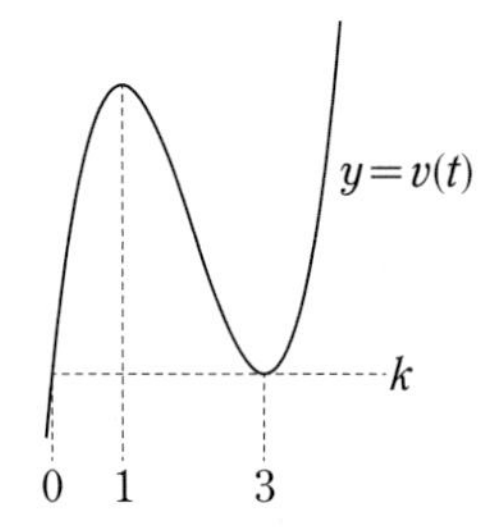

한편 시각 $t = 0$에서 시각 $t = 5$까지

점 P의 위치의 변화량은 $\int_0^5 v(t)dt$이고,

점 P가 움직인 거리는 $\int_0^5 |v(t)|dt$이다. 너코 060

이때 $\int_0^5 v(t)dt = \int_0^5 |v(t)|dt$를 만족시키려면

$v(t) = |v(t)|$이어야 하므로

$t \ge 0$에서 함수 $v(t)$의 최솟값이 0 이상이어야 한다.

즉, $k \ge 0$이어야 하므로 구하는 k의 최솟값은 0이다. (참)

따라서 옳은 것은 ㄱ, ㄷ이다.

답 ④

F10-21

ㄱ. $x(t) = t(t-1)(at+b)$에서

$x(0) = 0$, $x(1) = 0$이므로

$\int_0^1 v(t)dt = x(1) - x(0) = 0$ (참) 너코 055

ㄴ. $\int_0^1 |v(t)| = 2$, $\int_0^1 v(t)dt = 0$ ($\because$ ㄱ)이므로

시각 $t = 0$에서 $t = 1$까지

점 P가 실제 움직인 거리는 2이고

점 P의 처음 위치와 마지막 위치는 원점으로 동일하다.

너코 060

즉, 점 P는 원점을 출발하여 최종적으로 수직선의 양의 방향으로 1만큼, 음의 방향으로 1만큼 이동하여 다시 원점으로 되돌아온다. ……㉠

이때 $x(t)$는 점 P의 위치를 나타내므로

$|x(t)|$는 시각 t에서 점 P와 원점 사이의 거리를 뜻한다.

㉠은 점 P와 원점 사이의 거리가 1보다 클 수 없음을 의미하므로 $|x(t_1)| > 1$인 t_1은 열린구간 $(0, 1)$에 존재하지 않는다. (거짓)

ㄷ. $0 \le t \le 1$인 모든 t에 대하여 $|x(t)| < 1$이면

㉠에 의하여 점 P는 시각 $t = 0$과 $t = 1$ 사이에서 원점을 반드시 한 번 지난다. ($\because$ $x(t)$는 삼차함수)

즉, $x(t_2) = 0$인 t_2가 열린구간 $(0, 1)$에 존재한다. (참)

따라서 옳은 것은 ㄱ, ㄷ이다.

답 ③

F10-22

점 P가 출발한 후 운동 방향을 한 번만 바꾸므로

속도 $v(t) = -t(t-1)(t-a)(t-2a)$는 $t > 0$에서 한 번만 부호가 바뀌어야 한다. 너코 052

이를 만족시키려면 사차방정식 $v(t) = 0$은 중근 또는 삼중근을 반드시 가져야 하고, $a \ge 0$이므로

$a = 0$ 또는 $a = \frac{1}{2}$ 또는 $a = 1$인 경우에 가능하다.

i) $a = 0$인 경우

$v(t) = -t^3(t-1)$이므로 $y = v(t)$의 그래프는 다음 그림과 같다.

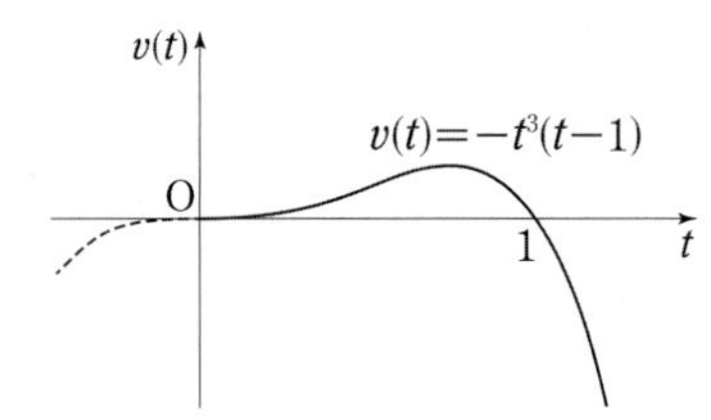

이때 $t = 0$에서 $t = 2$까지 점 P의 위치의 변화량은

$\int_0^2 v(t)dt = \int_0^2 (-t^4 + t^3)dt$ 너코 060

$= \left[-\frac{1}{5}t^5 + \frac{1}{4}t^4\right]_0^2 = -\frac{12}{5}$ 너코 055

ii) $a = \frac{1}{2}$인 경우

$v(t) = -t\left(t - \frac{1}{2}\right)(t-1)^2$이므로 $y = v(t)$의 그래프는 다음 그림과 같다.

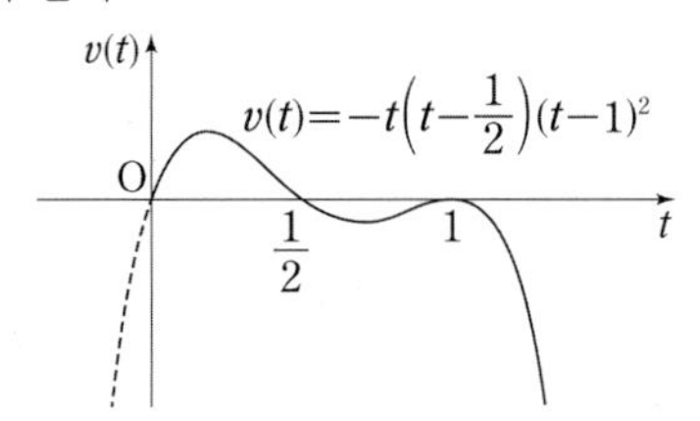

이때 $t = 0$에서 $t = 2$까지 점 P의 위치의 변화량은

$\int_0^2 v(t)dt = \int_0^2 \left(-t^4 + \frac{5}{2}t^3 - 2t^2 + \frac{1}{2}t\right)dt$

$= \left[-\frac{1}{5}t^5 + \frac{5}{8}t^4 - \frac{2}{3}t^3 + \frac{1}{4}t^2\right]_0^2 = -\frac{11}{15}$

iii) $a=1$인 경우

$v(t)=-t(t-1)^2(t-2)$이므로 $y=v(t)$의 그래프는 다음 그림과 같다.

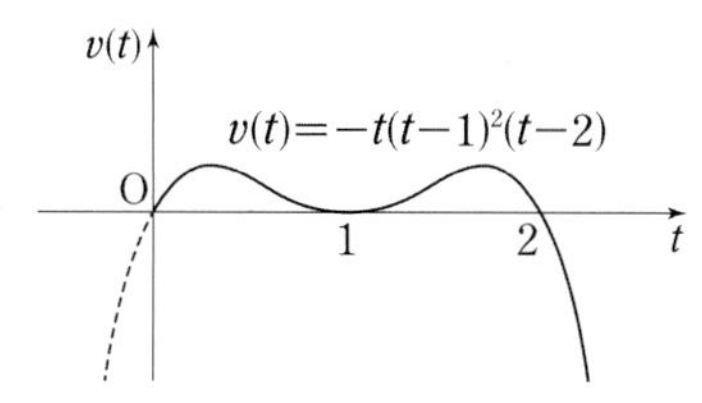

이때 시각 $t=0$에서 $t=2$까지 점 P의 위치의 변화량은

$$\int_0^2 v(t)dt=\int_0^2(-t^4+4t^3-5t^2+2t)dt$$
$$=\left[-\frac{1}{5}t^5+t^4-\frac{5}{3}t^3+t^2\right]_0^2=\frac{4}{15}$$

i)~iii)에 의하여 $t=0$에서 $t=2$까지 점 P의 위치의 변화량의 최댓값은 $\frac{4}{15}$이다.

답 ③

F10-23

풀이 1

두 점 P, Q의 시각 $t\ (t\geq 0)$에서의 위치를 각각 $x_1(t)$, $x_2(t)$라 하면 $x_1(0)=x_2(0)=0$이므로

$$x_1(t)=\int_0^t v_1(t)dt=\int_0^t(t^2-6t+5)dt$$ 너코 060

$$=\left[\frac{1}{3}t^3-3t^2+5t\right]_0^t=\frac{1}{3}t^3-3t^2+5t$$ 너코 055

$$x_2(t)=\int_0^t v_2(t)dt=\int_0^t(2t-7)dt$$
$$=\left[t^2-7t\right]_0^t=t^2-7t$$

$$\therefore\ f(t)=|x_1(t)-x_2(t)|=\left|\frac{1}{3}t^3-4t^2+12t\right|$$

$g(t)=\frac{1}{3}t^3-4t^2+12t$라 하면

$g'(t)=t^2-8t+12=(t-2)(t-6)$

이므로 $t=2$ 또는 $t=6$에서 $g'(t)=0$이다.

이때 $t\geq 0$에서 함수 $g(t)$의 증가와 감소를 표로 나타내면 다음과 같다. 너코 049

t	0	$\cdots$	2	$\cdots$	6	$\cdots$
$g'(t)$		+	0	−	0	+
$g(t)$	0	↗	$\frac{32}{3}$	↘	0	↗

즉, $t\geq 0$인 모든 t에 대하여 $g(t)\geq 0$이므로 $f(t)=g(t)$이다.

따라서 함수 $f(t)$는 구간 $[0, 2]$에서 증가하고, 구간 $[2, 6]$에서 감소하고, 구간 $[6, \infty)$에서 증가한다.

$\therefore\ a=2,\ b=6$

$2\leq t\leq\frac{7}{2}$일 때 $v_2(t)\leq 0$, $\frac{7}{2}\leq t\leq 6$일 때 $v_2(t)\geq 0$이므로 시각 $t=2$에서 $t=6$까지 점 Q가 움직인 거리는

$$\int_2^6|v_2(t)|dt=-\int_2^{\frac{7}{2}}v_2(t)dt+\int_{\frac{7}{2}}^6 v_2(t)dt$$
$$=-\left\{x_2\left(\frac{7}{2}\right)-x_2(2)\right\}+\left\{x_2(6)-x_2\left(\frac{7}{2}\right)\right\}$$
$$=-\left\{-\frac{49}{4}-(-10)\right\}+\left\{-6-\left(-\frac{49}{4}\right)\right\}$$
$$=\frac{9}{4}+\frac{25}{4}=\frac{17}{2}$$

풀이 2

시각 $t=2$에서 $t=6$까지 점 Q가 움직인 거리는 다음 그림에서의 두 삼각형의 넓이의 합으로 구할 수도 있다.

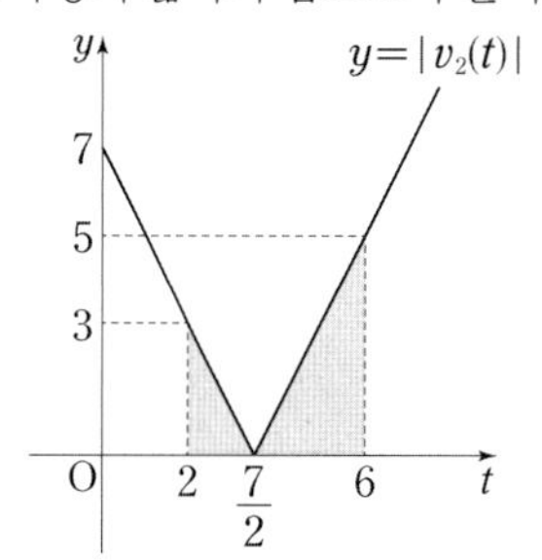

$|v_2(2)|=|2\times 2-7|=3$이고

$|v_2(6)|=|2\times 6-7|=5$이므로

$$\int_2^6|v_2(t)|dt=\frac{1}{2}\times\left(\frac{7}{2}-2\right)\times 3+\frac{1}{2}\times\left(6-\frac{7}{2}\right)\times 5$$
$$=\frac{9}{4}+\frac{25}{4}=\frac{17}{2}$$

답 ②

F 적분

Memo

Memo

Memo

Memo